音频技术与录音艺术译丛

声学手册（第7版）

声学设计与建筑声学实用指南

MASTER HANDBOOK
of ACOUSTICS Seventh Edition

郑晓宁 译

[美] F. 奥尔顿·埃弗里思特（F. Alton Everest）　[美] 肯·C. 波尔曼（Ken C. Pohlmann）著

人民邮电出版社
北　京

图书在版编目（CIP）数据

声学手册 ：声学设计与建筑声学实用指南 ：第7版 /
（美）F. 奥尔顿·埃弗里思特（F. Alton Everest），
（美）肯·C. 波尔曼（Ken C. Pohlmann）著 ；郑晓宁译
. -- 2版. -- 北京 ：人民邮电出版社，2024.5
（音频技术与录音艺术译丛）
ISBN 978-7-115-63360-6

Ⅰ. ①声… Ⅱ. ①F… ②肯… ③郑… Ⅲ. ①声学设
计－手册②建筑声学－手册 Ⅳ. ①TU112-62

中国国家版本馆CIP数据核字(2023)第246819号

版权声明

◆ 著　　　　[美] F. 奥尔顿·埃弗里思特（F. Alton Everest）
　　　　　　[美] 肯·C. 波尔曼（Ken C. Pohlmann）
　　译　　　　郑晓宁
　　责任编辑　黄汉兵
　　责任印制　马振武
◆ 人民邮电出版社出版发行　　北京市丰台区成寿寺路 11 号
　　邮编　100164　　电子邮件　315@ptpress.com.cn
　　网址　https://www.ptpress.com.cn
　　三河市祥达印刷包装有限公司印刷
◆ 开本：775×1092　1/16
　　印张：33　　　　　　　　　　2024 年 5 月第 2 版
　　字数：824 千字　　　　　　　2024 年 5 月河北第 1 次印刷
　　著作权合同登记号　图字：01-2022-2186 号

定价：189.80 元
读者服务热线：（010）53913866　　印装质量热线：（010）81055316
反盗版热线：（010）81055315
广告经营许可证：京东市监广登字 20170147 号

内容提要

　　本书对声学领域进行深度解析，为读者提供了全面而深刻的知识体系，适用于不同背景和需求的读者。

　　首先，书中详细介绍了声学的基础理论，包括声波的特性、反射、扩散、混响等，使读者能够深入了解声音是如何传播的。其次，在室内声学方面，本书提供了实用的指导，介绍了吸声、扩散、隔声、噪声控制等方面的内容，给予读者优化声学环境的建议，以达到理想的声学效果。最后，书中还探讨了现实生活中的声学应用场景，如家庭影院、家庭工作室、录音棚、控制室、会议室等，这样的实际案例使读者能够将理论知识与实际应用相结合，在实践中评估和改善各种声学环境。

　　本书适合建筑声学设计师、音频工程师、音频行业的专业制作人员，以及录音、声学等专业的学生阅读。本书不仅帮助学生夯实声学基础理论，也为从业人员提供了实用的工具和技术，使他们能够更好地理解、设计和优化声学环境。

译者简介

郑晓宁，毕业于中国传媒大学，研究生学历。2007.7—2016.7 就职于广州市广播电视台，负责音频技术相关工作。2016.8—2018.10 就职于恒大旅游集团影视基地管理有限公司，负责影视技术相关工作。2018.11 至今，就职于枣庄学院传媒学院，现任传媒技术实验室主任，从事数字媒体技术相关工作。发表论文 10 余篇（包括 EI 检索论文 1 篇），出版译著 1 部，主持地市级项目 6 项。

关于作者

F. 奥尔顿·埃弗里斯特（F. Alton Everest）是声学领域优秀的顾问及专家，他是美国声学学会资深会员，电气电子工程师学会终身会员，美国电影电视技术工程师协会终身会员。他是穆迪科学研究所（Moody Institute of Science）科学电影生产部门的联合创始人兼主管，同时也是美国加州大学海底声学研究部的主管。

肯·C. 波尔曼（Ken C.Pohlmann）是一位著名的音频教育家、顾问及作家。他是美国佛罗里达州珊瑚山墙区（Coral Gables）迈阿密大学音乐工程技术项目的负责人，也是其理学硕士学位课程的创始人及名誉教授。他是音频工程协会会员，也是许多音频公司及汽车制造商的顾问，同时又是专利侵权诉讼方面的专家。他是《数字音频技术》（麦格劳－希尔出版社）的作者，他与埃弗里斯特合写了本书。

其他对本书做出贡献的人员包括彼得·D' 安东尼奥（Peter D'Antonio）、杰夫·戈舍（Geoff Goacher）及道格·普拉姆（Doug Plumb）。

引言

你手中的这本书——《声学手册（第 7 版）声学设计与建筑声学实用指南》的最初作者是 F.Alton Everest 先生。在 1981 年，他找出了一种为声学类的书籍平衡理论与实践之间关系的方法。许多工程类的书籍很少涉及案例及问题处理方法，没办法帮助读者解决实际问题。Everest 先生通过将基础理论与大量实践知识相结合，改善了以上情况，并在书中增加了大量包含实际案例的章节，这些章节对那些有着类似房屋建造需求的读者显得尤为重要。

Everest 先生认为在教授声学理论的同时对那些正在参与施工建设的读者进行实际指导，是一种较为有效的学习方式，因此他创作了这本被大家熟知且信任的经典著作。2005 年 Everest 先生离世，享年 95 岁，声学界的同仁们感到万分悲痛。

当麦格劳 – 希尔（McGraw-Hill）出版社邀请我准备本书的第 5 版、第 6 版及现在第 7 版的修订工作时，我感到十分荣幸，我非常了解本书作为教材及参考书的价值所在。那些熟悉我的另一本书《数字音频技术》（*Principles of Digital Audio*）的读者们，或许非常惊讶于我对声学和对数字音频技术具有同样的热情。我在迈阿密大学音乐工程技术专业教授建筑声学课程（另外还有数字音频课程）长达 30 年。在此期间，我也开展了许多声学项目的咨询工作，其中包括录音棚及听音室的设计，以及某些场所的隔声降噪。和这个领域的其他从业者一样，深入了解声学特性的基本原理对我来说是非常重要的，它能帮助我向客户更加清晰地阐述这些原理，同时也能帮助我解决当前许多实际的声学问题。这种理论与实践的基本平衡是 Everest 先生原著的重要指导思想，也是我修订本书的重要原则。经过几个版本的不断修订，《声学手册（第 7 版）声学设计与建筑声学实用指南》已经得到了较高水平的提升及完善。

有时候，特别是在声学领域的新人，常常会产生"为什么学习声学知识如此重要？"的质疑。在这当中，一个非常重要的理由是，你将从事的是一项十分高尚的科学事业。从古至今，声学的复杂性鼓舞着世界上伟大的科学家和工程师去探索它的奥秘。毕达哥拉斯（Pythagoras）、亚里士多德（Aristotle）、欧几里得（Euclid）等古希腊科学家，很早就开始探索音乐谐波（Musical Harmonic）的本质以及我们是如何听到声音的等问题。著名的古罗马工程师和建筑师维特鲁威（Vitruvius）在他所建造的项目当中，仔细研究回声及混响等问题。历年来，无数著名的学者，包括托勒密（Ptolemy）、伽利略（Galileo）、梅森素数（Mersenne）、基尔舍（Kircher）、虎克（Hooke）、牛顿（Newton）、拉普拉斯（Laplace）、欧拉（Euler）、达伦伯特（D'Alembert）、柏努利（Bernoulli）、拉格朗日（Lagrange）、泊松（Poisson）、法拉第（Faraday）、赫尔姆霍茨（Helmholtz）、欧姆（Ohm）、多普勒（Doppler）及赛宾（Sabine）等人都对声学领域作出了卓越的贡献。总而言之，无数的人们都在不断推动声音科学向更高的水平发展。

然而，在当今的数字时代，声音科学仍然重要吗？想想我们日常所依赖于感知世界的眼睛和耳朵。当我们睡觉的时候，眼睛是闭上的。我们不能在黑暗中看见东西，也不能看到躲在我们身后的人。但是，从我们出生开始，无论醒着还是睡着，无论白天还是黑夜，耳朵始终对我们周围的环境非常敏感。无论是那些让我们开心的声音，还是那些提醒我们身处危险的声音；无论是自然界所发出的声音，还是人类所制造的声音，声音的属性及建筑空间对声音的影响始终伴随着我们的生活。因此，声音科学重要吗？我想答案是肯定的，同时我也相信 Everest 先生和我是一样的观点。

Ken C. Pohlmann

（肯·C. 波尔曼）

目录

1 声学基础 1

1.1 简谐运动和正弦波 2

1.2 介质中的声音 3

    1.2.1 质点运动 3

    1.2.2 声音的传播 4

    1.2.3 声音的速度 6

1.3 波长和频率 6

1.4 复合波 8

    1.4.1 谐波 8

    1.4.2 相位 9

    1.4.3 泛音 10

1.5 倍频程 11

1.6 频谱 13

1.7 知识点 15

2 声压级和分贝 16

2.1 比值与差值 16

2.2 对数 17

2.3 分贝 18

2.4 参考声压级 19

2.5 对数与指数公式的比较 20

2.6 声功率 21

2.7 分贝的使用 23

2.7.1　例 1：声压级 23

2.7.2　例 2：音箱的声压级 23

2.7.3　例 3：话筒电压 24

2.7.4　例 4：线性放大器输出电压 24

2.7.5　例 5：通用功放的电压增益 24

2.7.6　例 6：音乐厅的计算 24

2.7.7　例 7：分贝的叠加 25

2.8　声压级的测量 26

2.9　正弦波的测量 27

2.10　电子、机械和声学类比 28

2.11　知识点 28

3　自由声场的声音 29

3.1　自由声场 29

3.2　声音的辐射 29

3.3　自由声场中的声强 30

3.4　自由声场中的声压 31

3.5　密闭空间中的声场 32

3.6　半球面声场及传播 33

3.7　知识点 34

4　声音的感知 35

4.1　耳朵的灵敏度 35

4.2　耳朵解剖学 36

4.2.1　外耳 – 耳廓 36

4.2.2　听觉方向感的一个实验 37

4.2.3　外耳 – 外耳道 37

4.2.4　中耳 38

4.2.5　内耳 39

4.2.6　静纤毛 40

4.3　响度与频率 41

　　　4.3.1　响度控制 42

　　　4.3.2　可听区域 43

　4.4　响度与声压级 44

　4.5　响度和带宽 45

　4.6　脉冲的响度 47

　4.7　可觉察的响度变化 48

　4.8　音高与频率 48

　4.9　音高实验 49

　4.10　音色与频谱 49

　4.11　声源的定位 49

　4.12　双耳定位 52

　4.13　第一波阵面定律 52

　　　4.13.1　法朗森效应 52

　　　4.13.2　优先（哈斯）效应 53

　4.14　反射声的感知 54

　4.15　鸡尾酒会效应 56

　4.16　听觉的非线性 56

　4.17　主客观评价 57

　4.18　职业性及娱乐性耳聋 57

　4.19　知识点 59

5　信号、语言、音乐和噪声 60

　5.1　声谱 60

　5.2　语言 62

　　　5.2.1　语言的声道模型 64

　　　5.2.2　浊音的形成 64

　　　5.2.3　辅音的形成 64

　　　5.2.4　语言的频率响应 65

　　　5.2.5　语言的指向性 65

　5.3　音乐 66

　　　5.3.1　弦乐器 66

5.3.2 木管乐器 67

5.3.3 非谐波泛音 68

5.4 音乐和语言的动态范围 68

5.5 语言和音乐的功率 69

5.6 语言和音乐的频率范围 70

5.7 语言和音乐的可听范围 70

5.8 噪声 73

5.9 噪声测量 73

5.9.1 随机噪声 73

5.9.2 白噪声和粉红噪声 75

5.10 信号失真 76

5.11 共振 79

5.12 音频滤波器 81

5.13 知识点 83

6 反射 84

6.1 镜面反射 84

6.2 反射表面的双倍声压 86

6.3 凸面的反射 86

6.4 凹面的反射 87

6.5 抛物面的反射 88

6.6 回音壁 88

6.7 驻波 89

6.8 墙角反射体 89

6.9 平均自由程 90

6.10 声音反射的感知 90

6.10.1 单个反射作用 91

6.10.2 空间感、声像及回声的感知 91

6.10.3 入射角、信号种类及可闻反射声频谱的作用 93

6.11 知识点 94

7 衍射 95

7.1 波阵面的传播和衍射 95

7.2 波长和衍射 95

7.3 障碍物的声音衍射 96

7.4 孔的声音衍射 99

7.5 缝隙的声音衍射 99

7.6 波带板的衍射 100

7.7 人的头部衍射 101

7.8 音箱箱体边沿的衍射 102

7.9 各种物体的衍射 103

7.10 知识点 103

8 折射 104

8.1 折射的性质 104

8.2 声音在固体中的折射 105

8.3 空气中的声音折射 106

8.4 封闭空间中的声音折射 108

8.5 声音在海中的折射 108

8.6 知识点 109

9 扩散 111

9.1 完美的扩散场 111

9.2 房间中的扩散评价 111

9.3 衰减的拍频 113

9.4 指数衰减 113

9.5 混响时间的空间均匀性 114

9.6 几何不规则 116

9.7 吸声体的分布 117

9.8 凹形表面 117

9.9 凸状表面：多圆柱扩散体 117

9.10 平面扩散体 119

9.11　知识点 ⋯⋯⋯⋯⋯⋯⋯⋯⋯⋯⋯⋯⋯⋯⋯⋯⋯⋯⋯⋯⋯⋯⋯⋯⋯⋯⋯ 119

10　梳状滤波效应 ⋯⋯⋯⋯⋯⋯⋯⋯⋯⋯⋯⋯⋯⋯⋯⋯⋯⋯⋯ 120

10.1　梳状滤波器 ⋯⋯⋯⋯⋯⋯⋯⋯⋯⋯⋯⋯⋯⋯⋯⋯⋯⋯⋯⋯⋯⋯⋯⋯⋯⋯ 120

10.2　声音叠加 ⋯⋯⋯⋯⋯⋯⋯⋯⋯⋯⋯⋯⋯⋯⋯⋯⋯⋯⋯⋯⋯⋯⋯⋯⋯⋯⋯ 120

10.3　单音信号和梳状滤波效应 ⋯⋯⋯⋯⋯⋯⋯⋯⋯⋯⋯⋯⋯⋯⋯⋯⋯⋯ 121

　　10.3.1　音乐和语言信号的梳状滤波效应 ⋯⋯⋯⋯⋯⋯⋯⋯⋯ 123

　　10.3.2　直达声和反射声的梳状滤波效应 ⋯⋯⋯⋯⋯⋯⋯⋯⋯ 124

10.4　梳状滤波器和临界带宽 ⋯⋯⋯⋯⋯⋯⋯⋯⋯⋯⋯⋯⋯⋯⋯⋯⋯⋯⋯ 126

10.5　多通道重放当中的梳状滤波效应 ⋯⋯⋯⋯⋯⋯⋯⋯⋯⋯⋯⋯⋯ 128

10.6　梳状滤波效应的控制 ⋯⋯⋯⋯⋯⋯⋯⋯⋯⋯⋯⋯⋯⋯⋯⋯⋯⋯⋯⋯ 128

10.7　反射声和空间感 ⋯⋯⋯⋯⋯⋯⋯⋯⋯⋯⋯⋯⋯⋯⋯⋯⋯⋯⋯⋯⋯⋯⋯ 129

10.8　话筒摆放当中的梳状滤波效应 ⋯⋯⋯⋯⋯⋯⋯⋯⋯⋯⋯⋯⋯⋯ 129

10.9　在实践中的梳状滤波效应：6个例子 ⋯⋯⋯⋯⋯⋯⋯⋯⋯⋯ 129

10.10　梳状滤波效应的评价 ⋯⋯⋯⋯⋯⋯⋯⋯⋯⋯⋯⋯⋯⋯⋯⋯⋯⋯⋯ 133

10.11　知识点 ⋯⋯⋯⋯⋯⋯⋯⋯⋯⋯⋯⋯⋯⋯⋯⋯⋯⋯⋯⋯⋯⋯⋯⋯⋯⋯ 135

11　混响 ⋯⋯⋯⋯⋯⋯⋯⋯⋯⋯⋯⋯⋯⋯⋯⋯⋯⋯⋯⋯⋯⋯⋯ 136

11.1　房间内声音的增长 ⋯⋯⋯⋯⋯⋯⋯⋯⋯⋯⋯⋯⋯⋯⋯⋯⋯⋯⋯⋯⋯ 136

11.2　房间内声音的衰减 ⋯⋯⋯⋯⋯⋯⋯⋯⋯⋯⋯⋯⋯⋯⋯⋯⋯⋯⋯⋯⋯ 138

11.3　理想的声音增长和衰减 ⋯⋯⋯⋯⋯⋯⋯⋯⋯⋯⋯⋯⋯⋯⋯⋯⋯⋯ 138

11.4　混响时间的计算 ⋯⋯⋯⋯⋯⋯⋯⋯⋯⋯⋯⋯⋯⋯⋯⋯⋯⋯⋯⋯⋯⋯ 139

　　11.4.1　赛宾公式 ⋯⋯⋯⋯⋯⋯⋯⋯⋯⋯⋯⋯⋯⋯⋯⋯⋯⋯⋯⋯⋯ 140

　　11.4.2　艾林－诺里斯公式 ⋯⋯⋯⋯⋯⋯⋯⋯⋯⋯⋯⋯⋯⋯⋯⋯ 141

　　11.4.3　空气吸声 ⋯⋯⋯⋯⋯⋯⋯⋯⋯⋯⋯⋯⋯⋯⋯⋯⋯⋯⋯⋯⋯ 142

11.5　混响时间的测量 ⋯⋯⋯⋯⋯⋯⋯⋯⋯⋯⋯⋯⋯⋯⋯⋯⋯⋯⋯⋯⋯⋯ 142

　　11.5.1　冲击声源 ⋯⋯⋯⋯⋯⋯⋯⋯⋯⋯⋯⋯⋯⋯⋯⋯⋯⋯⋯⋯⋯ 142

　　11.5.2　稳态声源 ⋯⋯⋯⋯⋯⋯⋯⋯⋯⋯⋯⋯⋯⋯⋯⋯⋯⋯⋯⋯⋯ 143

　　11.5.3　测量设备 ⋯⋯⋯⋯⋯⋯⋯⋯⋯⋯⋯⋯⋯⋯⋯⋯⋯⋯⋯⋯⋯ 143

　　11.5.4　测量步骤 ⋯⋯⋯⋯⋯⋯⋯⋯⋯⋯⋯⋯⋯⋯⋯⋯⋯⋯⋯⋯⋯ 144

11.6　混响和简正模式 ⋯⋯⋯⋯⋯⋯⋯⋯⋯⋯⋯⋯⋯⋯⋯⋯⋯⋯⋯⋯⋯⋯ 144

11.6.1 衰减曲线分析 ……………………………………………… 146

11.6.2 模式衰减的变化 …………………………………………… 147

11.6.3 频率作用 …………………………………………………… 148

11.7 混响特征 …………………………………………………………… 149

11.8 衰减率及混响声场 ………………………………………………… 150

11.9 声学耦合空间 ……………………………………………………… 150

11.10 电声学的空间耦合 ……………………………………………… 151

11.11 消除衰减波动 …………………………………………………… 151

11.12 混响对语言的影响 ……………………………………………… 152

11.13 混响对音乐的影响 ……………………………………………… 153

11.14 最佳混响时间 …………………………………………………… 153

11.14.1 低频混响时间的提升 ……………………………………… 156

11.14.2 初始时延间隙 ……………………………………………… 157

11.14.3 听音室的混响时间 ………………………………………… 157

11.15 人工混响 ………………………………………………………… 158

11.16 混响时间的计算实例 …………………………………………… 159

11.16.1 例1：未做声学处理的房间 ……………………………… 159

11.16.2 例2：声学处理之后的房间 ……………………………… 160

11.17 知识点 …………………………………………………………… 162

12 吸声 …………………………………………………………………… 164

12.1 声音能量的损耗 …………………………………………………… 164

12.2 吸声系数 …………………………………………………………… 165

12.2.1 混响室法 …………………………………………………… 166

12.2.2 阻抗管法 …………………………………………………… 167

12.2.3 猝发声法 …………………………………………………… 169

12.3 吸声材料的安装 …………………………………………………… 170

12.4 中、高频的多孔吸声 ……………………………………………… 171

12.5 玻璃纤维低密度材料 ……………………………………………… 172

12.6 玻璃纤维高密度板 ………………………………………………… 173

12.7 玻璃纤维吸音板 …………………………………………………… 174

12.8　吸声体厚度的作用 175

12.9　吸声体后面空腔的作用 175

12.10　吸声材料密度的作用 176

12.11　开孔泡沫 177

12.12　窗帘作为吸声体 178

12.13　地毯作为吸声体 180

　　12.13.1　地毯类型对吸声的影响 181

　　12.13.2　地毯衬底对吸声的影响 182

　　12.13.3　地毯的吸声系数 182

12.14　人的吸声作用 183

12.15　空气中的吸声 184

12.16　板（膜）吸声体 184

12.17　多圆柱吸声体 188

12.18　低频陷阱：通过共振吸收低频 191

12.19　赫姆霍兹（容积）共鸣器 192

12.20　穿孔板吸声体 195

12.21　窄槽型吸声体 199

12.22　材料的摆放 199

12.23　赫姆霍兹共鸣器的混响时间 199

12.24　增加混响时间 200

12.25　吸声模块设计 202

12.26　知识点 204

13　共振模式 205

13.1　早期实验和实例 205

13.2　管中的共振 205

13.3　室内的反射 207

13.4　两面墙之间的共振 209

13.5　频率范围 210

13.6　房间模式等式 212

　　13.6.1　房间模式的计算案例 213

　　　13.6.2　验证实验 214

13.7　模式衰减 217

13.8　模式带宽 219

13.9　模式的压力曲线 222

13.10　模式密度 224

13.11　模式间隔和音色失真 225

13.12　最佳的房间形状 227

13.13　房间表面的倾斜 231

13.14　控制有问题的模式 233

13.15　简化的轴向模式分析 234

13.16　知识点 236

14　施罗德扩散体 238

14.1　实验 238

14.2　反射相位栅扩散体 239

14.3　二次余数扩散体 240

14.4　原根扩散体 242

14.5　反射相位栅扩散体的性能 243

14.6　反射相位栅扩散体的应用 245

　　　14.6.1　颤动回声 247

　　　14.6.2　分形学的应用 248

　　　14.6.3　三维扩散 251

　　　14.6.4　扩散混凝土砖 251

　　　14.6.5　扩散效率的测量 252

14.7　格栅和传统方法的比较 254

14.8　知识点 255

15　可调节的声学环境 256

15.1　打褶悬挂的窗帘 256

15.2　便携式吸声板 257

15.3　铰链式吸声板 259

15.4　有百叶的吸声板 260

15.5　吸声 / 扩散板 261

15.6　可变的共振装置 261

15.7　旋转单元 263

15.8　低频吸声模块 264

15.9　知识点 266

16　隔声及选址 268

16.1　通过隔离物的传播 268

16.2　噪声控制的方法 269

16.3　空气噪声 270

16.4　质量和频率的作用 271

16.5　多孔材料 273

16.6　声音传输的等级 274

16.7　结构噪声 276

16.8　噪声和房间共振 277

16.9　位置选择 277

16.10　噪声调查 278

16.11　环境噪声的评估 281

16.12　建议的做法 283

16.13　噪声测量与施工 284

16.14　建筑平面图中的注意事项 287

16.14.1　框架结构内的设计 287

16.14.2　钢筋混凝土结构内的设计 287

16.15　知识点 287

17　隔声装置：墙壁、地板和天花板 289

17.1　墙壁作为有效的噪声屏障 289

17.2　质量定律和墙体设计 292

17.3　墙体设计中的质量间隔 294

17.4　墙体设计总结 298

17.5   现有墙体的改善 ………………………………………………… 300

17.6   侧翼声音（Flanking Sound） ………………………………… 301

17.7   石膏板墙体作为隔音屏障 ……………………………………… 303

17.8   砌体墙作为隔音屏障 …………………………………………… 304

17.9   薄弱环节 ………………………………………………………… 306

17.10   墙体 STC 等级的总结 ………………………………………… 306

17.11   浮动地板 ………………………………………………………… 308

　　17.11.1   浮动的墙体与天花板 ……………………………… 310

　　17.11.2   弹性吊架 …………………………………………… 310

17.12   地板 / 天花板结构 ……………………………………………… 311

17.13   地板 / 天花板结构和它们的 IIC（冲击噪声隔离等级）性能 ……… 313

17.14   框架建筑中的地板 / 天花板 …………………………………… 314

　　17.14.1   混凝土层的地板衰减 ……………………………… 315

　　17.14.2   胶合板腹板与实木托梁 …………………………… 317

17.15   知识点 …………………………………………………………… 318

18   隔声装置：门和窗 ………………………………… 320

18.1   单层玻璃的窗户 ………………………………………………… 320

18.2   双层玻璃的窗户 ………………………………………………… 321

18.3   玻璃中的声学孔：质量 – 空气 – 质量的共振 ……………… 323

18.4   玻璃中的声学孔：叠加共振 …………………………………… 325

18.5   玻璃中的声学孔：空腔内的驻波 ……………………………… 326

18.6   玻璃板的质量和间距 …………………………………………… 328

18.7   不同的玻璃面板 ………………………………………………… 328

18.8   夹层玻璃 ………………………………………………………… 329

18.9   塑料面板 ………………………………………………………… 329

18.10   倾斜玻璃 ………………………………………………………… 329

18.11   第三层玻璃板 …………………………………………………… 329

18.12   腔体内吸声 ……………………………………………………… 330

18.13   隔热玻璃 ………………………………………………………… 330

18.14   双层窗优化案例 ………………………………………………… 330

18.15　观察窗的构造 331

18.16　成品观察窗 333

18.17　隔声门 334

18.18　声闸 337

18.19　复合隔声体 338

18.20　知识点 339

19　通风系统中的噪声控制 340

19.1　噪声标准的选择 340

19.2　风扇噪声 344

19.3　机械噪声和振动 345

19.4　空气速度 347

19.5　自然衰减 348

19.6　风道的内衬 349

19.7　静压箱消声器 351

19.8　专用噪声衰减器 352

19.9　抗性消声器 352

19.10　共振型的消声器 354

19.11　风管的位置 354

19.12　美国供暖、制冷与空调工程师学会 355

19.13　主动噪声控制 355

19.14　知识点 356

20　听音室声学和家庭影院 358

20.1　重放条件 358

20.2　声音重放房间的规划 360

20.3　声音重放房间的声学处理 360

20.4　小房间声学特点 361

20.4.1　房间的尺寸和比例 361

20.4.2　混响时间 361

20.5　对于低频的考虑 362

20.5.1　模式异常 365

20.5.2　模式共振的控制 365

20.5.3　听音室的低频陷阱 365

20.6　对于中、高频的考虑 366

20.6.1　反射点的识别和处理 369

20.6.2　侧向反射声以及空间感的控制 369

20.7　音箱的摆位 370

20.8　听音室的平面图 372

20.9　家庭影院的平面图 374

20.9.1　早期反射声的控制 375

20.9.2　其他声学处理细节 377

20.10　知识点 379

21　家庭工作室的声学 380

21.1　家庭房间声学：模式 380

21.2　家庭房间声学：混响 381

21.3　家庭房间声学：噪声控制 381

21.4　家庭工作室的预算 382

21.5　家庭工作室的声学处理 382

21.6　家庭工作室的规划 384

21.7　家庭工作室中的录音 386

21.8　车库工作室 387

21.9　知识点 389

22　小型录音棚声学 390

22.1　对环境噪声的要求 390

22.2　小型录音棚的声学特征 391

22.2.1　直达声和非直达声 391

22.2.2　房间声学处理的作用 392

22.3　房间模式及房间容积 393

22.4　混响时间 395

22.4.1　小空间的混响时间 395

22.4.2　最佳混响时间 395

22.5　扩散 396

22.6　噪声 396

22.7　小型录音棚的设计案例 396

22.7.1　吸声的设计目标 397

22.7.2　声学装修的建议 398

22.8　知识点 400

23　大型录音棚的声学 401

23.1　大型录音棚的设计标准 402

23.2　建筑平面图 402

23.3　墙的部分 403

23.3.1　D–D 部分 403

23.3.2　E–E 部分 405

23.3.3　F–F 部分和 G–G 部分 405

23.4　录音室的声学处理 405

23.5　鼓房 407

23.6　声乐室 409

23.7　声闸 410

23.8　混响时间 410

23.9　知识点 412

24　控制室的声学 413

24.1　初始时间间隙 413

24.2　活跃端 – 寂静端 415

24.3　镜面反射与扩散 416

24.4　控制室中的低频共振 417

24.5　在实际中的初始时间间隙 418

24.6　音箱的摆放、反射路径和近场监听 419

24.7　控制室中的无反射区域（RFZ） 421

24.8　控制室的频率范围 ……………………………………………………… 422

24.9　控制室的外壳和内壳 …………………………………………………… 422

24.10　控制室的设计原则 ……………………………………………………… 423

24.11　设计案例 1：矩形墙面控制室的设计 ………………………………… 424

24.12　设计案例 2：有着展开墙面的双层控制室 …………………………… 425

24.13　设计案例 3：有着展开墙面的单层控制室 …………………………… 426

24.14　知识点 …………………………………………………………………… 428

25　隔音室的声学 429

25.1　一些应用 ………………………………………………………………… 429

25.2　设计原则 ………………………………………………………………… 430

25.3　隔声的需求 ……………………………………………………………… 430

25.4　小房间问题 ……………………………………………………………… 431

25.5　设计案例 1：传统的隔音室 …………………………………………… 432

　　25.5.1　轴向模式 ……………………………………………………… 433

　　25.5.2　混响时间 ……………………………………………………… 434

25.6　设计案例 2：带有圆柱形声学陷阱的隔音室 ………………………… 436

　　25.6.1　声学测量 ……………………………………………………… 438

　　25.6.2　混响时间 ……………………………………………………… 440

25.7　设计案例 3：带有扩散体的隔音室 …………………………………… 441

25.8　评价与比较 ……………………………………………………………… 444

25.9　活跃端 – 寂静端（LEDE）隔音室 …………………………………… 445

25.10　知识点 …………………………………………………………………… 445

26　视听后期制作室的声学 447

26.1　设计原则 ………………………………………………………………… 447

26.2　设计案例 1：小型后期制作室 ………………………………………… 448

　　26.2.1　房间共振评估 ………………………………………………… 448

　　26.2.2　推荐的处理方法 ……………………………………………… 449

26.3　设计案例 2：大型后期制作室 ………………………………………… 451

　　26.3.1　房间共振评价 ………………………………………………… 451

26.3.2　监听音箱和早期声 ⋯⋯⋯⋯⋯⋯⋯⋯⋯⋯⋯⋯⋯⋯ 452

26.3.3　后期声 ⋯⋯⋯⋯⋯⋯⋯⋯⋯⋯⋯⋯⋯⋯⋯⋯⋯⋯⋯ 454

26.3.4　声学处理的建议 ⋯⋯⋯⋯⋯⋯⋯⋯⋯⋯⋯⋯⋯⋯⋯ 456

26.3.5　工作台 ⋯⋯⋯⋯⋯⋯⋯⋯⋯⋯⋯⋯⋯⋯⋯⋯⋯⋯⋯ 457

26.3.6　混音师的工作区 ⋯⋯⋯⋯⋯⋯⋯⋯⋯⋯⋯⋯⋯⋯⋯ 457

26.3.7　视频显示及照明 ⋯⋯⋯⋯⋯⋯⋯⋯⋯⋯⋯⋯⋯⋯⋯ 459

26.4　知识点 ⋯⋯⋯⋯⋯⋯⋯⋯⋯⋯⋯⋯⋯⋯⋯⋯⋯⋯⋯⋯⋯ 459

27　电话会议室的声学 ⋯⋯⋯⋯⋯⋯⋯⋯⋯⋯⋯⋯⋯⋯⋯⋯ 460

27.1　设计原则 ⋯⋯⋯⋯⋯⋯⋯⋯⋯⋯⋯⋯⋯⋯⋯⋯⋯⋯⋯⋯ 460

27.2　房间的形状和尺寸 ⋯⋯⋯⋯⋯⋯⋯⋯⋯⋯⋯⋯⋯⋯⋯⋯ 460

27.3　地板平面图 ⋯⋯⋯⋯⋯⋯⋯⋯⋯⋯⋯⋯⋯⋯⋯⋯⋯⋯⋯ 462

27.4　天花平面图 ⋯⋯⋯⋯⋯⋯⋯⋯⋯⋯⋯⋯⋯⋯⋯⋯⋯⋯⋯ 462

27.5　立面视图 ⋯⋯⋯⋯⋯⋯⋯⋯⋯⋯⋯⋯⋯⋯⋯⋯⋯⋯⋯⋯ 463

27.6　混响时间 ⋯⋯⋯⋯⋯⋯⋯⋯⋯⋯⋯⋯⋯⋯⋯⋯⋯⋯⋯⋯ 464

27.7　知识点 ⋯⋯⋯⋯⋯⋯⋯⋯⋯⋯⋯⋯⋯⋯⋯⋯⋯⋯⋯⋯⋯ 466

28　大空间的声学特性 ⋯⋯⋯⋯⋯⋯⋯⋯⋯⋯⋯⋯⋯⋯⋯⋯ 467

28.1　设计准则 ⋯⋯⋯⋯⋯⋯⋯⋯⋯⋯⋯⋯⋯⋯⋯⋯⋯⋯⋯⋯ 467

28.2　混响及回声的控制 ⋯⋯⋯⋯⋯⋯⋯⋯⋯⋯⋯⋯⋯⋯⋯⋯ 468

28.3　空气吸声 ⋯⋯⋯⋯⋯⋯⋯⋯⋯⋯⋯⋯⋯⋯⋯⋯⋯⋯⋯⋯ 470

28.4　语言厅堂的设计 ⋯⋯⋯⋯⋯⋯⋯⋯⋯⋯⋯⋯⋯⋯⋯⋯⋯ 470

28.4.1　容积 ⋯⋯⋯⋯⋯⋯⋯⋯⋯⋯⋯⋯⋯⋯⋯⋯⋯⋯⋯⋯ 470

28.4.2　厅堂形状 ⋯⋯⋯⋯⋯⋯⋯⋯⋯⋯⋯⋯⋯⋯⋯⋯⋯⋯ 471

28.4.3　吸声处理 ⋯⋯⋯⋯⋯⋯⋯⋯⋯⋯⋯⋯⋯⋯⋯⋯⋯⋯ 472

28.4.4　天花板、墙面及地板 ⋯⋯⋯⋯⋯⋯⋯⋯⋯⋯⋯⋯⋯ 472

28.5　语言清晰度 ⋯⋯⋯⋯⋯⋯⋯⋯⋯⋯⋯⋯⋯⋯⋯⋯⋯⋯⋯ 473

28.5.1　语言频率和持续时间 ⋯⋯⋯⋯⋯⋯⋯⋯⋯⋯⋯⋯⋯ 473

28.5.2　基于主观的测量 ⋯⋯⋯⋯⋯⋯⋯⋯⋯⋯⋯⋯⋯⋯⋯ 473

28.5.3　测量分析 ⋯⋯⋯⋯⋯⋯⋯⋯⋯⋯⋯⋯⋯⋯⋯⋯⋯⋯ 474

28.6　音乐厅声学设计 ⋯⋯⋯⋯⋯⋯⋯⋯⋯⋯⋯⋯⋯⋯⋯⋯⋯ 475

28.6.1 混响 475

28.6.2 清晰度 476

28.6.3 明亮感 476

28.6.4 增益 476

28.6.5 座位数 477

28.6.6 容积 477

28.6.7 扩散 477

28.6.8 空间感 478

28.6.9 视在声源宽度（ASW）.. 478

28.6.10 初始时间间隙（ITDG）...................................... 478

28.6.11 低音比和温暖感（BR）...................................... 478

28.7 音乐厅的建筑设计 479

28.7.1 楼座 479

28.7.2 天花板及墙面 479

28.7.3 倾斜的地面 480

28.8 虚拟声像分析 481

28.9 厅堂的设计流程 482

28.10 案例研究 482

28.11 后记 485

28.12 知识点 485

附录A　TDS和MLS分析概述 487

A.1 基本测量工具 487

A.2 时间 - 延时谱技术 488

A.3 最大长度序列技术 489

A.4 总结 490

附录B　房间的可听化 491

B.1 声学模型的历史 491

B.2 可听化处理 494

B.2.1 扩散系数 495

　　　　B.2.2　听音者的特性描述 ································· 495

　　　　B.2.3　音响测深图（echogram）的处理 ················· 495

　　　　B.2.4　房间模型的数据 ································· 498

　　　　B.2.5　房间模型的绘图 ································· 499

　　　　B.2.6　双耳重放 ································· 501

　　B.3　总结 ································· 501

附录C　部分材料的吸声系数 ················· 502

参考文献 ································· 504

术语表 ································· 504

1
声学基础

声音能够被看作在空气或其他弹性介质中的一种波动。在这种情况下，声音是一种激励。声音也可以看作是对听力系统的一种刺激，它会让我们对声音产生感觉。在这种情况下，声音是一种感觉。那些对音响和音乐感兴趣的朋友通常熟知声音的这种特性。把声音归于哪类，取决于我们的观察角度。如果我们关心的是房间中空气的物理扰动，那么这就是一个物理问题。如果我们关心的是人们如何感知这个房间内的扰动，我们就必须使用心理声学的方法进行研究。因为本书设法解决声学与人的关系，所以声音的以上两种特性都会涉及。由于我们主要对房间材料及其形状如何影响这种扰动感兴趣，因此我们的研究主要涉及物理方面。

声音可以被许多客观参数描述，例如，一方面，频率是声音的一个客观属性，它描述了每单位时间（通常 1s）波形重复的数量。频率能够被示波器或频率计数器所测量。从物理学的角度来看，频率的概念是非常直观的。我们要讨论很多关于声音的客观属性，特别是那些由我们居住的房间所引起的声音特性。

另一方面，频率能够被看作是一种主观属性。这时频率被描述为音高，这是声音的主观属性。对于 100Hz 单音来说，当它的音量从小到大变化时，我们会感觉到有不同的音高出现。随着音量的增加，对于频率较低的声音来说其音高开始下降，而对于频率较高声音来说其音高开始上升。哈维·弗莱彻（Harvey Fletcher）发现，同时播放 168Hz 和 318Hz 纯音会产生非常不和谐的感觉。然而，随着音量不断增大，我们的耳朵会听到 150Hz 和 300Hz 的倍频程音高关系，并且产生和谐的感觉。虽然，我们不能将频率等同于音高，但是它们之间是可以互相比拟的。另外声强和响度之间也存在着类似的关系。频谱和音色之间的关系也并非是线性的。一个复杂的波形，可以用基波与一系列谐波来描述，这些谐波有着不同的幅度和相位。但是，音色的感知是相当复杂的，它是频率、音高及其他影响因素共同作用于人耳听觉系统的结果。

声音的物理属性与我们对声音感知之间的关系是相当复杂的，也正是音频和声学的复杂性产生了诸多有趣的问题。一方面，音箱或音乐厅的设计应当是一个客观的过程；另一方面，这些客观的专业知识必须与我们主观感受相平衡。就像我们通常所说的那样，音箱不是被设计用来在消声室给测量话筒播放正弦波的，而是要把它放在听音室来播放音乐的。换句话说，对音频及声学的研究涵盖艺术及科学两个领域。学习复杂的音频及声学知识都是从科学开始的，但是最终决定项目成败的关键还是我们的耳朵。

1.1 简谐运动和正弦波

如图 1–1 所示，质量块和弹簧组成了一个振动系统。同时，质量块的运动被称为简谐运动。当质量块静止时，系统被称为平衡状态。如果质量块被拉低到刻度的 –5 位置并释放，弹簧会朝 0 的方向拉动质量块。然而，质量块不会停在刻度 0 的位置，而是会越过 0 继续运动到接近 +5 的位置。质量块的位移被定义为运动的幅度。

质量块将会继续振动，每一次的上下重复振动被称为一个周期，这种运动被称为周期运动。弹簧的弹性及质量块的惯性，使得由它们所组成的系统产生周期运动。弹性和惯性这两个要素，是介质拥有声音传导能力的必要条件。在这个实际案例当中，质量块运动的幅度将会逐渐变小，这是弹簧及周边空气的摩擦损失造成的。

简谐振动是一种基本的振动形式，它能够在声信号或电信号当中产生基本波形。为了说明这一点，如图 1–2 所示，如果把一支笔绑在质量块的一端，同时将一个纸带以均匀的速度进行移动，笔将会在纸条上画出一个正弦波。这个正弦波就是与简谐运动密切相关的波形。在这个画面当中，正弦波显现了一个完整的运动周期，同时也展现了第二个周期的一半。质量块的周期运动将会不断地展现更多个正弦波（此刻，我们忽略了那些会降低振动幅度的摩擦损耗）。这个简单的振动系统将会不断产生正弦曲线。在没有外力的情况下，这个振动系统将不会产生其他运动。不管怎样，这个展示幅度与时间对应关系的正弦波，为不同波形的绘制打开了先例。

关于简谐运动的另外一个例子，设想一下，一个汽车发动机中的活塞，它通过长杆与机轴相连。机轴的旋转与活塞的上下运动，很好地展示了旋转运动与简谐振动之间的关系。如同质量块上的弹簧一样，活塞位置随时间的变化也能绘制出一条正弦曲线。

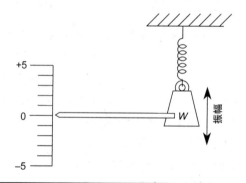

图 1–1 由于弹簧的弹性及质量块的惯性，在弹簧上的质量块会以自身的固有频率振动

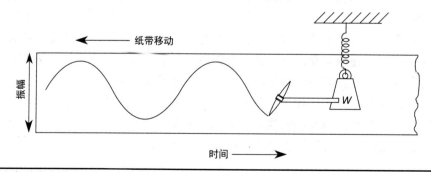

图 1–2 我们把笔绑在质量块上，当纸带以均匀的速度进行移动时，振动的质量块会在纸带上画出正弦波，这显示了简谐振动与正弦波的基本关系

1.2 介质中的声音

前一个例子中的质量块与弹簧系统的模型，同样适用于空气分子的运动。如果一个空气质点从初始位置开始移动，空气的弹力倾向于把质点向初始位置拖拽。由于质点的惯性作用，它会超越原来的静止位置，弹力会向相反方向产生作用力，以此类推。

弹性介质是声波产生的必要条件。空气对声音的传导作用如此普遍，以至于我们经常会忽略其他介质对声音的传导。因此，类似气体、液体及固体的介质，如空气、水、钢铁、水泥等弹性介质都可以传导声音。想象一下，你处在一段铁路的场景中。一个朋友站在离你一段距离的位置处用石头敲击钢轨，你会听到两个声音。一个声音从钢轨传播过来，而另一个声音是通过空气传导过来。你会先听到通过钢轨传来的声音，这是因为声音在钢轨中的传播速度要比在空气中快。同样地，液体也能非常有效地传导声音，在海洋当中，我们可以探知来自数千千米之外的水下声音。

在没有介质的情况下，声音是不能传播的。在实验室中，我们把电子蜂鸣器放在一个厚重的玻璃罩内。当按钮被按下时，蜂鸣器的声音可以借助空气透过玻璃罩传播出来。而随着玻璃罩中的空气被不断抽走，传导出来的声音会变得越来越微弱，直到完全听不到。这时耳朵与声源之间的声音传播介质——空气，已经被彻底移除。外太空是一个几乎完全真空的环境，没有声音能够在其中传播，除了那些有空气的小空间，如宇宙飞船或者航天服内。

1.2.1 质点运动

当微风掠过麦田时会产生波动，随着波的传播每个茎秆仍旧牢固地站在那里。同样，在空气质点传播声波的时候，单个质点会移动，离开其本来位置，但也不会很远，如图 1-3 所示。这种波动传播出去，但传播质点仅在局部区域移动（大概最大位移仅为 0.0001in，1in 约为 25.4mm），其中，在平衡位置的速度最大，而在最大位移处的速度为零（钟摆有着类似的特性）。最大速度称为速度振幅，最大位移称为位移振幅。质点的最大速度是非常小的，即使对于非常大的声音来说，这个速度也会小于 0.5in/s（约 0.013m/s）。正如我们所看到的那样，为了减小声压级，必须降低质点的速度。

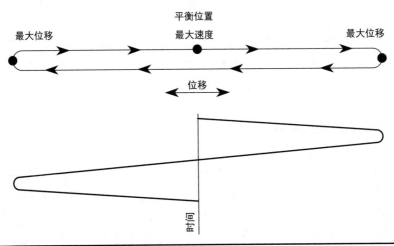

图 1-3 由于空气质点的惯性及空气弹力的相互作用，一个空气质点会在其平衡位置附近进行振动

　　质点的运动有三种不同的方式。第一种方式，对于如空气这种气体介质中的声音传播，质点是沿着声音传播方向运动的。这种运动被称为纵波，它在传播方向上伸缩，如图 1-4（A）所示。正如我们所看到的那样，这种振动产生了高压区及低压区。最小压力另一侧的瞬间压力有着与之相反的状态，即压力在一侧不断增加的同时，另一侧的压力在不断降低。第二种波形运动的方式，可以通过小提琴的弦来展示，如图 1-4（B）所示。琴弦上的质点横向运动，或者垂直于弦波的传播方向。第三种方式，如果我们把一块石头丢向平静的水面，会产生以冲击点为圆心的波，并向外不断传播，其水质点的运动轨迹是圆形（至少对于深水是这样的），如图 1-4（C）所示。

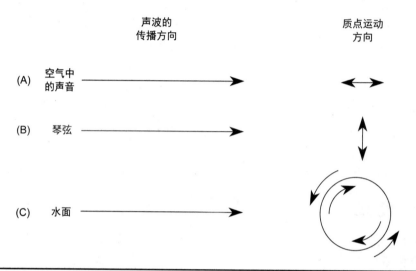

声波的
传播方向

质点运动
方向

(A)　空气中
　　的声音

(B)　琴弦

(C)　水面

图 1-4　声波传播的质点能够有三种不同的运动方式，包括（A）在空气中的纵向运动（B）在琴弦上的横向运动，以及（C）在水面的圆形运动

1.2.2　声音的传播

　　空气质点是如何通过这种微小的前后运动，把音箱中的音乐迅速传播到我们耳朵当中的呢？图 1-5 所示的点，展现了空气分子的密度变化。这些质点簇拥在一起来表示压力区（波峰），在这个区域当中空气压力要比大气压高（在海平面上，通常约为 14.7lb/in^2，1in^2 约为 6.45cm^2）。稀疏区域代表气压稀薄（波谷）的地方，在这个区域的压力比大气压低。箭头（如图 1-5 所示）表明一些空气质点正在向右移动到波峰区，而另一些质点正在向左移动到波谷区。由于弹力的作用，任何质点经过初始位置之后，将会向它原来的位置移动。这会让质点向右移动一段距离之后，再向左移动相同的距离，而声波整体是向右移动的。声音之所以能够传播，是因为质点的动量可以从一个质点传递到另一个质点。

　　在这个例子当中，为什么声波是向右移动的呢？通过近距离观察这些箭头，我们得到了答案。当两个箭头彼此相对时，质点倾向于聚成一团，它产生在每个压缩区域靠右边一点的位置。当箭头相背而指的时候，质点的密度降低。因此，较高压力的波峰和较低压力的波谷之间的运动促使声波向右传播。

　　如前面所提到的，波峰的压力会高于大气压，波谷的压力会低于大气压，如图 1-6 的正弦波所示。这些压力的波动的确非常小。我们的耳朵能够听到非常微弱的声音（20μPa），约为大气压的 500 亿分之一。总而言之，平常的声音，如讲话和音乐等，是通过在大气压上叠加较小的声音能量来实现传播的。

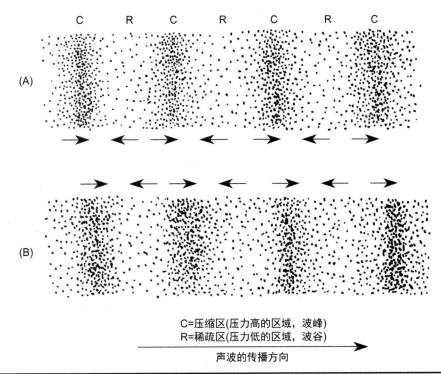

C=压缩区(压力高的区域，波峰)
R=稀疏区(压力低的区域，波谷)
声波的传播方向

图 1–5 声波通过改变空气质点的密度来实现传播。(A)声波让空气质点在一些区域压缩，而另一些区域稀疏。(B)之后的一个瞬间，声波向右有了轻微的移动。

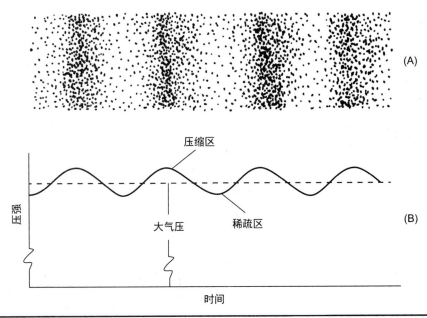

图 1–6 被叠加在标准大气压上的声压变化。(A)在空气中，声波压缩区和稀疏区的瞬间形态。(B)压缩区的压强比大气压稍微高一些，而稀疏区的压强比大气压略微低一些

1.2.3　声音的速度

在普通大气压及温度 70°F（21℃）下，声音在空气中的传播速度约为 1130 ft/s（344m/s），约为 770 英里 / 小时（1239km/h）。在空气动力学领域，这个速度被称为 1.0 马赫（严格来说，它是速度与音速的比值）。这个速度相对我们熟悉的事物来说，不是特别的快。例如，商用飞机以接近声速的速度飞行；波音 787 喷气式飞机以 561 英里 / 小时（0.85 马赫）的速度飞行。声音的速度远低于光的传播速度（670 616 629 英里 / 小时，1 079 252 849km/h）。声音传播 1 英里的时间约为 5s。我们可以利用闪电和雷声之间的时间差，来估算雷暴与我们之间的距离。如果它们之间的时间差是 5s，那么雷暴距我们约 1 英里远。在可闻的声音范围内，声音速度易受到温度及湿度的影响，而较少受到声音大小、频率及大气压变化的影响。在某些情况下，那些影响声音速度的因素会被其他因素的作用所抵消，从而对声音速度的影响变得没那么明显。

声音在某个速度传播取决于其介质的属性。更硬或者较少压缩的介质能够让声音的速度传播更快。通常来说，声音在液体中传播速度要比空气快，而在固体中传播速度要比在液体中快。例如，声音在海水中传播速度约为 5023ft/s（1531m/s），而在钢制品中的传播速度为 16570ft/s（5050m/s）。其他介质的声音传播速度如表 1-1 所示。如上所述，随着温度的增加［随着每一华氏度的增加，会有 1.1ft/s（0.34m/s）的速度增加］，声音的传播速度会不断加快。同时，空气中的湿度会对声音传播速度有轻微影响。空气越湿，声音传播速度越快。我们应当注意到，声音的传播速度与质点的运动速度不同，声音的传播速度显示的是声音能量通过介质传播的快慢，而质点的运动速度是由声音大小所决定的。

表 1-1　不同材料物体中的声音传播速度

介质	声音速度（ft/s）	声音速度（m/s）
空气	1130	344
蒸馏水	4915	1428
海水	5023	1531
木头，冷杉	12470	3800
钢筋	16570	5050
石膏板	22310	6800

1.3　波长和频率

如图 1-7 所示，正弦波的波长 λ 是用它在一个完整周期内的传播距离来衡量的。波长能够通过两个相邻的峰值或者周期上的两个对应点来获得。这种方法也适用于其他种类的周期波而不仅仅是正弦波。频率 f 定义为每秒的周期数，用赫兹（Hz）来衡量。频率和波长之间的关系如下：

$$波长（ft）= \frac{声速（ft/s）}{频率（Hz）} \tag{1-1}$$

也可以表示成：

$$波长（Hz）= \frac{声速（ft/s）}{波长（ft）} \tag{1-2}$$

由上面公式可知，在空气中常温下的声速为 1130ft/s（344m/s），故对于空气中的声音传播来说，等式（1-2）可以变成：

$$波长（ft）= \frac{1130}{频率（Hz）} \tag{1-3}$$

这种关系是在音频领域重要的基础关系。图 1-8 给出了两种用来表示公式（1-3）中波长与频率之间的对应关系的方法。

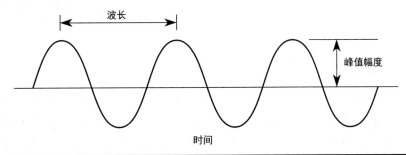

图 1-7 波长是声波完成一个周期振动所传播的距离，它也可以表示成在一个周期波的一点到下一个周期波对应点的距离

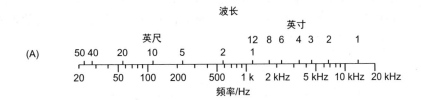

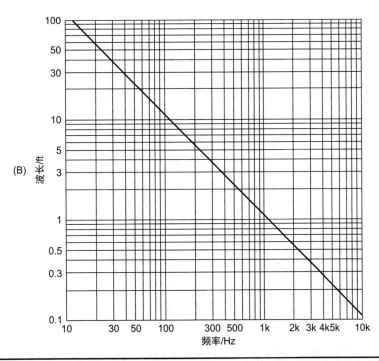

图 1-8 波长和频率之间是相反的关系。(A) 对于已知频率，这个刻度能够近似确定声音在空气中的波长，反之亦然。(B) 该图表能够确定空气中不同频率的声波波长（以上两个图表，都是基于声速为 1130ft/s 的情况下）

1.4 复合波

语言和音乐的波形与简单的正弦波非常不同，它们被看作是复合波。然而，无论波形有多么复杂，只要它是周期波，就能被分解成多个正弦分量。也就是说，任何复杂的周期波都是通过不同频率、幅度及相位的正弦波叠加而成的。约瑟夫·傅立叶（Joseph Fourier）是第一位证明以上关系的科学家。从理论上来说，这个概念相对简单，但是在特定语言和音乐的实际应用当中却常常变得更加复杂。下面我们可以看看一个复杂的波形是如何被分解成简单的正弦波分量的。

1.4.1 谐波

如图 1-9（A）所示，它是一个有着固定幅度和频率的单一正弦波 f_1。图 1-9（B）展示了另一个频率为 f_2 的正弦波，它的幅度是（A）的一半，而频率是其两倍。把 f_1 和 f_2 相同时间上的对应点叠加，将会获得如图 1-9（C）的波形。如图 1-9（D）所示，另一个正弦波 f_3，它的振幅是（A）的一半，而频率是其三倍。把 f_3 与 f_1、f_2 叠加，获得图 1-9（E）的波形。如图 1-9（A）所示的单一正弦波，随着与其他正弦波的叠加，它的形状将不断发生变化。这个过程不论是对声学还是音频信号都是成立的，同时是可逆的。如图 1-9（E）所示的复杂波形，它能够被声学或电子滤波器分解成 f_1、f_2、f_3 的单一正弦分量。例如，利用一个只允许 f_1 通过的滤波器，能够将图 1-9（E）中的 f_1 分量分离出来。

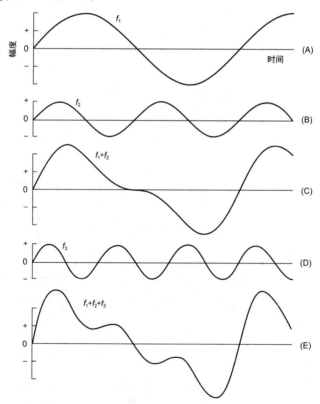

图 1-9 正弦波叠加研究。（A）频率为 f_1 的基波。（B）f_2 为二次谐波，它的频率是 f_1 的两倍，幅度是 f_1 的一半。（C）f_1 与 f_2 在时间线上对应的点的幅度叠加。（D）f_3 为三次谐波，它的频率是 f_1 的三倍，幅度是 f_1 的一半。（E）由 f_1、f_2、f_3 叠加的波形，所有三个分量是同相位的，也就是说，它们同时从零开始振动

如图 1-9（A）所示的 f_1，其频率最低，被称为基波，图 1-9（B）所示的 f_2 其频率是 f_1 的两倍，被称为二次谐波，如图 1-9（D）所示的 f_3，其频率是 f_1 的三倍，被称为三次谐波。而四次谐波、五次谐波的频率分别是 f_1 的四倍和五倍，以此类推。

1.4.2　相位

如图 1-9 所示，f_1、f_2、f_3 这三个分量都是同时从零开始振动的，这被称为同相位振动。然而在许多情况下，谐波与基波之间或者谐波之间的相位关系与以上情况完全不同。我们可以看到，汽车发动机轴的旋转（360°）与活塞简谐振动的周期相同。活塞的上下运动，可以在时间线上展开成为一个正弦波，如图 1-10 所示。一个完整周期的正弦波，能够转换成 360° 的循环。如果有着相同频率的正弦波被延迟 90°，它与第一个正弦波在时间上有着 1/4 波长的延时（时间向右增加）。半波长的延时将会变成 180°，以此类推。对于 360° 的延时来说，如图 1-10 所示，最下面的波形与最上面的波形同步，它们同时到达正向峰值及负向峰值，并形成了同相位关系。

再次看回图 1-9，图 1-9（E）所示复合波形的三个分量都是同相的。也就是说，f_1（基波）、f_2（二次谐波）、f_3（三次谐波）同时从零开始振动。如果谐波与基波之间的相位不同步，将会发生什么呢？图 1-11 展示了这种情况。二次谐波 f_2 比 f_1 提前 90°，三次谐波 f_3 比 f_1 滞后 90°。通过对 f_1、f_2、f_3 在时域进行叠加，并考虑正负问题，得到了如图 1-11(E) 所示的波形。

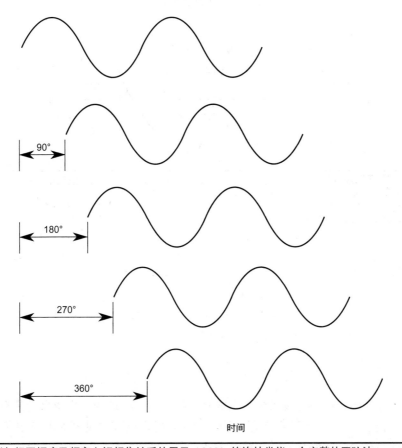

时间

图 1-10　波形与相同幅度及频率之间相位关系的展示。360° 的旋转类似一个完整的正弦波

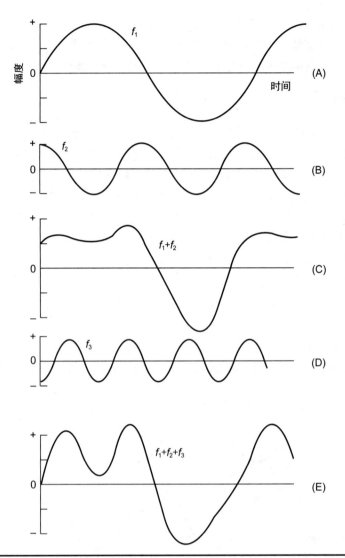

图 1–11 不同相位正弦波叠加的研究。（A）基频 f_1。（B）二次谐波 $f_2=2f_1$，同时波幅是基频的 1/2，相位比基频早 90°。（C）通过在时间线上点到点叠加 f_1、f_2 的振幅获得的波形。（D）三次谐波 f_3，它的频率是 f_1 的三倍，振幅是 f_1 的 1/2，相位比基频晚 90°。（E）f_1、f_2、f_3 的叠加。把这个波形与图 1-9(E) 进行比较，波形的差异完全是由谐波相对基频相位的变化引起的

　　图 1-9（E）与图 1-11（E）之间的唯一不同在于，f_1 与 f_2 和 f_3 之间存在着相位变化。这就是导致波形产生剧烈变化的原因。有趣的是，即使波形产生了如此大的变化，我们的耳朵对此也并不敏感。换句话说，图 1-9（E）与图 1-11（E）所示的波形听起来会非常相似。

　　我们通常会把相位与极性混淆。相位是两个信号之间的时间关系，而极性要么是 +/−，要么是 −/+，它是一对信号线之间的信号关系。

1.4.3　泛音

　　音乐家们更倾向于使用泛音这个术语来代替谐波，然而这两个术语之间是有区别的，因为许多乐器的泛音相对基频不是谐波关系。也就是说，泛音与基频之间不是确切的整数关系，然而丰富的音调仍然能够通过这种偏离的谐波关系进行传递。例如，钟、钹、铃声等打

击乐器所发出的泛音与基频并不是谐波关系。

1.5 倍频程

音频工程师和声学专家通常会使用谐波整数倍的概念，这很容易与声音的物理属性联系起来。音乐家也常常提及倍频程，由于耳朵的听觉特性，对数的概念被广泛应用到音乐刻度和术语当中。音频工作者经常会涉及与听觉相关的工作，因此通常会使用频率的对数刻度、对数测量单位，以及一些基于倍频程的设备。

图 1-12 所示比较了谐波和倍频程之间的差别。其中，谐波是线性的，下一个谐波是前一个谐波的整数倍。而倍频程是指两个频率之间为 2∶1 的比值关系。例如，中央 C（C4）的频率接近于 261Hz。下一个更高 C（C5）的频率约为 522Hz。在音阶当中，有着许多频率的比值，其中频率比为 2∶1 是 1 倍频程（1oct），3∶2 是 1/5 倍频，4∶3 是 1/4 倍频程等。

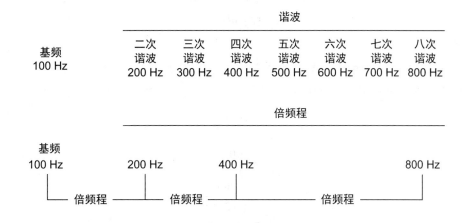

图 1-12 谐波和倍频程的比较。谐波之间是线性关系，而倍频程之间是对数关系

100Hz~200Hz 的间隔是一个倍频程（1oct），这就像 200Hz~400Hz 一样。100Hz~200Hz 的间隔，听起来要比 200Hz~300Hz 大。这表明我们的耳朵对频率间隔的判断是按照比值而不是差值来进行的，并且我们对频率的感知也是成对数关系的。由于在声学工作当中，倍频程的概念非常重要，因此我们有必要对倍频程的数学计算进行深入的了解。

倍频程之间频率比被定义为 2∶1，它的数学表达式如下：

公式（1-4）

$$\frac{f_2}{f_1}=2^n \tag{1-4}$$

其中

f_1= 倍频程的下边缘频率，单位 Hz

f_2= 倍频程的上边缘频率，单位 Hz

n= 倍频程数

对于 1 倍频程来说，n=1 时，式（1-4）变为 $f_2/f_1=2$，这就是倍频程的定义。

其他关于公式（1-4）的应用如下。

例 1

如果一个频率带宽的下限频率是 20Hz，那么它的十倍倍频程的上限频率是多少？

$$\frac{f_2}{20} = 2^{10}$$

$$f_2 = 20 \times 2^{10}$$

$$f_2 = 20 \times 1024$$

$$f_2 = 20480 Hz$$

例 2

如果 446Hz 是一个 1/3 倍频程的下限频率，那么它的上限频率是多少？

$$\frac{f_2}{446} = 2^{1/3}$$

$$f_2 = 446 \times 2^{1/3}$$

$$f_2 = 446 \times 1.2599$$

$$f_2 = 561.9 Hz$$

例 3

中心频率在 1000Hz 的 1/3 倍频程带宽，其下限频率是多少？ $f_1 = 1000Hz$ 为 1/3 倍频程带宽的中心频率，那么 1/3 倍频程带宽的下限频率与 f_1 之间差 1/6 倍频程，因此 $n = 1/6$：

$$\frac{f_2}{f_1} = \frac{1000}{f_1} = 2^{1/6}$$

$$f_1 = \frac{1000}{2^{1/6}}$$

$$f_1 = \frac{1000}{1.12246}$$

$$f_1 = 890.9 Hz$$

例 4

中心频率为 2500Hz 倍频程带宽的下限频率是多少？

$$\frac{2500}{f_1} = 2^{1/2}$$

$$f_1 = \frac{2500}{2^{1/2}}$$

$$f_1 = \frac{2500}{1.4142}$$

$$f_1 = 1767.8 Hz$$

其上限频率是多少？

$$\frac{f_2}{2500} = 2^{1/2}$$

$$f_2 = 2500 \times 2^{1/2}$$

$$f_2 = 2500 \times 1.4142$$

$$f_2 = 3535.5 Hz$$

在许多声学应用当中，通常关注的声音在 8 个倍频程之内，其中心频率分别为 63Hz，125Hz，250Hz，500Hz，1000Hz，2000Hz，4000Hz 及 8000Hz。在一些案例当中，声音是按照 1/3 倍频程划分的，其中心频率分别落在 31.5Hz、50Hz、63Hz、80Hz、100Hz、125Hz、160Hz、200Hz、250Hz、315Hz、400Hz、500Hz、630Hz、800Hz、1000Hz、1250Hz、1600Hz、2000Hz、2500Hz、3150Hz、4000Hz、5000Hz、6300Hz、8000Hz 及 10000 Hz。

1.6 频谱

通常认为声音的可听频率范围在 20~20kHz，它与人耳的感知频率范围接近，也是体现人耳具体听觉特征的范围。我们在了解正弦波及谐波之后，需要建立频谱的概念。可见光的频谱与声音的可听频率范围类似。我们不能看到紫外线，因为这种光的电磁能量的频率太高，是人眼所不能感知的。我们也看不到远红外光，这是因为它的频率太低。同样地，过高频率的声音（超声波）及过低频率的声音（次声波），也是不能被我们耳朵所感知的。

图 1-13 展示了一些在日常生活中具有代表性的音频波形。它们通过信号发生器生成并用示波器显示出来。图的右侧是对应波形的频谱信息，这些频谱展示了该信号的能量分布。除了图 1-13（D）之外所有信号的频谱，都是利用有着陡峭边缘的 5Hz 窄带滤波器，在可听频率范围内分析得到的。通过这种方式，能够测量出该波形能量集中的频率区域。

对于一个正弦波来说，所有能量都集中在基频频率，因为它没有谐波成分。正如我们所看到的那样，这是正弦波的显著特征。如图 1-13（A）所示，由这种特定信号发生器生成的正弦波，并不是纯净的正弦波，它含有许多无关的谐波成分，这是正弦波的失真造成的。由于这些谐波成分的幅度很小，很难显现在右侧的图形中。

如图 1-13（B）的三角波有着 10 个单位量级的基波成分。波形分析仪能够检测出较为明显的二次谐波成分 f_2，它的频率是基波频率的两倍，其幅度为 0.21 个单位。三次谐波显示出 1.13 单位的幅度，四次谐波为 0.13 单位，依此类推。七次谐波有着 0.19 单位幅度，14 次谐波（在这个例子中约为 15kHz）有着仅 0.03 单位幅度。我们可以看到这个三角波，在整个可听频率范围内分布着奇偶谐波分量。如果我们知道它们所对应的幅度和相位，就能够以人工合成的方式生成原始的三角波。

如图 1-13（C）所示，通过一个比较分析展示了方波的频谱。方波有着比三角波更大幅度的谐波成分，它的奇次谐波比偶次谐波更为突出。三次谐波的幅度是基波的 34%。方波的五次谐波为 0.52 单位。图 1-14（A）展示了方波的波形，我们可以通过把谐波叠加到基波的方法来还原它。不过，这需要大量的谐波成分。例如，图 1-14（B）展示了一个方波，它是由 2 个非零谐波成分与基波叠加所产生的，而图 1-14（C）展示了基波与 9 个非零谐波进行叠加的结果。这证明了为什么一个频带受到限制的"方波"，其外表不像方波。

正弦波、三角波及方波的频谱显示出，它们的能量集中在谐波频率上，而在谐波之间的频率没有能量。以上三种波都是周期波，它们一个周期接着一个周期地进行重复。如图 1-13（D）所示，第 4 个例子是随机噪声（白噪声）。对于这种信号的频谱，我们不能利用带宽为 5Hz 的窄带滤波器分析仪进行分析，因为它波动得太剧烈以至于不能获得准确的数据。因此我们使用有着固定带宽的宽带分析仪，它含有各种积分电路，能够帮助设备获得较为稳定的读数，从而获得信号相应的频谱。通过频谱可以看出，在整个频域范围内随机噪声信号的能量分布是均匀的。其中高频部分有着一定的衰减，这表明随机噪声信号发生器已经到达了随机噪声的上限频率。这个信号仍然被看作白噪声信号，因为在我们所关注的频带范围内，它的能量分布仍然是平直的。

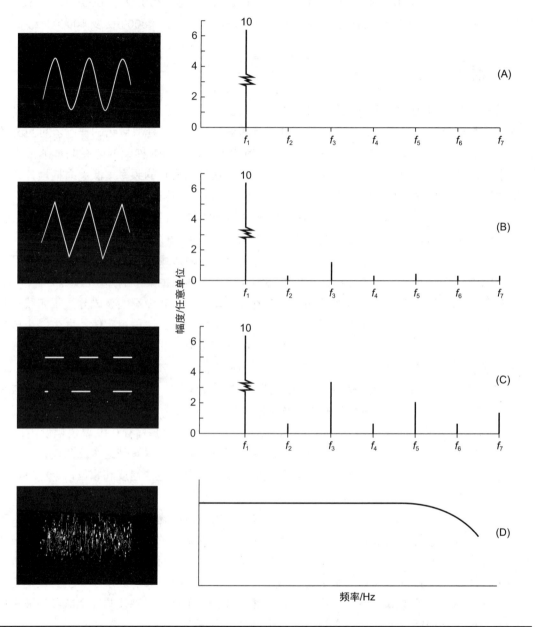

图 1–13 常见音频波形与噪声之间的比较。（A）纯正弦波的频谱，它仅包含一个单一频率。三角波（B）和方波（C）的波形都有一个基频和多个与基频成整数倍间隔的谐波成分。（D）随机噪声（白噪声）有着较为一致的能量分布，随着频率的增加能量会在某一频点之后开始衰减。随机噪声通常被看作是具有连续频率分布的信号

通过示波器我们可以看出正弦波与随机噪声之间有着较少的相似性，但是它们之间却有着隐性的关系。平直的随机噪声信号能够被看成是频率、幅度及相位不断变化的正弦波分量的叠加。如果让随机噪声通过一个窄带滤波器，同时利用示波器观察其输出波形，我们将会

看到类似正弦波的波形，其幅度仍然会继续变化。理论上，一个带宽无穷窄的滤波器，将会过滤出一个单一频率的正弦波。

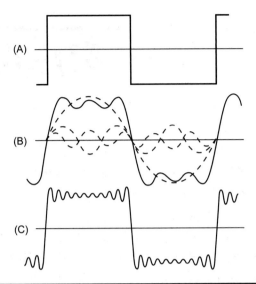

图 1–14　我们可以把谐波叠加到正弦基频来合成方波。（A）拥有无限数量谐波成分的方波。（B）基波与两个非零谐波的叠加波形（C）基波与九个非零谐波的叠加波形。明显地，我们需要许多分量成分来平滑波纹，最后产生图（A）的直角

1.7　知识点

- 在弹性介质中，如气体、固体及液体，声音以波动的形式存在。
- 简谐振动是振动当中的基本形式，能够产生正弦波。
- 声音的传播是由粒子的动量从一个粒子向其他粒子转移造成的。
- 在空气中的声音速度通常约为 1130ft/s（344m/s），且会随着介质的属性及其他因素的变化而改变。
- 声音的波长是声波在一个完整周期内的传播距离。
- 语言和音乐的波形是复合波。如果它们是周期波，能够变成被称为谐波的正弦波分量。
- 相位描述的是波形与波形之间的时间关系。
- 通常认为的可听频率范围是 20Hz~20kHz，它和人耳的感知频率范围相吻合。

2

声压级和分贝

分贝是声学领域最为重要的单位之一，它是描述声学现象及人们对声音感知方面非常有效的方法。在本章当中，大家一起来探讨一下分贝的概念，同时观察一下在各种应用当中，我们是如何利用分贝来测量声压级的。在许多应用场景中，我们展示了分贝是如何测量的。

用分贝表示声压级能够清晰地展现出人耳听觉的灵敏度范围。听阈与空气中人耳对声音感知的下限相匹配，它是由空气分子撞击鼓膜所产生的噪声。痛阈与人耳能够忍受的最大声压级有关，在非常高的声压级下，声音会对人耳造成永久性的损伤。用分贝来表示声压级是一种较为便利的方式，它能够包含人耳所能够觉察到的，数十亿倍的声压范围。

2.1 比值与差值

在日常生活当中，我们能够使用很多种方式来描述变化。例如，我们能够用差值或比值来描述这种变化，比值能够更好地表示声音响度的变化。

设想一下，把声源放置在一个与外界噪声完全隔离的房间里，并记录下当声源的大小被调节到非常低，只有一个单位量级的声压时的音量。在实验 A 中，为了将感知音量提高一倍，我们将声压级从 1 个单位增加到 10 个单位。现在把声源的声压提高到 10000 个单位量级。在实验 B 中，同样为了将感知音量提高一倍，我们必须将声压从 10000 单位提高到 100000 单位，其结果如下所示。

实验	2 个声压的差值	2 个声压的比值
A	10—1	10∶1
B	100000—10000	10∶1

实验 A 和实验 B 都使感知音量提高一倍。在实验 A 中，仅增加 9 个单位就可以实现，而实验 B 则需要增加 90000 个单位。我们可以看出，对于音量变化的描述，使用比值要比差值更加适合。

厄恩斯特·韦伯（Ernst Weber），古斯塔夫·费克纳（Gustaf Fechner）及埃尔曼·冯·黑尔姆霍尔茨（Hermann von Helmholtz）等声学专家，都指出过使用比值进行衡量的重要性。比值同样较好地应用在视觉感知、振动甚至电击上。激励的比值要比差值更加匹配人类的感知。虽然这种比值不是完美的，不过用基于比值的分贝来表达是足够接近的。

功率比、强度比、声压比、电压比、电流比或者其他任何比率都是没有量纲的。例如，1W 与 100W 的比率是 1W/100W，在分子和分母中的"W"被抵消，成为 1/100=0.01，这是一个没有量纲的数值。这一点在我们对分贝的讨论中非常重要，因为分贝使用的是对数运算，而对数运算仅仅能够在非量纲情况下使用。

数字的表达

表 2-1 展示了 3 种不同的数字表达方式。十进制和算术形式是我们日常生活中经常用到的。而指数方式使用相对较少，它有着独特的可以简化很多关系的表达式。当我们表示"十万"瓦特时，能够用 100000W 或者 10^5W 来表示。当用十进制表达"百万分之一的百万分之一"瓦特时，小数点后一连串的零显得非常笨拙，而用 10^{-12}W 表示则非常简便。工程计算器在科学注释当中使用指数表示，在其中非常大或者非常小的数值都能够被表示。

表 2-1　十进制法、算术法、指数法等数字的不同表示形式

十进制法	算术法	指数法
100000	$10 \times 10 \times 10 \times 10 \times 10$	10^5
10000	$10 \times 10 \times 10 \times 10$	10^4
1000	$10 \times 10 \times 10$	10^3
100	10×10	10^2
10	10×1	10^1
1	$10/10$	10^0
0.1	$1/10$	10^{-1}
0.01	$1/(10 \times 10)$	10^{-2}
0.001	$1/(10 \times 10 \times 10)$	10^{-3}
0.0001	$1/(10 \times 10 \times 10 \times 10)$	10^{-4}
100000	100×1000	$10^2 + 10^3 = 10^{2+3} = 10^5$
100	10000×100	$10^4/10^2 = 10^{4-2} = 102$
10	100000×10000	$10^5/10^4 = 10^{5-4} = 10^1 = 10$
10	$\sqrt{100} = \sqrt[2]{100}$	$100^{1/2} = 100^{0.5}$
4.6416	$\sqrt[3]{100}$	$100^{1/3} = 100^{0.333}$
31.6228	$\sqrt[4]{100^3}$	$100^{3/4} = 100^{0.75}$

我们能够听到的最小声音的声强（听阈的下限）约为 10^{-12}W/m^2，非常响的声音（会让耳朵产生疼痛的感觉）大概在 10W/m^2（声强是在特定方向单位面积的声功率）。从最小声音到产生疼痛感的声音范围为 10 000 000 000 000。很明显，使用指数来表示这个范围，10^{13} 会更加方便。此外，把 10^{-12}W/m^2 的强度作为参考声强 I_{ref} 是有用的，把其他的声强 I 表示为 I/I_{ref} 的比率。例如，10^{-9}W/m^2 声音强度将会被记作 10^3 或者 1000（这个比率是无量纲的）。我们看到 10^{-9}W/m^2 是参考强度的 1000 倍。

2.2　对数

把 100 表示成 10^2，其意思是 $10 \times 10 = 100$。类似的，10^3 的意思是 $10 \times 10 \times 10 = 1000$。但是如何表示 267 呢？这就需要使用对数了。对数是对求幂的逆运算。根据定义我们知道，以 10 为底 100 的对数等于 2，通常写成 $\log_{10}100 = 2$，或者简化为 lg 100 = 2，因为常用对数是以 10 为底的。数字 267 能够表示为 10 的 2~3 次方。为了避免数学计算，我们可以利用计算器输入 267，按下"log"键，直接得出 2.4265 的结果。因此，$267=10^{2.4265}$ 即 lg 267 = 2.4265。如表 2-1 所示，对数的使用是非常方便的，因为它把乘法变成了加法，把除法变成了减法。

对于音频工程师来说，对数是非常有用的，因为它能够把测量结果与人耳的听力联系起来，且能够较为高效地表达大范围的数字。对数是用分贝表达声压级的基础，其中声压级是待测声压与参考声压比值的对数。特别是，以分贝为单位的声压是以 10 为底 2 个类似数值比值对数的 10 倍，这些将会在下面介绍。

2.3 分贝

可以看到，利用比率来表示声强是有用的。同时，我们能够利用比率的对数来表示强度。以 I_{ref} 为参考的强度 I 能够表示为

$$\log_{10} \frac{I}{I_{ref}} \, \text{B} \tag{2-1}$$

强度的测量是无量纲的，但是为了说明这个值，我们通常使用贝尔（bel，来自 Alexander Graham Bell）作为单位。然而用贝尔来表示时，数值的范围多少会有点小。为了让这个范围更加容易表达，我们通用用分贝来表示。分贝（dB）是 1/10 贝尔（B）。1 分贝是以 10 为底 2 个强度（或功率）比值对数的 10 倍。因此，在分贝中强度的比率变成

$$IL=10 \log_{10} \frac{I}{I_{ref}} \, \text{dB} \tag{2-2}$$

这个值被称为声音强度级（IL 单位为 dB），同时它不同于强度（I 单位为 W/m^2）。使用分贝是较为方便的，且分贝值更加接近我们对声音响度的感知。

然而当我们用分贝来表示声压而不是声强时，会产生一些问题。式（2-2）使用的是等效于声音强度、声功率、电功率或其他种类的功率。例如，我们能把声功率级表示为：

$$PWL=10 \log_{10} \frac{W}{W_{ref}} \, \text{dB} \tag{2-3}$$

其中，PWL = 声功率级（dB）

$\qquad W$ = 声功率（W）

$\qquad W_{ref}$ = 参考功率（10^{-12}W）

声音强度是比较难测量的。在声学测量中，声压通常是较为容易获得的声学参数（就像对于电子线路当中的电压测量一样）。基于这个原因，我们常常使用声压级（SPL）。SPL 是声压的对数值，同样，声音强度级（IL）对应声音强度。SPL 近似等于 IL，它们常常与声压级相关。声强（或功率）与声压 p 的平方成正比。我们可以稍微改变一下定义公式。当参考声压为 20μPa 时，声压 p 的测量使用微帕斯卡，其 SPL 的表达式如下：

$$SPL=10 \log_{10} \frac{p^2}{p_{ref}^2}$$
$$=20 \log_{10} \frac{p}{20 \, \mu\text{Pa}} \, \text{dB} \tag{2-4}$$

其中，SPL= 声压级（dB）

p= 声压（μPa 或其他）

p_{ref}= 参考声压（μPa 或其他）

表 2-2 列出了什么情况下使用式（2-2）、式（2-3）、式（2-4）。

表 2-2　10lg 及 20lg 公式的用法

参数	式 (2-2) 或 (2-3) $10 \log_{10}\frac{a_1}{a_2}$	式 (2-4) $20 \log_{10}\frac{b_1}{b_2}$
声学		
声强	X	
声功率	X	
空气粒子速度		X
声压		X
电学		
电功率	X	
电流		X
电压		X
距离（距离声源的声压级；平方反比）		X

2.4　参考声压级

正如我们所看到的那样，参考声压级被广泛用作建立测量的基准。例如，声级计可以被用来测量某个声压级。如果对应声压级用通常的压力单位来表示，将会导致测量数字在最大值和最小值之间有着较大的变化范围。通过上面的内容可以看出，比值比线性数字更加接近人耳的感受，利用分贝表示的声压级，能够把较大和较小的值压缩到一个更加便利的范围。从本质上来说，声级计读取的是某个时刻的声压级，即 20 lg (p/p_{ref})，如式（2-4）所示。参考 p_{ref} 必须是标准的，以便于相互比较。这些年来，有好多参考声压被使用，但是对于空气中的声音传播来说，标准的参考声压为 20 μPa。这个参考声压或许看起来与 0.0002mPa 及 0.0002 达因 /cm²（1 达因 =10^{-5}N）非常不同，然而它们是相同的参考声压，仅仅是单位不同而已。这是一个非常小的声压（0.0000000035lb/in²，1lb 约为 0.454kg），且它对应人耳在 1kHz 处的听阈。图 2-1 所示，为帕、磅 / 英寸²、声压级之间的关系。

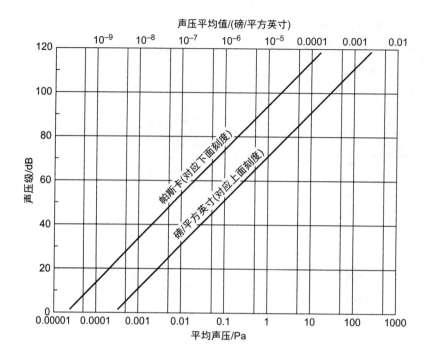

图 2-1 该图表展示了，用 Pa 或镑 / 平方英寸表示的声压与声压级（参考声压为 20 μPa）之间的关系。这个图表接近于式（2-2）的解

当我们遇到类似"声压级为 82dB"的陈述时，82dB 声压级通常被用来与其他声压级进行比较。然而，如果我们需要声压的具体数值，可以通过式（2-4）进行倒推获得，如下所示：

$$82 = 20 \lg \frac{p}{20\,\mu\text{Pa}}$$

在计算器中的"y^x"按键，可以帮助我们对 $10^{4.1}$ 的值进行计算。输入 10，然后再输入 4.1，最后按下"y^x"按键，就可以获得数值 12589。

$$p = 20\,\mu\text{Pa} \times 12589$$

$$p = 251785\,\mu\text{Pa}$$

还有值得强调的是 82 有 2 位有效数字，而 251785 有 6 位有效数字，这里没有考虑精度的问题，仅是因为计算器没有考虑精度，最佳的答案应该是 252000μPa 或 0.252 Pa。

2.5 对数与指数公式的比较

从表 2-1 中我们可以看到对数公式与指数公式是等效的。当使用分贝时，我们应当更加理解这种等效关系。

比如有一个功率的比值为 5，即有

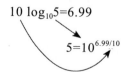

$$10 \log_{10} 5 = 6.99$$

$$5 = 10^{6.99/10}$$

在指数表达式上有两个 10，它们来自不同的地方，如箭头所指那样。现在让我们处理一个比值为 5 的声压，即有

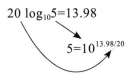

$$20 \log_{10} 5 = 13.98$$
$$5 = 10^{13.98/20}$$

在空气中的声压级，压力比值的参考声压（p_{ref}）为 20μPa。这里有其他的参考量，一些通常使用的数值，见表 2-3。当我们处理非常大和非常小的数值时，通常会使用表 2-4 所列出的前缀。这些前缀通常是希腊字母，它们是以 10 为底的幂指数。

表 2-3　常用的参考量

分贝值	参考量
声学	
空气中的声压级（SPL，dB）	20 μPa
功率级（Lp，dB）	1pW（10^{-12}W）
电子学	
参考电功率为 1mW	10^{-3}W（1mW）
参考电压为 1V	1 V
音量级，VU	10^{-3}W

表 2-4　前缀、符号及指数

前缀	符号	指数
太	T	10^{12}
吉	G	10^{9}
兆	M	10^{6}
千	k	10^{3}
毫	m	10^{-3}
微	μ	10^{-6}
纳	n	10^{-9}
皮	p	10^{-12}

2.6　声功率

产生较大的声音并不需要很大的声功率。这对于重放音乐来说是幸运的，因为音箱的转换效率（针对给定输入的输出量）非常低，或许只有 10% 左右。另一方面，通过提高功放的功率来实现更大的声压级是非常困难的。例如，我们把功放的功率从 1W 增加到 2W，功率级仅有 3dB（10 lg 2 = 3.01）的增加，这对音量大小的影响很小。类似地，我们把功率从 100W 增加到 200W，或者从 1000W 增加到 2000W，同样也会有 3dB 的增加量。

表 2-5 展示了一些常见声源的声压和声压级。从表中可以看到，0.00002Pa（20μPa）～

100000Pa 有着很大的差距，但是当我们用声压级来表示时，这个范围会缩减到一个合理的区域。图 2-2 也展现了类似的信息。

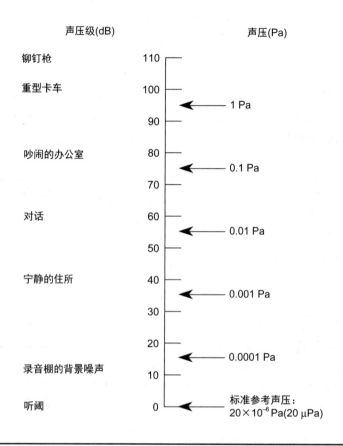

图 2-2　1Pa 声压的相对幅度，及它与已知声源的比较。在空气中，声音的标准参考声压为 20μPa，它接近于人耳能听到的最小声压

土星五号火箭发射的声压级是巨大的，高达 194dB（在整个发射过程当中，甚至有更高的声压级出现），除了火箭发射之外，在 10ft 处点燃 50lb（1lb ≈ 0.45kg）的 TNT 炸药也会产生类似的声压级）。这个声压级近似于大气压，与大气压波动的量级相同。194dB 的声压是一个平均值（RMS）。峰值声压是平均声压的 1.4 倍，它非常大，完全超过大气压。

表 2-5　不同声源所对应的声压和声压级

声源	声压 (Pa)	声压级 (dBA)
土星五号火箭	100000	194
喷气式飞机	2000	160
螺旋桨飞机	200	140
铆钉枪	20	120
重型卡车	2	100
吵闹的办公室或者拥堵的马路	0.2	80

续表

声源	声压 (Pa)	声压级 (dBA)
对话	0.02	60
宁静的住所	0.002	40
落叶	0.0002	20
听阈，可闻频率范围内所能听到的最小声音	0.00002	0

* 参考声压（这些是一致的）：

20 μPa（微帕）

0.00002 Pa（帕斯卡）

$2 \times 10^{-5} N/m^2$

0.0002 达因 /cm² 或微巴（μbar，1bar=10^5Pa=10N/cm²）

2.7 分贝的使用

正如我们所看到的那样，声压级能够用两个类似功率比值的对数来表示。当声压级的数值用功率比以外的比率进行计算时，可以观察到某些规律。从式（2-4）中可以看出，声功率与声压的平方成正比。对于功放的电压增益来说，用分贝可以表示为 20lg（输出电压 / 输入电压），其中忽略了输入和输出阻抗的影响。然而，对于功率级的增益来说，如果输入、输出阻抗不同，则必须考虑阻抗问题。清晰地标明分贝的种类是非常重要的，否则只能将其看作"相对增益（dB）"。在下面的例子中，我们展示了对分贝的使用。

2.7.1 例 1：声压级

当某个声源的声压级是 78dB 时，其声压是多少？

$$78 \text{ dB}=20 \lg \left[p/(20 \times 10^{-6}) \right]$$
$$\lg \left[p/(20 \times 10^{-6}) \right] =78/20$$
$$p/(20 \times 10^{-6})=10^{3.9}$$
$$p=(20 \times 10^{-6}) \times 7946.3$$
$$p=0.159 \text{ Pa}$$

在声压测量当中的参考声压为 20 μPa。

2.7.2 例 2：音箱的声压级

阻抗为 8Ω 的音箱，其输入功率为 1W，在轴向 1m 处所产生的声压级为 115dB。那么它在 6.1m 处的声压级是多少？

$$SPL=115-20 \lg(6.1/1)$$
$$=115-15.7$$
$$=99.3 \text{ dB}$$

在上式的计算当中，因子 20lg6.1 是建立在音箱处在自由声场的假设当中的，在这种情况下声压衰减遵循平方反比定律。如果音箱远离反射表面，针对 6.1m 处近似自由声场的假设是相对合理的。更多有关自由声场的讨论会在第 3 章展开。

该音箱输入 1W 功率，在 1m 处所产生的声压级为 115dB。如果输入功率从 1W 降到 0.22W，那么 1m 处的声压级为多少？

$$SPL=115-10 \lg(0.22/1)$$
$$=115-6.6$$
$$=108.4 \text{ dB}$$

注：因为上式为功率的比值，故使用 10lg。

2.7.3　例 3：话筒电压

一只全指向动圈话筒，在 150Ω 阻抗的条件下，其开路电压为 −80dB，同时标明 0dB=1V/μbar，那么该话筒的开路电压是多少伏？

$$-80 \text{ dB}=20 \lg（v/1）$$
$$\lg（v/1）=-80/20$$
$$v=0.0001 \text{ V}$$
$$=0.1 \text{ mV}$$

2.7.4　例 4：线性放大器输出电压

一个输入输出阻抗均为 600Ω 的线性放大器，其增益为 37dB，当输入电压为 0.2V 时，输出电压是多少？

$$37 \text{ dB}=20 \lg（v/0.2）$$
$$\lg（v/0.2）=37/20$$
$$=1.85$$
$$v/0.2=10^{1.85}$$
$$v=0.2 \times 70.79$$
$$v=14.16 \text{ V}$$

2.7.5　例 5：通用功放的电压增益

一个桥接输入阻抗为 10000Ω，输出阻抗为 600Ω 的功放。当输入电压为 50mV，输出电压为 1.5V 时，功放的电压增益是多少？

$$电压增益 =20 \lg（1.5/0.05）$$
$$=29.5 \text{ dB}$$

需要强调的是，这不是一个功率增益，因为其输入、输出阻抗是不同的。但是，在某些情况下电压增益的计算或许也能够满足实际应用。

2.7.6　例 6：音乐厅的计算

在音乐厅中，当定音鼓发出一个单音，距离定音鼓 84ft（约 25.6m）的座椅上，测得直达声压级为 55dB。距离座椅最近的侧墙的反射声，在定音鼓敲击后的 105ms 到达座椅。（1）反射声到达座椅处的距离有多远？（2）假如墙面反射是完全的，那么座椅处的反射声压级是多少？（3）在直达声到达座椅之后，反射声还要多久才能到达？

（1）

$$距离 =（1130ft/s）\times（0.105s）$$

$$=118.7ft$$

（2）首先，我们需要估算距离定音鼓 1ft 处的声压级 L。

$$55=L-20 \lg（84/1）$$

$$L=55+38.5$$

$$L=93.5 \text{ dB}$$

在座椅处，反射声的声压级为：

$$dB=93.5-20 \lg（118.7/1）$$

$$=93.5-41.5$$

$$=52dB$$

（3）在直达声到达座椅后，反射声到达座椅的延时时间为：

$$延时 =（118.7-84）/1130（ft/s）$$

$$=30.7ms$$

以上例子中同样假设为自由声场环境，这个 30.7ms 的反射延时可以称为早期反射声。

2.7.7　例 7：分贝的叠加

在录音棚当中，有暖气、通风、空调（HVAC）系统及落地风扇。如果 HVAC 和风扇都被关掉，噪声会非常低，这种噪声可以在计算中被忽略。如果仅有 HVAC 运行，在固定点的声压级为 55dB。如果仅仅风扇运行，其声压级为 60dB。那么如果这两个噪声源同时运行，将会有多大声压级的噪声？答案肯定不是 55+60=115dB，而是

$$叠加的分贝值 =10 \lg\left(10^{\frac{55}{10}} + 10^{\frac{60}{10}} \right)$$

$$=61.19 \text{ dB}$$

我们可以看到，55dB 的声音与 60dB 的声音叠加，整体声压级仅有着较小的增加。在另一个例子当中，如果两个噪声源叠加之后的声压级为 80dB，其中一个声源的声压级为 75dB，当把它关闭之后另外一个声源的声压级是多少？

$$分贝差 =10 \lg\left(10^{\frac{80}{10}} - 10^{\frac{75}{10}} \right)$$

$$=78.3 \text{ dB}$$

换句话说，78.3dB 与 75dB 声压级相加，将会产生 80dB 的声压级，前提是我们假设 HVAC 系统与风扇都产生的是宽带噪声。不同声压级的声源只有其频谱特征相同或类似时才能够进行比较，这一点非常重要。

2.8　声压级的测量

　　声级计是用来读取声压级的设备。用分贝表示的声压，其参考声压通常为 20 µPa。在整个频带当中，人耳的听觉响应是不平直的。例如，我们的听觉灵敏度在低频和高频部分都会衰减得比较快。并且，这种衰减特性在较低的声压环境下会更加明显。基于这种现象，为了模拟人耳的听觉系统，我们通常在声级计上提供 A、B、C 三种计权网络，它们的频率响应如图 2-3 所示。这种计权网络在低频及高频部分降低了测量声压级。A 计权网络是 40 方听觉响应曲线的反转，B 计权网络是 70 方听觉响应曲线的反转，C 计权网络是 100 方听觉响应曲线的反转。计权网络的选择是根据所要测量的对象（背景噪声、飞机引擎等）的声压级大小最终确定的。

- 对于声压级在 20~55dB 的声音来说，通常使用 A 计权网络。
- 对于声压级在 55~85dB 的声音来说，通常使用 B 计权网络。
- 对于声压级在 85~140dB 的声音来说，通常使用 C 计权网络。

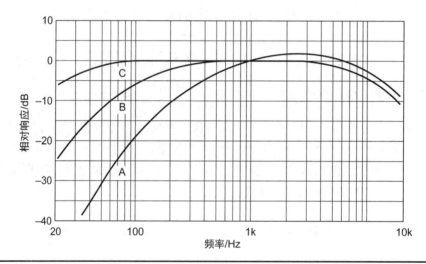

图 2-3　声级计的 A、B 和 C 计权网络所对应的特征（ANSI S1.4–1981.）。通常情况下，A 计权网络使用得较多

　　这些计权网络这样设计是为了让声级计的读数更加贴近人耳对声音大小的感知。然而，B 和 C 计权网络，通常与人耳的听觉不一致。B 计权网络不再推荐使用。Z（Zero）计权网络描述了一个平直的频率响应曲线，它在 IEC 61672 标准中有详细描述。A 计权网络广泛应用于包含环境测量在内的许多声学噪声的测量当中。当我们使用 A 计权进行测量时，测得数值后面通常标识为 dBA 或 dB（A）。当利用校准的话筒进行 dBA 的测量时，dB SPL 单位的参考声压为 20 µPa = 0 dB SPL。通常来说，dBA 读数要比未计权 dB 的读数低。因为 A 计权在 1kHz 以上是基本平直的，所以 dBA 与未计权读数的差别，主要体现在信号的低频部分。例如，如果 A 计权读数与未计权读数差距较大，则表明信号的低频部分有着较多的成分。在 IEC 61672 标准中，也有对 A 计权网络的详细描述。

　　以上简单的频率计权不能精确反应响度。因此，带有简单计权网络的声级计所测量的结果，仅仅用来比较声压级，而不能用来测量响度。声音的频率分析通常推荐使用 1/3 倍频程。更多的高级测量技术会在附录 A 中详细描述。

2.9　正弦波的测量

正弦波（或正弦曲线）是一种特定的交流信号，它通过一套特定术语来描述。我们通过示波器可以看到，这种信号最容易读取的是峰－峰值，它可以是电压、电流、声压或者任何形式正弦波，如图 2-4 所示。如果这种波是对称的，那么峰－峰值刚好是峰值的两倍。

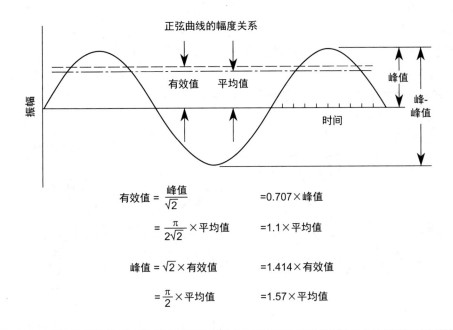

$$有效值 = \frac{峰值}{\sqrt{2}} \qquad =0.707 \times 峰值$$

$$= \frac{\pi}{2\sqrt{2}} \times 平均值 \qquad =1.1 \times 平均值$$

$$峰值 = \sqrt{2} \times 有效值 \qquad =1.414 \times 有效值$$

$$= \frac{\pi}{2} \times 平均值 \qquad =1.57 \times 平均值$$

图 2-4　适用于电压、电流的正弦幅度关系，也适用于类似电压的声学参数。另一个在声学领域使用的术语叫作峰值因数，或者峰值除以平均值。这些数学关系适用于正弦波，而不适用于复杂的波形

通常情况下，交流电压表是一个配有整流器的直流工具，它能够把不断变化的正弦波电流转化为单一指向的脉冲电流。这时直流表的数值，对应如图 2-4 所示的平均值。然而，这种表几乎都是依据 RMS（均方根，将会在第 3 章描述）进行校准的。对于单纯的正弦波来说，这是非常准确的，然而对于非正弦曲线的波形来说，读数将会存在误差。

有效值为 1A 的交流电与直流电，它们通过已知阻值的电阻所产生的热量是相同的。毕竟，无论什么方向的电流都能够让电阻产生热量。这只是我们如何评估它的问题。在图 2-4 所示的右侧，数值为正的曲线上，对应每个标记时间增量的纵坐标（对应曲线的高度）能够被读出。这时（a）把纵坐标中的每一个值进行平方，（b）把平方的数值相加，（c）得出平均值，（d）把平均值进行开平方处理。我们把这个平均值的开平方，作为如图 2-4 所示正向曲线的有效值。类似地，我们可以对负向曲线进行同样的处理（把纵坐标的负值进行平方，获得与正值相同的数值），然而通过把对称波形的正向曲线进行加倍看上去更加容易处理。通过这种方法，任何周期波的有效值或者"热功率"的数值都可以被确定，无论它是电压、电流还是声压类的周期波。图 2-4 也提供了仅针对正弦波的关系总结。值得注意的是，上述简单的数学关系只能应用到正弦波的计算当中，而不能用在复杂的声音当中。

2.10 电子、机械和声学类比

一个类似音箱的声学系统，能够用等效的电子或机械系统来表示。工程师们能够使用这种等效类比，并借助数学方法对已知系统进行分析。例如，我们可以通过把封闭空间的空气看作电子线路当中的电容，它通过振膜运动来对能量进行吸收和释放，从而对音箱箱体的声学系统进行分析。

图 2-5 分别展示了电子、机械及声学系统的三大基本系统。电子线路中的电感可以等效为机械系统中的质量，及声学系统中的声质量。电子线路中的电容可以与机械系统中的顺度，及声学系统中的电容相类比。在这三个系统当中，无论是玻璃纤维中空气质点的摩擦运动，还是车轮轴承的摩擦损耗，又或者是电子线路中对电流的阻力，都可以看作电阻。

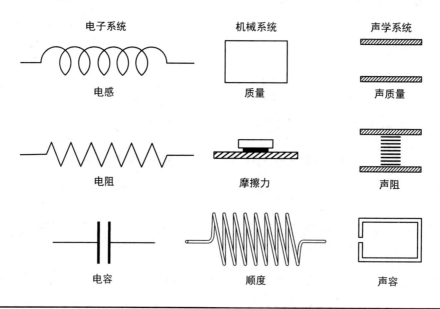

图 2-5 电子系统中三个基本元素，以及它们在机械系统和声学系统中的类比

2.11 知识点

- 在许多情况下的声学测量，使用比率和对数能够更加接近人耳的听觉感受
- 分贝能够用来表示声音强度及其他以比率的对数存在的现象。
- 声压级是声压的对数值，根据用法的不同会有不同的等式对它进行定义。
- 声压级的测量是相对于参考声压的，例如 20 μPa 的参考声压。
- 为了更加接近人耳的感知，声压级的测量通常使用特殊的计权网络。A 计权曲线是经常会被用到的。
- 许多正弦波的测量能够使用一组特定的关系来描述，而这些特定关系不能应用于复合波形。

3

自由声场的声音

在许多实际应用当中的声学问题，总是会与建筑、房间结构及飞机、汽车等交通工具有关。它们通常被归于物理学方面的问题。在物理学领域，这些声学问题是非常复杂的。例如，在一个声场中，可能包含着成千上万的反射声成分，或者温度梯度会以某种不可预测的方式让声音的传播方向发生改变。相对于这种实际问题，我们了解声源最简单的方式是将其放置在自由声场当中，在这种环境中声音的传播是可以预见的。在自由声场当中的声学分析非常简单明了，这种分析对我们非常有用，因为它能够让我们了解声波传播的基本属性。然后，这些基本特征能够被应用于处理更复杂的物理问题。

3.1 自由声场

简单来说，自由声场就是一片开阔区域。声音在自由声场中进行直线传播且没有遮挡。没有遮挡的声音不受第 4 章即将提到的众多因素影响。自由声场中的声音是没有反射、吸声、散射、衍射及折射作用的，同时也没有受到共振作用的影响。在许多实际案例当中，以上这些因素确实会影响声音的传播。一个近似的自由声场能够存在于一个没有回声的特殊房间（消声室），房间内表面布满了大量的吸声体。同样地，近似自由声场也存在于接近声源的位置。但是通常来说，自由声场只是一个理论假设，在这种自由声场当中的声音能够不受任何干扰地传播。

请不要把自由声场与宇宙空间相混淆，因为声音在真空当中是不能传播的，它需要类似空气这种传播介质。这里所指的自由声场是那些声音的传播属性与理论上自由声场类似的空间。在这种特别的空间当中，我们能够看到声音是如何从声源辐射出来，以及它们是如何随着距离的变化而衰减的。

3.2 声音的辐射

图 3-1 所示的点声源是以一个固定的功率进行辐射。声源能够被看成是一个点，因为它的最大尺寸与所测得的距离相比都很小（可能为 1/5 或更小）。例如，如果声源的最大尺寸为 1ft，当测得的距离为 5ft 或更远，就可以把其看作是点声源。也就是说，我们距离声源的距离越远，它的表现越像点声源。在一个自由声场中，如果声源远离干扰物体的影响，点声源向各个方向的声音传播会更加均匀且接近球形。另外，正如下文所述，随着与声源距离的不断增加，声音强度也在不断降低。

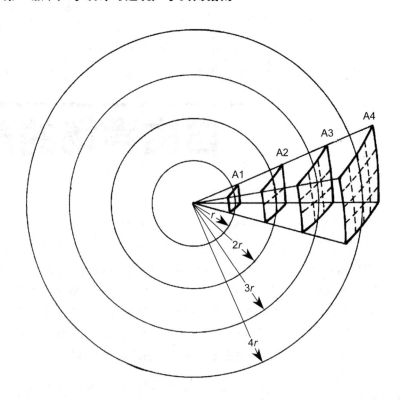

图 3-1 在所示的固定角度上，随着半径 r 的增加，相同的声能分布在面积不断增加的球体表面。声音的强度与到点声源距离的平方成反比

这种声源在各个方向有着均匀的强度（每单位面积的功率）。这些圆圈代表球面，它们的半径之间有着倍数关系。所有声音能量穿过正方形区域 A1，其半径为 r，同时也穿过 A2，A3 以及 A4 区域，它们分别对应的半径为 $2r$、$3r$、$4r$。相同的声功率会穿过 A1、A2、A3 及 A4 区域，然而随着半径的增加，相同的声功率会分布到更大的区域。因此，声音强度会随距离的增加而减小。这种衰减是声音能量的几何扩展导致的，而不是严格意义上的损耗。

3.3 自由声场中的声强

基于以上的讨论（再次参照图 3-1），我们可以看出，点声源是以球面的形式向外传播的。我们也注意到球面的面积是 $4\pi r^2$。因此，球面任何一个较小的分割面，都随着半径的平方而变化。这意味着声强（每单位面积的声功率）会随着半径的平方而减小。这就是平方反比定律。在自由声场当中，点声源的声音强度与到声源距离的平方成反比。换句话说，声强与 $1/r^2$ 成正比，如下所示：

$$I = \frac{W}{4\pi r^2} \tag{3-1}$$

其中

在这个等式当中，W 和 4π 是常数。把到声源的距离从 r 变为 $2r$，其声强会从 I 减小到 $I/4$。这是因为距离增加一倍，声音所穿过面积是原来的 4 倍。同样地，当距离增加到原来的 3 倍时，声强减小为 $I/9$；当距离 r 增加到原来的 4 倍时，声强会变为 $I/16$。类似地，我们把到声源的距离从 $2r$ 缩短到 r，其声强增加为 $4I$。

3.4　自由声场中的声压

声强是一个较难测量的参数。然而利用话筒，我们可以较容易地测量声压。当使用声压时，我们必须修正自由声场的等式。因为声强与声压的平方成正比，针对声强的平方反比定律变成了针对声压的距离反比定律。换句话说，声压与距离 r 成反比：

$$P=\frac{k}{r}\tag{3-2}$$

其中，$P=$ 声压

$\qquad k=$ 常数

$\qquad r=$ 到声源的距离（半径）

每当声源的距离 r 增加一倍，声压将会降为原来的一半（而不是变为原来的 1/4）。如图 3-2 所示，用分贝展示了声压级与距离之间的关系。它展示了距离反比定律的基本原理：每当到声源的距离加倍时，声压级衰减 6dB。这个原理仅适用于自由声场，不过它也为我们在许多实际应用的环境中，对声压级的估算提供了依据。

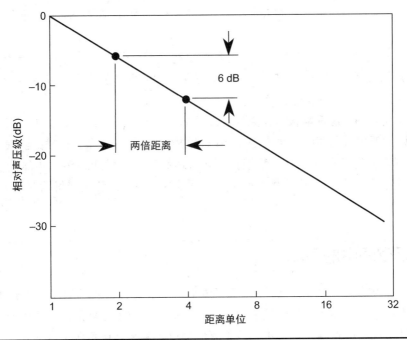

图 3-2　声强的平方反比定律等效于声压的反比定律。这意味着当距离增加一倍时声压减小 6dB

自由声场中的声音辐射

当距离声源 r_1 处的声压 L_1 为已知时，那么距离声源 r_2 处的声压 L_2 是可以计算出来的。

$$L_2=L_1-20\lg\frac{r_2}{r_1}\ (\text{dB})\tag{3-3}$$

换句话说，距离声源 r_1 和 r_2 这两点的声压差为：

$$L_2-L_1=20 \lg \frac{r_2}{r_1}（dB）\tag{3-4}$$

例如，在 10ft（1ft=12in=30.48cm）处，测得的声压级为 80dB，那么在 15ft 处的声压级是多少？

$$20 \lg 10/15=-3.5\ dB$$

并且声压级为：

$$80-3.5=76.5\ dB$$

类似地，我们能推断出在 7ft 处的声压级为：

$$20 \lg=10/7=3.1\ dB$$

并且声压级为：

$$80+3.1=83.1\ dB$$

尽管以上公式只适用于自由声场环境，且辐射形状为球面的声音传播，但它也有助于我们对其他条件下的声音进行大致的判断。

当话筒距离歌手 5ft，控制室内的 VU 表指示在 +6dB 时，如果增加话筒到歌手之间的距离到 10ft，VU 表的读数下降约 6dB。这 6dB 的数值是一个近似值，因为这些距离关系仅对自由声场有效。实际上，由于受到墙面反射声的影响，当距离增加一倍时声压级的衰减小于 6dB。

对上述关系的认识有助于我们对声场环境进行估算，例如，在自由声场当中，从 10ft 增加到 20ft 所造成的声音衰减，与从 100ft 增加到 200ft 所产生的声音衰减均为 6dB。这就是户外声音传播需要巨大能量的原因。

然而不是所有的声源都能被看作点声源。例如，在繁忙路段的交通噪声，它能够被模拟成有着许多点声源的线性声源，声音是按照以直线为中心的柱面形式传播的。在这个例子当中，声压与到声源的距离成反比。我们把到声源的距离从 r 增加到 $2r$，声压则从 L 减少到 $L/2$。对于线性声源来说，距离每增加一倍，声压衰减 3dB，或者距离每缩短 1/2，声压会增加 3dB。

3.5 密闭空间中的声场

在密闭空间中的自由声场，仅存在于消声室中。在大多数房间当中，直达声与来自表面的反射声影响了声压随距离的衰减变化。平方反比定律或者距离反比定律都不能够对整个声场进行描述。在一个自由声场当中，我们可以通过距离来计算声压级。而在一个完美的混响声场当中，每一个位置的声压级都是相同的。实际环境中的声场介于以上两个极端环境之间，在这种声场当中既会有直达声也会有反射声。

例如，假设密闭空间中的音箱在距离其 4ft 的位置能够产生 100dB 的声压级，如图 3-3 所示。在非常靠近音箱的区域，其声场是非常混乱的。在这个区域内，音箱不能被看成点声源，该区域被称为"近场区域"。在这个区域当中，距离每增加一倍，声压级衰减约 12dB。这个音箱的近场区域不同于监听音箱的近场区域，在这个区域当中的声场是没有实际意义的。

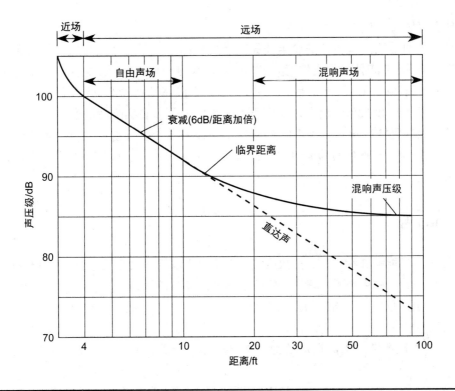

图 3-3　即使在一个封闭空间当中，靠近声源的位置会存在一个近似自由声场，在那里声压级会随着距离的加倍衰减 6dB。通过定义，临界距离是直达声压级与混响声压级相等的位置。远离声源，声压级成为常数，而它取决于房间的吸声量

　　当到音箱的距离是其自身尺寸的几倍时，我们可以在这个远场区域进行有效的测量。这个远场是由自由声场、混响声场及它们之间的过渡区域组成的。近似自由声场区域在靠近音箱的部分，该距离内我们可以把音箱看成点声源。直达声是主要成分，在这个有限的空间中声音以球面方式传播，由于直达声的声压较大，我们可以忽略来自环境表面的反射声。在这个区域内，距离每增加一倍，声压级减少 6dB。

　　如果继续远离音箱，来自房间表面的反射声将会产生作用。我们定义了临界距离，在房间的该位置上直达声与反射声的声压级相等。临界距离能够描述出声学环境的大致特征。当继续远离音箱时，混响声场起到主导作用，在这个区域中即使继续远离声源，其声压级也基本保持不变。这个声压级取决于房间的吸声量，例如，在一个吸声量较大的房间中，混响区域的声压级会很低。

3.6　半球面声场及传播

　　真正的球面辐射需要没有任何反射表面。由于这种情况在现实中很难实现，通常我们近似地把声源（如音箱）朝上，放置在一个坚硬的反射面上。这就产生了一个向上辐射的半球面声场。我们可以用它来测量音箱的频率响应。在这种情况下，声源的辐射是在面积为 $2\pi r^2$ 平面上进行的。因此，它的强度是根据 $I=W/(2\pi r^2)$ 进行变化的。当在一个球面声场中，距离每增加一倍，其半球区域的声压级衰减 6dB。然而，在半球面声场当中，其声压级

要比在球面声场高 3dB。

在地球表面，我们是如何描绘半球面声音传播的呢？利用"每增加一倍距离，声音衰减 6dB"的准则，仅仅能够粗略地对其进行估计。来自户外的地面反射声，通常会让声音随距离的衰减小于 6dB 的近似值。地面的反射声场，会随着地点的不同而不同。我们再来思考一下，到声源 10ft 和 20ft 的距离，声压级所发生的变化。在实际情况当中，这两个点之间的声压差，或许更接近于 4dB，而不是 6dB。对于这种户外声压级的测量，距离法需要改为"每增加一倍距离，声压级衰减 4dB 或 5dB"。通常情况下，环境噪声也会对特定声源的测量造成影响。

3.7　知识点

- 自由声场能够被看作一个开放区域，在那里声音能够没有阻碍地沿直线传播。
- 一个理论上的点声源，其声音的传播是按照球面进行的。
- 在自由声场中，声强（每单位面积的声功率）与半径的平方成反比，这就是平方反比定律。
- 在自由声场中，当离声源的距离增加一倍，其声压级衰减 6dB，这就是距离反比定律。
- 在密闭空间中，直达声与密闭空间表面的反射声共同影响声压的衰减。
- 房间中的临界距离是直达声与反射声的声压级相等的位置。

4

声音的感知

我们对耳朵物理结构的研究，是在生理学当中展开的。而对人类声音感知的研究，则是在心理学及心理声学之间进行的。心理声学所涵盖的科学，包括耳朵的物理结构、声音的传播路径、声音的感知及它们之间的相互关系。在许多情况下，心理声学是整个声频工程领域的基础，它在感知编码设计（例如 MP3 和 WMA）方面的作用是非常明显的。同时，心理声学也对建筑声学领域起到非常重要的作用，例如，它能够告诉我们房间的声场听起来是什么样子。每个好的建筑设计师必须非常关注房间中听众的听觉感受。

声波撞击到耳朵的鼓膜系统产生机械运动，它能够产生电流并传送到大脑。大脑识别到这些电流，产生我们所谓的声音。这个过程远非那么简单。即使经过几十年的深入研究，我们对人耳听觉系统的了解仍旧是不完善的。

当我们在听交响乐团演奏的时候，可以首先关注小提琴，然后关注大提琴和低音大提琴，接下来再集中到单簧管，最后双簧管、巴松、长笛。在复杂声波中能够独立分辨出不同声音，是人耳听觉系统的非凡能力之一。同时，一个听觉敏锐的听音者能够分辨出小提琴声音中除了基波之外的各种谐波成分。到目前为止，人耳是在所有音频工程设备中最复杂的系统。

4.1 耳朵的灵敏度

我们可以进行一个思想实验（Thought Experiment）来说明人耳的灵敏度。当我们打开消声室厚重的大门，可以看到四周都是非常厚重的墙体，它们有着 3ft 的厚度。同时，指向房间内部的玻璃纤维尖劈，分布在墙面、天花板及地板上，消声室的地面是通过在地板尖劈上吊挂不锈钢编织网制成的，而你走在这张网上。

当你坐在椅子上时，就可以开始进行实验。这个实验需要花费一些时间，当你倚靠在靠背上，然后耐心地等待时，慢慢会感觉到一种怪异的现象。因为，在日常生活当中，我们通常沉浸在噪声的海洋里，而这些噪声是被我们经常忽略的。但是，在这里我们能明显感觉到它的存在。

沉浸在这种坟墓般寂静的环境之中，几分钟之后，你会发现新的声音，它们是从身体内部发出的。你可以听到心脏的跳动、血液在血管里流动的声音。如果耳朵足够灵敏，你还可以在心脏跳动的间隙听到嘶嘶的声音，这是空气分子撞击耳朵鼓膜造成的。

人的耳朵不能感受到比它更小的声音，这就是人耳的听阈。我们没有理由相信耳朵会比这更加灵敏，因为任何更小的声音都会被空气分子产生的噪声所掩盖。这意味着我们听觉的最终灵敏度与空气介质中最小的声音刚刚匹配。

当我们离开消声室时，假想一个具有最大噪声的嘈杂环境。在这个极端环境下，我们的耳朵可以听到加农炮的响声、火箭的声音及全力前进的飞机轰鸣声。在这种较大声压级的环境下，耳朵自身的生理特征保护了这个灵敏系统免受伤害。当达到痛阈时（耳朵有刺痛感），无论是长时间暴露在噪声当中，还是突然或强烈的噪声都极易造成临时性听力反应的改变。这些较大声压级必然会对人耳造成永久性的听力损伤。

4.2 耳朵解剖学

人耳的听觉系统主要由三部分组成，它们分别为外耳、中耳和内耳，如图 4-1 所示。外耳是由耳廓、外耳道和咽鼓管组成的。外耳道的末端与鼓膜相连。中耳是一个充满空气的腔体，其内部有三块较小的骨头，称为听小骨。根据形状的不同，这三块骨头有时也分别被称为锤骨、砧骨、镫骨。它们的大小与大米粒差不多，其中镫骨是身体里最小的骨头。锤骨与鼓膜相连，镫骨与内耳的卵圆窗相连。这三块骨头组成了一个机械结构，它在空气填充的鼓膜与液体填充的耳蜗之间，起到了杠杆作用。内耳是听觉神经的末端，可以把电脉冲信号传递给大脑。

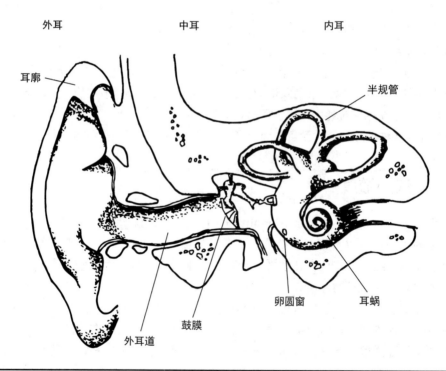

图 4-1 我们的耳朵从外耳开始接收声音，并通过外耳道到达中耳。中耳是连接鼓膜与充满液体耳蜗的中间部位。内耳的耳蜗把声音能量转换成电脉冲信号传输到大脑

4.2.1 外耳 – 耳廓

我们耳朵的外部部分被称为耳廓，它的主要作用是收集声音并将其汇聚到外耳道当中，

起到了声音放大的作用。对于语言的频率（2000Hz~4000Hz），耳廓能够将到达鼓膜处的声压提高 5dB。当我们把手罩在耳朵后方，可以增加耳廓的尺寸，从而会明显地感受到各频率声音响度的变化。一些动物能够将耳廓转动并指向声源，来帮助它们放大声音。人类的耳朵没有这种功能，但是可以通过轻微转动头部（这种动作是无意识的）来获得更加清晰的声音及更加明确的定位。

　　耳廓同时也在获取声源方向性信息方面起到了重要作用。也就是说，声源的方向性信息是叠加在声音内容上的，鼓膜将收集到的声音信息传导到大脑，大脑能够分辨出声音内容及声源方向。耳廓的存在让来自前后的声音产生了差别，除此之外也让在听音者周围的声音产生了差异。双耳共同工作提供了额外的空间信息，至少在自由声场中，当我们紧闭双眼时能够准确地指出声源的位置。

4.2.2　听觉方向感的一个实验

　　一个简单的心理声学实验能够向我们展示如何通过改变进入我们耳朵的声音来产生方向感。将耳机放在一个耳朵上，同时播放一个有着一倍倍频程带宽且中心频率可调的随机噪声。将调节滤波器中心频率调节到 7.2kHz，会感觉到噪声来自与观察者一样高度的位置。当频率调节到 8kHz，声音感觉来自上方。当频率改变为 6.3kHz，声音听上去像是来自下方。这个实验向我们展示了，人类的听觉系统能够从声音频谱中获得方向信息。

4.2.3　外耳 – 外耳道

　　外耳道也能增加传播声音的响度。在图 4–2 中，外耳道的平均直径约为 0.7cm，长度约为 2.5cm，我们可以把它看成笔直且直径均匀的物体。从声学的角度来说，这个假设是合理的。外耳道就像一根管子，它一端是打开的，另一端被鼓膜封闭起来。

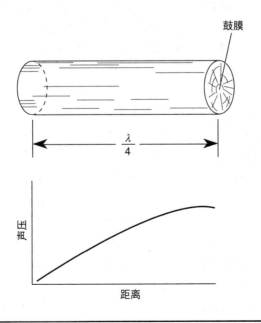

图 4–2　一端被鼓膜封闭的外耳道，可以看作长度为共振频率 1/4 波长的管道。这种共振能够对声音的中频产生声学放大作用

外耳道与管风琴的声学模型非常相似。当管的一端封闭起来时，外耳道的共振作用会增加鼓膜处的声压，这与外耳道的开口有关。而且，声压增加的大小会随着频率的变化而变化。一端封闭的外耳道，它的长度约为共振频率波长的 $\frac{1}{4}$。实际上，这个共振频率因人而异，它取决于外耳道的长度、容积和弯曲程度等因素。同时，外耳道壁也不是光滑的，鼓膜也是曲面。一般来说，成年人的共振频率通常在 3000Hz 左右。

另外，从正面传播的平面波撞击到头部会产生衍射。这进一步提高了在鼓膜处的声压，且对整个频段的声音都有提升。这些效果结合在一起，使得人耳对 2000Hz 到 4000Hz 附近的中频声音更加敏感，而这与我们的语言频段范围是一致的。不幸的是，这些重要频段的灵敏度提升，会导致人耳在该频段更加容易造成听力损伤。

4.2.4　中耳

声音的能量要从密度较为稀薄的空气向密度较高的介质（例如：水）传递是比较困难的。没有能量转换结构，空气中辐射的声音能量会被水反射回来，这就像光线从镜子表面反射回来一样。为了提高能量的转换效率，不同密度的介质之间，其阻抗需要匹配。在这个例子当中，空气与水的阻抗比约为 4000:1。如果用输出阻抗 4000Ω 的功放，来驱动阻抗 1Ω 的音箱是非常困难的，因为这会导致没有足够的能量被转换。类似地，耳朵需要有一种方式使它能把空气中的能量有效地传导到内耳的液体当中去。

耳朵是通过鼓膜的振动来获得能量的，并以最大的效率传送到内耳的液体当中。图 4-3 展示了这种结构。在鼓膜和卵圆窗之间，三个听小骨［锤骨、砧骨、镫骨，如图 4-3（A）所示］，形成了一个机械联动装置，其中卵圆窗与内耳的液体部分紧密连接。三块骨头当中的第一块，锤骨与鼓膜相连。而它们当中的镫骨其实是卵圆窗的一部分。这个联动装置有着杠杆一样的作用，其杠杆比在 1.3:1 到 3.1:1 之间变化。也就是说，鼓膜的运动通过内耳的卵圆窗后会有所减缓。

这种杠杆系统仅仅是机械 - 阻抗 - 匹配装置的一部分。鼓膜的面积约为 80mm²，而卵圆窗的面积仅仅为 3mm²。因此，在鼓膜处所受的力会以 80/3 的比例增加，这约为 27 倍。

在图 4-3（B）中，中耳的表现非常类似于两个面积比为 27:1 的活塞，它们之间是由活节连杆相连，杠杆比例在 1.3:1 到 3.1:1 之间，其总的机械力增加约 35~80 倍。在空气与水之间的声学阻抗比近似为 4000:1，需要匹配这两个介质的压力将会为 4000^{1/2} 或约为 63.2。可以看出，在 35~80 倍范围内的衰减，可以通过如图 4-3（B）所示的中耳机械系统来实现。非常有趣的是，听小骨在我们婴儿时期就已经长成，并且不会随着年龄的增加而有明显增大。听小骨在任何尺寸上的变化，都将会降低这种能量的转化效率。

空气与内耳液体之间的阻抗匹配问题，通过中耳的机械装置得到解决。阻抗匹配加上耳道共振能够非常有效地实现声音传导，从而使得这种微小的膜振动产生了听觉。

图 4-4 为人耳的示意图。外耳道末端的锥形鼓膜与中耳的一侧相连，中耳与喉咙上部的咽鼓管相通。鼓膜作为一个"声学悬挂"系统，保持着与中耳内空气的平衡。咽鼓管相对较小且紧凑，所以不会破坏这种平衡。卵圆窗把充满空气的中耳与内耳分开，而内耳中的液体是几乎不可能被压缩的。

咽鼓管实现的第二个功能是保持中耳内空气与外部大气压的平衡，这样，鼓膜与内耳的高敏感性细胞可以正常工作。每当我们吞咽的时候，咽鼓管都会打开，这时中耳内的压力会与外部大气压平衡。通过改变外部压力（如一个没有密闭的飞机迅速改变高度），或许会导致耳聋或疼痛，只有通过吞咽等动作才能实现耳朵内部的压力平衡。最后，咽鼓管还具备第三个功能，那就是当中耳感染时，可以通过它来排出被感染的液体。

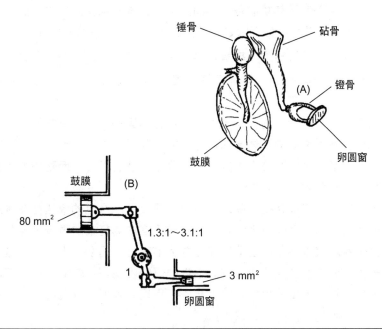

图 4-3　中耳起到了阻抗匹配作用。（A）中耳的听小骨（锤骨、砧骨、镫骨）是传导鼓膜的机械振动到耳蜗卵圆窗的部件，（B）中耳阻抗匹配作用的机械类比。鼓膜与卵圆窗之间的面积差别，再加上机械联动缓冲装置，使得卵圆窗的液体负载与鼓膜的空气运动相匹配

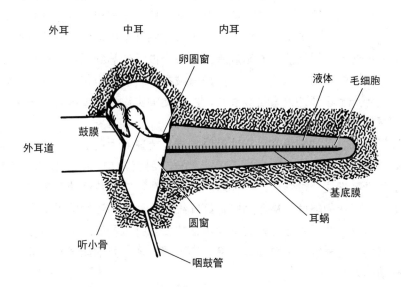

图 4-4　人耳理想化的模型，上面展示了没有卷曲的耳蜗。声音进入外耳道让鼓膜产生振动，并通过中耳的机械联动装置传递到耳蜗。声音的频谱可以通过基底膜上的驻波装置来分析

4.2.5　内耳

到目前为止，我们已经充分了解了声学放大作用及中耳的阻抗匹配特征，但是还未关注

过错综复杂的耳蜗。

耳蜗是声音分析器官。它与 3 个近似垂直的半规管相邻（如图 4-1 所示），耳蜗与半规管浸泡在相同的液体当中，但是其功能各不相同。半规管具有维持人体平衡的作用，而耳蜗能感受声音。耳蜗的大小与豌豆类似，它是被骨头包裹起来的，卷曲着像鸟蛤壳（cockleshell）。为了展示，我们把这个 $2\frac{3}{4}$ 圈的圆圈拉直，其长度约为 1in，如图 4-4 所示。充满液体的被前庭膜和基底膜分为上下两部分。与听觉最为相关的是基底膜，它会对液体中的声音产生反应。

鼓膜的振动激励了听小骨。与卵圆窗连接的镫骨的运动，让内耳的液体产生振动。卵圆窗的向内运动，让基底膜附近的液体流动，导致卵圆窗的膜向外运动，因此卵圆窗处起到了释放压力的作用。声音激励卵圆窗产生的驻波，分布在基底膜上。而基底膜上驻波的峰值位置，会随着激励声音频率的不同而改变。

低频声音产生的驻波峰值在基底膜末端附近，而高频声产生的峰值会在靠近卵圆窗附近的区域，中频的峰值在它们之间产生。类似音乐或语言这类复杂的声音信号会产生很多短暂的峰值，它们会沿着基底膜不断产生幅度和位置上的变化。起初，人们认为这些在基底膜上的共振峰，由于太宽而不能被人耳所分辨。最近的研究发现，在较低的声压下，基底膜会产生非常尖锐的峰值，较宽的峰值仅会在较大声压下出现。我们可以看到，基底膜调谐曲线的锐利程度能够与单个听觉神经的粗细相比拟。

4.2.6　静纤毛

在充满液体的内耳管中，基底膜上的波动刺激了与毛发一样细的神经末梢，这些神经末梢以神经放电的形式把信号传给大脑。这里有 1 排内耳毛细胞和 3~5 排外耳毛细胞。每个毛细胞包含一束细小的毛发，被称为静纤毛。当声音激励耳蜗内液体和基底膜产生运动时，静纤毛会根据周围的波动而摇摆。沿着基底膜方向各个位置的静纤毛，会被相应位置频率的声音刺激。内耳毛细胞的作用类似话筒，它能把机械振动转换成电信号，并向听觉神经和大脑放电。外耳毛细胞产生了额外的增益或衰减，能够更加尖锐地调整内耳毛细胞的输出，让我们的听觉系统更加灵敏。

弯曲的静纤毛触发了神经脉冲，它通过听觉神经传递到大脑。一个单一的神经纤维有带电或不带电两种状态，以二进制的方式存在。当一个神经放电，会导致邻近的纤维也放电，以此类推。生理学家把这个过程比作正在燃烧的导火线。它的传播速度与如何点燃导火线没有关系。据推测，声音的响度与被激励的神经纤维数量及这种激励的重复率有关。当所有神经纤维被激励，这就是我们能够感知的最大声音响度。听觉灵敏度的阈值可以用单个纤维的放电来表示。我们听觉系统的灵敏度非常高，在听阈方面，我们能够听到最微弱的声音，对应静纤毛的移动约为 0.04nm。

目前还没有一个内耳与大脑如何作用的理论被广泛接受。在这里我们仅仅非常简单地展示了这个复杂的理论。以上所讨论的部分原理，仍然没有被广泛接受。

4.3 响度与频率

贝尔实验室的弗莱彻（Fletcher）和芒森（Munson），做了一些关于响度方面的基础研究，并于 1933 年发表。从那时开始，其他科学家对这个报告进行了多次修正。图 4-5 为一组等响曲线，它是由鲁滨逊（Robinson）和达森（Dadson）共同完成的，并被国际标准化组织（ISO226）所采用。

每一条等响曲线都是由 1kHz 参考频率数值所定义，响度级用"方"来表示。例如，穿过 1kHz 处声压级为 40dB 的等响曲线被称为 40 方等响曲线。类似地，100 方的等响曲线是穿过 1kHz 声压级为 100dB 的位置。40 方等响曲线展示了声压级在不同频率是如何变化的，这种变化是为了使各频率的响度与 1kHz 处 40 方的响度保持一致。每一个等响曲线都是通过主观音质评价方法获得的，让被试找到不同频率声音响度与 1kHz 处参考声响度一致的参考声声压级，这种参考声有 13 个不同的声压级。这些数据是利用纯音来获得的，故不能直接用于音乐或其他复杂的声音信号的评判当中。响度是一个主观术语，声压级是一个严格意义上的物理术语。响度级也是一个物理术语，它在声音响度（单位为"宋"）的评价当中是非常有用。然而，响度级与声压级的读数是不一样的。等响曲线的形状包含了主观的信息，因为这是通过与 1kHz 的响度对比所获得的。

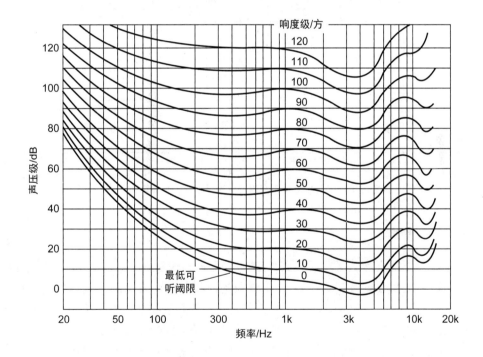

图 4-5 展示了利用纯音的主观音质评价实验来获得的等响曲线。这些曲线显示出耳朵对于低频的灵敏度不高，特别是在声压级较低的情况下。把这些曲线反转，将会获得人耳在响度级上的频率响应曲线。以上这些数据是通过纯音及双耳听音实验获得的，被试的年龄为 18~25 岁（Robinson 和 Dadson）

从图 4-5 曲线中可以看出，人们对响度的感知会随着频率和声压级产生剧烈的变化。例如，在 1kHz 处，30dB 的声压级会产生 30 方的响度级，但是对于 20Hz 来说，则需要大于 58dB 的声压级才能获得相同的响度级，如图 4-6 所示。这些曲线在较大声压级的位置更加平直，这表明我们耳朵的听觉响应在较高声压级处会更加一致。例如，对于 90 方的等响曲线来说，1000Hz 到 20Hz 仅有 32dB 的提升。请注意，当把图 4-6 所示的曲线进行反转，会产生人耳在响度级方面的频率响应。我们可以看到在较低的声压级下，相对中频段音符来说，耳朵对低音音符会更加不灵敏。耳朵在低频方面的这种缺陷，使得音乐的重放质量会受到音量设置的影响。在低声压级下听到的背景音乐，与在高声压级下所听到相同背景音乐有着不同的频率响应。同时，这种差异也会体现在耳朵的高频响应部分，但是它相对没有那么明显。

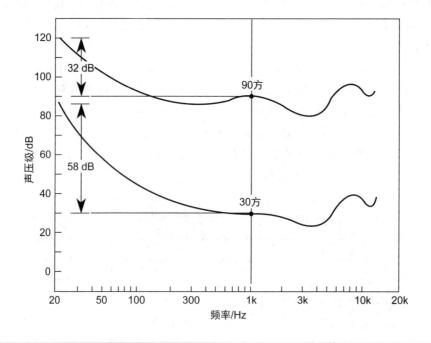

图 4-6　在 20Hz 与 1kHz 处，不同响度级之间听觉响应曲线的比较。在一个 30 方的响度级曲线中，相同响度下 20Hz 声音的声压级会比 1kHz 处高 58dB。在 90 方等响曲线中，这个差别仅有 32dB。在高声压级的情况下，人类耳朵的响应曲线会更加平直。对于真实的主观响度来说，响度级只是中间一个过程

4.3.1　响度控制

假设你要在非常安静的环境下（如 50 方），重放一段录音。如果音乐原始的演奏及录制是在一个较大响度级环境下（如 80 方）进行的，那么就需要增加低频和高频声音，以达到合适的声音比例。音频设备的响度控制就是通过提高高频和低频声压级来努力补偿不同频率中人耳感知差异的影响。但是针对给定响度控制设置的 EQ 曲线，仅仅只适用于特定响度级的声音重放。这不能完全解决上述问题。我们来思考一下，那些影响音量控制的因素，例如，对于给定输入功率的音箱来说，其声学输出会有所不同；功放的增益各有不同。不同听音室中从强吸声区域到高混响区域的变化不同，影响了声场中声压的分布。为了让响度控制能够正常工作，系统需要被校准，同时响度控制需要在听音者位置针对不同声压进行频率响应的自适应调整。以上展示由于人耳对不同声压级的听觉响应不同，从而使得声音录制及重放工作变得更加复杂。

4.3.2 可听区域

图 4-7 展示的曲线 A 和 B，它们是从一群受过培训的听音者当中获得的。听音者们面对声源，并判断给定频率的单音是否能够刚刚听到（曲线 A）或者已经开始感觉疼痛（曲线 B）。曲线 A 和 B 代表了人们对声音响度感知的两个极端。

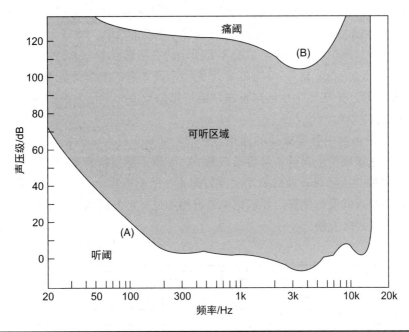

图 4-7　人耳的可听的声音范围在这两个临界曲线之间。（A）听阈是人耳可以感知的最低声压级。（B）痛阈是人耳能够有听觉的上限声压级。人们所有的听觉感知都在这两个曲线范围之内

曲线 A 代表了每个频率的声音刚刚能够听到时的声压级。从这个曲线也可以看出，3kHz 附近是人耳最为灵敏的位置。换句话说，在 3kHz 附近一个较低的声压级能够引起比其他频段更大的阈值响应。在这个最敏感的区域，把声压级定义为 0dB，它的声音刚刚能被具有平均听力敏感度的人所听到。我们选择 20μPa 作为 0dB 的参考声压级。

曲线 B 代表了，每个频率处耳朵刚刚有发痒感觉时所对应的声压级。在 3kHz，发生这种情况的声压级约为 110dB。如果再进一步增加这个声压级，耳朵将会感受到疼痛。感觉到痒的阈值是声音变得危险的一种警告，它对耳朵的损害可能即将来临或者已经发生。

在听阈与痛阈之间的区域，即为我们耳朵可以听到的区域。在这个区域中会有两个维度，纵坐标代表声压级，横坐标为人们能够感受到的频率范围。人们能够感受到的所有声音一定会落在这个区域内。

人耳的可听区域与许多动物的不同。蝙蝠专门发出超声波，它的频率远远高于人耳能够感受到的频率。狗所能够听到的频率也远高于人耳，因此超声波狗哨对于它们来说是有用的。人类听觉范围外的次声波和超声波仍然具有物理意义，只是我们听不到此类声音而已。

4.4 响度与声压级

方是响度级的物理单位，它参照的是 1kHz 处声压级。虽然这非常有用，不过它很少能够反映出人类对声音响度的感受。我们需要一个主观的响度单位。通过对数以百计被试者使用不同种类声音进行大量的实验，最终发现声压级每增加 10dB，大部分人都会感受到响度增加一倍。当声压级减小 10dB，主观响度也会减小一半。"宋"成为响度单位，1 宋被定义为频率为 1kHz 响度级为 40 方的响度大小（不是响度级）。2 宋是这个响度的两倍，0.5 宋是这个响度的 1/2。

把声压级转换成宋的响度图表，如图 4-8 所示。在图表当中 1 宋的位置是人们听到声音频率为 1kHz，声压为 40dB 或者 40 方的响度大小，而 2 宋的响度比它高 10dB，0.5 宋的响度比它低 10dB。通过把这三个点连成直线，能够推测更高和更低响度的声音。该图仅针对 1kHz 的单音有效。

响度在实际应用当中有着重要的作用。例如，专家需要为法庭提供一个工业噪声响度大小的意见，超过该响度会对周边环境造成影响。专家能够对噪声进行 1/3 倍频程的频谱分析，并把每个频带的声压级转换成宋（使用如图 4-8 所示曲线），并把每个频带的噪声叠加到一起，完成对噪声响度的估算。我们把宋进行相加是非常方便的，而对于以分贝为单位的声压级来说则没有那么方便。

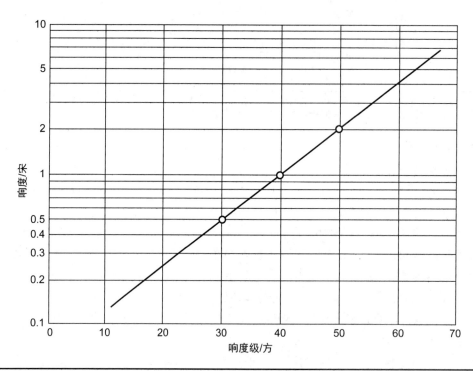

图 4-8　该图展示了主观响度（宋）与客观响度级（方）之间的关系。此图仅适用于 1kHz 的单音

表 4-1 描述了响度级（方）与主观响度（宋）之间的关系。虽然大多数音频工程师很少会用到方或者宋，但是能够意识到主观响度单位（宋）与响度级（方）的关系是有益的，这能够让我们更加清晰地认识到使用声级计测量的是什么。对于人类主观声音响度的计算，我们有一些纯物理的声音频谱测量方法，如使用声级计和 1/3 倍频程滤波器所进行的测量。

表 4–1 响度级（方）与响度（宋）之间的对应关系

响度级（方）	主观响度（宋）	典型例子
100	64	重型卡车经过
80	16	大声讲话
60	4	轻声讲话
40	1	安静的房间
20	0.25	非常安静的录音棚

4.5 响度和带宽

到此，我们已经讨论了很多单个频率声音的响度问题，但是这些单音不能给予我们所有的信息，我们需要把主观响度与仪表读数联系起来。例如，喷气式飞机的噪声听起来比相同声压级的单音响度大。噪声的带宽影响着声音的响度，至少在某些条件下是这样的。

图 4-9（A）展示了三个有着相同 60dB 声压级的声音。它们的带宽分别为 100Hz、160Hz 和 200Hz，但是它们的高度（代表了每赫兹的声音强度）不同，从而使它们具有相同的面积。换句话说，这三个声音有着相等的强度（在声学当中，声音强度有着特定的意义，它不等同于声压级。对于连续的平面波来说，声音强度与声压的平方成正比）。然而，图 4-9（A）所示的三个声音有着不同的响度。图 4-9（B）展示了中心频率为 1kHz，且声压级恒定为 60dB 的窄带噪声的不同带宽与响度之间的对应关系。带宽为 100Hz 噪声的响度级为 60 方，且响度为 4 宋，它与带宽为 160Hz 的噪声有着与其相同的响度。然而当带宽超出 160Hz 时，一些出人意料的事情发生了。当带宽大于 160Hz 以后，随着带宽的增加，响度开始逐渐增加。例如，带宽为 200Hz 的噪声响度更大。为什么响度会在 160Hz 的带宽处能够产生如此突然的变化呢？

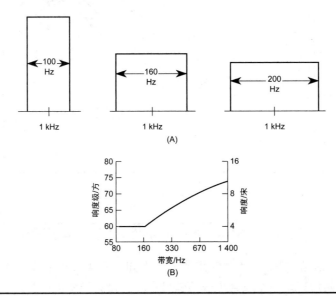

图 4-9 带宽对声音响度的影响。（A）不同带宽的三个噪声，它们拥有着 60dB 相同的声压级。（B）带宽为 100Hz 和 160Hz 噪声的主观响度相同，不过带宽为 200Hz 时声音变得更响，因为它超出了人耳在 1kHz 处 160Hz 的临界带宽

　　原因是人耳在 1kHz 处的临界带宽为 160Hz。事实证明，如果一个 1kHz 单音与随机噪声同时呈现给听音者，那么仅有带宽为 160Hz 的噪声才能有效掩盖住这个单音。换句话说，耳朵的作用类似于一组分布在可听频率范围内的带通滤波器，这种滤波器与我们在电子实验室所看到的不同。普通的 $\frac{1}{3}$ 倍频程滤波器，或许会有 28 个相邻的滤波器，它们的中心频率是固定的，且在 −3dB 处相互重叠。而耳朵的临界带宽滤波器是连续的，无论选择什么频率，该频率都是临界带宽的中心频率。

　　研究显示了临界带宽滤波器的宽度是如何随频率变化的，这种带宽作用如图 4–10 所示。特别地，临界带宽在高频部分变得更宽。这里还有一些其他方法来测量临界带宽，研究者提供了不同的计算方法，特别是针对 500Hz 以下的频率。例如，等效矩阵带宽（ERB）（它适用于中等频率范围的年轻听音者）是基于数学方法计算的，这是一种利用公式较为方便的计算方法。

$$ERB = 6.23f^2 + 93.3f + 28.52 \qquad (4\text{–}1)$$

　　其中，$f=$ 频率（kHz）

　　在某些测量当中，1/3 倍频程滤波器已经被调整，调整之后滤波器的带宽更加接近于人耳的临界带宽。为了比较，图 4–10 中画出了 1/3 倍频的曲线，它的频带的宽度是中心频率的 23.2%，临界频带约为中心频率的 17%，ERB 则为中心频率的 12%，这接近于 1/6 倍频带（11.6%）。这表明 1/6 倍频程滤波器组至少与 1/3 倍频程滤波器有关联。

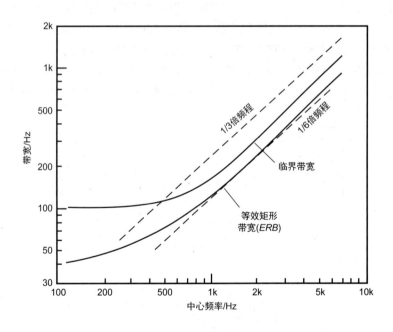

图 4–10　1/3 倍频程、1/6 倍频程、耳朵的临界带宽及等效矩形带宽（ERB）之间的比较

　　在许多音频领域，临界带宽是非常重要的。例如，它类似于 AAC、MP3、WMA 等，它们的编码是基于掩蔽原理。一个单音（音乐信号）将会掩蔽那些中心频率在临界带宽之内的量化噪声。然而，如果这种量化噪声超出了临界带宽，它将不能被单音掩蔽。因此，编码器试图覆盖临界带宽掩蔽曲线内的噪声。一个临界带宽被定义为有着 1bark（bark，取自物理

学家 Heinrich Barkhausen 名字的后面部分）的宽度。

4.6　脉冲的响度

　　到目前为止，我们所关注的案例都是稳态的单音和噪声信号。那么人耳对较短的瞬态声音反应如何呢？这是非常重要的，因为音乐和语言当中充满了瞬态信号。通过倒放一些音轨，我们可以关注到语言和音乐的瞬态部分，此时音阶和音符末尾中的瞬态部分显现出来。

　　具有 1s 长度且频率为 1kHz 的脉冲音，听起来像 1kHz。而一个频率相同，但时长极短的脉冲音，听起来则像一个"咔哒"声。脉冲音的时长还会对我们对声音响度的感知产生影响。时长较短的脉冲音与较长的脉冲音有着不一样的响度。图 4-11 展示了较短的脉冲音要增加多少分贝才能与较长的脉冲音或者稳态单音的响度一致。例如，一个 3ms 的脉冲音需要增加 15dB 的增益，才能与 500ms 的脉冲音有着一致的响度。单音和随机噪声在响度方面与脉冲音有着类似的特征。

　　如图 4-11 所示，小于 100ms 的区域有着较为明显的差别。当单音或者噪声脉冲小于 100ms 时，需要通过增加声压级来确保它与有着较长时长的脉冲、稳态单音或者噪声的响度一致。这个 100ms 看上去好像人耳的最大积分时间或者时间常数。特别地，在 35ms 以内的声音，如来自墙面的反射声，被耳朵识别为一样的声音。可以看出，耳朵对声音能量的响应是时间的平均值。

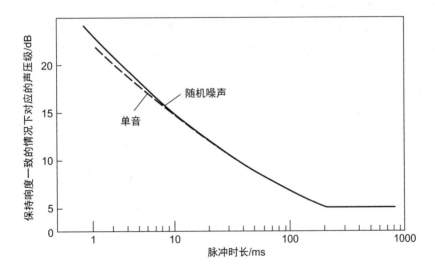

图 4-11　单音或噪声的短脉冲比长脉冲更难以听到。在 100~200ms 区域的不连续与人耳的积分时间有关

　　图 4-11 表明人耳对较短时间的瞬态脉冲有着较低灵敏度，如声压级的峰值。它与语言可懂度有着直接的关系。语言中的辅音决定了好多字的意思，如在 bat、bad、back、bass、ban 和 bath 之间唯一的不同就是末端的辅音。而 led、red、shed、bed、fed 和 wed 中所有的重要辅音都在开头部分。无论它们发生在什么位置，辅音都有着 5~15ms 的时间长度。如图 4-11 所示，它显示出当声音的瞬态时间较短时，必须要有比瞬态时间较长的声音更大的声压，才能听起来有着相同的响度。从上面可以看出，每个辅音与其他字比起来不仅有着较

短的持续时间，还有着较低的声压。因此，我们需要较好的听音环境来区分这些字。太多的背景噪声或混响，会严重破坏语言的可懂度，因为它们会掩蔽这些辅音。

4.7　可觉察的响度变化

正如我们所看到的那样，人耳的灵敏度有着较大的动态范围，它能听到微小的声音也能听到很大的声音。在这个范围内，耳朵对微小响度改变的灵敏度如何呢？5dB 的跨度，人耳明显可以察觉，而 0.5dB 的跨度或许就感觉不到，这取决于周边环境。我们所能觉察到响度感知的差别，某种程度上会随着频率和声压级的改变而改变。例如，在 1kHz 处 3dB 的响度变化人耳很难察觉，但是在一个高声压级的环境中，耳朵能够觉察到 0.25dB 的响度变化。在一个非常低的声压级环境中，35Hz 单音需要改变 9dB 才能被人耳所察觉。而在普通声压级的环境中，对于中频段来说，耳朵最小可以觉察到 2dB 左右的声压变化。在大多数情况下，至少在声学设计过程中，声压级的改变小于这个增量是没有意义的。

4.8　音高与频率

音高是一个主观术语。它是频率的函数，但是它们之间并不是线性关系。因为音高与频率不同，它需要另外的主观单位"美"（mel）来衡量。而频率则是一个物理术语，用 Hz 来衡量。虽然将一个较低声压级 1kHz 信号的音量增大后仍旧是 1kHz，但这个声音的音高与声压级有关。一个 1000 美的参考音高，被定义为 1kHz 处声压级为 60dB 的单音。音高与频率之间的对应关系，是由一组主观评价实验所决定的，如图 4-12 所示。在这个实验的曲线当中，1000 美与 1kHz 相对应。因此对于这个曲线的声压级为 60dB。如图 4-12 所示的曲线形状与基底膜随频率变化的曲线相似。这意味着音高与基底膜的作用有关。

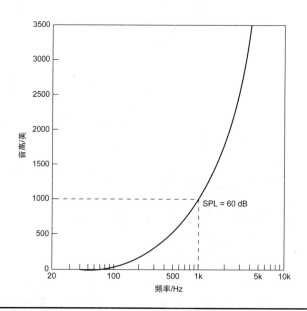

图 4-12　根据这条曲线我们可以获得音高（美，一个主观单位）与频率（赫兹，一个物理单位）之间的关系，该曲线是通过听众的主观评价获得（Stevens 和 Volkman）

研究表明，人耳可以觉察到大约 280 个可辨别的强度层级，以及 1400 个可辨别的音高层级。声音强度和音高的变化，会对声音的交流起到重要作用，因此了解它们有多少组合的可能性是一件非常有趣的事情。我们可以看到，会有 280x1400=392000 个耳朵可以觉察的组合。这是相对完美的推断，因为这个实验是通过快速连续地对两个单一频率进行比较来实现的，同时这些声音与我们通常听到声音的复杂度也有所不同。其他实验表明，耳朵仅能觉察到响度的 7 个等级和音高 7 个等级，仅仅有 49 个音高 – 响度的组合。或许这不是巧合，这与我们在语言中发现的音素（语言中用来区分不同话语的最小单位）数量相差不多。

4.9　音高实验

声音的大小影响了我们对音高的感知。对于低频来说，随着声压级的增加音高会降低。对于高频来说，刚好相反，它会随着声压级的增加而提高。

以下是由 Fletcher 建议进行的实验。它需要两个信号发生器，以及一个频率计数器。信号发生器用在重放系统的其中一个通道，而另一个信号发生器用在另一个通道。把一个信号发生器的频率调节到 168Hz，另一个调节到 318Hz。在较低的声压下，这两个单音非常不和谐。随着声压级不断增加，168Hz 和 318Hz 的音高降低到 150Hz 和 300Hz 的倍频关系，我们就可以听到愉悦的声音。它展示了低频音高随声压级增加而降低的现象。与之对应，一个类似的实验展示了较高频率单音的音高随声压级的增加而提高的现象。

消失的基频

听觉系统有时会欺骗我们对声音的感知，如果把 1000Hz、1200Hz 和 1400Hz 的频率一起重放，将会听到 200Hz 的声音。我们可以认为 1000Hz 是基频 200Hz 的第 5 次谐波，1200Hz 是基频 200Hz 的第 6 次谐波，依次类推。听觉系统认为这些较高频率的单音是 200Hz 的谐波成分，并能感受到这个基频 200Hz 的存在。

4.10　音色与频谱

音色描述了我们对复杂声音的音质感知，这个术语主要是针对乐器的。长笛和双簧管听起来是不同的，即使它们同时演奏相同的音高。每个乐器的单音都有着它自己独特的音色。音色是由乐器泛音的相对大小和数量所决定的。

音色是一个主观术语，与之类似的物理术语是频谱。乐器产生的一个基波及一系列泛音（谐波），可以用波形分析仪对其进行分析。假设基频是 200Hz，二次谐波是 400Hz，三次谐波是 600Hz，依次类推。与 200Hz 相关的主观音高，会随着声压级的不同有轻微的改变。我们耳朵自身也会有着对谐波的主观判断。因此，耳朵对乐器音色的感知，或许与通过复杂方法测得的频谱较为不同。换句话说，音色（一个主观的描述）和频谱（一个客观的描述）是互不相同的。

4.11　声源的定位

我们对声源位置的感知，开始于外耳。声音从耳廓的隆起、卷曲及曲面产生反射，并与直达声一起在外耳道的入口处进行叠加。这种叠加会对方向信息进行编码，它通过外耳道到达中耳及内耳，最终通过大脑来进行解码。

图 4-13 所示为声音信号指向性的编码处理。声波的波阵面可以被看成是来自特定水平和垂直角度声源的许多声线。这些声线撞击到耳廓，并会在其表面发生反射，有些反射会朝向外耳道的入口，在这一点处，反射声与直达声成分产生叠加。

对于直接来自听音者正面的声音（方位角和垂直角 =0°）来说，它在外耳道开口处叠加后的"频率响应"，如图 4-14 所示。这种类型的曲线被称为传输函数，它描绘了包含角度信息的矢量叠加。

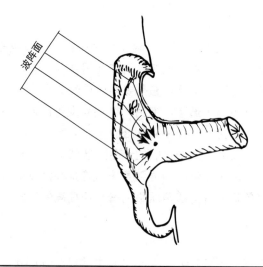

图 4-13　声波的波阵面可以被看成是许多垂直于它的声线。这种声线撞击到耳廓，被各种凸起和凹陷的表面反射。这些携带矢量（根据相对幅度和相位）的反射声线汇聚到耳道开口处。用这种方法，耳廓对所有汇聚此的声音方向信息进行了编码，最终通过大脑进行解码且感受到方向信息

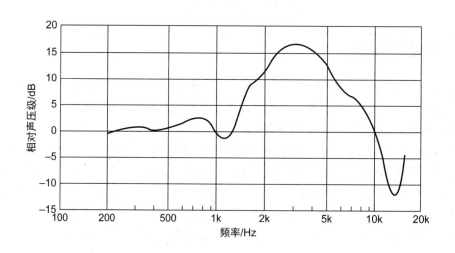

图 4-14　展示了耳道开口处所测量的声压（传输函数）的一个例子，所对应声源来自被试者正前方的一个点。这种传输函数的形状，会随着声音到达耳廓水平和垂直角度的不同而变化（Mehrgardt 和 Mellert）

从耳朵入口处到鼓膜的声音须经过外耳道。当把外耳道入口处的传输函数（如图 4-14 所示）与耳道内的传输函数叠加，到达鼓膜处传输函数的形状就发生了很大的改变。外耳道的传输函数是静态的，它不会随着到达声音的方向变化而发生改变。正如我们所看到的，外耳道类似于长度为共振频率的 1/4 波长且一端由鼓膜封闭的管道，并表现出明显的共振。

我们把代表特定方向声源传输函数（如图 4-14 所示），与外耳道固定的传输函数进行叠加，得到了在鼓膜处的传输函数（如图 4-15 所示）。在这个例子当中，大脑对传输函数进行解码，并获得了来自前方的方向感知。

在外耳道入口处的传输函数，会随着入射声音在水平和垂直方向上的变化而变化。这就是耳廓对到达声音进行编码，并使大脑产生不同方向感知的方法。到达耳朵鼓膜处的声音，是一个包含所有方向信息的原始材料。大脑会忽略外耳道自身的固定传输函数，然后把不同形状的传输函数转化成方向信息。

除此之外更加明显的是耳廓定向作用，它对声源前后具有辨别能力，不是直接依赖于空间编码技术。对于一个较高频率（较短波长）来说，耳廓是一个有效的障碍物。来自后面声音的高频部分会有相对较低的声压。大脑通过这种前后的差异，来实现对声音方向的判断。

耳朵对垂直方向的声音定位不敏感。居中平面是一个垂直的平面，它对称地穿过头部中心的位置和鼻子。在这个平面上的声源，能够表现出对两只耳朵来说一致的传输函数。针对这种定位特点，人耳的听觉机制使用另一种技术来实现，即给不同的频率一个特定的位置身份。例如，在 500Hz 和 8000Hz 附近的声音，通常认为是直接来自头顶，而对于 1000Hz 和 10000Hz 附近的声音被认为来自后方。

直接来自听音者前方的声音，会在鼓膜位置传输函数曲线的 2kHz~3kHz 附近产生峰值。这在一定程度上是产生"临场感"的基础，在人声录制的过程中提高这个频段的人声能够产生更好的"临场感"。通过在语言的频率响应曲线中增加这种峰值，也会让语言从音乐背景当中凸显出来。

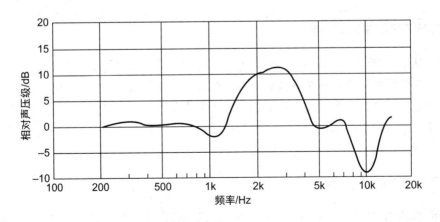

图 4-15　图 4-14 中的传输函数通过与外耳道传输函数的叠加，在人耳鼓膜处所产生新的传输函数形状。换句话说，来自观察者正前方声源所发出的声音，到达外耳道开口处传输函数描述了鼓膜处的这种响应。大脑可以从每个到达鼓膜处的声音变化当中忽略来自外耳道的这种固定影响

4.12 双耳定位

双耳的共同作用让我们对水平方向的声源定位成为可能。来自双耳的声音信号在大脑中合成并产生定位。因此，定位作用大部分发生在大脑当中，而不是在单个耳朵上。其中有两个因素包含在里面，分别是声音到达双耳的声压差和时间差（相位）。如图 4-16 所示，靠近声源一侧的耳朵会比另外一只耳朵接收到更大的声音，这是头部的遮挡造成的。由于声音衍射作用，这种遮挡对低频声音有着较小的影响。然而，对于高频来说，这种遮挡与路程差叠加起来，使得靠近声源一侧的耳朵有着更高的声压级。

由于双耳与声源的距离差别，靠近声源的耳朵会比另外一只更早获得声音。在 1kHz 以下频率，相位（时间）差起主要作用，而在 1kHz 以上，声压差起主要作用。这里有一个定位盲区，在那里听音者不能判断声音是来自正前还是正后方向，因为声音到达每一只耳朵有着相同的声压和相位。利用声压差和相位差，人耳能够在水平面上定位误差为 1° 或 2° 的声源位置。

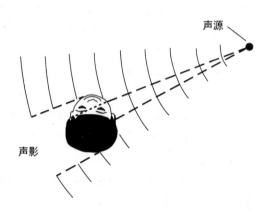

图 4-16 我们的双耳指向性感知，部分取决于落在双耳上声音的声压差和相位差

4.13 第一波阵面定律

最先到达的声音会让听音者产生方向感，它有时候被称为第一波阵面定律。假想一下两个人在房间中谈话的情景，一个人说话而另一个聆听。由于直达声有着最短的传播距离，所以它首先到达人耳处，进而被我们所听到。这个直达声产生了声音的方向感，即使紧跟在它后面有很多反射声，但是这种方向感仍然会被保留，同时就方向感而言，它有利于减少后期反射声所造成的影响。这种对声源方向的判断，会在几毫秒内完成。

4.13.1 法朗森效应

我们的耳朵相对擅长识别声源位置。然而，这也会产生一种听觉记忆，它会让我们混淆声源的方向。法朗森（Franssen）效应描述的就是这一现象。在一个客厅里，一左一右摆放两只音箱，它们距离听音者约 3ft，且成 45° 夹角。当正弦波从左边音箱发出，且信号立刻衰减，同时替换成右边音箱发声，且保持整个声压级没有明显的改变时，大多数听音者仍将会继续感觉到声源从左边音箱发出，即使它已经完全没有声音了。人们常常惊讶于，当连接左边音箱的线被断开时，仍然能够继续听到来自左边音箱的信号，这就体现出人耳听觉记忆在声源定位当中的作用。

4.13.2 优先（哈斯）效应

人耳的听觉系统会在空间上合并一些间隔非常短的声音，在某些情况下，倾向于把它们看成来自同一方向的声音。例如，在一个礼堂当中，耳朵和大脑能够把直达声之后 35ms 内的声音合并，使其产生所有声音来自原始声源方向的感觉，即使这里面可能包含来自其他方向的反射声。首先到达的声音，决定了我们对声源位置的感知，这种现象称为优先效应（Precedence Effect）、哈斯效应或第一波阵面定律。在这个时间内叠加的声音能量，也增加了我们对响度的感知。

人耳能够合并某个时间窗内不同到达时间的声音是不足为奇的。别忘了在电影当中，我们的眼睛也会对一系列静止的图片产生融合，它会给我们一种连续运动的感觉。静止图片的显示频率是非常重要的，为了避免看到一系列的静止图片或者闪烁，其频率必须要在 16 幅 /s（62ms 的间隔）以上。听觉的融合有着类似的过程，听觉的融合作用在 35ms 以内的表现非常好。超出 50~80ms，这种融合将会被破坏，并且随着时间的延长，逐渐可以听到离散的回声。

Haas 让被试者处于距离两个音箱 3 米的位置，且被试者与两只音箱之间的夹角为 45°，观察者的对称线分割这个夹角（实验在相关角度的说法上，有些含糊不清）。屋顶是接近全吸声的。两只音箱以相同的声压级重放同一段语言，而其中一只音箱相对另一只有一定的延时。显然，来自没有延时的音箱的声音会首先到达听音者。Haas 通过改变延时的长短对其听觉效果进行研究。如图 4-17 所示，Haas 发现在 5~35ms 的延时范围内，来自延时音箱所发出的声音被完全认为是来自非延时的那只音箱。换句话说，听音者把两个声源都定位在没有延时的音箱上。

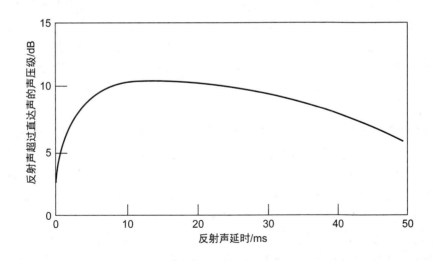

图 4-17　在人耳听觉系统的优先效应（哈斯效应）描述了这种暂时融合。在 5~35ms 的区域中，反射声压的声级必须大于直达声 10dB 以上，才能区分出反射声。在这个区域内，耳朵所获得来自各方向的反射声会让声音听起来更响，因为在这个范围内的反射声听起来似乎像直达声。延时在 50~100ms 及更长时，我们可以觉察到反射声的存在（Haas）

同时，如果延时声的声压比未延时的大 10dB 以上，就能够区分出这两个声音。在一个房间中，35ms 以内的反射声到达耳朵，会被从空间上与直达声融合，并被认为是直达声的一部分。有时这被称为融合域或哈斯域，这些融合的早期反射声增加了直达声的响度，且能够改变声音的音色。正如 Haas 所说的那样，"当回声在听觉上不能被感知时，从对主声源拓展的意义上来说，它能产生令人愉悦的效果。"

从小于 35ms 延时的融合作用到能够感受到离散回声之间的过渡区域是渐变的，因此它们之间的界线并不明确。有些研究人员把 62ms（1/16s）作为分界线，有些人则选择 80ms，还有人选择 100ms，超出这个时间的区域无疑是延时声的离散区域。如果延时声被衰减，这个模糊区域也会被扩展。例如，如果反射声相对直达声为 −3dB，那么模糊区扩展到约 80ms。房间反射声的声压级会比直达声低，所以我们预计它会有一个更长的时间。然而，当延时时间特别长时，如 250ms 或者更长，我们能够非常清晰地听到回声效果。

其他研究人员之前也发现，由于到达我们双耳的时间差略有不同，一个非常短的延时（< 1ms）能够帮助我们辨识声源的方向，而更大的延时，不能影响我们对声源方向的判断。

优先效应是非常容易被展示的。当你站立在距离水泥墙面 100ft 的位置拍手，可以听到一个清晰的回声（177ms）。随着你往靠近墙面方向移动，同时不断拍手，回声将会到达得更早，且会更大声。但是当你进入融合区，耳朵将会在空间上把直达声和回声混合在一起。

4.14　反射声的感知

在前面的章节，我们对"反射"声音的认知是在相当有限的方法中进行的。在本章当中，我们将会介绍一种更加通用的方法。Haas 所使用的音箱装置也会被其他研究人员所使用。这就是我们所熟悉的立体声装置，即两个音箱分开摆放，听音者位于这两只音箱的对称中轴线上。来自一只音箱的声音被作为直达声，而对另一只音箱进行延时（模拟反射声）。两只音箱之间的延时及相对声压级都是可以调节的。

直达声音箱设置在一个较为舒适的声压级下，有着 10ms 延时的反射声音箱从一个非常低的声压级慢慢增加。当听音者第一次觉察到声音差别所对应反射声的声压级即为可察觉反射声的阈值。低于这一声压级的反射声是听不到的，高于这个声压级的反射声是可以明显听到的。

随着反射声声压级逐渐增加并超过阈值，叠加的声音逐渐产生空间感。即使实验是在无反射空间当中进行的，这种空间感仍然会呈现出来。随着反射声声压级的增加，并高于阈值 10dB 左右，声音会发生另一种改变——声像的扩大及声像朝直达声音箱移动，这增加了空间感。然而，随着反射声声压级再次增加 10dB，或者增加到声像加宽的阈值之上，我们可以注意到另外一种改变，即可以听到离散的回声。

这有多少实际意义呢？假设一个听音室，被用来重放音乐。图 4-18 展示了侧向反射声与来自音箱直达声叠加后的效果，使用语言作为测试信号。在感知阈以下的反射声是不被感知的，可以感知的独立回声区域同样不能使用。有用的区域只是这两个阈值曲线 A 和 C 之间的阴影部分。我们可以通过计算来估算任意特定反射声的声压级和延时，这是通过已知声音速度、传播距离，以及应用平方反比定律所获得的。图 4-18 也展示了在叠加反射声和直达声之后听音者可能出现的主观反应。

为了辅助前面所提到的计算，我们可以利用下面的公式，即

$$反射声延时 = \frac{（反射声路径）-（直达声路径）}{1130} \qquad (4-2)$$

以上假设了反射面的反射率为100%，两个路径都以英尺度量，声速是以英尺/秒来衡量。

$$在听音者位置的反射声压级 = 20\lg\frac{直达声路径}{反射声路径} \qquad (4-3)$$

以上假设了声音是以平方反比的规律传播。

在一个礼堂当中，我们可以通过计算房间几何尺寸来进行设计，让它的延时在50ms以内，从而落在融合区域。假设直达声的传播路径长度为50ft，早期反射声的传播路径为75ft，当两个声音都到达听音者位置时，所产生的延时为22ms，这样就很好地落在融合区域内。类似地，通过控制直达声与早期反射声之间的延时小于50ms（路径差约为55ft），听音者将不会听到独立的回声。如果考虑反射声的衰减，这个时间差距稍微大于50ms是可以接受的。对于语言来说，通常情况下最高50ms的时间差是可以被接受的，而对于音乐来说，这个可以被接受的时间差可以达到最高80ms左右。更短的差距是受大家欢迎的。在后面的章节中，我们将会看到优先效应也能被应用在LEDE（Live End–Dead End）控制室的设计当中。

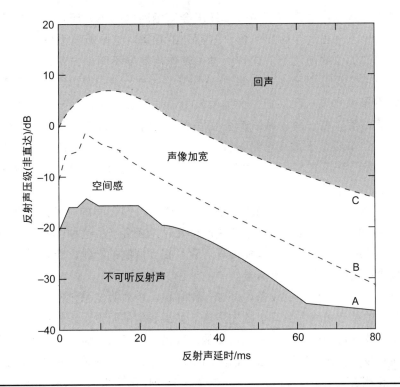

图4-18　展示了在一个模拟的立体声摆放中，直达声的侧向反射声在感知上的影响。这些测量是在一个无反射的环境下进行的，侧向角度为45°~90°，使用语言信号作为测试信号。曲线A是反射声的可听阈值，曲线B是声像移动或加宽的临界值，曲线C是侧向反射声被感知为独立回声的位置（曲线A和曲线B由Olive和Toole提供；曲线C由Meyer、Schodder、Lochner和Burger提供）

4.15　鸡尾酒会效应

人类的听觉系统有着强大的能力，它可以在许多声音当中专注于其中一个声音。这有时被称为"鸡尾酒会效应"或者"听觉场景分析"。想象一下，自己置身于一个拥挤的同时具有音乐表演和许多人讲话的场景当中。你能够听到他们任何一个人的讲话，同时排除其他的对话和声音。但是如果有人在房间远处叫你的名字，你将会马上注意到他。有迹象表明，音乐家和指挥家在这种听觉辨识方面有着较高的能力，他们能够同时独立分辨多个乐器的声音。

这种可以辨识特定声音的能力，对我们的声音定位有着很大的帮助。如果通过一只音箱来重放两位讲话者的声音，我们很难分辨他们。然而，利用两只独立的音箱，每只音箱重放一个人的声音，我们就能够非常容易地分辨他们（讲话者的语言、性别和音调等因素，也会起到一定的作用）。虽然人们在鸡尾酒会中能够很好地区分各种声源，但是用电子信号处理系统来实现这种功能是比较困难的。在信号处理领域，它被归类于声源分离或者盲源分离的范畴。

4.16　听觉的非线性

当多个频率输入到线性系统当中，其输出会有相同的频率。而我们的耳朵是非线性系统，当多个频率输入进去时，输出包含一些额外的频率。这是听觉系统所带来一种失真形式，它不能被普通的仪器所测量。这种听觉失真作用需要不同的方法来测量。下面的实验展现了耳朵的非线性及听觉谐波（Aural Harmonic）的产生，它可以通过一个重放系统和两个音频信号发生器来完成。我们把一个信号发生器插入左声道，另一个插入右声道，调节这两个通道音量，使其在一些中频段产生相同且较为舒适的音量。设置一个信号发生器为23kHz，另一个为24kHz，不改变音量设置。每个单独的信号发生器所发出的声音都不会被听到，因为其频率已经超出人耳的听力范围。然而，如果音箱的高音单元足够好，你或许能够听到一个清晰的1kHz单音。

这个1kHz单音就是23kHz与24kHz之间的差值。它们之间的总和为47kHz，这是另外一个边带。当两个单音信号混合在一个非线性单元时，将会产生这种"差"及"和"的边带。这个例子当中的非线性单元就是中耳和内耳。除了相互调制的产物之外，耳朵的非线性所产生新谐波是鼓膜所没有接收的声音信号。

我们还可以利用上面相同的设备，外加一副耳机，来对听觉系统的非线性进行展示。首先，一个150Hz的单音被输入到耳机的左声道。如果我们的听觉系统是完美的线性系统，当在耳机右声道向较高频率扫频时，在150Hz的二次谐波、三次谐波及其他谐波频率附近，将不会听到任何非线性谐波。然而，通过拍频的出现能够证实人耳听觉系统的非线性特征。当把150Hz的声音用在左耳，同时右耳处的单音在300Hz附近缓慢变化，通过这两只耳朵之间的拍频可以证明二次谐波的存在。如果改变信号发生器的频率到450Hz附近，也可以通过拍频来证明三次谐波的存在。研究人员可以通过这种拍频的力度，对谐波幅度的大小进行预估。如果使用更高声压级的单音来重复上述实验，听觉谐波现象将会更加明显。

4.17 主客观评价

声音的主观音质评价和客观测量之间，有着很大的差别。回想一下，在音乐厅的声学评价当中，我们经常会使用的词语：温暖、低沉、清晰、有混响、丰满、现场感、响亮、明晰、宏伟、共鸣、浑浊和亲切。我们没有工具能够直接测量诸如温暖感和宏伟感，但是，我们有一些方法可以把主观评价术语与客观测量联系起来。例如，让我们思考一下，德国的研究人员采用术语"清晰度"来表示术语"清晰"，它的意义为清晰的或者清楚的。我们可以通过把声音反射时域波形图中前 50~80ms 的能量，与其总能量进行比较来衡量，即把直达声和早期反射声与整个混响声进行比较。在这种测量当中，通常会使用类似手枪或者其他脉冲声源，对声学环境进行激励。

虽然客观测量是非常重要的，但是我们的耳朵才是最后的仲裁者。人们的主观感受，提供了许多对于声学评价来说有价值的东西。例如，在对响度的调查当中，一组听音者面前会有各种声音，每个听音者被要求把 A 的响度与 B 的响度进行比较。听音者们把数据提交上去，并进行统计分析，我们可以把诸如响度这种人类感知因素，与声压级这种物理量进行对应。如果能够保证实验的正确进行，同时能够有足够的听音者参与，其分析结果是可以信赖的。利用这种方法，我们发现在声压级与响度、音高与频率或者音色与音质之间没有线性的对应关系。

将主观听音感受与客观设计参数之间进行相关性分析是有效的。它能够让设计者知道哪些因素限制了声音的保真度，并加以改进。例如，这些知识能够让音乐厅的声学设计更加优化。然而，寻找听音者主观感受与客观测量参数之间的相关性是非常困难的，它们之间的关系并不能完全被发现。主观感受与客观数据之间的相关性研究，大部分是通过主观音质评价来实现的。随着时间的推移，主客观之间的对应关系最终都能够被发掘出来。在此期间，主观音质评价起到了重要的作用。

4.18 职业性及娱乐性耳聋

听力损害是一种严重的职业危害。工厂的工人、卡车司机及其他岗位的人，他们有可能暴露在具有潜在伤害性的噪声声压级下。随着时间的推移，长期暴露在这种噪声环境里会产生听力损害。听力学家能够评估出工人在不同环境中的噪声暴露问题带来的影响。由于噪声声压级是不断变化的，同时工人也在不断地走动，因此这种评估工作非常不容易。可穿戴的噪声计量表通常被用来记录整个工作日的噪声暴露情况。工人的雇佣公司通常会在噪声源附近安装噪音防护罩，同时为工人佩戴耳塞或耳罩。

在工业生产当中，工人的听力是受到法律保护的，美国劳工部的联邦职业安全和健康管理局（OSHA）对工作场所当中的噪声暴露有所要求及限制。越高的职业噪声，有着越短的噪声暴露允许时间。噪声暴露是通过一天 8 小时的噪声量来衡量的。表 4-2 展示了每天允许暴露的噪声量，它们是通过标准声压计的慢速档测量出来的。每日最大允许量为 100%。这种量被计算成工人在不同噪声声压级下的暴露时间，以及对应该声压级的最长暴露时间。例如，一个工人在 90dBA 声压级下最长暴露时间为 8 小时，在 100dBA 下的最长暴露时间为 2 小时，或者在 115dBA 声压级下最长暴露时间为 15 分钟。当一天暴露在两个或更多个噪声声压级下时，总噪声剂量的计算公式如下：

$$D = \frac{C1}{T1} + \frac{C2}{T2} + \frac{C3}{T3} + \cdots \qquad (4\text{--}4)$$

其中，C= 噪声暴露时间（小时）

T= 最大噪声暴露限制时间（小时）

例如，当一个工人在 100dBA 噪声下暴露 1.5 小时，然后在 95dBA 噪声下暴露 0.5 小时，噪声剂量为 D = 1.5/2 + 0.5/4 = 0.90。也就是说，该工人已经达到了当日最大暴露剂量的 90%。

dBA 中的时间加权和 A 计权，有时也被称为 TWA，也可以计算为 TWA=105–16.6 lg$T$。随后听力保护测量中 TWA 表示为 100–16.6 lg$T$。

表 4–2 OSHA 允许的最长噪声暴露时间

声压级 (dBA)	每日最长暴露时间（小时）
85	16
90	8
92	6
95	4
97	3
100	2
102	1.5
105	1
110	0.5
115	0.25 及以下

其他噪声暴露保护条例已由环境保护署、住房和城市发展部、工人补偿及其他机构和非政府团体制定，这些规定可能会经常更改。专业的音频工程师在较高的监听声压级下工作，存在对其听力产生不可弥补伤害的风险。在大多数情况下，他们的工作不受职业噪声保护法的限制。

危险的噪声暴露不仅仅是一个职业问题，它也存在于日常娱乐当中。一个人可能在高噪声环境中工作一天，然后去观看摩托车或赛车比赛，或继续听高声压级的音乐，在酒吧当中逗留数小时之久。随着高频听力损失的蔓延，我们会通过提高音量来进行声音补偿，这时听力受损速度会加快。

在听力保护当中，听力敏度图（Audiogram）是一个重要的衡量工具。我们把之前的听力敏度图与今天的进行比较，将会产生一个趋势。如果向下，它的步幅能够被记录及核对。图 4–19 展示了一位在录音棚当中有着严重听力损失的录音师的听力敏度图。从图中可以看出，他的听力受损主要集中在 4kHz，或许是长期暴露在控制室的高声压环境下造成的。

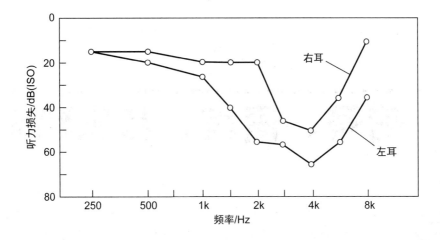

图 4-19 听力敏度图显示出在 4kHz 听力会严重受损，这或许是长期工作在高声压级录音棚的控制室所导致的

4.19 知识点

- 外耳道可以被看作一端被鼓膜封闭且长度为共振频率 1/4 波长的管道，它对声音有着约 10dB 的放大作用，同时头部的延时作用产生了在 3kHz 附近 10dB 的放大增益。重要的语言频率都在这个区域。
- 中耳内听小骨的杠杆作用，以及鼓膜与卵圆窗之间的面积比率，让空气与内耳中的液体产生了有效的阻抗匹配。
- 声波引起内耳卵圆窗的振动，它刺激了敏感的毛细胞，该细胞能引导信号通向大脑。这有一个位置效应，即能够感受高频的毛细胞在卵圆窗附近，而能够感受低频的毛细胞在末端。
- 听觉阈是以两条阈值曲线为边界的，即在可听到的最低声压门限，以及产生痛阈的最高声压门限。我们的听觉都是发生在这两个极端曲线之间。
- 猝发音的响度会随其时间长度的减少而降低。超过 200ms 的猝发音有着完全的响度，这表明耳朵的时间常数约为 100ms。
- 我们的耳朵对水平方向的声源有着较为精确的定位能力，而在垂直的平面上，定位能力略显不足。
- 音高是一个主观术语，频率则是一个物理量，这两个术语之间有所不同。
- 主观的音色或音质与物理上的声音频谱有关，但不完全等同。
- 耳朵的非线性产生了相互调制的产物及伪谐波
- 哈斯或优先效应描述了人耳具有融合前 35ms 以内所有声音的能力，所感受到的声源方向是由早期反射声所决定的，它也让声音听起来更大。
- "鸡尾酒会效应"表明，我们区分特定声音的能力很大程度上得益于我们的定位能力。
- 虽然人耳通常不能有效地评估绝对的声音参数，但它对频率、声压级及音质非常敏感。
- 职业性及娱乐性的噪声能够导致暂时及永久的听力损失。因此建议，要提前做好防护工作，来减少这种由环境所导致的耳聋。

5

信号、语言、音乐和噪声

语言、音乐和噪声等信号，存在于每个人的日常生活当中。凭借着听觉的天赋，我们对语言声音非常熟悉。我们几乎每天都能听到语言的声音，它是人类交流的关键因素之一，较差的语言清晰度是一件非常令人沮丧的事情。如果足够幸运，或许我们每天都可以听到音乐声，它是人类日常生活当中，非常令人愉悦且必要的东西。很难想象一个没有音乐的世界是什么样子的。噪声是我们通常不需要的东西，它会对语言、音乐及安静的环境造成破坏。语言、音乐和噪声之间的密切关系是本章介绍的重点。

5.1 声谱

　　为了了解声音是如何产生的，我们有必要先对语言进行关注。在自然界中，语言和音乐一样是瞬态可变的，它所包含的能量在频率、声压级和时间上不断变化。声谱能够显示出以上这三个变量。每个噪声都有它自己的声谱特征，这可以揭示出声音的许多细节。日常生活当中的声谱如图 5-1 所示。在这些声谱当中，时间是水平向右进行的，频率从原点向上增加，声压级用轨道的密度来描述——越黑的轨迹说明声音在那个频率和瞬间的能量越大。随机噪声在这种声谱当中展示出灰色，在可听范围内所有频率形成有斑驳的矩形，所有密度随时间推移展现出来。小军鼓在某些点有着随机噪声，但是它是断断续续的。口哨声以一个上升的音符开始，紧跟着一个间隙，然后有着类似的上升音符，这时频率开始下降。警笛是一个单音，并稍微伴有一点频率调制。

　　人类能够发出各种声音而不仅仅是语言。图 5-2 展示了若干种声音的声谱，在这个声谱当中显现出一系列的谐波成分，它们是一些数量不等的水平线，在频率方向垂直间隔。这些特征在女高音和婴儿哭的声谱当中特别明显，同时在其他声谱当中也有体现。

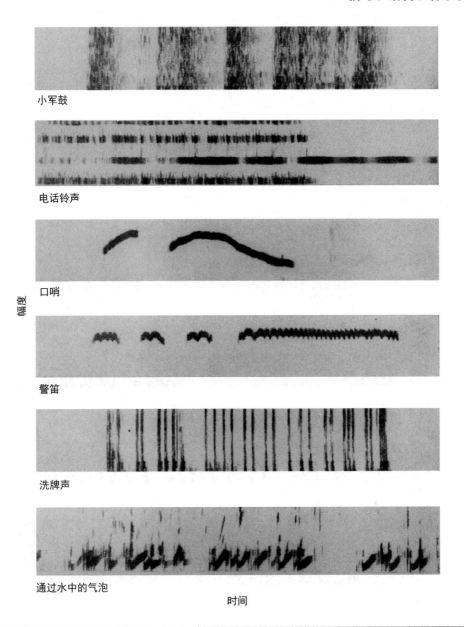

小军鼓

电话铃声

口哨

警笛

洗牌声

通过水中的气泡

时间

图 5-1　常见声音的声谱，时间向右推进，垂直刻度为频率，声音的大小通过踪迹的密度来表示（AT&T Bell 实验室）

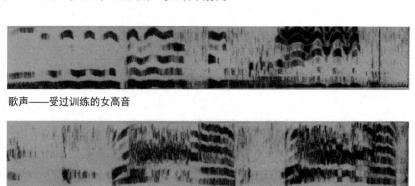

歌声——受过训练的女高音

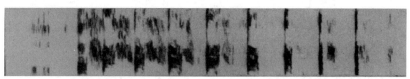

哭声——婴儿

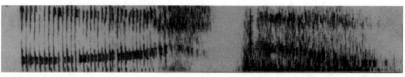

笑声

幅度

鼾声

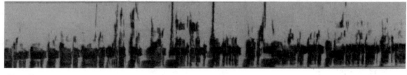

咳嗽

漱口声

时间

图 5-2　人声非语言类的声音频谱 (AT&T Bell 实验室)

5.2　语言

　　语言产生的过程有两个相对独立的结构，即声源和发声系统。通常语言产生有两个阶段，如图 5-3（A）所示，语言的第一个来源通过声源产生，随后在声道中形成语言。为了更加准确，我们展示了三个不同的声源通过声道所形成的声音，如图 5-3（B）所示。首先，这有一些由声带发出的声音，它形成了浊音。这些声音是由来自肺部的空气，经过声带（声门）产生振动所发出的。这种间断的空气脉冲产生了可以被称为周期的声音，换言之，它是一个周期跟着另一个周期重复进行的。结果产生了如 a、e、i、o 和 u 这类元音。

　　语言的第二个来源是在声道内由牙齿、舌头、嘴唇等共同形成的压缩物，它驱使空气在一个足够高的压力下通过，产生明显的湍流。湍流的空气产生噪声，这个噪声通过声道形成语言的摩擦声，例如辅音 f、s、v 和 z。我们尝试发出这些声音，会感觉到里面包含着高速的气流。

　　语言的第三个来源是呼吸的完全停顿，通常我们向前施加压力，然后突然释放呼吸，试着发出辅音 k、p、t，你将会感觉到这种爆破音的力量。它们后面通常跟随着一阵摩擦音或者湍流声。这三种类型的声音——浊音、摩擦音、爆破音都是我们说话时形成单词的来源。

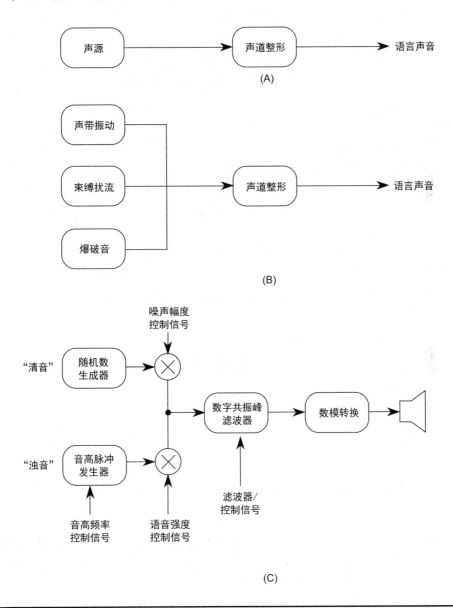

图 5-3　这有三种人类语言的模型。（A）人类语言是通过两个本质上相对独立的结构相互作用而产生的，它包括声源和一个在声道中随时间变化的滤波器。（B）声源是由声带振动和气流扰动所产生的摩擦音及爆破音组成。（C）一个被用来同步人类语言的数字系统

这些声源和信号能够通过数字化的硬件或者软件来实现。图 5-3（C）所示为一个简单的语言合成系统。随机信号发生器产生了一个类似 s 的清音成分。我们用计数器产生的脉冲，来模仿声带振动产生的浊音成分；同时用随时间变化的数字滤波器对其进行整形，来模仿千变万化的声道共振；利用信号来控制这一切，就形成了数字化的语言，最后把它转换为模拟的信号。

5.2.1 语言的声道模型

声道可以被看作一个声学的共振系统。从嘴唇到声带的这个声道，大约有 6.7in（约 17cm）长。它的断面面积由嘴唇、颌、舌头及软腭（一种活动的门，它可以打开或者关闭鼻腔）的位置所决定的，并在 0~3in²（约 20cm²）的范围内变化。鼻腔大约有 4.7in（约 12cm）长，其容积约为 3.7in³（约 60cm³）。这些尺寸与声道的共振位置及语言的形成有关。

5.2.2 浊音的形成

如果我们把图 5-3 所示的内容进行详细描述，会分成声音频谱和调制作用两部分，这就涉及音频领域的重要部分——语言的能量谱分布。同时，这也让我们有机会了解混响和噪声环境中，浊音对语言清晰度的影响。图 5-4 展示了浊音的产生步骤。首先，声带的振动产生声音。这是一些声音的脉冲，该声音有随频率的增加以 10dB/oct 为斜率衰减的频谱，如图 5-4（A）所示。声带的声音通过声道，而声道的作用类似随时间变化的滤波器。图 5-4（B）所示的峰值是由声学共振引起的，它被称为管状器官的共振峰，这是在嘴巴的一端打开，同时在声带一端闭合时产生的。这种声学管道有 6.7in 长，在共振频率 1/4 波长处产生共振，这些共振峰产生的频率约为 500Hz、1500Hz、2500Hz。由声道共振产生的声音，如图 5-4（C）所示。这种分析被应用到语言的浊音当中。

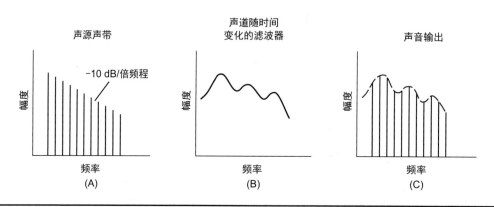

图 5-4　浊音的产生可以分为几个阶段，（A）声音首先通过声带振动产生出来，这些声音脉冲的频谱以 10dB/oct 的斜率衰减。（B）声带声音通过声道，声道是一个随时间变化的滤波器。声学共振，称为共振峰，具有声管的特性。（C）我们所发出的浊音是声管共振整形过的信号

5.2.3 辅音的形成

辅音以类似的方式形成，如图 5-5 所示。当产生摩擦音时，辅音从湍流空气的类似随机噪声频谱分布开始。图 5-5（A）所示的频谱分布，是在嘴巴末端的声道产生的，而不是声带的末

端。因此，图 5-5（B）所示共振的形状多少有些不同。图 5-5（C）展示了通过图 5-5（B）所示滤波器的声音形状。

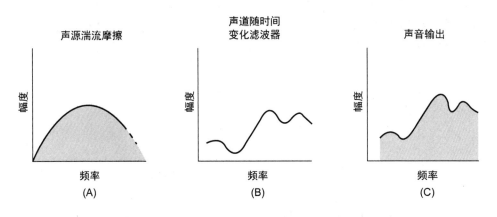

图 5-5　产生类似 f、s、v、和 z 等辅音的图表。（A）噪声的频谱分布是由空气扰动在声道所产生的摩擦引起的。（B）声道随时间变化的滤波作用。（C）声音 A 与滤波器叠加所输出的频谱分布

5.2.4　语言的频率响应

从声带振动发出的浊音、湍流产生的辅音，以及在嘴唇附近产生的爆破音，一起形成了我们的语言。当我们说话时，随着嘴唇、颌、舌头及软腭的位置改变，共振峰在频率上发生改变，从而形成我们想要的词语。图 5-6 所示的声谱表明了人类语言的复杂性。我们利用语言传递信息的过程，是频率及密度随时间迅速变化的过程。请注意，在图 5-6 所示的 4kHz 以上有着较少的语言能量。虽然在声谱当中没有展示，但是 100Hz 以下也有较少的语言能量。这就可以理解为什么滤波器的峰值是在 2k~3kHz 的区域。因为这是人类发声器官的共振频率。

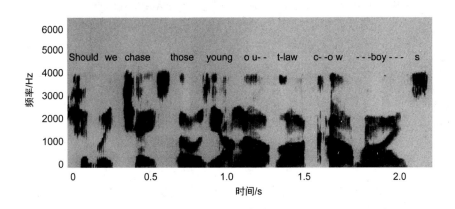

图 5-6　由男声所说的一句话的声谱（AT&T Bell 实验室）

5.2.5　语言的指向性

语言在不同方向的能量是各不相同的，这主要是受到嘴巴的指向性，以及头和躯干声学

阴影的影响。图 5-7 展示了两个语言指向性的测量结果。因为语言是复杂且不断变化的，所以我们有必要对其指向性进行精确测量。

从图 5-7（A）所展示的水平指向效果可以看到，在 125~250Hz 频带有约 5dB 的指向作用。这是可以预料的，因为头的尺寸与这个频段声音波长（4.5~9ft）相比起来，会显得较小。而对 1400~2000Hz 的频带来说，其指向性更为明显。对于这个频段来说，它包含着重要的语言频率，前后之间的声压相差约 12dB。

在图 5-7（B）所示的垂直平面上，125~250Hz 的频带约有 5dB 的前后声压差异。对于 1400~2000Hz 频带来说，前后之间的声压差与水平平面相同，除了躯干效应的部分。虽然在接近 270° 的角度没有进行测量，但是领夹式话筒拾取的语言高低频之间的差异是较为明显的［如图 5-7（B）所示］。

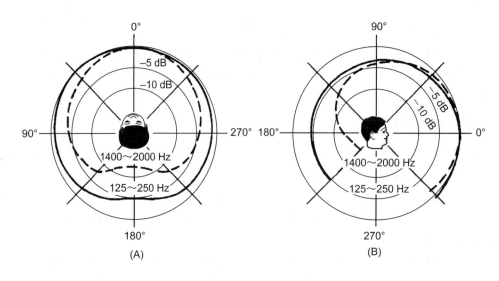

(A)　　　　　　　　(B)

图 5-7　人的声音是有方向性的。（A）前后的指向性作用，对于重要的语言频段大约相差 12dB。（B）在垂直平面上，1400Hz 到 2000Hz 频带从前到后的指向性与水平方向大致相同（Kuttruff）

5.3　音乐

音乐声的复杂性变化很大。它可能是接近正弦波的某个乐器，或者是一个具有高度复杂音调的交响乐团，其中每个乐器都有着不同的音调结构。

5.3.1　弦乐器

小提琴、中提琴、大提琴、低音大提琴或者吉他这类乐器，它们通过弦的振动发出声音。在一根拉紧的弦上，泛音都是基频频率的整数倍，且由基频产生，因此这些泛音可以被恰当地称为谐波。如果弦的中间被激励，由于基频和奇次谐波有着最大幅度，因此奇次谐波被加强。因为偶次谐波在弦的中央有结点，如果激励那个地方将会减少偶次谐波。我们通常会激励弦的末端附近，在这里奇次谐波和偶次谐波将会被较好地混合。"非音乐性"的第七谐波在大多数音乐中都是令人厌恶的（在音乐上，这是一个减小七和弦）。通过运弓（或打击、拨动）距离末端 1/7 或 2/7 处，能够减少这种谐波。因此钢琴中的琴锤通常位于第七谐波结点的位置。

小提琴 E 和 G 音调的谐波成分，如图 5-8 所示。音调 E 在较高频率谐波部分有着更加宽的间隔，故其音色听起来较薄。而较低频率的音调 G 的高频谐波有着较近间隔的频谱分布和更加丰满的音色。小提琴的尺寸与 G 弦的低频波长比起来较小，这意味着琴体的共振不能产生与较高音调一样的基频成分。这些谐波成分和频谱形状，取决于琴体的共振尺寸和形状，木头的种类和状态，同时也与琴面的上漆情况有关。这就是为什么在众多提琴当中，只存在极少非常优秀提琴，这个问题至今仍旧没有完全解决。

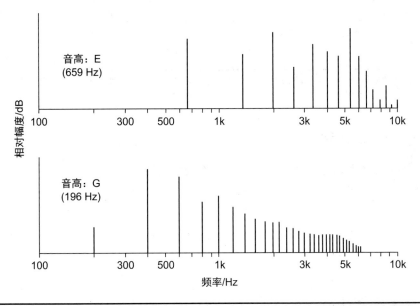

图 5-8　提琴空弦的谐波成分。较低频率的单音听起来更加丰富，因为它的高频谐波部分更加紧凑

5.3.2　木管乐器

在许多乐器当中，管中的共振可以被看成一维振动（房间的三维振动将会在以后的章节中讨论）。在这种管中，驻波起到主要作用。如果空气被封闭在一根两端闭合而狭窄的管当中，将会产生基频（管长的两倍）和所有谐波。在一端开口的管当中也会形成共振，此时管长是波长的 4 倍且会产生奇次谐波。管乐器就是通过这种方法来产生声音的。当滑动长号时，其空气柱的长度是连续变化的，而对于小号及法国号来说，它们的空气柱是跳跃变化的，又或者像萨克斯、长笛、单簧管、双簧管那样，空气柱的长度会沿着乐器长度方向打开、闭合的圆孔而变化。

在图 5-9 所示的声谱当中，比较了管乐器与小提琴的谐波成分。每个乐器都有着自己的音色特征，这是由谐波的大小、数量以及共振峰排列形状所决定的。

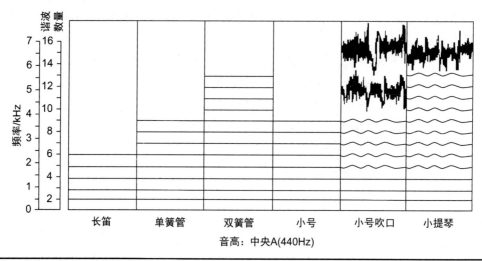

图 5-9　木管乐器谐波成分与小提琴演奏中央 A（440Hz）的频谱比较。许多乐器在音色上的不同导致它们的区别显现出来（AT&T Bell 实验室）

5.3.3　非谐波泛音

　　一些乐器将会产生非谐波泛音，它们的结构较为复杂。鼓声就是一种泛音的混合，鼓的泛音不与谐波相关，尽管它听起来非常丰富。三角铁和大镲可以有混合的泛音，它们与其他乐器有着较好的泛音混合。钢琴弦是刚性的，且它的振动类似于杆和弦的混合。因此，钢琴的泛音也不是严格意义上的谐波。非谐波泛音让管风琴和钢琴之间的声音有了差别，且赋予普通音乐声以不同的变化。

5.4　音乐和语言的动态范围

　　语言的动态范围是相对有限的。从最小的语言声到最大的语言声变化不是很大，通常情况的说话声或许只有 30~40dB 的动态范围。通过努力，较大演讲声的动态范围或许在 60~70dB。这种动态范围，当前许多音频系统都能轻松达到。然而，音乐的动态范围对录音和传输带来了更大的挑战。

　　在一个音乐厅当中，一个满配的交响乐团能够产生非常大的声音，同时也能产生非常小的声音。由于人耳有着巨大的动态范围，因此坐在观众席的人们可以完全感受到这种声音的变化。最大和最小声音之间的动态范围或许达到 100dB（耳朵的动态范围约为 120dB）。只有当厅堂中的最小声音在环境噪声之上，我们才能听到它的存在。因此我们需要充分关注厅堂的隔声问题，尽量阻止外部的交通和环境噪声进入房间，同时也要确保空调设备的噪声在一个较低的水平。

　　对于那些不在音乐厅的情况，如现场广播、电视广播及录音，这些情况的动态范围必须满足需求。而传统的模拟 FM 电台广播信号不能还原整个交响乐团的动态范围，这是由于较低的信号容易被噪声掩盖，而较高的信号容易产生失真。另外，禁止对相邻频道进行干扰的广播监管机制，也限制了传输的动态范围。

　　理想的数字音频系统有着音乐所需的动态范围和信噪比，数字系统的动态范围直接与其比特数有关，见表 5–1。例如，一张光盘的量化比特数为 16bit，因此它能够存储音乐的动态范围是 96dB。信号加入适当的抖动（Dither）能够进一步扩展动态范围。例如，蓝光光盘等民用格式，以及一些专业录音机能够提供 24bit 的量化，从而避免后续信号处理所造成的数字噪声。当我们充分利用数字技术时，很大程度上将动态范围的限制从录音介质转移到重放环境当中。换句话说，AAC、MP3 及 WMA 等数字格式提供的动态范围和保真度是非常不同的，它们的质量取决于录音的比特率或者文件的码流。

表 5–1　针对不同比特数的理论动态范围

比特数（bit）	动态范围（dB）
4	24
8	48
12	72
16	96
24	144

5.5　语言和音乐的功率

在许多应用当中，人们必须考虑声源的功率。对于普通的对话来说，它的平均功率或许为 20 μW，但是峰值功率可能达到 200 μW。语言的大多数功率集中在中、低频，有 80% 的功率在 500Hz 以下，然而只有很少的功率在 100Hz 以下。换句话说，在辅音区域及影响语言清晰度的高频部分有着较少的能量。高于或低于这个范围会提高语言的音质，但是不能提高语言清晰度。

乐器有着比语言更高的功率。例如，长号能够产生 6W 的峰值功率，一个满编制交响乐团的峰值功率可以达到 70W。各种乐器的峰值功率见表 5–2。

表 5–2　不同乐器的峰值功率（来自 Sivian 等人）

乐器	峰值功率 (W)
满编制交响乐团	70
低音大鼓	25
管风琴	13
军鼓	12
镲	10
长号	6
钢琴	0.4
小号	0.3
低音萨克斯	0.3
低音大号	0.2
低音提琴	0.16

乐器	峰值功率 (W)
短笛	0.08
长笛	0.06
单簧管	0.05
法国号	0.05
三角铁	0.05

5.6 语言和音乐的频率范围

把各种乐器的频率范围与语言进行比较是非常有益的，我们可以很好地用图表的形式来描述它。图 5-10 展示了不同乐器和语言的频率范围。我们会注意到，图表当中仅展示了声音的基频部分，没有包含泛音成分，这很重要。因为对于非常低的管风琴音符来说，我们感受的主要是它们的谐波成分。同时一些伴随乐器发出的噪声也不包含在内，例如木管的簧片噪声、弦乐运弓的噪声、键盘的咔哒声及打击乐器和钢琴的捶击声。

5.7 语言和音乐的可听范围

语言、音乐，以及其他声音的频率范围和动态范围，随着人耳需求不同而发生变化。语言仅仅占用了耳朵听觉范围的很小一部分。在语言上所使用的听觉区域，如图 5-11 所示的阴影部分。这个区域位于听觉范围的中心位置。声音既不十分小也不十分大，频率既不十分低也不十分高，这个范围被应用在普通语言的听觉能力中。图 5-11 所示的语言区域是在长时间平均的过程当中获得的，其边界是比较模糊的，我们用梯度来表示声压级和频率的瞬间偏离。以上所描绘的语言区域，有着约 42dB 的平均动态范围。170~4000Hz 的语言频率范围，涵盖了约 4.5 个倍频程。

图 5-12 中的音乐区域比图 5-11 中语言区域的范围要大，音乐占用了我们耳朵听觉范围更大的区域。正如我们预期的那样，它在声压级和频率方面的偏离相对语言来说都更大。在这里，我们再次使用长时间平均的方法来确立音乐区域的边界，同时边界应该使用梯度来解释一些极端情况。我们所展示的音乐区域是非常保守的。它有着 75dB 的动态范围，以及 50~8500Hz 的频率范围。相比人耳 10oct 的可听频率范围，音乐的频率跨度约为 7.5oct，高保真的标准需要比这更宽的频率范围。如果我们不对语言和音乐区域进行平均处理，其动态范围和频率范围将会更加大，这样可以容纳那些对整体动态贡献较小的短期瞬态，这些短期瞬态仍旧是非常重要的。

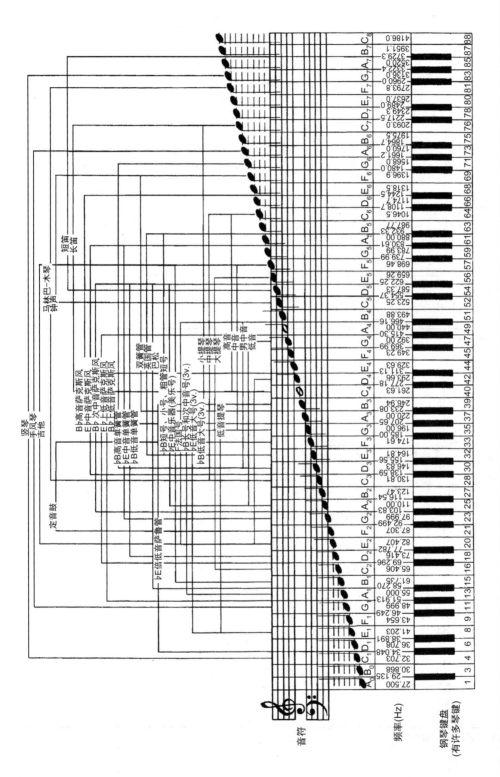

图 5-10　各种乐器和人声的可听频率范围。仅包含了基频部分。没有展示具有较高频率的泛音，也没有展示许多高频的偶然噪声（C．G．Conn，有限公司）

71

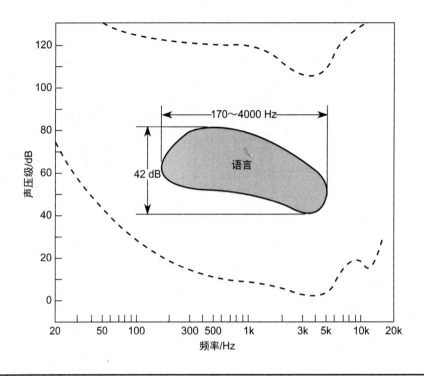

图 5-11　语言声的听觉区域范围

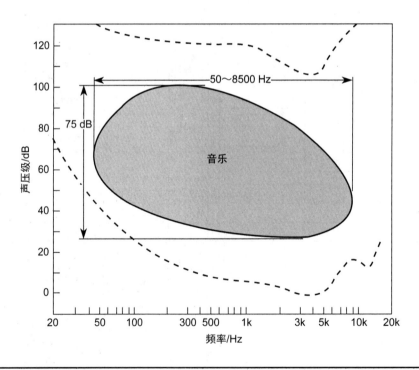

图 5-12　音乐声的听觉区域范围

5.8 噪声

"信号"一词意味着信息正在被传递。一方面，噪声也可以被看作一种信息的载体，例如，打断噪声形成点和线，就是一种把它转化成信息的方式，我们也将会看到窄带噪声的衰减是如何提供房间声音质量信息的。另一方面，还有各种令人厌恶的噪声，如手机的铃声和嘈杂的交通噪声等。有时我们很难区分这些令人讨厌的噪声与合法信息载体之间的区别，例如，汽车的噪声传递了它运行状态好坏的信息；音频重放系统能够产生对于听音者来说非常悦耳的声音，但是对于邻居来说这种声音或许被认为是噪声；响亮的救护车及消防车的声音是特别设计的，它既令人讨厌同时也携带了重要的信息。社会设立规则让这些令人厌恶的声音保持最小，同时也确保这些携带信息的声音能够被需要的人们所听到。

我们对噪声的评价是非常主观的。通常情况下，高频噪声比低频噪声更加令人讨厌；断断续续的噪声比稳态或连续噪声更加令人讨厌；移动及不固定位置的噪声比固定位置的噪声更加令人讨厌。无论我们如何对其评价，噪声都可能是一个不小的骚扰，或许能够对人耳听力造成严重的伤害，因此必须引起我们的高度重视。

5.9 噪声测量

有人把噪声定义为一种不想要的声音，这种定义从某种意义上是合适的，然而噪声也是声学测量当中重要的工具。这种噪声与不想要的那种噪声之间没有太大区别，只是因为该噪声被用在特殊的用途当中。

在声学的测量当中，我们很难使用纯净的单音作为测量信号，而使用有相同中心频率的窄带噪声会有更为满意的测量结果。例如，用一只录音话筒拾取音箱 1kHz 的单音信号，在不同的测量位置将会有不同的测量结果，这是由于受到房间共振作用的影响。然而，如果使用中心频率为 1kHz 的倍频程噪声作为测量信号，那么从该音箱辐射出来的声音在房间不同位置的测量结果将会趋于一致，而且测量将会包含 1kHz 附近的信息。这种测量技术是比较贴合实际的，因为我们通常关心的是录音棚或者听音室对复杂信号记录和重放的表现，而不是稳定的单音信号。

5.9.1 随机噪声

在任何一个模拟电路当中都会有随机噪声的产生，而减小它的影响通常是比较困难的。图 5-13 展示了在示波器上显示的正弦波和随机噪声信号，其中正弦波的规则性与噪声的随机性形成了对比。如果示波器在水平扫频范围被充分扩展，那么捕捉到的随机噪声信号将会是图 5-14 所示的那样。

如果噪声的幅度符合高斯分布，那么它可以被看作在特征上是完全随机的。也就是说，如果以相同的间隔进行采样，其电压的读数有些将会为正值，而另一些为负值，一些读数是较大的，而另一些较小。这些采样分布将会如图 5-15 所示，这就是我们所熟悉的高斯分布曲线。

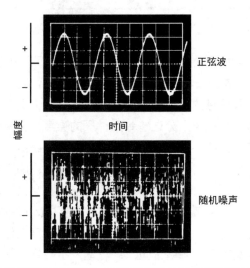

图 5–13　正弦波和随机噪声的波形图。随机噪声连续在幅度、相位及频率上变动

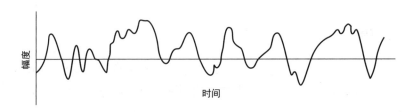

图 5–14　图 5–13 当中一部分随机噪声信号沿时间轴的扩展。图中噪声的非周期特性明显，其波动是随机的

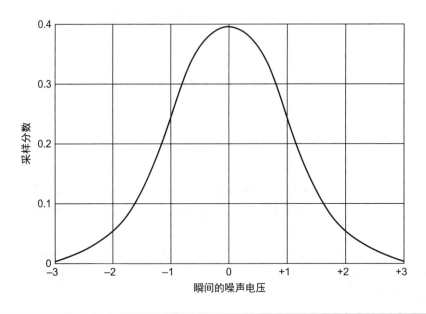

图 5–15　1000 个等时间间隔采样点，对应电压的测量结果，它可以证明噪声信号是否随机。如果信号是随机的，就会看到大家熟悉的高斯分布曲线

5.9.2 白噪声和粉红噪声

白噪声和粉红噪声都可以作为测试信号。白噪声可以与白色的光谱进行类比，它的能量在整个频率范围的分布是一致的。换句话说，白噪声在每 1Hz 的带宽中有着相同的平均功率。有时也可以认为白噪声在每 1Hz 有着相同的能量。因此，在对数频率刻度中，白噪声有着在频率方向的水平分布，如图 5-16（A）所示。每个更高的倍频程是前一个倍频程带宽的两倍，因此其更高倍频程的白噪声能量会增加一倍。听起来，白噪声会有高频的嘶声。

白光经过一个棱镜可以分解出一系列的颜色。红色光有着较长的波长，也就是说，它在光谱的低频部分。粉红噪声在每个倍频程（或者 1/3 倍频程）有着相同的平均功率。连续的倍频程包含了逐渐增多的频率范围，所以粉红噪声有更多的低频能量。从听感上来说，粉红噪声有比白噪声更多的低频。粉红噪声被定义为特殊的噪声，它在低频部分有更多的能量，且以 −3dB/oct 的斜率向下倾斜，如图 5-16（C）所示。粉红噪声通常被应用于声学测量当中，而白噪声常被作为电子设备的测试信号。这是由于粉红噪声的能量分布更接近于人耳的主观听声音方式。当使用粉红噪声进行测量时，使用固定比例带宽滤波器，例如 1 倍倍频程或者 1/3 倍频程滤波器，会获得平直的频率响应曲线。在测量一个系统时使用粉红噪声作为输入信号，若系统是响应是平直的，则通过类似（1/3）oct 的滤波器可以获得平直的输出响应。

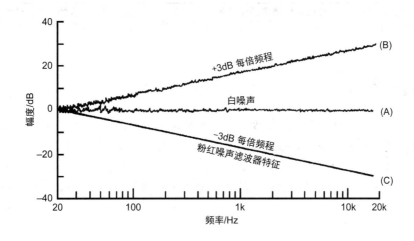

图 5-16 （A）白噪声在每赫兹都有着相同的能量。如果利用固定带宽的分析仪来测量白噪声，那么所测得的频谱将会是一条沿频率方向水平的直线。（B）如果利用固定比例带宽的分析仪进行测量，其频谱将会是一条上升的直线，其斜率为 3dB/oct。（C）粉红噪声是利用以 −3dB/oct 衰减的低通滤波器对白噪声进行过滤所获得的

之所以使用这些"白"或者"粉红"的术语，是因为通常测量中会使用两种类型的频谱分析仪。其中一种是固定带宽的分析仪，它在整个频谱范围内都有着固定的滤波器带宽，例如，使用 5Hz 的固定带宽。如果使用固定带宽分析仪来测量白噪声，将会产生一个水平频谱，这是因为使用固定带宽滤波测得的白噪声在各个频带的能量相同［如图 5-16（A）所示］。

相反地，在固定比例带宽分析仪当中，其带宽是随着频率变化的。例如，我们通常使用带宽为 1/3oct 的分析仪。在整个可听频率范围内，它的带宽与人耳的临界带宽非常相似。在 100Hz 处 1/3oct 分析仪的带宽为 23Hz，而在 10kHz 处其带宽为 2300Hz。很明显，中心频率在 10kHz 处的 1/3oct 比 100Hz 处，有着更多的噪声能量。使用固定比例带宽分析仪，对

白噪声进行测量将会产生一个斜率为 +3dB/oct 向上的直线［如图 5–16（B）所示］。

在许多声音频率的测量当中，整个频率范围内的平直响应是许多乐器和房间所需要的特征。假设被测量的系统有着几乎平直的频率特性。如果这个系统使用白噪声及固定比例带宽分析仪来进行测量，其结果将会产生斜率为 +3dB/oct 向上的直线。我们更加希望测量结果为水平直线，以便可以让偏离水平的响应更加明显。这可以利用斜率为 –3dB/oct 向下的噪声来实现这一目标，也就是粉红噪声。我们可以让白噪声通过一个低通滤波器，如图 5–17 所示，来获得这种斜率向下的噪声。一个接近平直的系统（例如功放或者房间），使用粉红噪声进行测量将会产生一个接近平直的频率响应曲线，这可以让偏离水平的响应更为明显地展现出来。

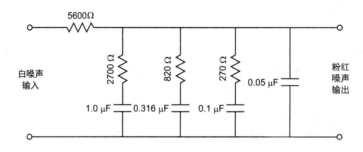

图 5–17　一个可以把白噪声转化成粉红噪声的滤波器。实际上是把每赫兹相同能量的白噪声转变为每倍频程能量相等的粉红噪声。在声学测量中，利用固定比率带宽的分析仪来进行粉红噪声测量是非常有用的

5.10　信号失真

在了解信号经过话筒、功放，以及其他信号处理工具之后变成什么样子之前，我们对音频信号的讨论还是不够完整的。在这里特别列出了一些可能出现的失真形式。

1. 带宽限制

如果一个功放的滤波带通对较低或较高频率产生衰减，那么通过带通的输出信号会与输入信号不同。

2. 不均匀响应

在滤波通带中的峰值和谷值，也会改变信号的波形。

3. 相位失真

引入的任何相位改变，将会影响信号分量的时间关系。

4. 动态失真

压缩器或者扩展器改变了原始信号的动态范围。

5. 交越失真

在 B 类放大器当中，其输出信号仅有 1/2 周期，在零附近的不连续输出会导致所谓的交越失真。

6. 非线性失真

如果功放是真正线性的，那么输入和输出信号之间是一一对应的。反馈有助于控制非线性的趋势。人类的耳朵也不是线性的，当一个单音信号作用在耳朵上，可以听到谐波信号。如果两个较响单音同时出现，在耳朵本身会产生它们的相加和相减信号，且这些信号可以作为谐波被听到。在功放当中的交扰调制测试也是相同的道理。如果功放（或者耳朵）是完美线性的，将不会产生

相加、相减的谐波信号。那些没有在输入信号中呈现的频率成分，就是由非线性失真所产生的。

7. 瞬态失真

当我们敲击一只钟时，它会发出声音。如果把具有较陡波阵面的信号应用到功放当中，也会产生铃声，因此类似钢琴音符这种信号很难被重放。可用猝发音信号来分析设备的瞬态响应特征。瞬态互调失真（TIM），转换引起的失真（Slew Induced Distortion），以及其他测量技术，描述了失真的瞬态形式。

8. 谐波失真

用谐波失真的方法来评价电路的非线性是普遍被接受的。在这种方法中，被测设备是用较高纯度的正弦波来驱动的。如果信号遇到任何非线性因素，输出波形都会发生改变，也就是说，谐波分量让信号显现的不再是一个较纯的正弦波。通过对输出信号的频谱分析，我们可以获得这些产品的谐波失真。

例如，一台使用带宽为 5Hz 带通滤波器的波形分析仪，并在整个声音频谱范围内进行扫频，图 5-18 展示了这种测量结果。首先波形分析仪被调节到基频 f_0=1kHz 处，同时电平设置为较为方便观察的 1.00V。波形分析仪展示了二次谐波 $2f_0$，它在 2kHz 处测得的电压为 0.10V。三次谐波在 3kHz 位置，有着 0.30V 的读数，四次谐波的读数为 0.05V，依次类推，数据见表 5–3。

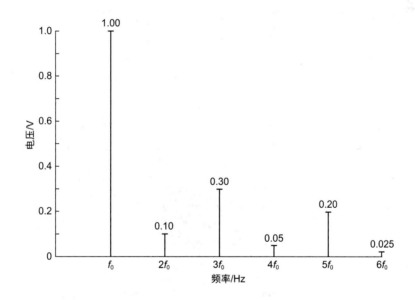

图 5-18 一个失真的周期波，通过固定带宽分析仪进行测量。其中基频 f_0 的电压被设为参考电压，它的数值为 1.00V。利用波形分析仪器，可以测得二次谐波 $2f_0$ 处的电压，其幅度为 0.10V。波形分析仪同样可以获得其他谐波幅度的数值，如图中所示。谐波的均方根电压与 1.00V 的基频电压相比，即可获得用百分比表示的总谐波失真

表 5–3 谐波失真（基频 f_0=1kHz，1.00V 幅度）

谐波	电压	（电压）^{2}
第二次谐波 $2f_0$	0.10	0.01
第三次谐波 $3f_0$	0.30	0.09
第四次谐波 $4f_0$	0.05	0.0025
第五次谐波 $5f_0$	0.20	0.04

续表

谐波	电压	（电压）^{2}
第六次谐波 $6f_0$	0.025	0.000625
第七次谐波和更高	（可以忽略的）	—
		总和 0.143125

总谐波失真（THD）可以用下式表示：

$$THD = \frac{\sqrt{(e_2)^2 + (e_3)^2 + (e_4)^2 \cdots (e_n)^2}}{e_0} \times 100 \qquad （5-1）$$

其中 e_2，e_3，$e_4 \cdots\cdots e_n$，＝二次谐波、三次谐波、四次谐波……的电压

e_0 ＝基频电压

在表 5-3 当中，谐波电压已经被平方并相加在一起。使用公式如下：

$$THD = \frac{\sqrt{0.143125}}{1.00} \times 100$$

$$= 37.8\%$$

37.8% 的总谐波失真是一个非常高的失真数值，无论什么种类的输入信号经过功放后的音质都会变差，在这个例子中我们达到了目的。

有时我们也会使用一种获得总谐波失真的简化方法。让我们再次来对图 5-18 进行思考。如果基频 f_0 被调节到一些已知的数值，且把陷波滤波器调节到 f_0 位置，并抵消基频，仅剩下谐波成分。使用均方根（RMS）电平表测量这些谐波，完成式（5-1）中的平方根部分。把这个谐波成分的 RMS 测量值与基频成分进行比较，并用百分比来表示，即为总谐波失真。

把一个没有失真的正弦波信号输入到功放，并让正峰值产生削波，如图 5-19 所示。左

未失真正弦波

正波峰产生削波的正弦波

5%总谐波失真　　　　　　　10%总谐波失真

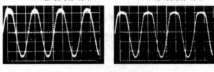

5%除去基频总谐波失真　　　10%除去基频总谐波失真

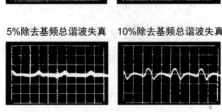

图 5-19　波形图显示一个没有失真的正弦波，它被用于功放的输入信号，经过功放之后的正波峰产生削波。具有 5% 和 10% 总谐波失真的削波正弦波，如图中所示。滤除基频之后的谐波成分图片也被展示出来

侧图为有着 5% 总谐波失真的正峰值削波信号，在其下方为去除基频之后所有谐波成分的总和。右侧展示了更为严重的正峰值削波信号，此时总谐波失真为 10%。图 5-20 展示了通过功放的正弦波信号，它在正峰值和负峰值有着对称的削波。对于这种对称削波的失真在外表上多少有点不同，但是所测得的总谐波失真是相同的，分别为 5% 和 10%。

消费级功放通常会标明总谐波失真，它的数值在 0.05% 附近，而不是 5% 或 10%。在一系列的双盲主观实验中，Clark 发现 3% 的谐波失真是可以在不同种类的声音当中被发现。通过仔细地挑选素材（例如长笛独奏），我们或许可以感受到 2% 或者 1% 以下的失真。而有着 1% 总谐波失真的正弦波，其失真是容易被感受到的。

未失真正弦波

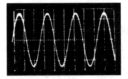

正负波峰对称削波

5%总谐波失真　　　　　10%总谐波失真

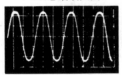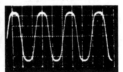

5%除去基频总谐波失真　　10%除去基频总谐波失真

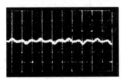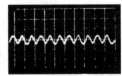

图 5-20　波形图显示的是一个没有失真的正弦波，它用于功放的输入信号，经过功放之后正负波峰产生对称削波。具有 5% 和 10% 谐波失真削波的正弦波，如图所示。滤除基频且只有谐波成分的图片也被展示出来

5.11　共振

任何共振系统的振动幅度，都会在固有频率或者共振频率 f_0 处产生最大值，并在这个频率以下和以上部分幅度逐渐变小。在共振频率处，一个适当的激励将会产生较高的振动幅度。如图 5-21 所示，振动幅度会随着激励频率的变化而变化，在共振频率处产生峰值。或许最简单的共振系统就是一个悬挂重物的弹簧系统。

这种共振作用广泛存在于各个系统当中，例如，音叉就是质量和机械系统的刚性所组成的共振系统。而瓶子中的空气，是瓶颈处空气质量与瓶体内空气弹力所组成的共振系统。共振在建筑声学当中也尤为重要。大多数房间都能够被看作封闭的空间，它们本质上是装有空气的容器，因此也会产生模态共振。这些我们会在后面的章节介绍，共振频率是房间内部尺寸的函数。

共振作用也会出现在电子线路当中，它是电感的惯性作用与电容的蓄电作用所形成的系统。一只电感（它的电子学符号为 L）通常是一个线圈，而电容（C）是由非导电的薄片隔

离一些导电材料所制成的。能量可以存储在线圈的磁场当中，也可以存储在电容极板之间。在这两个存储系统当中的能量交换，能够产生系统的共振。

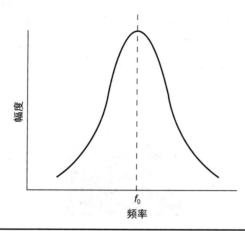

图 5-21　在任何共振系统的幅度变化当中，只有在固有频率或共振频率 f_0 处的幅度最大，而低于和高于该频率所对应的振动幅度都会减少。

　　图 5-22 展示了电容和电感所构成的两个共振电路。假设交流电的幅度不变，而在并联电路当中，其频率发生改变［如图 5-22（A）所示］。随着频率的变化，终端电压在 LC 系统的固有频率处达到了最大值，在高于或低于该频率的位置，电压都会减少。通过这种方式，形成了一个典型的共振曲线。换句话说，这是一个并联共振电路，它在共振处存在着最大的阻抗（与电流相对）。

　　在一个串联的共振电路当中［如图 5-22（B）所示］，也使用了电感 L 和电容 C。假设交流电的幅度不变，而电路中的电流频率发生了变化，终端会产生与共振曲线相反的曲线，在固有频率处电压最小，而低于或高于该频率，电压逐渐升高。也就是说，串联共振电路在共振频率处存在着最小的阻抗。

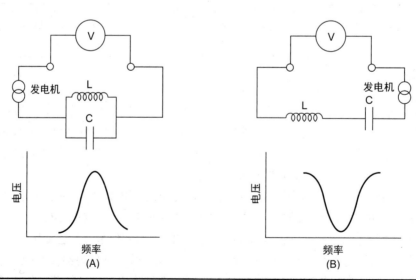

图 5-22　并联共振（A）与串联共振（B）的比较。对于一个恒定的交流电来说，它在通过并联谐振电路时产生电压最大值，而在通过串联谐振电路时电压产生最小值

5.12 音频滤波器

滤波器会被用在均衡器和音箱的分频器上。通过调节电阻、电感及电容的数值，可以构建任何模拟的滤波器，并可以达到几乎所有的频率和阻抗匹配特征。滤波器的通常形式为低通滤波器、高通滤波器、带通滤波器及带阻滤波器。这些滤波器的频率响应如图 5-23 所示。图 5-24 展示了在各种无源电路当中如何用电感和电容来构造简单的高通和低通滤波器。图 5-24（C）的滤波器将会比图 5-24（A）和（B）有着更加陡峭的边界。还有许多具有特定特性的专业滤波器。利用它们，我们可以对语言或者音乐信号进行随意的改变。

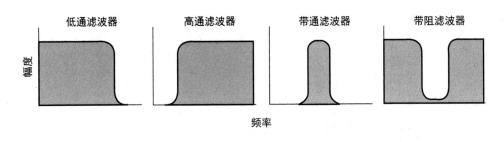

图 5-23　低通、高通、带通和带阻滤波器的频率响应特征

可调节滤波器的频率能够在其设计频带内任意改变。其中一种类型为固定带宽滤波器，它能够在任何频率提供相同的带宽。例如，一个有着 5Hz 带宽的频谱分析仪，无论它调节到 100Hz 或者 10kHz，操作频带内的任意其他频率都有着相同的带宽。另一种为可调节滤波器，它提供恒定比例的带宽。1/3oct 滤波器就是这种设备，如果它被调节到 125Hz，1/3oct 的带宽是 112~141Hz。如果它被调节到 8kHz，1/3oct 的带宽是 7079~8913Hz。在每个例子当中，带宽约为调节频率的 23%。

无源滤波器不需要电源。有源滤波器需要依靠带电的电路，例如分立式晶体管或者集成电路。一个无源的低通滤波器，如图 5-25（A）所示，它是由电感和电容组成的。一个有源的低通滤波器，则是基于运算放大器集成电路，如图 5-25（B）所示。有源滤波器和无源滤波器都被广泛使用，它们有着各自的优点，这取决于实际的应用环境。

滤波器能够以模拟或者数字的形式进行构建。之前我们所讨论的所有滤波器都是模拟类型的，它们工作在连续的模拟信号当中。数字滤波器则工作在具有离散时间采样的数字音频信号当中。在许多情况下，数字滤波器是作为软件运行在微处理器当中的，使用模/数和数/模转换器，把模拟信号输入到数字滤波器当中。如图 5-26 为一个数字滤波器的例子。在这个例子当中，我们使用的是一个有限冲击响应滤波器（FIR），它有时被称为横向滤波器。数字采样信号输入到滤波器当中，并应用顶部的 z^{-1} 模块组成一个抽头的延时线。中间部分展示了它与滤波器系数的相乘关系。把这些输出相加，便产生了滤波器的输出。通过这种方法，我们可以改变信号的频率响应。

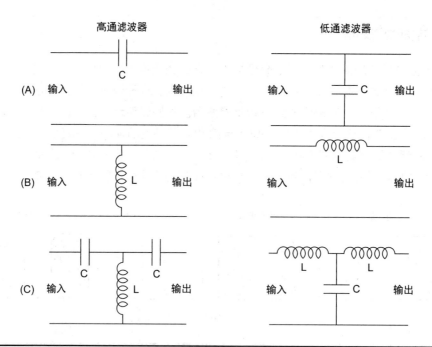

图5-24　电感和电容可以用来构成无源高、低通滤波器。(A)利用电容的滤波器(B)利用电感的滤波器(C)利用电容和电感的滤波器，它们比（A）或（B）具有更陡峭的边沿

　　数字滤波器是数字信号处理（DSP）技术的一部分。从针对重放音乐的信号处理到房间声学的信号分析，它被广泛应用在整个音频工业的不同领域。例如，数字信号处理能够用于处理音箱 – 房间 – 听音者之间的问题。我们可以在听音位置放置话筒，从而获得音箱在听音室的频率及相位响应，通过对其响应的反向均衡来达到补偿音箱和房间声学缺陷的目的。

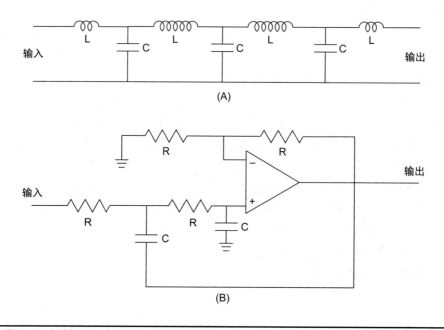

图 5-25　展示了 2 个模拟低通滤波器（A）无源模拟滤波器（B）利用集成电路的有源模拟滤波器

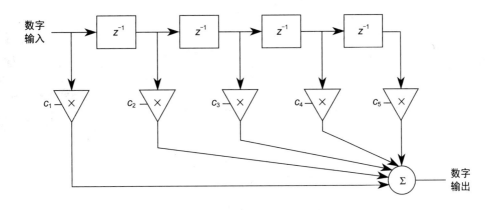

图 5-26   有限冲击响应滤波器展示了延时、相乘和相加的信号滤波过程

5.13   知识点

- 语言和音乐一样，在实际生活中是不断变化且短暂的，它们的能量在频率、声压级和时间三个维度中变化。
- 人们口腔内的声道能够被看成声学共振系统，其尺寸能够决定声道的共振及它们对语音的影响。
- 语言中能量的频谱分布有助于确定语言清晰度，也与混响和噪声的频谱分布有关。
- 音乐声的复杂度变化非常大，从接近简单的正弦波到高度复杂的音调。音乐的动态范围或许能够达到 100dB（耳朵的动态范围约为 120dB）。
- 乐器能够产生相对较高的声功率。例如，一个满编制的交响乐团的峰值功率或许能够达到 70W。
- 虽然我们不喜欢各种噪声，因此降低各种噪声的声压级。然而，噪声也是一种声学测量的重要工具。在许多情况下，通常会使用在某些频率的窄带噪声。
- 白噪声和粉红噪声通常被用来作为测试信号。白噪声在每 1Hz 频带内有着相同的平均能量。粉红噪声在每倍频程（或者 1/3oct）有着相同的能量。由于连续倍频程包含的频率范围逐渐增大，粉红噪声在低频有着相对较多的能量。
- 任何谐振系统的振幅在固有频率或谐振频率时最大，而在低于或高于这个频率的振幅会相对减小。一个在共振频率适中的激励信号能够产生较高的振幅。
- 大多数房间能够被看成是密闭空间，它们本质上是充满空气的容器，因此，它们会产生模态共振。
- 在许多应用中会使用滤波器，包括音频均衡器和音箱的分频器。通常形式的滤波器包括：低通滤波器、高通滤波器、带通滤波器及带阻滤波器。

6
反射

想象一下一个在自由声场的声源，或者在一个比较接近自由声场的地方，如一个空旷的草地，声源会向各个方向辐射声音。在这个过程当中，经过你身边的直达声是绝对不会反射回来的。如果现在把该声源放置在房间内，当声音从你身边经过，然后撞击到房间边界就会反射回来。直达声在经过你身边之后，会有许多反射声再次经过，直到声音完全消失。由许多反射声所组成的声音，与自由声场中的声音是完全不同的。反射声当中包含了房间尺寸、形状及边界构成等重要信息。它能够帮助我们了解房间的声音特征。反射声并非无关紧要，它能够增加声音的品质，同时也能够破坏声音的音质。任何房间声学设计的好坏，很大程度上取决于声音的反射特征，而反射特征取决于房间的边界状况。

6.1 镜面反射

来自水平表面的反射原理是非常简单的。如图 6-1 所示，它展示了一个点声源发出的声音，撞击到坚硬墙面后发生反射的情况。当球形波阵面（实线）撞击到墙上之后，反射波阵面（虚线）会朝声源方向反射回来。这就是声音的镜面反射，它的表现与"司乃耳（snell）定律"所描述的光线在镜面上的反射相同。

声音与光线有着一样的规律：即反射角等于入射角，如图 6-2 所示。通过几何学原理，我们可以知道反射角 θ_r 与入射角 θ_i 相等。这就像镜子里的影像，反射声的效果像是声音从虚拟声源处辐射出来一样。虚拟声源位于反射表面的后面，这就像我们在镜子中看到的影像一样，其中虚拟声源到墙面的距离与真实声源到墙面的距离相同。在这个例子当中，只有一个反射面。

在多个反射面的情况下，声音将会产生多次反射。例如，它将会产生声像的声像。如图 6-3 所示，这是 2 个平行墙面的例子。我们能够对在 I_L 处的虚拟声源（一阶声像）进行建模。类似地，它将会有位于 I_R 处的虚拟声源。声音将会继续在两个平行墙面之间发生反射。例如，声音将会依次撞击左墙、右墙，然后再次撞击左墙，它好似位于 I_{LRL} 处的（三阶声像）虚拟声源。在这个例子当中，我们观察到墙面之间距离为 15 个单位。因此，第一阶声像之间的距离为 30 个单位，二阶声像之间的距离为 60 个单位，三阶声像之间的距离为 90 个单位，依次类推。使用这种建模技术，我们能够忽略墙体本身的作用，并把声音看成是来自与实际声源有着一定距离的虚拟声源。例如，在一个有着单只音箱的房间内，在听音位置的复合声音能够等效成来自该单只音箱，以及其他与听音位置不同距离音箱的叠加。

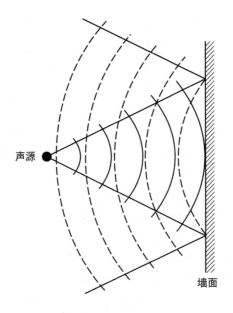

图 6-1 点声源所发出的声音，在平面上发生反射（入射声：实线；反射声：虚线）

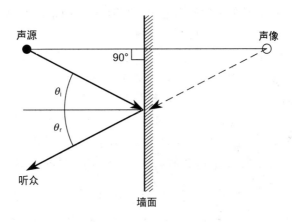

图 6-2 在一个镜面反射当中，入射角 θ_i 与反射角 θ_r 是相等的。反射声看上去好像来自虚拟声像

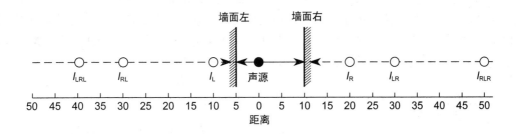

图 6-3 当声音碰撞多于一个表面时，它将会产生许多反射，这些反射可以被看作是虚拟声源。平行墙面可能会造成类似颤动回声的声学问题，同时由于回声的规律性，这种反射声是非常容易被听到的

一个矩形的房间具有六个表面，并且声源在这六个表面都具有声像，它们把能量共同辐射到接收点，就产生了一个非常复杂的声场。为了计算该接收点处声音的总强度，我们要考虑所有这些声像的作用。

颤动回声

再次回到图 6-3 中，我们注意到类似这些会产生声学问题的平行墙面，如果它们之间的距离足够远，那么其反射时间会超出了哈斯融合区（Haas Fusion Zone），声音从一面墙到另一面墙前后跳跃将会产生一定的颤动回声。这种反射的规律性会让我们对这种效果非常敏感，实际上，即使时间延时在哈斯融合区内，我们可能仍然会听到这种回声。它或许在其他声场当中非常明显，且不受欢迎。理论上，有着完美反射的墙面，将会产生无数个声像。这种声学作用与两个镜面之间的作用类似，可以看到一系列的声像。事实上，由于墙面的扩散及吸声作用，连续的声像会产生衰减。如果有可能，应当尽量避免这种两个相互平行的墙面。如果不能避免，我们需要在墙面上覆盖吸声材料或者扩散材料。或者我们把墙面展开一个较小的角度，例如 50° 或 100°，也能够有效避免颤动回声的产生。

当声音撞击到墙体表面时，一部分声音能量会穿透过去，一部分会被表面吸收，又有一些会被反射回来。反射声能量常常小于入射声。由较重材料（用面密度来衡量）制成的反射表面，通常会比轻质材料有着更好的反射效果。当声音在房间中跳跃时，或许会经历多次反射。每一次反射都会产生能量损失，最终会导致声音消失。

声波是否发生反射，从一定程度上取决于反射物体的尺寸。当物体大于入射声音波长时，声音就会从物体上发生反射。通常来说，如果矩形平面的两个边长都大于入射声波的 5 倍，那么声音将会在这个矩形平面上发生反射。因此，反射物体的声音反射与频率有关。这本书的尺寸对于 10kHz 的声音（波长约 1in）来说，将会是一个较好的反射体。由于声学阴影的作用，当前后移动这本书的时候，高频响应会产生明显的差别。在可听频率范围较低的频率，20Hz 的声音（波长约 56ft）将会擦肩而过，人们举着这本书，不会产生明显的声学阴影，就好像它不存在一样。

6.2 反射表面的双倍声压

一个入射声波在表面法线上的声压，与辐射到表面的能量密度相等。如果该表面是一个全吸声体，那么该处的声压等于入射声音的能量密度；如果该表面是一个全反射体，那么该处的声压等于入射声与反射声的能量密度之和。因此在全反射表面处的声压是全吸声表面处声压的两倍。在对驻波现象的研究当中，这种双倍声压现象则更加明显。

6.3 凸面的反射

把声音看成射线是一种简化的观点。每条射线应该被看作有着球状波阵面的声束，它遵循平方反比定律。来自点声源的球形波阵面，在距离声源很远的地方变成平面波。因此对于许多表面的入射声音来说，通常能够看作平面波。当平面波从凸面扩散体反射回来时，会指向各个方向，如图 6-4 所示。这种不规则扩散体的尺寸必须比声波的波长大。

这种反射回来的声音，把入射声音扩散开来。多圆柱吸声模块，在房间内能够起到吸声扩散声波的作用，其声波扩散作用来源于多圆柱的凸面形状。

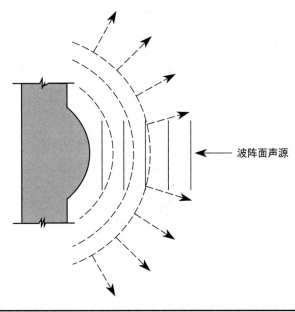

← 波阵面声源

图 6-4　平面声波撞击在凸面不规则体，如果它的尺寸远大于入射声波的波长，则反射声波趋于宽角度扩散

6.4　凹面的反射

平面波阵面碰撞到凹面会趋向于汇聚到一点，如图 6-5 所示。声音聚焦的位置取决于凹面的形状及相对尺寸。这些球形凹面是比较容易形成的，所以非常常见。例如，我们通常把话筒放置在球形凹面的聚焦点上，从而让话筒具有更强的指向性。这种话筒会被用来拾取体育赛事的声音，或者记录大自然当中动物的声音。这种凹面反射体的性能，取决于它与声波波长的相对尺寸。例如，一个直径为 3ft 的球形反射体，会对 1kHz（波长约为 1ft）的声音有着良好的作用，但是对于 200Hz 的声波（波长约为 5.5ft）来说几乎没有指向性。教堂或礼堂当中凹形穹顶和拱门，将会产生较为严重的声聚焦问题，这与房间内具有一致声音分布的设计目标相违背。

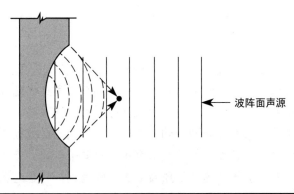

← 波阵面声源

图 6-5　如果不规则凹面体的尺寸大于声波的波长，那么该平面声波入射到该凹面体后会产生聚焦

6.5　抛物面的反射

　　抛物线的公式为 $y=x^2$，它能够把声音精确地聚焦到一点。如图 6-6 所示，这是一个非常"深"的抛物面，它有着与较浅抛物面相比更好的指向性特征。而它的指向性特征也取决于它与声波波长相对的开口尺寸。

　　当平面波撞击到这种反射体上时会聚焦到一点，而在抛物面反射体焦点上进行辐射的声音能够产生平面波。例如，图 6-6 所示的抛物面被作为指向性声源，在它内部的聚焦点处放置一个较小的超声波高尔顿音笛。它所产生的平面波会被较重的玻璃板反射回来，形成驻波。在一个高尔顿音笛当中，中心点两侧的空气质点所产生的振动，足以让软木片悬浮起来。

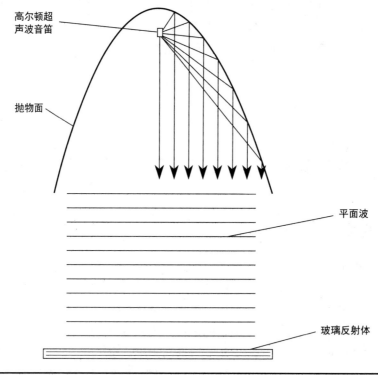

图 6-6　一个抛物面可以精确地把声音汇聚到一个点上，或者相反地，放置一个声源在聚焦点上可以产生相互平行的平面波。在这种情况下，声源是一个由压缩空气驱动的超声波高尔顿音笛

6.6　回音壁

　　伦敦圣保罗大教堂、梵蒂冈城的圣彼得大教堂、北京的天坛公园、美国国会大厦雕像馆、纽约中央车站，以及其他包含回音结构的地方，它们的声学原理如图 6-7 所示。声源和接收体之间可能有着较远的距离，它们位于抛物面的坚硬墙面的焦点处，且朝向墙方向。在声源处很小的声音，都能够在接收端清晰地听到。这种现象是由墙面的抛物面形状所产生的。此时声源中向上传播的声音，经过抛物面的反射聚焦后也向下传输到接收端，从而使得声音能量得到保存，传输损失较小。虽然这种现象看上去比较有趣，但是这类建筑结构通常是不受欢迎的。除非特殊用途，类似圆柱体、球体、抛物面和椭圆体的凹面部分，否则不应在声学

要求较高的建筑当中使用。声聚焦现象与我们需要的均匀扩散声场的目标是相反的。

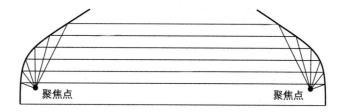

聚焦点　　　　　　　　　　　　聚焦点

图 6-7　回音壁的图例展示了对称的声音聚焦点。我们对着抛物面表面的低声细语可以很容易地被在房间中另一处的人听到。在大多数情况下，凹面会产生一定的声学问题

6.7　驻波

驻波的概念直接取决于声音的反射。假设两个平行墙面之间保持一定距离（如图 6-3 所示），且它们都是平滑而坚硬的。在墙面之间使用一个声源，并辐射特定频率的声音。我们通过观察可以看到，波阵面撞击到右墙，并向声源方向反射回去，然后撞击到左墙产生另一次反射，依次往返。一个声波向右传播，而另一个声波向左传播。这两个声波的相互作用会形成驻波。如果仅是两个声波之间的相互作用，那么所产生的驻波是静止的。声音辐射的频率决定了声波的波长及两个表面之间的共振状态。这种现象完全取决于两个平行表面的声音反射。如其他章节所讨论的一样，驻波是需要仔细设计的，特别是对房间低频响应的部分。

6.8　墙角反射体

我们通常考虑的反射都是来自周边墙面的法线（垂直的）反射，然而反射也会在房间的角落产生。而且，反射声跟随声源环绕在房间四周。如图 6-8 所示的墙角反射体接收到来自声源 1 处的声音，经过两个墙面的反射之后，声音会直接朝声源的方向反射回去。如果我们仔细观察它的入射角和反射角，在声源 2 处的直达声，也会经过两个表面之后最终反射回声源。类似地，在法线另一侧的声源 3 有着相同的效果。因此，一个墙角反射体有着把来自各个方向声源声音反射回去的特性。由于墙角反射声经过两个表面的能量吸收，它有着比同样距离单个墙面更小的反射声压。

图 6-8 所示的墙角反射体仅包含两个表面，相同的原理也适用于由天花板和墙面组成的三面墙角（tri-corners）的情况，或者由地面和墙面组成的三面墙角。根据相同的原理，声呐和雷达系统有着捕获较远目标的能力，它们具有由反射材料组成的三个圆盘，彼此垂直组装。

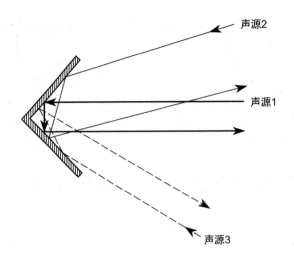

图 6-8　角反射体具有一定的属性，那就是无论声音从什么方向辐射过去都会被反射回去

6.9　平均自由程

在连续反射过程当中，声音传播的平均距离被称为平均自由程。这个距离表达公式如下：

$$MFP = \frac{4V}{S}$$
（6-1）

其中，MFP= 平均自由程（ft 或 m）

$\quad\quad\quad V$= 空间的体积（ft³ 或 m³）

$\quad\quad\quad S$= 空间的表面积（ft² 或 m²）

例如，在一个尺寸为 25ft×20ft×10ft 的房间，反射声之间的平均传播距离为 10.5ft。声速为 1.13ft/s。以这个速度经过 9.3ms 将会到达 10.5ft 的平均距离。从另一个角度来看，在该空间内，1s 内将会发生 107 次反射。

图 6-9 展示了反射声的音响测深图，它显示出容积为 16000ft³ 的录音棚，前 0.18s 的反射声情况，该房间在 500Hz 处的混响时间为 0.51s。在房间内，我们依次把话筒放置在四个不同的位置，而冲击声源始终是固定放置的。我们所使用的冲击声源为信号枪，它可以利用空气冲击来刺破纸张，从而获得一个小于 1ms 的脉冲信号。在四个测试位置处测得的反射声特征是各不相同的，它们各自的反射声痕迹被清晰地记录下来。这些音响测深图展示出房间内前 0.18s 的瞬态声场，它与稳态状况形成对比。这些早期反射声，在我们对房间的声学感知当中，起到了重要的作用。

6.10　声音反射的感知

当在听音室中重放声音，或者在音乐厅中欣赏音乐，又或者是任意声学空间中的活动，我们所听到的声音都会受到房间内反射声的影响。我们所感知到的反射声就是声音反射的重要表现形式。

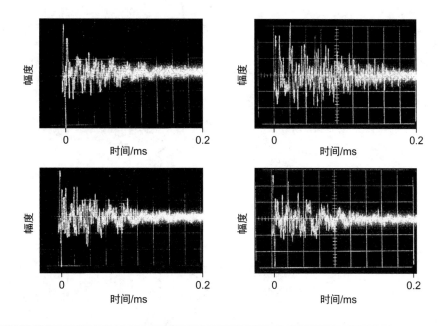

图 6-9 回声图是在容积为 16000ft^3 录音棚当中的四个不同位置获得的。在这些回声图当中，显示了各自独立的反射。房间的混响时间为 0.51s，水平时间刻度为 20ms/div（格）

6.10.1 单个反射作用

在模拟反射声的可听性研究当中，常常使用类似传统立体声重放系统的音箱摆放来进行，如图 6-10 所示。观察者坐在两个音箱夹角约为 60°的顶点位置（这个角度随着研究者的不同而变化）。单声道信号被送到其中一只音箱，作为直达声信号。同时，我们把到达另一个音箱的相同时间进行延迟：让其代表侧向反射声。我们所研究的两个变量，一个是与直达声相对的反射声压级，另一个则是与直达声信号相对应反射声的延时时间。

Olive 和 Toole 对小房间的听音环境展开了调查，例如录音棚的控制室及家庭当中的听音室。在一个实验当中，在消声室的环境下，他们对模拟的侧向反射声进行研究，所使用的测试信号为语言。这个研究工作的结果，如图 6-11 所示。该图中曲线描绘了反射声压级与反射延时的对应关系，这两个变量已经在上面进行了详细说明。0dB 的反射声压级意味着反射声与直达声信号有着相同的声压级，−10dB 的反射声压级意味着反射声比直达声压级低10dB。在所有的例子当中，反射延时迟于直达声信号的时间在毫秒量级。

在图 6-11 中，曲线（A）是可察觉回声的绝对阈值。这意味着在这个曲线以下，我们不会听到任何的特定延时的反射声。请注意在前 20ms，这个阈值基本上是恒定的。随着延时的增长，对于刚刚可以听到的反射声来说，需要的反射声压级越来越低。这对于小房间来说，在 0~20ms 之间的延时是有着重要意义的。在这个范围内反射声的听阈随延时变化很小。

6.10.2 空间感、声像及回声的感知

假设来自侧面的反射延时为 10ms。反射声压级从非常低的位置开始增加，起初该声音是完全不能被听到的。随着反射声压级的不断增加，当反射声低于直达声 15dB 时，其声音可以被听到。当反射声压级继续增加并超过该位置时，我们会感受到空间感，这时消声室

内，产生了普通房间的声音感觉。听音者还不能感受到反射声是一个独立的声音，或者有任何指向作用，而仅能够感受到空间感的存在。

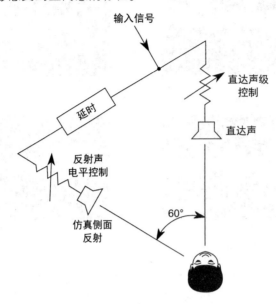

图 6-10 许多研究者用一些特别的设备来研究侧向反射声，其中反射声压级（相对直达声）和反射延迟时间的变化都是可以控制的

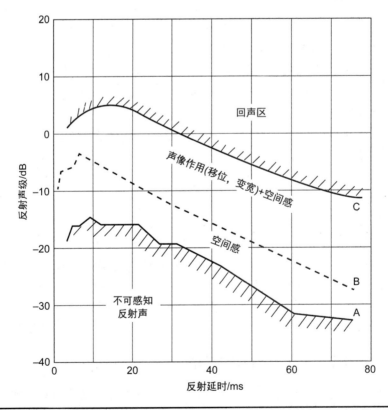

图 6-11 显示了一个消声室内侧面反射声仿真效果的调查结果，该实验当中使用的测试信号为语言。曲线 A 是可察觉反射声的绝对阈值。曲线 B 是声像发生改变的阈值。曲线 C 所代表的是反射声被听出是独立回声的阈值（结果组成：曲线 A 和 B 来自 Olive 和 Toole，曲线 C 来自 Meyer 和 Lochner）

随着声压级的进一步增加，其他声音效果也开始能够被感受到。在反射声达到听阈值之上约10dB的位置处，我们开始对房间尺寸及声像定位有感觉。更长的延时，会导致声像变得模糊。

回顾一下在 10ms 到 20ms 的延时范围发生了什么，随着在听阈值之上反射声压级的增加，空间效果开始占据主要地位。而随着反射声压级的继续增加，在可听阈值之上约 10dB 位置开始产生声像作用，包括声像的尺寸及声像位置的移动。

反射声压级在声像移动阈值之上，另外增加 10dB 会产生另一个感知阈值，这时反射声可以被认为是中央声像的回声。这种分离的回声破坏了声音的音质。针对这一问题，我们必须在实际的设计当中，尽量减少反射声与延时声合并所产生的回声现象。

侧向反射声在声场当中为我们提供了重要的感知因素。它能够影响声像的空间感、尺寸及位置。Olive 和 Toole 对两只固定安装的音箱进行研究，发现从单只音箱所获得的结论与立体声音箱有一定的相关性。这意味着单只音箱的实验数据能够应用到立体声重放当中。

那些高保真发烧友将会看到这些反射作用研究结果的实用性。听音室的空间感及立体声声像，可以通过对侧向反射声细致的调节来改善。然而，侧向反射声仅仅对早期反射声的控制起作用。这些实际的房间设计技巧，将会在以后的章节进行探讨。

6.10.3　入射角、信号种类及可闻反射声频谱的作用

研究表明，反射声的方向对反射声的实际感知通常是没有影响的，仅有一种例外的情况，那就是当反射声与直达声来自同一个方向，其增益会比直达声高 5~10dB，这是反射声被直达声掩蔽造成的。如果反射声与直达声信号一起被记录，并且通过音箱进行重放，它将会被掩蔽 5~10dB。

信号的种类对反射声的可闻度起到重要作用。考虑到连续和非连续声音的差别。我们把每秒两次咔哒声作为一种非连续的声音，而把粉红噪声作为一种连续声音的例子，语言和音乐介于这两种声音类型之间。图 6-12 展示了连续声音和不连续声音之间可听阈值的差别。无回声的语言比音乐或粉红噪声更加接近于非连续声。在小于 10ms 的延时当中，冲击声的可听阈值一定会高于连续声。音乐声（Mozart，莫扎特）的阈值曲线与粉红噪声是非常接近的。这从某一方面验证了粉红噪声是一种替代音乐声合适的测量信号。

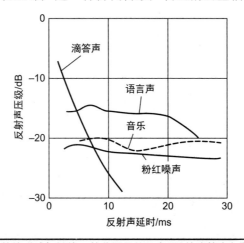

图 6-12　不同种类反射声信号的绝对感知阈值，其范围是从 2 次 / 秒的滴答声（非连续）到粉红噪声（连续），其中粉红噪声与古典音乐（Mozart）的阈值较为接近，从图中可以看出在测量过程中，粉红噪声是音乐的理想替代品（Olive 和 Toole）

对于直达声和反射声的仿真实验来说，大多数研究人员都使用相同的频谱。而在日常生活当中，反射声与直达声之间的频谱是不同的，这是因为吸声材料对高频和低频有着不同程度的影响。另外，音箱离轴部分的频率响应，其高频部分也会有所减少。听阈值实验显示出对反射信号低频成分的滤除，它仅会对阈值产生较小的影响。其结论是，反射声频谱的改变对阈值的影响不明显。

6.11　知识点

- 不同房间声学效果的好坏，很大程度上取决于房间边界所产生的声音反射特征。
- 声学的反射行为与光学的镜面反射类似，它们都遵循斯涅尔定律
- 声音在平行表面内前后反复运动容易产生颤动回声，因此，在房间的设计中，尽量避免平行表面。
- 当声音入射到边界表面时，一部分声音能量能够穿透表面或被表面吸收，另一部分则会反射回来。
- 声音可以被看作射线，每个射线都被视为一束带有球形波前的发散声波。
- 凸形的建筑表面能够有效地将声音向各个方向扩散，凹形建筑表面能够造成令人讨厌的声聚焦问题。
- 平行表面之间两个相向传播的声波相互作用能够产生稳定的驻波，这是一种声波的共振状态，它与声音的波长和两个表面之间的距离有关。
- 侧向反射声是在声场中影响声音感知的重要参数，听音室的空间感以及大小和声像能够通过对侧向反射声的细致调节来改变。
- 反射声的入射角（在轴上或不在）及声音的类型（连续或不连续）都影响了反射声的听感。

7

衍射

通过观察，我们可以看到声音的传播会绕过障碍物。例如，在家里的其中一个房间播放音乐，我们可以在客厅和其他房间听到音乐声。其中一部分是由墙面及其他表面的反射所产生的，而另一部分则是由声音的衍射所造成的。衍射可以让通常直线传播的声音，产生弯曲且向其他方向传播。即使没有反射表面的自由声场也会产生衍射。然而，在房间远离声源处与靠近声源位置，我们所听到音乐声音特征是不同的，特别是低频部分会更加明显。部分原因是低频声波的波长更长，在角落附近更加容易发生衍射（弯曲），绕过障碍物及穿过孔洞。相比之下，有着较短波长的高频声音，其衍射特征要弱于低频部分。因此，衍射效果会随着声音的频率与障碍物的相对尺寸而变化。

7.1 波阵面的传播和衍射

声音的波阵面通常是沿着直线传播的。声线的概念通常适用于中、高频，它能够被看作垂直于波阵面且直线传播的一束声音。通常声音的波阵面和声线是直线传播，除非受到阻碍，障碍物能够让最初沿直线传播的声音改变方向。这种方向发生改变的现象被称为衍射。顺便说一句，衍射一词是来自拉丁语 Diffringere，它的意思是破裂成一片一片的。

牛顿比较了微粒子和光的波动理论之间的优缺点。他指出由于光的直线传播现象，其微粒子理论是正确的。之后，有实验证明光线不一定沿直线传播，衍射能够让光线改变其传播方向。实际上，所有种类的波动包括声音，都会受到由相位干涉所引起衍射作用的影响。

Huygens 系统地阐述了这一原理，他的阐述是建立在衍射数学分析基础上的。同样的原理也简单解释了声音能量是如何从主声束传播到阴影区域的。Huygens 的原理可以解释为，声音波阵面的每个点穿过孔或者衍射边界时，可以被看成一个点声源把能量辐射到阴影区域。在阴影区域内任何一点的能量，我们可以通过用数学方法对这些点声源波阵面进行叠加来获得。

7.2 波长和衍射

对于一个固定尺寸的障碍物来说，频率较低的声音（波长较长）比频率较高的声音（波长较短），有着更加明显的衍射（弯曲）。也就是说，对于已知的障碍物来说，高频衍射相对低频来说更加不明显。由于光的波长相对声音较短，所以光的衍射作用没有那么明显，因此，光学阴影比声学阴影更加清晰。你或许很容易听到从房间传出来的音乐声，但是你却很少见到光线从房间衍射到走廊。

　　我们用另一种方法来对其进行观察，一个障碍物在声音衍射方面的作用取决于它的声学尺寸，声学尺寸是用声音波长来衡量的。如果声波波长较长，这个障碍物的声学尺寸或许较小，但是对于同一个障碍物来说，如果声波波长较短则声学尺寸就会变大。下面将会对这种关系进行更加详细的描述。

7.3　障碍物的声音衍射

　　一方面，如果一个障碍物声学尺寸相对波长很小，声音将会较为容易地发生衍射，同时将会在小障碍物周围发生较小的弯曲，这会产生较小的阴影或者没有阴影。当一个障碍物的尺寸更小，或者与声波波长相当时，几乎所有的声音将会发生衍射。如上所述，每一个波阵面穿过障碍物变成一系列新的点声源，通过衍射作用将声音辐射到阴影。另一方面，如果一个障碍物声学尺寸相对波长较大，其衍射现象将会不明显，同时也会产生较大的声学阴影。除此之外，部分声音将会被该障碍物反射回来。因此，我们可以看到障碍物是与频率相关的反射体。

　　如上所述，障碍物对声音的衍射作用，取决于障碍物的声学尺寸。图 7-1 中的两个物体，它们处在相同波长的声音当中。在图 7-1（A）中，障碍物相对声音波长很小，以至于它对声音没有明显的阻碍作用。但是，在图 7-1（B）中，障碍物是声波波长的好几倍，则产生了较少的衍射，并在障碍物后面产生了声学阴影。虽然在这个图中没有显现，但是一些声波在这个障碍物的表面产生了反射。

　　我们也可以通过另一种方法来观察声波与衍射之间的关系，那就是通过声波的波长来实现，相信大家仍然记得声学尺寸取决于声音波长。如图 7-2（A）所示，障碍物的物理尺寸与图 7-2（B）中的相同。但是，在图 7-2A 当中的声音频率会比图 7-2（B）中的高。我们可以看到，对于相同的障碍物来说，频率高的声音（障碍物相对声波的尺寸较大）有着较大的阴影区域，而频率低的声音（障碍物相对声波的尺寸较小）通过障碍物后阴影部分不明显。

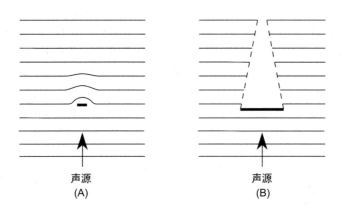

声源
(A)

声源
(B)

图 7-1　衍射取决于声波波长。（A）比声波波长小很多的障碍物，可以让声波波阵面不被破坏地通过。（B）一个大于声波波长的障碍物会投射出声影，经过障碍物的声音波阵面倾向于重新辐射

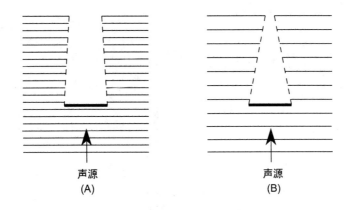

声源
(A)

声源
(B)

图 7-2　由于声音频率的不同，相同尺寸的障碍物将会显示出不同程度的衍射作用。（A）当一个高频声音入射到障碍物时，会有着相对较小的衍射。（B）当一个低频声音入射到相同大小的障碍物时，会有较大的衍射。当波阵面撞击到障碍物边沿时，会在该处产生新的声源并辐射到声影区域内

　　最后一个例子，假设一个直径为 0.1ft 的障碍物和一个直径为 1ft 的障碍物。如果入射第一个障碍物的声音频率为 1000Hz（波长为 1.13ft），而入射第二个障碍物的声音频率为 100Hz（波长为 11.3ft），那么这两个声波会发生相同的衍射。

　　噪声屏障是我们在繁忙的高速公路沿线常见到的设施，这就是一个声音障碍物的实际案例，它被用来隔绝公路到达听音者（如在家里）的交通噪声，如图 7-3 所示。声音波阵面的间隔表明了声源（如汽车）更高或者更低的频率。对于更高的频率，如图 7-3（A）所示，障碍物变得更加有效，同时也成功地遮挡住了到达听音者处的噪声。即使这不是对声音的完全隔离，但至少会对交通噪声的高频部分产生衰减。对于较低的频率，障碍物在声学上变得更小，如图 7-3（B）所示。低频声音在障碍物上发生了衍射，故听音者是可以听到噪声的。由于噪声频率响应的改变，听音者最终听到了有着较重低频的交通噪声。

　　当波阵面经过墙体上边沿时，能够被看成一排点声源在辐射声音，这是声音能够辐射到阴影区域的原因。同时我们应当注意来自墙面的反射，这就好像来自墙面另一侧虚拟声源所辐射出来的声音。

　　图 7-4 展示了高速公路不同高度障碍物的衰减效果。高速公路的中心位置距离墙体一侧为 30ft，生活区或者其他对声音敏感区域距离该墙体也为 30ft。墙体的高度为 20ft，它在 1000Hz 处对交通噪声有着 25dB 的衰减。但是，对于 100Hz 处交通噪声的衰减仅为 15dB。墙体对较低频率的隔声作用明显差于较高频率。在墙后面的阴影区域更倾向于对高频部分的交通噪声进行遮蔽。通过衍射作用，噪声的低频部分会渗透到这个阴影区域。为了提高墙体的隔声作用，其高度必须足够高，长度要足够长从而阻止障碍物末端及侧面的声音。任何障碍物的隔声作用都与声音频率有着密切的关系。

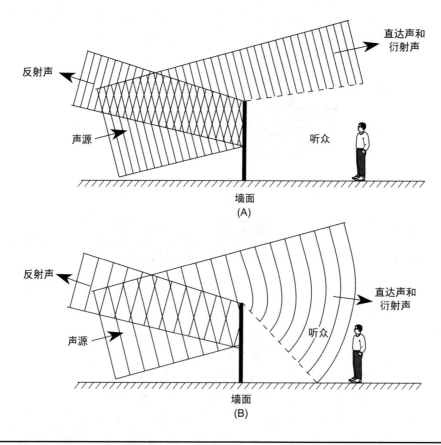

图 7-3　声音撞击到一个交通屏障之后，将会有部分声音反射回来，而部分声音会发生衍射。（A）由于衍射条件的限制，交通噪声的高频部分被屏障衰减。（B）由于低频有着更加突出的衍射作用，故低频交通噪声的衰减较少。声音通过屏障的顶边时，其波阵面会在该处产生线性的声源，并把声音能量辐射到声影当中去

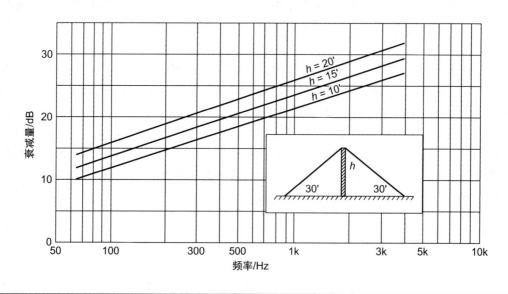

图 7-4　不同高度交通屏障，随频率不同对声音（或噪声）衰减作用的估计（Rettinger）

7.4 孔的声音衍射

孔的声音衍射作用取决于开孔的大小及声音的波长。声音衍射的大小与通过孔的声音总量有关，并随着开孔尺寸的增加而减小。与障碍物的衍射一样，孔的衍射作用与波长相关。衍射随着频率的增加而减少。因此，开孔通常在低频有着更多的声学穿透性。

图 7-5（A）展示了孔的声音衍射作用，其中孔的直径是多个波长的宽度。声音波阵面撞击到固体障碍物。一些声音穿过开孔，一些声音反射回来（虽然这没有展示出来）。通过衍射作用，主声束的声音能量被转移到阴影区域。穿过开孔的每个波阵面变成一列点声源，它们把声音辐射到阴影区域当中去。相同的原理如图 7-5（B）所示，其中孔的直径与声波的波长相比更小。大多数声音能量被从墙面反射回来，仅有较少的能量通过。穿过开孔的有限波阵面排列非常紧密，并以半球状辐射。根据惠更斯原理，声音从小孔辐射，并以半球波的形式迅速传播。由于衍射作用，即使很小的开孔也能够传输相对较多的声音能量，特别是在低频部分。

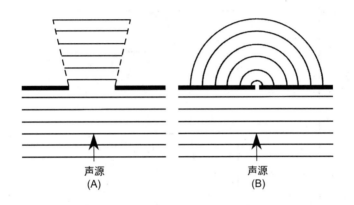

声源
(A)

声源
(B)

图 7-5　当平面声波撞击到带孔的障碍物时，所产生衍射作用的大小取决于开孔的相对尺寸。（A）表示一个相对声波波长很大的孔，它对波阵面的通过有着极小的影响。这些波阵面表现出新的线性声源特征，并把声音能量辐射到声影区（B）表示如果开孔大小相对声波波长来说很小，那么通过小孔的波阵面将会表现出点声源的特征，它会辐射出一个半球状声场到声影区域

7.5 缝隙的声音衍射

图 7-6 所示描绘了一个经典的实验，它是由 pohl 发明的，并由 Wood 做了进一步的改进。它与图 7-5（A）所示的设备布局非常相似。声源和缝隙围绕着缝隙的中心旋转，测量使用的声级计放置在距离声源 8m 处。缝隙宽度是 11.5cm，测量声波波长为 1.45cm（23.7kHz）。图 7-6（B）展示了声压与偏离角度之间的关系。X 的尺寸标明了射线的几何边界。任何宽于 X 的响应都是声束在缝隙的衍射作用产生的。更窄的缝隙会对应产生更多的衍射作用，产生更宽的声束。声束的增宽，也就是说明衍射作用的增加，也就是本次实验的显著特征。

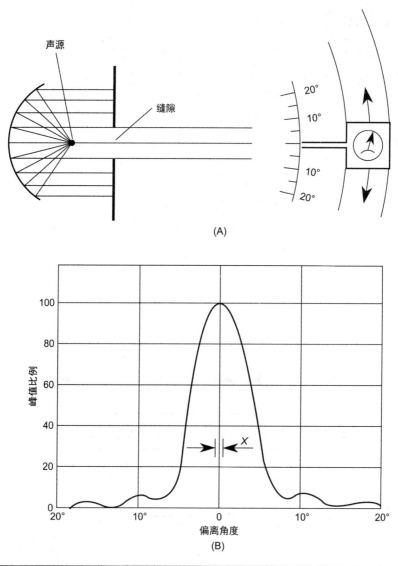

图 7-6　波尔（pohl）在衍射方面所做的经典实验。（A）设备的摆放位置，其中包括一个声源和一个缝隙。（B）衍射导致了声束的特征变宽。缝隙越窄，声束越宽（Wood）

7.6　波带板的衍射

　　图 7-7 中展示的波带板（zone plate）可以被看作一种声学透镜，它是一种带有特定半径环形缝隙的板。如果聚焦点距离波带板为 r，那么下一个更长的路径一定是 $r+\lambda/2$，其中 λ 是落在波带板上的声音波长。连续的路径长度是为 $r+\lambda$、$r+3\lambda/2$ 和 $r+2\lambda$。这些路径长度的差值为 $\lambda/2$，它意味着所有穿过缝隙的声音将会同相到达聚焦点，也就意味着它们是相长干涉的，在聚焦点处的声音会增强。

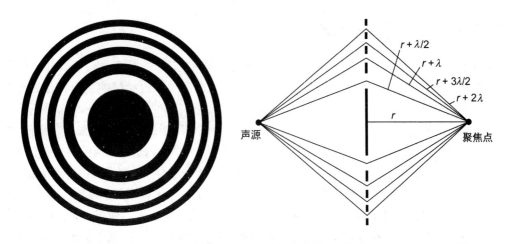

图 7-7　波带片能够起到声透镜的作用。它们之间的缝隙是有序排列的，而它们之间的路径相差半波长的整数倍，以便所有衍射线到达聚焦点都是同相位的，它们之间的合并是能量增强的（Olson）

7.7　人的头部衍射

图 7-8 展示了人的头部所产生的衍射作用。这种由头部产生的衍射，以及来自肩部和躯体上半部分的衍射和反射，都影响了我们对声音的感知。通常对于从 1~6kHz 的声音来说，头部的衍射作用倾向于提高前面的声压，而降低头部后面的声压。正如我们所预期的那样，对于较低频率的声音来说，其指向性特征倾向于圆形。

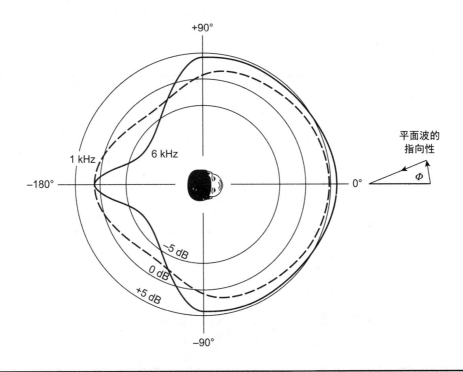

图 7-8　衍射发生在实心球周围，它的大小与人类头部尺寸类似。对于 1~6KHz 范围的声音，通常其前半球的声压是增加的，而后面的声压是减少的 (Muller、Black 和 Davis 等人，并由 Olson 发表)

7.8 音箱箱体边沿的衍射

音箱箱体的衍射作用是众所周知的。如果把音箱放置在靠近墙面位置，并向外辐射声音，其墙体部分会受到音箱衍射作用的影响。这种声音的反射会影响到听音位置处的音质。Vanderkooy 和 Kessel 计算了音箱箱体边沿衍射的大小，这种计算是在一个前面板尺寸为 15.7in×25.2in 且深度为 12.6in 的箱体上进行的。点声源位于障板的上部，如图 7-9 所示。在距离箱体一定距离处，我们开始计算来自这个点声源的声音大小。到达观察点的声音是直达声与箱体边沿衍射声的叠加。它的响应结果如图 7-10 所示。对于这个实验来说，由边沿衍射所产生的波动接近 ±5 dB。在整个重放系统的频率响应当中，这是一个非常明显的变化。

对于这种箱体的衍射作用，我们可以通过把音箱嵌入一块更大的障板上来进行控制。通过让箱体边沿变圆，以及在箱体前面使用泡沫或其他吸声材料，也可以减少这种衍射作用。

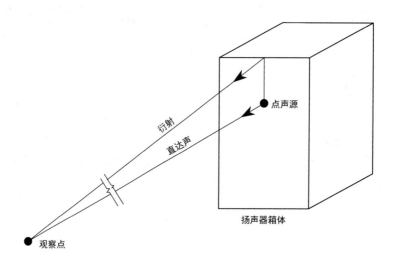

图 7-9　音箱的箱体边沿衍射测量的实验装置，其测量结果如图 7-10 所示。到达观察点的声音是直达声与箱体边沿衍射声的叠加 (Vanderkooy、Kessel)

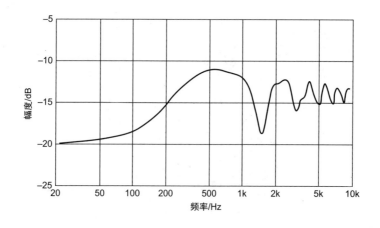

图 7-10　图中展示了图 7-9 实验装置当中，音箱边沿衍射作用对直达声信号影响。它对整个系统的频率响应有着明显的改变 (Vanderkooy、Kessel)

7.9 各种物体的衍射

早期的声级计仅是一只带话筒的盒子。来自盒子边沿及角落的衍射作用，会严重影响到声压高频部分的读数。现代的声级计有着较圆的外形，同时话筒会安装在一个光滑、纤细的圆形杆上，从而减小声级计外壳的衍射影响。

类似地，来自录音棚话筒外壳的衍射，也会对想要获得的平直响应造成破坏。这些一定要在设计话筒时进行考虑。

当我们在一个较大的厅堂测量吸声系数时，通常会把材料放置在地面上一个尺寸为8ft×9ft 的框架内。这个框架的衍射作用，可能会让吸声系数偏大，也就是说，声音的衍射作用会让样品表现出比它自身更大的吸声作用。在实际使用过程当中，材料的吸声作用会因其边沿的衍射作用而增加。基于这个原因，我们更加倾向于让吸声板之间具有一定距离，而不是让它们连接起来成为一体。这就利用了材料边沿的衍射作用，提高材料的吸声作用。

观察窗周围的小裂纹以及隔声墙上的配电箱，这些都将会破坏录音棚之间或者录音棚与控制室之间的隔声效果。通过穿孔或者缝隙到达另一侧的声音，将会受到衍射作用的影响而向全方向扩散。因此在设计隔声的时候，一定要密封隔断墙体上的任何缝隙。

7.10 知识点

- 当声音遇到障碍物时，衍射会引起声音弯曲，并向其他方向传播。衍射会随着声音频率和障碍物尺寸的变化而变化。

- 根据惠更斯原理，那些通过小孔或者衍射边沿声音波阵面上的每个点，都可以被看作新的点声源，它们辐射声音能量到声学阴影区域。

- 对于一个固定尺寸的障碍物来说，低频声音（长波长）比高频声音（短波长）更容易衍射。

- 如果障碍物相对声波波长的尺寸较大，其衍射效果就不那么明显，并产生更大的声学阴影。

- 由于衍射作用，任何障碍物的隔声效果与其遮挡的声音频率相关，例如，高速公路的噪声屏障对于低频的隔声效果就没有高频好。

- 由于衍射作用，即使障碍物上有很小的开口，也能会有相对较大的声音能量穿透过去，特别是在低频部分。为了保持较好的隔声效果，我们要将障碍物上所有的空隙都密封好。

- 由于衍射作用，人的头部、身体及音箱箱体等物体都能较为明显地影响声场的频率响应。

- 吸声板应该彼此间隔开放置，而不是合并成一体，这样能够充分利用衍射作用来提高吸声效果。

8

折射

20 世纪初，Lord Rayleigh 对一些大功率的声源非常困惑，例如加农炮这种大功率声源，有时仅在较近的距离才能被听到，而有时又会在非常远距离被听到。通过计算发现，如果用一个 600 马力（1 马力 =0.746kW）驱动的汽笛，所转换的声音能量以均匀半球面的形式传播出去，在理论上我们可以在 166000 英里（1 英里≈1.61km）以外听到它的声音，这个距离是地球周长的 6 倍。然而，在实际生活当中，这种声源的传播距离仅为几英里。

当我们面对声音传播问题的时候，特别是在户外，声音的折射起到了重要的作用。折射是由于传播介质发生变化所引起声音传播方向发生改变的现象。特别是，介质的改变会使得声音的传播速度发生改变，从而引起声音的传播路径发生弯曲。

为什么 Rayleigh 的估计是错误的？为什么声音不能在很远的距离被听到？我们有很多理由去解释它。首先，大气层的折射将在很大程度上影响声音传播的距离。其次，声音辐射的效率通常非常低。在 600 马力中，实际上只有很少一部分被作为声能辐射出去。当波阵面掠过粗糙的地球表面时，声音能量也会遭受损失。还有一些损耗是由大气层所造成的，这特别会对高频声音产生影响。Rayleigh 及其他人的早期实验，加快了我们对温度及风力梯度是如何对声音传播产生影响的了解速度。本章将会让大家更加深入地了解声音的折射作用。

8.1 折射的性质

吸声和反射之间的差别是较为明显的，但是我们有时会混淆衍射和折射现象（或者是扩散作用，会在第 9 章介绍）。

声音传播速度的不同，会造成其传播方向发生改变，这就是折射现象。衍射则是声音遇到尖锐边沿或者障碍物时，声音传播方向发生改变的现象。当然，在实际情况中，这两种作用完全有可能同时影响声音传播。

图 8-1 是我们通常可以看到的例子，当铅笔的一端浸没在水中时，它会产生明显的弯曲，这就是光的折射现象，这种现象是空气和水的折射指数不同而造成的，在这两种介质中，光线有着不同的传播速度。声音折射是与之相类似的一种波动现象。在水和空气当中，声音的折射指数发生了巨大的变化，如同光线的弯曲一样。声音的折射程度也能非常突然，或者较为平缓，这一切都取决于介质对声音速度的影响。

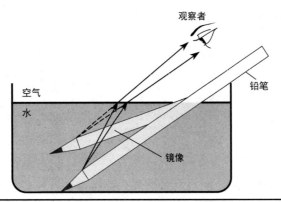

图8-1 一支部分浸泡在水中的铅笔展示了光的折射现象，这是由于光在空气和水中传播速度不同所造成的。声音折射是另一种波动现象，它也是声音速度在介质中的变化造成的

8.2 声音在固体中的折射

声线的概念可以帮助我们理解声音的传播方向。它常常是垂直于波阵面的。图 8-2 展示了两条声线从一种密度介质到另一种密度介质传播的例子。此外，第一种介质中的声速低于第二种介质。当一条声线到达两个介质之间的边界 A 时，另一条声线仍旧有一定的路程要走。当它从 B 点到 C 点传播时，另一条声线已经开始在新的介质当中从 A 点到 D 点传播。波阵面 A–B 代表了一个时间瞬间，波阵面 C–D 代表了另一个时间瞬间，而这两个波阵面不再平行。特别在上述例子当中，声音在第一种介质中传播较慢，而在第二种介质中传播较快。通常来说，介质越硬或者难以压缩，声音通过该介质的传播速度越快。

下面我们用一个类比例子来帮助理解。假设图 8-2 中的阴影区域是铺砌的道路，非阴影区是耕地。再假设波阵面 A–B 是一排士兵。士兵们收到命令之后在铺砌的道路上快步前进。当士兵 A 到达耕地时，他的速度慢了下来，并开始在粗糙的表面上缓慢地前行。在士兵 A 到达耕地 D 点的同时，士兵 B 在铺砌道路上到达 C 点。这时士兵队列倾斜到一个新的方向，这就是折射。在任何均匀的介质当中，声音是沿直线传播（在相同方向）。如果它遇到了不同密度的介质就会发生折射。

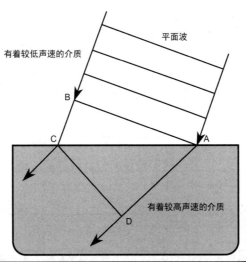

图8-2 在这个例子当中，当声线从有着较低声速的介质向较高声度的介质传播时，产生了折射。波阵面 A–B 与 C–D 不是平行的，这是声波折射现象导致的

8.3　空气中的声音折射

　　对于声音的传播来说，地球上的空气是一种稳定而均匀的介质。靠近地球表面的空气比在较高位置的空气更加温暖，或者更加寒冷。在同一时刻这种垂直的层面是存在的，其他变化或许会发生在水平方向。对于声学专家（或气象学家）来说，这都是一个非常复杂且多变的系统，要弄清它的变化是极具挑战性的。

　　在没有热力梯度的情况下，声音是沿直线传播的，如图8-3（A）所示。如上所述，声线是垂直于声音波阵面的。

　　图8-3（B）所示为地球表面的冷空气与其上部暖空气所形成的热力梯度，影响了声音的波阵面。声音在暖空气中的传播速度会快于冷空气，这使得波阵面上部的传播速度要大于下部。波阵面的改变让声线向下倾斜，在这种情况下，来自声源S的声音会不断地向地球表面弯曲，并会沿着地球的曲线传播，因此声音能够在相对较远的地方被听到。

　　在图8-3（C）所示的热力梯度刚好相反，地球表面附近的空气温度比较远离地表位置的温度更高。在这种情况下，底部空气的传播速度要快于顶部，故产生了向上的声线折射。来自声源S相同的声音能量，将会传播到空气的上部，这样就减少了声音在地球表面被听到的概率。

　　图8-4(A)展示了图8-3(B)所示向下折射的远景图。来自声源S直接向上传播的声音，垂直穿过温度梯度时将不会产生折射。当它穿透温暖及寒冷的空气层时，其传播速度会轻微地加快或减慢，但是仍然会在垂直方向传播。所有声线，除了垂直方向以外，都将会向下折射。这种折射量的变化较大，靠近垂直方向的声线折射会小于这些平行于地面方向的声线。

　　图8-4（B）展示了图8-3（C）所示向上折射的远景图。在这个例子当中，阴影部分完全在我们的意料当中，且垂直声线是唯一不发生折射的方向。

　　风可以对声音的传播产生明显的影响，特别是在较远距离噪声污染分析当中。例如，我们都知道通常在下风向会比上风向更容易听到声音。因此，在有风的天气当中，交通噪声能够穿透道路上的隔声屏，而在没有风的时候隔声屏会具有良好的隔声效果。然而，这种现象不是由于风把声音吹向了听音者，而是接近地面的风速会比更高的位置慢。这种风力梯度影响了声音的传播，所以随风传播过来的平面声波将会向下弯曲，而逆风传播的平面声波将会向上弯曲。图8-5展示了图8-4（A）所示受到风的作用向下折射的例子。从图中我们可以看到，在顺风处有益于声音向下传播，而在逆风处会产生声学阴影。这不是真正的折射现象，但是它所起到的作用是相同的，并且也会对声音的传播方向产生显著影响。

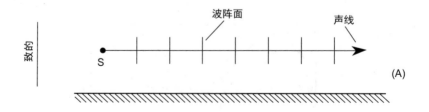

图8-3　大气中的温度梯度所导致声音路径的折射。（A）空气温度在各个高度不变（B）接近地球表面为冷空气，较高的地方为暖空气（C）接近地球表面为暖空气，较高的地方为冷空气

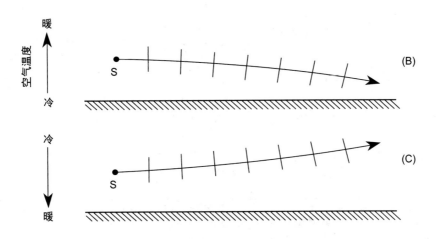

图 8-3 大气中的温度梯度所导致声音路径的折射。(A)空气温度在各个高度不变(B)接近地球表面为冷空气,较高的地方为暖空气(C)接近地球表面为暖空气,较高的地方为冷空气(续)

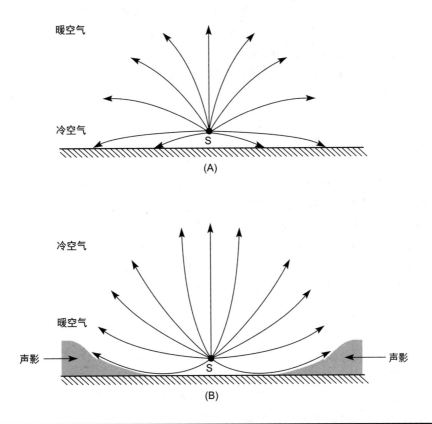

图 8-4 单一声源折射现象的综合展示。(A)表示地面冷空气和上空暖空气,(B)表示地面暖空气和上空冷空气,请注意由声音向上折射产生的阴影区域

在一个更小区域内,如果风速以一定的速度传播,我们可以预测它对声音传播速度的影响。例如,如果声音以 1130ft/s 的速度传播,同时风速为 10 英里 / 时(约 15ft/s),顺风的声音速度相对地面将会增加约 1%,而逆风的声速将会减少相应的比例。这是一个较小的变化,但是也会对声音的传播造成影响。

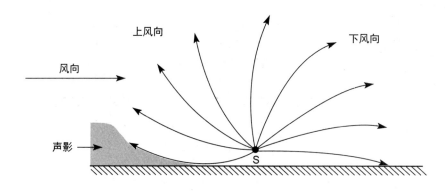

图8-5　虽然风力梯度不是一种折射现象，但是它能够影响声音的传播。该处展示的是风力梯度对图8-4(A)折射情况的影响。由此可见，声音的阴影区域产生的上风向，而在下风向有着较好的听音条件

　　有可能在一些特殊的环境下，逆风向传播会更加受欢迎。例如，逆风向会保证声音在地面之上传播，从而减少了地面对声音的损耗。

　　在一些情况下，温度和风速会同时对声音的传播造成影响。它们可能会叠加从而产生更大的效果，又或者会相互抵消。因此，其相互作用的结果是不可预测的。例如，灯塔所发出的声音或许会在附近，或者在很远的地方被听到，但是不可思议的是我们有可能在这两个区域之间的某些位置听不到声音。1862年在密西西比艾尤卡（Iuka）的南北战争中，与风力相关的声学阴影使得联邦士兵听不到下风向6英里以外的激烈战斗，从而错过了这场战斗。

8.4　封闭空间中的声音折射

　　对于户外及长距离传播的声音来说，折射有着重要的作用，在室内其实声音折射的作用不是非常明显。一个多用途体育馆，有时也会作为礼堂来使用。其内部有着标准的暖风及空调系统，我们要尽量避免在水平或者垂直方向产生较大的温度梯度。如果体育馆具有均匀的温度，且没有声学设计缺陷，声音的折射作用将会被降低到一个可以忽略的水平。

　　如果同样一个多用途体育馆，仅配备了较为简单的空调系统。例如，在天花板附近配置了大量的加热装置。那么将会在天花板附近有着较热的空气，我们要依靠缓慢的对流把这些热空气传递到观众区域。

　　这种在天花附近的热空气及下面的冷空气，对扩声系统的声音传播及室内声学造成的影响较小，然而扩声系统中的啸叫点或许会发生改变，同时由于折射使得声音在纵向和横向的传播路径有所增加，从而会导致房间中驻波的轻微变化，其颤动回声的路径也会发生改变。安装在房间一端高处的扩声系统，其声音传播路径或许会被向下弯曲。这种向下弯曲或许能改善声音对听众区的覆盖，而这种改变取决于扩声系统的指向性。

8.5　声音在海中的折射

　　1960年，Heaney带领一组海洋学家进行了实验，他们对水下声音的传播进行监听。在远离澳大利亚佩斯的海洋中，使用600磅的炸药在不同的深度进行引爆。这种爆炸声会在12000英里外的百慕大群岛附近被听到。声音在海水中的传播速度比空气快4.3倍，但是仍

然需要 3.71 小时才能到达。

  在这个实验当中，海水的折射起到了重要的作用。海水的深度或许超过 5000 英寻（30000 英尺）。而在大约 700 英寻（4200 英尺）的深度处，会产生一种有趣的现象。声速的概况如图 8-6（A）所示，它非常接近我们所阐述的原理。在海洋的上游，声速随着深度的增加而减少，这是水温的降低所导致的。而在更加深的区域，压力效应起到了主要作用，由于海水的密度会随深度的增加而增大，从而导致了声音速度的增加。声速表现出一个 V 形的轮廓，而从一种作用到另一种作用的转变发生在 700 英寻（4200 英尺）的深度附近。

  在这个 V 形声速轮廓中产生了一条声音通道，如图 8-6（B）所示。在这个声音通道所发出的声音，向各个方向传播。任何向上的声线将会被向下折射，同时任何向下的声线将会被向上折射。因此，在这个通道的声音能量能够传播到较远地方。

  由于垂直温度/压力梯度，在垂直平面的折射是明显的，水平的声音速度改变相对较小，因此在水平方向上折射非常小。声音倾向于在这个 700 英寻（4200 英尺）的深度进行传播。在这个特殊的深度，声音的三维球状扩散被改变成二维。

  这些长距离声音通道的实验，让我们可以通过监测海洋平均温度的改变来监测全球气候的变化。而声速是海洋温度的函数，我们可以通过对一个固定路程声音传播时间的精确测量，来获得海洋的温度信息。

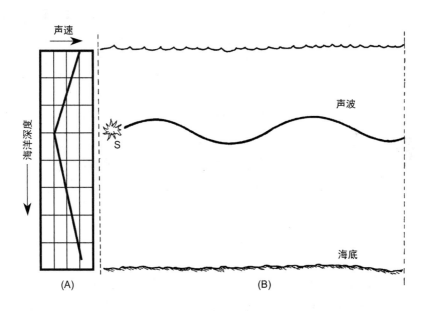

图 8-6 展示了海水的折射是如何影响水中声音传播的。（A）在较浅的海水部分（温度起主要作用）声速随着深度的增加而减少，而在更加深的海水区域（压力起主要作用）声速随深度的增加而增加，它在曲线的转折点处产生了一个声通道（大约 700 英寻）（B）在声通道中的声音受到折射作用一直保持在该深度。由于有着较小的损耗，声音可以在这个通道当中传播较远的距离

8.6 知识点

- 折射是由于声音在不同介质中传播速度的差异所导致传播方向改变的一种现象。
- 声音在温暖空气中比凉爽空气中传播得更快。当地球表面附近是冷空气，而远离地

表空气较为温暖时，波阵面的上部比下部移动得更快。波阵面将会朝地表方向倾斜，同时会随着地球的曲率弯曲，从而能够在更远的距离被听到。

- 当靠近地球表面的空气比远离地球表面的空气更温暖时，波阵面的下部比上部移动得更快，从而导致声音的向上折射。声音能量将会向上消散掉，从而减少了我们在地球表面任何更远地方被听到的机会。

- 虽然风力梯度不是一种折射现象，但是它能够影响声音的传播。通常，平面声波顺风向传播会向下倾斜，而逆风传播会向上倾斜。

- 对于户外声音的远距离传播来说，衍射会起到非常重要的作用，而在室内其作用相对不明显。

9

扩散

为了让计算更加容易，科学家们通常假设声场是完全扩散的，即声场是各向同性且均匀的。也就是说，在声场中任意一点的声音是来自任意方向的，且声场在整个房间内都是一致的。实际上，这种声场是很少的，特别是在较小的房间当中。在大多数房间当中，它们的声音特征都会显著不同。有些情况下这是受欢迎的，因为它可能会帮助听音者来确定声源的位置。在大多数房间的设计当中，扩散能够让声音的分布更加有效，同时也能够为沉浸在声场当中的听音者提供更加均衡的频率响应。大多数情况下，获得足够的扩散声场是比较困难的，特别是对于低频部分或者较小的房间来说，这是因为它受到了房间模式的影响。在大多数房间的设计当中，我们需要在房间的可闻频率范围内获得一致的声音能量分布。虽然这是无法完全实现的，但是扩散从很大程度上对这种一致的能量分布起到帮助作用。

9.1 完美的扩散场

虽然完美的扩散声场是无法达到的，但是我们了解扩散声场的特征还是非常有益的。Randall 和 Ward 给出如下建议。

（1）要忽略稳态测量中频率及空间的不规则因素。

（2）要忽略衰减特征中的拍频。

（3）声音的衰减必须是完美的指数形状（它们将会在对数刻度上展现为直线）。

（4）在房间内所有位置的混响时间要一致。

（5）所有频率的声音衰减特征要相同。

（6）其衰减特征要不依赖于测量话筒的指向特征。

这 6 个特征是用来判断声场是否是扩散声场的依据。更加理论化的扩散声场，将会用诸如能量密度、能量流和无限数量叠加的平面声波等术语来界定。然而以上这 6 个特征，让我们在实际当中有了判断扩散声场的方法。

9.2 房间中的扩散评价

通常我们可以通过输入频率变化的信号，并且观察其输出信号的方法，来获得功放的频率响应。这同样也可以应用到房间的重放系统当中，即通过让音箱重放一个频率不断变化的信号，同时利用摆放在房间中的话筒拾取该信号来实现。但是房间内重放系统的频率响应，绝对没有电子设备的频响那么平直。在这些偏差当中，部分是房间没有扩散环境所导致的。

如上所述，扩散之所以受到人们的欢迎，是因为它能够帮助听音者来提高声场的包围感。但是，过多的扩散会让声源的定位变得较为困难。

稳态测量

图 9-1 展示了容积为 12000ft³ 录音棚的稳态响应。在这个例子当中，音箱被放置在房间内较低且具有三个表面的角落处，而话筒则放置在它的对角位置，其距离三个表面的距离约为 1ft。我们选择这些位置是因为所有的房间模式都会终止于角落处，而所有模式都应该展现在该曲线当中。30~250Hz 范围的线性扫频信号，其波动范围约为 35dB。谷值的位置非常狭窄，这说明房间内存在单个共振模式，因为该房间的模式带宽接近于 4Hz。峰值越宽表明其包含了越多的邻近共振模式。30~50Hz 处的提升主要是由音箱的频率响应造成的，而 50~150Hz 之间 9dB 的峰值是由其辐射在 1/4 空间所导致的。因此，这些人为的测试误差不能包含在房间响应当中。

图 9-1 为一个典型的房间频率响应。图中房间频率响应的波动，表明房间中的声场不是完美扩散的。在消声室中所获得的房间稳态响应仍然会有波动，只是其幅度会更低一些。在一个类似混响室的房间当中，将会表现出更大的房间响应波动。

固定测量是获得房间稳态响应的一种方法。而另一种评价房间扩散的方法是在不同平面旋转强指向性话筒，同时保持音箱的频率响应恒定且持续激励房间，这时记录话筒的输出。这种方法对于大空间来说较为有效，而把它应用到存在较大扩散问题的小房间是不恰当的。然而，从原理上来说，一个完全均匀的声场当中，强指向话筒指向任何方向所接收到的信号都应当是恒定的。固定测量方法和旋转测量方法，在真正均匀的声场当中有着相同的测量结果。然而我们可以发现，在实际的测量当中，没有任何一个房间能够忽略其频率及空间不规则特征的影响。

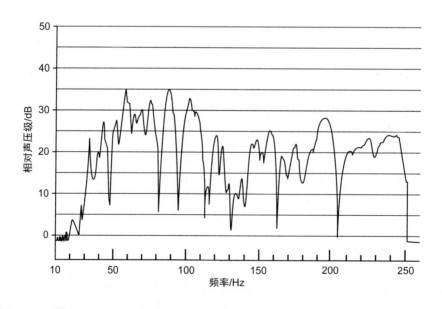

图 9-1　容积为 12000ft³ 录音棚正弦扫频信号的传输响应。这种幅度的波动就是声场扩散状况不良的很好证明，它代表了许多录音棚的声学特征

9.3 衰减的拍频

通过参考图 11-9，我们能够在 63Hz~8kHz 的频率范围内，比较 8oct 混响衰减的平滑程度。在通常情况下，衰减的平滑程度会随着频率的增加而增加。其中的原因是倍频程跨度内的房间模式数量会随着频率的增加而迅速增加，而模式密度越大，它们平均之后就越平滑，在第 13 章当中会对其进行详细的讨论。相反地，在上述例子当中，衰减的拍频在 63Hz 和 125Hz 处最大。如果在所有频率的衰减都有着相同的特征，且衰减较为平滑，那么这种声场完全是由扩散场主导。而在实际当中，衰减特征有着明显改变的情形（类似图 11-9 所示的那样）是更加常见的，特别是频率在 63Hz 和 125Hz 处的衰减。

通过观察低频混响衰减的拍频信息，我们可以对声场扩散程度进行判断。从图 11-9 所示的衰减可以看到，这个录音棚的声音扩散是我们用传统方法所能达到最好的程度。混响时间测量设备仅能提供声场衰减的平均斜率，这不是实际声音衰减的形状，它忽略了多数声学专家所关心的，用来评价空间扩散声场的重要信息。

9.4 指数衰减

一个真正的指数衰减能够被看成一条声压与时间对应的直线（对数刻度），同时它的斜率能够用"dB/s"的衰减率来表示，或者用混响时间"s"来表示。中心频率为 250Hz 的倍频程噪声，其衰减如图 9-2 所示，它有着两个斜率。初始斜率的混响时间为 0.35s，后面斜率的混响时间为 1.22s。这种在声压级变低之后的缓慢衰减，可能是一个或一组特定的房间模式所引起的，或者是由声音从贴地角的位置入射到吸声体，又或者撞击到某些吸声系数较小的物体上产生的。这是一种典型的非指数衰减，或者称之为双指数衰减。

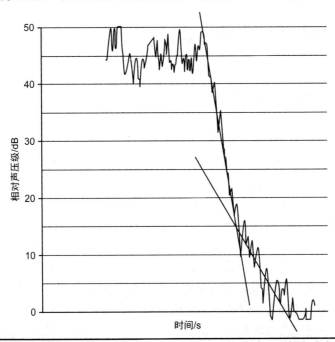

图 9-2　一个典型的双斜率衰减，它显示出缺少扩散声场的情况。后面斜率的缓慢衰减或许是遇到了低吸声的房间模式所导致的

113

　　另一种非指数衰减如图 9-3 所示。这种偏离直线的斜率偏差是值得思考的。它是中心频率在 250Hz 处的倍频程噪声所产生的，测量是在一个有着 400 个座位数，且隔声较差的礼堂中进行的。该衰减发生在一个声学耦合的空间当中，并形成了一条典型上下波动的曲线（类似图 9-3 ）。当衰减曲线是非指数时，也就是说，当它们偏离声压对应时间图表中的直线时，我们可以推断该声场不是扩散占主导的声场。

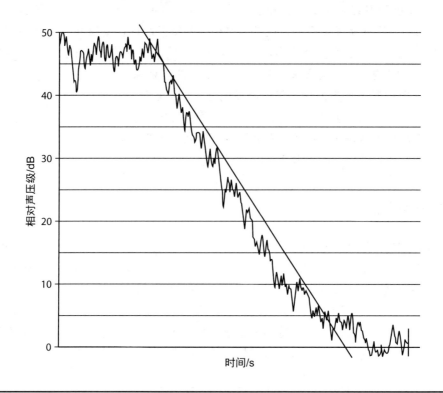

图 9-3　这种非指数形式的衰减，是由空间的声学耦合所造成的，这表明声场缺少扩散

9.5　混响时间的空间均匀性

　　我们所记录房间内已知频率的混响时间，实际上是房间内多个位置处混响时间的平均值。这是因为在实际的房间当中，不同位置处的混响时间是不同的。图 9-4 展示了在一间容积为 22000ft³ 小视听室内所测得的混响时间。空间的多用途需要房间内的混响时间有所改变，这可以通过悬挂带有折页的墙板来实现。这些墙板能够翻转，分别露出吸声面和反射面。针对"反射面"和"吸声面"的不同，我们在相同的三只话筒位置处记录了多个混响时间的衰减，其中空心圆和实心圆，分别代表了反射和吸声状况下的混响时间平均值。实线、虚线及点画线，分别代表三只不同话筒位置的平均混响时间。很明显，从图中可以看到混响时间之间有着较大的变化，这意味着在瞬态衰减周期当中，房间内的声场不是完全均匀的。声场的非均匀性为我们解释了，混响时间从房间的一点到另一点变化的原因，不过这也受到其他因素的影响。衰减拟合直线的不确定，是受到了数据分散的影响，但是从一点到另一个点，这种作用应该是相对恒定的。我们可以得出结论，混响时间在不同位置的变化与空间扩

散程度有关（至少是部分相关），这看上去是合理的。

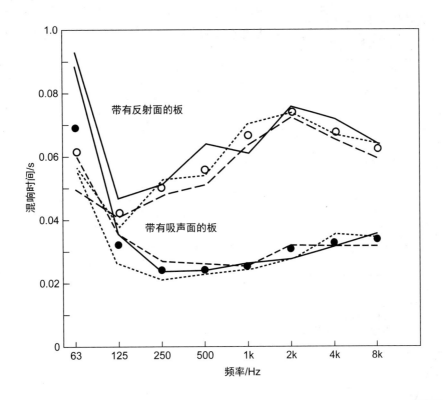

图 9-4　一个容积为 22000ft³ 录音棚的混响时间特征，房间是利用一面吸声另一面反射的可闭合墙板来调节混响时间的。在每一个频率，三个不同位置平均混响时间的变化，都说明了声场的非扩散性，特别是在低频部分

　　混响时间的标准差，给我们提供了衡量房间内不同位置数据分布的一种方法。当我们计算一个平均值时，会丢失数据的分布特征。标准差能够用来衡量数据的分布。如果数据分布是正态（高斯）的，我们从平均值中加上或减去一个标准差，会包含 68% 的数据点，且混响数据应该限制在合理的范围。表 9-1 列出了对于较小录音棚的混响时间分析，如图 9-4 所示。对于"板的反射面"的状况，在 500Hz 处的平均混响时间为 0.56s，标准差为 0.06s。对于一个正态分布来说，68% 的数据点将会落在 0.50~0.62s。0.06s 的标准差是 0.56s 的 11%。根据表 9-1 中的比例可以对平均值精度进行粗略估计。

　　把表 9-1 中各列的比例绘制成图 9-5 所示曲线。其较高频率的混响时间变化趋于一个常数，它的变化范围为 3%~6%。由于在较高频率的倍频程当中包含着大量的房间模式，它会让混响时间的衰减变得平滑。所以我们推断在可闻频率的较高频段存在着更好的扩散环境，而 3%~6% 的变化是实验测量中正常的变化。但是，在低频时的高百分比（更大的偏差）是房间内较大的模式间隔造成的，它对从一个位置到另一个位置的混响时间产生了影响。这些较大的偏差造成了其直线拟合的不确定性，以及低频的不均匀衰减特征。正如图 9-4 所示，在三个不同的位置测量，混响时间有着较大的差别。因此对于该录音棚来说，在两种不同的吸声状况（板打开 / 闭合）下，在 63Hz 处的扩散较差，125Hz 相对较好，而在 250Hz 及以上频率有着较为理想的扩散效果。

115

表 9–1　容积为 22000ft³ 视听室的混响时间分析

倍频程中心频率（Hz）	带有反射面的板			带有吸声面的板		
	RT₆₀(s)	标准差	标准差与平均值的百分比（%）	RT₆₀(s)	标准差	标准差与平均值的百分比（%）
63	0.61	0.19	31	0.69	0.18	26
125	0.42	0.05	12	0.32	0.06	19
250	0.50	0.05	10	0.24	0.02	8
500	0.56	0.06	11	0.24	0.01	4
1000	0.67	0.03	5	0.26	0.01	4
2000	0.75	0.04	5	0.31	0.02	7
4000	0.68	0.03	4	0.33	0.02	6
8000	0.63	0.02	3	0.34	0.02	6

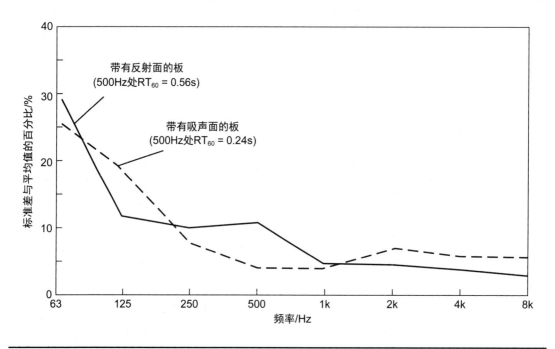

图 9–5　图中展示了表 9–1 当中混响时间的变化近似曲线。标准差与平均值的百分比显示出该声场缺少扩散，特别是在 250Hz 以下

9.6　几何不规则

通过研究我们已经知道选用什么类型的墙面突起，可以提供最佳的扩散作用。Somerville和 Ward 发现了几何扩散单元是如何减少正弦稳态扫频传输实验中波动的，这种几何扩散体的深度，至少为 1/7 波长，它们的效果才能体现出来。他们对圆柱形、三角形及矩形扩散单元进行了研究，并发现矩形扩散体的直角边，对稳态和瞬态声场都有着较大的扩散作用。其他经验表明，具有良好主观声学特性的录音棚和音乐厅，通常会使用方格形式的矩形装饰物。

9.7 吸声体的分布

把房间内所有的吸声体放置在一个或两个平面上，既不能产生扩散声场，也不能有效地提供吸声作用。我们通过下面的实验，来展示吸声体分布的作用。实验房间是一个边长近似 10ft 的立方体，其内部贴满了瓷砖（它不是一间理想的录音棚或听音室，但是它对于本实验来说是可以被接受的）。在实验 1 当中，我们对空房间进行测量，其 2kHz 的混响时间为 1.65s。在实验 2 当中，我们使用一个普通的商业吸声体，用它铺满一面墙的 65%（65ft^2），测得相同频率处的混响时间为 1.02s。在实验 3 当中，我们把相同面积的吸声体分成四部分，分别把它们铺设在房间的六个表面中的四个面上（三面墙各一面，地板上一面），此时 2kHz 的混响时间降低到 0.55s。

吸声体的面积在实验 2 和实验 3 中是完全相同的。在实验 3 当中，我们仅把吸声体分成了四个部分。通过吸声体的简单分开摆放，房间内的混响时间下降将近一半。我们把 1.02s 和 0.55s 的混响时间数值、容积及房间面积代入赛宾公式（参见第 11 章），会发现房间的平均吸声系数从 0.08 增加到 0.15，同时吸声量从 48 赛宾增加到 89 赛宾。这种吸声量的增加是声音散射的边界作用造成的，它让实际的吸声体表现出更好的吸声特性。从另一个角度来看，面积为 65ft^2 吸声材料的吸声作用，仅约为四个面积为 16ft^2 的吸声材料作用的一半，四片吸声材料的总边长约为单个面积为 65ft^2 的吸声材料总边长的一倍。所以，在房间中分开摆放吸声材料的一个优势就是可以很大程度提高吸声效率，至少在某些频率是有效的。以上所关注的是 2kHz，但是换成 700Hz 和 8kHz，一大片吸声材料与四个小片吸声材料之间吸声作用的差距就变得非常小了。

另外从吸声体分布的结果来看，它对声音的扩散也有着较为明显的作用。反射墙面的吸声模块在它们之间有改变声音波阵面的作用，这就改善了声音的扩散作用。例如，沿着墙面分布的吸声模块，不但提高了吸声的效果，同时也改善了声音扩散作用。

9.8 凹形表面

图 9-6（A）为一个凹形表面，它趋向于对声音能量产生聚焦，由于这种聚焦与我们所需要的扩散效果相反，所以应当尽量避免。凹形表面的曲率半径决定了声音聚焦的距离。越平坦的凹形表面，声音聚焦的距离越远。这种表面常常会对话筒拾音造成影响。凹形表面或许能够在回音长廊中产生一些令人振奋的效果，但是这些表面应当避免使用在听音室和小录音棚当中。

9.9 凸状表面：多圆柱扩散体

多圆柱扩散体是一个有效的扩散单元，同时它也相对容易建造。这种扩散体利用了圆柱体的凸面部分。当声音落在由夹板或者硬纸板做成的圆柱体表面时，会产生三种作用，即声音会像图 9-6（B）所示那样产生反射、声音会被吸收，或者再次辐射。这种多圆柱体单元常常用作低频吸声体，在小房间当中起到吸声和扩散的作用。其中的辐射部分是由膜的振动作用而产生的，其辐射角度接近 120°，如图 9-7（A）所示。一个类似的平面扩散体，其辐射角度仅仅约为 20°，如图 9-7（B）所示。因此，反射、吸声和扩散特征倾向于应用在圆柱体表面。一些实际的多面体及它们的吸声特征，我们会在第 12 章中详细讨论。这种扩散体的尺寸不是非常重要，虽然为了增加扩散作用，会要求它们的尺寸与所扩散的声音波长相当。在 1000Hz 处的声音波长约为 1ft，而在 100Hz 处的波长约为 11ft。一个横截面长度为 3ft 或 4ft 的多面体单元，与 100Hz 声音相比，会在 1000Hz 处产生更好的扩散作用。对于多圆柱扩散体来说，通常需要其弦长在 2~6ft，深度在 6~18ft。在房间中不同表面之间的多圆柱体其对称轴应该是正交的。

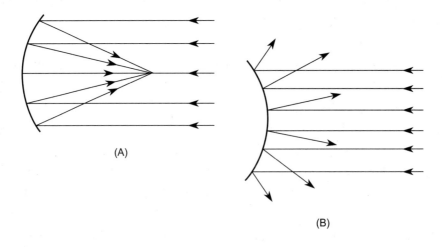

图 9-6　凹形表面通常是不受欢迎的，而凸形表面是令人十分满意的。（A）凹形表面趋向于声音聚焦。如果想要实现良好声音扩散的作用，应该尽量避免凹形表面的出现。（B）凸形表面趋向于让声音扩散

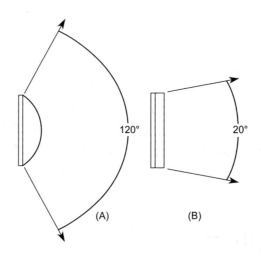

图 9-7　在合理设计的前提下，多圆柱扩散体可以起到有效的宽频带扩散作用。（A）一个多圆柱扩散体辐射声音能量角度约为 120° 左右。（B）一个类似的平面扩散体单元，其声音的辐射角度要小得多，约在 20° 左右

　　扩散单元的随机性特征是非常重要的。墙面使用多圆柱扩散体，它所有的弦长均为 2ft 且深度相同，这看起来或许很漂亮，但是对应扩散效果来说并不是十分理想。结构的规则性将会导致衍射格栅作用的产生，会有许多不同的方式来影响同一个频率而不是不同的频率，

这就不能起到宽频带扩散体的作用。

9.10　平面扩散体

　　平面扩散体单元是使用两个平面所制成的三角形横截面，或者使用三个到四个平面制成的多边形横截面。通常它们的扩散作用比圆柱形扩散体差。

9.11　知识点

- 在大多数房间设计中，扩散常常被用作改变声音传播方向，从而让整个房间的声场分布更加均匀。然而，过多的扩散会让我们很难定位到声源的位置。
- 在实际的房间当中，声场并不会完美地扩散，在其稳态响应中能够明显地看到频率响应随空间的变化。
- 我们能够通过房间内低频混响时间衰减的拍频信息来评估其的扩散程度。
- 类似地，那些非指数的衰减轨迹也表明了完美的房间扩散是极少的。
- 混响时间随位置的不断变化，表明（至少部分表明）它与空间的扩散程度相关。
- 根据研究发现，几何扩散体的深度至少是扩散声波波长的 $\frac{1}{7}$ 才能产生有效的扩散作用。
- 反射墙面的吸声贴片能够通过改变声波波前作用来提高扩散效果。
- 多圆柱扩散体是一种有效的扩散单元，它利用圆柱的凸面，提供了较好的反射、吸声及再辐射效果。
- 为了提高扩散的效果，扩散单元应当具有物理的随机特征。

10

梳状滤波效应

当一个信号与自己本身的延时信号叠加时，它们之间的相互增强和衰减会使其频率响应产生一系列有规律的间隔，因此该滤波效应被称为梳状滤波效应。在声学当中，这种梳状滤波现象经常会发生在信号与其自身反射信号之间的叠加上。梳状滤波是一种稳态效应，它对音乐和语言这种瞬间万变信号的影响是非常有限的。在瞬态声音中，延时声的可闻程度，更多的是其连续部分作用的结果。达到稳态且简短的语言和音乐，或许能够产生梳状滤波效应。虽然，我们已经对延时反射声的听觉效果有了较为深入的研究。但是，了解梳状滤波器的本质也是一件非常重要的事情，只有这样我们才能够知道什么时候将会产生声学问题，而什么时候则不会。

10.1 梳状滤波器

滤波器会改变信号的频率响应或传递函数。例如，一个电子滤波器能够利用有源电路来衰减信号的低频部分，以减少不必要的噪声。这种滤波器也可以是一个管和空腔组成的系统来改变声学信号，例如把它应用到话筒上，来改变其拾音的指向性特征。

电子设备或算法能够产生延时声，它与原始声源相混合能够在输出信号上产生梳状滤波器效应。与使用一个固定延时信号不同，设备能够生成可以连续变化的延时信号，从而产生镶边效果。不论什么方法，这些能够听到的声音效果都是由梳状滤波效应产生的。在声学设计当中，梳状滤波不是我们想要得到的效果，它常常是房间反射的控制不好造成的一种现象。

10.2 声音叠加

让我们想象一下，实验室中有着一个较浅水面的大水箱。我们向水中同时丢下两块石头，每块石头会产生一个圆形波纹，且向外扩散。每一组波纹都会扩展，且穿过其他波纹。我们注意到在水中的任何点，都是两个波纹的叠加。正如我们之后会看到的那样，它们将会产生相长和相消干涉。这就是一个叠加的例子。

叠加的原理为，每一个无穷小体积的介质有着向不同方向传递离散扰动的能力，所有扰动同时进行，且对其他扰动没有影响。在同时有许多扰动的情况下，如果你能够对单个质点的运动进行观察和分析，将会发现它的运动是许多质点运动的矢量和。在那一瞬间，空气质点的振动幅度和方向能够满足每个扰动的需求，这就像池塘里水质点一样。

例如，在一个已知的空间当中，假设一个空气粒子对应一个扰动，其幅度在 A 方向为 0°。在相同的瞬间，另一个扰动需要相同的幅度，但是方向为 180°。在那一瞬间，满足这两个扰动的空气粒子所对应的位移为零。

10.3　单音信号和梳状滤波效应

话筒是一种被动的设备，它的振膜会随其表面空气压力的变化而产生振动。如果振膜的振动频率在工作范围之内，那么它会产生与压力幅度相对应的电压输出。例如，一个在自由声场中 100Hz 的单音信号来驱动话筒振膜，将会在话筒末端产生 100Hz 的电压输出。如果存在第二个 100Hz 的单音，其压力大小与上一个 100Hz 相同，只是相位相差 180°，那么这两个信号同时作用在话筒振膜处，将会产生声学抵消现象，也就是说话筒的输出电压为零。如果通过调整，两个 100Hz 的声音信号的幅度大小一致，且相位相同，那么话筒的输出会增加 6dB。话筒所对应的压力表现在振膜上，也就是说，话筒与入射到它表面空气扰动的矢量和相对应。话筒的这种特征，可以帮助我们理解声学上的梳状滤波效应。

如图 10-1（A）所示，为 500Hz 正弦单音信号的频率成分。从图中我们可以看到，单音的所有能量都集中在该频率。图 10-1（B）展示了一个相同的 500Hz 单音信号 B，它与 A 之间有着 0.5ms 的延时。这两个信号之间有着相同的频率和幅度，只是时间不同。如果在话筒振膜处，把这两个信号叠加。A 信号是直达声，而 B 信号可能是 A 信号在附近墙面的反射声。那么由话筒输出的叠加信号是什么样的呢？

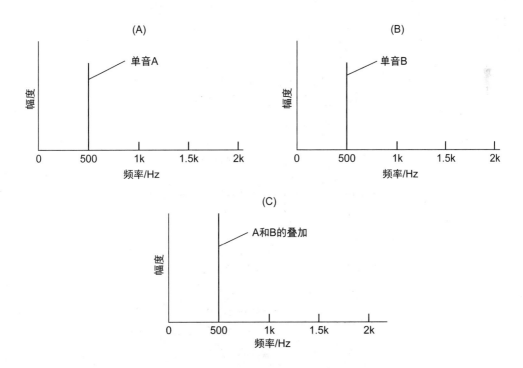

图 10-1　单音信号与延时信号。（A）为 500Hz 的正弦信号，（B）为另一个 500Hz 的正弦信号，它与 A 有着 0.5ms 的延时。（C）为 A 为和 B 的叠加信号。500Hz 信号与它的延时信号到达峰值的时间，有着一些差别，但是把它们叠加到一起产生了另一个正弦波。这里没有出现梳状滤波效应。图中使用了线性频率刻度

　　因为信号 A 和 B 是 500Hz 的正弦信号，它们从正的峰值变化到负峰值的次数为 500 次 /s。由于它们之间有 0.5ms 的延时，所以这两个信号不是在同一瞬间到达正负峰值。在时间轴方向，这两个信号有时同时为正，有时同时为负，有时一个信号是正值而另一个是负值。当把信号 A 和 B 的正弦波进行叠加时，它们会在相同频率处产生一个新的幅度，如图 10-1（C）所示。

　　图 10-1 展示了两个 500Hz 单音在频域中的图形。图 10-2 展示了两个同样频率为 500Hz 的原始信号和延时信号在时域中的情形。延时信号是通过把 500Hz 单音信号送到延时设备从而产生的，同时图中显示了原始信号与延时信号叠加的情形。

　　如图 10-2（A）所示，500Hz 的直达信号从时间零点处开始振动。它的一个周期为 2ms（1/500=0.002s）。一个周期也等价于 360°。在图的下方，500Hz 的信号 e 所对应的时间和度数图形被描绘出来。

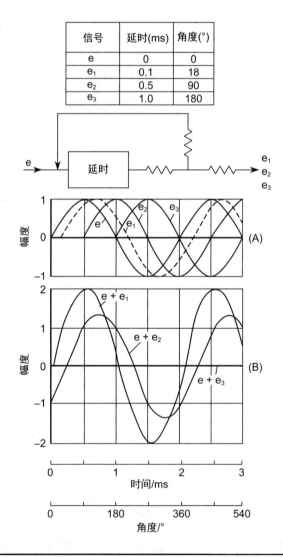

图 10-2　正弦波叠加结果的展示。（A）为一个 500Hz 的正弦波，展示了有着 0.1ms、0.5ms 和 1.0ms 延时的正弦波，它符合图 10-4 中的频谱分布。（B）叠加这些正弦波不会产生梳状滤波效应，它仅仅产生新的正弦波。梳状滤波的形成需要一个宽带的频谱。本图使用的是线性频率刻度

对于 500Hz 来说，0.1ms 延时相当于 18°，0.5ms 的延时等效于 90°，1ms 的延时相当于 180°。这三个延时信号（e_1、e_2 和 e_3）如图 10-2（A）所示。

图 10-2（B）展示了直达声信号与每个延时信号叠加的情形。e 和 e_1 的叠加之后的峰值将会接近 e 的两倍（+6dB）。18° 的变化是一个较小的变动，这时 e 和 e_1 几乎是同相位的。有着 90° 相位差的曲线 e+e_2，幅度更加低，但仍旧是正弦波形。当把 e 叠加到 e_3 当中时（延时 1ms，相移 180°），由于这两个波形的幅度和频率一致，且相位相差 180°，其波形会被完全抵消，幅度为零。

叠加相同频率的直达声和延时声正弦波信号，将会产生另外一个相同频率的正弦波信号；叠加不同频率的直达声和延时声正弦波信号，将会产生不规则波形的周期信号。直达声和延时声进行叠加，不会产生梳状滤波效应。它需要信号有着一定的能量分布，例如语言、音乐和粉红噪声。

10.3.1　音乐和语言信号的梳状滤波效应

图 10-3（A）的频谱可以被看作是音乐、语言或者其他信号的瞬间片段。图 10-3（B）所示是一个与图 10-3（A）所示频谱完全相同的信号，只是相对 A 信号有着 0.1ms 的延时。如果单独来看这两个信号，延时对它们来说没有任何影响，但是当它们叠加在一起，将会产生新的频谱。图 10-3（C）所示是信号 A 和 B 在话筒振膜处的叠加频谱。它的频率响应［图 10-3（C）］与单音信号叠加的结果不同，显现出梳状滤波效应，它有着在频率上的峰值（相长干涉）和谷值（相消干涉）特征。把其绘制在一个频率为线性的刻度上，看起来就像把梳子，因此取名为梳状滤波效应。

如果音箱在自由声场的频率响应如图 10-3（C）所示，大多数听众将不能接受其重放音质。然而，许多房间内不得当的声学设计，导致了这种梳状滤波效应。幸运的是，我们的大脑能够分辨直达声和多重反射声，因此实际感受到的梳状滤波效应，并没有像我们想象的那样糟糕。即便如此，梳状滤波效应也是一个严重的声学问题。

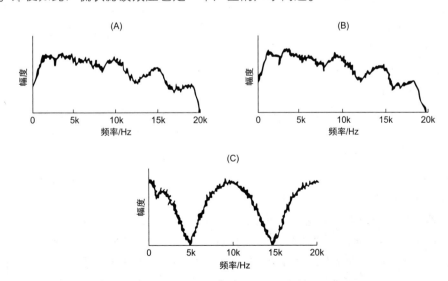

图 10-3　梳状滤波信号的频谱分布，（A）为音乐信号的瞬态频谱，（B）为 A 信号的复制品，但是它与 A 有 0.1ms 的延时，（C）A 和 C 的叠加信号产生了典型的梳状滤波效应。图中频率使用的是线性刻度

10.3.2　直达声和反射声的梳状滤波效应

在图 10-3 中，0.1ms 的延时信号可以来自数字延时设备，又或者来自墙面等其他物体的反射。信号的频谱形状会随着反射声的变化而发生改变，这取决于声音的入射角度及反射表面的声学特征。直达声与反射声进行叠加将会产生梳状滤波效应，它会在频率响应当中产生典型的结点（也称作波谷）。两个信号反相会产生结点，它们在时间上相差 $\frac{1}{2}$ 波长。信号同相位叠加将会产生峰值。频率响应的峰值和结点是由直达声和反射声之间的延时时间所决定的。第一个结点频率发生在周期是延时时间两倍的位置，可以通过 $f=1/(2t)$ 来表示，其中 t 为延时时间，以秒为单位。第一个峰值频率是第一个结点频率的两倍。此外，两个连续的结点之间，以及连续峰值之间的间距均为 $1/t$ Hz。这些计算将会在后面的章节展现。

具有 0.1ms 延时的反射声将会落后直达声（1130ft/s）×（0.001s）1.13ft。这 1.13ft 的路程差，可能是声源与听众之间的贴地角（Grazing Angle），或者话筒附近的反射表面所造成的。通常情况下更大的延时所造成频率响应的变化如图 10-4 所示。图 10-4（A）所示的频谱是由音箱发出的随机噪声，由位于自由声场中的全指向话筒拾取。这种类型的噪声是连续信号，其能量分布在整个可听频率范围内，且它比正弦或其他周期信号更加接近于语言和音乐，故被广泛应用在声学测量当中。

在图 10-4(B) 中，音箱正对着一个反射表面。话筒放置在距离反射表面约 0.7in 的位置。在话筒位置，来自音箱的直达声与来自表面的反射声形成了干涉。话筒的输出显示出 0.1ms 延时的梳状滤波特征。在 5kHz 和 15kHz 处（以及每 10kHz 间隔），直达声和反射声的叠加产生了相互抵消的现象。

我们把话筒放置在距离反射表面 3.4in 处，将会产生 0.5ms 的延时，其梳状滤波特征如图 10-4（C）所示。当延时从 0.1ms 增加到 0.5ms 时，峰值和结点的数量已经增加了 5 倍。如图 10-4（D）所示，其话筒与反射表面之间的距离为 6.75in，产生了 1ms 的延时。从图中看出，当延时增加一倍时，其峰值和结点的数量也增加一倍。如上所述，假设 t 表示延时，并以秒为单位，那么第一结点处的频率为 $1/(2t)$ Hz，同时相邻结点的间隔为 $1/t$ Hz。

增加直达声和反射声之间的延时，相长干涉和相消干涉的数量会成比例增长。从图 10-4（A）所示的平直频谱开始，到被 0.1ms 的反射延时声所破坏，并形成频谱 B。这种响应的变化是可以被听到的。频谱 D 的改变是很难被察觉的，因为峰值和结点之间的间隔非常近，倾向于对整个畸变进行平均。

我们知道在较小的房间当中，反射声与直达声之间的间隔将会更小，这是由房间尺寸的限制造成的。与此相反，在较大的空间当中，反射声将会有更长的延时，会使梳状滤波效应产生间隔更加紧密的峰值和结点。因此，梳状滤波效应通常与小房间的声学特征有着更加紧密的联系。由于音乐厅及礼堂的尺寸较大，这会对人耳能觉察的梳状滤波失真有着相对较好的免疫作用。如此多且紧密的峰值和结点，可以让响应趋于平直。图 10-5 展示了音乐信号通过 2ms 延时梳状滤波器的频谱。响应的峰值与结点之间的关系，以及其对应的音符如图所示。中央 C（C4）的频率为 261.63Hz，它接近于第一个结点 250Hz 的位置。下一个更高的 C（C5），有着 C4 两倍的频率，其幅度比 C4 高 6dB。在钢琴键盘上其他 C 键，其频率响应要么受到结点抵消，要么被峰值提高，又或者在两者之间。无论我们把它们看作基频还是谐波，声音的音色最终都受到了影响。

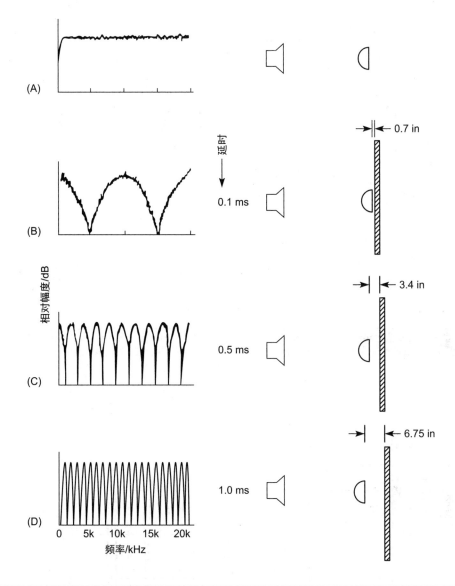

图 10-4 一个梳状滤波效应的展示，其中音箱产生的直达声与墙面的反射声在话筒振膜处叠加在一起。（A）为没有反射表面的情况。（B）把话筒放置在距离反射表面 0.7in 的地方，产生了 0.1ms 的延时。这种较短的延时时间，产生了较大的结点间隔。（C）0.5ms 的延时所产生的结点间隔更加紧密。（D）1ms 的延时会产生更加紧密的结点间隔。图中频率使用的是线性刻度

　　图 10-3、图 10-4 及图 10-5 展示的梳状滤波效应是在线性频率刻度下完成的。这种线性关系的刻度所产生的梳状外观的可视性更加形象。而在电子和音频工业当中对数刻度更为常用，它更能代表人们的听觉感受。图 10-6 为对数刻度下 1ms 延时的梳状滤波效应。

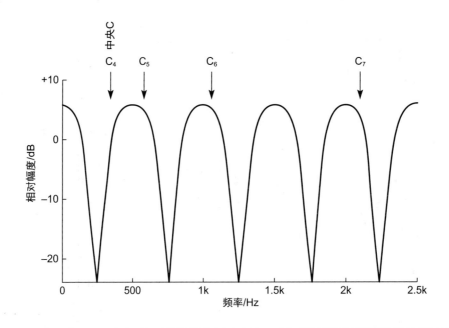

图 10-5　让一个音乐信号经过有着 2ms 延时的梳状滤波器。间隔一个倍频程信号能够在峰值处提升 6dB，或者在结点处完全抵消，又或者产生这两个极值之间的数值。图中使用的是线性频率刻度

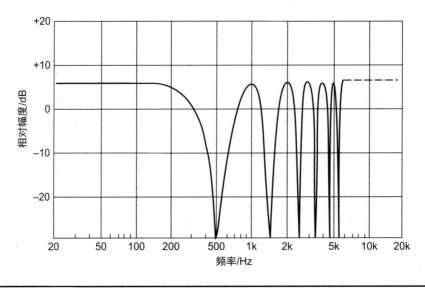

图 10-6　使用更熟悉的对数刻度，能够帮助我们对信号的梳状滤波效应进行评价

10.4　梳状滤波器和临界带宽

　　人耳的临界带宽是一种用来评价梳状滤波效应可闻度的方法。临界带宽所对应的频率见表 10-1。临界带宽是随着频率变化而变化的，例如，人耳在 1kHz 处的临界带宽约为 128Hz，而一个峰值频率间隔为 125Hz 的梳状滤波器，所对应的延时约为 8ms（1/0.008=125Hz），它所对应直达声与反射声之间的路程差约为 9ft（1130ft/s×0.008s=9.0ft）。图 10-7（B）为一个延时

为 8ms 梳状滤波的例子，两个梳状峰落在一个临界带宽内。图 10-7（A）展示了一个有着更短延时（0.5ms）的例子，临界带宽与一个梳状峰的宽度相当。图 10-7（C）展示了一个有着更长延时（40ms）的例子，临界带宽相对梳状峰的宽度较大，以至于无法对梳状滤波效应进行分析。

这些例子倾向于证实在大空间（有着较大的延时）的梳状滤波效应人耳是听不到的，而在小空间（有着较小的延时）这种作用却是十分明显的。此外，临界带宽在低频部分相对较窄，这表明梳状滤波效应在低频处更加容易被听到。

相对粗糙的临界带宽，让我们的耳朵对有着 40ms 延时梳状滤波器［如图 10-7（C）所示］的峰值和结点相对不敏感。因此，或许人耳不能够感知 40ms 及更长延时所产生的梳状滤波效应。换句话说，0.5ms 延时所产生的梳状滤波峰值［如图 10-7（A）所示］宽度大于人耳在 1000Hz 处的临界带宽，从而可以感受到它的变化。图 10-7（B）展示了一个中间的例子，在这个例子当中人耳或许能够少量地感受到 8ms 延时所产生的梳状滤波信号。听觉系统的临界带宽会随频率的增加而迅速增加。我们很难想象临界带宽与不断变化音乐信号之间的相互作用，以及和大量反射声所产生的梳状滤波效应有多么复杂。只有利用心理声学实验进行仔细验证，才能确定这种结果是否能够被听到。

基于类似的原因，我们发现 1/3 倍频程的频率响应能够很好地反映主观频率感受，从而被广泛应用。这是因为 1/3 倍频程更加接近人耳的临界带宽。当高分辨率的频率响应测量结果被转换成 1/3 倍频程时，之前在频率响应中的尖峰和低谷会减少，只留下频率响应中的主要变化趋势。这种响应更加接近于我们对声音的感知。例如，在高频时，反射声所造成的声像问题相对于频率响应问题会更加重要。

表 10-1　耳朵的临界频带（Moore 和 Glasberg）

中心频率（Hz）	临界频带宽度（Hz）
100	38
200	47
500	77
1000	128
2000	240
5000	650

* 计算等效矩形带宽

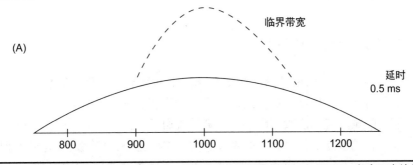

图 10-7　为了评价梳状滤波效应对感知的影响，我们将三个延时的例子与在 1000Hz 频率下有效的听觉临界带宽进行比较。（A）延时为 0.5ms，（B）延时为 8ms，（C）延时为 40ms。图中使用的是线性频率刻度

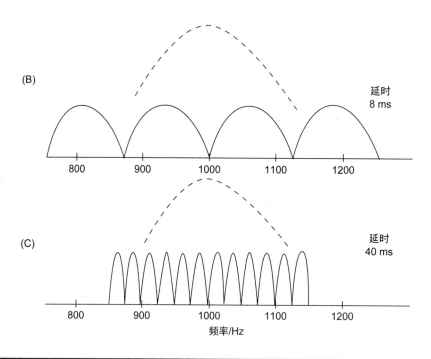

图 10-7　为了评价梳状滤波效应对感知的影响，我们将三个延时的例子与在 1000Hz 频率下有效的听觉临界带宽进行比较。（A）延时为 0.5ms，（B）延时为 8ms，（C）延时为 40ms。图中使用的是线性频率刻度（续）

10.5　多通道重放当中的梳状滤波效应

在多通道重放当中，如立体声重放，每只耳朵的输入信号来自两个音箱。由于两只音箱之间的间隔，这些信号到达耳朵处会有一定的时间差，其结果将会产生梳状滤波效应。Blauert 指出梳状滤波失真通常是听不到的，随着音色感知的形成，听觉系统会忽略这种失真。然而，目前还没有一种普遍被接受的理论，可以解释人耳的听觉系统是如何实现这种功能的。我们可以通过塞住一只耳朵的方法来听到这种失真。但是，这样破坏了立体声的效果。通过把两只音箱（产生梳状滤波失真）与一只音箱（没有失真）的音色进行对比，我们会发现立体声的梳状滤波失真对音色的影响很小。以上这两种声音的音色基本上是相同的。此外，随着头部的转动，音色也会有非常小的改变。

10.6　梳状滤波效应的控制

在大多数房间当中，我们通过衰减和扩散房间中的反射声达到控制梳状滤波效果的目的。吸声减弱了反射声的能量，而扩散则改变了反射声随时间的分布。这两种方法都较为常用，并产生了不同的声场感知。吸声降低了声音的镜面反射，能够让声场产生更加清晰的声像定位。相比之下，扩散能够带来更多的空间感知，这种空间感能够利用不同类型的扩散体来实现。无论采用哪种方法，反射或者扩散的控制必须是宽频带的，这样它就不会改变反射或者扩散声的频率响应。一个好的房间设计，将会同时使用宽频带吸声和扩散。

当使用音箱作为声源时，梳状滤波效应能够通过音箱的摆放位置、指向性及最小化的边界反射来进行控制。与以前一样，任何反射或扩散控制必须是宽频带的。由于大多数音箱的指向性会随着频率的降低而变宽，因此我们必须特别注意对其低频部分反射和扩散的控制。这些控制技术将会在后面的章节进行详细讨论。

10.7 反射声和空间感

到达听音者耳部的直达声与反射声会有些不同。导致这种现象的原因有很多，反射声的频率特性会随着反射墙面的变化而改变。穿过空气的直达声和反射声成分都会有轻微改变，这是空气的吸声特性随频率变化而引起的。直达声和反射声的振幅及时间是不同的，人耳对前方直达声的感受与侧向反射声也不相同。振幅与时间之间是有关联的，但是两耳之间的相关性小于最大值。

到达双耳信号的较弱相关性让我们产生了空间感，如像户外这种没有反射声的环境是没有空间感可言的。如果房间提供"合适的"声音信号到达双耳，听音者将会感受到被包围和沉浸在声音当中。较弱的双耳相关性是产生空间感的先决条件。

10.8 话筒摆放当中的梳状滤波效应

当两只话筒分开一定的距离来拾取同一个声源时，将会有少许的时间差，我们把这两个信号叠加在一起，可以模拟话筒同时拾取了直达声和反射声的情况。因此，有一定间隔的话筒摆放很有可能会产生梳状滤波问题。在某些情况下，这种梳状滤波效应是可以被听到的，在整个声音重放当中它增加了相位信息，有些人认为这是房间的周围环境。实际上这不是环境声，而是在话筒摆放的位置处，由时间和强度所引起的失真。显然有人喜欢这样的失真，因此录音师喜欢使用一定间隔的话筒对声源进行拾音。

10.9 在实践中的梳状滤波效应：6个例子

例1

如图10-8所示，它展示了三个不同话筒摆放位置所产生的梳状滤波效应。假设每种情况下，我们使用的反射地面都是坚硬的，同时忽略其他的房间反射。这些位置的数值结果如表10-2所示。在声源与话筒距离较近的位置，直达声传播距离为1ft，地面反射声的传播距离为10.1ft。它们之间的路程差（9.1ft）意味着直达声与反射声之间产生了8.05ms的延时（9.1/1130=0.00805s）。因此，梳状滤波的第一个结点频率在62Hz处，后面峰值之间或者结点之间的频率间隔为124Hz。反射声相对直达声的声压衰减为20dB［20 lg（1.0/10.1）= 20 dB］。因此直达声比地面反射声大十倍，故本例中的梳状滤波效应可以被忽略。

另外两个话筒的摆放位置（见图10-8）产生较低的反射声压级（见表10-2）。声源到话筒距离为4ft是一个中间距离的例子，其中反射声压级低于直达声信号8dB。梳状滤波效应刚刚进入临界值。当声源和话筒之间的距离增加到10.3ft时，反射声与直达声之间的声级差仅为1dB。这时反射声与直达声几乎一样强，梳状滤波效应将不能被忽略。与以上这些话筒摆位形成对比，如果话筒放置在地面上，考虑一下将会发生什么。这或许会产生较小的地面反射，然而这种技术实质上消除了直达声和反射之间的路程差。

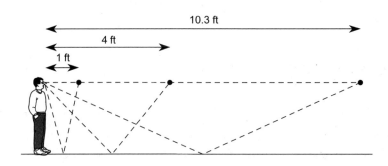

图 10-8　通常话筒摆放会产生梳状滤波效应（见表 10-2）。在距离声源 1ft 处，–20dB 的反射声产生了较小的梳状滤波效应。当距离增加到 4ft 时，–8dB 的反射声或许会产生一定的梳状滤波效应。而当距离为 10.3ft 时，反射声压级几乎与直达声相同，因此必然会产生较大的梳状滤波效应

表 10-2　来自话筒摆位的梳状滤波效应（参照图 10-8）

路径长度（ft）		差值		第一个节点（Hz）	峰值 / 节点 间隔 $1/t$（Hz）	反射声压级（dB）
直达声	反射声	距离（ft）	时间（ms）			
1.0	10.1	9.1	8.05	62	124	–20
4.0	10.0	6.0	5.31	94	189	–8
10.3	11.5	1.2	1.06	471	942	–1

例 2

　　图 10-9 展示了讲台上的两只话筒。由于在礼堂当中的立体声重放系统相对较少，大多数情况下，两个话筒信号会进入一个单声道系统，从而产生了梳状滤波效应。我们摆放两只话筒的理由，通常是为了给演讲者更大的移动自由度，或者为话筒提供备份。假设话筒具有指向性，而讲话者也站立中间位置，讲话的声压级将会有 6dB 的提升。又假设两只话筒之间的距离为 24in，讲话者的嘴唇与两只话筒连线的距离为 18in。如果讲话者向旁边移动 3in，将会产生 0.2ms 的延时，这会对重要的语言频段造成衰减。如果讲话者不移动，语言质量也不会很好，只是会较为稳定。通常讲话者的移动，会改变梳状滤波所对应的节点和峰值位置，从而产生较为明显的音质变化。

话筒

图 10-9　一个产生梳状滤波效应的例子，随着声源的移动，两只话筒的信号进入一台单声道的放大器

例 3

图 10-10 展示了合唱团中，每人使用一只话筒进行拾音的情景，这可能会产生梳状滤波效应。图中每只话筒都使用独立的声道记录，但是最终会混合在一起。每个歌手的声音都会被所有话筒所拾取，而只有相邻的歌手会产生较为明显的梳状滤波效应。例如，歌手 A 的声音会被两只话筒拾取，在混合的过程中这会产生由路程差所引起的梳状滤波效应。然而，如果歌手 A 的嘴部与歌手 B 前面话筒的距离，大于 A 到自己话筒距离的三倍，那么梳状滤波效应将会被弱化。这就是 "3∶1 准则"，因为在这个比例当中，延时声会小于直达声 9dB。梳状滤波的峰值和节点在幅度上的差将会小于 1dB，这种差别基本上不会被察觉。

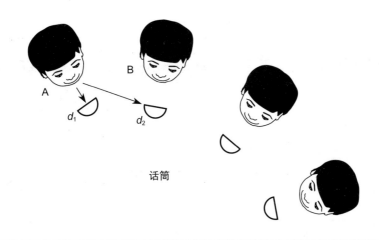

话筒

图 10-10　对于一组合唱来说，如果 d_2 是 d_1 的三倍以上，那么梳状滤波效应会较小

例 4

图 10-11 展示了两只单声道音箱，其中一只音箱在舞台的左侧，另一只在右侧。当这两只音箱重放相同信号时，会在听众区域产生梳状滤波效应。在对称直线上（常常在舞台下面的中心走廊），这两个信号会同时到达，故不会引起梳状滤波效应。在听众区域中有着相同延时的等高线会从对称直线向外延伸开来，1ms 延时的等高线是最靠近对称直线的，具有更多延时的等高线分布在听众区的两侧。

例 5

图 10-12 展示了一只三分频音箱的频响曲线。频率 f_1 是由低音和中音单元共同驱动的，这两个单元的输出声音大小相同。但是它们之间有着一定的物理距离。这些都是产生梳状滤波效应的前提条件。相同的过程也会在中音与高音单元之间的频率 f_2 处产生。这种梳状滤波效应仅会影响一个较窄的频带，它的宽度是由两个单元辐射声音的相对幅度所决定的。越陡的分频曲线，所受影响的频率范围越窄。

例 6

图 10-13 展示了一个与桌子表面齐平的话筒安装示例。这样做的好处在于，桌子表面的声压增加会提升话筒的灵敏度，并接近 6dB。另一个好处在于，它可以减少桌面反射所造成的梳状滤波失真。振膜与桌面是齐平的，这样就接收不到来自桌面的反射声信号，只有直达声信号进入话筒振膜。因此，能够避免梳状滤波失真。

131

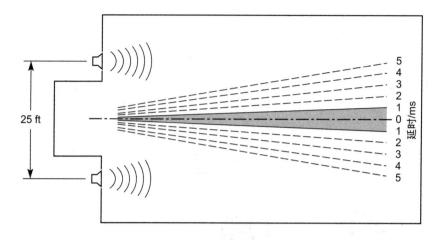

图 10-11　一个普通的扩声系统，其中两只音箱重放相同的声音信号，在听众区域会产生相长和相消干涉，它会降低重放声音的音质

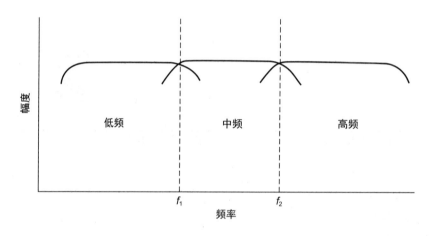

图 10-12　三分频音箱会在分频区域会产生梳状滤波失真，这是因为相同的声音信号会从两只具有一定距离的扬声器单元发出

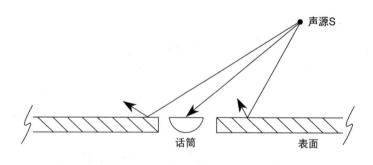

图 10-13　当话筒与桌面架设在同一平面时，来自声源 S 的声音撞击到表面所产生的反射无法进入话筒，从而避免了梳状滤波效应。由于反射表面附近的声压会有所提升，从而这种架设会增加了话筒的灵敏度

10.10 梳状滤波效应的评价

我们很少能够使用较为简单的关系来对系统响应中的梳状滤波效应进行评价。如上所述，如果延时为 t 秒，第一个节点的频率是 $f=1/(2t)$ Hz。我们还可以看到，当 $f=n/(2t)$ 时，在 n=1、3、5 处再次出现节点，以此类推。如果延时是 t 秒，峰值之间的间隔及节点之间的间隔是 $1/t$ Hz。例如，延时为 1ms（0.001s），第一个节点处的频率为 $1/(2×0.001)$ =500Hz。结点之间的间隔为1000Hz（1/0.001=1000Hz）且会出现在500Hz、1500Hz、2500Hz，以此类推。同时，在每一对相邻的节点之间，有一个峰值，那是两个信号同相位叠加的结果。第一个峰值的频率是第一个节点频率的两倍。我们再次回到 $f=n/(2t)$，峰值产生在当 n=2、4、6 的频率，以此类推。此外，与结点间距一样，峰值之间的间距是 $1/t$ Hz。对于同样 1ms 的延时，第一个峰值频率为 1000Hz。峰值之间的间隔为 1000Hz，因此峰值对应的频率为 1000Hz、2000Hz、3000Hz，以此类推。类似的例子如表 10-3 所示。

两个相同频率的正弦波叠加，在同相位的情况下，振幅可以加倍。产生一个比任意正弦波高出 6dB 的新波形（20lg2=6.02dB）。当这两个信号的相位相反时，结点在理论上应该为最小值。通过这种方法，随着这两个信号在整个频谱范围内相位的不断变化（同相和反相），我们可以描绘出整个响应曲线。

综上所述，其中重要一点在于上面 $1/(2t)$ 的表达式，它给出了结点位置在 500Hz，在这个位置受到延时的影响，其信号能量为零。当音乐或语言通过具有 1ms 延时的系统时，一些重要的成分会被移除或减小。这就是另外一种梳状滤波失真的情况。

图 10-14 和图 10-15 提供了预估梳状滤波响应图表的解决办法。

表 10-3　梳状滤波的峰值和节点

延时（ms）	最低节点频率（Hz）	节点之间间隔以及峰值之间间隔（Hz）
0.1	5000	10000
0.5	1000	2000
1.0	500	1000
5.0	100	200
10.0	50	100
50.0	10	20

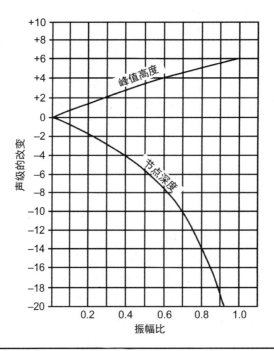

图 10-14　梳状滤波峰值高度与节点深度的振幅比

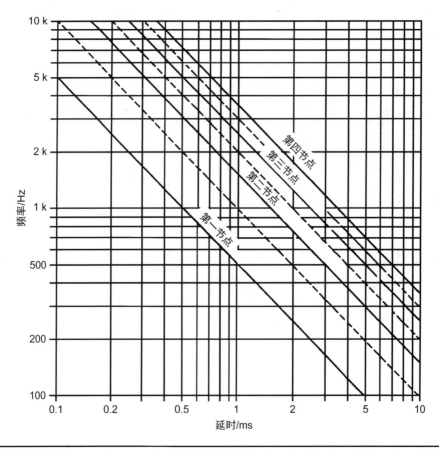

图 10-15　延时的大小决定了相消干涉（节点）和相长干涉（峰值）发生的频率。虚线表明了相邻节点之间的峰值

10.11　知识点

- 当一个信号与自身的延迟相结合时，会产生一系列间隔有规则的峰值和零值，从而形成梳状滤波频率响应。
- 梳状滤波是一种稳态现象，它在音乐和语言当中应用相对有限。
- 在声学中，梳状滤波响应几乎总是由反射声控制不良的房间，所产生的一种有缺陷的状况。
- 直接和延迟添加周期波不会产生梳状滤波。梳状滤波的产生需要具有分布式能量的信号，如音乐、语言和粉红噪声。
- 梳状滤波响应的峰值和零值，其频率是由直达声和反射声之间的延时所决定的。第一个零值频率发生在周期是延时时间两倍的位置。
- 由于小房间的延时时间较短，从而反射产生的梳状滤波效应更为明显。
- 由于各种音乐厅和礼堂的空间较大，能够产生更长的延时时间，从而对梳状滤波效应有着较好的免疫作用。
- 由于人耳的临界带宽在低频处更窄，从而梳状滤波效应或许在低频位置更加容易被听到。
- 到达双耳的输入信号相关性不强有助于提高对房间空间感的感知。
- 两只话筒间隔摆放很容易产生梳状滤波问题。在某些情况下，这种梳状滤波可以被听见，给整个声音重放过程带来失真。

11
混响

你踩住汽车油门时，它会加速运动到某一个速度。如果马路是平滑且水平的，那么这个速度将会保持恒定。因为有发动机的动力，汽车有足够的马力来克服由摩擦力和空气阻力所造成的损耗，这就产生了平衡。如果放松油门，汽车将会缓慢减速，最后停止。

在房间中的声音表现也类似。当我们把音箱打开时，它会在房间当中产生声音，并迅速增长到某个声压级。这个声压级是稳定的或者达到了平衡点，即从音箱辐射出的声音能量，足以克服空气及间边界对声音的吸收。从音箱辐射出越多的声音能量，将会产生越高的声压级，而从音箱辐射较少的声音能量将会产生较低的声压级。

当我们把音箱关闭时，房间内的声音需要有一定的时间才能衰减到听不到。当激励声源消失之后，这种房间当中的声音衰减作用被定义为混响。混响时间是从信号关闭的时刻开始测量，当一个非连续信号在房间内发声时，其混响效果通常是更为明显的。

混响与房间的声学条件有着密切的关系。例如，把交响乐团放在一间几乎没有混响的大消声室当中进行录音，对于普通听音者来说将会产生非常差的录音效果。这种录音将会比户外音乐录音更加的"单薄"和"微弱"，同时缺乏共振。显然交响乐和其他音乐需要利用混响来产生一个可以接受的音质。类似地，我们需要利用房间混响，让音乐和语言声听起来更加自然，这是因为大家已经习惯在混响环境下欣赏它们。

在过去，混响被看成是在封闭空间中对语言和音乐来说唯一重要的参数特征。而对于现在来说，它被认为是影响声学空间音质的多个重要参数之一。

11.1 房间内声音的增长

当在房间当中产生一个声音时，它将会包含一定的能量，随着能量的逐渐增加会达到一个稳态值。到达这个稳态值所需要的时间，是由房间中声音增长率所决定的。反过来，这个增长率是由声源的声压级和房间的声学特性所决定的。

让我们考虑房间中声源 S 和听众 L 的情形，如图 11-1（A）所示。当声源突然开始激励，从 S 发出的声音会朝四面八方进行传播。我们可以把声音直接到达听众 L 的时间看作是 0[如图 11-1（B）所示]，此时 L 处立刻显示出一个声压值 D，由于球形波阵面的发散作用及空气的损耗，实际中这个数值会小于理论值。在 L 处的声压保持这个值，直到反射声 R_1 的到来，这时声压数值立刻跳转到 $D+R_1$。随着 R_2 的到达，该处的声压继续增加。每一个反射声成分的到达，都会让该处的声压级产生一个阶梯式增长。在实际过程中，由于反射声的数量巨大，房间的能量增长是相对较为平滑的。以上这些叠加，实际上是幅度和相位的矢量叠加，但是为了简化计算过程，我们把它们进行了简单相加。

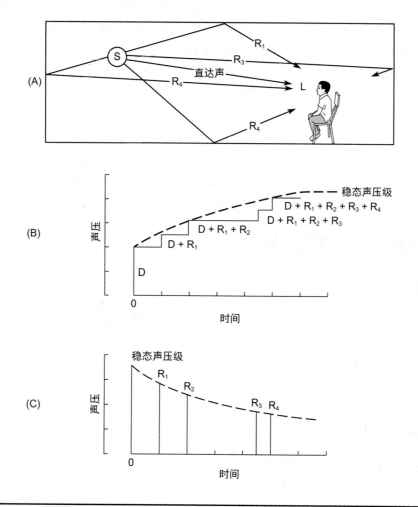

图 11-1　房间中声音的增加和衰减。（A）直达声在时间 $t=0$ 第一次到达 L，反射声成分随后到达。（B）在这个分析当中，L 处的声压级阶梯式的增长。实际上，增长曲线相对平滑，如虚线所示。（C）当声源停止时，声音呈指数型衰减

在听众处的声压，会随着一个又一个的反射声，逐步叠加到直达声分量中。在 L 处的声压不会立刻到达它的最终值，因为声音会通过不同长度的路径到达此处。当我们已知声速时，反射声的延时时间与直达声和反射声的路程差成正比。在实际当中，声音的增长是非常快的，以至于听音者认为是瞬间完成的。而另一方面，声音的衰减相对缓慢，通常可以被听音者作为混响所听到的。因此，在实际的声学设计当中，声音的衰减特征更为重要。

在房间当中，声音的最终声压级取决于声源 S 的辐射能量。这些能量会被作为热能，在墙面、其他边界及空气当中损耗掉。随着声源 S 的持续辐射，声压级的增长达到一个稳态的平衡，如图 11-1（B）所示。增加声源 S 的辐射能量，会让房间声压级与房间损耗之间产生新的平衡。

11.2 房间内声音的衰减

当关闭声源 S 之后，房间暂时仍然充满了声音能量，但是由于失去了来自声源 S 的能量，这种稳定的状态将会被破坏。房间内传播声线的来源被切断，房间内的声音能量开始衰减。

例如，当声源消失后，天花板上的反射声 R_1 的命运是什么呢？如图 11-1 所示，随着声源 S 被切断之后，R_1 还在到达天花板的途中。它在到达天花板并发生反射时，产生能量损失，同时反射到 L 处。当穿过 L 后，它传播到后墙位置，然后是地面、天花板及前面的墙，并再一次到达地板，在此期间的每一次反射都会产生能量损失。不一会儿，它就会衰减得非常厉害，以至于我们几乎感受不到它的存在。对于 R_2、R_3、R_4 及其他反射声来说，都会有同样的过程。图 11-1（C）展示了反射声的指数衰减，它也可以应用在没有展示出来的墙面反射，以及许多不同的反射声分量当中。因此在房间内的声音会因为反射时的损耗、空气的阻尼及散射作用而最终消失。然而，由于声速和房间尺寸所造成的传播路径不同，这个消失的过程需要一定的时间。

11.3 理想的声音增长和衰减

单纯从几何声学的观点来看，房间声音的衰减及增长是一个阶梯式的过程。然而，在实际场景中，大量的小阶梯让声音的增长和衰减变得较为平滑。在房间当中，声音理想的增长和衰减形式，如图 11-2（A）所示。在这里声压展示在线性刻度下，横坐标描述了所对应的时间。图 11-2（B）展示了相同的声音增长和衰减情况，只是它的声压级使用分贝来表示，也就是说，它是在对数刻度下表示的。

在房间声音增长的过程中，功率被应用到声源当中。在衰减的过程中，声源的功率被切断，因此会产生不同形状的增长和衰减曲线。在这个理想的状态下，图 11-2（B）所示的衰减是一条直线，这成为测量一个封闭空间混响时间的基础。

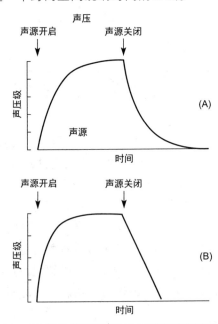

图 11-2 房间内声音的增长和衰减，（A）声压在垂直刻度的测量（线性刻度），（B）声压级在水平刻度的测量（对数刻度）

11.4 混响时间的计算

混响时间（RT）被定义为在一个房间中，声音强度从原来的水平下降 60dB 所需要的时间，用秒来表述。它代表了声音强度的改变，或者 100 万的声功率（10lg1000000=60dB）、1000 声压级（20lg1000=60dB）的改变。这种情况下测量的混响时间被称为 RT_{60}。这个 60dB 的数字是随意选择的，但是它大概能够描述一个声音衰减直到听不到所对应的时间。我们所使用计算混响时间的公式，通常称为赛宾（Sabine）公式，将会在下面的章节进行介绍。

用这种方法来测量的混响时间，如图 11-3（A）所示。我们用录音设备来记录声音的衰减轨迹，可以较为简单地测得 60dB 衰减所对应的时间。虽然根据理论来测量混响时间是较为简单的，但实际上我们会遇到一些问题。例如，在实际生活当中，获得图 11-3（A）所示 60dB 笔直的衰减曲线是非常困难的。由于背景噪声的存在，声源的声压级通常要比背景噪声的声压级高。例如，如果背景噪声为 30dB，我们有可能获得图 11-3（A）所示的曲线，因为声源的声压级达到 90dB 是可能的。但是，如果噪声声压级接近 60dB，如图 11-3（B）所示，那么声源的声压级就需要达到 120dB。如果功率为 100W 的功放来驱动音箱，并且在固定距离处提供 100dB 的声压级。声源功率增加一倍，该处的声压级仅提高 3dB。因此，在固定距离处 200W 的功放会产生 103dB 的声压级，400W 会产生 106dB 的声压级，800W 会产生 109dB 的声压级，以此类推。由于受到尺寸和成本的限制，在实际应用当中重放的最大声压级是有限制的。

图 11-3（B）所示是我们通常会遇到的情况，在这种情况下产生了一条衰减小于 60dB 的曲线。我们可以通过对衰减曲线有效部分的延长来推断混响时间。例如，把衰减 30dB 的声音曲线进行延伸，用来估算 60dB 衰减所对应的时间。

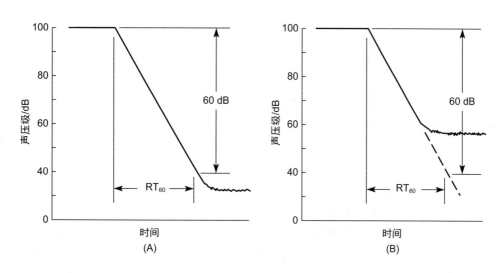

图 11-3 衰减的时间长度取决于声源的强度和噪声级。（A）很少在实际环境中允许 60dB 的衰减（B）有限衰减的斜率被用来作为推断混响时间的依据

实际上，尽量去获取更大的衰减范围是非常重要的，因为我们关心的是整个衰减的过程。例如，研究表明，在语言或者音乐的评估过程中，前 20dB 或者 30dB 的衰减对于人耳来说是更为重要的。另外，较为明显的双斜率现象（如图 9-2 所示），仅会在衰减的末端出现。

在实际应用中，我们可以通过降低声源的最大幅度，并加入滤波器，来提高测量的信噪比。

11.4.1 赛宾公式

19 世纪 90 年代，哈佛大学物理学教授华莱士·克莱门特·赛宾被要求改善校园里福格讲堂糟糕的声学问题。当时，对房间声学的研究还没有得到很好的发展。赛宾研究了吸声和混响的相互作用，他使用便携式风箱和风琴管作为声源，同时使用秒表和敏锐的耳朵来测量不同吸声量的条件下，从声源的中断到听不清所用的时间。为了改变吸声量，赛宾和他的助手们从附近的桑德斯剧院借了数百个坐垫。经过多年的工作，在 1900 年赛宾提出了第一个混响时间公式，而这个公式我们至今仍在使用。从许多方面来说，赛宾建立了现代建筑声学。

通过观察，赛宾发现，混响时间取决于房间的容积和吸声量，吸声量越大混响时间越短。同样，由于大房间声音撞击吸声边界没有那么频繁，所以房间容积越大混响时间越长。

$4V/S$ 描述了在两个连续反射声之间，声音传播的平均距离。我们通常把它称为平均自由程。在公式当中，V 代表房间容积，S 代表房间的表面积。例如，房间的尺寸为 23.3ft×16ft×10ft。其容积为 3728ft^3，表面积为 1533ft^2。房间的平均自由程为 $4V/S=$（4×3728）/1533=9.7ft。当声音速度为 1130ft/s 时，在撞击到其他房间表面之前，声线平均传播时间为 8.5ms。在这个声线能量完全消失之前，或许会碰撞 4~6 个表面，整个衰减过程将会需要 42.5ms 的时间。然而，经由多少次反射能够消耗尽声音能量，取决于房间的吸声量。例如，对于较少吸声量的房间，在声音衰减的过程中将需要更多的反射，因此整个过程需要更长的时间。此外，由于大房间的平均自由程更长，其衰减过程也会加长。

利用这种统计学及几何声学原理，赛宾建立起自己的房间混响公式。特别是他构建了以下关系：

$$RT_{60} = \frac{0.049V}{A} \qquad\qquad (11-1)$$

其中，RT_{60} = 混响时间（s）

      V = 房间容积（ft^3）

      A = 整个房间的吸声量（赛宾）

赛宾公式也可以用公制公式：

$$RT_{60} = \frac{0.161V}{A} \qquad\qquad (11-2)$$

其中，RT_{60} = 混响时间（s）

      V = 房间容积（m^3）

      A = 整个房间的吸声量（公制赛宾）

使用赛宾公式是一个较为直接的处理过程，但是它忽略了很多因素。房间中的总吸声量为 A，但是这涉及房间表面的吸声量（在许多情况下，听众的吸声也是必须被考虑的，如果有必要，空气的吸声或许也要包含进来，这将会在以后章节来讨论）。所有房间表面的吸声一致（不过这种情况很少存在）是非常容易来获得总吸声量的。然而，墙面、地板和天花板通常会使用不同的材料，而且门和窗户也必须分别考虑。在这个公式当中的吸声单位是赛宾，它以赛宾教授的名字命名，并非常接近桑德斯剧院的一个座位垫所提供的吸声量。注意，1 赛宾 =0.093 公制赛宾。

总吸声量 A 可以通过每个表面的吸声量相加来获得。它能够用表征材料的吸声能力的吸声系数 α 来计算。吸声系数 α 的范围为 0~1.0，其中 1.0 表示完全吸声。为了获得房间的总吸声量 A，必须叠加各种材料所对应的吸声量，通过把每种材料面积 S_i（平方英尺）与对应的吸声系数 α_i 相乘，并把所有的值相加来获得总的吸声量，即 $A=\sum S_i\alpha_i$，其中 i 对应每个表面及吸声系数。$\sum S_i\alpha_i/\sum S_i$ 的数值对应平均吸声系数 $\alpha_{average}$。

例如，假定区域 S_1（表示为平方英尺或平方米）的吸声系数为 α_1，它可以从附录表格 C 中查得。这时这个区域贡献的吸声量为 $S_1\alpha_1$，单位用赛宾来表示。同样，另一个区域 S_2 使用吸声系数为 α_2 的材料覆盖，它对房间总吸声量的贡献为 $S_2\alpha_2$ 赛宾。房间的总吸声量为 $A=S_1\alpha_1+S_2\alpha_2+S_3\alpha_3+\cdots$。当我们获得总吸声量 A，利用式（11-1）、式（11-2）进行混响时间的计算就成为一件较为简单的事情，在本章的末尾部分，会通过例子来进一步展示。

在实际应用当中，几乎所有材料的吸声系数都会随着频率的变化而变化。因此，我们有必要针对不同频率进行吸声量的计算。混响时间典型的参考频率是 500Hz，其中 125Hz 和 2kHz 也会被使用。确切地讲，任何混响时间的数值都应该标明所对应频率。例如，在 125Hz 的混响时间，可以表示为 $RT_{60/125}$。当混响时间没有指定频率时，我们会假设其参考频率为 500Hz。

赛宾公式是有一定局限性的，对于"活跃"的房间来说，统计作用占主导地位，我们能够通过赛宾公式获得准确的结果。然而，在一个非常"干"的房间当中，利用这个公式进行计算会产生出错误的结果。例如，一个房间的测量尺寸为 23.3ft×16ft×10ft。它的容积为 3728ft³，而总面积为 1532ft²。如果假设所有表面是完全吸声的（$\alpha=1.0$），那么整个吸声量将会为 1532 赛宾。把这些数值代入公式，有

$$RT_{60}=\frac{0.049\times3728}{1532}=0.119s$$

非常明显，一个完美吸声房间的 RT_{60} 数值应该为零，那么这个公式所计算出来的结果是错误的。完美吸声墙面是没有反射的，这种错误的结果是由赛宾公式的假设所造成的。尤其，它假设了房间内的声音是完全扩散的，类似混响室一样。结果显示，在平均吸声系数低于 0.25 的房间当中，利用赛宾公式是非常准确的。

11.4.2 艾林 – 诺里斯公式

艾林 – 诺里斯（Eyring – Norris）和其他人所建立的公式解决了这一问题，它可以应用在吸声作用更强的房间当中。对于平均吸声系数在 0.25 以下的情况，艾林 – 诺里斯公式与赛宾公式等效。

艾林 – 诺里斯提出一个适用于吸声作用更强房间的替代公式，为

$$RT_{60}=\frac{0.049V}{-S\ln(1-\alpha_{average})} \qquad (11-3)$$

其中，$V=$ 房间容积（ft³）

$S=$ 整个房间表面区域（ft²）

$\ln=$ 自然对数（以"e"为底）

$\alpha_{average}=$ 平均吸声系数（$\sum S_i\alpha_i/\sum S_i$）

Young 指出，所有的材料吸声系数都已经由材料制造商进行了发布（如附件中的清单），这些赛宾系数可以被直接应用在公式当中。在工程计算中，Young 推荐使用公式（11-1）或者公式（11-2），而不是艾林－诺里斯及其衍生公式。这是因为，这两个公式具有简便性和一致性。许多科技文章中使用了艾林－诺里斯或者其他公式。对于吸声较强的空间，我们建议使用艾林－诺里斯公式，而通常情况下仅使用赛宾公式就可以了。其他研究者们，包括 Hopkins-Striker、Millington 和 Fitzroy 等人建议交替使用混响时间公式。

11.4.3 空气吸声

在大房间当中，声音传播会经历较长的路径，空气能够有效增加房间的吸声，从而降低混响时间。空气吸声仅仅是对 2kHz 以上的频率有效。空气吸声在小房间当中的作用不明显，从而可以忽略。我们把 $4mV$ 加入混响时间公式的分母当中，其中，m 是空气的衰减系数，使用赛宾／英尺（或者赛宾／米）来表示，而 V 是房间的容积，用 ft^3（或 $/m^3$）来表示。例如，赛宾和艾林－诺里斯公式分别变为：

$$RT_{60} = \frac{0.049V}{A + 4mV} \tag{11-4}$$

$$RT_{60} = \frac{0.049V}{-S\ln(1 - \alpha_{average}) + 4mV} \tag{11-5}$$

一些用赛宾／英尺表示的 m 值：在 2kHz 为 0.003，4kHz 为 0.008，8kHz 为 0.025；用赛宾／米来表示分别为 0.009，0.025 和 0.080。m 值受到空气相对湿度影响，以上这些值适用于相对湿度为 40%~60% 的环境。空气的吸声作用，在湿度较低的环境下会有所增加。

11.5 混响时间的测量

测量混响时间会有许多方法，同时有很多工具可以应用到混响时间的测量当中。例如，声学承包商在安装扩声系统时，需要知道其空间环境的混响时间，且对其进行测量会比计算更加准确，这是由吸声系数的不确定性所造成的。声学顾问要去纠正有问题的空间，或者核对一个新建的空间，通常我们倾向于采用记录众多声音衰减的方法来完成测量。这些声音的衰减会向有经验的人们展现出来有意义的声音细节。

11.5.1 冲击声源

冲击声源和稳态声源都可以被用来测量房间响应。任何用来激励封闭空间的声源，在整个频谱当中必须具有足够的能量，从而确保在本底噪声之上有着足够的动态范围。火花放电、手枪射击和气球爆炸，这些都是具有较大能量的冲击声源。对于更大的空间，我们甚至会用小的加农炮作为冲击声源，以保证可以提供足够的能量，特别是在低频部分。无论实际当中我们用什么方法来产生冲击，它的衰减都会随时间变化，从而可以用来检验房间的声学特性。例如，有着更多扩散的房间，其声音衰减会更为平滑。相反，如果房间有很多回声，能量会集中在回声出现的时间段，这将会产生不均匀的衰减。

图 11-4 展示了一间小录音棚的冲击衰减过程。声源是一支气手枪，它可以让纸片破裂

发出声音。这种声源在 1m 处的峰值声压可以达到 144dB，主脉冲的时间长度小于 1ms。对于音响测深图的记录来说，这是一个理想声源。

在如图 11-4 所示波形当中，所有衰减的左侧是笔直向上的，它们有着相同的斜率，这是受到设备响应的限制。对混响时间测量有用的部分是右侧向下衰减的部分，它有着不同的斜率。通过图 11-3，从这种斜率当中我们可以获得混响时间。请注意，对于较低频率来说，其倍频程带宽的噪声会更高一些。对于 250Hz 及更低频段，冲击声几乎都被噪声所淹没。这就是用脉冲法获得混响时间的局限性。

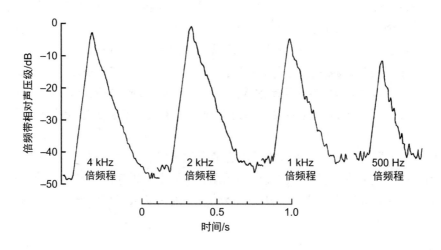

图 11-4　小录音棚的脉冲激励产生的混响衰减。每个曲线左边上升斜率是由设备的限制所造成的，右侧的下降部分为混响的衰减

11.5.2　稳态声源

正如前面所提到的那样，稳态声源可以被用来测量房间响应。例如，赛宾使用风箱和风琴管作为他早期的测量声源。然而我们必须更仔细地选择一个稳态声源，利用它来提供准确的响应数据。单一频率的正弦波声源，会给出非常不规则的且难以分析的声音衰减。有着较窄频带能量的颤音，能够改善固定频率声源所造成的问题。然而随机噪声（白噪声或者粉红噪声）的带宽会更加稳定、可靠，在特定频率范围内会产生稳定的声学作用。我们通常会使用倍频程和 1/3 倍频程带宽的随机噪声。稳态声源对房间内声音增长的测量，以及衰减响应的测量都是非常有用的。

11.5.3　测量设备

图 11-5 为混响时间测量设备的布局图，我们可以用它来对房间内混响时间的衰减进行测量。从图中可以看到，粉红噪声信号被功率放进行放大，同时驱动扬声器单元。整个链路当中提供了一个开关，可以用它来切断噪声信号。因为所有房间模式的终端都会集中在角落处，因此我们把音箱指向房间的角落（特别是小房间），激励出所有的共振模式。

听音室中，我们在话筒架上放置一只全指向话筒，高度与耳朵齐平，或者是平时使用话筒录音的高度。通常来说，话筒振膜越小，其指向性越小。一些大振膜话筒（如直径为 1in

膜片）可以配置一个随机入射矫正器，以减少其指向性，不过使用较小振膜的话筒（如直径为 1/2in 的膜片）会有着对各个角度入射声音更加一致的灵敏度。专业的高质量声级计，会将小振膜电容话筒安装在距离声级计表身有着一定距离的杆上。例如，B&K（Brüel & Kjaer）2245 声级计就是这样的设备。这些设备能够用于测量和分析混响，也能够用于宽频带测量，声压级测量，以及职业、产品和环境噪声测量。

11.5.4　测量步骤

当房间充满宽带粉红噪声时就可以开始测量了。首先要让信号的声压级足够大，这也就在房间内的每一个人都需要佩戴听力防护器。当测量噪声达到顶部时，房间内的声音开始衰减直到零。在所选择位置的话筒拾取到这个衰减，并记录下来，用于后续分析。

信噪比决定了混响衰减曲线的有效长度。如上所述，获得 RT_{60} 所定义的 60dB 衰减是比较困难的。但是可以通过图 11–5 所示的滤波器，获得 45~50dB 的衰减曲线。例如，为了获得 500Hz 处 RT_{60} 的值，声级计内中心频率为 500Hz 的倍频程滤波器被用在记录和重放的过程当中。

图 11–5（B）展示了测量程序的概况，它使用记录仪、声级计和图形显示器。记录仪的信号发送给声级计，并将所获得数据输出到图形显示器上，来完成设备之间的连接。在实际应用当中，这些装置能够组合成一个设备。我们可以通过切换对应的倍频程滤波器，来获得不同频段的混响衰减数据。

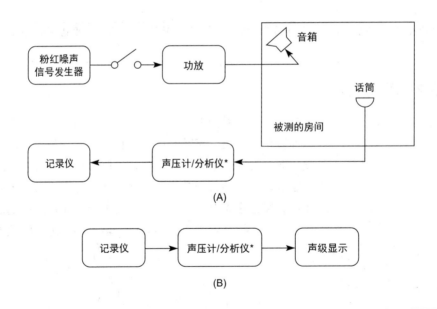

图 11–5　测量混响时间的设备配置。（A）在固定位置记录衰减（B）衰减重放用来分析
注：* 带有信频程滤波器

11.6　混响和简正模式

如第 13 章所描述的那样，房间的共振显现在它的简正模式当中。我们有必要提前对这

个话题进行讨论，以便了解这些房间共振与混响之间的关系。现在对其进行简单的陈述，大多数房间都有着自己特定的共振频率，它们会让对应频率的声音能量增强。

在描绘房间混响时间方面，赛宾公式及其替代公式被广泛使用。然而，对于单个点的混响时间计算或者测量，不能完全描述房间的混响特征，特别是考虑到房间的简正作用。当对小房间混响时间进行描述时，房间模式对其造成了较大的影响。

假设在一间没有进行声学处理的小录音棚当中，我们把信号发生器设置在约 20Hz 的位置，它低于房间的第一个轴向模式。房间的声学效果不能被音箱激励，即使功放的增益调到最大（假设使用最好的低频音箱），也只能产生相对较弱的声音。然而，随着信号发生器频率向上调节，当达到（1,0,0）模式（在这个例子中，信号发生器的频率为 24.8Hz）的时候，声音会变得非常大，如图 11-6 所示。当继续向上调节信号发生器的频率，声音会逐渐变弱，但是当达到（0,1,0）模式（频率为 35.27Hz）时，又会产生较大的声音。类似的峰值会建立在（1,1,0）切向模式（频率为 42.76Hz）、（2,0,0）的轴向模式（频率为 48.37Hz），以及（0,0,1）的轴向模式（对应频率 56.43Hz）。这些波峰和波谷都是由房间模式所决定的。

房间模式的峰值和谷值已经被记下，让我们来对声音的衰减进行分析。在激励于 24.18Hz 的模式（1,0,0）达到稳态后，关闭声源，测得它所产生混响时间为 2.3s。类似的衰减会分别在 35.27Hz、42.76Hz、48.37Hz 和 56.43Hz 处产生，在这些模式之间的频率会有着较快的衰减（更短的混响时间）。模式频率较长的衰减时间是独立模式的衰减特征，而不是整个房间所有模式存在的衰减。

较长的混响时间意味着会有较低的吸声量，较短的混响时间意味着具有较高的吸声量。非常有趣的是，对于墙面、地板和天花板来说，吸声量在几赫兹的范围内能够产生剧烈变化。对于（1,0,0）模式，仅仅房间的两端会产生吸声作用，而其他四个表面没有包含进来。对于（0,0,1）模式，仅仅地板和天花板的吸声作用被包含进来。对于房间的低频部分，我们已经对单个模式的衰减率进行了测量，但是这不是房间的平均状态。

由于房间尺寸与声波波长比较接近，所以我们能够体会到为什么把混响时间的概念应用到小房间当中是比较困难的。Schultz 认为混响时间是一个统计学概念，它在数学上的一些不合理的细节会得到平均。而在小房间当中，这些细节是不能得到平均的。

赛宾、艾林－诺里斯及其他混响时间公式，都是在假设封闭空间内有着均匀的声音能量分布和随机传播方向的基础之上进行的。在房间的低频部分，如图 11-6 所示，它的能量分布是非常不均匀的，且传播方向也不是随机的。当我们对该房间进行声学处理之后，所测量到的混响时间结果如虚线所示。即使我们通过一些措施对简正频率进行了控制，然而频率在 200Hz 以下声音的统计随机性仍不占主导地位。

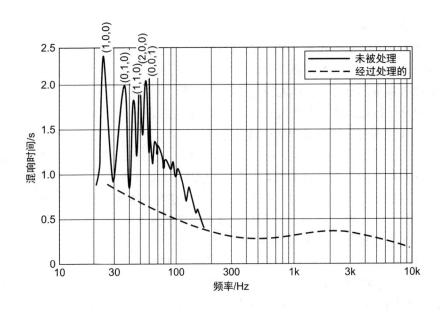

图 11-6　在低频使用正弦信号测量混响时间，显示出简正频率声音的较慢衰减（较长的混响时间）。这些峰值仅针对特定的模式，不能代表整个房间。高的简正密度，使得能量分布更加一致，且传播方向更加随机，这些对混响公式来说是必要的（Beranek 和 Schultz）

11.6.1　衰减曲线分析

在示波器当中，一个倍频程带宽粉红噪声，除了由随机噪声属性所导致的幅度和相位不断变化之外，形状看起来与正弦波类似。随机噪声的这种特性会反应在混响衰减曲线的形状当中。我们来看一下，这种不断变化的随机噪声信号会对房间简正模式有哪些影响。当我们同时考虑轴向、切向和斜向共振模式的时候，它们在频率上靠得很近。例如，中心频率为63Hz 的倍频程，在 –3dB 衰减点包含了 4 个轴向，6 个切向和 2 个斜向模式。如图 11–7 所示，较高的直线展示了主要的轴向模式，中间高度的直线为切向模式，较短的直线为斜向模式。

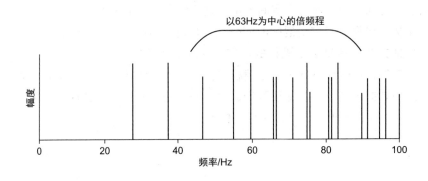

图 11-7　包含在中心频率为 63Hz（–3dB 点）倍频程内的简正模式。最高的线代表轴向模式，中等高度的线代表切线轴向模式，最短的线代表斜向模式

音箱的噪声激励了房间时，就会产生一个房间模式，且瞬间转化为其他模式。当响应转换到第二个模式时，第一个模式开始衰减。不过在它有很大衰减之前，随机噪声的瞬态频率会再一次回到第一个模式位置，产生另外一次提升。房间内所有模式都在不断变化，其幅度

146

会在高和低的声压级之间不断交替。这是一种完全随机的状况，我们可以非常确定的是每当激励噪声停止时，其模式激励特征多少会有些不同。例如，在中心频率为 63Hz 的倍频程带宽内的 12 个模式将会被很好地激励，但是噪声停止时它们当中的每一个都将会有着不同的声压级。这样能够有助于减少简正作用对小房间混响时间的影响，但是不能完全解决这一问题。

11.6.2　模式衰减的变化

为了方便对此进行讨论，让我们假设一个真实房间的情形。一个用于语言录音的矩形房间，其尺寸为 20.5ft×15ft×9.5ft，其容积为 2921ft³。使用如图 11–5 所示的测量设备，并利用上述的测量技术。图 11–8（A）为四条连续的中心频率为 63Hz 的倍频程噪声衰减曲线。这些衰减曲线之间不是完全一致的，而这种差别可以归因于噪声信号自身的随机特性。特别是频率间隔较为接近的房间模式，会产生由拍频所引起的波动。由于模式的激励声压级是不断变化的，所以从一个衰减到另一个衰减所产生拍频幅度及形状变化，取决于随机噪声停止的位置。

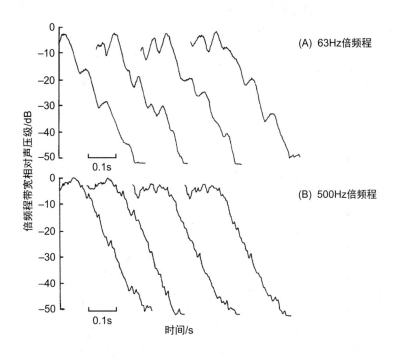

图 11–8　在一间容积为 2921ft³ 小录音间中随机噪声的衰减记录。（A）为四个连续 63Hz 倍频程噪声衰减，在相同的环境下记录，（B）为四个连续 500Hz 倍频程噪声衰减，也在相同的环境下记录。它们之间的不同是由于声源开始衰减时，即时的随机噪声不同所引起的

即使这四种衰减是相似的，拟合直线来评估每个衰减的混响时间，也会受到拍频特征的影响。基于这个原因，在相同话筒位置的每个倍频程上获得 5 个衰减曲线是实际应用当中较好的方法。整个测量频带有 8 个倍频程（63Hz~8kHz），每个倍频程需要记录 5 个衰减曲线，且在三个不同话筒位置进行记录，这意味着需要记录 120 条衰减曲线，这是非常辛苦的工作。不过，这种方法产生了一个随频率变化的统计学观点。我们可以利用一台手持式混响时间测量设备来完成，只不过它不能提供每个衰减曲线的形状细节。而每一条衰减曲线会包含有更多的信息，我们能够从这些衰减曲线形状的异常当中发现声学缺陷。

图 11-8（B）为 500Hz 的 4 个衰减曲线，它是在同一个房间相同话筒位置处所获得的。500Hz 处的倍频程频带内（354~707Hz）包含约 2500 个房间模式，如此密集的房间模式使得 500Hz 倍频程处的衰减曲线比 63Hz（仅有 12 个房间模式）更加平滑。即便如此，在图 11-8（B）所示曲线当中，500Hz 处的四条衰减曲线依然不规则。请注意一些模式的衰减是快于其他模式的，图 11-8 所示的两个倍频程的衰减是由所有模式衰减共同作用形成的。

11.6.3 频率作用

图 11-9 为在一个体积为 2921ft³ 语言录音棚内 63Hz~8kHz 倍频程噪声的衰减曲线。在最低的两个频率有着最大的波动，最小的波动在最高的两个频率。正如我们所预料，倍频程带宽的频率越高，就会有越多的简正模式被包含进来，统计结果就会越平均。然而我们不要期望它们会有相同的衰减率，这是因为不同频率的混响时间各不相同。在这间语言录音棚（如图 11-9 所示）当中，不同频率有着相同混响时间的要求，它只是我们的设计目标，而在实际当中这个目标只能无限接近。

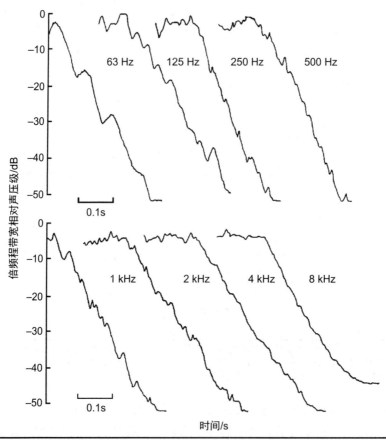

图 11-9　语言录音间内的倍频程噪声衰减。其中的波动是由模式的干扰所造成的，特别是在低频部分有着较少的简正模式

11.7 混响特征

　　房间在不同频率的吸声率不同，会产生不同的混响时间，这在很大程度上影响了房间的声音特征。例如，对于一个在高频有着较长混响时间，而低频有着较短混响时间的房间，我们或许会用"薄"或"刺耳"来形容它的声音。因为混响时间在不同频率会发生变化，通常的做法是对不同倍频程的混响时间进行测量。这种分析描述的是混响时间与频率之间的关系，而不是把幅度与对应的时间作为混响时间图表，这就是我们经常提到的混响特征。

　　这个混响对应时间的分析与实时分析非常不同，实时分析展示的是声压级与频率之间的关系。例如，假如在一个房间当中，如果在低频部分有着过多的混响时间，这会导致较差的低频清晰度。如果我们利用均衡器来处理这个问题，衰减低频部分之后会在实时分析图表上产生一个平直的低频响应。但是通过混响时间测量所得到的响应，低频部分仍旧有着较长的混响时间，同时低频部分的清晰度仍旧很差。这个问题仍然没有解决，因为均衡不能改变混响的特征。为了解决混响时间在频率方面的均衡问题，我们必须对房间进行声学处理。

　　为了测量房间的混响特征，我们可以利用倍频程带通滤波器生成各频带的粉红噪声。例如，可以生成中心频率为 63Hz、125Hz、250Hz、500Hz、1000Hz、2000Hz、4000Hz 和 8000Hz 的噪声。打开声源，激励房间使声场达到稳态，然后关闭。RT_{60} 为声压衰减 60dB 所需要的时间。如上所述，由于动态范围的限制，我们可以利用衰减曲线的前半部分来推断整个混响时间。整个测量可以通过记录稳态噪声和衰减来实现。声压在低频部分的波动，使得我们需要对其进行多次测量。由于混响时间特征仅与窄带噪声的时间衰减相关，所以音箱和话筒的频率响应相对来说没有那么重要。然而，由于房间模式的影响，低频部分的测量会受到声源和话筒摆放位置的影响。

　　如上所述，测量结果可以描绘成混响时间与频率之间的对应关系。图 11-10 展示了对房间进行声学处理前后，混响时间特征的变化。如图 11-10 所示，房间混响时间在低频区域

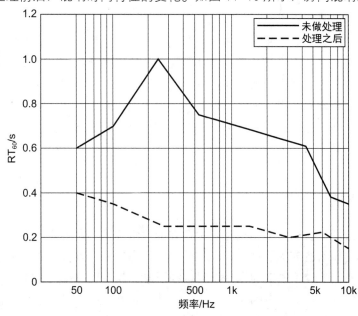

图 11-10　在声学处理前后，房间混响特征的对比。处理之后的混响时间曲线在低频区域的上半部分及中频区域的下半部分变得更加平直，同时低频部分的混响时间相对其他区域有着适度的增加

149

的上半部分及中频区域的下半部分存在明显的提升。通过声学处理之后，房间内混响时间曲线更加平直，同时在低频部分有着理想的适度提升。一般来说，用于重放音乐的房间倾向于更加平滑的混响时间特性，同时需要在低频部分有着较高的 RT_{60}。对于不适当的混响时间特征，可以通过对该频段增加吸声处理来改善。在本章的最后有一个利用房间声学处理来获得不同频率理想混响时间的实例。

混响时间随位置的变化

在大多数房间中，从一个位置到另一个位置的混响时间有着较大的变化，我们可以通过对不同位置混响时间进行测量来证明这一点。这时使用平均值会让房间声场有着较好的统计描述。如果房间形状是对称的，把所有测量点都放在房间对称轴的一侧可以提高测量效率。

11.8 衰减率及混响声场

我们对混响时间的定义，是以声场能量分布的一致性，以及声音传播方向的随机性为前提的。由于房间模式的影响，这些理想的条件不适用于小房间，所以严格从技术上来说，我们不应该称其为混响时间，把其称为衰减率更为合适。例如，0.3s 的混响时间可以等效于60dB/0.3s=200dB/s 的衰减率。在小房间当中，虽然房间模式的密度太低，且无法满足混响时间的定义，但是在其中的语言和音乐声还是会衰减。

在较小且相对干的房间当中，比如录音棚、控制室及家庭当中的听音室，声源的指向性通常占主要地位。一个真正的混响声场或许低于环境噪声。然而，混响时间等式所针对的环境仅是混响声场，从这个意义上来说，混响时间的概念不适用较小且相对较干的房间。我们所测量的混响时间通常是针对较大，且更加活跃空间。对于较小且较干的房间来说，我们所测量的是房间简正模式的衰减率。

每个轴向模式的衰减率，都会取决于一对墙面之间的吸声及它们之间的间隔。而每个切向和斜向模式的衰减率，取决于它们的传播距离、所包含表面的数量，以及反射表面吸声系数的变化等。对于一个倍频程的随机噪声来说，无论测量什么样的平均衰减率，都将会代表音乐和语言信号的平均衰减率。虽然我们所使用的混响时间计算公式是基于混响声场的，如果把它应用到这个缺乏混响声场的环境或许会受到质疑，但是实际上所测量的衰减率非常适用于这种空间及信号。

11.9 声学耦合空间

混响衰减曲线的形状能够揭示出空间中存在的声学问题。通常衰减曲线形状的改变，是由空间的声学耦合作用造成的。这在较大的公共空间当中是非常普遍的，不过我们也会在办公室、家庭，以及其他较小的空间当中发现这种现象，其原理如图 11-11 所示。在这个例子当中，主要空间为一个礼堂，它的混响非常干，其混响时间如斜率 A 所示。临近的厅堂有着较硬的表面，并与礼堂相连，对应的混响时间如斜率 B 所示。一个人坐在大厅靠近耦合位置的区域，可以很好地感受到一个双斜率的混响衰减。当礼堂中主房间的声压级降到一个较低的水平后，其混响时间将会被混响衰减缓慢的邻近房间所主导。如果斜率 A 所描述的是主要房间的混响时间，那么靠近斜率 B 房间门口的人们将会听到这种衰减的声音。

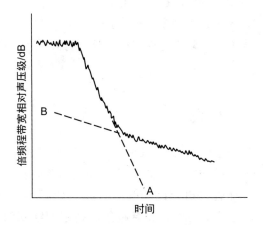

图 11-11　有着两个斜率的混响衰减，这是声学耦合空间造成的。较短的混响时间斜率 A 代表的是主房间，它与高反射的空间通过一扇打开的门进行耦合。更长的混响时间通过斜率 B 来体现，这些在门口的位置首先受到主房间的影响，然后是耦合空间衰减的影响

11.10　电声学的空间耦合

当音乐在一个录音棚当中录制之后，会把它放到有着不同混响时间的房间中重放，整体的混响效果是什么样子的呢？的确在听音室重放的声音，会受到录音棚和听音室混响时间的共同影响，其作用如下。

（1）叠加后的混响时间大于它们之间的每一个混响时间。

（2）叠加后的混响时间是接近两个房间混响时间当中较长的那一个。

（3）叠加的衰减曲线多少会从直线偏离。

（4）如果一个房间有着非常短的混响时间，那么叠加之后的混响时间将会非常接近于较长的那一个。

（5）如果两个房间的混响时间完全一样，那么叠加之后的混响时间会比它们中的任何一个高出 20.8%。

（6）由立体声系统传输的声场传输特征和质量，比单声道系统更加接近上述的数学推断。

前 5 条可以被应用到录音棚与混响室在一起的情况，以及录音棚与听音室在一起的情况。

11.11　消除衰减波动

上面所讨论的传统混响时间测量方法，需要针对每个位置记录很多衰减曲线。施罗德发明了一个可以替代的方法，这种方法能够在一条单独的衰减曲线当中获得大量衰减曲线的平均值。以下为一种能够实际完成的数学方法。

（1）通过普通方法记录一个冲击声（猝发噪声或者手枪射击声）。

（2）把衰减声音反转并重放。

（3）把反转之后的衰减信号的电压进行平方。

（4）用电阻电容电路对该平方信号进行积分。

（5）记录这个积分信号在反向衰减过程中的增长，将其反转，这条曲线在数学上将与无数个传统衰变曲线的平均结果一致。

11.12　混响对语言的影响

如果我们在一个混响空间当中，发出"back"这个字的时候会发生什么呢。这个词是从"ba"开始，而终止于辅音"ck"这个更低的声音。当我们在图表记录仪中进行测量时，"ck"的声级通常会低于"ba"的峰值 25dB，而峰值通常会在"ba"之后 0.32s 到达。

"ba"和"ck"的声音也是瞬间增长和衰减的，把它们绘制到坐标当中，即产生了图 11-12 所示曲线。假设"ba"增长到峰值，在 t=0 处所对应的声压级为 0dB，在此之后，根据房间混响时间 RT_{60} 的衰减，我们假设它为 0.5s。"ck"辅音的峰值迟于"ba"峰值 0.32s，且声压级比它低 25dB。根据我们所假设的混响时间 RT_{60} 为 0.5s，它有着与"ba"相同的衰减率。在 0.5s 的混响时间的影响下，"ck"的辅音并没有被"ba"的混响所掩盖。然而，如果混响时间增加到 1.5s，如图中虚线部分所示，辅音"ck"完全被"ba"所掩蔽。同样地，一个单词结尾的音节可能会掩盖下一个单词的开头音节。

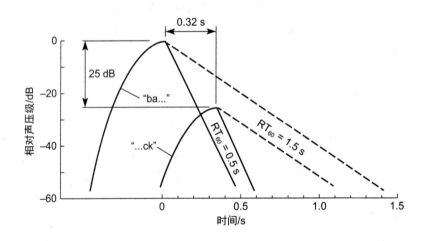

图 11-12　混响时间对语言清晰度的影响。对"back"的理解取决于低声级的辅音"ck"，如果混响时间太长时，它可能被混响掩蔽掉

过多的混响会使得较低声压级的辅音被掩蔽，从而影响到语言的清晰度。对于"back"来说，如果我们不能清晰地听到"ck"部分，那么这个词就变得不清晰。从"bat""bad""bass""ban"或者"bath"中区分"back"的唯一方法就是分辨出尾部的"ck"。通过这种简化的方法，我们可以看到混响时间对语言可懂度的影响，同时也解释了语言在较低混响时间的房间当中，能够变得更加清晰的原因。同样地，在一个较高混响时间的房间当中，讲话者或许不得不用更加慢的讲话速度来提高语言的可懂度。我们可以通过获得空间的

几何因素及混响时间信息，来较为准确地预测语言清晰度。

另一方面，一个完全吸声的房间或者户外环境，也不能提供较好的语言清晰度。因为在某个距离之外，我们或许就不能清楚地听到来自音箱的语言声音。在一个经过良好声学设计的房间中，混响可以为原始声源增加声学力量，使它们更容易被听到，且更加清晰悦耳。

一个较为寂静的房间，会有较少的反射声增加到原始声音当中，声音的整体能量会变弱。因此，对于一个主要用于演讲的房间来说，如礼堂，良好的设计必须平衡混响时间和声学增益之间的关系。在某种程度上，这意味着不同的混响时间决定了房间所适合的声音类型，如语言或音乐。

11.13　混响对音乐的影响

混响时间对语言的影响，我们可以利用语言清晰度来衡量。而厅堂的共振作用及混响对音乐的影响，虽然可以比较直观地体会，但是很难去量化。例如，混响时间或许适合一种类型的音乐，或许它不适合其他种类的音乐。无论如何，混响时间对于音乐的影响是不确定的，并且非常主观。这种主观的感受得到了科学家及音乐家更多的关注。白瑞纳克尝试对世界上的剧院和音乐厅进行总结，希望能够找到它们的基本特征，但是我们对这个问题的了解仍旧不够全面。音乐厅中混响时间的衰减，可以说是影响厅堂音质众多因素当中最为重要的一个，另一个因素则是房间内早期声的回声特征。如果在这里非常详细地讨论这个问题，就超出了本书的范围，但是我们会对两个通常被忽视的观点进行简单的讨论。

简正模式在任何房间的声学响应当中都有着很大的作用，所以它们也会对音乐厅和听音室造成较大的影响。一个有趣的现象是音高会在混响的衰减过程中变化。例如，在混响时间较长的教堂当中，我们发现管风琴的音高会在衰减的过程中有半个音程的改变。这种现象的产生受到两个因素的影响：简正模式的能量变化及声音强度对感知音高的影响。Balachandran 在混响声场中利用快速傅立叶变换（FFT）技术及 2kHz 脉冲信号，展示了实际中的一个物理现象（与心理物理学相对）。在他的研究当中，频谱的主峰值在 1992Hz，而在 3945Hz 处产生了另一个峰值。对于 2kHz 的信号，在 6Hz 的改变是人耳刚刚可以被感知的，而对于 4kHz，在 12Hz 的改变是刚刚可以感受到的。我们可以看到，在中心频率为 1992Hz 的倍频程当中，39Hz 的改变能够让我们感受到音调的改变。产生这种作用的厅堂，其混响时间约为 2s。

11.14　最佳混响时间

对于整个混响时间的变动范围来说，在户外过干的状况与混响室之间，看上去会存在一个最佳的混响时间。在石制大教堂当中，过长的混响时间会产生较为明显的问题。由于最佳混响时间是一个主观问题，它会随着文化和美学的不同而产生较大的差异，因此，我们必须预料到它在意见上的分歧。最佳混响时间不仅取决于人们的判断，同时还取决于所考虑声源的类型。

通常，较长的混响时间会让音乐的清晰度降低，同时也降低了语言的可懂度。针对语言所设计的空间，会比音乐有着更短的混响时间，因为清晰度主要是由直达声所提供的。在强吸声的空间当中，混响时间非常短会破坏音乐中响度与音调之间的平衡。我们不可能根据不同的应用情况来精确的指定最佳混响时间，但是图 11–13~ 图 11–15 展示了一些由专家推荐的近似范围。

在测量吸声系数所用到的混响室当中，我们通常会设计实际能达到的最长 RT_{60}，以获得最高的准确度。在这个实际应用当中，所能够获得最长的混响时间就是最佳混响时间。

对于音乐演奏的空间来说，最佳混响时间取决于空间的尺寸及音乐的类型。没有一个最佳混响时间可以适用于所有种类的音乐。我们只能基于主观判断来建立一个最佳混响时间的范围。缓慢、庄严、曲调优美的音乐，例如管风琴音乐，适合较长的混响时间。快节奏音乐则需要类似室内乐一样较短的混响时间。

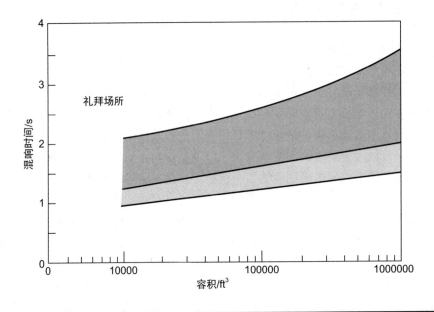

图 11–13　图中显示了对于教堂来说的最佳混响时间范围。上边界的混响时间更多会应用到礼拜教堂和大教堂，礼拜场所更多用于重放语言，需要设计更短的混响时间，显示在较低区域

对于类似寺庙、教堂和清真寺等礼拜场所的混响时间选择，通常会在音乐和语言之间进行妥协。在图 11–13 中的混响时间范围当中，较大的混响适用于礼拜用的教堂和大教堂，集中在上部区域，而更注重布道的礼拜场所适用于较短的混响时间，集中在下部区域。值得注意的是，当上述场所使用扩声系统时，其性能与房间的自然声场之间必须进行仔细的整合。

图 11–14 展示了不同大小音乐厅所推荐的混响时间范围。交响音乐需要在上部区域有着较长的混响时间，而轻音乐则需要较短的混响时间。图中较低部分的混响时间适用于歌剧和室内乐。

通常来说，主要用于音乐录音（录音棚）或现场演讲（礼堂和演播室）的空间需要如图 11–15 所示的混响时间。对于录音棚来说，我们不能使用简单的标准来进行衡量。把乐器分别录制到独立轨道的多轨录音技术，通常需要较强的吸声，这会让轨道之间有着更加充分的声学隔离。音乐制作人常常会针对不同的乐器，提出不同的混响时间需求。因此我们可能会在同一间录音棚当中发现强反射区域和强吸声区域。虽然使用这种方法所能够改变的混响时间是有限的，但它的确起到了部分效果。然而，人们通常倾向于在强吸声的空间当中录下乐器声，然后通过混音过程人工添加混响。基于这个原因，与现场音乐演奏空间相比，大多数录音棚有着更短的混响时间。

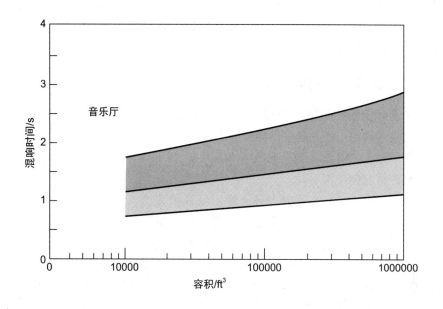

图 11-14 音乐厅混响时间的适宜范围。交响音乐要求更长的混响时间，显示在图表的上部区域。歌剧和室内乐倾向于较短的混响时间，显示在图表中较低的区域

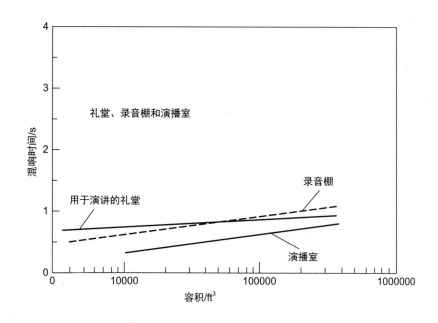

图 11-15 礼堂、录音棚和演播室的最佳混响时间范围，这些房间的混响时间较短。大礼堂优先考虑语言清晰度。录音棚的混响时间较短，且局部混响时间有着一定的多样性。演播室要求语言清晰度较高，同时尽量减少其他演播室的噪音

如图 11-15 所示的演播室需要更短的混响时间，以减少一些与设备有关的声音，包括拉线及在录制过程中所产生的其他噪声。我们还应当注意，在观众电视机附近的声学状况将会

受到座位及部分家具的影响。在礼堂中，混响时间通常也较短，扩声系统通常被用来增加语言清晰度。电影院通常有着较强的吸声，由于在电影的音轨当中已经加入了足够的混响，因此实际中过多的房间混响会降低语言清晰度。对于有着听力损伤的听众来说，为了获得更好的语言清晰度更应该减少房间混响。对于那些有着多功能应用的空间来说，我们可以利用可调节房间混响的方法来满足需求。

11.14.1 低频混响时间的提升

大多数录音棚及许多其他房间的目标都是让整个听觉频谱范围内的混响时间一致。这在现实当中是比较困难的，特别是在低频部分。我们可以通过增加或者减少吸声材料，来实现对混响时间高频部分的调节。而对于低频的吸声来说，由于吸声体的体积较大、不易于安装同时难于预测，情况会非常不同。

英国广播公司（BBC）的研究人员通过主观评价实验，得出了我们对低频混响时间提升的容忍曲线。Spring 和 Randall 进行了一些实验，如图 11-16 所示，他们通过对语言信号的主观评价实验，获得了可以容忍的低频提升曲线。从图中可以看到，以 1kHz 作为参考信号，在 63Hz 提升 80%，或者在 125Hz 提升 20% 是可以接受的。这些实验是在尺寸为 22ft×16ft×11ft（容积约为 3900ft³）的录音棚中获得的，房间的中频混响时间为 0.4s，它与图 11-15 所示曲线非常吻合。

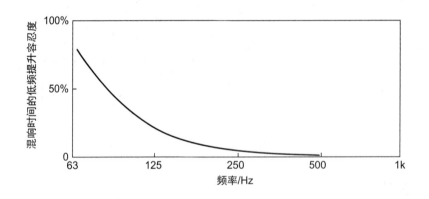

图 11-16 对于语言录音棚来说低频混响时间的提升是被允许的，以上结果是由 BBC 的研究人员（Spring 和 Randall）通过主观评价实验获得的

对于音乐表演来说，低频混响时间的提升通常是可以接受的，它增加了音乐厅中音乐的响亮程度及温暖感。低频的提升能够帮助我们弥补人耳对低频的不敏感，或许仅仅是文化上的偏好。因此，针对音乐用途的厅堂设计来说，增加比语言更多的低频是可取的。低频比（BR）是一个用来衡量低频提升的度量标准，其中 BR=（RT$_{60/125}$+RT$_{60/125}$）/（RT$_{60/500}$+RT$_{60/1000}$）。换句话说，BR 为声音在 125Hz 和 250Hz 处对应混响时间（RT$_{60}$）的总和，除以它在 500Hz 与 1000Hz 处对应混响时间的总和。BR 值大于 1 表明低频混响时间更长。一些设计者建议，对于混响时间小于 1.8s 的大厅来说，其低频比要在 1.1~1.45，而对于混响时间更长的大厅，其低频比要在 1.1~1.25。我们不推荐低频比小于 1 的设计，这将在 28 章中有更加详细的讨论。

11.14.2 初始时延间隙

通过研究世界上不同的厅堂，白瑞纳克发现了音乐厅中一个重要的自然混响特征。在一个座位上，因为直达声有着最短的传播距离，故它首先到达座位处。在直达声到达之后，很快混响声也会到达。直达声与混响声之间的时间间隔称为初始时延间隙（ITDG），如图11-17所示。如果这个间隔小于40ms，我们的耳朵会感觉它们之间是连续的，初始时延间隙是我们必须要考虑的另一个重要指标。特别是，在音乐厅设计（和人工混响算法）当中这是非常重要的，因为它为人耳提供了厅堂的尺寸信息。

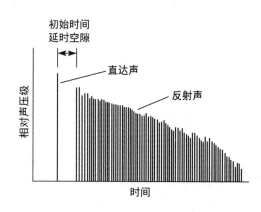

图 11-17 初始时间延时间隙（ITDG）在房间混响时间当中起着重要的作用。直达声和第一反射声之间的时间间隙，帮助我们来判断房间的尺寸

11.14.3 听音室的混响时间

对于发烧友、播音员和录音师来说，听音室的混响特征是非常有意义的。演播室和录音棚的监听房间，需要有与终端用户所处房间更加相似的混响时间。通常，这种房间听起来会比听音室干，我们可以向录音或广播作品当中添加一定的混响。

图 11-18 展示了英国 50 间客厅的平均混响时间，它是由 Jackson 和 LeventhII 使用倍频程窄带噪声测量得来的。平均混响时间从 125Hz 的 0.69s 减少到 8kHz 的 0.4s。这个测量结果比之前 BBC 工程师所测量的 16 间客厅平均混响时间（0.35s~0.45s）要高。很显然，由 BBC 工程师测量的客厅，比 Jackson 和 LeventhII 所测量房间有着更好的装修。

Jackson 和 LeventhII 研究的 50 间房子，在尺寸、形状和装修程度上各不相同。它们的容积为 880ft³~2680 ft³，其平均容积为 1550 ft³。对于这个容积的房间来说，针对语言的最佳混响时间约为 0.3s（如图 11-15 所示）。仅在阴影区域下方的房间可以达到这个要求，在这个房间当中我们往往会发现较厚的地毯及有着厚软垫子的家具。这些所测量的混响时间对我们发现潜在的房间声学缺陷起到很小的作用或者完全没有帮助。而 BBC 工程师对他们所关注听音室的声音缺陷进行了检查，并列出了存在的问题。

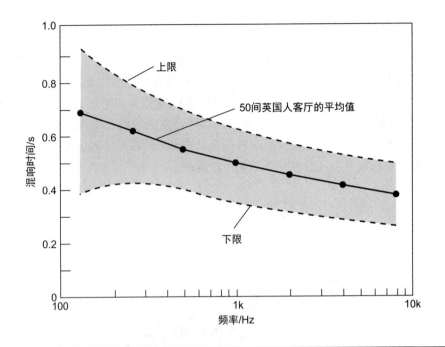

图 11-18　50 间英国人客厅的平均混响时间（Jackson 和 Leventhll）

11.15　人工混响

　　在信号处理当中，人工混响被认为是必不可少的。音乐录音是在声场环境较干的（没有混响）录音棚当中进行的，它缺少音乐厅的丰满度。对于这种录音来说，加入人工混响成为行业标准，而且这对能够产生较好混响声音的处理器有着很大的需求。

　　产生人工混响有着很多方法，但是最大的挑战在于，在提供真实的音乐厅混响的同时不能引入频率响应的畸变。在过去，人们会使用一间专门的混响室来产生人工混响。利用话筒拾取房间内音箱的重放声音，同时把混响信号叠加到原始信号当中，来完成我们所需的混响效果。在较小的混响室当中，简正频率间隔比较大，从而会产生严重的声音缺陷。但是较大的混响室，其造价非常昂贵。即使较大的混响室有着令人满意的混响效果，但是它所突显的问题也仍旧大于好处，不过现在这种产生混响的方法已经成为历史。

　　大多数人工混响是利用数字硬件和软件来实现的，它能够在概念上模拟混响室的特征。图 11-19 为数字混响器的原理图。它的输入信号被延时，同时有一份延时信号反馈回来，并与原始信号进行混合，然后这些混合信号会再次被延时，以此类推。它再造了从房间各种表面反射声线的效果，同时每次反射过程中都有能量的衰减。

　　施罗德发现，为了避免颤动回声作用，同时让声音听起来更加自然，至少需要每秒1000 个回声。如果使用一台 40ms 的延时器，它 1s 仅能产生 1/0.04=25 个回声，这与我们所期望的每秒 1000 个回声有着很大差别。其中一种解决办法是并排放置许多个简单的混响器。四台这种简单的混响器并排放置，能够每秒产生 4 × 25 = 100 个回声。为了实现我们想要的回声密度，则需要 40 台这种混响器并排放置。

　　一种能够产生必要的回声密度，同时又有着平直频率响应的方法，如图 11-20 所示。许多延时反馈给它自身，并叠加了其他的反馈延时，然后再送回到第一个延时。图 11–20 所示的"+"代表着混合（相加），"×"代表了相乘。小于 1 的数之间相乘，其结果小于它们当中的任何一个，所以这些延时之间相乘的增益小于它们自身，即产生了衰减。图 11–20 所示的数字混响器，仅展示了获得更高密度混响且频响良好的方法。当今数字混响器的算法，要比这复杂得多。当今的混响都有着较高的回声密度、平直的频率响应及自然的声音。

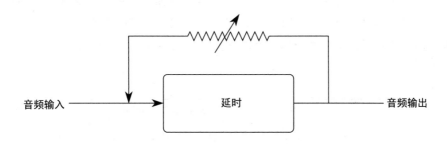

图 11–19　一种使用线性延时反馈的简单数字混响算法

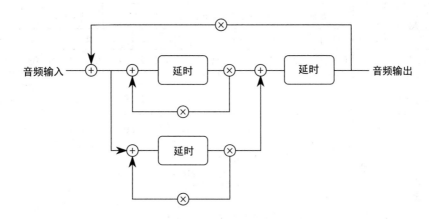

图 11–20　我们需要的回声密度通过大量的延时和信号再循环的算法获得。实际的数字混响算法比这个要复杂很多

11.16　混响时间的计算实例

如上所述，混响时间被定义为房间内稳态声压衰减 60dB 所需要的时间。本章中的赛宾公式（式 11–1）可以用来计算混响时间。以下给出了两个混响时间的计算实例，其中一个是没有进行声学处理之前，另一个是进行声学处理之后。

11.16.1　例 1：未做声学处理的房间

本例阐明了如何利用赛宾公式来对混响时间进行计算。未做声学处理房间的尺寸为 23.3ft×16ft×10ft。房间有着水泥地板，同时墙面和天花板具有框架结构，使用 1/2in 厚的石膏板覆盖。为了简化计算，房间的内门和窗的作用可以被忽略，因为它们对计算结果影响较小。图 11–21 展示了未做声学处理的情况。水泥地面的面积为 373ft^2，石膏板的面积为

1159 ft²，把它们输入到表格当中。所对应的吸声系数 α 我们可以从附录 C 中查到，它显示了材料在 6 个频段内所对应的吸声系数。地面面积 $S=373ft^2$ 与对应的吸声系数 $\alpha=0.01$ 相乘，可以得到吸声量为 3.7 赛宾。所输入的 $S\alpha$ 是针对 125Hz 和 250Hz 的。我们可以标出材料所对应频率的吸声量（赛宾）。在每个频率的赛宾总数是通过把水泥地板和石膏板的吸声总量相加来获得的。每个频率的混响时间是通过 0.049V=182.7 除以每个频率的总吸声量来获得的。

为了展示混响时间随频率变化的情形，图 11-22 描绘了它的数值。混响时间在 1kHz 处产生了一个 3.39s 的峰值，这说明在这个频段存在着过多的混响，将会产生较差的声场环境。相距 10ft 的两个人，可能很难听明白对方的讲话声，这是因为混响时间会让一个词把另一词掩蔽掉。

		尺寸		23.3 ft × 16 ft × 10 ft								
		声学处理		无								
		地板		水泥								
		墙面/天花		1/2 in石膏板，框架结构								
		容积		23.3×16×10 = 3728 ft³								

材料	$S(ft^2)$	125 Hz		250 Hz		500 Hz		1 kHz		2 kHz		4 kHz	
		α	$S\alpha$	α	$S\alpha$	α	$S\alpha$	α	$S\alpha$	α	$S\alpha$	α	$S\alpha$
水泥	373	0.01	3.7	0.01	3.7	0.015	5.6	0.02	7.5	0.02	7.5	0.02	7.5
石膏板	1159	0.29	336.1	0.10	115.9	0.05	58.0	0.04	46.4	0.07	81.1	0.09	104.3
总吸声量(赛宾)		339.8		119.6		63.6		53.9		88.6		111.8	
混响时间(s)		0.54		1.53		2.87		3.39		2.06		1.63	

S = 材料面积
α = 材料对应频率的吸声系数
A = $S\alpha$，吸声量（赛宾）

$$RT_{60} = \frac{0.049 \times 3728}{A} = \frac{182.7}{A}$$

例：对于 125 Hz，$RT_{60} = \frac{182.7}{339.8} = 0.54\ s$

图 11-21　例 1（未做声学处理）房间的声学状况和混响时间的计算

11.16.2　例 2：声学处理之后的房间

在这个例子当中，我们主要目的是要矫正未经声学处理房间的混响问题。很明显，这需要对中频段进行更多的吸声处理，而对较高频率及较低频率部分则采取适当的吸声即可。我们所需要材料的吸声特征，要与未处理房间混响曲线的形状相似。厚度为 3/4in 的吸声砖，有着相应的吸声分布。在这一点上，我们暂时不用考虑如何把它放在房间里，吸声砖摆放在哪个区域是正确的。

如图 11-23 所示，我们对混响时间展开了计算。它的每一个参数都与图 11-21 所示一致，除了从附录 C 当中加入了厚度为 3/4in 吸声砖的吸声系数之外。如图 11-21 所示，1kHz

处的吸声量共有 53.9 赛宾，而在 125Hz 处的吸声量为 339.8 赛宾，所对应的混响时间为 0.54s。如果要在 1kHz 增加 286 赛宾的吸声量，需要多少块厚度为 3/4 英寸吸声砖？这种材料在 1kHz 处的吸声系数为 0.84。它在这个频段要获得 286 赛宾的吸声量，所需要的面积为 286/0.84=340ft²。把它代入图 11-22 进行计算，描绘出的混响时间曲线，如图 11-23 所示，它的混响时间随着频带有着较好的一致性。整体的系数和测量精度是受到限制的，因此处理后的曲线在水平方向的波动并不显著。

尺寸	23.3 ft×16 ft×10 ft
声学处理	声学瓷砖
地板	水泥
墙面/天花	1/2英寸石膏板，框架结构
容积	23.3×16×10 = 3728 ft³

材料	S(ft²)	125 Hz		250 Hz		500 Hz		1 kHz		2 kHz		4 kHz	
		α	$S\alpha$	α	$S\alpha$	α	$S\alpha$	α	$S\alpha$	α	$S\alpha$	α	$S\alpha$
水泥	373	0.01	3.7	0.01	3.7	0.015	5.6	0.02	7.5	0.02	7.5	0.02	7.5
石膏板	1159	0.29	336.1	0.10	115.9	0.05	58.0	0.04	46.4	0.07	81.1	0.09	104.3
	340	0.09	30.6	0.28	95.2	0.78	265.2	0.84	285.6	0.73	248.2	0.64	217.6
总吸声量(赛宾)		370.4		214.8		328.8		339.5		336.8		329.4	
混响时间(s)		0.49		0.85		0.56		0.54		0.54		0.55	

S = 材料面积
α = 材料对应频率的吸声系数
$A = S\alpha$，吸声量(赛宾)

$$RT_{60} = \frac{0.049 \times 3728}{A} = \frac{182.7}{A}$$

图 11-22 例 2（处理后的房间），房间的声学状况和混响时间计算

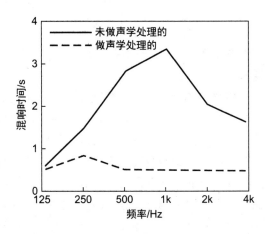

图 11-23 尺寸为 23.3ft×16ft×10ft 房间的混响特征计算。它展示了例 1 未做声学处理的情况，和例 2 做了声学处理之后的情况

容积为 3728ft³ 房间的平均混响时间为 0.54s，它对于音乐用途的房间来说是可以接受的。如果需要把 250Hz 的混响时间从 0.85s 降到接近 0.54s，这将需要面积约为 100ft² 的吸声体来进行吸声。

那么面积为 340ft²，厚度为 3/4in 吸声砖的分布又将如何呢？为了使扩散作用最大化，应该沿着房间的三个轴向不对称分布。通过第一种方法，340ft² 吸声砖的面积可以在房间的三个轴向上按比例分布，如下所示。

$$南北墙的面积 = 2 \times 10 \times 16 = 320 \text{ ft}^2 (21\%)$$
$$东西墙的面积 = 2 \times 10 \times 23.3 = 466 \text{ ft}^2 (30\%)$$
$$天花 / 地面的面积 = 2 \times 16 \times 23.3 = 746 \text{ ft}^2 (49\%)$$

我们将会在天花板部分放置 0.49×340=167ft² 的材料，0.3×340=102 ft² 分布在东、西墙，而在南、北墙面有 0.21×340=71 ft² 的面积。这种分布将会为我们提供想要的结果，但是一些实验、主观评价应该包含在这个项目当中，以考虑到其他变量。例如，在一个房间中放置不同的吸声材料会影响它们的吸声量。

11.17　知识点

- 在房间激励信号去除之后，声音开始衰减并产生混响，它对房间的音质有着重要的影响。

- 在房间中达到稳态值所需的时间取决于声音的增长率，它是由声源的能量和房间的声学状况所决定的。

- 房间中的声音衰减特性（混响）比声音的增长更加明显，因此在声学设计中也更为重要。

- 混响时间（RT_{60}）是衡量声音衰减率的一种测量方法。它被定义为在一个房间里声音强度从原来的水平降低 60dB 所需要的时间，以秒为单位。

- 赛宾公式表明房间的吸声量越大，混响时间越短。而且，房间的体积越大，混响时间越长。

- 平均自由程（$4V/S$）是一个声音在两次连续反射之间传播的平均距离。

- 一个房间的总吸声量是各种材料各自的吸声量的总和，它可以通过每个材料的吸声率和表面积计算得来。

- 吸声系数 α 表征了一种材料的吸声特征，其范围为 0~1.0，其中 1.0 代表完全吸声。

- 赛宾公式在客厅的测量当中更加准确，这类房间的平均吸声系数通常小于 0.25。

- 在大房间当中，声音通过空气传播的路径较长，能够有效地增加吸声量，从而降低房间的混响时间。然而，空气吸声仅对频率在 2kHz 以上的声音有效。

- 声级计 / 分析仪能够用于测量和分析房间的混响时间及其他声学参数。

- 在小房间当中，由于低频声波的波长与其房间尺寸相当，因此房间模式能够极大地影响其混响时间。

- 在房间内，不同频率的声音有着不同的吸声率，从而产生不同的混响时间，它影响着房价的声学质量。例如，一个房间当中，在低频部分有着过长的混响时间，将会产生较差的低频清晰度。

- 由于房间模式的影响，在低频部分的混响时间测量，会受到声源及话筒位置的影响。
- 过多的混响会降低语言清晰度，这是主要是它掩盖了较低声压级的辅音造成的。
- 当一间客厅的声学得到良好设计时，混响能够增加声源的能量，让它们更加容易被听到。
- 在一间主要用于演讲的房间当中，如礼堂，良好的声学设计需要平衡混响时间和有助于语言清晰度部分声学增益之间的关系。
- 在音乐厅或歌剧院当中，厅堂的共振或混响对音乐的影响是更加直观的，但是也更加难以量化。
- 一个空间的最佳混响时间取决于房间的尺寸及它们的用途。对于语言类的空间来说，比音乐类用途的空间需要更短的混响时间，因为直达声所提供的清晰度更为重要。
- 对于音乐演奏用途的房间来说，低频混响时间的提升更为被大家所接受，因为它能够增加音乐厅内音乐的温暖感。
- 初始时延间隙（ITDG）是从直达声到混响开始之间的时间。
- 大多数人工混响是利用软件来模拟混响室的声音传播特征而实现的。

12

吸声

能量守恒定律告诉我们，能量既不能被创造也不能被消减。但是能量可以从一个种形式转换成另外一种形式。如果在房间内有着过多的声音能量，它自身是不能被消减的，除非能把这些能量转化成其他无害的形式，这就是吸声材料的作用。通常来说，吸声体能够被看作以下形式当中的一种，即多孔吸声体、板吸声体和共振吸声体。通常来说，多孔吸声体是对于高频来说最为有效的吸声材料，而板及共振吸声体对低频的吸声更为有效。

以上这些吸声体，它们的工作原理是相同的。声音是由空气质点振动而产生的，我们可以利用吸声体把质点的振动能量转化为热能从而达到消减声音能量的作用。吸声体所产生的热量是非常小的。即使有成千上万的人说话，它所产生的能量也只能用来煮一杯茶，所以不要期望声能可以温暖我们的房间——即使人们在利用声音加热的问题上还有很多争议。

12.1 声音能量的损耗

声波 S 在空气中传播，撞击到有着声学材料覆盖的水泥墙面（见图 12-1），它在能量方面将会发生什么变化？当声波在空气中传播，它在空气中将会有较小的热量损失 E，这个损失仅仅是在高频部分。当声波撞击到墙面，它将会有一个反射分量 A 从声学材料的表面反射回来。

更加有意思的是，一些声波会进入声学材料，如图 12-1 的阴影部分所示。在这个图中，声音的传播方向会被向下折射，这是因为声学材料的密度大于空气。这个过程会有一部分的热量损失 F，它是声学材料的摩擦阻力，阻碍了空气质点的振动导致的。当声波撞击到水泥墙面时，又会产生两种情况：B 分量被反射，同时当部分声波进入密度更大的水泥墙面时，也会向下产生较大的弯曲。这时在水泥墙内部会有更多的热能损失 G。随着声音继续传播，其能量变得更加弱，当它撞击到水泥和空气的边界处，产生了另一个反射 C 和折射 D，声波在这三种介质（I、J 和 K）当中都会产生热量损失。

声波 S 在通过这个障碍物过程当中，经历了许多复杂的过程，且每一次反射及穿过空气或者声学材料，都损耗了它的能量。折射使得声波弯曲但不一定损耗热能。幸运的是，在实际的吸声处理当中不包含这类细节。我们通常仅会考虑它们的总体表现。

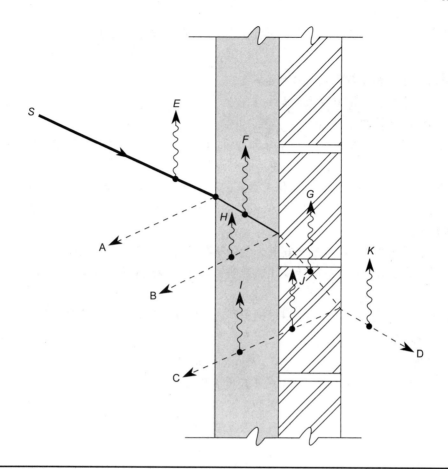

图 12-1　声波撞击到吸声材料、石质墙面经历了三个不同的反射，以及被空气和其他两种不同材料吸收，还伴随着在每个表面不同角度的折射。在本章当中，吸声作用是我们主要关注的问题

12.2　吸声系数

　　吸声系数是用来评估材料吸声效率的指标。它会随着声音入射角度的变化而变化。在一个房间的扩散声场当中，声音是在各个方向传播的。在许多计算当中，我们所需要的吸声系数是所有可能入射角度的平均值。随机入射吸声系数是一个在所有入射角度平均之后的吸声系数，我们通常把它作为材料的吸声系数，用 α 来表示。在吸声的过程当中，它是衡量材料吸声效率的指标。例如，在一些频率上，如果入射声音能量的 55% 被吸收，那么该频率的吸声系数 α 为 0.55。一个理想的吸声体，将会吸收 100% 的入射声能量，因此 α 为 1.0。一个理想的反射表面，它的 α 为 0.0。

　　在不同的参考文献当中，或许有着不同的吸声系数的表示方法，例如，α 有时被 a 所替代，部分原因是不同类型的吸声系数不同。如上文所提到的，吸声系数会随着声音入射角度的不同而发生变化（吸声系数也会根据频率的不同而变化）。其中一种吸声系数的测量方法是在特定的入射角度进行的，而另一种测量方法则是在扩散声场当中进行的，这意味着声音的入射角度是随机的。在本书当中，α 所提及的吸声系数都是在扩散声场（所有入射角度平均）当中获得的。如果在特定角度的吸声系数被使用，将会表示成 α_θ，θ 为入射角度。

吸声量 A 可以通过吸声材料的面积与吸声系数的乘积来获得。因此：

$$A=S\alpha \qquad (12\text{-}1)$$

其中，$A=$ 吸声量（赛宾或者公制赛宾）

$S=$ 表面积（平方英尺或者平方米）

$\alpha=$ 吸声系数

吸声量 A 是用赛宾来衡量的，以纪念 Wallace Sabine。一个打开的窗户，可以被看成是一个完美的吸声体，因为声音经过它绝不会被返回。一个打开的窗户，它的吸声系数被定义为 1.0。面积为 1ft^2 的窗户，可以提供 1 赛宾的吸声量。面积为 10ft^2 打开的窗户，可以提供 10 赛宾的吸声量。再看另一个例子，假设地毯的吸声系数为 0.55，20ft^2 的地毯能够提供 11 赛宾的吸声量。

我们可以使用赛宾或者公制赛宾。一个公制赛宾的吸声量，等于面积为 1m^2 打开的窗户所提供的吸声量。1m^2 等于 10.76ft^2，1 公制赛宾等于 10.76 赛宾。或者说，1 赛宾 =0.093 公制赛宾。

当计算房间的总吸声量时，可以根据房间内不同材料的面积与对应吸声系数的乘积相加来获得总的吸声量：

$$\sum A=S_1\alpha_1+S_2\alpha_2+S_3\alpha_3+\cdots \qquad (12\text{-}2)$$

其中，S_1、S_2、$S_3\cdots=$ 表面积（平方英尺或者平方米）

α_1、α_2、$\alpha_3\cdots=$ 对应的吸声系数

此外，平均吸声系数可以用总吸声量除以总面积来获得：

$$\alpha_{\text{average}} = \frac{\sum A}{\sum S} \qquad (12\text{-}3)$$

当吸声材料放置在一个表面时，我们必须考虑原表面所提供的吸声作用。在该区域吸声量的增长净值为新材料的吸声系数减去原有表面材料的吸声系数。

材料的吸声系数会随着频率的变化而变化。吸声系数会标出特定的六个频段，它们通常为 125 Hz、250 Hz、500 Hz、1000 Hz、2000 Hz 和 4000Hz。在某些情况下，材料的吸声量可以使用一个数字来表示，它被称为降噪系数（NRC）。NRC 是 250Hz、500Hz、1000Hz 及 2000Hz（125Hz 和 4000Hz 没有被采用）吸声系数的平均值。我们要记住 NRC 是一个平均值，这一点非常重要，并且该指标仅关注中频部分的吸声作用。因此，NRC 对语言的应用来说非常有效。当我们考虑较宽频带的音乐时，应该使用有着更宽频率范围的单一指标。

在某些情况下，我们会在特定的吸声当中使用平均吸声量（SAA）。它与 NRC 类似，SAA 是一个算术平均值，其频率范围是 200Hz~2.5kHz，它使用了这个频段当中 12 个 1/3 倍频程的吸声系数，我们把这些吸声系数平均后就会得到 SAA 的值。最终，ISO 11654 标准为材料定义了一个加权的吸声系数，它使用了 ISO 354 的测量标准。

12.2.1　混响室法

混响室法可以获得吸声材料的吸声系数。它所测量的是平均值。这类混响室是一个容积比较大的（大约要 9000ft^3）房间，在房间当中有着较强反射的墙面、地板和天花板。它的混响时间非常长，且混响时间越长所测量的数据越准确。通常所测试的材料样本，其尺寸为

8ft×9ft，把它被放到地面上，就可以开始对混响时间进行测量。通过把所测得的混响时间与空房间混响时间进行比较，可以获得样本放置到房间之后的吸声量，从而可以知道面积为1ft² 材料的吸声量，进而得到赛宾吸声系数（1m² 的材料对应的公制赛宾吸声单位）。

房间的结构是非常重要的，要确保房间内有着大量的简正频率，同时它们之间的间隔要尽量均匀。声源的位置和话筒的位置及数量，都是我们需要考虑的问题。在混响室内，我们会使用很大的旋转叶片，以确保它有足够的声音扩散。建筑声学当中那些由厂家提供的吸声系数，是可以使用混响室法测得的。

面积为 1ft² 且打开的窗户，它是一个吸声系数为 1.0 的吸声体，而一些在混响室测得的吸声系数会大于 1。这是由于声波在样品边沿发生了衍射，从而让样品在声学上所显现的面积大于实际面积。我们没有标准的方法对此进行调节。如果测量值大于 1，一些制造商会发布真实测量结果，有些制造商则会武断地把其测量值调节到 1 或者 0.99。

12.2.2　阻抗管法

阻抗管［也被称为驻波管或者孔特管（Kundt Tube）］会被用来测量材料的吸声系数。通过这种方法，可以较为快速而准确地获得材料的吸声系数。它的另外一个好处在于体积较小，对设备的需求不大，且仅需要一个较小的样本就可以完成测量。这种方法主要用于多孔吸声材料的测量，因为它不适合那些依赖结构的吸声体，例如振动板和大的板式吸声体。

图 12-2 为阻抗管的结构及应用。阻抗管通常有着圆形的横截面及坚硬的管壁。测量样品被剪切，并紧密地放置于管中。如果在实际使用当中，样品是放置在固体表面的，因此要把材料紧靠在阻抗管末端的金属背板上。而如果材料在实际使用当中是与后面有一定间隔的，那么我们会把材料放置在与金属背板保持适当距离的位置来测量。

阻抗管的另一端是一只小的音箱，通常在音箱的磁体上钻一个小孔，然后把带有话筒的细长探针穿入其中。由于入射波和反射波之间相互作用，音箱所激励的频率会产生驻波。这个驻波的形态，会反映出所测吸声材料的重要信息。

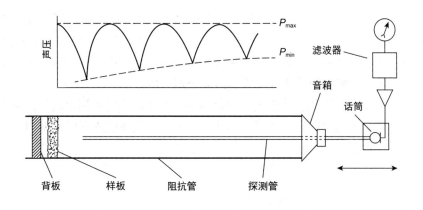

图 12-2　利用阻抗管法来测量材料的吸声系数，其中入射角度是垂直的

样品表面的声压是最大的。随着带有话筒的探针远离样品，其声压第一次降到最小值。之后随着探针的不断远离样品，我们将会获得相互交替的最大值和最小值。如果 n 是最大声压级与相邻最小声压级的比，那么垂直吸声系数 α_n 等于：

$$\alpha_n = \frac{4}{n + (1/n) + 2}$$ （12-4）

图 12-3 描绘了这一结果。

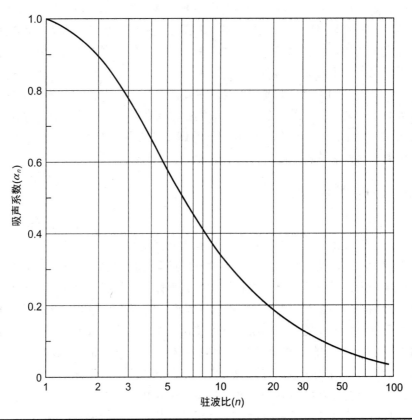

图 12-3　一个用来解释驻波比率和吸声系数关系的图表，驻波比可以利用最大声压除以临近的最小声压来获得

　　虽然阻抗管法有着一定的优势，但它的吸声系数仅对声音垂直入射有效。而在实际当中，声音对材料的撞击是来自各个方向的。图 12-4 所示为两种测量方法所得吸声系数的近似关系图表，图中标明了随机入射的吸声系数与通过阻抗管法获得的垂直入射吸声系数之间的关系。随机入射的吸声系数通常会比垂直入射吸声系数高。

　　单独的反射声会对房间的音质造成影响。特别是那些被称为早期声的反射声受到了特别的关注。虽然在房间的混响时间计算当中，我们所关注的是随机入射吸声系数，但是对于声像控制问题来说，垂直入射的反射系数同样也需要关注。

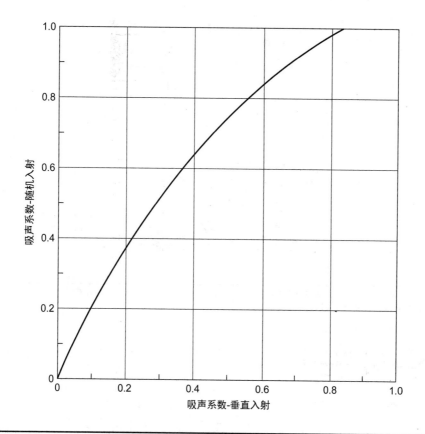

图 12-4　垂直入射吸声系数和随机入射吸声系数之间近似关系

12.2.3　猝发声法

在普通的房间当中，我们可以利用较短的脉冲来获得无反射声的测量结果。因为从墙面和其他表面反射到达测量位置的声音是需要时间的。我们可以调节门限时间，让它仅在较短脉冲到达的时候打开，从而排除掉其他干扰声。这种猝发声法能够用来测量材料任何入射角度的吸声系数。

这种方法的测量原理，如图 12-5 所示。声源与话筒所组成的系统在距离 x 处得到矫正，如图 12-5（A）所示。如图 12-5（B）所示，我们让音箱通过被测材料反射到话筒的总路径也为 x。然后将反射脉冲的强度与距离为 x 处的未反射脉冲的强度进行比较，从而获得样本的吸声系数。

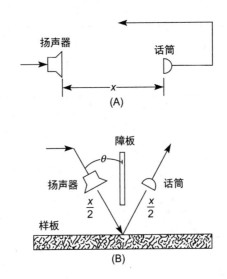

图 12-5　利用猝发声法来获得材料的吸声系数。（A）声源和话筒系统之间的距离被校准为 x。（B）从被测材料反射整个脉冲路径长度等于距离 x

12.3　吸声材料的安装

混响室地面测试材料的安装方式，倾向于和实际使用当中的安装方式一致。表 12-1 中列出了 ASTM（美国材料与试验协会），以及更早期 ABPMA 组织的标准安装方式。

表 12-1　在吸声材料测量中常用的安装方式

美国试验材料学会（ASTM）安装标注 *		声学板材产品制造商协会（ABPMA）安装标注 ↑
A	材料直接放置在坚硬表面	#4
B	材料粘合在石膏板	#1
C-20	穿孔材料展开或者其他开放表面蓬松 20mm（3/4 in）	#5
C-40	与 C-20 相同，蓬松 40mm（$1\frac{1}{2}$ in）	#8
D-20	材料蓬松 20mm（3/4 in）	#2
E-400	材料距离坚硬表面 400mm（16 in）	#7

* 美国试验材料学会（ASTM）标注：E 795-83。
↑ 由声学板材产品制造商协会（ABPMA）安装形式列表。

安装方式会对材料的吸声特性有着较大影响。例如，多孔材料的吸声，在很大程度上取决于材料与墙面之间的距离。四分之一波长法表明，对于垂直入射的声音来说，多孔吸声体来的厚度必须是我们所关注频率波长的 $\frac{1}{4}$。例如，对于 1kHz 的声音来说，吸声体的厚度最少应该为 3.4in。吸声系数表格当中常常会标明安装方式，或者描述材料在测量时的安装方式。否则，这些吸声系数是没有任何价值的。一种吸声材料与墙面之间没有间隙的安装方式 A 被广泛使用。另一种通常所使用的安装方式为 E-400，它是在天花板空间不断变化时使用的一种常用方法，如图 12-6 所示。

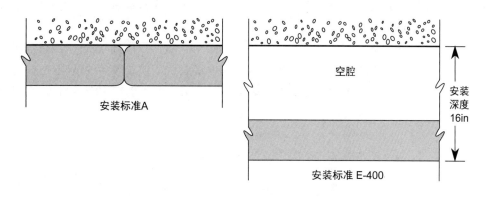

图 12-6　两种常用的标准安装方式。安装标准 A，材料水平的放置倚靠在背面。安装标准 E-400 适用于带有嵌入式面板的吊顶（见表 12-1）

12.4　中、高频的多孔吸声

有着多孔构造的材料，说明在材料当中有着很多间隙，它可以作为多孔吸声体。在这个多孔吸声体的讨论当中，关键词是间隙，它是多孔材料当中的小裂纹或空隙。如果声音撞击到一块棉絮，声音能量会使得棉花纤维产生振动。由于摩擦阻力的作用，纤维的振动幅度绝不会像空气质点的振动幅度那样大。这种振动会让一些声音能量随着纤维的振动转变成热能。声音渗透到棉花的空隙当中，能量随着纤维的振动而逐渐消失。棉花和许多开孔的泡沫（例如聚氨酯和聚酯）都是完美的吸声体，因为声波可以通过材料的这些开孔渗透进来。而诸如一些被用作隔热材料的闭孔材料（如聚苯乙烯），声音是不能渗透到材料当中去的，所以有着相对较差的吸声作用。越多的空气流入多孔材料，那么它的吸声能力就越强。

在多孔吸声材料当中，最为常用的吸声体是有绒毛的纤维材料，它们会以板、泡沫、纤维、地毯及垫子的形式存在。如果纤维过于松散，将会有较少的能量转化成热能。但是，如果纤维被压缩得太紧，则声音的渗透受到了阻碍，同时空气运动不能产生足够有效的摩擦。在这两种极端情况之间，许多材料都是非常好的吸声体。这些吸声体通常是由植物纤维或矿物纤维组成。它们的吸声效果取决于材料的厚度、空气的间隙及材料的密度。

材料的吸声效率取决于微孔中声音能量进入的多少，如果其表面的气孔被堵塞，会阻碍声音的渗透能力，从而大大地降低其吸声效率。例如，有着微孔的粗糙水泥块就是一个良好的吸声体。如果我们在它表面绘画，那么油漆就会填充了它的微孔，从而在很大程度上减少了声音的渗入，影响了材料的吸声效果。但是，如果我们使用水性漆（nonbridging paint）进行喷涂，仅会有少量吸声量的下降。在工厂中着色吸声砖的制造中，会尽量减少着色对吸声效果的影响。在某些情况下，一个刷上油漆的表面能够减少材料的多孔性，但是作为膜振动来说，它实际上变成了另外一种吸声体，即带有阻尼的振动膜。

在一些房间的声学处理当中，或许使用了过多的地毯和褶皱窗帘，这些材料对低频的吸声表现较差。表面有着穿孔的纤维素吸声砖，也会对低频有着较差的吸声作用。过多地使用多孔吸声体，能够导致高频部分的声音能量被过多地吸收。这样做解决不了房间中主要的声学问题，即低频驻波问题。

为了展示多孔吸声体的相似吸声特征，我们在图 12-7 当中对它们进行了比较。吸声砖、窗帘和地毯，在 500Hz 以上都有着更高的吸声效率，而在房间模式较多的低频部分吸声能力较差。粗糙的水泥砖在一些高频区域有着较高的吸声峰值，同时也在 200Hz 附近有着良好的吸声表现。

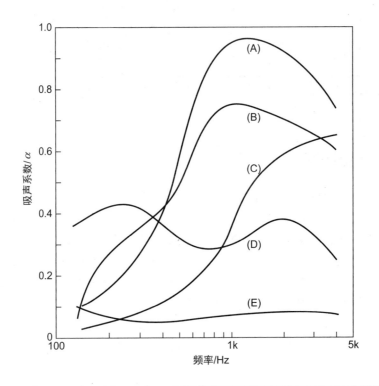

图 12-7　显示了吸声材料 A、B、C 的吸声系数显示出相似的形状。良好的高频吸声能力以及较差的低频吸声能力是多孔吸声材料的特征。（A）高级吸音砖（B）中等密度（14od/yd2）丝绒窗帘（C）水泥地上较厚的地毯，无衬底（D）粗糙的水泥地面，无油漆（E）粗糙的水泥地，有油漆

12.5　玻璃纤维低密度材料

大量的玻璃纤维材料被用于录音棚、控制室，以及公共场所的声学处理当中。这些玻璃纤维包含两种类型，高密度材料及普通的低密度建筑保温材料。非常明显，有着后空腔较厚的板材优于较薄板材，同时低密度材料比高密度材料更受欢迎。在木质或者钢质龙骨的框架墙体结构中，我们通常使用交错龙骨墙体、双层墙体以及保温材料。

这种材料通常有着约 1lb/ft^3 的密度，并常用 R-11、R-19 或者其他数字来表示。这些 R 的后缀描述了保温材料的质量，同时与厚度有关。标称为 R-8 的材料厚度为 2.5in，R-11 的厚度为 3.5in，而 R-19 的材料厚度为 6in。

玻璃纤维隔音材料的后面通常会有牛皮纸。在墙之间，这张纸或许没有显著的声学

效果，但是如果把它用作墙面的吸声体，在玻璃纤维后面的牛皮纸起到了明显的作用。图12-8 比较了两种型号单面带有牛皮纸的玻璃纤维板，它们分别为 R-19(6in) 和 R-11(3.5in)，其中牛皮纸朝向声音入射方向及背向声音入射方向的吸声情况。当牛皮纸面向声音入射方向时，吸声板对 500Hz 以上的吸声作用明显减弱，而对 500Hz 以下吸声作用的影响较小。它们的主要吸声作用分别存在于 250Hz（R-19）和 500Hz（R-11），这是房间声学处理中的重要频段。而当有着玻璃纤维的一面暴露在外时，在 250Hz（R-19）或者 500Hz（R-11）以上都有着良好的吸声效果。

玻璃纤维是一种完美且廉价的吸音材料。当我们把它当作平板来使用时，通常需要安装饰面以及保护面，而这也适用于高密度材料。织物、金属网、穿孔乙烯基墙面，这些都可以用来作为保护面。通过使用间隔摆放玻璃纤维板，我们可以获得大于 1 的吸声系数。

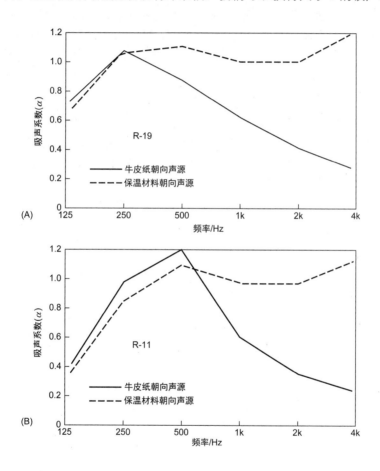

图 12-8　当普通的建筑保温材料被用作墙面声学处理时（或许是用有纤维的表面），其背后牛皮纸的朝向变得非常重要。（A）为 R-19 玻璃纤维保温材料，（B）为 R-11 玻璃纤维保温材料 A 类安装标准（材料直接安装在硬质表面）

12.6　玻璃纤维高密度板

半钢性的玻璃纤维板，可以用在听音室的声学处理当中。这种型号的玻璃纤维，在密度上通常要比建筑上所使用的隔音材料高。最典型的是 Johns-Manville1000 系列丝状玻璃纤维及 Owens-Corning 型的 703 玻璃纤维，两者的密度都是 3lb/ft^3。不同的厚度（如 1~4in）会产生不同的 R 值（如 4.3~17.4）。也可以使用其他密度，例如，701 号的密度为 1.5lb/ft^3，705 号的密度为 6lb/ft^3。这些半钢性玻璃纤维板的外表不是非常好看，因此通常要在其上面覆盖一层织物。但是，它们的确是很好的吸声材料，并且被广泛应用在房间内部的声学处理当中。

12.7　玻璃纤维吸音板

声学材料制造商提供了具有竞争力的吸声砖，它的尺寸为 12in×12in。吸声砖表面的处理包括间隔相同的孔、随机孔、狭槽、裂缝或者其他材质。这些材料都可以从当地的建筑材料供应商那里获得。对于噪声控制和混响控制来说，这种吸声砖是一种非常优秀的产品。在使用的过程中，我们非常了解它们的局限性。使用这种吸声砖的其中一个问题在于，吸声系数对于某一个特定的吸声砖来说不一定有效。图 12-9 为 8 块厚度为 3/4in 矿物纤维吸声砖的平均吸声系数，吸声系数的范围显示在纵轴。对于厚度为 3/4in 的吸声砖来说，我们可以使用它们的平均值作为吸声砖的吸声系数。对于厚度为 1/2in 的吸声砖来说，可以把低于平均吸声系数 20% 的数值作为吸声砖的吸声系数。当吸声砖被安装在吊顶天花板时，它们主要作为中、高频多孔吸声体来使用。然而，吸声砖上方的空腔使它们在较低频率下可以作为板吸声体来使用。

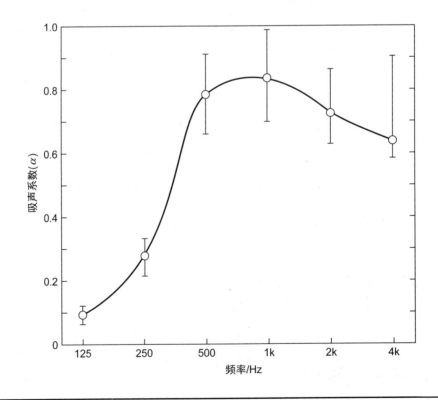

图 12-9　8 块厚度为 3/4in 吸声砖的平均吸声特征。垂直线展示了数据的分布范围

12.8 吸声体厚度的作用

想要从更厚的多孔材料当中获得更大的吸声量是符合逻辑的，但是它主要是针对较低的频率。当把多孔吸声材料放置到距离反射表面 1/4 波长处（或者这个尺寸的奇数倍）时，会有着最大的吸声作用。这是因为在该位置处，空气质点的振动速度最大。然而在实际当中，这样做是非常困难的。图 12-10 展示了吸声体厚度变化对吸声作用的影响，所有的吸声体都是在紧贴固体表面的情况下测得的（安装方式 A）。当把吸声体的厚度从 2in 增加到 4in 时，吸声量在 500Hz 以上增加得非常少，但是在 500Hz 以下吸声量随厚度有明显的增加。吸声体的整体吸声量也有相应的增加，其中厚度从 1in 到 2in 吸声量的增加值，大于其厚度从 2in 增加到 3in，或者从 3in 增加到 4in。厚度为 4in，密度为 3lb/ft^3 的玻璃纤维，在 125Hz~4kHz 有着非常完美的吸声作用。

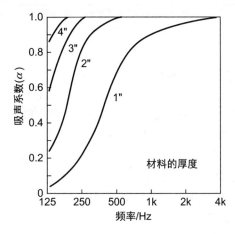

图 12-10 玻璃纤维吸声材料的厚度决定了低频的吸声效果。在这个例子当中，材料（如 703 型纤维玻璃）密度为 3lb/ft^3 被直接安装在坚硬的表面上

12.9 吸声体后面空腔的作用

我们也可以把多孔材料与墙面之间间隔一定的距离，从而实现对低频有效的吸声。有间隔的多孔吸声材料可以与相同厚度无间隔的吸声材料有着同样的吸声效果。这种廉价的方式可以在有限范围内改善吸声效果。图 12-11 展示了 1in 厚的玻璃纤维与水泥墙面不同间隔的吸声效果。1in 厚的吸声材料放置在距离墙面 3in 处，其吸声效果接近图 12-10 中直接贴在墙面 2in 厚吸声材料的效果。

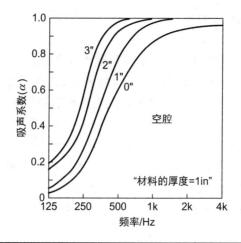

图 12-11　通过间隔墙面一定的距离，厚度为 1in 的玻璃纤维板，其低频吸声效果得到改善

12.10　吸声材料密度的作用

从柔软的保温棉到半刚性或者刚性的板材，玻璃纤维材料有着不同的密度。所有这些材料都会在声学处理当中，有着自己合适的位置。普通的声音可以穿过高密度材料、有着坚硬表面的材料及柔软材料。从图 12-12 中可以看出，吸声材料的密度在 1.6~6 范围内改变时，吸声系数有着相对较小的变化。对于密度非常低的吸声材料来说，由于纤维之间的空隙较大，导致吸声效果减弱。而对于密度非常大的吸声板来说，它的表面反射会增大，导致较少的声音穿透吸声板，从而影响了它的吸声效果。

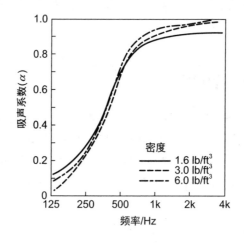

图 12-12　当玻璃纤维的密度从 1.5lb/ft³ 变化到 6lb/ft³ 时，它对材料吸声作用的影响较小。材料被直接安装在墙面上

12.11 开孔泡沫

聚氨酯和聚酯泡沫被广泛应用于汽车、机械、航空及各种工业领域的降噪当中。在建筑领域我们也可以发现它们的踪影，其中包括在录音棚及听音室当中。图 12-13 所示为一种 Sonex 吸声材料的图片，它用波浪的外形来模仿消声室中尖劈的作用。它们有公、母模块，可以啮合在一起。这种材料可以用胶水或钉子固定在需要做声学处理的表面上。Sonex 产品由 Pinta 声学公司生产。

对于厚度分别为 2in、3in、4in 的 Sonex 吸声材料，其吸声系数如图 12-14 所示，它们都使用了 A 类安装方式（材料直接安装在坚硬的表面上）。如图 12-10 所示 2in 厚的玻璃纤维板（如 703 纤维板）有着比 2in Sonex 吸声泡沫更好的吸声效果，但是在这种比较当中必须要考虑一些其他因素：第一，703 型号的密度为 3lb/ft³，而 Sonex 密度在 2lb/ft³；第二，在 2in 厚 Sonex 材料当中，其楔子的高度和平均厚度都非常小，而 703 的厚度从头到尾都是一致的；第三，从某种意义上来说，比较这两种产品是缺乏实际意义的，因为 Sonex 的高昂价格来自它的外观设计及便捷的安装方式，而非仅仅是声学方面的考虑。

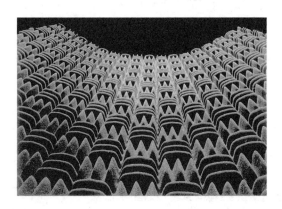

图 12-13　Sonex 吸声泡沫，模仿吸声尖劈的形状，这是一种开孔类型的泡沫 (Pinta 声学公司)

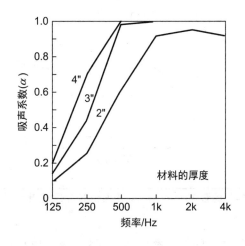

图 12-14　不同厚度 Sonex 吸声泡沫的吸声系数，采用 A 模式安装 (Pinta 声学公司)

12.12　窗帘作为吸声体

　　窗帘是一种多孔吸声材料，因为空气可以穿过纤维而流动。这种流动就产生了吸声作用。许多因素会影响它的吸声效果，其中包括材料的种类、重量、褶皱的程度及到墙面的距离。织物越重，吸声能力就越大。较重的丝绒窗帘可以提供良好的吸声效果，而较轻的窗帘实际上只提供了非常有限的吸声效果。图 12-15 比较了密度为 10oz/yd^2、14 oz/yd^2 及 18 oz/yd^2 丝绒的吸声情况，它们在距离墙面一定距离处整齐悬挂。在这个比较当中可以看出，密度为 18 oz/yd^2 的丝绒窗帘在频率 1000Hz 附近有着较大吸声作用。

　　窗帘的折叠率越高，其吸声效果越好。这主要是因为，窗帘折叠会增加了它暴露在声音当中的面积。如图 12-16 所示，"打褶到 7/8 面积"意味着，整个面积从平坦的状态仅仅缩短了 1/8。从图中可以看到，窗帘打褶越深，其吸声效果越好。

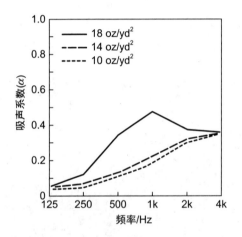

图 12-15　悬挂三种不同密度丝绒织物的吸声系数（Beranek）

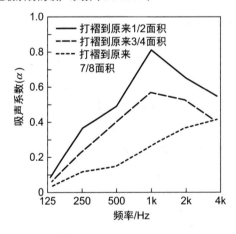

图 12-16　窗帘中褶裥对吸声作用的影响。"打褶到原来面积的 1/2"意味着折叠面积是平直织物的一半（Mankovsky）

　　窗帘悬挂的位置与反射面之间的距离，会在很大程度上影响它的吸声作用。如图 12-17（A）所示，一个类似窗帘的多孔吸声材料，它与墙面之间平行悬挂，它们之间的距离 d 是变化的。频率为 1kHz 的声音入射到多孔材料表面，且保持不变。当我们对多孔材料的吸声效果进行测量时，会发现它的吸声作用会随距离 d 的变化而发生很大改变。研究结果表明，声音的波长会影响材料吸声系数的最大值和最小值。声音波长 λ 可以通过声速除以频率来获得，故 1000Hz 的波长 λ 为 1130/1000=1.13ft，或者约为 13.6in。该波长的 1/4 为 3.4in，半波长为 6.8in。我们发现在 1/4 波长处吸声系数最大，如果对图 12-17（A）所示波形进行深入的研究，会发现当 d 在 1/4 波长的奇数倍位置时，会产生吸声系数的最大值，而在 1/4 波长的偶数倍位置，会产生吸声系数的最小值。

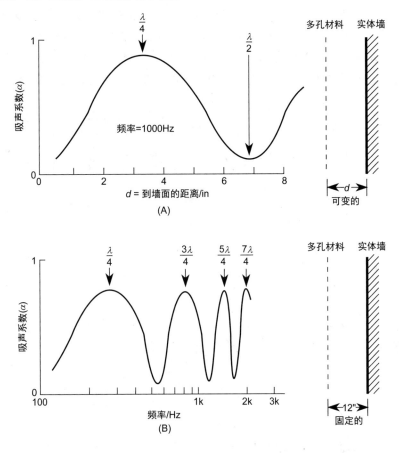

图 12-17　类似窗帘这种多孔吸声材料，其吸声系数与到墙面距离的变化情况。（A）当窗帘距离墙面的距离为波长的 1/4 时，会获得最大吸声量，而最小的吸声量是在半波长处。（B）悬挂多孔吸声材料到墙面的距离是固定的，它的最大吸声量将会发生该距离所对应的 1/4 波长及 1/4 波长奇数倍处

这种作用可以通过声音从墙面反射来进行解释。由于声波不能让墙面移动，所以在墙面处的声压最高，而空气粒子的速度为零。而在距离墙面 1/4 波长处的声压为零，此处空气粒子的速度最大。通过在距离墙面 1/4 波长处放置多孔吸声材料，例如窗帘，将会在所对应频率处产生最大的吸声作用，因为这时多孔吸声材料与空气粒子之间能量有着最大摩擦损耗。相同的作用发生在 λ/4 的奇数倍位置，例如 3λ/4、5λ/4、7λ/4 等。在距离为半波长处，粒子的速度最小，因此吸声也最少。实际上，由于窗帘通常有不同程度的折叠，所以距离墙面 1/4 波长的位置有所不同。因此，频率的峰值和谷值会被拓宽，这在整个响应当中有着较小的影响。

如图 12-17（B）所示，窗帘距离墙面的距离为 12in，保持不变，对它不同频率的吸声系数进行测量。从图中可以看到，吸声系数会随着频率的变化而变化：当到墙面的距离为 1/4 波长的奇数倍时，吸声系数最大，当距离为 1/4 波长的偶数倍时，吸声系数最小。距离为 12in（1ft）所对应的频率为 1130/1=1130Hz，其 1/4 波长对应频率为 276Hz，半波长对应频率为 565Hz。以上所提到的 1/4 波长，都是假设它为正弦波。而对于吸声系数的测量来说，通常使用的是窄带噪声。因此，我们必须将这个频带对图 12-17（B）所示的变化进行平均。

图 12-18 展示了密度为 19oz/yd² 丝绒在混响室中测得的吸声系数。实线显示的是把所有窗帘拿走情况下的吸声系数曲线。其他两条非常接近的曲线，是相同材料距离墙面 4in 和 8in 时所测得的吸声系数。波长为 4in 所对应的频率为 3444Hz；波长为 8in 所对应的频率为 1722Hz。间隔为 4in 及 8in 所对应 1/4 波长的奇数倍，在图 12-18 的上半部分显示。

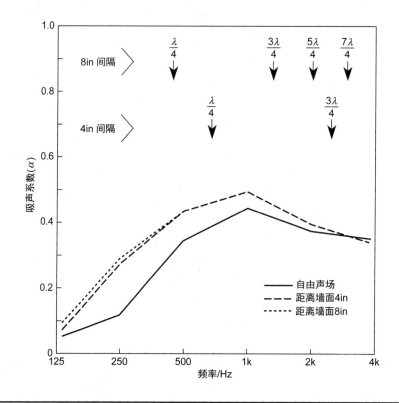

图 12-18　在自由声场当中，距离墙面 4in 及 8in 的中丝绒材料（19oz/yd²）吸声系数的测量。同时该图也显示出，由于墙面反射的作用，其吸声量有一定增加（Mankovsky）

当丝绒距离墙面一定距离时，其的吸声量会有所增加，特别是在 250~1000Hz。在频率为 125Hz 的地方，窗帘距离墙面 10cm 或者 20cm 是没有明显吸声效果的，这是因为 125Hz 的 1/4 波长为 2.26ft。

12.13　地毯作为吸声体

在许多类型的空间当中，地毯通常会主导整个声学环境。它是房主经常会使用的材料，这是一个令人感到舒适的物品，人们选择地毯通常出于舒适和美观上的考虑，而非声学上的。而地毯及其衬底会为声音的中高频部分提供明显的吸声效果。假设我们把地毯放置在录音棚当中，它的面积为1000ft²。同时假设房间的混响时间约为0.5s，那么在这个房间需要有1060赛宾的吸声量。在声音的高频部分，地毯的吸声系数约为0.6，它在4kHz约有600赛宾的吸声量，那么它对整个房间所需要的吸声量贡献率达到57%，这时我们还没有考虑墙面及天花的吸声作用。声学设计在它开始之前就有了非常多的限制。

还有另外一个更加严重的问题，这种高吸声量的地毯仅对高频有效。地毯在4kHz的吸声系数约为0.6，而对于125Hz来说，其吸声系数仅为0.05。换句话说，面积为1000ft²的地毯，在4kHz所贡献的吸声量为600赛宾，而对125Hz声音所贡献的吸声量仅为50赛宾。这是我们在许多声学处理当中所要面对的问题。我们可以通过其他方式，来对地毯吸声的不均衡进行补偿，这主要是利用共振类型的低频吸声体来实现的。

为了解决地毯吸声不平衡的问题，我们需要获得较为准确的吸声系数，但这是很难实现的。由于地毯的种类各式各样，同时衬底材料的不同也会增加吸声系数的不确定性。所以我们在决定使用哪种吸声系数的时候，须利用经验进行判断，特别是对于那种墙到墙铺设地毯的情况。

12.13.1　地毯类型对吸声的影响

不同种类地毯之间的吸声变化是非常大的。图12-19展示了较厚重的Wilton绒毯，以及背面有没有乳胶衬底时的吸声系数差别。我们可以看到背面具有乳胶增加了地毯在500Hz以上的吸声量，同时在500Hz以下的吸声量所下降。

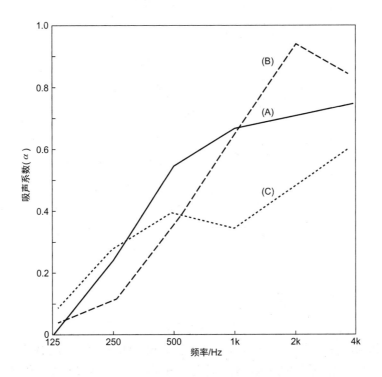

图12-19　三个不同种类地毯的吸声特征比较。（A）wilton机织绒头地毯，绒毛高度为0.29in，密度92.6oz/yd²（B）背面有乳胶的丝绒，绒毛高度0.25in，密度76.2oz/yd²（C）相同的丝绒没有乳胶背面，密度为37.3oz/yd²，所有都地毯下面都有40oz毛毡衬底（Harris）

12.13.2　地毯衬底对吸声的影响

泡沫橡胶、海绵橡胶、毡、聚氨酯，或者其他复合材料，通常都可以作为地毯下面的衬底。泡沫橡胶是通过搅拌乳胶水并添加凝胶剂，然后把它倒在模子中制作而成的。这种制作方法获得的材料常是开孔结构。但是，海绵橡胶则是通过把化学制剂添加到橡胶当中，让其产生气体所生成的，它可以产生开孔或者闭孔的结构。开孔所带有的缝隙，能够提高材料的吸声作用，而闭孔材料有着较差的吸声效果。

对于地毯的吸声作用来说，它的衬底对其影响是较大的。图 12-20 展示了在混响室当中测得的，具有不同衬底的 Axminster 绒头地毯吸声系数的变化情况。曲线 A 和 C 分别展示了密度为 80oz/yd^2 及 40oz/yd^2 的毛毡对地毯吸声作用的影响。曲线 B 展示了毛毡和泡沫混合物对地毯吸声作用的影响。虽然这三条曲线有着明显的不同，但是他们都与曲线 D 形成了明显的对比，曲线 D 是地毯直接放置在裸露水泥地上的吸声系数。从图中可以看到，地毯下面的衬底会对它的吸声作用产生显著影响。

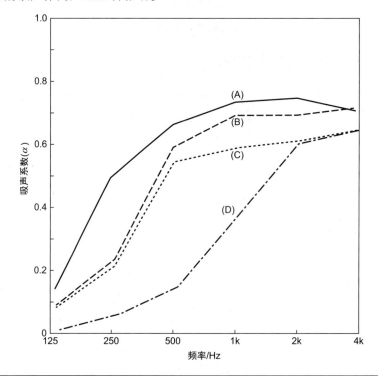

图 12-20　相同的 Axminster 地毯，随着衬底变化而产生的不同吸声特征。（A）80oz/yd^2 毛毡（B）毛毡和泡沫（C）40oz/yd^2 毛毡（D）直接铺在水泥地上，没有衬底（Harris）

12.13.3　地毯的吸声系数

图 12-19 和图 12-20 所示的吸声系数曲线都来自对地毯特性的研究。图 12-21 将附录 C 中的系数都绘制出来，并与图 12-19 和图 12-20 进行比较。地毯的样式及衬底有着各种变化，这种变化能够导致地毯吸声系数的巨大变化，这是声学系统设计师需要注意的问题。

12.14 人的吸声作用

音乐厅当中的人会对房间的吸声有着显著影响——或许达到整个房间的 75%。在一个较小的监听室，一个或多个人会造成声学差异。问题是如何衡量人们的吸声作用，及如何对其进行计算。其中一种方法是利用坐席区的区域面积来衡量，或者简单地考虑房间内的人数。在任何情况下，我们必须在每个频率上考虑由人所产生的吸声量（赛宾），然后在每个频率将地毯、窗帘及其他房间内吸声体的吸声量进行相加。表 12-2 列出了非正式着装的大学生在教室里的吸声量，以及在礼堂环境有着更加正式着装人的吸声量。

对于 1kHz 及更高频率来说，在教室中非正式着装的大学生所提供的吸声量，与礼堂内有着正式着装人的吸声量范围的下限接近。然而，学生的低频吸声量明显低于那些正式着装人群的。一些声学专家使用的经验法则是仅给每个坐着的人在 500Hz 处 5 赛宾的吸声量。

在一个礼堂或者音乐厅当中，声音穿过一排排的人会产生不同类型的衰减。除了声音离开舞台之后的正常衰减之外，它将会在 150Hz 附近额外产生 15dB~20dB 的衰减，并且扩展到 100~400Hz 的区域。实际上，这不完全是由听众所引起的，因为即使座位是空置的，也会存在这种现象。声压级上类似的低谷，影响了来自侧墙的早期反射声。这种现象明显是由干涉作用所导致的。声音的入射角度也发挥着重要的作用，当听众座椅在相对较平的地面上时，声音入射的角度较低，它的吸声量也较大。伴随着入射角度的增大（如体育场的座椅），这将有着更小的吸声量。

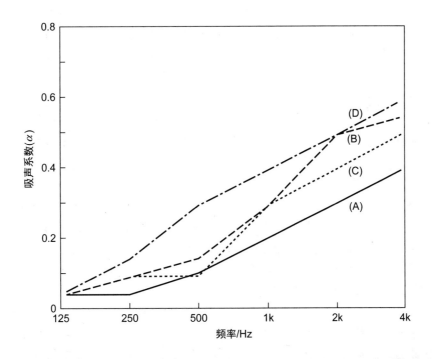

图 12-21　地毯的吸声系数。（A）绒毛厚度为 1/8in；（B）绒毛厚度为 1/4in；（C）3/16in 厚复合绒毛和泡沫；（D）5/16in 厚复合绒毛和泡沫。把它与图 12-9 和图 12-10 进行比较

表 12-2　人体的吸声作用（赛宾/人）

	频率（Hz）					
	125	250	500	1000	2000	4000
教室内非正式着装的大学生，坐在带有扶手的椅子上	NA	2.5	2.9	5.0	5.2	5.0
礼堂内听众区，它取决于座椅的衬垫物及间隔	2.5~4.0	3.5~5.0	4.0~5.5	4.5~6.5	5.0~7.0	4.5~7.0

12.15　空气中的吸声

对于大房间中频率在 2kHz 以上声音来说，空气吸声作用变得重要起来。根据声学设计的不同，在一个大房间中空气吸声作用可以占据整个空间总吸声量的 20%~25%。空气的吸声量的计算公式为

$$A_{air}=mV \tag{12-5}$$

其中，m = 空气衰减系数（赛宾/ft^3 或赛宾/m^3）

V = 房间容积（ft^3 或 m^3）

空气衰减系数 m，会随着湿度的变化而变化。当湿度在 40%~60% 时，2kHz、4kHz 及 8kHz 所对应的 m 值分别为 0.003、0.008 和 0.025 赛宾/ft^3，或者 0.009、0.025 和 0.080 赛宾/m^3。

例如，一个可以容纳 2000 人的教堂，它的容积为 500000 ft^3。在相对湿度为 50% 的情况下，2kHz 的空气吸声系数为 0.003 赛宾/ft^3。在这个教堂当中，在 2kHz 处，空气会有 1500 赛宾的吸声量。

12.16　板（膜）吸声体

通过共振吸声体，如板吸声体和赫姆霍兹共振体，可以有效对可听频率的低频部分进行吸声处理。玻璃纤维和吸声砖是常用的多孔吸声材料，它们的吸声作用是通过声音能量在纤维间隙当中摩擦生热来完成的。但是玻璃纤维和其他多孔吸声体，对低频的吸声作用极为有限。为了更好地吸收低频，多孔材料的厚度必须与其波长相当。当声音为 100Hz 时，其波长为 11.3ft，而对于任何一种多孔吸声体来说，实现这种厚度都是不现实的。出于这种原因，我们通常使用共振吸声体来达到对低频声音进行吸收的目的。

一个悬挂在弹簧上的质量体，它将会以固有频率进行振动。在板的后面留有空腔，也有着类似的效果。板的质量及空腔中空气的弹性，一起组成了一个共振体。由于板内材料摩擦生热的损耗，声音会随着板的弯曲而被吸收（类似地，在弹簧上的质量块将会受到阻力作用而最终停止振荡）。通常板吸声体所提供的吸声量不会太多，因为它们的共振运动也会辐射一部分声音能量。通常我们会选择高阻尼且柔软的板，以便提供更多的吸声。

板的阻尼作用会随着速度的增加而增加，在共振频率处的速度最高。当达到结构的共振频率时，声音的吸声量是最大的。如上所述，平板后面封闭的空腔充当弹簧，空腔的深度越大，弹簧的刚性越小。同样地，一个较小的空腔也会表现出较大的刚性。对于一个没有穿孔的平板来说，共振频率的计算公式为：

$$f_0 = \frac{170}{\sqrt{md}}$$

（12-6）

其中，f_0= 共振频率（Hz）

　　　 m= 板的面密度（lb/ft^2 或 kg/m^2）

　　　 d= 空腔的深度（in 或 m）

注意：在使用公制时，我们需要把 170 改为 60。

例如，假设一个 1/4in 厚的夹板，螺钉固定在 2in×4in 的龙骨上，它后面有着一个接近 $3\frac{3}{4}$ in 深的空腔。1/4in 厚夹板的面密度为 0.74lb/ft^2，该参数可以通过测量获得，也可以在参考文献当中查到。把以上这些数字代入公式，我们可以计算得出共振频率约为 102Hz。

图 12-22 展示了平板的共振频率、空腔深度（in）及面密度（oz/ft^2）之间的关系。如

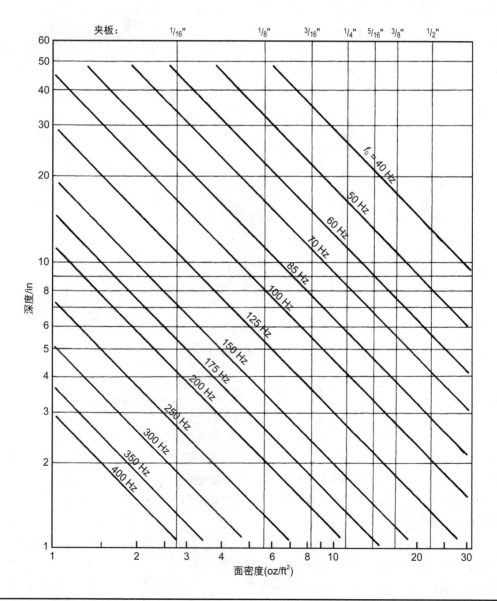

图 12-22　共振板吸声体的设计图表（也可以查看图 12-34）

果知道夹板的厚度及空腔的深度，我们可以通过图中的斜线查得共振频率的大小。式（12-6）适用于薄膜和隔膜材料共振频率的计算，而类似 Masonite 纤维板、木丝板（fiberboard）甚至卡夫纸等材料不能使用本公式。我们还必须确定其面密度，可以通过测量已知面积的材料重量较容易地获得材料的面密度。板吸声体的表面积应该不低于 5ft²。

式（12-6）与图 12-22 哪一个会更加准确？图 12-23 为我们对三个板吸声体的实际测量曲线。曲线 A 展示了 3/16in 厚的夹板固定在 2in 板条上的例子。这种结构的共振频率约为 175Hz。其峰值系数约为 0.3，这是我们对这种结构所能期望的最高值。曲线 B 是 1/16in 厚的夹板，在它的内侧覆盖有 1in 厚的玻璃纤维，且在玻璃纤维后面有着 1/4in 深的空腔。曲线 C 是与 B 相同的结构，只是把 1/16in 厚的板改为 1/8in 厚。当我们向内部填充了玻璃纤维之后，会让吸声的峰值增加约一倍。玻璃纤维也改变了峰值位置，使它降低了约 50Hz。这种共振吸声峰值频率的计算并不完美，但对于大多数应用来说，这已经是一个较好的近似值。

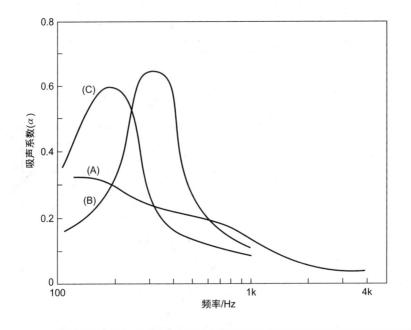

图 12-23　三个板吸声体吸声系数的测量。（A）厚度为 3/16in 夹板，后面有 2in 空腔。（B）厚度为 1/16in 夹板，后面有 1in 厚的矿物棉，以及 1/4in 的空腔。（C）与 B 有着相同的材料，但是使用厚度为 1/8in 的夹板

当我们向空腔当中填充类似玻璃纤维这种多孔吸声材料时，它的吸声量会增加，这是因为吸声材料能够增加吸声体的阻尼。这种吸声材料或者松散地填满整个空腔，或者附着在面板的后面。当我们把吸声体放置在所要吸声频率声压最大处时，其吸声效果最佳。这个位置或许是墙壁的末端、中点或者房间的角落。当我们把吸声板放置在声压最小的地方时，它的吸声效果相对不明显。

一些听音室把它们优秀的声学环境，归功于大量墙板提供的低频吸声作用。夹板、舌片和槽沟连接的地板或者底层地板会产生膜振动，它对低频吸声有着较大的贡献。墙面和天花板的石膏结构也有着同样的效果，所有这些吸声组件无论大小，都必须包含在房间的声学设计当中。

纸面石膏板或者石膏板，它们在家庭、录音棚、控制室，以及其他空间结构当中起到了

重要作用。纸面石膏板的吸声作用是通过膜振动实现的，它们形成一个共振系统。纸面石膏板在低频声音的吸声方面，起到了特别重要的作用。通常来说，这种低频吸声是受欢迎的，但是为音乐录制设计的较大空间当中，纸面石膏板表面会吸收过多的低频，从而阻碍了我们想要实现的混响环境。把 1/2in 厚的纸面石膏板固定在间隔为 16in 的龙骨上，它在 125Hz 处的吸声系数为 0.29，在 63Hz 处有着更高的吸声系数（这对音乐录音棚来说是非常有益）。我们必须要考虑小房间当中纸面石膏板的吸声作用，在计算当中要包含它低频部分的吸声量。由于所使用石膏板厚度的不同，同时吸声的峰值频率会随着石膏板厚度及空腔深度的变化而改变，所以这种计算有时是比较困难的。一张 1/2in 厚的纸面石膏板，它的面密度为 2.1lb/ft²，而双 5/8in 厚的纸面石膏板，它的面密度为 5.3lb/ft²。对于后面有 3³/₄in 有空腔的结构来说，使用 1/2in 厚的石膏板，其共振频率在 60.6Hz，而双 5/8in 厚的石膏板，它的共振频率则为 38.1Hz。

我们已经注意到，多孔吸声材料通常在高频区域有着很大的吸声作用。而板振动吸声体常常能够表现出良好的低频吸声效果。对于面积较小的听音室和录音棚来说，我们发现具有良好低频吸声的结构在控制房间模式当中是非常重要的。

板吸声体是非常容易建造的。图 12-24 为一个板吸声体的例子，把板吸声体安装在墙面或者天花上。一张 in 厚或者 1/16in 厚的夹板，紧紧固定在木质龙骨上，从而与墙壁保持一定的距离。一张 $1\frac{1}{2}$in 厚的玻璃纤维或者矿物纤维板粘在墙的表面。在夹板后表面与吸声材料之间，应该保留 $\frac{1}{4}$in 或者 $\frac{1}{2}$in 的空腔。

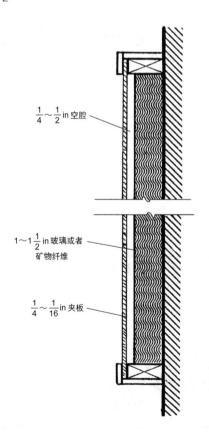

$\frac{1}{4}$~$\frac{1}{2}$in 空腔

1~$1\frac{1}{2}$in 玻璃或者矿物纤维

$\frac{1}{4}$~$\frac{1}{16}$in 夹板

图 12-24　在墙面上固定安装的平板共振吸声体

图 12-25 展示了墙角处吸声体的结构。为了方便计算，我们通常会使用一个平均深度，它的深度大于或者小于平均值，仅意味着该吸声体的峰值比深度相同的吸声体有着更宽峰值。如果使用类似于"Tectum"的矿物纤维板，在吸声体的夹板后面有 1/4in~1/2in 的空腔是一件非常简单的事情。如果使用柔软的玻璃纤维毯，就需要使用较为坚硬的织物或者铁丝网进行支撑。这种处理对于吸声体上所反射的中、高频来说或许存在问题，而如果这种间隔是为了避免夹板振动的阻尼，那么玻璃纤维板的表面不会影响低频的吸声表现。房间内所有的振动模式都会终止在墙角处。墙角平板吸声体可以被用来控制这种模式。

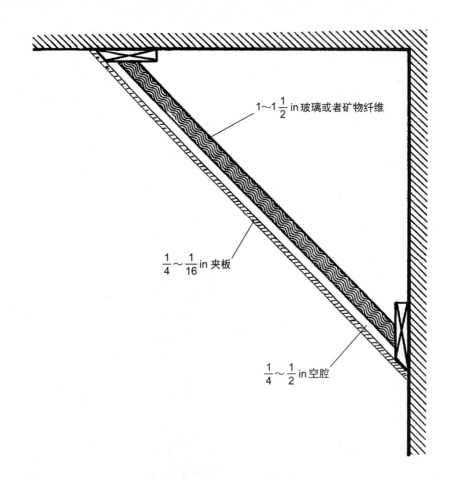

图 12-25　典型的平板共振吸声体，它可以被垂直或者水平架设在角落当中

12.17　多圆柱吸声体

使用夹板或其他硬质板制作的板吸声体，能够提供合理的吸声量。然而在半圆柱表面包裹夹板或使用硬质板能够产生额外的好处。多圆柱形元素（多边形）在声学上能够提供较好的扩散作用，这可以让声音听起来更加明亮和活跃，而平面吸声体则不具备这些特征。多圆柱体的弦杆尺寸越大，低频吸声能力越强。在 500Hz 以上，不同尺寸多圆柱之间没有明显的吸声差别。

多圆柱体的表现是各不相同的，这取决于它们内部是空的，还是被填充了吸声材料。图 12-26（C）和（D）展示了在空腔内部填充吸声材料对低频吸声性能的提升效果。如果有需要，我们可以通过向多圆柱体内部填充玻璃纤维，来提高其低频吸声能力。如果不需要低频吸声，可以使用中空的多圆柱体。在听音室及录音棚的声学设计当中，这种可调节性是非常有益的。

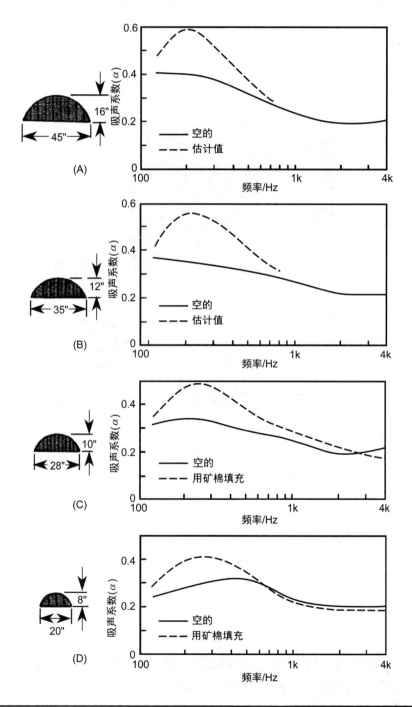

图 12-26　不同弦长和高度的多圆柱吸声体的吸声系数变化情况。（A）和（B）中仅实线数据是实际测量数据，虚线部分是向腔体内填充矿棉后的估计值。（C）和（D）显示了空心多圆柱吸声体与用矿棉填充之后多圆柱吸声体的吸声特性（Mankovsky）

多圆柱吸声体的结构

多圆柱吸声体的结构是相当简单的。垂直多圆柱体的框架结构，如图 12-27 所示，它被安装在低频吸声槽的上方。弦杆尺寸的变化是较为明显的，隔板被随机放置，以便让隔断内的空腔容积不断变化，这会产生不同的空腔共振频率。我们希望每个空腔都是不漏气的，这可以通过仔细固定隔断和框架来实现。我们可以使用非硬化的声学密封剂来对不规则墙面进行密封。可以使用带锯将每一张多圆柱体的隔板切割成相同的半径，我们使用一边带有黏合剂的橡胶挡风雨条来黏住每一张隔板，从而确保它与夹板或硬纸板之间的紧密结合。如果不采取诸如此类的防范措施，可能会导致空腔之间的摩擦和耦合。

图 12-27　在电影混音棚中多圆柱体吸声结构，泡沫橡胶条被放置在每一个隔板的边缘，还要注意隔板之间的间隔是随机的（Moody 科学院）

图 12-28 所示的多圆柱体，使用了 1/8in 厚的 Masonite 纤维板作为外表面。一些提示可以简化这种表面拉伸工作。如图 12-28 所示，我们利用转向锯对木条 1 和木条 2 进行开槽，并让槽的宽度与 Masonite 纤维板紧密贴合。假设多圆柱体 A 已经安装，且被木条 1 固定，A 是被钉在或者用螺丝拧在墙上的。整个拉伸工作是从左向右进行的，下一步工作是安装多圆柱体 B。Masonite 纤维板 B 的左边被插入木条 1 的另外一个槽。其右侧插入木条 2 的左面槽中。如果之前所有的剪切和测量都是准确的，那么弯曲木条 2 到墙面，应该会与隔板 3 及挡风雨条 4 之间紧密贴合。固定木条 2，则完成了多圆柱体 B 的制作。多圆柱体 C 采用类似的方式进行安装，直到一系列的多圆柱体制作完成。在一些设计当中，侧墙面上多圆柱体的对称轴，应当与后墙多圆柱体垂直。如果在天花板上使用多圆柱体，那么它们的对称轴应当与侧墙和后墙上的多圆柱垂直。

在实际应用当中，我们通常把每个多圆柱体制作成一个完全独立的结构，而不是把它们直接建造在墙面上。这种独立的多圆柱体能够被随意分隔。

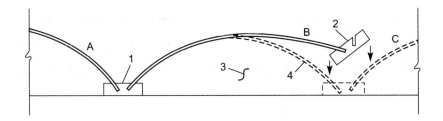

图 12-28 图 12-27 所示制作多圆柱吸声体的过程中拉伸夹板或者硬纸板的方法

12.18 低频陷阱：通过共振吸收低频

术语"低频陷阱"描述了许多种类的低频吸声体，其中也包括板吸声体，然而这个术语应预留给一种特定类型的抗性吸声体。在可听频率范围内，很难对最低的两个倍频程进行吸声处理。低频陷阱通常可以用来减少录音棚控制室内低频驻波的数量。图 12-29 为一个真正的低频陷阱。这是一个有着一定开口及深度的空腔或箱体。其深度是所设计吸声频率波长的 $\frac{1}{4}$（在该点处有着最大的质点速度），这时该低频陷阱有着最大的吸声作用。

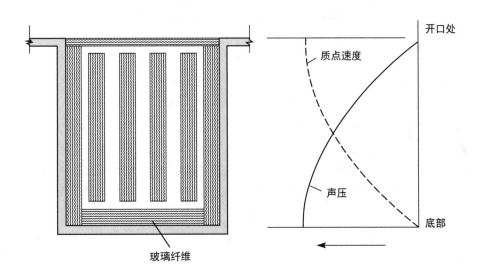

图 12-29 低频陷阱的作用，取决于其底部所反射的声音。某个频率的声压在低频陷阱的底部最大，且空气质点的振动速度为零，该频率所对应声波波长的 1/4 与低频陷阱的深度相同。在低频陷阱开口处，声压为零（或者非常低），而空气质点的振动速度最大。我们把吸声体放在质点速度最大的地方，将会有较好的吸声效果。相同作用也发生在 1/4 波长奇数倍所对应的频率上

墙面反射及 $\frac{1}{4}$ 波长（在图 12-17 所示中详细描述）的概念，也适用于低频陷阱。在空腔的底部，有着所设计频率的最大声压值，而在此处的空气质点速度为零。在开口处，声压为零而空气质点的运动速度最大，这就形成了两种现象。首先，经过开口处的半钢性玻璃纤维板，为快速振动的空气质点提供了较大的摩擦力，从而导致在该频率处的声音有着最大的吸声作用。其次，开口位置的真空区域，表现出类似声音水池的作用，这时低频陷阱的作用远大于它的开口区域。

低频陷阱的作用，和距离墙面一定间隔窗帘的作用类似，它的吸声作用不仅发生在 $\frac{1}{4}$ 波长的深度，也在 $\frac{1}{4}$ 波长的奇数倍位置起作用。较大的陷阱深度，会对应非常低的吸声频率。例如，对于频率为 40Hz 的声音来说，它的 $\frac{1}{4}$ 波长为 7ft。在控制室内天花上方的空间及内外墙之间的空间，常常被用来安装低频陷阱。著名的 Hidley 低频陷阱设计，就是这种类型吸声陷阱的例子。

12.19 赫姆霍兹（容积）共鸣器

赫姆霍兹（Helmholtz）种类的共鸣器，被广泛应用在低频吸声方面。我们可以较容易地展示共鸣器的使用方法。对瓶口吹气会在它固有共振频率处产生单音，腔体当中的空气是有弹力的，与瓶颈处的空气共同构成了一个共振系统，这与具有固定振动周期的弹簧质量体的表现非常类似。在共振频率处的吸声最大，同时其周围频率也会有着一定的吸声作用。有着方形孔的赫姆霍兹共鸣器的共振频率为：

$$f_0 = \frac{c}{2\pi} \sqrt{\frac{S}{V l_{\text{eff}}}} \tag{12-7}$$

其中，c= 声音在空气中的速度（1130ft/s 或 343m/s）

S= 共鸣器开口的截面积（ft^2 或 m^2）

V= 共鸣器的体积（ft^3 或 m^3）

l_{eff}= 共鸣器颈部有效长度

= 颈部物理长度 + 修正项［ft 或 m（见下文）］

在这个公式当中，颈部的有效长度（l_{eff}）是颈部的物理长度加上一个修正项。这个修正项是有必要的，因为共振腔内外的空气相连，因此颈部的空气质量延伸到颈部之外。对于有着圆形颈部的赫姆霍兹共鸣器，会将 1.6R 的修正项加到颈部的物理长度上，其中 R 是颈部的半径。（针对不同的声源，可以使用 1.6R 和 1.7R 的修正项）。因此，带有圆颈开口的赫姆霍兹共鸣器的共振频率为

$$f_0 = \frac{c}{2\pi} \sqrt{\frac{S}{V(l+1.6R)}} \tag{12-8}$$

其中，c= 空气中的声音速度（1130ft/s 或 344m/s）

S= 颈部的横截面积（ft^2 或 m^2）

V= 空腔体积（ft^3 或 m^3）

l= 颈部的物理长度（ft 或 m）

R= 颈部的半径（ft 或 m）

对于方形开口的霍姆赫兹共鸣器来说，其修正项为 0.9l，其中 L 是方形开口的边长（单位为 ft 或 m）。因此，分母变为 $V(l+0.9L)$。一些赫姆霍兹共鸣器是没有颈部的，腔体本身的壁厚作为自身的颈部长度尺寸。当颈部的尺寸与空腔的尺寸相比较小时，且这两者的尺寸与谐振频率相比都很小时，这些方程仍旧有效。

当改变空腔的容积、长度或者颈部直径时，它的共振频率都会发生改变。吸声频带的宽

度取决于系统的摩擦力。玻璃瓶对振动空气有着较小的摩擦力，因此它将会有着非常窄的吸声频带。当我们在瓶口处增加一点纱布，或者在颈部位置填充一点棉花，那么它的振动幅度会减少且吸声频带会增加。为了让赫姆霍兹共鸣器有最大的吸声效率，应该把它放置在对应的吸声频率，且有着较高模式声压的位置。

为了展示连续扫频窄带吸声系数的测量技术，Riverbank 声学实验室测量了可口可乐瓶子的吸声系数。它是由 1152 个容量为 10oz 的空瓶阵列组成，把它放置在尺寸为 8ft×9ft 的混响室地板上。一个瓶子在其共振频率（185Hz）附近的吸声量为 5.9 赛宾，但是带宽仅有 0.67Hz（−3dB 衰减）。5.9 赛宾的吸声量约是一个人在 1kHz 处的吸声量，或者面积为 5.9ft² 玻璃纤维（2in 厚，3lb/ft³ 密度）在中频段的吸声量。这种吸声特征有着非常高的 Q 值（品质因数）（为 185/0.67=276）。

没有被完全吸收的声音，会从赫姆霍兹共鸣器中重新辐射出来。被辐射出来的声音，其指向性倾向于半球状。也就是说，赫姆霍兹共鸣器对没有被吸收的声音能量有着扩散作用，而这种扩散恰恰是录音棚或者听音室所需要的。

第一次发现赫姆霍兹共鸣器中含有人工声学装置的时间远早于赫姆霍兹本人发现的时间。青铜材质的广口瓶是在古希腊罗马露天剧场当中发现的。大的广口瓶起到对低频进行吸收的作用。而一组组较小的广口瓶，会对较高频率的声音进行吸声。在中世纪，共鸣器被大量用在瑞典和丹麦的教堂当中。如图 12−30 所示的罐子是埋藏在墙内的，我们可以推测它是用来减少低频振动的装置。在一些罐子当中还发现了灰，这或许是用来降低陶瓷罐子的 Q 值所做的处理，从而拓宽了吸声的有效带宽。

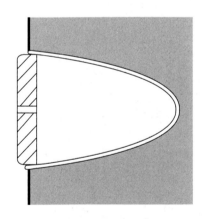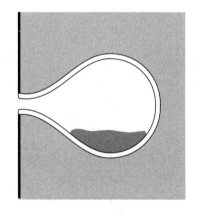

图 12−30　在瑞典和丹麦的中世纪教堂中，嵌入墙体的赫姆霍兹共鸣器起到吸声作用。在一些个罐子当中发现了灰尘，这是被用来调节吸声带宽的介质 (Brüel)

赫姆霍兹共鸣器通常以声学模块的形式进行使用。这些模块是由水泥构成的，上面有一个面向封闭空腔的开槽。一个双腔单元会有两个槽，某些情况下，在每个空腔内部都放置一个金属分割器，或者在腔体内放置一些多孔吸声体。图 12−31 展示了一个理想的方形盒子与管状颈部形成的穿孔面共振吸声体。把这些方盒子堆积在一起，可以增强其吸声作用。假设一个盒子的长度为 L、宽度为 W、深度为 H，其中，上盖的厚度与盒子颈部的长度相等。在这个盖子上，钻上一些与瓶颈有着相同直径的孔。每个孔之间的间隔可以被移走，此时并不会对赫姆霍兹的吸声作用造成较大影响。

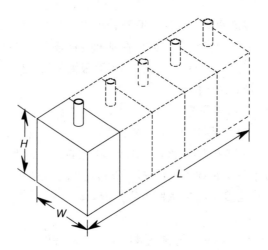

图 12-31　以单个矩形盒状共鸣器为基础，研制的一种穿孔面的赫姆霍兹共鸣器

　　图 12-32 展示了一个具有细长狭缝颈部的正方形盒子，这些盒子能够并排堆叠在一起，它的设计类似于槽式共鸣器。这些空腔之间的间隔面也可以被移除，并不会对赫姆霍兹的吸声作用产生较大的影响。不过，我们还需要谨慎一点，这种空腔的分隔可以从一定程度上改善穿孔或者狭缝共鸣器的吸声效果，因为它能够减少扰流（spurious）——一种在空腔当中无用的振动模式。

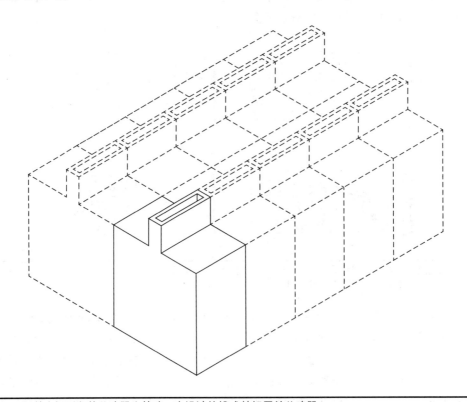

图 12-32　以单个矩形瓶状共鸣器为基础，来设计的槽式赫姆霍兹共鸣器

　　市面上，能够提供各种类型的声学混凝土砌体单元（ACMU），许多都是基于早先的

Proudfoot 公司，它现在被 Sound Seal 公司所收购。例如，SoundBlox 和 SoundCell 混凝土单元，提供了相应的承载能力及隔声作用，并且也利用狭缝及空腔所形成的赫姆霍兹共鸣器增加了对低频的吸收作用。这种砌体单元有着各种配置。

12.20 穿孔板吸声体

把如硬纸板、夹板、铝板或者钢板材料等穿孔板与墙面间隔一定距离安装就构成了共振类型的吸声体。每个孔都可以作为赫姆霍兹共鸣器的颈部，而后面共享的空腔可以类比为赫姆霍兹共鸣器的腔体。实际上，可以把这些结构看成许多耦合的共鸣器。如果声音是垂直表面入射到穿孔板上的，那么所有小的共振体是相位相同的。而如果声音以一定的角度入射到穿孔板上，那么它的吸声效率多少会有一些降低。我们可以利用蛋架型木质分割器或者瓦楞纸分割物，来对穿孔板后面的空腔进行划分，从而减少这种损失。

穿孔平板吸声体的共振频率近似计算公式如下所示，这些吸声体有着圆形穿孔，同时后面空腔被分割。

$$f_0 = 200\sqrt{\frac{p}{dt}} \tag{12-9}$$

其中，f_0= 共振频率（Hz）

　　p= 穿孔率

　　 = 孔面积除以平板面积 ×100（如图 12-33A 和图 12-33B 所示）

　　t = 有效的孔长度（in）

其中，应用的矫正因子

　　 = 板厚度 +0.8x 孔直径（in）

　　d= 空腔深度（in）

从字面上来看，我们会对穿孔率 p 有一点迷惑。一些作者使用孔洞面积与平板面积的十进制比率，而不是用孔洞面积与平板面积的百分比，从而产生了 100 这个不确定因子。通过图 12-33，我们可以非常容易地计算出这种穿孔的比率。两种不同排列圆孔阵列的穿孔率，如图 12-33A 和图 12-33B 所示，狭缝吸声体（后面会提到）的比率如图 12-33C 所示。

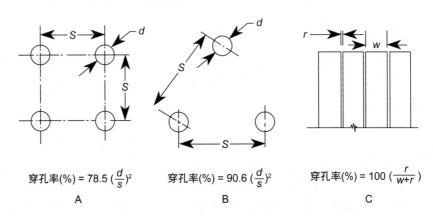

$$\text{穿孔率(\%)} = 78.5\left(\frac{d}{s}\right)^2 \qquad \text{穿孔率(\%)} = 90.6\left(\frac{d}{s}\right)^2 \qquad \text{穿孔率(\%)} = 100\left(\frac{r}{w+r}\right)$$

A　　　　　　　　　　　　B　　　　　　　　　　　　C

图 12-33　用来计算穿孔板吸声体穿孔率的计算公式，它包含狭槽吸声体。（A 和 B）两种圆孔型吸声板的穿孔率。（C）窄槽型吸声体的穿孔率。

将式（12-9）所计算的穿孔板共振频率用图表的形式展现，如图 12-34 所示，其中穿孔板的厚度为 3/16in，穿孔为圆形。孔直径为 3/16in 的普通穿孔板，它有着 2.75% 的穿孔面积，其穿孔为正方形结构，且间距为 1in。如果这种穿孔板固定在 2in×4in 的龙骨上，并与墙面有一定距离，那么它的共振频率约为 420Hz，且在这个频率附近会产生一个吸声峰值。

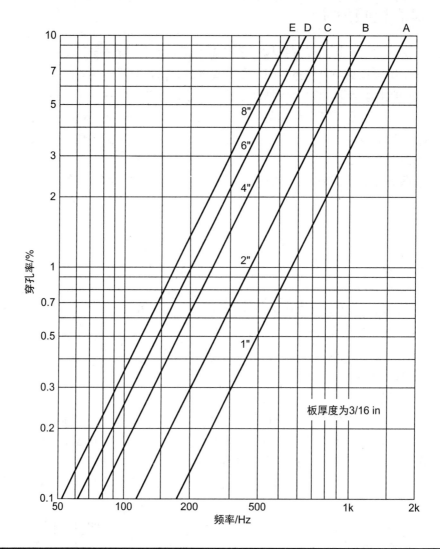

图 12-34 式（12-9）的图表形式，它与穿孔板的穿孔率、空腔深度及共振频率有关。图表中使用的板厚度为 3/16in（如图 12-22 所示），所绘制的线条与贴面材料相对应。8in 的直线实际上后面有着 $7^3/_4$in 的空腔。（A）厚度为 1in 的贴面材料。（B）厚度为 2in 的贴面材料。（C）厚度为 4in 的贴面材料。（D）厚度为 6in 的贴面材料。（E）厚度为 8in 的贴面材料。

常用的穿孔材料中的穿孔非常多，以至于共振仅发生在高频部分。为了获得低频的吸声效果，我们可以手动进行穿孔。在每隔 6in 的位置，钻一个直径为 7/32in 的孔，其穿孔率约为 1%。当然，如果穿孔率为零，那么该板可以被看成板吸声体。

如图 12-35 所示为穿孔率从 0.18% 变化到 8.7% 的吸声效果，其他结构尺寸不变。在厚度为 5/32in 的夹板上，所有孔的直径为 3/16in，只有在穿孔率为 8.7% 的例子当中孔的直径为 3/4in。穿孔夹板与墙面的距离为 4in，一半的空腔填满了玻璃纤维，另一半为空气。

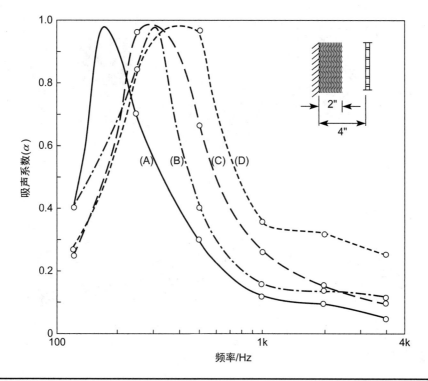

图 12-35　厚度为 5/32in 的穿孔板吸声体，后面有着 4in 的空腔，其内部填充有 2in 厚的岩棉。(A) 穿孔率为 0.18%（B）穿孔率为 0.79%（C）穿孔率为 1.4%（D）穿孔率为 8.7%。岩棉的存在使图 12-34 中的共振频与等式 12-9 的理论值明显不同（数据来源于 Mankovsky）

　　图 12-36 与图 12-35 是一致的，除了穿孔夹板与墙面的距离变为 8in，以及将 4in 厚的玻璃纤维板安放在空腔当中。这种变化实际上拓宽了吸声曲线的峰值。

　　在通常情况下，我们会在穿孔板后的墙体内，增加一些玻璃纤维类的阻尼材料。如果没有这些声阻尼材料，吸声频带会变得非常狭窄。然而，这种尖锐吸声体可以被用来控制房间特定的共振模式，同时对信号及整个房间声学环境有着较小的影响。把一张穿孔板放置在多孔吸声体上，比只有多孔材料增加了低频吸声作用，同时穿孔板或许也减少了多孔材料对高频的吸声作用。

　　表 12-3 列出了 48 种不同空腔深度、孔的直径、板的厚度，以及不同孔间隔穿孔板的共振频率计算。这个表格可以帮助我们对想要的声学环境进行粗略计算。

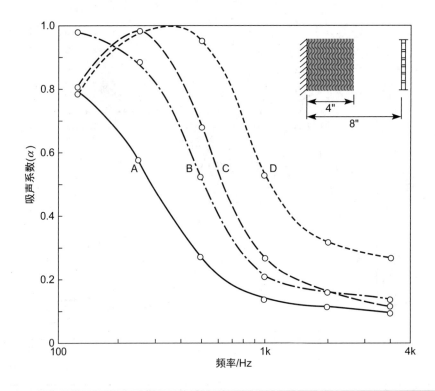

图 12-36　针对图 12-35 所示相同的穿孔吸声板的测量，只是穿孔板后面的空腔增加到 8in，其中空腔的一半用矿物纤维填充。板的厚度为 5/32in。（A）穿孔率为 0.18%；（B）穿孔率为 0.79%；（C）穿孔率为 1.4%；（D）穿孔率为 8.7%（数据来源于 Mankovsky）

表 12-3　赫姆霍兹低频共振吸声体穿孔表面的种类

空腔深度（in）	孔直径（in）	平板厚度（in）	穿孔率	孔间隔（in）	共振频率（Hz）
			1.25	0.991	165
			1.50	0.905	181
			2.00	0.783	209
			3.00	0.640	256
5-5/8	1/4	1/4	0.25	4.43	63
			0.50	3.13	89
			0.75	2.56	109
			1.00	2.22	126
			1.25	1.98	141
			1.50	1.81	154
			2.00	1.57	178
			3.00	1.28	218

12.21 窄槽型吸声体

另一类共振吸声体被称为窄槽型吸声体，它是通过在空腔上方放置间隔紧密的条板来实现的。板条之间缝隙的空气质量，与腔体中空气的弹性组成了一个共振系统，它也可以与赫姆霍兹共鸣器进行类比。通常在板条的后面加入玻璃纤维板，这样可以起到增加阻尼及拓宽吸声频带峰值的作用。板条之间的缝隙越窄、腔体越深，那么它所能吸收的声音频率越低。窄槽型吸声体的穿孔率如图 12-33（C）所示。

窄槽型吸声体共振频率的计算公式为：

$$f_0 = 216\sqrt{\frac{p}{dD}}$$ （12-10）

其中，f_0= 共振频率（Hz）

p = 穿孔率（如图 12-33（C）所示）

D= 空腔深度（in）

d= 条板厚度（in）

12.22 材料的摆放

将吸声材料分散放置或者连续放置，会对吸声作用有着很大的影响（吸声材料的摆放也能提高扩散作用）。如果使用很多种类的吸声体，那么把每种类型的材料分别放置在侧墙、天花板，以及墙角位置是有必要的，这样每种材料都可以影响到三种轴向模式（纵向、横向、切向）。在矩形房间当中，把吸声材料放置在墙角附近，以及沿着房间表面的边沿放置，其吸声效果最佳。在语言录音棚当中，如果要对较高频率声音进行吸声处理，我们应该把吸声材料放置在墙面与头部高度相同的地方。事实上，把材料安装在高墙的较低位置与把相同材料任意放置相比，前者吸声效果是后者的两倍。房间中没有进行声学处理的表面，不要彼此相对。

12.23 赫姆霍兹共鸣器的混响时间

类似赫姆霍兹共鸣器的共振装置，会在它们自身混响时间处产生"回响(ring)"，这会导致音质的变化。对于任何共振系统来说，例如电子系统或者声学系统，它们都有一个与之相关的时间常数。Q 因子（品质因子）描述了谐振曲线的锐利程度，如图 12-37 所示。一旦通过实验的方法获得谐振曲线，那么就可以得到它在 -3dB 点的宽度 Δf。这时系统的 Q 值为 $Q=f_0/\Delta f$，其中 f_0 是系统的谐振频率。在一些研究当中，通过对许多穿孔的及条状赫姆霍兹共鸣器进行测量，我们可以看到 Q 因子可能为 1 或 2，有时会高达 5。表 12-4 中列出了共振吸声体在不同 Q 因子下所对应的混响时间（f_0=100Hz）。

当共振吸声体的 Q 因子为 100 时，我们可能会面临一些问题，即当房间混响为 2.2s 时，共振吸声体重新产生的声音时长超过了 1s。具有这种 Q 因子的赫姆霍兹共鸣器将会是一种非常特别的装置，它可能是用陶瓷做成的。带有玻璃纤维的木质吸声体，会有着较低的 Q 值，所以在它们内部的声音会比录音棚或者听音室本身声音衰减得更快。

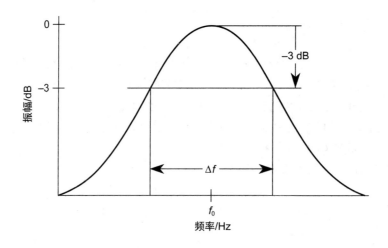

图 12-37　当赫姆霍兹类型吸声体的调谐曲线被确定之后，我们能从 $f_0/\Delta f$ 的表达式当中获得它的 Q 值。对于我们经常遇到的 Q 值来说，这种吸声体的"混响时间"是非常短的

表 12-4　共振吸声体的声音衰减　f_0=100Hz

Q	混响时间（s）
100	2.2
5	0.11
1	0.022

利用吸声体来减少房间模式

　　共振吸声体有着相对较窄的吸声频带，因此它们成为吸收房间内简正频率的理想装置。例如，经过时间 – 能量 – 频率分析的房间，其低频模式结构更加直观，如图 12-38 和图 12-39 所示。在这个例子当中，可以看到 47Hz 处出现能够导致听觉失真的模式，它产生了一个混响拖尾，如图 12-38 最左边所示。我们可以利用共振吸声体来对这部分能量进行衰减，从而让它的表现与房间内其他模式频率相同。

　　具体解决方法是在 47Hz 的高声压区域，放置一个有着较大峰值因子的吸声体。我们可以让音箱发出 47Hz 正弦波来激励房间，同时用声压计来进行测量，这样可以找出 47Hz 的高声压区域。墙角是既方便又有效的位置。图 12-39 展示了使用赫姆霍兹共鸣器前后房间模式频率的变化。

　　图 12-40 所示的共鸣器，可以利用建筑用品商店廉价的混凝土成型管进行制作。把薄木板紧紧固定在管子的两端，PVC 管两端开口，利用其长度变化可以调节所吸收的共振频率。应使用玻璃纤维等吸声材料填充一部分共振腔。

12.24　增加混响时间

　　低 Q 值的赫姆霍兹共鸣器，能够通过增加吸声来缩短混响时间。Gilford 认为，高 Q 值的共鸣器能够通过能量的存储来增加混响时间。为了获得高 Q 值，我们必须要抛弃诸如夹板、颗粒板、Masonite 纤维板，以及其他类似的材料，可以选择如陶瓷、石膏和水泥等材料来建造此类共振吸声体。通过适当地调节共鸣器，我们可以在需要的频率提高混响时间。

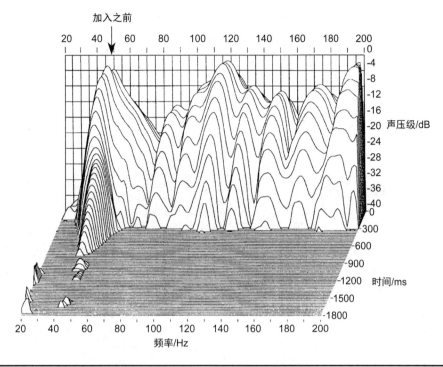

图 12-38　在加入赫姆霍兹共鸣器吸声体之前，小房间声场的低频结构模式

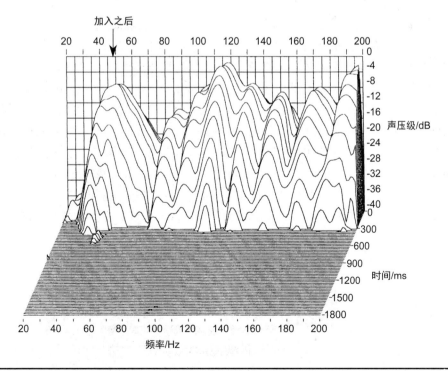

图 12-39　在加入赫姆霍兹共鸣器吸声体之后，小房间声场的低频结构模式

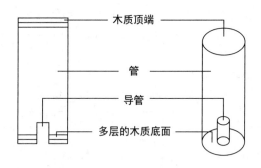

图 12-40　赫姆霍兹吸声体的设计细节

12.25　吸声模块设计

英国广播公司（BBC）开发了一系列吸声模块，我们可以利用它来对小面积的语言录音棚进行声学处理。这些模块已经被应用到很多录音棚当中，同时有着较为满意的声学效果。在这个设计当中，墙面覆盖着标准尺寸的模块，如尺寸为 2ft×3ft，最大深度为 8in。这些模块可以被固定在墙上，它有着整齐的表面，非常像普通房间，或者也可以做成有着格栅布罩的盒子，并规则地安装在墙上。所有模块的外观可以非常一致，但是这种一致仅是表面上的。

这里通常有三或四个不同种类的模块，每一种都有着自己独特的声学特性。图 12-41 展示了仅通过改变标准模块的覆盖材料，所产生的不同吸声特征。模块的尺寸为 2ft×3ft，包含深度为 7in 的空腔及 1in 厚的半刚性玻璃纤维板，密度为 3lb/ft³。宽带吸声体有着较高穿孔率（25% 或者更大穿孔率）的板覆盖，或者不用板覆盖，它对 200Hz 以上的频率产生了完全吸声作用。我们甚至可以利用蛋架型瓦楞纸分隔体对空腔进行隔断，从而阻止不想要的共振模式，以获得更好的低频吸声作用。一个 1/4in 厚，有着 5% 穿孔率的饰面，将会在 300Hz 到 400Hz 范围内产生峰值。一个真正的低频吸声体，可以通过使用低穿孔率（0.5%穿孔率）饰面的方法来获得。如果需要一个普通的模块，我们可以通过在外表覆盖厚度为 3/8in 或者 1/4in 的夹板来获得，这将会在 70Hz 附近产生吸声峰值。使用以上三到四种模块作为声学建筑材料，可以通过确定每个基本模块的数量和分布，来实现想要的声学效果。

图 12-42 展示了一个来自 BBC 的例子，其中墙体被用来作为模块盒子的底部。在这个例子当中，模块的尺寸为 2ft×4ft。这些模块被固定在 2in×2in 的安装架上，并依次固定在墙上。录音棚的墙高 10ft，且长度为 23ft 或者 24ft，我们或许要使用 20 个模块，其中横向有 5 个模块、纵向有 4 个模块。在相对的墙面设置不同的模块是较好的选择。BBC 的经验表明，我们可以通过对不同种类模块摆放来实现充分的扩散。

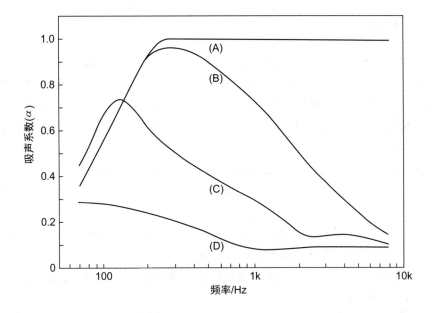

图 12-41　模块化吸声体有 7in 空腔，并在穿孔板之后有着 1in 厚的半刚性玻璃纤维板（密度为 9 lb/ft³～10lb/ft³）。（A）没有任何穿孔板覆盖，或者穿孔率在 25% 以上。（B）5% 穿孔率覆盖。（C）0.5% 穿孔率覆盖。（D）3/4in 的夹板覆盖，实际上成为低频吸声体（数据来自 Brown）

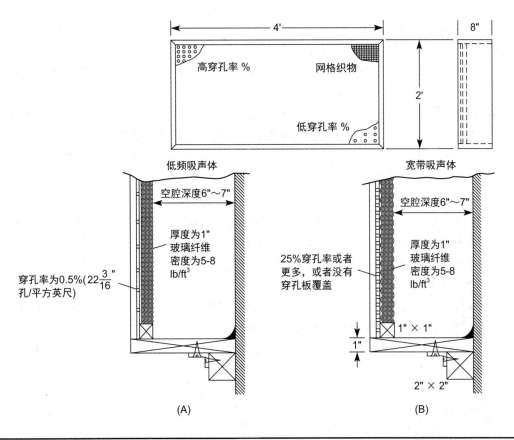

图 12-42　实际吸声体的平面图，它利用墙面作为模块的底部。（A）低频吸声体。（B）宽频带吸声体

12.26　知识点

- 一般有三种类型的吸声体：多孔吸声体、板吸声体和共振吸声体。
- 吸声系数 α 是衡量吸声材料或表面吸声效果的参数。一个完美的吸声体能够 100% 吸收入射的声音，这时吸声系数 α 为 1.0。一个完美的反射表面，其吸声系数 α 为 0.0
- 由材料特定区域提供的吸声量 A，是通过将其吸声系数乘以暴露于声音中的材料面积所获得的。
- 降噪系数（NRC）是 250Hz、500Hz、1000Hz 和 2000Hz 的吸声系数的平均值。
- 有着内部间隙的多孔材料能够吸收中高频率的声音，声能会随着材料之间的摩擦而降低。
- 安装方式对材料的吸声特性有着较大的影响。例如，在吸声材料和安装表面之间保留一定的空隙，能够获得更好的吸声效果。
- 玻璃纤维是一种优良且廉价的吸声材料，玻璃纤维棉和玻璃纤维板被广泛应用在各种声学处理领域。
- 较厚的多孔吸声材料，能够改善对低频声音的吸收能力。当多孔材料放置在距离硬反射表面 $\frac{1}{4}$ 波长（$l/4$），能够获得最大吸声效果。
- 窗帘是一种多孔吸声体。影响其吸声量变化的因素主要包括材料的种类和重量、折叠率以及距离墙面的距离。
- 地毯及其衬底可以在中高频上提供显著的吸声效果。为了防止房间响应的不均衡，我们可以用低频吸声体来补偿。
- 音乐厅内的观众对房间吸声作用影响较大。通常的经验法则是，每个座位上的人，提供在 500Hz 处 5 赛宾的吸声量。
- 对于大房间来说，空气对声音的吸收是较为明显的，它主要集中在 2000Hz 以上的频率。
- 在较低的声音频率下，通过共振吸声体能够有效地对声音进行吸收。
- 在一个板吸声体中，当向空腔内填充多孔材料，如玻璃纤维等，能够增加其吸声效果。
- 多圆柱吸声体能够提供良好的低频吸声和扩散效果。
- 低频陷阱是一种低频吸声装置，它利用大的空腔来吸收低频声音。
- 赫姆霍兹共鸣器使用了空腔来实现吸声用，通常是针对低频部分。为了达到最佳的吸声效果，应当把其放置在模式频率共振的高声压区域。
- 穿孔吸声板是一种共振吸声体。每个孔都充当赫姆霍兹共鸣器的颈部，其后面的空腔部分充当赫姆霍兹共鸣器的空腔。
- 窄槽吸声体是在空腔上安放间隔较密的板条来实现的，槽内的空气质量与腔内空气的弹性，形成了一个类似赫姆霍兹共鸣器的共振系统。
- 共振吸声体具有相对较窄的吸声带宽，因此它们是降低特定模式频率的理想选择。

13

共振模式

在封闭空间当中的声音表现，完全不同于自由声场。在自由声场当中，声音离开声源向外辐射是没有阻碍的，我们很容易确定距离声源任何位置的声压级。在大多数密闭的空间当中，从声源发出的声音会在墙面、地板及天花板的边界处发生反射。因此，在任何一点的声压级都是直达声与反射声之间的叠加。特别是，当共振模式建立起来的时候。在封闭的空间当中，声压级将会随着位置的不同而不同，且会随着频率的变化而变化。这些共振频率及它们所产生的变化，都是封闭空间尺寸的函数。

大多数房间都可以被看成是密闭空间，它们本质上是一个空气的容器。类似地，房间内存在的共振模式，在其所对应频率处会有着能量的聚集，同样，这些共振也会某个频率处产生能量衰减。这些复杂的能量分布存在于整个房间的三维空间当中。许多乐器使用不同的管子进行制造，它们在封闭的空间当中会产生一些共振模式。我们可以通过改变乐器当中的这些共振模式来改变音高。

我们大多数时间都生活在封闭空间当中，因此我们的声学经验会受到这些共振的影响。无论如何，当我们在房间内的时候，房间共振会影响到我们所听到的声音。

13.1　早期实验和实例

Hermann Von Helmholtz 进行了早期关于共振体的声学实验。他所使用的共振体是一组不同尺寸的金属球体，每一个球体都带有瓶颈，这有点像化学实验室中的圆底烧瓶。同时，瓶颈上有一个小的开口，我们可以把自己的耳朵放在上面。不同尺寸的共振体，会在不同频率产生共振，在研究的过程中能够通过对不同共振体声音响度的判断，来估算每个频率能量的大小。

在赫姆霍兹时代之前，就有着很多对这种原理的应用。一千年前，在瑞典和丹麦的教堂墙壁内，就埋有一些共振体，它的开口与墙面齐平，有着明显的吸声效果。在一些现代建筑的内墙中，也会使用一些带有狭缝的水泥砖，其内部产生了封闭的共振腔体。房间内声音能量的吸收，是共振体在某些频率的振动产生的，其中部分声音能量被吸收，部分被再次辐射出来。被辐射出来的声音会向各个方向传播，这就对房间的声场起到了扩散作用。虽然共振体的原理是非常古老的，但是它仍继续应用在一些新的领域。

13.2　管中的共振

图 13-1（A）所示为一根两端封闭的管，可以把它类比成两面相对的墙。这个封闭的管

为我们展示了简单的一维案例。而在矩形房间当中，相对的墙面之间也会受到其他四个面的反射干扰。当我们用某种方式来激励它时，管会在它本身固有频率处发生共振。考虑到声音的波长远大于管的直径，所以声音沿管的长度方向传播。在风琴管的边沿，我们用嘴去吹气，可以让管内的空气振动起来。为了更加准确，我们可以在两端封闭的管中放置一只小音箱。通过音箱重放出来的正弦信号，会随着频率的变化而变化。在音箱对面的管子末端，我们可以钻一个小的听音孔，用来去听音箱所发出的声音。随着音箱重放频率的增加，并与管子的固有频率达到一致时，就会产生明显的共振现象。在频率为 f_1 的位置，从音箱辐射出来的能量明显增强，且我们会在听音孔位置听到较响的声音。此时所对应频率的波长是管长的两倍。随着频率的增加，响度会再次降低，而到频率为 $2f_1$ 的位置，其声音会再次增强。这种声音增强的现象，也会出现在频率为 $3f_1$、$4f_1$ 等所有 f_1 的整数倍位置。

假设我们可以沿着管子的方向测量并记录声压。如图 13-1 所示，C 和 D 显示了三种不同频率处，声压沿管长方向的变化情况。声波传播到右边被反射回来，它与原来声波的相位相反（延时 1/2 个周期），并向左边传播。它们叠加之后会在管子的固有频率，以及整数倍位置产生驻波。这些驻波会在两个反射面之间的某些区域相互抵消（节点），某些区域相互加强（波腹）。我们注意到，封闭管的固有频率 f_n 是由管子的长度所决定的。特别是：

$$f_n = \frac{nc}{2L} \qquad (13-1)$$

其中，n= 整数（$n \geqslant 1$）

L= 管的长度（ft 或 m）

c= 声速（1130ft/s 或 344m/s）

例如，如果密封管的长度为 5ft，基频模态固有频率 f_1 是 1130/10=113Hz。第二模态固有频率 f_2 为（2×1130）/10=226Hz，以此类推。

如图 13-1（B）所示，当声音的频率为 f_1 时，通过小孔插入管内的测量探针将会探测到管中心处 0 声压的位置，以及在管两端的高声压位置。类似的结点（最小值）和波腹（最大值）也可以在频率为 $2f_1$ 及 $3f_1$ 的位置出现，如图 13-1（C）和图 13-1（D）所示。以此类推，其他共振频率将会出现于 f_1 的整数倍。

使用同样的方法，房间的尺寸也决定了它的频率特征，我们可以把它想象为南北方向的管道、东西方向的管道及垂直方向的管道，这些管道分别对应着房间的长度、宽度和高度。换句话说，房间的表现与封闭管的表现相似，只是房间是在三个维度上而已。此外，房间可以展示多于两个反射面的模式种类。

我们还注意到，空气粒子的位移在任何驻波中都是非常明确的，如图 13-1（E）（F）（G）所示。

特别是，在任何一个的质点位移与声压级之间关系是相反的。也就是说，在位移的结点处对应声压的波腹位置，而在位移的波腹处对应声压零点位置。例如，空气质点的位移在管的两端为零。对于最低的模式共振来说 [图 13-1（E）所示]，空气质点的位移在中间是最大的。对于这个模式来说，中间位置到管末端的距离为 $\lambda/4$。同样地，对于任何模式来说，虽然绝对的物理距离各不相同，但是第一个最大质点位移（和最小的质点速度）所对应的位置为 $\lambda/4$。这就解释了为什么在一根封闭的管道或者房间中，我们会把多孔吸声体放置在距离边界 $\lambda/4$ 处有着最佳的吸声效果。

在任何存在墙面反射的房间当中都会产生共振，这会让声音在某些与房间尺寸相关的频率上增强。这些特定频率以外的部分，声音会变得更弱。

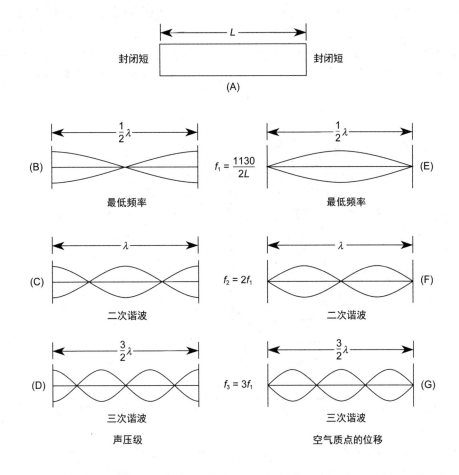

图 13-1　在一个两端封闭的管中，展示了房间中两个相对墙面是如何产生共振的。管的长度（在房间中为墙面之间的距离），决定了共振频率的特征及谐波。（A）两端封闭的管，（B）频率为 f_1 的声压级曲线，（C）频率为 f_2 的声压级曲线，（D）频率为 f_3 的声压级曲线，（E）频率为 f_1 的空气质点位移曲线，（F）频率为 f_2 的空气质点位移曲线，（G）频率为 f_3 的空气质点位移曲线

设想一下，我们置身于图 13-1（D）所示的管道中。当沿着管长的方向行走时，我们将会听到声压的升高和降低。从某种意义上来说，在房间里的人就像置身于一个大的风琴管当中。但是，它们之间有一个重要的区别，即在房间当中的墙面反射是一个三维的系统，而不像风琴管那样仅是一个一维的系统。当房间的墙面发生反射时，它所对应的共振模式频率有些是与房间长度相关，有些与房间宽度相关，还有一些与房间高度有关。在一个立方体的房间当中，这三种模式的相互作用在基础模式频率及其倍数上都会有明显的强化。

13.3　室内的反射

任何人都可以感受到，室内和室外声场的差别。在户外的一个开放的空间中，唯一的反射平面可能是地面。如果它被 1ft 厚的雪覆盖，则成为一个很好的吸声空间，可能很难听与

20ft 以外交谈的声音。而在室内，声音能量会被包围起来，它会产生更强的声音效果。在礼堂里，反射面的存在可以使演讲者在没有扩声系统的情况下，让数百人听到自己的声音。

考虑一下来自一面墙的声音反射。在图 13-2 中，一个点声源 S，它到刚性墙的距离是已知的。球形波阵面（实线，向右传播）被这个表面反射回来（虚线所示）。在图中，反射声波向左传播，这就好像有另一个相同的点声源 I 在发出的声音，其中声源 I 和 S 有着到反射面相同的距离。这是一个包含着声源、声像及反射面的简单例子，而所有这些都是在自由声场的环境产生的。

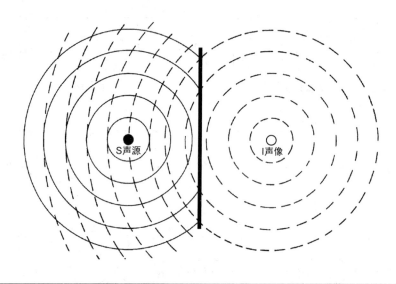

图 13-2　由点声源 S 所辐射的声音被刚性墙面反射回来。反射声波可以看成是来自声像 I，它是声源 S 的镜像声源

现在设想一下，我们把图 13-2 所示的独立反射面作为矩形房间的东墙，如图 13-3 所示。声源 S 在房间的东墙仍旧有它的声像，现在标记为 I_E。在其他反射面也有类似的声像，I_N 是 S 在北墙反射面上的声像，I_W 是声源在西墙反射面上的声像，I_S 是南墙反射面上的声像。我们也可以想象出地板的声像 I_F，以及天花板的声像 I_C。与声源 S 相似，这六个声像也会向房间内部辐射声音。由于反射面的吸声作用，它们对房间内点 P 处的作用会稍微弱一些，但是所有这些声像都会对 P 点产生作用。

这也有经过多个表面反射的声像。例如，声像 I_{NS} 为声音离开 S 从北墙反射，然后再反射到南墙所产生的。类似地，其他表面也会产生相同的多次反射。并且这个过程会一直继续，例如，从北到南再到北，永无止境地来回反射。最后，其他声音或许会在其他不同的角度反射，例如，在东、南、西、北当中的每一面墙上跳跃。

经过多次表面的反射之后，声音的能量会减少到一个可以忽略的程度。无论如何，在房间内点 P 处的声场是由声源 S 及它的所有声像的矢量和来决定的。也就是说，在 P 点处的声音，它是由来自 S 的直达声与单个或者多个来自房间内 6 个表面的反射声叠加而成的。

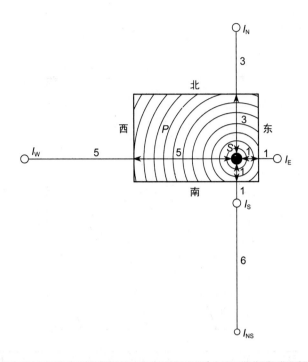

图 13-3 在一个封闭的空间当中，声源 S 有 6 个主要的声像，它们分别位于封闭空间的 6 个表面。通过多次反射能够产生无数个其他声像，且反射声来自多个表面。在点 P 的声压是由来自 S 的直达声叠加上所有声像所贡献的声音而最终确定的

13.4 两面墙之间的共振

图 13-4 展示了两个相互平行无穷大的反射墙面。当音箱向外辐射声音时，它会对两个墙之间的空间产生激励作用，这个墙 – 空气 – 墙之间的系统，在频率 f_1=1130/2L 或 565/L 处产生共振，其中，L= 两个墙面之间的距离（ft），声波的速度为 1130ft/s。f_1 被认为是两个反射墙面之间的固有频率，它伴随着一系列的模式共振。因此，类似的共振现象会发生在整个频谱当中，这包括 2f_1，3f_1，4f_1，……。各种名称被应用在这些共振当中，包括驻波、房间共振、本征音、下限频率、固有频率和简正模式。当增加两对相互垂直的墙面后，就形成一个矩形的密闭空间，这会增加两个共振系统，它们都有着自己的基频及一系列的模式频率。

事实上，情况要复杂得多。到目前为止，我们仅讨论了轴向模式，在每个矩形房间当中，有三个轴向模式，并且每个轴向模式具有一系列的简正模式。轴向模式是由两个相互平行墙面之间的反射所产生的，切向模式是由四个墙面之间的反射所产生的，斜向模式是由房间内六个表面之间的反射所产生的。如果轴向模式的相对电平为 0dB，那么切向模式的电平为 –3dB，而斜向模式的电平为 –6dB。在实际中，墙的表面将会对任意特定模式产生较大影响。这三种类型的模式如图 13-5 所示。

以上我们所提供的示意图只是为了表述清晰，而它们是缺乏严谨性的。在这些示意图当中，声线遵循入射角等于出射角的规则。对于较高的声音频率来说，这种声线概念是非常有用的。然而，当封闭空间的尺寸与声波的波长相当时，这种方法出现了问题。例如，在一间长度为 30ft 的录音棚当中，它的长度仅是 50Hz 声波长度的 1.3 倍。在这种情况下，声线法

209

失去了作用，我们将会使用波动声学的方法来对其进行分析。

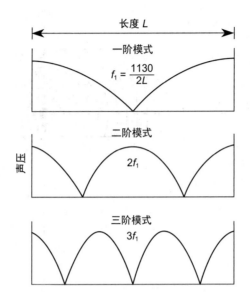

图 13-4　在两个平行反射墙面之间的空腔，可以被看成一个共振系统，它的共振频率为 f_1=1130/2L。这个系统也在频率 f_1 的整数位置发生共振

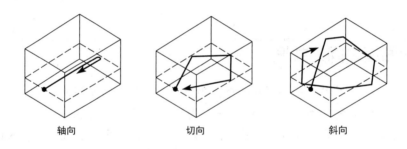

图 13-5　利用声线概念所展示的轴向、切向和斜向房间模式的可视化图形

13.5　频率范围

　　当我们用声波波长来进行衡量时，人们可以听到的频率范围是非常广泛的。16Hz 通常被认为是人能感知的平均低频下限，它的波长为 1130/16=70.6ft。而人耳的听力上限，约为 20kHz，它的波长为 1130/20000=0.056ft（0.7in）。声音的表现在很大程度上受到声音波长与所遇物体之间相对尺寸的影响。在一个房间当中，波长为 0.7in 的声音在经过几英寸不规则墙面时，会表现出明显的扩散。而这种尺寸的不规则表面，对于波长为 70ft 的声音来说其扩散作用就比较差。对于声学问题分析来说，没有任何一种单一的分析方法能够涵盖波长如此宽的范围。

　　考虑到小房间的声学情况，在可闻频率范围内大致可以分为四个区域，分别为 A、B、C、D，如图 13-6 所示。房间的尺寸决定了我们如何来划分声音的频率范围，从而对房间声学问题进行分析。由于在较小房间内的共振模式较少，模式频率之间的间隔很大，故很大一部分的可闻频率会受到模式频率的影响。

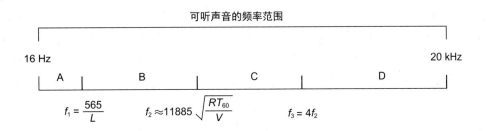

图 13-6　当处理封闭空间内的声学问题时，我们可以把可闻频率范围分成 A、B、C、D 四个部分，分别用频率 f_1、f_2、f_3 来描述。在区域 A 中没有模式频率的提升。在区域 B 中波动声学占主导地位。在区域 C 是一个过渡区域，其中衍射和扩散共同起着主导作用。在区域 D 中，镜面反射和几何声学起主要作用

区域 A 是一个非常低的频率范围，它在 565/L 以下，其中，L 是房间的最长尺寸。在这个最低轴向模式频率之下，房间中是没有声音共振的。这并不意味着房间内不存在如此低的声音频率，只是说它不受房间共振的增强，因为在那个频段没有模式频率出现。

区域 B 可以看作是房间尺寸与波长相当的区域。它与最低轴向模式 565/L 临近。该区域的频率上限没有被定义，但是我们可以从以下公式当中获得截止频率或交叉频率的近似值：

$$f_2 \approx 11885\sqrt{\frac{RT_{60}}{V}}$$
（13-2）

其中，f_2= 交叉（或者截止）频率（Hz）

RT_{60}= 房间的混响时间（s）

V= 房间容积（ft³）

注：在一些文献中，公式中的常数为 11250。

区域 C 是一个在区域 B、D 之间的过渡区域，其中在 B 区域我们通常利用波动声学理论，而在区域 D 通常使用几何声学进行分析。它的低频近似为截止频率 f_2，上限频率 $f_3=4f_2$。我们对这个区域的分析更加困难，因为该区域所对应的声波波长，用于几何声学，显得太长，而用于波动声学，又显得太短。

区域 D 描述了 f_3 以上的频率区域，它涵盖了更高的声音频率，在此区域中几何声学完全适用。镜面反射（入射角等于出射角）及声线法会占主导地位。在这个区域内使用统计分析的方法通常也是可行的。

总之，作为一个例子，假设房间的尺寸为 23.3ft×16ft×10ft，其容积为 3728ft³，混响时间为 0.5s。区域 A 在 565/23.3=24.2Hz 以下，在这个区域房间内没有声音共振的提升。区域 B 为 24.2~130Hz，通常使用波动声学法来对共振模式进行分析。区域 C 是 130~520Hz（4×130），它是一个过渡区域。区域 D 在 520Hz 以上，其模式密度非常大，统计学占主导地位，也可以使用一些几何声学的方法。

13.6 房间模式等式

对于一个矩形封闭体来说，我们可以使用波动方程式来对房间的模式频率进行计算。房间的几何结构，如图13-7所示，它是一个房间内的三维空间，x、y、z轴之间相互垂直。为了简便，把最长的尺寸 L（房间的长度）放置在 x 轴，次长的尺寸 w（宽）放置在 y 轴，且最小的尺寸 H（高）放置在 z 轴。其目的是计算出矩形密闭空间模式所对应的下限频率（Permissible Frequencies）。我们所使用的房间模式等式，首先是由 Rayleigh 提出来的：

$$频率 = \frac{c}{2}\sqrt{\frac{p^2}{L^2} + \frac{q^2}{W^2} + \frac{r^2}{H^2}}$$

（13-3）

其中，L、W、H= 房间长、宽和高（ft 或者 m）

p、q、r= 整数 0、1、2、3…

c= 声速（1130ft/s 或 344m/s）

这个等式给出了矩形房间内每个轴向、切向和斜向模式的频率。当房间 L、W、H 确定之后，整数 p、q 和 r 是仅有的变量。只有当 p、q 和 r 是整数（或零）时，所对应的房间模式是存在的，因为在这种情况下会产生驻波。当基频（与1相关）、第二模式（与2相关）、第三模式（与3相关）等被引入时，存在许多整数组合。

这些整数被用来确定房间模式是轴向、切向还是斜向，它也确定了房间的模式频率。轴向模式有两个零，如（1，0，0）或者（0，0，3）；切向模式有一个零，如（1，1，0）或者（0，3，3）；斜向模式没有零，如（1，1，1）或者（3，3，3）。此外，模式的数字表明了对应频率的倍数。例如，轴向模式（0，2，0）和（0，0，2）所对应的频率分别是模式（0，1，0）和（0，0，1）的整数倍，它们之间的频率是两倍的关系。类似地，更大的整数值描述了基频模式更高的倍数。对切向模式及斜向模式的描述也是用相同的方法。

如果当 p=1，q=0 和 r=0 时，其模式为（1，0，0），它所对应宽和高的模式消失了，对应等式变为

$$频率 = \frac{c}{2}\sqrt{\frac{p^2}{L^2}} = \frac{c}{2L} = \frac{1130}{2L} = \frac{565}{L}$$

（13-4）

这是一个与房间长度对应的轴向模式。我们发现它与封闭管道的模式方程相同。同时，也可以把宽度的轴向模式（0，1，0）和高度的轴向模式（0，0，1）代入对应的尺寸，来进行类似的计算。

一个房间的相对尺寸关系决定了它的模式响应和适宜的尺寸。在一个矩形房间当中，如果长、宽、高之间有两个或三个完全相等，或者它们彼此之间成整数倍关系，那么房间的模态频率会重合，导致在这些模态频率会产生峰值，而其他频率会产生谷值。例如，如果一个尺寸为 10ft×20ft×30ft（高、宽、长）的房间，在三个轴向将会产生的模式频率为 56.5Hz、113Hz、169.5Hz、226Hz、282.5Hz、339Hz 等。这些重合的频率，称为简并频率，将导致较差的房间频率响应和不均匀的能量分布。正如我们将要看到的那样，通过仔细地选择房间尺寸比例，可以在很大程度上改善房间的模式响应。在这个例子中可以看到，1:2:3 的房间比例是一个比较差的选择。

13.6.1 房间模式的计算案例

我们可以通过一个例子，来对房间模式的计算等式［式（13-3）］进行展示。一个房间的尺寸如下：长度 L=12.46ft，宽度 W=11.42ft，平均高度 H=7.90ft（天花板实际上沿着房间的长度方向倾斜，一端高度为 7.13ft，另一端为 8.67ft）。将 L、W 和 H 的值与整数 p、q 和 r 的组合一起代入到等式中。请注意，该房间不是一个矩形的平行六面体，而房间模式方程的计算默认为平行六面体。对于以下的计算，我们使用平均天花板高度来进行，实际上，这将在计算结果中产生一定的误差。

表 13-1 以频率升序方式列出了此房间的模式频率。它显示了 p、q、r 的不同组合所对应的模式频率。此外，在每个模式当中，通过 p、q、r 中零的数量，来判断该模式为轴向、切向还是斜向的。最低的房间模式频率为 45.3Hz，它是（1，0，0）的轴向模式，与房间的长度 L 有关，在此频率之下的声音是没有得到提升的。模式 7 为（2，0，0）模式，它是与长度 L 相关联的第二个轴向模式，所对应频率为 90.7Hz。以相同方法，可以看到模式 17 为（3，0，0）模式，它是与长度 L 有关的第三个轴向模式，模式 36 是第四个与长度 L 有关的模式。

轴向模式及它们之间的间隔已经在录音棚的设计当中进行了仔细研究。轴向模式之间的间隙过大会导致低频响应的不均匀。然而，房间声学比轴向模式有着更多的影响。如表 13-1 所示，轴向模式频率之间存在许多切向和斜向模式也会造成一定的影响，虽然这个影响相对较弱。

房间模式不仅是理论上的，事实上，它们在一个房间的低频响应当中起着主导作用，在这个房间里的模式频率间隔越大，越容易被听到。这种影响是非常容易展现出来的，如果利用音箱来对模式频率（如一个房间中 136Hz 处的正弦波）进行重放，在房间内沿着房间长度方向走动的听音者可以清晰地辨析有着大声压级的波腹位置及较小声压级的结点位置。这取决于房间的模式，我们可以沿着房间长、宽、高或者它们的组合方向移动，听到声音响度的增加或降低。或者，如果听音者坐在一个固定位置，我们可以利用正弦信号发生器扫描低频范围，即使音箱的频率响应是平直的，由于房间模式的存在，我们也会听到不同频率声音的响度变化。此外，坐在另一个位置的听众会听到不同的响应。

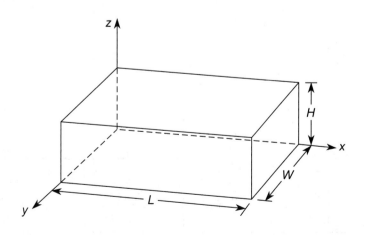

图 13-7　为了计算房间的模式频率，我们分别把矩形房间的长 L、宽 W 和高 H，对应到 x、y 和 z 轴上

设想一下，如果把声源放置在结点位置，那么将会发生什么事情？声压将会在该结点所对应的模式频率上明显减少。又或者一位混音师坐在房间模式的波腹位置，这里将会对模式频率处的声音有所增强。房间模式能够在很大程度上对房间的频率响应造成影响，这取决于声源和听音者在房间内的位置。

13.6.2　验证实验

表 13-1 中所列模式频率，在很大程度上决定了房间的频率响应。我们可以用正弦扫频传输实验，来对模式频率的作用进行评估。实际上，这就是在测量房间的频率响应。我们知道所有的模式都会在房间的角落处终结，我们把音箱（JBL 2135）放置在一个较低的墙角位置，同时把话筒放置在对角线上较高的墙角位置。这时音箱被一个缓慢的正弦扫频信号（10~250Hz）所激励。该信号的房间响应被话筒记录下来，所得到的轨迹如图 13-8 所示。

表 13-1　模式频率的计算（房间尺寸：12.46ft×11.42ft×7.90ft）

模式数量	模式频率（Hz）	整数 p,q,r	轴向	切向	斜向
1	45.3	1,0,0	X		
2	49.5	0,1,0	X		
3	67.1	1,1,0		X	
4	71.5	0,0,1	X		
5	84.7	1,0,1		X	
6	87.0	0,1,1		X	
7	90.7	2,0,0	X		
8	98.1	1,1,1			X
9	98.9	0,2,0	X		
10	103.3	2,1,0		X	
11	108.8	1,2,0		X	
12	115.5	2,0,1		X	
13	122.1	0,2,1		X	
14	125.6	2,1,1			X
15	130.2	1,2,1			X
16	134.2	2,2,0		X	
17	136.0	3,0,0	X		
18	143.0	0,0,2	X		
19	144.8	3,1,0		X	
20	148.4	0,3,0	X		
21	150.1	1,0,2		X	
22	151.4	0,1,2		X	

模式数量	模式频率（Hz）	整数 p,q,r	轴向	切向	斜向
23	152.1	2,2,1			X
24	153.7	3,0,1		X	
25	155.2	1,3,0		X	
26	158.0	1,1,2			X
27	161.5	3,1,1			X
28	164.8	0,3,1		X	
29	168.2	3,2,0		X	
30	169.4	2,0,2		X	
31	170.9	1,3,1			X
32	173.9	0,2,2		X	
33	173.9	2,3,0		X	
34	176.4	2,1,2			X
35	179.7	1,2,2			X
36	181.4	4,0,0	X		
37	182.8	3,2,1			X
38	188.0	4,1,0		X	
39	188.1	2,3,1			X
40	195.0	4,0,1		X	
41	196.2	2,2,2			X
42	197.4	3,0,2		X	
43	197.9	0,4,0	X		
44	201.2	4,1,1			X
45	201.3	3,3,0		X	
46	203.0	1,4,0		X	
47	203.5	3,1,2			X
48	206.1	0,3,2		X	
49	206.6	4,2,0		X	
50	210.4	0,4,1		X	
51	211.1	1,3,2			X
52	213.7	3,3,1			X
53	214.6	0,0,3	X		
54	215.3	1,4,1			X

续表

模式数量	模式频率（Hz）	整数 p,q,r	轴向	切向	斜向
55	217.7	2,4,0		X	
56	218.6	4,2,1			X
57	219.3	1,0,3		X	
58	220.2	0,1,3		X	
59	220.8	3,2,2			X
60	224.8	1,1,3			X
61	225.2	2,3,2			X
62	226.7	5,0,0	X		
63	229.1	2,4,1			X
64	231.0	4,0,2		X	
65	232.1	5,1,0		X	
66	232.9	2,0,3		X	

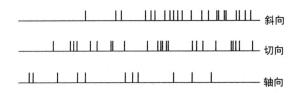

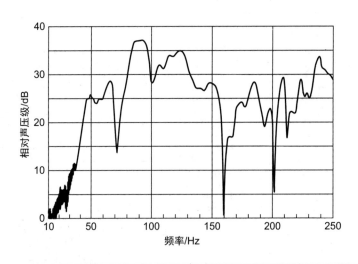

图 13-8　表 13-1 所列测试房间的正弦扫频信号。图中标明了每一个轴向、切向和斜向模式频率的位置

　　我们已经了解了六面墙壁都很坚硬的混响室内每个模式的作用。在这种情况下，那些主要的模式响应像钉子一样尖锐。图 13-8 记录的实际房间不是混响室，它的墙面是覆盖有石膏板的框架结构，地板是由地毯覆盖的夹板所组成的，同时门的大小几乎覆盖一面墙。房间内有大窗户，墙面上挂有图片，还有一些家具。很明显，这是一个吸声相当好的房间。在

125Hz 处，它的混响时间为 0.33s。这个房间非常接近录音棚和控制室，而不是混响室，这就是我们选择它作为例子的原因。

在 45.3~232.9Hz 的频率响应当中，有着 12 个轴向模式、32 个切向模式，以及 22 个斜向模式，在该范围内的房间响应是所有 66 个模式共同作用的结果。如图 13-8 所示，如果我们试图把房间内的峰值和谷值与其轴向、切向和斜向模式进行对应，结果可能是令人失望的。房间响应可以归因于模式本身及模式之间的相互作用。例如，间隔较近的几个模式，可以认为对房间响应起到加强作用（如果它们之间是同相位的），或者减弱作用（如果它们之间是反相位的）。实际上，正如我们将会看到的那样，这将需要更多的分析来完全理解房间的模式响应。

由于这三个较深谷值的形状非常窄，所以它们从音乐或者语言当中所带走的能量是有限的。如果我们忽略了这些波谷，那么剩余的波动显得更加合理。这种剧烈的波动是稳态扫描正弦传输测试的特征，即使在精心设计的录音棚、控制室和听音室当中都会出现。我们的耳朵通常也会接受这种偏差。一个空间的模式结构总会产生这种波动现象。然而，到目前为止我们更多考虑的是声学特性而不是稳态响应。

13.7　模式衰减

图 13-8 所示的稳态响应，仅表现出一部分问题。我们的耳朵对瞬态作用是非常敏感的，同时语言和音乐几乎完全是由瞬态信号组成的。混响的衰减是一种比较容易测量的瞬态现象。当语言或者音乐这种频带较宽的声音对房间进行激励时，我们的关注点会集中在模式的衰减上。45.3~232Hz 频段的 66 个模式形成了该频率范围内房间混响的微观结构。通常的混响是按照倍频程来进行测量的。我们所关心的倍频程带宽，如表 13-2 所示。

因此，每个倍频程混响的衰减，都包含了许多模式衰减的平均值，但是我们可以通过对单个模式衰减的理解，来解释倍频程带宽的声音衰减。倍频程的中心频率越高，它所包含的模式数量越多。

所有的模式不会以相同的斜率进行衰减。它的衰减取决于房间内吸声材料的分布。所测房间中的地毯对（1,0,0）或者（0,1,0）的轴向模式是不起作用的，因为以上两个轴向模式仅包含墙面之间的相互作用。在斜向和切向模式当中，由于包含了更多的表面，会比轴向模式有更快的衰减。另外，轴向模式的吸声作用会比切向模式以及斜向模式更大一些，这是由于前者是垂直入射比后者有着较低的入射角度。

房间中对于混响衰减的测量是利用正弦波激励来完成的，如图 13-9 所示。单个模式的衰减会产生平滑的对数曲线。在 240Hz 的双斜率衰减是非常有趣的，因为起初斜率有着较小的数值（0.31s）这或许是由包含较多吸声的模式所主导，而后面是由其他有着较少吸声的模式主导所造成的。

通过表 13-1 来识别这些模式是比较困难的，虽然你或许希望在 214.6Hz 的轴向模式衰减较为缓慢，而接近 220Hz 的模式群组有着较大的衰减。通常情况下它会激励周边模式产生振动，然后在它们的固有频率处产生衰减。

表 13-2　在倍频程中的模式数量

范围		模式数量		
倍频程（Hz）	−3dB 点（Hz）	轴向	切向	斜向
63	45~89	3	3	0
125	89~177	5	15	8
250	177~233	4*	14*	14*

* 部分倍频程

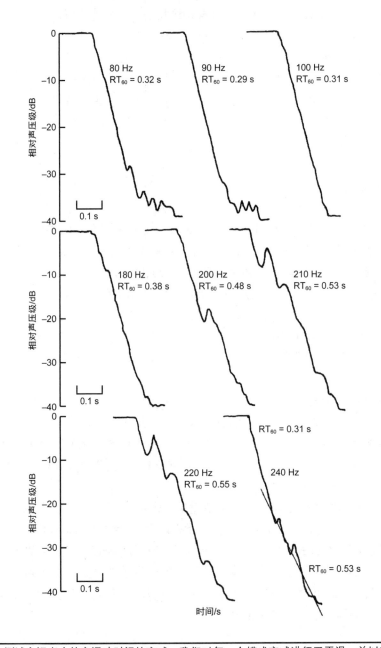

图 13-9　一个测试房间当中纯音混响时间的衰减。我们对每一个模式衰减进行了平滑，并以对数形式表示。两个相邻模式之间的拍频，导致了不规则的衰减。240Hz 的双斜率特征显示出，对于前 20dB 来说单一的平滑衰减起主要地位，而在此之后，一个或多个轻微的吸声模式起主要作用

图 13-10 显示了使用倍频程粉红噪声所测得的结果。125Hz 倍频程的窄带噪声（0.33s）和 250Hz 倍频程的窄带噪声（0.37s），它们的衰减是许多模式衰减的平均值，我们或多或少可以认为它是这个频率范围的"真"值。然而，在通常情况下，每个频带的衰减需要具有统计意义。该房间混响时间测量的结果，如表 13-3 所示。

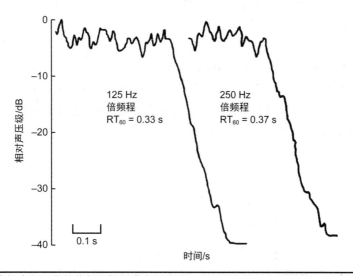

图 13-10　在测试房间中所记录的倍频程粉红噪声混响时间的衰减曲线。中心频率为 125Hz 和 250Hz 倍频程的衰减，显示出在这些倍频程当中所有模式衰减的平均

表 13-3　测试房间所获得的混响时间

频率（Hz）	平均混响时间（s）
80	0.32
90	0.29
100	0.31
180	0.38
200	0.48
210	0.53
220	0.55
240	0.31 和 0.53（双斜率）
125Hz 倍频程噪声	0.33
250Hz 倍频程噪声	0.37

13.8　模式带宽

简正模式决定了房间的共振。每个简正模式都存在着如图 13-11 所示的共振曲线。带宽被定义为在共振峰的两侧功率衰减一半（-3dB）的点所对应的宽度。每个模式都有一个带宽，表示为：

$$带宽 = f_2 - f_1 = \frac{2.2}{RT_{60}} \qquad （13-5）$$

其中，f_1 和 f_2 是共振峰衰减 -3dB 所对应的频率，单位为 Hz

$RT_{60}=$ 混响时间，单位为 s

从以上公式可以看到，带宽与混响时间成反比。也就是说，房间混响时间越短，共振曲线的带宽越宽。在电子线路当中，调谐曲线的尖锐程度取决于电路的电阻。电阻越大，调谐曲线的宽度越宽。在房间声学当中，混响时间取决于吸声量（电阻）。我们也可以把它进行类比：吸声量越多，混响时间越短，且共振模式越宽。为了便于参考，表 13-4 列出了一些带宽数值与混响时间之间的关系。

图 13-12 展示了，图 13-8 中 40~100Hz 的细节部分。在这个频率范围内，表 13-1 所列出的轴向模式被展示出来，它在 –3dB 位置有着 6 Hz 的带宽。轴向模式峰值处的参考电平为零。切向模式仅有轴向模式一半的能量，所以它们的峰值被画在轴向模式峰值以下 3dB（10lg0.5）处。斜向模式仅有轴向模式 1/4 的能量，所以 98.1Hz 的斜向模式峰值在轴向模式峰值以下 6dB（10lg0.25）处。

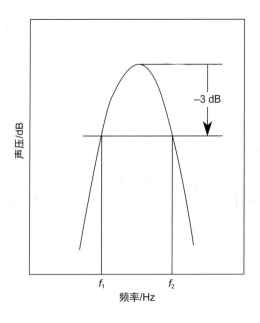

图 13-11　每个房间模式具有一个有限的带宽。这种带宽通常是以衰减 –3dB 的点所对应的频率来衡量的。房间有着越多的吸声，其对应带宽越宽

表 13-4　模式带宽

混响时间（s）	模式带宽（Hz）
0.2	11
0.3	7
0.4	5.5
0.5	4.4
0.8	2.7
1.0	2.2

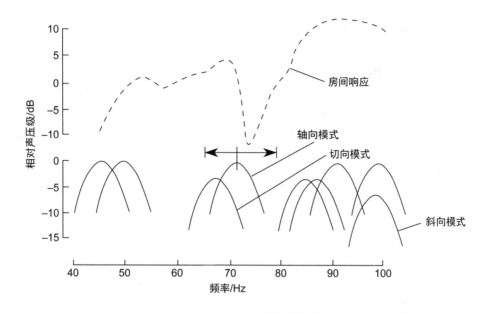

图 13-12　测得的正弦扫频响应与计算出来的模式频率之间的关联。具体展示了图 13-8 中 40~100Hz 的房间响应，并对应画出了轴向、切向和斜向模式。

普通房间的模式带宽约 5Hz，这意味着有着较短混响时间的房间内的相邻模式会叠加在一起，这也是我们所希望的。随着临近模式之间共振曲线边沿的重叠（如图 13-12 所示标记的轴向和切向模式），在共振频率处激励房间的一个模式也将会对其他模式起到激励作用。当第一个激励频率消失时，在其他模式中储存的能量会在自己的频率处衰减。在它们衰减的过程中将会产生拍频。如图 13-9 所示，80Hz、90Hz 及 100Hz 处的模式，有着非常均匀的衰减，这是由于邻近模式被完全移除，没有受到拍频的影响。

被测房间（如图 13-12 所示）的整个频率响应，是由表 13-1 所列出的各种模式共同组成的。我们能否用轴向模式、切向模式和斜向模式的共同作用来对这个频率响应进行解释？对于 80~100Hz 的房间响应的 12dB 峰值，我们可以通过把两个轴向模式、两个切向模式，和一个斜向模式合并起来去解释，这看上去是合理的。在 50Hz 以下的衰减，以及 74Hz 处的 12dB 波谷都是由音箱的频率响应造成的。

71.5Hz 处的轴向模式是带有倾斜天花板的被测房间的垂直模式。平均高度所对应的频率是 71.5Hz，但是在较低的天花板板处对应的频率为 79.3Hz，而在较高天花板一端对应的频率为 65.2Hz。这种模式频率的不确定，在 71.5Hz 的模式上（如图 13-12 所示）用双箭头标识。如果这种不确定的轴向模式向较低频率轻微移动，能够更好地解释响应中 12dB 波谷的问题。看起来在响应中的波谷应该在 60Hz 附近，但是在那里没有任何东西被发现。

虽然在这个被测试的房间当中，通过实验的方法我们验证了房间模式诸多理论内容，然而更重要的是它展示了许多有用的实际经验。首先，该房间不是在基础等式模型当中所假设的矩形平行六面体。其次，当通过合并各个模式的作用来获得整个响应时，必须考虑相位问题，这些分量必须是幅度和相位的矢量组合。最后，更加重要的一点是，每个模式不是完全固定的，它们的幅度会从零开始不断变化，这取决于它在房间中的位置。在房间中单个点的声压会随着其位置的不同而变化，同时我们不能通过简单叠加所有房间模式来获得该点处的整体模式。例如，在任意一点，一个模式能够是零或者最大值。房间响应应当被看作分布在房间物理维度上的组合模式响应，就像下面将要讨论的一样。

13.9 模式的压力曲线

　　房间的模式特征产生了非常复杂的声场。为了阐明这个声场，我们可以用声压分布图来展示。图 13-1 所示一维的风琴管与图 13-13 所示三维房间的轴向模式（1,0,0）类似。在房间末端附近的声压较高（1.0），而沿房间中心位置的声压为零。图 13-14 展示了只有轴向模式（3,0,0）被激励时的声压分布。在这种情况下，声压的结点和波腹都是直线，如图 13-15 所示。

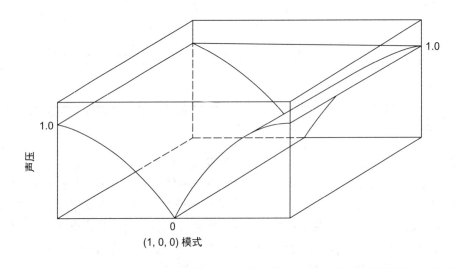

图 13-13　房间内（1,0,0）轴向模式的声压分布。在房间中心位置的垂直平面上声压为零，而在房间的两端声压最大。这可以与图 13-1 所示封闭管的频率 f_1 进行比较

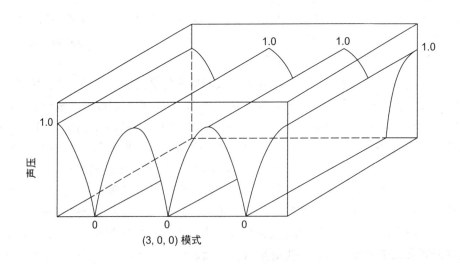

图 13-14　在房间中，轴向模式为（3,0,0）的声压分布

声压

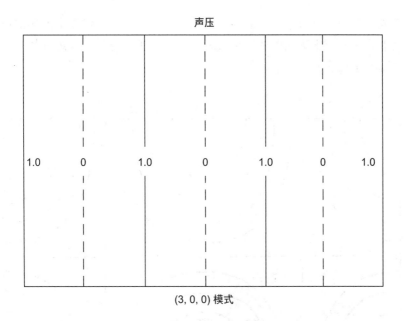

(3, 0, 0) 模式

图 13-15　针对（3,0,0）的轴向模式，穿过矩形房间截面的声压等高线

对于较高阶的模式来说，绘制整个房间的声压分布三维图变得更加困难，但是我们试图在图 13-16 展示出斜向模式（2，1，0）的三维分布。从图中可以看到，房间的每个角落位置都有着声压的最大值，并且在房间的边缘也有两个最大值。图 13-17 显示了压力等高线。在声压最大值之间纵横交错的虚线，标志着零压力区域。

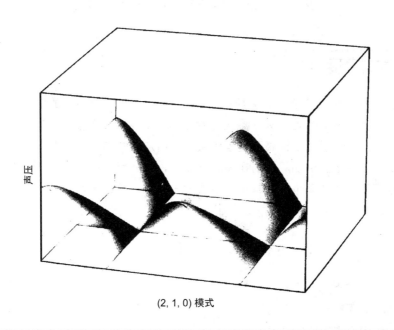

(2, 1, 0) 模式

图 13-16　在矩形房间中，切向模式（2,1,0）下的三维声压分布（Bruël & Kjaer 乐器公司）

想象一下，如果房间所有的模式同时被激励，或被强度不断变化的语言或音乐激励，那将是一个多么复杂的声压特征。图 13-17 所示的曲线展示了房间角落位置的最大声压。对于

所有的模式来说，这些最大值总是出现在房间的角落位置。为了激励房间内的所有模式，把声源放置在角落处是一个正确的做法。相反地，如果你想测得房间内所有模式，那么把话筒放置在墙角位置也是正确的。

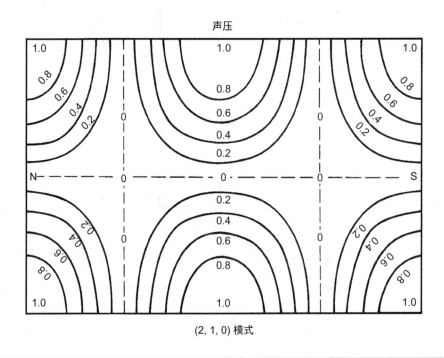

图 13-17　针对（2,1,0）的切向模式绘制的图 13-16 所示的矩形房间声压等高线

13.10　模式密度

模式密度会随着频率的增加而增加，如表 13-1 中，在 45~89Hz 的倍频程内，仅出现了 6 个模式频率，但在下一个更高频率的倍频程中包含有 28 个模式。即使在 200Hz 以下非常有限的低频范围，也可以看到模式密度是随频率的增加而增加的。如图 13-18 所示，在较高频率处的模式密度会迅速增加。大约在 300Hz 以上，模式之间的频率间隔变得非常小，从而房间响应随频率的变化波动也越来越小。下面的方程可用于确定，给定中心频率处固定带宽内的模式数量：

$$\Delta N = \left[\frac{4\pi V f^2}{c^3} + \frac{\pi S f}{2c^2} + \frac{L}{8c} \right] \Delta f \qquad (13-6)$$

其中，ΔN= 模式数量

　　　Δf= 带宽（Hz）

　　　f= 中心频率（Hz）

　　　$V=(l_x l_y l_z)$ = 房间容积（ft³）

　　　$S=2(l_x l_y + l_y l_z + l_x l_z)$ = 房间表面积（ft²）

　　　$L=4(l_x + l_y + l_z)$ = 房间边长总和（ft）

c= 声速（1130ft/s）

这个公式显示了在给定带宽下的模式密度，会随着频率的增加而增加。同样地，模式密度随着房间尺寸的增大而增加。在大房间中，除了极低的频率外，模式密度相对较高，因此房间模式的作用没有那么重要。小房间和大房间的截止频率，都能够通过施罗德等式进行计算：

$$f_c = 11885\sqrt{\frac{RT_{60}}{V}}$$ （13-7）

其中，f_c= 截止频率（Hz）

$\quad$ RT_{60}= 混响时间（s）

$\quad\quad$ V= 房间容积（ft^3 或 m^3）

注：使用公制单位计算时，把 11885 改为 2000。

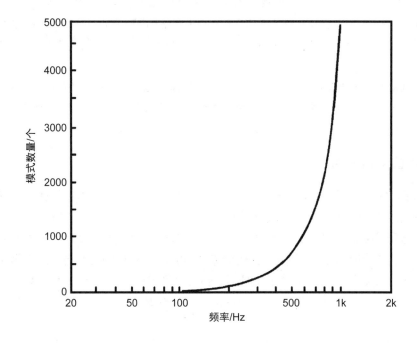

图 13-18　模式数量随着频率的增加而增加

13.11　模式间隔和音色失真

音色失真是声音信号在频率响应上的异常所导致的，有些音色失真是可以被听到的。从听音室到音乐厅，音色失真会对有声学有要求的房间造成影响。我们的任务是从房间内数百个模式频率中，找到那些可能被听到的音色失真。

音色失真会对录音或其他重要工作产生较大的影响。一个落在较宽模式频带的音符或许会非常弱，且它会比其他音符消失得更快。就好似那个特别的音符听起来在户外，而其他音符都听起来是在室内。

模式之间的频率间隔是一个非常重要的因素。在图 13-6 中的 D 区域中，小房间的模式频率非常接近，因此它们趋向有益的合并。而在区域 B 和 C 中，约在 300Hz 以下区域，模式之间的频率间隔较大，在这个区域内可能会有更多的声学问题。为了避免音色失真，模式之间既不能间隔太远，也不能彼此简并。

在音色失真之前，模式频率之间多大间隔是合适的呢？ Gilford 阐述了他的观点，当两个相邻轴向模式的间隔大于 20Hz 时，就会被认为是两个独立的模式，这时它们之间将不会产生由模式边缘重叠而产生的耦合作用，从而有着更加独立的声学表现。在这种独立的状态下，它能够对自身频率附近的信号产生作用，从而会让这些分量成比例地提升，从而会有产生音色失真的风险。

Gilford 的主要关注点是，多宽的轴向模式间隔才能产生非耦合作用引起的频率响应偏差。Bonello 提出了另一种关于模式间距的准则，他分析了多大频率间隔可以避免简并作用。在这种类型的分析当中，需要一定的频率间隔。此外，他考虑了三种类型的模式，而不仅是轴向模式。他发现在一个临界带宽当中所有模式频率之间的间隔，至少要是它们自身频率的 5%。例如，一个模式频率在 20Hz，而另一模式频率在 21Hz，它们之间的间隔是勉强可以接受的。然而，对于 40Hz(40Hz 的 5% 为 2Hz) 来说，相同的 1Hz 间隔是不能被接受的。

两个模式频率之间的零间隔，通常是产生频率响应偏差的原因。零间隔意味着两个模式频率是一致的，而这种简并往往会过分强调该频率的信号分量。模式之间的频率间隔不要太远，也不能彼此重合。

音色失真的可闻度

任何人都可能会受到由模式提升，或过大间隔所造成音色失真的困扰，即使是训练有素的听音者也要利用一些工具来辅助辨识和评价这种响应的偏差。在 BBC 研究部门的调查当中，听音者所听到的声音是在录音棚中录制的语言声，它在另一个房间通过高质量系统重放。听音者的判断可以通过一个高于其他频率 25dB 的窄带（10Hz）选频放大器来完成。在音箱的输出当中会加入较小比例的窄带信号，这个比例会被调节直到人们刚好不能听到它对整个声音的影响。当选频放大器被调节到一个合适的频率时，其频率响应的偏差可以清晰地被听到。

使用这种方法进行评价，仅会发现一个或者两个明显的音色失真。图 13-19 所示的可闻音色失真曲线，是对 61 个声音样本进行了超过两年观察才获得的。大多数失真都落在了 100~175Hz。女性的声音反应变化常常发生在 200~300Hz。

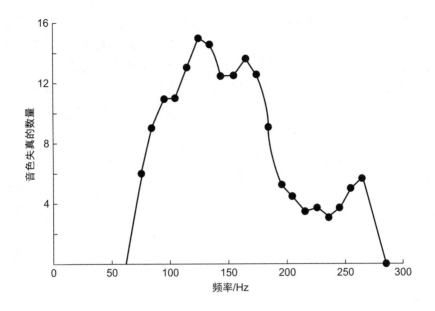

图 13-19　在 BBC 录音棚中，通过两年时间对 61 个声音样本的观察，绘制出可闻音色的失真曲线。它们大多数发生在 100~175Hz 区域。女性声音的反应变化大多集中在 200~300Hz 区域（Gilford）

13.12　最佳的房间形状

　　什么样的房间比例，才能实现房间内较为完美的模式分布？这是一个有着激烈争论的领域，它们当中有些观点具有令人信服的实验支撑，有些则没有太多的实验数据来支撑。

　　房间的几何形状对其声学效果有着较大的影响。由于建造成本的限制，我们通常建造的房间为矩形，这种几何结构也有着一定的声学优势。我们可以较为容易地计算房间轴向、切向和斜向模式，同时模式分布的研究也更为方便。一个较好的方法是只考虑较为主要的轴向模式，其他的作为近似。我们可以从中发现简并模式及其他的房间缺陷。

　　对于一个声学敏感的房间来说，其长、宽、高的相对比例是一个重要的考虑因素。当对这类房间进行设计时，应该从基本的房间比例开始。立方体是一个不好的房间比例，因为这种房间的模式分布非常不理想。

　　文献中包含了早期准科学的猜测，以及那些有着良好模式分布房间的比例分析，这样的房间比例给出了一个较好的模式分布。Bolt 给出了一个房间比例的范围，在这个范围内的矩形房间中，房间的低频部分可以产生较为平滑的频响特征。我们有时会使用 Volkmann's 所提倡的比例 2∶3∶5。Boner 建议把 $1 : \sqrt[3]{2} : \sqrt[3]{4}$（或者 1∶1.26∶1.59）的比例作为最佳选择。Sepmeyer 也建议了许多良好的房间比例。Louden 基于 1∶1.4∶1.9 的比例，列出了 125 个尺寸比，并按房间声学质量进行降序排列。

表 13-5 总结了这些研究人员提出的一些有利的矩形房间比例。图 13-20 展示了这些由 Bolt 所建议的比例。大多数比例落在"Bolt 区域"或者非常接近的位置。这意味着一个落在 Bolt 区域的比例，将会产生对于轴向模式频率来说可以接受的房间低频。不过针对小房间来说，它们很难产生令人满意的模式响应，任何人设计的房间比例都要经过测试。Bolt 所提出的有效频率范围是随着房间体积而变化的。例如，在体积为 8000ft³ 的房间当中，有效频率范围约在 20~80Hz。

表 13-5 较好模式分布，所对应的矩形房间比例

创始人		高度	宽度	长度	是否在"bolt"区域?
Sepmeyer	A	1.00	1.14	1.39	否
	B	1.00	1.28	1.54	是
	C	1.00	1.60	2.33	是
Louden	D	1.00	1.4	1.9	是
	E	1.00	1.3	1.9	否
	F	1.00	1.5	2.1	是
Volkmann(2∶3∶5)	G	1.00	1.5	2.5	是
Boner	H	1.00	1.26	1.59	是

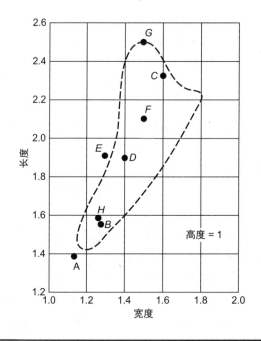

图 13-20 有着较好房间比例的图表，它能让房间内的模式频率有着较为一致的分布。虚线包围的区域为"Bolt 区域"。针对 Bolt 特征的频率范围，会随着房间容积的变化而变化。图中的字母与表 13-5 对应

人们不能通过观察房间比例来判断它是否可取，这仍然需要对其进行具体分析。假设房间的高度为 10ft，选择其他两个维度组成一个合适的比例，并对它进行轴向模式分析。A~H（见表 13-5）的房间比例所对应的模式如图 13-21 所示。

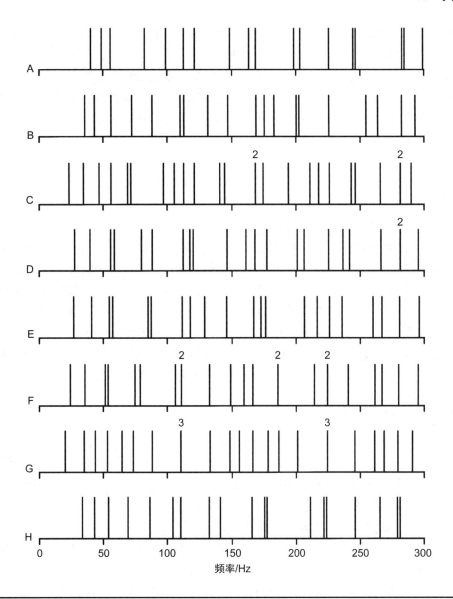

图 13-21　针对表 13-5 列出的 8 个"最佳"房间比例的轴向模式分布图。图中所标识的较小数字表明了这些特定频率的简并模式数量。假设房间的高度为 10ft

图 13-21 中的房间天花板高 10ft，其尺寸相对较小。所有类似的小房间都面临轴向模式间隔较大的问题。同时间距越均匀，效果越好。而模式频率简并也是一个潜在问题，如图 13-21 所示，我们通过在它们的上方标明"2"或者"3"的方式来表示简并频率的数量。模式之间非常靠近，即使不是真正的简并也会产生一些问题。根据以上这些原则，图 13-21 所示的哪一些分布是我们所想要的呢？

在这个例子当中，由于 G 中有着两个三重简并频率远离周围模式，故我们会首先排除它。由于 F 有三个双重简并频率及一些间隔，我们也会排除 F。在 C 和 D 当中，我们能够忽略 280Hz 附近的双重简并，因为频率响应的偏差很少发生在 200Hz 以上的区域。除了以上所说的那几个之外，剩下的模式分布区别不大。每一个模式都有它自身的缺陷，但是我们可以避免一些潜在的问题，让它们发挥出更好的效果。这个简单的模式分布分析仅考虑了轴向模式，我们知道较弱的切向和斜向模式仅能够填充在有着较宽轴向模式的频率之间。这可能会改变我们对一个特定的首先房间比例的看法。

如果是新建一个房间，我们或许有着移动墙面或者降低天花板来改善模式分布的自主权。当我们对房间尺寸进行选择时，主要目的是避免轴向模式的简并。例如，如果对一个立方体空间进行分析，三个基频及所有的谐波将会重合，这会在每个模式频率及间隙之间产生三重简并。毫无疑问，在这种立方体空间当中将会产生非常差的声学效果。相反，房间模式应该尽可能在频率上间隔均匀。

例如，一个长 19.42ft、宽 14.17ft、高 8ft 的房间将有 29.1Hz~290.9Hz 的 21 个轴向模式。如果它们之间的间隔是均匀的，那么间隔的带宽约为 13Hz，而实际上模式之间的间隔是 3.2Hz~29.1Hz 之间不断变化的。无论如何，它们之间没有简并的频率。最近的轴向模式间隔频率是 3.2Hz。虽然这未必是一个最好的房间比例，但是在这个房间当中，进行适当的声学处理之后将会产生良好的声音。合适的房间比例是声学设计当中一个较好的出发点。

在一个已经存在的空间当中，或许很难对墙体进行改变。但是，对轴向模式的分析仍是非常有用的。例如，如果分析显示模式简并频率将会造成潜在的声学问题，我们可以通过理解问题产生的原因对其进行有效的声学处理。因此，作为一种解决方案，人们可以通过利用赫姆霍兹共鸣器，来吸收那些会导致声学问题的简并频率，从而起到改善房间音质的效果。或者，如果空间允许，在现有的墙内建设新墙面，也能够改善其模式分布。

博内洛 (Bonello) 准则

纵观各种房间比例之后，我们发现正确地选择房间比例对于获得良好的模式响应来说至关重要。例如，房间任意两个尺寸的比例不应该是整数，或者接近整数。博内洛建议了一种方法，用它可以获得有着较好声学环境的矩形房间比例。他把可听频域的低频部分用 1/3 倍频程带宽分开，并且考虑 200Hz 以下每个 1/3 倍频程带宽内的模式数量。之所以选用 1/3 倍频程带宽，是因为它比较接近人耳的临界带宽。

根据博内洛 (Bonello) 准则，每个 1/3 倍频程应该有比其前一个带宽更多的模式数量，或者至少有着相同的数量。我们不能容忍模式简并现象，除非在那个频段有着 5 个或以上的模式。一个尺寸为 15.4ft × 12.8ft × 10ft 房间是否符合这个标准？如图 13-22 所示，我们可以看到这个房间是符合以上准则的。曲线稳步上升，没有下降的异常情况发生。从 40Hz 开始的水平部分是可以接受的。这显示出较好的模式响应。

虽然许多专家提出了各种优化模式响应的房间比例，但是目前来说仍然没有一个完全理想的房间比例。此外，追求一个完美的比例也是不可能的。在实际当中，房间结构在低频部分的响应是不一致的。在一个已知的声源位置，各种模式所受到的激励是不均匀的，同时座位处的听众仅能够听到很少一部分的模式。模式响应是一个真实的问题，但是使用常规的假设来对响应进行预测是非常困难的。换句话说，在使用通用的指引和推荐规范的同时，每个房间的模式响应必须具体情况具体分析。

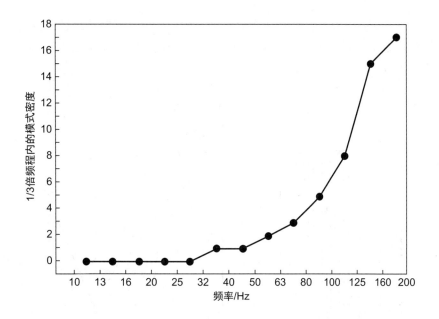

图 13-22　针对一个尺寸为 15.4ft × 12.8ft × 10ft 的房间，1/3 倍频程带宽内所包含的模式数量曲线。该曲线稳步上升，没有异常的下降情况。因此，房间遵循 Bonello 准则

13.13　房间表面的倾斜

在一个对声学有较高要求的房间当中，倾斜一面或两面墙不会完全解决模式问题，尽管它或许能够对房间有着轻微的改变，且能够提供较好的扩散。在新建的结构当中，倾斜墙面不会增加房屋的建设成本，但是这对一个已经存在的空间来说则是非常昂贵的。我们可以通过倾斜两堵墙中的一面来控制颤动回声。倾斜量通常为 1：20~1：10，例如，20 英尺中的 1 英尺到 10 英尺中的 1 英尺。在一些录音棚的控制室设计当中，设计师会把房间的前面墙壁倾斜，这样可以让监听音箱的反射声指向混音位置以外的地方。这种类型的设计有时会被称为无反射区域，这将在第 24 章中进行更加详细的讨论。

非矩形房间

在录音棚当中，使用非矩形几何图形获得较好的声学环境是备受争议的。正如 Gilford 描述的那样，通过倾斜墙面来避免平行表面是不能消除音色失真的，反而让音色失真变得更加难以预测。在控制室中的双侧对称是非常可取的，因此在录音棚控制的外形设计当中，仍然经常采用梯形来保证低频声场的非对称性分布。

基于有限元方法的计算研究，揭示了在非矩形房间当中的低频声场分布。图 13-23 至图 13-26 展示了 van Nieuwland 和 Weber 的研究成果，他们把矩形几何结构与非矩形结构进行了比较。以上四个非矩形几何结构有着较大的声场扭曲，展示了相同面积的矩形对称房间驻波频率的改变，在四个例子当中其改变比例分别为 –8.6%、–5.4%、–2.8% 和 +1%。这证明了倾斜墙面将会轻微破坏简并的说法，但是我们需要改变 5% 或者更多来避免简并作用。这也可以通过选择矩形房间的比例来避免，或者至少很大程度上可以减少简并作用，而在非矩

形房间当中，对于简并频率的提前预测是比较困难的。在设计当中，通过倾斜墙面所产生的非对称空间声场是不可预测的。如果确实要在房间当中倾斜墙面，比如倾斜5%，可以通过分析具有相同体积的等效矩形房间来获得。

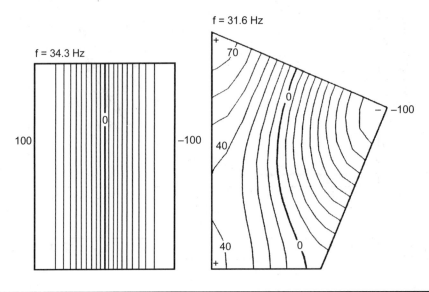

图13-23　针对一个尺寸为16.4ft×23ft的二维矩形房间与一个有着相同面积非矩形房间之间的模式特征比较。在非矩形房间中，模式（1,0,0）的声场受到了破坏，并且模式频率也有着轻微的变化

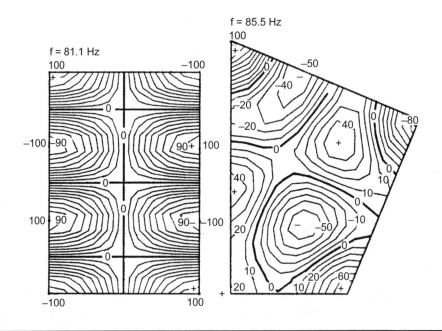

图13-24　针对模式（1,3,0），有着与图13-23中有着相同面积的矩形房间和非矩形房间，其模式分布的比较。声场被破坏，且频率有着轻微的改变

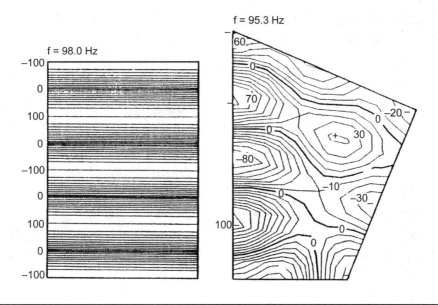

图 13-25　针对模式（0,4,0），有着与图 13-23 中有着相同面积的矩形房间和非矩形房间，其模式分布的比较。声场被破坏，且频率有着轻微的改变

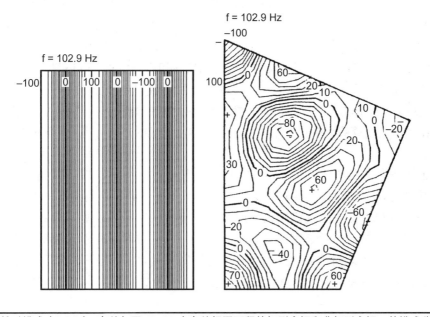

图 13-26　针对模式（3,0,0），有着与图 13-23 中有着相同面积的矩形房间和非矩形房间，其模式分布的比较。声场被破坏，且频率有着轻微的改变

13.14　控制有问题的模式

　　如上所述，赫姆霍兹共鸣器是控制房间模式的一种有效解决方法，它是通过对较窄频率吸收来实现的。如果我们的目的是控制较近间隔的一组模式或者一个模式，那么赫姆霍兹共鸣器是非常重要的。假设图 13-17 所示的模式（2,1,0）产生了人声音色的改变，那么

233

在（2,1,0）模式频率处引入一个窄带吸声体是有必要的。为了获得最佳效果，赫姆霍兹共鸣器应该被放置在所需要控制频率的高声压级区域。如果赫姆霍兹共鸣器被放置在声压结点的（零声压）位置，只会有很小的效果。把它放置在其中一个波幅位置（声压峰值），将会与（2,1,0）模式有着较大的相互作用。因此，把它们放置在任意角落是可以被接受的，因为那里将会是声压的峰值位置。

我们需要构建一个有着非常尖锐峰值（高 Q 值）的共鸣器。木质箱体的粗糙内部会产生损耗，从而让 Q 值降低。为了获得真正具有高 Q 值的共鸣器，其空腔必须使用水泥、陶瓷或者其他坚硬的材料，同时可以使用一些方法来改变共振频率。

对可闻频率范围内较低的一个或者两个倍频程进行吸声是较为困难的。通常在录音棚的控制室使用低频陷阱，可以减少低频的房间模式。但是我们需要较大深度的陷阱，来吸收这种频率的声音。在控制室内，天花板上方未使用的空间，以及内、外墙之间的空隙都是常用于放置低频陷阱的空间。

13.15　简化的轴向模式分析

为了总结轴向模式分析，我们把这种方法应用到一个具体房间当中。该房间的尺寸为 28ft×16ft×10ft。在长度为 28ft 方向的共振频率为 565/28=20.2Hz，两面侧墙之间的间隔为 16ft，其共振频率为 565/16=35.3Hz，地面到天花板的共振频率为 565/10=56.5Hz。这三个轴向共振频率及其每个方向所对应的一系列频率倍数，如图 13-27 所示。在 300Hz 以下共有 27 个轴向共振频率。对于这个例子来说，较弱的切向和斜向模式可以被忽略。

因为许多音色失真主要受到轴向模式的影响，所以我们会对它们之间的间隔进行仔细的研究。表 13-6 为一个轴向模式分析的表格，展示了对轴向模式的简化分析。来自 L、W 和 H 列的共振频率，在第四列中按升序排列。这使得我们可以非常容易地检查轴向模式间隔的临界因子。

L-f_7 的共振频率为 141.3Hz，W-f_4 的共振频率也为 141.3Hz，它们之间产生了频率简并。这意味着这两个轴向模式共同作用，从而有可能在该频率产生潜在的响应偏差。这个简并频率与相邻模式频率之间间隔为 20Hz。可以看到在 282.5Hz 处，有着三重简并现象，它是 L-f_{14}、W-f_8、H-f_5 三个模式共同作用产生的，它们被看成是音色失真的来源，且与邻近模式的间隔为 20Hz。对于未建成的房间来说，调节尺寸比例是一种合乎逻辑的方法。而对一个已经建成的房间来说，合理放置具有较大 Q 值的赫姆霍兹共鸣器是比较合理的解决方法。

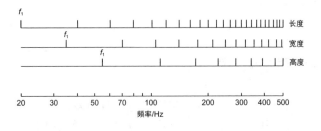

图 13-27　尺寸为 28ft×16ft×10ft 房间内，所测得轴向模式频率及其频率的整数倍

表 13-6 轴向模式的简化分析

	轴向模式间隔（Hz）			按照升序排列（Hz）	轴向模式间隔（Hz）
	长度 L=28.0ft f₁=565/L(Hz)	宽度 W=16.0ft f₁=565/W(Hz)	高度 H=10.0ft f₁=565/H(Hz)		
f_1	20.2	35.3	56.5	20.2	15.1
f_2	40.4	70.6	113.0	35.3	5.1
f_3	60.5	105.9	169.5	40.4	16.1
f_4	80.7	141.3	226.0	56.5	4.0
f_5	100.9	176.6	282.5	60.5	10.1
f_6	121.1	211.9	339.0	70.6	10.1
f_7	141.3	247.2		80.7	20.2
f_8	161.4	282.5		100.9	5.0
f_9	181.6	317.8		105.9	7.1
f_{10}	201.8			113.0	8.1
f_{11}	222.0			121.1	20.2
f_{12}	242.1			141.3	0
f_{13}	262.3			141.3	20.1
f_{14}	282.5			161.4	8.1
f_{15}	302.7			169.5	7.1
				176.6	5.0
				181.6	20.2
				201.8	10.1
				211.9	10.1
				222.0	4.0
				226.0	16.1
				242.1	5.1
				247.2	15.1
				262.3	20.2
				282.5	0
				282.5	0
				282.5	20.2
				302.7	

平均轴向模式间距为 10.5Hz

标准差为 6.9Hz

13.16　知识点

- 声学共振，通常被称为简正模式或者驻波，自然存在于封闭的空间当中。它们会在整个封闭空间当中产生不均匀的能量分布，特别是在大多数房间的低频部分。

- 一个两端封闭的管道可以模拟一个房间中相对表面之间的共振条件。纵向驻波是在固有模式频率及其倍数位置产生的，管道的谐振频率是由其长度所决定的。

- 在任意一点，粒子的位移与声压大小不一致。在每个压力波腹位置是位移的结点，在每个压力结点位置，是位移的波腹。例如，粒子在封闭管的两端常常位移为零。

- 那些尺寸与可闻声音波长相当的小房间，可能会存在模式频率间隔较大的问题。

- 随着频率的增加，模式的数量也会有较大增长。在大多数房间当中，频率在 300Hz 以上部分的模式平均间隔会变得非常小，以至于房间响应倾向于平滑。

- 房间模式等式使用房间的相对尺寸来确定模式响应，从而确定尺寸的适用性。矩形房间如果在二维或三维方向上有着彼此相等或者整数倍的频率关系，将会产生频率简并现象。

- 相互重合的模式频率，被称为简并频率，它会导致房间频率响应较差，同时能量分布不均匀，模式频率之间的间隔较大等问题。我们可以通过仔细选择房间尺寸比例，来改善模式响应问题。

- 轴向模式是由两个相对传播方向的声波构成，它们共同平行于一个轴，且仅在两面墙之间反射。轴向模式对房间的声学特征有着非常重要的影响。由于矩形房间有三个轴，所以会产生三个轴向的基频，且每一个基频都有着自己一系列的模式。

- 切向模式是由四面墙的反射波产生的，它们的运动方向平行于两面墙。切向模式的能量仅是轴向模式的一半，但是它们对房间特征的影响也是明显的。每个切向模式都有着自己的一系列模式。

- 斜向模式包含了来自封闭空间 6 个墙面反射的 8 个反射声波。斜向模式的能量仅为轴向模式的 1/4，它对房间的影响要比其他两个小。

- 由于房间模式的不同，一个房间的低频响应在不同位置有着较大的变化。这对于放置在房间内声源和话筒同样有效。

- 为了有效吸收已知房间模式频率，吸声材料必须放置于模式压力较高的位置。例如，地板上的地毯对水平轴向模式没有影响，切向模式和斜向模式比轴向模式有着更多的反射表面，因此有着更多的处理位置。

- 轴向、切向和斜向模式会以不同的斜率衰减。每个倍频程的混响衰减都包含了许多模式的平均值。

- 一个典型房间的模式带宽约为 5Hz，这意味着对于混响时间较短的房间，相邻的模式倾向于重叠，这是我们想要的。

- 在给定带宽下的模式密度随频率的增加而增加。同样地，模式密度也随房间尺寸的增加而增大。

- 为了避免音质缺陷，模式频率之间的间隔不宜过大，也不应当相互重合。

- 就轴向模式频率的分布而言，落在"Bolt"区域的房间尺寸比例，通常会产生可以接受的低频响应。

- 根据 Bonello 准则，每 1/3 倍频程应当比前一个倍频程有着更多的模式频率，或者至少有相同数量的模式。模式简并现象是不可容忍的，除非在这个频段内至少有 5 个模式频率。
- 倾斜房间内一面或两面墙，并不能消除模式问题，尽管它可能会在房间中通过微小的移位产生更好的扩散效果。
- 预测模式响应是非常困难的。根据一般的准则和建议，每个房间的模式响应必须要根据其自身情况进行具体的考虑。

14

施罗德扩散体

在经过大量的思考和实验之后，曼弗雷德·R. 施罗德（Manfred R. Schroeder）研发了一种非常有效的扩散体。这种二次余数扩散体（QRD）中有一连串有着恒定宽度的凹槽，凹槽之间通过较薄的板隔开。每个凹槽的相对深度是通过计算获得的一串数列，它优化了平面的扩散作用。数列可以周期性重复，以实现扩散体的尺寸延展。与反射相位栅扩散体一样，所扩散声音的最大频率取决于凹槽的宽度，而最小频率取决于它的深度。

14.1 实验

利用数论分析，施罗德（Schroeder）假定了一个表面，它有着许多凹槽且按照某种方式进行排列，这会让声音扩散到一些利用其他方法所不能达到的角度。特别是，他发现最大长度序列可以被用来产生伪随机信号，这是通过 +1 和 –1 的某些序列来实现的。这种噪声信号的功率谱（通过傅里叶变换所得）是非常平直的。一个宽且平直的功率谱与反射系数和角度有关，并且这表明扩散可以通过在最大长度序列中的 +1 和 –1 来实现。–1 意味着声音是从墙内有着 1/4 波长深度的凹槽底部反射出来的。而 +1 则意味着声音是从自身没有凹槽的部分反射。

施罗德利用波长为 3cm 的微波，对一个金属薄板制成的模型进行测试，如图 14–1 所示。这种形状遵循了周期长度为 15 的二进制最大长度序列，即 –++–+–++++–––+–。其中凹槽深度是 1/4 波长。

图 14–2（A）为该金属薄板的反射特征结果，它显示出良好的扩散效果。反射声音的扩散有着一个较宽的角度。相反，凹槽深度为 1/2 波长的金属薄板则产生了较强的镜面反射，对声音有着较小的扩散作用，如图 14–2（B）所示。

当仅盖住一个凹槽（–），其多数能量也会朝向声源反射，显现出镜面反射的特性。也就是说，当盖住金属薄板的其中一个凹槽时，它的扩散特性将会大大降低。正如理论所预测的那样，凹槽深度的特定序列对声音的扩散效果有着至关重要的影响。

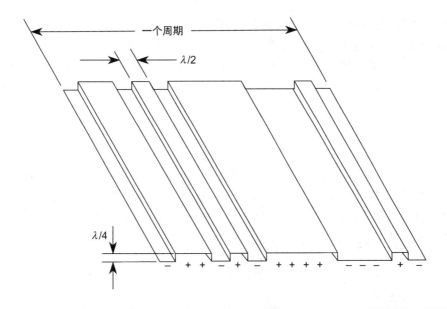

图 14-1 一块金属薄片被施罗德按照最大长度序列顺序进行折叠，并利用波长为 3cm 的微波来检验其扩散效果。凹槽的深度都是波长的 1/4

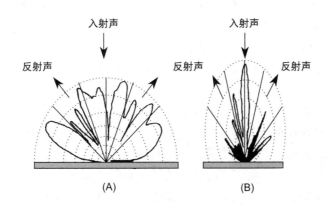

(A)　　　　　　　(B)

图 14-2 扩散很大程度上受到凹槽深度的影响。（A）当图 14-1 所示扩散体的凹槽深度为 1/4 波长时，能够获得一个比较理想的扩散特征。（B）当凹槽的深度为 1/2 波长时，会导致接近镜面反射的效果，它与平滑的金属薄片的反射特征类似 (Schroeder)

14.2 反射相位栅扩散体

　　施罗德扩散体有着良好的扩散作用，它也被称为反射相位栅扩散体。图 14-2（A）所示的扩散特征要比其他扩散体的效果都要好。房间比例的调节，墙面的展开，半球体的使用，多圆柱体、三角形、立方形、矩形的几何凸起，吸声材料的分布，这些都会在一定程度上改善房间内声场的扩散效果，但是都没有使用施罗德扩散体的效果显著。

　　反射相位栅扩散体的扩散作用有着一定的局限性。这是因为扩散体所需要的凹槽深度是波长的 1/4，所以扩散表面的性能取决于入射声波的长度。经验表明，一个理想的扩散体，它的有效扩散频率是在设计频率的正负 1/2 倍频程范围内浮动的。例如，假设一个最大长度序列的扩散体，它序列长度为15。其设计频率为1kHz，它所对应1/2波长的凹槽深度为7.8in，1/4波长凹槽深度为3.9in。这种扩散体的一个周期宽度大约为5ft，其有效扩散频率为700Hz~1400Hz。我们需要许多这种扩散体单元，才可以在整个频率范围内提供有效的扩散。尽管如此，反射相位栅扩散体仍然有着良好的扩散效果。

14.3 二次余数扩散体

施罗德认为，入射的声波落在反射相位栅后，会近似均匀地向各个方向扩散。我们可以通过二次余数来确定凹槽的深度，以获得相位的改变（或时间的改变）。这是二次余数扩散体（QRD）的理论基础。最大凹槽深度是由所扩散声音当中最长声波决定的，凹槽的宽度约为最短声波波长的1/2。凹槽深度序列的计算公式为：

$$\text{凹槽深度因子} = \frac{n^2}{p} \text{的余数} \tag{14-1}$$

其中，n 为整数（$\geqslant 0$）

p 为素数

素数是一个正整数，它仅可以被1及其自身整除，如5、7、11、13等都是素数。模的计算涉及余项或余数，例如，把 $n=5$ 和 $p=11$ 代入上面的等式，得出25以11为模。以11为模的意思是从25中不断减去11直到留下最后的余数。换句话说，用25减去11再减去11剩下3，这就是凹槽深度因子。另外一个例子为，当 $n=8$，$p=11$ 时，结果为9（64以11为模）。通过类似的计算，就可以获得二次余数扩散体（QRD）上所有凹槽的深度因子。

我们可以获得素数 p 及每个凹槽深度因子所对应的整数 n。如图14-3所示，它列出了二次余数序列，素数 p 分别为5、7、11、13、17、19和23，每一个素数对应由不同 n 值所产生的余数。我们来验证一下上面的例子，当 $n=5$，$p=11$ 时，找到 $p=11$ 对应的列，向下查找 $n=5$ 时所对应余数为3，与我们之前计算的结果相同。如图14-3所示，每一列的数字与不同的二次余数扩散体的凹槽深度成正比。在每一列的底部都有一个二次余数扩散体的侧面轮廓图，凹槽深度与序列数量是成正比。虚线标出各个凹槽之间的细小分割，例如，图14-4展示了 $p=17$ 的例子，它是一个二次余数反射相位栅扩散体的模型。在这个例子当中，序列的周期被重复了两次。另外，要注意序列的对称性。

通常使用薄且坚硬的金属作为凹槽之间的隔板，这样可以保证凹槽之间声学的完整性。如果没有这些间隔，扩散体的扩散作用会下降。在缺少凹槽隔板的情况下，除垂直入射声音以外，其他角度入射的声音其相位阶梯会被混淆。

二次余数序列

n	\multicolumn{7}{c}{p}
	5	7	11	13	17	19	23
0	0	0	0	0	0	0	0
1	1	1	1	1	1	1	1
2	4	4	4	4	4	4	4
3	4	2	9	9	9	9	9
4	1	2	5	3	16	16	16
5	0	4	3	12	8	6	2
6		1	3	10	2	17	13
7		0	5	10	15	11	3
8			9	12	13	7	18
9			4	3	13	5	12
10			1	9	15	5	8
11			0	4	2	7	6
12				1	8	11	6
13				0	16	17	8
14					9	6	12
15					4	16	18
16					1	9	3
17					0	4	13
18						1	2
19						0	16
20							9
21							4
22							1
23							0

凹槽深度或比例因子 = $\dfrac{n^2}{p}$ 的余数

其中 n = 整数($\geqslant 0$)

p = 素数

图 14–3　针对从 5 到 23 素数的二次余数序列。每一列的底部都有扩散体的侧面轮廓，凹槽的深度与上面序列的数值成比例

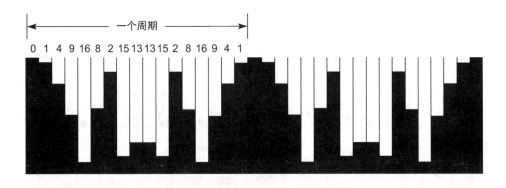

图 14–4　基于图 14–3 所示素数 17 的二次余数扩散体。凹槽的深度与素数 17 对应列中的数字序列成正比。图中展示了两个周期，它展示了相邻周期之间是如何拟合在一起的

14.4 原根扩散体

原根扩散体也是一种基于数论的序列。然而，它们所使用的序列不同于二次余数序列，公式为

$$凹槽深度因子 = \frac{g^n}{p} \text{ 的余数} \qquad (14\text{-}2)$$

其中，$g=p$ 的最小原根

$n=$ 整数（$\geqslant 0$）

$p=$ 素数

图 14-5 显示了 g 和 p 的 6 种不同组合的原根序列。每一列底部的草图表示出原根扩散体不像二次余数扩散体那样对称。在大多数情况下，这种非对称性都是不利的，然而在某些情况下又是有利的。在那些镜面反射的模式当中，原根扩散体有着一定的声学限制性，使其表现没有二次余数扩散体好。随着商业的发展，我们大量使用的是二次余数扩散体。

原根序列

n	$p=5$ $g=2$	$p=7$ $g=3$	$p=11$ $g=2$	$p=13$ $g=2$	$p=17$ $g=3$	$p=19$ $g=2$
1	2	3	2	2	3	2
2	4	2	4	4	9	4
3	3	6	8	3	10	8
4	1	4	5	3	13	16
5		5	10	6	5	13
6		1	9	12	15	7
7			7	10	11	14
8			3	9	16	9
9			6	5	14	18
10			1	10	8	17
11				7	7	15
12				1	4	11
13					12	3
14					2	6
15					6	12
16					1	5
17						10
18						1

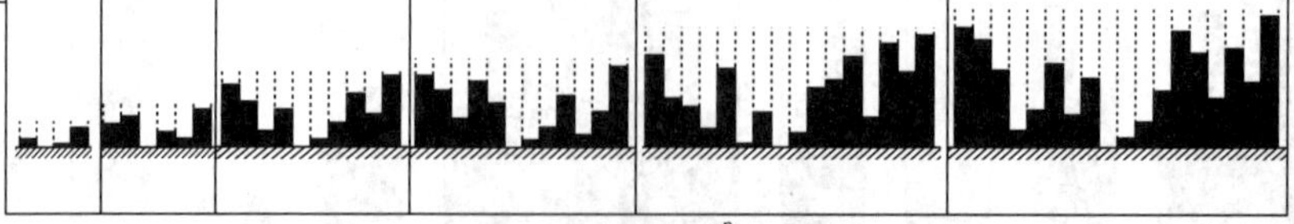

凹槽的深度或比例因子$= \dfrac{g^n}{p}$ 的余数

其中$g = p$的最小原根

$n =$整数 ($\geqslant 0$)

$p =$ 素数

图 14-5 针对最小原根和素数 6 种组合的原根序列。在每列下方有着声音扩散体的轮廓，它们的深度与上面的数值成比例。请注意，这些扩散体与二次余数扩散体不同，它们不是对称的

14.5 反射相位栅扩散体的性能

在声学设计的过程当中，声学专家们需要考虑 3 个部分的内容，包括吸声、反射和扩散。图 14-6 比较了这三个方面对入射声的影响，其中图 14-6（A）展示了声音入射到吸声体表面的情形。我们可以看到大部分声音能量都被吸收，只有很少一部分被反射。从瞬态响应可以看出吸声体对入射声音的衰减很大。

图 14-6（B）所示为相同的声音落在坚硬的反射表面，它产生了几乎与入射声相同大小的反射，声音在反射表面仅衰减了很小一部分。从指向性图中可以看到，反射声能量大多被集中在反射角附近，且响应的宽度是声音波长与反射表面大小的函数。

如图 14-6（C）所示，当声音落在一个二次余数扩散体上，会向整个半圆方向扩散，扩散能量是以指数形式衰减的。指向性图中显示出声音能量在 180° 范围内的分布，我们可以看到声音反射较为均匀，但是它在入射的余角方向有一点减少。这种扩散体很好地抑制了声音的镜面反射。

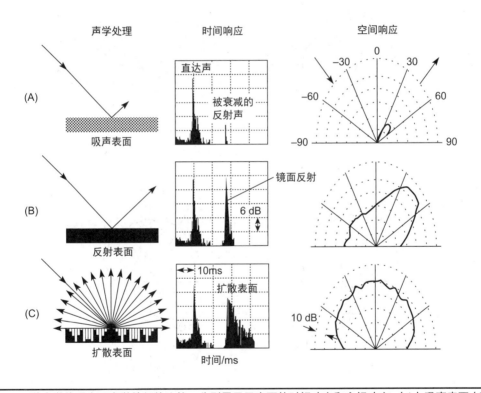

图 14-6　3 种声学处理表面声学特征的比较，分别展示了表面的时间响应和空间响应。(A) 吸声表面 (B) 反射表面（C）扩散表面 (D'Antonio)

图 14-7 展示了在一个较宽的频率范围内，反射相位栅扩散体声音扩散能量分布的一致性。左边一列展示了中心频率为 250Hz~8000Hz 倍频程声音垂直入射的指向性分布，它跨越 5 个倍频程。右边一列展示了相同频率的声音入射角度为 45° 时的指向性分布。对于所有入射角度的声音来说，最低频率取决于扩散体凹槽的深度，而最高频率与每个周期的凹槽数量成正比，且与凹槽宽度成反比。为了进行比较，在图中用细线部分标出了平板的扩散作用，它与扩散体之间形成了对比。空间扩散的均匀性取决于扩散体周期的长度。一个有着较大带

宽和较宽角度的扩散体，需要具备较长的周期，以及较深且较窄的凹槽。例如，一个有着 43 个凹槽扩散体，它的宽度仅有 1.1in，而最深的凹槽深度为 16in。

这些指向性图形在倍频程带宽内被平均，其曲线显得更为平滑。对于基于远场扩散理论的单--频率来说，类似的极坐标图形显示出大量的密集波束，它们有着较少的实际意义。近场的 Kirchoff 衍射理论显示了较少的波束。

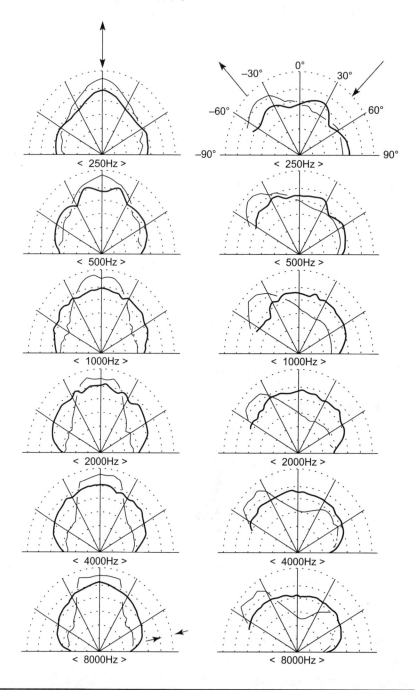

图 14-7　商用二次余数扩散体的极坐标图，它在倍频程频带内被平滑处理。声音能量的分布角度，在六个频率，以及两个入射角度被展示。图中细线部分对比显示出平滑表面的扩散作用 (D'Antonio)

在图 14-8 中，我们把平面反射与二次余数扩散体的反射进行了对比。左边最大峰值是直达声，第二大峰值是来自平板的镜面反射声。我们注意到这个镜面反射的能量峰值，仅低于入射声能量几个分贝。而扩散体反射出的声音能量，在时间轴上显著扩散。重要的是，指向性图 14-7 显示了相位扩散体对声音的反射是在 180° 方向范围内的，而不像平板一样，仅在镜面反射方向。

14.6 反射相位栅扩散体的应用

反射相位栅扩散体可以较好地应用到大空间和小空间的声学处理当中。在大的空间当中，它的简正模式频率间隔非常紧密，基本上避开了低频共振问题。这种大空间包括音乐厅、礼堂及许多教堂。音乐厅的音质受侧墙反射的影响比较大。侧墙提供了我们所需的侧向反射声，沿着大厅中心在天花板水平放置反射相位栅扩散体，能够将声音从舞台横向扩散到观众区。通过将扩散体摆放在不同的位置，可以解决一些镜面反射的问题。

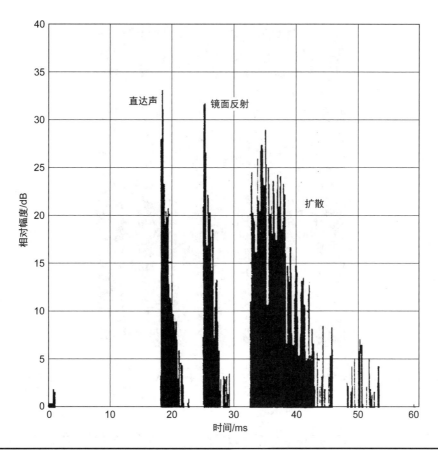

图 14-8 来自光滑平面的镜面反射与来自二次余数扩散体的能量时间曲线的比较。来自扩散体表面的峰值能量多少要低于平面反射体，同时它的反射能量会沿着时间轴散开 (D'Antonio)

在教堂当中，音乐的临场感与语言清晰度之间往往存在着冲突。后面的墙壁往往是产生令人讨厌回声问题的反射源。单纯的对其进行吸声处理，往往会对音乐欣赏造成不利的影响。对后墙进行扩散处理可以在有效减小了回声问题的同时，保留音乐和语言当中有用的声音能量。对于指挥家来说，经常会碰到歌手或者乐器演奏者之间不能较好听到彼此声音的问题。在乐团周围放置一些反射相位栅扩散体，既可以保留音乐的能量，同时也满足了音乐家之间相互沟通的需求。

扩散体也对这些较难进行声学处理的小空间起到了改善作用。通过合理地使用扩散体，我们对通过展开墙面或者改变吸声材料的分布来提供扩散的要求有所降低。例如，通过合理的声学设计，我们有可能在较小的录音间获得完全可以接受的语言录音声场，因为扩散体单元能够创造类似一个大房间的声场效果。

许多基于二次余数理论的扩散体，已经作为产品出现在市场。图 14-9 展示了 QRD-1911（最上面）和 2 个 QRD-4311（下面）型号的扩散体。在模型编号中，"19"表示它建立在素数为 19 上，而"11"表示凹槽宽度为 1.1in（图 14-3 所示的素数 19 列所对应的序列数，指明了扩散体凹槽深度的比例因子）。图 14-9 下部的 QRD-4311 是基于素数 43，凹槽宽也为 1.1in 的扩散体（基于某些原因，图 14-3 列出的素数到 23 就截止了，23~43 的素数分别为 29、31、37 和 41。）

图 14-9　商用的二次余数扩散体组合，其中架设在上面的安装 1 个 QRD-1911 单元，下面安装两个 QRD-4311 单元。对于下面的扩散体来说，其扩散是水平方向的，而上面单元的扩散是在垂直方向的 (RPG 声学系统）

这个特别的二次余数扩散体，在水平方向提供了良好的半圆形扩散特性，如图 14-10（A）所示。图 14-10（B）展示了扩散体表面的镜面反射状况。QRD-4311 的垂直凹槽向水平方向扩散，QRD-1911 的水平凹槽向垂直方向扩散，把它们加在一起就产生了半球状的扩散效果。这两种商用扩散体均由 RPG 声学系统公司生产。

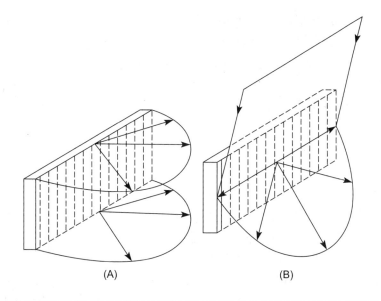

图 14-10 声音是以半圆的形状扩散开来的。（A）一个一维二次余数扩散体，对声音的扩散是在半圆平面方向（B）这种半圆的扩散方向与声源入射方向相对扩散单元镜面对称

图 14-11（A）展示了型号为 QRD-734 的扩散体，这是一个 2ft×4ft 的模块，它适合与其他物体一起悬挂在天花板的 T 架上。图 14-11（C）展示了一个吸声扩散体，它是由宽频带吸声体及相同单元的扩散体组成的。图 14-11（B）展示了一个包含反射、吸声和扩散表面的三用扩散体。把它们其中一组设置在墙内，我们可以通过旋转这个独立单元，为空间提供不同声学处理的选择。图 14-11（C）为一个 Abffusor（RPG 产品名称），它结合了在同一单元中的宽带吸声和扩散特性。这三种商用扩散体均由 RPG 声学系统公司生产。

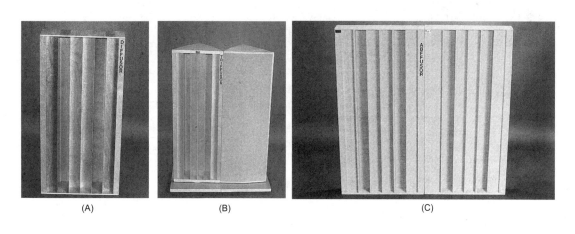

图 14-11 三个具有专利的声音扩散系统。（A）宽频带、广角度扩散体单元 QRD-734。（B）吸声反射扩散体单元，一面吸声、一面扩散、一面反射。（C）有着较宽频带的吸声扩散体单元 (RPG 声学系统)

14.6.1 颤动回声

如果一个房间内两个相对的反射表面是平行的，它有可能存在周期性或者接近周期性的回声，这称为颤动回声。这种颤动回声能在水平或者垂直方向产生。这种连续的、重复的

反射声，在时间上有着相同间隔，会使我们感受到干扰，并会降低语言的清晰度及音乐的音质。当这种回声的间隔很短时，它们会让我们感受到音乐的音高或音调的改变。如果回声的间隔时间大于30ms~50ms，我们可以明显地听到这种颤动回声。在哈斯融合区域（Haas fusion zone）内，或许我们听不到这种声音，不过这种回声的周期性使得它更加容易被听到。某些现代建筑缺少装饰物，所以扩散效果较差，这提高了产生颤动回声的可能性。颤动回声常常与声源及听众的相对位置有关。

对于房间中两个相互平行的表面来说，不应该让它们有着较高的反射。我们可以通过调整吸声材料的摆放位置，或者通过倾斜墙面，让它们之间有5°~10°的夹角，来减少颤动回声。然而，在许多情况下，这种倾斜是不切实际的，同时增加过多吸声也会降低空间的声学质量。因此，我们可以利用扩散体的扩散作用来减少声音反射，而不采用吸声处理。如图14-12所示，颤动回声消除板（Flutterfree）是一种建筑硬木模块的商用实例。这个模块可以减少镜面反射，同时提供扩散，它的宽度为4in，长度为4ft或者8ft。由于凹槽是嵌入表面内的，因此被作为一维反射相位栅扩散体来使用。凹槽的深度遵循素数为7的二次余数序列。这些模块可以拼接在一起，也可以彼此之间留有一定间隔，它可以水平或者垂直放置。如果垂直放置，那么在水平方向上的镜面反射声得到了控制；如果水平放置，那么在垂直平面上的镜面反射声得到了控制。

这些模块也可以用作赫姆霍兹低频吸声体的板条。当低频声音被这种赫姆霍兹吸声体所吸收时，其表面的板条会表现出对中高频声音的扩散作用。这种颤动回声消除板是由RPG声学系统公司生产的。

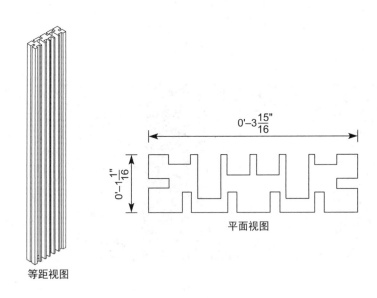

图 14-12　颤动回声消除板是一个没有吸声的颤动回声控制模型。它是一个基于素数7的二次余数扩散体，也可以作为板条类型赫姆霍兹低频吸声体上的面板 (RPG 声学系统公司)

14.6.2　分形学的应用

在反射相位栅扩散体的发展过程当中，我们发现了某些产品的局限性。例如，低频扩散体的限制主要在于凹槽的深度，而对高频扩散体的限制主要来自凹槽的宽度。由于工业生产工艺的问题，凹槽的宽度被限制在 1in 左右，而凹槽深度会被限制在 16in 左右，超出这个尺寸的单元将会产生膜振动。

为了有效地拓展所扩散声音的频带，我们把自相似性理论应用到扩散体的结构当中，并利用了分形学的原理。例如，我们利用分形学能够设计出一个三层的扩散体单元，扩散体自身是第一层，在该扩散体的凹槽中做第二层，在第二层的凹槽中做第三层，如图 14-13 所示。分形扩散体（Diffractal）是一种利用分形学理论所生产出来的商业产品。我们需要三种尺寸的二次余数扩散体，用它们来构成一个完整的分形扩散体。各个扩散体的工作原理，类似于一只三分频音箱的高、中、低音扬声器单元，它们各自独立工作，并共同产生一个较宽的频率响应。

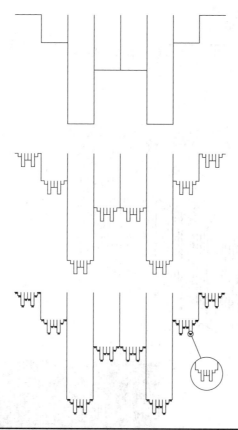

图 14-13 分形理论可以被用作增加扩散体的有效带宽。它实质上是在扩散体的内部，进行多个扩散体的设计。利用这种方法，高频扩散体可以嵌套放置在低频扩散体的内部

图 14-14 展示了一个型号为 DFR-82LM 的分形扩散体，它的高度为 7ft10in，宽度为 11ft、深度为 3ft。这种单元的扩散频带为 100Hz~5000Hz。低频部分是基于一个素数为 7 的二次余数序列。中频分形扩散体是嵌入在这个大单元的凹槽当中的。每个部分的频率范围及组合单元的频率交叉点都是可计算出来的。

图 14-15 展示了一个更大的单元，它的型号为 DFR-83LMH，其高度为 6ft8in、宽度为 16ft、深度为 3ft。它是一个三分频的扩散体单元，覆盖了 100Hz~17kHz 的频率范围。低频单元的凹槽深度遵循一个素数为 7 的二次余数序列。分形学单元是嵌入在低频单元凹槽内部的。该扩散体是由 RPG 声学系统公司制造的。

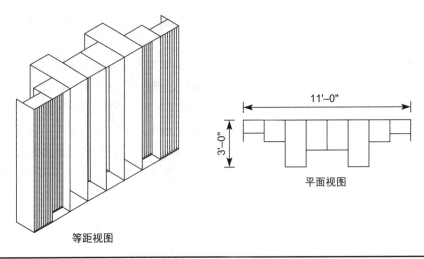

等距视图

11'-0"

3'-0"

平面视图

图 14–14　DFR–82LM 分形扩散体是两层的宽频带扩散体，它采用了分形设计。它包括一个嵌入有中频单元的低频单元，从而形成一个扩散体中的扩散体 (RPG 声学系统公司)

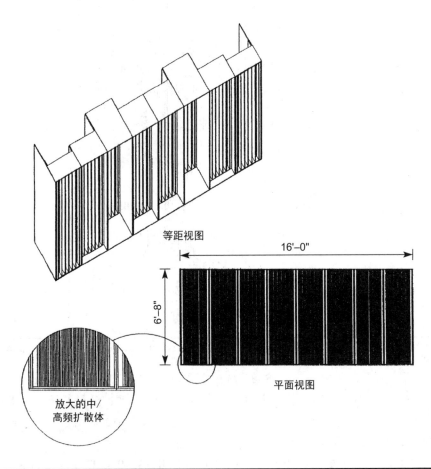

等距视图

16'-0"

6'-8"

放大的中/
高频扩散体

平面视图

图 14–15　更大的 DFR–83LMH 分形扩散体是一个三层的宽频带扩散体，它采用分形设计。扩散体被置于凹槽当中，从而在扩散体当中形成了一个扩散体中的扩散体 (RPG 声学系统公司)

14.6.3　三维扩散

我们之前所讨论的反射相位栅扩散体，有很多平行的凹槽。这些可以被称作一维扩散体单元，因为声音在一个半圆柱方向发生反射，如图 14–16（A）所示。在有些情况下，我们需要进行半球形的声音扩散，如图 14–16（B）所示。全指向扩散体（Omniffusor）就是一种能够产生半球状扩散的商用产品，它是由 64 块正方形单元所组成的对称木质阵列，如图 14–17 所示。这些单元的深度是基于相移素数为 7 的二次余数数论序列。

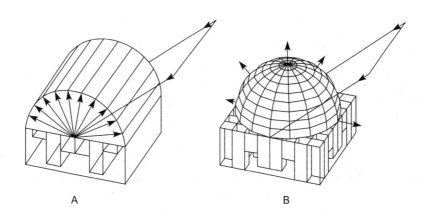

A　　　　　　　　　　　　　B

图 14–16　衍射特征的比较（A）一维二次余数扩散体的半圆柱体形态（B）二维扩散体半球状形态 (RPG 声学系统公司)

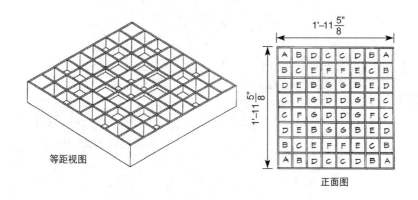

等距视图　　　　　　　正面图

图 14–17　二维全指向扩散体单元，对于所有入射角度的声音来说，其扩散是在水平面和垂直面同时进行的 (RPG 声学系统公司)

类似地，FRG 全方位扩散体是由 49 个正方形单元构成的，它是基于二维相移二次余数数论的。该扩散体单元是由玻璃纤维加固的石膏所构成。由于它的质量轻，因此可以作为大面积的扩散表面使用。这些单元是由 RPG 声学系统公司制造的。

14.6.4　扩散混凝土砖

混凝土砖（CMU）因其承载能力强大而广泛应用于墙体施工当中，此外其质量较大为建筑隔声提供了帮助。如第 12 章所述，声学混凝土砖（ACMU）也可以提供低频吸声效果。扩散模块系统（Diffusor Blox System）提供了较高的承载能力和传输损耗，以及对低频的吸声和扩散能力。扩散模块系统是由三个独立的部分所构成的，它的尺寸为 8in×16in×12in。图 14-18 所示为一个典型的模块。这些水泥模块的表面包含不同深度的凹槽深序列，它们之间是由分隔物来隔断的。一个内 5 边的空腔能够容纳一个玻璃纤维的嵌入体、一个后面半凸的加强结构，以及一个低频吸声槽。一个典型的由扩散体模块组成的墙体结构，如图 14-19 所示。扩散模块是由 RPG 声学系统公司授权制造。

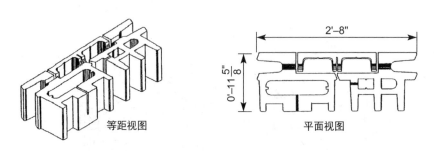

等距视图　　　　　　平面视图

图 14-18　水泥扩散体能够提供较重墙体所带来的隔声效果、赫姆霍兹共鸣器的吸声作用和二次余数扩散体的扩散效果。通过使用获得许可的模具，可以在标准的模块机器上对其进行生产 (RPG 声学系统公司)

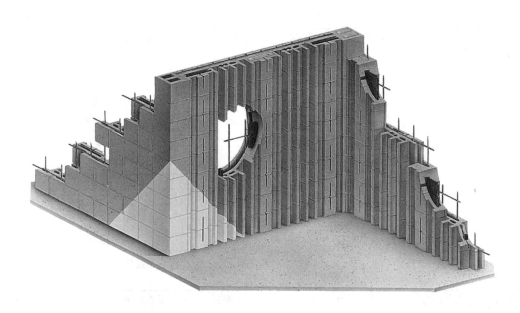

图 14-19　使用水泥扩散体的典型墙体结构 (RPG 声学系统)

14.6.5　扩散效率的测量

扩散体的效率测量可以通过把镜面方向声音强度与 ±45°方向的声音强度进行比较来衡量。其表达式为：

$$扩散系数（Diffusion\ Coefficient）= \frac{I(\pm 45°)}{I(镜像)} \qquad (14\text{-}3)$$

对于一个完美的扩散体来说其扩散系数为 1.0。扩散系数是随着频率变化而变化的，故通常用图形的方式来表达。几种典型的扩散体单元，其扩散系数随着频率的变化情况，如图 14-20 所示。为了进行比较，图中包含了一个平板的扩散图形，并用虚线来表示。图中所有的测量是在自由声场的环境中进行的，样品的面积为 64ft²，并使用了时间延时光谱分析技术。

凹槽的数量和宽度影响着扩散单元的表现。例如，QRD-4311 的扩散体有着相对深的凹槽，同时它的宽度也相对比较窄，这是工业生产中所造成的。如图 14-20 所示，它在较宽的频率范围内仍旧有较高的扩散系数。为了比较，图 14-20 分别展示了 QRD-1925 和 QRD-734 扩散体单元，它们分别是基于素数为 19 和 7，宽度分别为 2.5in 和 3.4in 的扩散体。这些扩散体的性能虽然很好，但却略低于 QRD-4311。

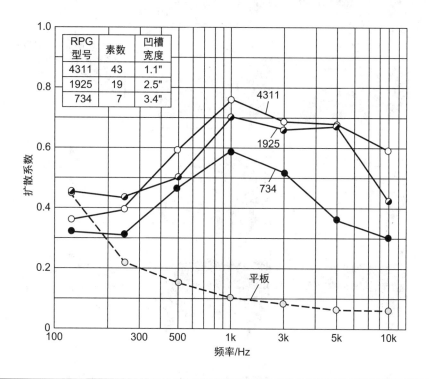

图 14-20　三个商用扩散单元（QRD-4311，QRD-1925，QRD-734）和一个平板之间不同频率所对应的扩散系数对比 (RPG 声学系统公司)

研究者已经发明了许多方法，用来估算扩散体表面的声音均匀程度。其中在 AES 标准［AES-4id-2001（s2008）］当中，针对房间声学和扩声系统的文件内有着关于表面扩散均匀性的测量及特征的描述。这个文件给出了对扩散表面评价及使用测量法对扩散系数进行计算，和对扩散指向性响应测量的指引。该方法测量了扩散体表面 1/3 倍频程的指向性响应，并将其与平面反射的扩散效果进行比较。测量选用五个角度，分别为 0°、±30° 和 ±60°。取上述五个角度指向系数的平均值，获得了表面入射扩散系数。在 ISO 17497-2:2012 当中，声学 – 表面的声音扩散特性 – 第 2 部分：自由声场中定向扩散系统的测量中也有类似的描述，可以利用该标准获得扩散系数。一些制造商采用 AES 文件当中描述的方法进行测量，并将测得的结果发布，以量化他们所生产扩散体的性能。

14.7　格栅和传统方法的比较

图 14-21 比较了五种表面的扩散特性，A 为平板，B 为带有吸声体的平板，C 为单圆柱体，D 为双圆柱体，E 为二次余数扩散体。左边的一列是声音入射角度为 0°的情况，右边的一列则为声音入射角度为 45°的情况。纵向刻度是从 90°到 0°再到 −90°的指向角度。水平频率刻度的频率范围是 1kHz~10kHz。这些三维的图形提供了对扩散特性的综合评价。

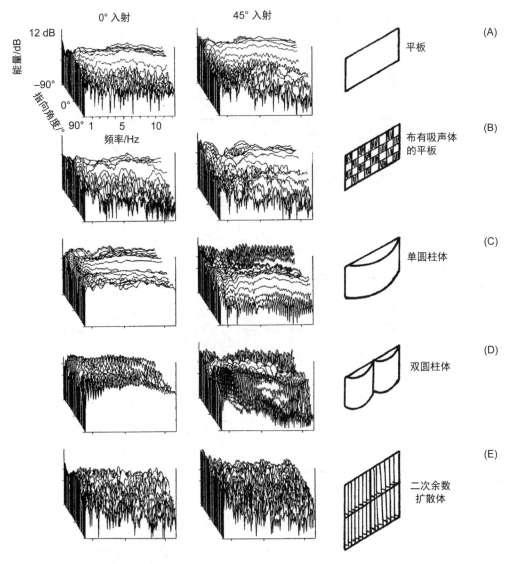

图 14-21　不同扩散表面能量 – 频率 – 指向性的比较

Peter D'Antonio 对这些测量结果做了如下注释：由于前 6 条能量 – 频率曲线包含人为因素故应该被忽略，因为它们不是在消声室的环境下测得的。0°入射的声音有着明显的吸声分布平板的镜面特性，在 0°位置有着明显的峰值，即镜面角。从 90°到 −90°有着相对固定的能量响应，说明了单圆柱空间扩散体有较好的空间扩散效果。虽然空间扩散特性表现良好，但是这有着明显的梳状滤波作用和对较宽范围高频带的衰减。这部分解释了圆形扩散体相对较差的扩散性能。二次余数扩散体始终保持着良好的空间扩散性，即使入射角度达到 45°。在整个频谱中，波谷的分布密度较为一致，且在不同的散射角度有着相对稳定的能量，表现出良好的扩散作用。

14.8 知识点

- 反射相位栅扩散体，在处理镜面反射声学问题时，能够保存有用的声音能量，同时有着良好的扩散效果。
- 二次余数扩散体（QRD）是一种反射相位栅，它通过计算获得一系列不同深度和恒定宽度的凹槽来改善扩散效果。
- 在二次余数扩散体（QRD）中，正如理论所推断的那样，特定的凹槽深度序列对于其扩散效果的影响巨大。
- 在二次余数扩散体（QRD）中，凹槽的最大深度是由要扩散声音最大波长所决定的。凹槽的宽度为要扩散声音最短波长的一半。
- 落在反射相位栅扩散体声音，在扩散过程中呈半圆柱形状。能量在 180° 内几乎平均分布，但在掠射角有所衰减。因此，对镜面反射有着较好的抑制作用。
- 在反射相位栅扩散体中，垂直凹槽有着水平方向的声音散射，水平凹槽有着垂直方向的声音散射。它们共同产生了一个虚拟的扩散半球。
- 颤动回声是来自两个相对反射表面的周期性或近似周期性的反射，如房间中两个平行墙面之间。房间的两个相对平行的表面，不应该产生如此高的声音反射。对墙面的扩散处理，能够通过散射声音来减少这种反射。
- 通过比较镜面方向上的声音强度与 ±45° 方向的声音强度，可以对扩散体的有效性进行衡量。对于一个完美的扩散体来说，其扩散系数为 1.0。这个系数是随着频率的变化而变化的。

15

可调节的声学环境

如果一间听音室，它只有一种用途且只演奏一种类型的音乐，那么针对这种房间的声学处理会十分精确。不过出于成本方面的考虑，大多数的房间都会有多种用途。为了适应各种功能的需要，这种多用途房间的声学处理会有所妥协。在某些情况下，房间的声学特征需要根据音乐类型的不同而发生变化。例如，在一间录音棚当中，可能早上录制摇滚乐队，下午录制弦乐四重奏。不论哪种情况，我们必须对这种妥协进行权衡，它会对房间的最终音质产生影响。在本章中，我们最好抛弃声学处理不可变的印象，而是考虑声学可调节性的方法。

15.1　打褶悬挂的窗帘

19 世纪 20 年代，随着无线电广播事业的发展，墙上打褶的窗帘和地面上的地毯常常被用来制作声场"较干"的录音棚。这种录音棚的不平衡声学处理变得非常明显，它在中高频部分有着过多的能量吸收，而在低频部分的吸声较少。随着大量带有专利的声学材料被使用，硬地板变得更为普遍而打褶的窗帘逐渐从录音棚的墙面上消失。

十多年之后，声学工程师更加关注录音棚声学环境的可调节性，因而他们对打褶悬挂的窗帘重新产生了兴趣。1946 年，纽约市国家广播公司（NBC）3A 录音棚的重建，就是一个重新使用打褶窗帘的典型案例。该录音棚重新设计，目的是提供音乐录音和广播录音的最佳环境。针对这两个应用要求，它们的混响频率特征是不同的。通过使用打褶的窗帘及可折叠的面板（稍后考虑），混响时间可以在超过 2:1 的范围内进行调节。有衬里且较重的窗帘被悬挂起来，且与墙面之间有一定距离，可以用来提供低频的吸声（如图 12-15~ 图 12-18 所示）。当窗帘被收起来之后，表面为石膏的多圆柱单元就暴露出来。

打褶窗帘的吸声特征良好，除了造价较高之外，我们没有理由不使用它。窗帘的褶皱度是必须考虑的。使用窗帘做成的可调节单元，它的声学作用能够通过打开窗帘，或者收起窗帘来改变，如图 15-1 所示。在窗帘后的墙面处理当中，可以使用有着最小吸声作用的石膏，也可以使用对低频有着较大吸声作用的结构体，它会对窗帘自身的吸声提供一定的补充作用。如果窗帘收起之后所露出来的材料与窗帘有着相似的声学特征，那么这种声学的调节作用将不会很明显。

图 15-1　通过在反射区域开关吸声窗帘，可以改变房间的声学环境

15.2　便携式吸声板

便携式吸声板为调节听音室或录音棚的声学效果，提供了一定的灵活性。图 15-2 所示为这种吸声板的简单结构。在这个例子当中，吸声板是一只较浅的木箱，它包括硬木穿孔表面、透声织物、玻璃纤维层及内部空腔。这种类型的吸声板可以较为容易地固定在墙上，并可以根据实际需求随时拆卸。例如，这种板可以用来降低语言录音的混响时间，而在进行音乐录音时，我们可以把它们移除，进而获得更为活跃的声场。

图 15-3 展示了一种架设吸声板的方法，它是通过使用斜楔子来实现的。通过举起吸声板，可以比较容易地把它从墙上拿下。在墙面上悬挂这种吸声板能够增加房间的吸声量，同时也会促进声场的扩散。这种吸声板的悬挂较为松散，因此降低了它作为低频共振吸声体的效果，同时空腔与房间之间的缝隙也降低了这种谐振效应。

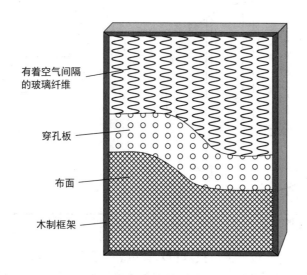

图 15-2　可移动墙板能被用于调节房间混响时间的特征。为了让房间具有最大的可变性，未使用的面板应该完全从房间中移除

独立式的声学平板（有时候被称为声学障板）是一种非常有用的录音棚配件，经常被用来改善乐器之间的声场。声学平板的一面是反射面，另一面是吸声面。一种典型的声学平板是由 1in×4in（木龙骨的截面长 x 宽）的木龙骨构成，它的背面贴有夹板，在其内部填充了低密度的玻璃纤维（如 3 磅 / 立方英尺），同时外侧覆盖纤维织物。在房间当中放置几块此类声学平板可以让我们对房间的中高频部分进行控制，同时也在高频上起到一定的隔声作用。

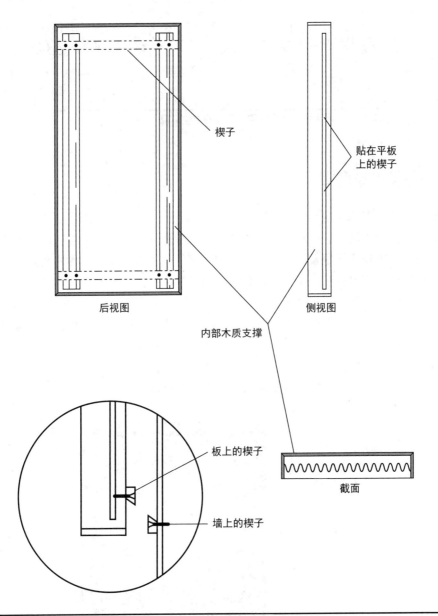

楔子

贴在平板
上的楔子

后视图

侧视图

内部木质支撑

板上的楔子

墙上的楔子

截面

图 15-3　一种使用楔子在墙面固定平板的方法，平板可以较为方便地被拿下来

图 15-4 所示的声学平板将扩散技术引入其中。声音从 4ft×4ft 的扩散区域反射，不同于从相同面积的平面区域反射（反射声波会有 8dB 的衰减），通过扩散区域后声音会有较好的扩散效果，同时扩散声波会分布在几毫秒的时间内，音乐家们能够感受到声音的丰满感。为了实现这一点，图 15-4 中的声学平板在一侧安装了四个 Skyline 扩散单元，这些产品是由 RPG 声学系统公司生产。这些特殊的模块是二次余数扩散体。其他类型的扩散体也可以被使用，又或者作为一个平面反射体被使用。

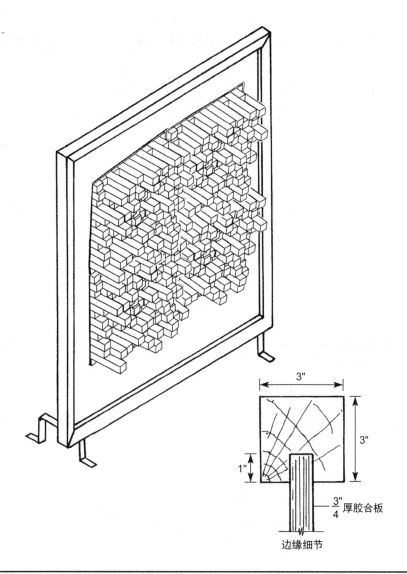

图 15-4　一种使用扩散表面的非传统的独立式挡板

15.3　铰链式吸声板

其中一种廉价且有效调节房间声学参数的方法是使用铰链式吸声板，如图 15-5（A）和图 15-5（B）所示。当把它们闭合时，所有的表面（石膏、石膏板或者夹板）都是反射面。当把它们打开时，暴露出来的表面是起到吸声作用（玻璃纤维或者地毯）。例如，我们可以用密度为 3lb/ft³ 的玻璃纤维板（其厚度为 2~4in）作为吸声表面。在纤维板上方覆盖透声织物可以改进它们的外观效果，而把玻璃纤维板与墙面间隔一定的距离，可以提高低频吸声作用。

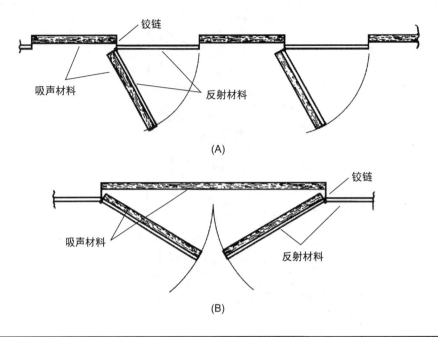

图 15-5　一种经济有效改变房间声学的方法，它可以通过使用可折面板来实现，这种可折叠面板，一面是反射面，而另一面是吸声面。（A）单扇设计；（B）双扇设计

15.4　有百叶的吸声板

我们能够通过架子上的杠杆来调节多层百叶片的角度，如图 15-6（A）所示。百叶片的后面是一层低密度的玻璃纤维板，其宽度取决于百叶片是要在中间形成一系列的细缝［如图 15-6（B）所示］还是紧紧地闭合［如图 15-6（C）所示］。在图 15-6（C）中，轻轻打开百叶片将会获得与图 15-6（B）一样的缝隙，但是我们比较难精确调节这些缝隙的宽度。缝隙宽度的变化会导致共振曲线变宽。

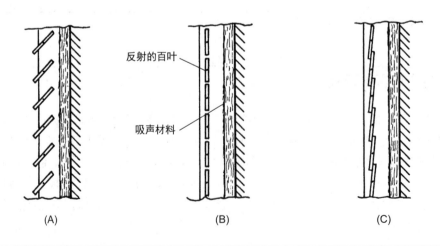

图 15-6　百叶吸声板有着较大范围的声学变化。（A）当百叶吸声板打开时，能够暴露出里面的吸声材料。（B）短百叶可以从一个槽式共振吸声体（关闭）改变成吸声体（打开）。（C）当百叶吸声板闭合时，显现出反射表面

百叶片吸声板的构造是非常复杂。我们可以通过改变玻璃纤维板的厚度和密度，或者改变它与墙面的距离来改变其吸声特性。百叶片可以使用反射材料（玻璃、硬板）或者吸声材料（软木），又或者可以是实心、穿孔及有缝隙的共振体。换句话说，几乎任何频率特征都能够与有着可调节百叶结构的吸声板匹配。

15.5 吸声 / 扩散板

吸声 / 扩散板能够对所有入射角度声音的中高频吸声，并与低频部分的水平或垂直扩散结合在一起。这些板基于吸声相位栅理论，且由小分割体隔开的等宽度凹槽阵列组成。它们被设计用来扩散那些不能够被吸收的声音。其中这些凹槽的深度是由二次余数序列所决定的。这种板可以去购买成品，也能够自己制作。

以下是一个商用吸声 / 扩散板的例子。它的尺寸接近于 2 ft × 4 ft 或 2 ft × 2 ft，并能够对 100Hz 以下声音进行扩散。它们可以被固定在天花板的格栅上，或者作为独立的单元被使用。图 15-7 展示了两种不同安装方式的吸声 / 扩散板的吸声特征。如果它被直接固定在墙上，在 100Hz 处的吸声系数约为 0.42。当平板和墙面之间的间隔为 400mm 时，它在该频率的吸声系数加倍。后一种安装方式与悬挂在天花格栅上的吸声特征类似，它在 250Hz 以上的吸声效果是非常好的，因此这种单元起到了对中、高频段声音的扩散和吸声作用。这种吸声 / 扩散板是由 RPG 声学系统公司生产的。

15.6 可变的共振装置

共振结构经常被用作可变吸声单元。图 15-8（A）是一个使用穿孔板的例子。通过改变平板的位置，可以改变吸声的共振峰频率，如图 15-8（B）所示。在这个例子当中的近似尺寸分别为：板宽 2ft，板厚 3/8in，穿孔直径为 3/8in，孔之间的圆心间隔 $1\frac{3}{8}$ in。

对于这种吸声体来说，最重要的是覆盖在穿孔板内表面，或者外表面的多孔织物，它要有着适当的流阻。当板处于打开位置时，孔中的空气质量与它后面墙体空气的顺性或"弹性"形成了一个共振系统。多孔织物为空气分子的振动提供了阻力，从而可以吸收它们的振动能量。在本例当中，如果把板闭合，空腔几乎消失，它的共振峰值从 300Hz 上移到 1700Hz［如图 15-8（B）所示］。在板打开的状态下，低于 5kHz，高于峰值频率的吸声系数保持不变。

一间好莱坞的配音棚，采用了另一种有趣的共振装置设计。电影对白需要可变的语言录音环境，来模仿电影场景中的声学环境。在这种录音棚中，对于 8000ft³ 的空间来说，需要具有 2:1 的混响时间调节范围。

房间两侧的墙面采用了可变设计，如图 15-9 所示，它展示了从地面到天花板的可变吸声单元的截面部分，所有板在垂直地面的轴上都有铰链。上下长度为 12ft 的铰接板是可以折叠的，其中一面是反射面（由两层 3/8in 厚的石膏板组成），另一面是吸声面（由 4in 厚的玻璃纤维板组成）。当打开时，展现出来的吸声面，同时露出了狭缝共振体（$1\frac{1}{2}$ in × 3in 的槽，间隔为 3/8~3/4in，后面是玻璃纤维板）。在一些区域内，玻璃纤维板被直接固定在墙上。当仅有较多吸声面暴露在外面时，扩散是一个较小的问题，而当反射面都暴露出来时，可折叠面板需要构成一个较好的几何扩散体。这个由 William Snow 设计的可变共振装置，结合不同种类的吸声体，构造出一个有效且廉价的结构，并有着较好的灵活性。

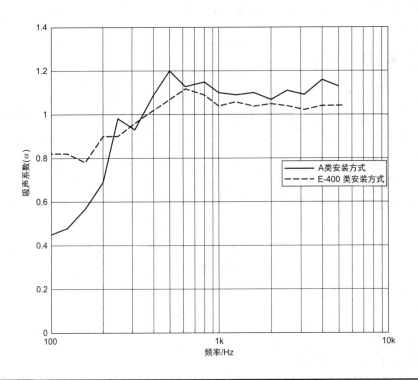

图 15-7　两种安装方式吸声扩散板的吸声特征。一种安装方式是直接固定在墙上（A 类安装方式），另一种是距离墙面 400mm（E-400 安装方式）

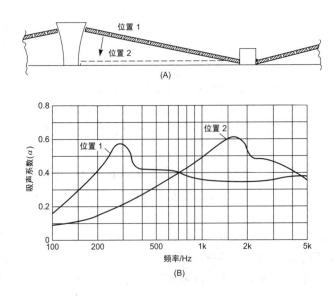

图 15-8　铰链式穿孔板能够被用来改变吸声特征。具有适当流阻的多孔织物被覆盖在穿孔板的一侧（A）平板能够被放置在表面上的两个位置（1、2）。（B）可以通过从一个位置改变到另一个位置，来实现其吸声特征的变化

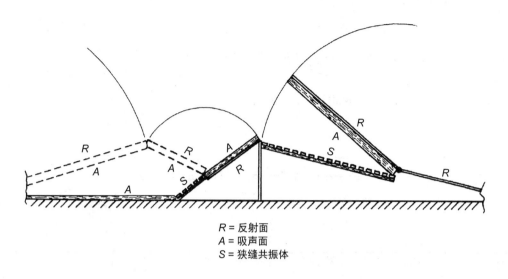

R = 反射面
A = 吸声面
S = 狭缝共振体

图 15-9　一个录音棚中的可变化声学单元。当门关闭后，反射区域展现出来。当门打开后，吸声区域和狭缝共振体展现出来

15.7　旋转单元

如图 15-10 所示，旋转种类的单元提供了独特的可调节性。由于尺寸的限制，它们大多被用在较大的房间当中。在这种独特的结构当中，平面部分是吸声面，圆柱部分是反射面。这种单元的缺点在于，它需要较大的旋转空间。旋转单元的边沿需要固定得较为紧密，从而减少录音棚与单元后面空腔的耦合作用。

在一间音乐室当中，我们可以设计使用一系列旋转圆柱体，这种旋转圆柱体部分会延伸到天花板。圆柱体的滚轴是联动的，它们的旋转是通过齿轮来驱动的，利用这种方式，暴露出来的圆柱部分能够提供较好的高频吸声和适当的低频吸声，或较好的低频吸声和较少的高频吸声，又或者在低频及高频部分有着较强的反射和较少的能量吸声。但是，这种装置的造价较为昂贵，且机械结构较为复杂。

图 15-11 展示了一个声场高度可调节的设计案例。它是一个可以旋转的等边三角柱，有吸声、反射及扩散三个表面。这种单元的标称尺寸为高 4ft，宽 2ft。或者也可以是非旋转的三面扩散吸声体，它有着两个吸声面和一个扩散面，特别适合放在房间的角落。在实际安装当中，这些三面吸声扩散体的边沿将会被对接，每个单元都有着自己旋转轴承。利用这种方式，这些单元能够提供吸声、扩散、反射，或者这三个表面的任意想要的组合。与其他旋转吸声体一样，这个单元需要较大的安装空间。

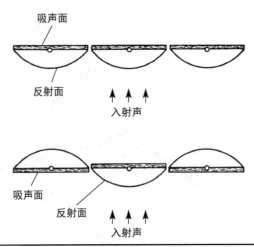

图 15-10　旋转单元能够改变房间的混响特征但它的缺点是需要较大的空间来容纳旋转单元

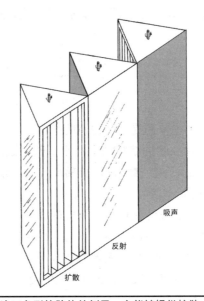

图 15-11　一个能被旋转使用的等边三角形扩散体的例子，它能够提供扩散、吸声或反射表面。独立单元的旋转可以提供较大声学特性的变化

15.8　低频吸声模块

　　控制低频吸声是相对困难的，特别是在小房间里。在许多情况下，低频吸声体，也被称为低音陷阱，通常被放入房间的天花及墙体内。然而，更小、更便捷的低频陷阱提供了另一种选择。图 15-12 显示了一个模块化的低频吸声体的例子。这种低频吸声陷阱，基于 Harry Olson 的最初设计，被称为管陷阱。它是一个圆柱形单元，其直径为 9in、11in 和 16in，长度为 2ft 和 3ft。直径较小的单元可以放置在直径较大的单元上方。通常把它们放置在房间的角落位置来优化其性能。我们也可以使用 1/4 圆的改进体。这种陷阱的结构较为简单，它是 1in 厚的玻璃纤维圆柱体，通常利用铁丝网作为管状吸声陷阱的外骨骼，对其起到支撑作用，并使用"软质"的塑料薄板覆盖住一半的圆柱体表面，出于保护及外观上的考虑，我们也会

用纤维织物覆盖圆柱体。

同其他吸声体一样，其吸声量计算公式为表面积 x 吸声系数 = 赛宾吸声量。对于吸声模块来说，这有利于我们估算每个模块的赛宾吸声量。图 15-13 展示了长度为 3ft，直径分别为 9in、11in 和 16in 管状吸声模块的吸声特征。可以看到它们有着较大的吸声量，特别是直径为 16in 吸声体在 125Hz 以下的吸声表现良好。

当管状吸声陷阱被放置在音箱后面的角落时，其覆盖了圆柱体的"软质"区域，提供了对中高频的反射作用，同时低频能量会被这些"软质"吸收。通过这些管状吸声陷阱对中、高频声音的反射，我们可以控制听音位置的明亮感。图 15-14 展示了管状吸声陷阱的两种旋转状态。如果反射面朝向房间［如图 15-14（B）所示］，房间低频会被吸收，同时听音者也会听到较为明亮的声音。这是因为，中高频声音会通过圆柱形的"软质"表面产生扩散。如果需要比较暗的声音，我们可以把管状吸声陷阱的反射面朝向墙面。这样会产生音色上的改变，它是由圆柱反射面和交叉墙面之间的空腔所造成的。如图 15-14（A）所示，我们通过在墙面放置吸声体，来控制这种音色的改变。

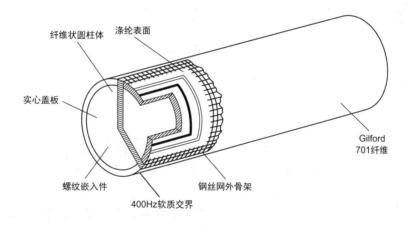

图 15-12　管状吸声陷阱结构。它是一个由 1in 厚的玻璃纤维，以及支撑体构成的圆筒。塑料"软质"覆盖了 1/2 个圆柱体表面，它能够扩散和反射 400Hz 以上的声音能量（声学科技公司）

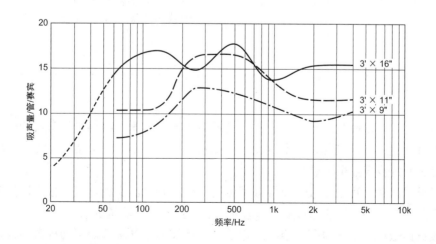

图 15-13　三种尺寸管状吸声陷阱的吸声特征。直径为 16in 的单元，提供了在 50Hz 以上良好的吸声特性

　　如果听起来效果良好，我们可以尝试把管状吸声陷阱放置在房间后面的两个角落。每个角落可以堆放两个管状吸声陷阱，较低、较大的用来进行低频吸收，上面较小的那个用来吸收中、低频。半圆形吸声单元能够用来控制侧墙的反射，或者为任意地方提供吸声。在使用这种可调节类型的吸声装置时，需要同时考虑地毯、家具、吸声结构（墙、地面、天花板）等中间体所提供的总衰减率（现场感、沉寂感），这也需要我们通过现场听、计算或测量来确定。这种管状吸声陷阱是由声学科技公司（Acoustic Sciences Corporation）生产的。

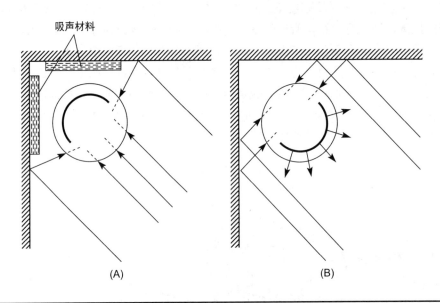

吸声材料

(A)　　　　　　　　　　　　　　(B)

图 15-14　管状吸声陷阱上软质反射面的位置，会对房间中声音的明亮度产生影响。（A）软质反射面对着墙角，圆柱体吸声面能够在较宽的频率范围内对声音进行吸收（B）如果软质反射面朝向房间，能够对 400Hz 以上频率的声音进行反射

　　管状吸声体的一种替代方案是设计一个三面体，它有着两个吸声面和一个扩散面。这种类型的设计可以用于立体声听音室，把它放置在音箱后面，吸声面对着墙角，扩散面对着房间。这种摆放有助于控制简正模式，同时增加了房间的扩散。理论上来说，这种扩散反射能够将声音降低 8~10dB，最大限度减少了它们对立体声声像感知的影响。这与图 15-14（B）中管状吸声陷阱上的"软质"反射表面形成对比，管状吸声陷阱的早期反射声会对立体声声像造成影响。

15.9　知识点

- 窗帘能够提供有用的声学可变性。其褶皱的丰满程度是我们必须考虑的问题。窗帘能够通过打开来遮挡住后面的墙面，或把它收入一个凹槽当中，从而露出墙面来改变房间的吸声效果。
- 便携式吸声板可以安装在墙面或根据需要随时移除。例如，吸声板可以用来降低房间的混响时间，或者通过从墙面移除来提供更多的现场氛围感。
- 铰链面板提供了一种有效且低成本的方式来调节声学环境。当面板关闭时，它是一个反射表面（石膏、石膏板或者胶合板）。当把它打开，其暴露的表面吸声特性比较强（玻璃纤维或地毯）。

- 共振结构能够用作可变吸声体单元，可以通过改变板的位置来改变所吸收的共振峰值。
- 不同种类的吸声体和扩散体能够以独特的方式进行组合，以提供适合特定房间的声学调节。
- 模块化的低频吸声体能够提供一种便携且廉价的方法来控制房间的低频响应。此外，一些模块能够结合其声学设计特性提供更大的灵活性。

16
隔声及选址

在那些对声学要求不高的房间中，通常外部存在诸如来自飞机、火车、道路交通、犬吠和割草机等声音，内部存在诸如来自水管、空调等声音，它们都是我们日常生活当中声音的组成部分，同时我们对这些声音或许不会感到反感，甚至没有注意到它们的存在。然而，在具有较高声学要求的房间当中，在声音的停顿间隙，或在较为安静的音乐中，又或者在演讲报告过程中，以上这些声音则是不协调的。因此，在录音棚、听音室、音乐厅和其他对声学有要求的空间里，就必须尽量降低这些房间的背景噪声。

从声学的角度来看，在明确施工规划之前，必须回答两个主要问题。首先，房间所在的外部环境噪声水平是多少？其次，在房间内设定的背景噪声水平如何？这将决定施工的工程量，以及在结构设计中的隔声设计。具体来说，以上两个噪声之间的差异决定了在房间设计中我们需要预留多大的声音传输损失。

在建筑声学中，对噪声进行控制的工作是非常具有挑战性的。虽然对房间内部的处理是非常重要的，但即使是最好的声学设计，如果噪声侵入这个空间也是毫无价值的。同样，在许多情况下一个空间当中所产生的声音，影响到临近的空间也是一个比较严重的问题。低环境噪声是大多数应用的重要前提，也是房间设计过程中的困难所在。为了降低噪声，在设计当中我们必须抑制房间内部噪声，例如来自通风设备的噪声，同时也要隔绝任何来自外部的噪声，诸如来自路面的交通噪声。而令人烦恼的是，我们所需要的安静环境，其造价通常非常昂贵。这里几乎没有什么较为廉价的方法，可以获得高质量录音棚所需要的较低噪声环境。尽管如此，对噪声源及噪声传播途径的了解，能够提高设计者获得更好噪声环境的能力，同时尽量避免那些不必要声音的影响。

在本章当中，我们主要考虑隔音和选址问题。对于墙壁、地板、天花板、门窗、通风和空调（HVAC）系统的具体要求，将会在后面的章节中讲解。为了避免混淆，我们需要注意术语"声音隔离（isolation）"和"声音隔热（insulation）"是可以互换使用的，而不能与术语"声音防护（proofing）"混用，因为它的含义远比其通常表达的要多。

16.1 通过隔离物的传播

声音可以通过任意介质传播，例如，它能够通过空气和固体共同传播。前者是借助环境中空气而后者是借助环境中的结构。比如说，房间远处的声音可以借助走廊的空气介质进入你的房间，同时也可以通过混凝土地板进入你的房间，并重新辐射到空气当中。事实上，声音在密度更高的介质当中其传播效率也会更高。通常来说，空气当中的声音传播主要集中在较高频率（100Hz以上），而固体传导的声音主要集中在低频部分（100Hz以下）。在某些情况下，结构声音的传导仅仅能感受到它的振动。任何屏障或隔离物的设计必须尽量减少声音的空气和结构传播。我们必须密封隔离物上的缝隙，以确保声音不会从这些缝隙中传播出去。即使是最厚重的墙壁，空气缝隙也会严重降低它的隔声性能。隔离物中的去耦元件能够阻断结构声音的传播路径。例如，将弹性支架安装在两个隔板之间，能够减少结构声音传导。此外，通过去除在传导声音频率范围内的一些共振条件，也能够降低结构声音的传导。

16.2　噪声控制的方法

在一个声学环境要求较高的空间当中，我们有着五个基本方法来减少噪声：

- 房间的选址应尽量选择在较为安静的地方
- 减少噪声的输出
- 在噪声源和房间之间增加隔声障板
- 降低房间内噪声的能量
- 必须要同时考虑空气噪声和结构噪声

将声学要求较高的房间设置在远离噪声源的地方，是一个比较明智的解决办法，然而由于在位置选择当中包含了许多其他因素（非声学因素），所以这种做法将会是相当奢侈的。显然把房间选择在机场、高速公路或其他噪声源附近通常是有问题的。当与有噪声的街道，或者其他声源之间的距离增加一倍时，空气噪声的声压会减少接近6dB（当把交通噪声看作线性声源时，则减少3dB），这一点是非常有用的。如果有条件，对于声学要求较高的房间来说，我们应该把它设置在远离诸如公路这种外部噪声源的地方。例如，我们应当将一个对声学要求不高的房间设置在对声学要求较高的房间和道路之间。同样地，对声学要求较高的房间应当远离类似机房这种内部噪声源。如果所讨论的房间是住宅的一部分，例如位于住宅区域的听音室或家庭录音棚，我们必须考虑其他住户的需求。如果房间是一个专业录音或广播的录音棚，它或许是多功能综合设施的一部分，我们必须考虑来自办公机器、空调设备、建筑中的脚步声，甚至是其他录音棚的噪声。

当最佳的地点不能被选择时，减少噪声输出成为另一种替代方法。这通常也是最合理而有效的方法。这种替代方法有时候是可行的，而有时候是不可能做到的。例如，我们可以把有噪声的机器放置在一只隔声箱中，但是这种方法不可能用来处理公路上的发动机及轮胎的噪声。现在有许多技术都可以减少噪声源的输出。例如，对于通风机的噪声输出，可以通过安装柔软的架子，或者通过去耦合的金属软管进行隔离，从而获得20dB的噪声衰减。通过在大厅中铺设地毯，可以有效解决脚步声的问题，或者也可以利用橡胶垫来减少机器的振动噪声。在大多数情况下，解决噪声源本身的问题，比处理声源与房间或房间与房间之间的问题更加有效。

上述方案通常是困难和昂贵的，常见的降噪解决方案是在噪声源与所需要降噪空间之间建造噪声隔绝障板。像墙这样的屏障能够衰减通过的声音，我们将会在后面进行讨论。一个冲击噪声将会在穿过墙体的过程产生衰减。在声学要求较高的房间内，其墙面、地板及天花板必须要对外部噪声提供足够的衰减，将噪声降低到一个可以接受的水平。不过，在没有声短路的前提下，有着一定传输损失的墙体，仅仅能够把噪声减少某个数量级。

　　阻止街边汽车的噪声进入房间是一件非常困难的事情，但我们可以通过沿着高速公路方向建设障板的方法来遮蔽一些交通噪声，从而有效防止噪声进入住宅区域。灌木丛和树木也能够有助于适当降低街边噪声。例如，一个 2ft 厚的柏树篱笆，可以衰减 4dB 的噪声。

　　有时候我们通过对房间的内部噪声源或者外部噪声源的处理，可以有效降低房间的整体环境噪声水平。对于房间内噪声，我们也可以通过添加吸声材料方法来降低。例如，在录音棚中，声压计测得的环境噪声为 45dB，那么我们可以通过在墙面上覆盖大量的吸声材料，把噪声降到 40dB。如果使用足够多的吸声材料，会明显降低环境噪声，同时也会导致房间内混响时间的缩短。而控制混响时间是声学设计当中最先要考虑的问题。混响控制当中所使用的材料，只会解决很少一部分的噪声问题，如果超出这个范围，我们必须寻找其他方法来做进一步的降噪处理。

　　当噪声通过空气或者固体结构传播时，它能够渗入录音棚或者其他房间。噪声也可以通过较大表面的膜振动，或者以上三种传播途径的组合来产生声音辐射。卡车驶过的噪声主要通过空气传播，但轮胎发出的振动可能通过地面传播。同样地，飞机起飞的声音、乐队大声的即兴演奏，以及婴儿的哭声，这些都是利用空气来进行声音传播的。喷气式发动机消声器、调低功放控制器的音量和使用安抚奶嘴，所有这一切都是针对噪声源进行衰减的例子。许多结构噪声是由振动或者机械冲击所产生的，它的能量可以通过建筑结构来进行传播，并辐射到空气当中，被人们所听到。建筑结构把振动转化成为声音的原理与吉他琴弦的原理一样，即通过它自身振动产生的声音很小，而把它附着在吉他箱体上的时候，声音就会明显变大。

16.3　空气噪声

　　如果有空气缝隙的存在，声音将会很容易地利用空气传播过去。声音屏障上的缝隙将会产生气道，这将严重影响其隔声效果。事实上，对于任何一个隔声体来说，其效果的好坏取决于其是否存在缝隙。例如，一个 1in^2 的洞所传播的声音与 100ft^2 的石膏板相同。又例如，假设一个 10in 的开口，使得噪声在房间产生 60dB 的声压。如果将这个开口减少 10 倍（1in），忽略衍射作用，噪声仍然达到 50dB。如果开口减少到原来尺寸的 $\frac{1}{100}$（0.1in），其噪声仍然可以达到 40dB。也就是说，即使一个很小的开口缝隙也能产生较大的噪声。类似地，任何侧翼通道将会让声音绕过隔声屏障，严重地降低其隔声效果。例如，声音能够较为容易地通过空调管道或者两个房间之间的连通空间进行传播。

　　在门或者墙的下方，电源插座箱所产生的裂缝，很大程度上降低了墙体的隔声性能。在空气噪声隔绝方面，气密性是非常重要。出于以上原因，我们要在建筑当中尽量避免使用百叶门窗等建筑构件，对于砌砖的墙面来说要尽量涂油漆，同时利用非硬化的密封胶将密封隔板中的孔洞或缝隙填充。同样地，我们必须要在门或者其他开口的周围使用橡胶垫。即使我们有着非常仔细的设计，也会被草率的施工所影响，导致传输损耗低于设计意图。

　　使用隔声墙的主要目的是对室外入射声音进行衰减，从而起到隔离外部噪声的作用。障板对噪声的衰减作用，可以用传输损耗（TL）进行描述，它是声音通过障板时损失的大小。

尤其是 TL 可以被定义为声源侧（Source Side）障板和接收侧（Receiver Side）之间的声压级差，即：

$$TL=SPL_{声源侧} - SPL_{接收侧}$$（16–1）

如图 16–1 所示，如果墙体有 45dB 的传输损耗，外部的噪声级为 80dB，通过墙体之后将会降到 35dB，即（80dB–45dB=35dB）。一堵有着 60dBTL 的墙体，将会把同样的噪声级降到 20dB。如果 TL 值越高，那么材料所提供的衰减越大。但是，TL 值仅仅会对那些没有缝隙及声学旁路的材料有效。如前所述，由于空气缝隙的传输损耗为零，因此大量的声音能够通过非常坚固的墙体中的裂缝或者孔洞进行传播，哪怕它们很小。

值得注意的是吸声系数（α）是基于线性刻度的，而 TL 值基于对数刻度的。所以对它们进行比较可能会引起一定的误解。我们定义了 τ 作为传输系数，穿过材料的声音数量为 $\tau=1-\alpha$。我们把 τ 与 TL 进行关联，即

$$TL=10\lg\frac{1}{\tau}$$（16–2）

一个玻璃纤维材料或许有着较高的吸声系数，如在 500Hz 处吸声系数为 0.9，它将会产生的 $\tau=0.1$（1–0.9=0.1）。且玻璃纤维的 TL 将会为 10［10 lg（1/0.1）］，可以看到它的隔声作用是非常差的。这就解释了，为什么多孔吸声体是效果较差的隔音材料，特别是在低频方面。回顾那些多孔吸声材料，由于它有着较多空气缝隙，因此得到这个结果并不意外。实际上，正如我们所看到的那样，厚重的固体障板提供了较好的隔声作用。穿过障板的声功率总量与 $S\tau$ 成正比，其中 S 是它的面积，τ 是它的传输系数。

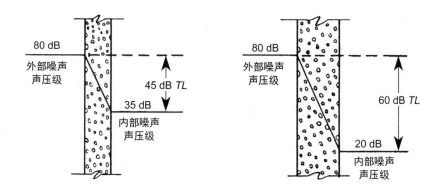

图 16–1　外部噪声与内部噪声之间声压级的差别，取决于墙体的传输损耗（TL）

16.4　质量和频率的作用

为了较好隔离外部的空气噪声，通常墙壁的质量越重越好。墙体质量越重，空气中的声波将越难推动它。图 16–2 展示了，声音的传输损耗是如何与墙的面密度联系起来的。如图 16–2 所示，墙面的重量是用 16/ft² 来表示的，它有时会被称为面密度。例如，一堵 10ft×10ft 的水泥墙，它的重量为 2000lb，那么每 100ft² 的墙面重量为 2000lb，或者为 20lb/ft²。我们不会直接考虑墙面的厚度。

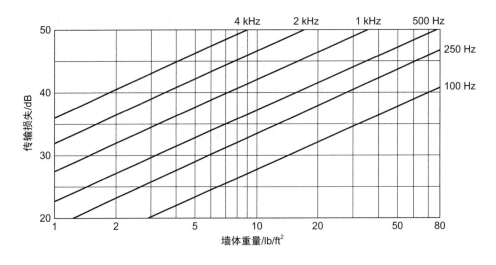

图 16-2　障板的质量而不是材料种类，决定了声音通过障板时的传输损耗。质量定律表明墙体的质量每增加一倍，将会增加 6dB 的 *TL* 值（实际上，通常可以达到 5dB）。虽然在非正式的评价中，通常使用 500Hz 作为评价频率，但是传输损失也会受到频率的影响。墙体的重量表示为 lb/ft²

传输损耗会随着障板质量的增加而增加。此外，传输损耗也会随着频率的增加而增加。对于单层障板来说（例如，水泥或者砖墙），隔声作用可以近似为：

$$TL=20\lg\left(fm\right)-33 \qquad\qquad (16\text{-}3)$$

其中，*f* = 声音频率（Hz）

　　　　m = 面密度（lb/ft² 或 kg/m²）

注意：使用公制单位，要把 33 改为 47。

由此等式可以获得，20lg2=6dB，也就是说当墙面质量增加一倍，理论上 *TL* 值可以增加 6dB，这被称为质量定律，它表明每当物体的质量增加一倍，*TL* 的值也会增加约 6dB。此外，我们看到每当声音频率增加一倍（增加一个倍频程），*TL* 的值也会有 6dB 的增加。由于假设障板的刚性为零，所以称之为柔性质量定律（limp mass law）更加准确。然而，除了质量以外，隔声体的刚性和阻尼也会影响到传输损耗。例如，实际的障板，它本身有着一定的硬度，而障板越坚硬，其 TL 的值越低。同时，障板越厚（增加了质量），其硬度越高（减少了 *TL* 值）。所以，以上对 6dB 的预测不是完全准确的。在实际工程当中，隔声体的质量每增加一倍，*TL* 的值通常会增加约 5dB。

理论上，一个障板的厚度为 4in，它在 500Hz 处的 *TL* 值为 40dB。如果厚度（和质量）增加一倍到 8in，其 *TL* 值理论上约为 45dB。可以看到，质量定律仍旧起着作用。当再增加 5dB 的 *TL* 值时，障板的厚度将会增加到 16in，另外再增加 5dB 的 *TL* 值，障板厚度将会需要增加到 32in，依此类推。虽然提高质量是可以非常有效地增加隔声作用，但是这不是解决隔声问题的最好方法。诸如吻合效应等因素，也将会对 *TL* 产生一定的影响。

图 16-2 所示的传输损耗是基于材料的质量，而不是基于材料的种类。可以看到材料越重，它对声音的隔离作用越好。这主要是由于材料的质量在起作用，而不是材料本身。例如，在相同传输损耗的情况下，夹板材料的厚度约是铅的 95 倍。

再来说说吻合效应。吻合效应能够在障板上产生一个"透声孔洞"。它是一种透声现象的名称，然而它所描述的问题，在分析障板传输损耗的过程中应当认真考虑。对于低频来说，障板的 *TL* 值主要是由它的质量所决定的。*TL* 的值会随着频率的增加而增加，其幅度约为 5dB/oct。但是在某个频率范围，障板的刚性将会导致它产生共振。这时障板将会随着入射声波有着相同波长的弯曲，从而使得该声波更加容易被传播出去。在共振频率附近，*TL* 将比理论值下降 10~15dB。这被称为吻合效应的频率低谷。在这个频率区域以上，*TL* 将根据质量定律再次随频率上升，斜率甚至超过 5dB/ 倍频程。

对于一个给定的材料来说，它的吻合频率与障板的厚度成反比。因此，可以通过减少障板的厚度来提高其吻合频率。这是有益的，因为这样可以把吻合频率低谷移动到我们所关心的频率之外。例如，在一个语言录音棚，这种方式可以将吻合频率提高到语言频率之上。然而，当厚度减少的时候，*TL* 值也会减少。

不同的材料存在着非常不同的吻合频率：一个厚度为 8in 的水泥墙，它的吻合频率约在 100Hz；一块厚度为 1/2in 的胶合板，它的吻合频率约为 1.7kHz；一块厚度为 1/8in 的玻璃，它的吻合频率约为 5kHz；厚度为 1/8in 的铅，它的吻合频率约为 17kHz。有着较大阻尼的材料，其吻合频率低谷较小。在一些应用当中，我们可以向那些阻尼较小的材料当中添加阻尼层，如叠层玻璃（不是保温玻璃）有着比普通玻璃更好的阻尼。像用砂灰浆涂抹的砖块，它的结构是不连续的，有着比类似钢板这种均匀材料更高的隔声量。稍后我们将详细描述玻璃窗中的吻合效应。

从图 16-2 中可以看到频率越高其传输损耗越大，或者换句话说，频率越高，墙面抵御外界噪声的效果越好。从图中可以看到，500Hz 的直线比其他频率的直线更粗，这是因为通常我们会用这个频率来和不同材料的墙体进行比较。然而，墙体对于 500Hz 以下声音的隔声效果不佳，而对高于 500Hz 的声音有着较好的隔声作用。

隔声体的间隔

理想的做法，我们可以通过在噪声源和接收房间之间设置两块障板，来在最大程度上提高传输损耗。因为质量体被非桥接的空腔所隔离，这是一种非常有效的声音隔离体。例如，从理论上来说，两堵完全相同墙体叠加，其隔声量（*TL*）将会是单个墙体隔声量的两倍。这比简单增加一倍的墙体面密度的效果更加明显。因为两堵墙体之间的隔离空腔，提供了比一堵整体墙面更好的隔声量。例如，一堵厚度为 8in 的水泥墙有着 50dB 的隔声量，而一堵 16in 厚的水泥墙会有 55dB 的隔声量。而两堵厚度为 8in 独立的水泥墙，理论上将提供 80dB（40+40）的 *TL* 值。这显然远超过一堵 16in 墙体的隔声量。然而，在现实当中，完全没有桥接的墙体间隔是无法实现的，因此它们组合之后的 *TL* 值远低于理论值。

在以上间隔结构的例子当中，只有每个结构完全在它自己的地基上，才是一种接近非桥接状态，通常墙面至少会连接它头和脚的位置。两个墙面之间的空腔深度，影响了系统的刚性。越大的空腔，它的吻合共振频率越低。通常，空腔深度应该在允许的情况下保持尽量大。非常窄的空腔会有着较差的隔声效果。我们可以通过控制两个独立墙体的面密度，来降低其吻合频率。例如，双层玻璃的隔声性能，可以通过使用不同厚度的玻璃来改善。

16.5 多孔材料

类似玻璃纤维（岩棉、矿物纤维等）这种多孔材料，它们是非常好的吸声材料和保温材料。但是，值得我们注意的是，当把它们作为单独的吸声体，或者放置在墙面上时，所起到的隔声效果是有限的。使用玻璃纤维来进行隔声，将会有助于隔声量的提高，但是其效果相当有限。多孔材料的传输损失与声音直接穿过它的厚度成正比。这种损失对于相同密度的多孔材料来说（如岩棉，密度为 5lb/ft^3），每英寸的厚度约有 1dB（100Hz）~4dB（3kHz）衰减，而对更轻的多孔材料，它们的衰减将会更少。对于多孔材料来说，它们的传输损耗直接取决于其厚度，与传输损耗相对较高的墙面形成了对比。把多孔吸声材料放置在墙体空腔当中，可以提高墙体的隔声效果，这将会在后面的部分进行描述。

在墙体内部添加保温材料，可以适当增加其隔声量，因为这样做可以减少空腔内部的共振作用，从而降低两个墙体之间的耦合作用。墙体传输损耗的某些增加，也是声音穿过玻璃纤维材料所产生的作用，但是由于材料的密度很低，故这种损耗是很小的。考虑到所有的机制，每侧有着石膏板的交错龙骨墙面，它的传输损耗能够通过添加厚度为 3.5in 的玻璃纤维材料增加约 7dB。通过添加厚度为 3.5in 的玻璃纤维材料，其双层墙体的隔声量可以增加12dB，而添加厚度为 9in 的玻璃纤维材料，其隔声量能够增加 15dB。

多孔吸声材料有助于降低室内的反射或环境噪声。当房间有着非常多的反射声时，增加吸声可以有效地降低声压级。在某些情况下，它可以让噪声级有着 10dB 的衰减。显然，当一个工人靠近嘈杂的机器或其他噪声源时，放置墙面上的吸声体不能降低到达工人面前的直达声。如果可能的话，噪声源应该放置在更靠近房间中心位置，且远离反射墙面。在一个受噪声影响的房间中，吸声也会对降低环境声压级起到一定的作用。通过障板的声音传输量也取决于障板的表面积。特别是两个相邻房间的噪声衰减，其公式为

$$NR = TL + 10\lg\left(\frac{A_{\text{receiving}}}{S}\right)$$ （16-4）

其中，NR= 噪声衰减（dB）

TL= 障板的传输损耗

$A_{\text{receiving}}$= 房间的吸声量（赛宾）

S= 障板的表面积（ft^2）

16.6　声音传输的等级

声音传输等级（STC）是一个单一的整数值，用于评价一个障板的隔声性能。它描述了在整个频率范围内以频率间隔（通常为 1/3 倍频程）进行的一系列传输损耗测量。换句话说，STC 是通过一个标准的 STC 轮廓与实际测量值的最佳拟合得到的。

图 16-3 的实线是根据图 16-2 的质量定律重新绘制的，墙体密度为 10lb/ft^2。如果质量定律完全符合实际预期，那么该密度墙面的实际传输损耗将会完全沿着实线部分随频率变化。然而，该墙体传输损失的实际测量结果，如图 16-3 所示的虚线部分。这些共振偏差（诸如吻合作用），以及墙面的其他因素是没有包含在质量定律的概念当中的。

对于这种异常的测量结果，使用单一的数字（如 STC）可以合理而准确地显示墙体的声音传输损失特性。我们可以通过美国测试和材料协会（ASTM）的规定程序来确定隔声墙体的 STC 值。ASTM E-413 标准指出，STC 是被设计用来与家庭和办公室隔声主观印象相关联的参数。虽然 STC 数值非常有用，但是它们不是在工业当中使用的参数，特别是不适用于类

似录音棚这种有着较大音乐声源的情况。因为 STC 主要倾向于对语言频段进行衡量。

墙体的 STC 值可以用图形方式来确定。我们使用特殊的方法，把测得墙体的 *TL* 轮廓与参考 STC 轮廓进行比较。这个标准轮廓所涵盖的频率范围是 125Hz~4kHz。轮廓包含了三部分，它们有着不同的斜率：从 125Hz 到 400Hz，斜率为 3dB 每 1/3 倍频程；从 400Hz 到 1.25kHz，斜率为 1dB 每 1/3 倍频程；从 1.25kHz 到 4kHz 的是水平线。第一部分有着 15dB 的提升，第二部分有着 5dB 的提升。在把测量的 *TL* 轮廓与标准轮廓曲线进行比较，会发现板的 STC 数值是标准轮廓曲线在 500Hz 处的 *TL* 值。STC 值越高，*TL* 值也越高。

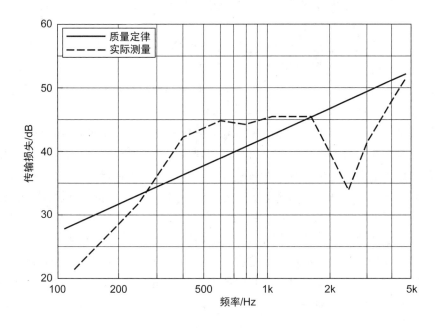

图 16-3　对于墙体传输损耗的实际测量常常与质量定律的计算（如图 16-2 所示）有所偏差，这是共振和其他作用所引起的

这种分级的结果，已经被应用到各种类型的墙体比较当中。一个 STC 为 50dB 的墙体，将意味着在隔声效果方面比 STC 为 40dB 的墙体要好。实际上，一个较安静的环境中，我们可以通过一个 STC 为 30dB 的墙体听到隔壁的讲话声。当 STC 为 50dB 时，墙体将能够阻挡较大声的演讲，不过仍然可以听到音乐的声音。一个 STC 为 70dB 的墙体将会阻挡所有的语言声，但是一些音乐声，特别是音乐的低频部分仍有可能被听到。

把 STC 看成一个平均值是不合适的，但是这些步骤的确避开了把不同频率的传输损失进行平均的问题。值得注意的是，STC 的数值仅涵盖了语言的频率范围，所以当声源为音乐时，这种应用是有限的。尤其是，一个较高等级的 STC 值并不能确保会对低频有着较好的衰减。实际上，STC 等级并不适用于扩展使用范围，如类似交通噪声这种问题。同时，STC 也不对传输损耗中的特殊低谷负责。在某些情况下，我们会使用天花板的声音传输等级（CSTC）或者室外—室内的传输等级（OITC）。这些参数类似于 STC，不过决定它们的因素多少有些不同。在这两种情况下，它们的值越大，其传输损失也越大。在一些国家，人们使用声音减少指数（SRI）来代替 STC。

16.7　结构噪声

声音通过高密度材料时有着较高的传播效率（衰减很少），它包括水泥和钢铁等建筑材料，这就是结构上的噪声。结构噪声，如来自外部的交通噪声或者 HVAC（暖气、通风及空调）单元的振动，甚至在建筑远处的脚步声，都很容易传入对声音敏感的房间当中。结构振动能够引起墙面和地板的振动，并将能量重新辐射到房间的空气当中。这种噪声可能通过木头、钢铁、水泥或者石头等固体结构传入房间。排气扇的噪声可以通过金属管壁及管道中的空气，或两者共同作用传入房间。不幸的是，水管和管道固定装置具有良好的声音传导能力。

因此，在噪声源位置控制结构噪声是最为有效的噪声控制方法。厚重而坚硬的隔离体，如水泥墙体，它对隔绝空气噪声是非常有效的，然而它对结构噪声隔离没有明显的作用。换句话说，轻质材料对空气噪声隔离作用不明显，但是它可以在结构单元当中起到去耦合的作用，从而有效地减少结构噪声。

由于能量从密度较低的空气传导到密度较高固体的传输效率很低，所以通过空气让固体结构产生振动是非常困难的事情。另一方面，用螺栓固定在地板上的发动机，猛烈的掩门及把机器放置在桌子上，同时桌腿的地面直接接触，以上这些都能产生明显的振动。这些振动能够在固体结构当中传播很远的距离，且伴随较小的衰减。用木材、水泥或者砖头做的梁，它们在 100ft 外的纵向振动衰减仅为 2dB。声音在固体中的传播是非常容易的。例如，对于有着相同衰减量的声音来说，在钢材中所传播的距离约是空气传播距离的 20 倍。虽然结点和交叉支撑构件增加了其传输损耗，但是在相同结构当中它们的隔声量依旧很低。去耦合是一种有效降低结构噪声的方法。例如，将机器直接放置在水泥地板上，其振动将非常容易地通过地板传播出去，然而如果将机器安装在弹簧隔离垫上，它可以在很大程度上减少机器振动向地面的传导。

结构噪声通常是由对结构表面的撞击所产生的，即使是一个短暂的冲击也能给结构体注入巨大的能量。例如，木地板上的脚步声可以大量传递到楼下的房间当中。撞击隔声等级（IIC），是一种用来量化地板或天花板撞击噪声的单一评价数值。测量 100Hz~3150Hz 范围内的 16 个 1/3 倍频带，并覆盖在标准轮廓曲线上。IIC 的值越高，隔声效果越好，所接收的噪声越少。因为标准轮廓曲线没有充分反应低频部分，故 IIC 有时会对轻质的楼板有着过高的估计。

或许最有效的减少地板或天花冲击噪声的方法是在表面覆盖一层柔软的垫子。例如，可以把地毯和衬底铺设在水泥地板上。这样可以有效地降低冲击作用。IIC 的值可能提高 50 点，而 STC 的值保持几乎不变。地毯对木地板的隔声作用有限，但是仍然提供了明显的改善效果。正如在第 17 章所描述的那样，浮动地板可以同时用来改善 IIC 和 STC 的值。

此外，我们也需要特别注意那些由膜振动所产生的噪声。虽然有非常少的空气声能量会被直接传递到刚性结构，但是空气传播的声音能够导致墙面产生膜振动，而这种振动能够通过它们之间相互连接的固体结构进行传播。这种结构噪声或许会导致周边其他墙面的振动，并把这种振动所产生的声音辐射到我们需要降噪的房间当中。因此，由固体结构相互连接的两堵墙面，可以作为外部空气噪声与听音室或录音棚之间的耦合装置。

16.8　噪声和房间共振

房间共振能够影响录音棚中的外部噪声问题。尽管房间进行了声学处理，但是房间模式仍然存在，它会让某些频率的干扰噪声有着明显的能量增加。在这种情况下，微弱的干扰声也可以通过共振效应产生较大的噪声增强。因此，增加隔声或者加强对简正频率附近的吸声处理是有必要的。

16.9　位置选择

建造位置选择是声学敏感空间建设中必须考虑的重要因素。那些优化房间频率响应和混响的声学处理，将会被一个具有高环境噪声或冲击噪声的环境所破坏。通过对地板、墙壁和天花板进行适当的结构处理，能够有效地降低噪声水平，然而这种隔声结构是较为昂贵的。最好的解决办法就是将建筑设置在一个环境噪声相对较低的位置。然而，这种安静的位置是很难找到的，同时或许由于周边配套及交通便利性等因素，此类选址较为困难。但是无论选择什么样的地址，即使需要把它建造在一个现有的位置上，了解建筑周边的环境噪声水平都是很重要的。

在一些地方，背景噪声水平是很低的。例如，在一些国家公园的荒野区域，$L_{90(1)}$（稍后将讨论）可能在 250Hz~2000Hz 的倍频程中低于 10dBA。在冬天的夜晚，一个安静的郊区，其噪声水平可能在 30dBA~40dBA。不幸的是，很少能够找到环境噪声如此低的建筑区域。噪声调查（稍后将讨论）通常用于评估现场的环境噪声水平。

位置选择首先要了解声学敏感空间的预期声学目的。并不是所有的空间都如此严格地要求噪声水平。在像音乐厅这样的场所，一个转瞬即逝的干扰声都会产生一点令人厌恶的干扰，即使是在一些优秀的音乐厅里，偶尔也会听到地铁的微弱声音。一个录音棚当中，隔声或许是其最重要的需求，在那里一个较小的干扰声能够成为录音轨道当中的一部分。要么这首歌必须重新录制，要么这个声音将永远留在声轨当中，产生令人烦恼的问题。实际上，一个高质量的录音棚需要设置在一个尽可能安静的环境当中。

录音棚及其他对声学较为敏感的空间很少位于有外部噪声问题的空间当中。在很多情况下，该建筑靠近道路、飞机航线或其他噪声源都是很不利的。例如，城市街道上的交通噪声可能会产生较高的噪声声压级，这是声音从一个建筑表面反射到另一个建筑表面，同时阳台将声音反射回街道所造成的。另外，有必要去与建筑中与其他用户沟通，他们当中的一些人有可能制造出严重的噪声。例如，胶印车间、机械车间、带有电动工具的木工车间或汽车维修设施都可能造成严重的问题。这种情况需要增加特殊的噪声处理方案，这会显著增加设计和施工成本。我们必须将让建筑物远离噪声源的成本与为建筑物提供足够隔声处理的成本进行比较。特别是，在一个有低频噪声非常严重的环境当中，对其进行隔声处理的成本是非常昂贵的。在这种情况下，寻找一个更加安静的地点可能比进行隔声处理会更加经济有效。

使空间安静的最好方法是让建筑远离任何外部噪声源。高速公路、机场和飞机航线、铁路、重工业工厂和类似的噪声源，有必要进行严格的隔声处理。将敏感声学空间的选址远离这些噪声源将会降低建造成本。例如，一个距离机场几千米的录音棚，能够设计成具有更低隔声要求的房间。在某些情况下，将房间选址在噪声源的另一面或许是一个合适的选择，因为其他建筑会阻挡这个特定噪声源的声音，如高速公路。在选择一个安静的场地时，尽可能多地预测该地区未来的建筑项目，判断是否会有带来不必要噪声的噪声源。还要考虑到，在未来那些有利的区域分配是否会变成不利的地区。

许多噪声源都是暂时性的，因此我们更加难以对其预测。例如，一些大多数城市都会存在的重型机器，它会出现在任意街道，并可能在此停留几天、几周或者几个月。道路升级改造项目产生了噪声，我们有必要在此期间停止录音工作。理想情况下，一些对声学敏感的设施，特别是一些商业设施，应当远离那些潜在的临时噪声源，或者针对其内部或临时噪声源设计隔声装置。

在某些特殊情况下，人们能够产生非常大的噪声声压级。特别是，体育赛事场馆的观众可以产生超过 100dBA 的声压，室外足球场的人群能够产生 111dBA 噪声，而室内曲棍球场的噪声高达 113dBA。音乐会的声压水平也可以达到类似甚至更高的标准。即使是课间休息时学校操场的噪声水平，也会给一个声学敏感的空间带来困扰。

在家里，虽然大多数噪声水平相对较低，但有许多内部噪声源会干扰室内的录音和听音。户外的轻型机械，如割草机和吹叶机，能够产生相对较高的噪声声压。一只狗的叫声可能会在 5ft 处产生 90dBA 的冲击噪声声压。此外，很明显，我们还必须考虑家庭内部的噪声源。

解决噪声问题的最佳方法就是在源头上进行处理。例如，一个偏远地区的录音室被无规律的低音干扰，这些噪声来自汽车经过大楼附近的一座木桥。最有利的解决办法是花钱建造一座新的、更安静的桥。更为常见的例子是将暖通空调系统（HVAC）单元放置在隔离垫上，或者将它们移到建筑的另一部分区域。

在许多情况下，我们不能直接处理噪声源本身，如交通和飞机噪声。外部暖通空调系统（HVAC）也需要为建筑提供通风，因此隔声材料也不能直接应用到声源。可以使用隔声屏障来降低噪声的侵入，这种屏障可以较好地降低高频噪声（如轮胎噪声），但对低频噪声（如燃油发动机的噪声）的效果会弱一些。这是因为较长的低频波长会产生衍射作用，从而能够绕过墙壁等障碍物进行传播。土制和砖制墙提供了隔声作用。越高的墙体，隔声性能越好。如果可能，应将吸声材料放置在隔声屏障上。树木和植被并不是有效的隔离体。当使用隔声屏障时，它应放置在靠近噪声源或想要安静的区域。此外，屏障必须水平延伸并远远超过噪声源或安静区域，以避免降低声音的衍射对其区域的影响。

道路交通对声学设计提出了巨大的挑战。在城市区域，许多商业场所的交通噪声将超过住宅噪声水平。高速公路发出的噪声尤其难以控制，经常通过建造混凝土屏障和土墙来补救噪声问题。一般来说，一个屏障只提供 5~10dB 的衰减。由于声音在屏障周边的衍射作用，它们实际上最大衰减约为 15dB。我们可以预测当障板阻断了到声源的直线传播时，能够至少衰减 3dB~5dB。随着隔声屏阴影区的增加，每增加 2ft 的高度就会增加约 1dB 的衰减。一个屏障的长度应当是声源与听音者之间距离的 4 倍左右。如果声源可以在屏障上方、穿过或在障板附近被看到，则屏障对声源没有明显的衰减作用。

16.10 噪声调查

在企业选址时，我们必须考虑诸如土地价值、建筑成本和租金成本等因素。显然，更理想的选址将需要更高的价格。对建筑进行隔声处理将会花费更多的成本。为了确定一个合适的位置，同时尽量减少对声学施工和改造的成本，基于噪声水平调查的选址比较是非常重要的。在一段时间内的噪声水平调查是一个简单的程序，但是它能够提供非常有价值的信息。

在这里描述的方法当中，噪声调查是通过使用一个手持声级计对环境的声压进行测量来实现的。这或许看起来非常简单但浪费时间，然而它将为我们提供经验的积累，并使大家对这个过程有一个基本的理解。而且，这种调查虽然比较费力，但价格相对便宜，效果也较好。

首先，我们在需要评估的选址区域选择一个单一的户外测量点，利用它对周边的噪声情况进行采样。一个以 24 小时为周期的测量就此开始。采样间隔可以每小时一次，也可以每15s 一次。通常建议每分钟测量一次，这就产生了一组 1440 个样本，它能够提供一个合理的环境噪声描述。声级计的读数应当采用 A 计权，从而测的结果单位为 dBA。

图 16-4 为记录测量噪声数据的表格模板。声级计的读数不会作为数字记录，而是将斜线填入声压所对应的列中，并标记在模板的上部。为方便计算，表中每五列之后都会用一个斜纹线来表示。每一列包含 3dBA 的读数，例如 48-50、72-74 等。最终测量结果的精度不会因为这 3dBA 的简化而降低。每分钟都会有一个斜杠增加到表格对应的列中，这是在 24 小时内的唯一工作。当然，这个数据收集过程可以很容易地实现自动化。

在 24 小时周期结束时，将这些测量数据建立一个统计分布曲线，并完成图 16-4 中模板下部的统计。总数行用数字填写，它对应着每一列斜杠的总数。当总数行填满之后，则开始进行累计行的填写。78-80 列的斜杠总数与 76-78 列的斜杠总数相加，记录在累计行中对应的方框内。74-76 列的斜杠总数与 76-78 列和 78-80 列的总数相加，依此类推。最后一个累计条目将是数据表中所有斜杠标记的总和。

接下来，将完成百分比行的填写。第一个方框中的累计值除以所有斜杠的总数，再乘以100 将该数值表示为百分比，其结果记录在百分比行的第一个方框中。然后，将第二个累计数值除以所有斜杠总数，以百分比表示，并记录在百分比行中的第二个方框中，以此类推。与数据收集一样，这种统计过程也可以实现自动化。

该数据能够绘制出一个分布曲线，如图 16-5 所示。分布曲线上的第一个点是通过绘制百分比框中对应 79dBA 的百分比数值来找到的。第二个绘制点是对应 77dBA 的百分比数值，以此类推。这条分布曲线给出了在这 24 小时内，测量位置的环境噪声统计图像。最终的调查报告还应包括所有相关的数字信息，以及显示建筑空间的现场图纸、数据测量位置、已知声源的位置及距离。

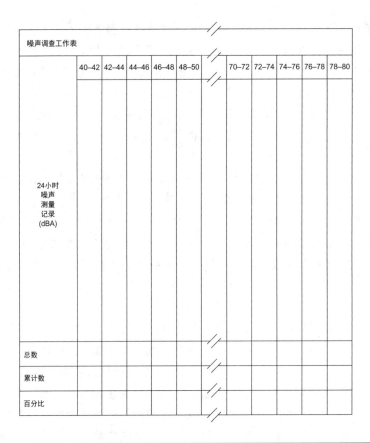

图 16-4　一个收集噪声现场调查数据的模板

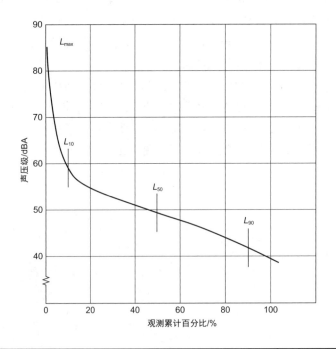

图 16-5　一个声压级测量统计分布的例子

16.11　环境噪声的评估

外部环境噪声源，如交通、飞机和工业噪声，往往难以量化，因为它们通常随时间而变化。人们设计了各种参数来测量和评价环境噪声。这些数据包括 L_{eq}、L_{dn}、L_{max}、L_n 和 SEL，它们是用 dBA 来测量的。L_{eq} 被定义为连续的等效声压级，它表示的是声压级，如果它是恒定的，它将与在评价时间内所监测的波动声音（如交通噪声）有着相同的能量。评价时间在括号内表示。例如，$L_{eq(1)}$ 表示 1 小时的评价时间。$L_{eq(24)}$ 表示 24 小时的周期。

L_{dn}（也被称为 DNL）是一种昼夜等效声级。这是一个连续的 $L_{eq(24)}$ 测量，在晚上 10 点到早上 7 点的测量水平上增加 10dBA，因为夜间的睡眠时间内噪声更加令人厌烦。一些声学专家认为，L_{dn} 并不能完全描述个别音量较大的场景，如飞机飞过。

L_{dn} 的测量方法主要用来评估噪声水平，如在机场附近。美国联邦航空管理局可以使用 L_{dn} 来衡量航空噪声的大小。在某些情况下，会使用社会等效噪声级（CNEL）这一指标。它与 L_{dn} 的不同之处在于，它增加了晚上工作时间的加权因子。晚上（晚上 7 点到 10 点）的 L_{eq} 增加 5 dBA，夜间（晚上 10 点到上午 7 点）增加 10 dBA。各种其他用于量化飞机噪声的指标有感知噪声（PN）、判断或计算的感知噪声水平（PNL）、音调校正的感知噪声水平（TPNL）、有效感知噪声水平（EPNL）等。

当在模板中记录数据点时（如图 16-4 所示），飞机在头顶飞行、火车经过、警笛声所得出的声压级远高于通常的背景噪声。我们必须单独记录最大声压级，因为如果没有它们，噪声评估就无法完成。所有这些超高的值中最高的会成为调查的 L_{max}，这可能是最重要的读数，因为像这样的噪声可能会穿透空间的墙壁，尽管这种情况很少出现。将所有的最大值放在一起，都可以单独进行分析。如果在 24 小时时间内，头顶飞机经过好多次，这可能成为主导建筑隔声设计决策的重要噪声。如果一架飞机每周只经过头顶一次，那么它对隔声设计的影响应该是较小的。

随着时间推移，在某一点的噪声级能够用 L_n 来量化。它定义了一个百分位数的声压级，其中 n（0~100）是当超过某个用 dBA 测得的声压级时，测量时间段的百分比。L_{10}、L_{50}、L_{90} 经常被用来指示相对某个阈值的噪声水平，例如，$L_{10}=70$dBA，就是在测量时间内有 10% 的时间超过了 70dBA。L_{10} 表示了在整个时间段内的最大噪声。L_{10}、L_{50} 和 L_{90} 之间的关系如图 16-6 所示，并以噪声图的方式描述。另外，测量时间阶段被引用，例如，$L_{10(1)}$ 表示一个小

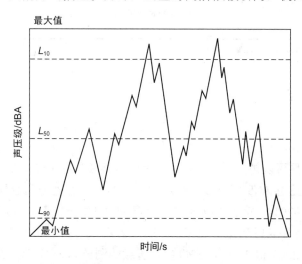

图 16-6　用来进行噪声大小阈值评估的描述符 L_{10}、L_{50} 和 L_{90}

时的时间段。L_n 提供了一种在声压测量中记录波动声压的方法，例如，在1小时内，L_{10} 与 L_{90} 读数之间的很大差异，表明噪声环境发生了显著的变化。

　　声压级的统计分布能够较容易地被绘制出来。分布图（如图16-5所示）中的 L_{max} 值是不确定的，但 L_{10}（10% 的时间超出 L 噪声声压级）、L_{50}（50% 的时间超出 L 噪声声压级）和 L_{90}（90% 的时间超出 L 噪声声压级）是非常确定的。这些数据是非常重要的，它决定了我们的隔声设计。

　　那么问题就出现了，L_{10}、L_{50} 和 L_{90} 在一天中会如何变化？这就是集成工具所擅长的方面。图16-7展示了此类信息的一种描述方法。请注意，这些声压级的测量没有考虑噪声的频率响应。声暴露水平（SEL）定义并测量单个噪声事件的总能量，如驶过的火车或飞行的飞机。为了便于比较，SEL 将噪声事件压缩为 1s 的周期，即使实际噪声可能大于 1s。由于这种压缩，持续时间超过 1s 的 SEL 值要高于其他测量值。噪声暴露预测（NEF）可用于估计单个噪声事件。

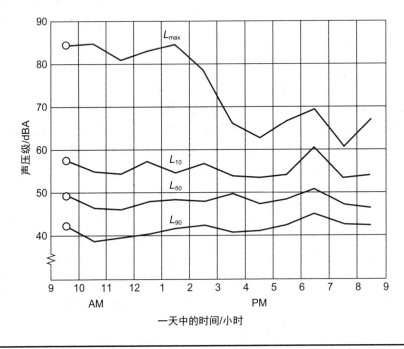

图 16-7　一个超过 12 小时声压级测量的例子

测量和测试标准

　　人们已经制定了许多用于评估环境噪声的标准。例如，美国国家标准协会（ANSI）和美国测试和材料协会（ASTM）发布了各种文件，其中定义和描述了相关标准。当遵循这些标准时，噪声测量的结果可以被广泛认可。一些常用的标准包括 ANSI/ASA S1.13-2005（R2010）《空气中声压级的测量》；ANSI/ASA S12.9-2013（R2018）《描述和测量环境声音的量值及程序》。ANSI/ASA S1.26-2014（R2019）《大气吸收声音的计算方法》和 ASTM E1014-12（2021）《室外 A 计权声级测量标准指南》。

　　ANSI/ASA S1.13-2005（R2010）《空气中声压级的测量》，它定义了调查、户外和实验室声压级的测量方法。调查测量法使用手持声级计来测量环境声的大小。为了更加准确地获得声源的声压，当声源打开与关闭时的声压差在 4~15dB 时，需要对声压读数进行调整。我们将会在稍后的部分，对此进行更加详细的描述。户外测量方法使用一个倍频程或者窄带分析仪，来对噪声的频谱进行分析。测量话筒必须安装在三脚架上或悬挂安装，观察者应当与其保持一定距离。实验室测量法需要在一个可控的环境中进行，如消声室或混响室。该标准还涉及波动声或脉冲声，与障板的距离，障板的尺寸，房间内部的测量位置，大气和地形条件，以及其他影响测量的因素。

ASTM E1014-12（2021）《室外 A 计权声级测量标准指南》为室外噪声测量提供了简化的指引。它使用声级计即可完成。该标准建议使用耳机输出，以便测量人员能够听到话筒内不必要的噪声，如风的噪声。测量应当包括一天中当声源工作的嘈杂时段，也包括当声源不工作的安静时段。瞬时测量的次数必须至少是读数范围的十倍，如果这个范围是 5dB，那么我们至少进行 50 次测量。

16.12 建议的做法

在进行噪声测量的过程当中，我们应当遵循一些建议的做法。首先要使用校准器来检查所有声级计的准确性。校准器固定在测量话筒上，在某个声压级产生一个单音信号（如一个 1kHz 的正弦信号）或一系列单音信号。声级计应准确地读取校准器所发出单音的声压级，或调整到一个准确的读数。声级计在使用前后都应当进行校正，以确保其校准没有偏移。当使用 1kHz 的校正单音时，不需要进行调整，因为 A 和 C 计权网络在该频率下是相等的（0dB）。

对于户外噪声测量来说，我们应该使用相应的防风罩来降低在测量话筒附近的风声。即使如此，当风速大于 15 英里 / 时（1 英里 / 时≈1.6 千米 / 时），不应该进行噪声测量，并且在下雨时，也不应该进行噪声测量，特别是在雨后地面潮湿的情况下。下雨声或者潮湿的地面都会影响噪声测量的读数，在潮湿路面上的交通噪声是与平时不同的。当地面上有雪时，也不应进行噪声测量。其他气象条件，如相对湿度、温度和大气压，都会影响噪声测量的结果。这些因素应当在报告中注明，并在必要时予以更正。测量话筒应放置在距离任何反射表面至少 3~4ft 的地方，包括地面和测量人员，以避免反射声的影响。在反射表面附近的声压级会显著提高（高达 6dB）。

在测量声源的噪声大小时，如果声源工作时比不工作（背景噪声级）的声压高 4~15dBA 时，则需要对测量结果进行修正。特别是背景噪声比较显著时，它必须从组合噪声当中减去，以便准确获得噪声源自身的声压大小。所减去声压的多少，取决于声源打开和关闭之间的声压差异。表 16-1 中列出了这些修正的结果。如果这个差别为 3dB 或者更小，可以推断声源的声压等于或者小于背景噪声的声压。因此，我们不能从声级计的读数上准确获得声源的声压级。

表 16-1　针对测得的环境声压级的标准修正

使用声源工作时的 SPL 测量值与背景 SPL 之间的差（dBA）	从声源工作测量的 SPL 中减去的修正（dBA），以获得单独声源的 SPL
4	2.2
5	1.7
6	1.3
7	1.0
8	0.8
9	0.6
10	0.4
11	0.3
12	0.3
13	0.2
14	0.2
15	0.1

16.13　噪声测量与施工

平衡 NC 曲线（NCB）常常被用于定义一个建筑内的噪声水平。这些曲线绘制的是倍频程的频率与声压级的对应关系，并显示了不同水平的最大允许噪声。由于人耳对低频不敏感，而许多噪声源主要集中在低频部分，所以这些曲线随着频率的增加而向下倾斜。NCB 曲线设置了对房间中背景噪声的限制。NCB-15 曲线是非常严格的，它将应用于对声学要求比较严格应用当中，如专业录音棚。NC 曲线的细节部分将会结合暖通空调系统（HVAC）参数在 19 章进行讨论。

当进行噪声调查时，环境声压级能够以倍频程的方式测量，频率范围在 16Hz~8kHz。这些声压级被绘制在 NC 曲线系列当中，噪声等级能够用测量值所达到的最高 NC 曲线来描述。例如，中心频率为 1kHz 倍频程声压级，可能达到 NCB-20 曲线位置，因此可以用简化的术语描述为 NCB-20 噪声等级。用这种方法，不同的噪声能够很容易地在单一数字的基础上进行比较。

噪声 NC 曲线能够在设计房间隔声体的过程中使用，特别是可以用于确定所需要的传输损耗。例如，图 16-8（A）显示了一个现场采集噪声曲线的例子。如果设计标准为 NCB-20，那么这两条曲线之间的中间区域显示了不同频段房间所需要的传输损耗。为了获得所需的 TL 曲线，我们可以在每个频率下绘制出曲线之间的差值。在本例当中，在 500Hz 处的差值为 44dB，而在 1kHz 处的差值为 40dB，如图 16-8（B）所示。通过这样的曲线，我们可以检验不同种类的隔声体，从而找到一种最适合这种隔声需求的隔声体。理想情况下，所选隔声体的 TL 曲线，应该在所有频段均超过这个差值。在现场，仍有可能偶尔出现外部噪声超过设计 TL 值的情况，同时这些噪声将会在房间内部被听到。

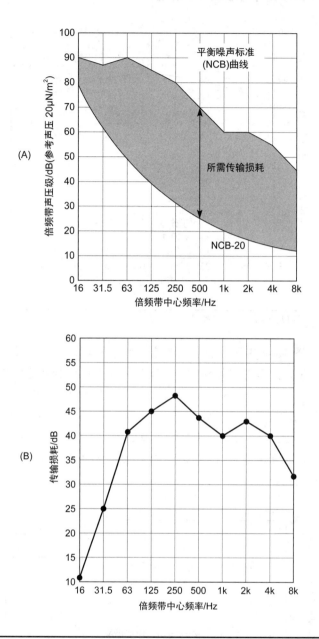

图 16-8 使用现场测量值和 NCB 轮廓曲线来确定所需要的传输损耗。(A) TL 值可以通过绘制测量的现场噪声级 (顶部曲线) 与期望的 NCB-20 噪声曲线 (底部曲线) 来确定。(B) 这两个曲线之间的差值表示所需的传输损耗

　　如前所述,最大的环境噪声通常是由火车、飞机和交通车辆所产生的。为了防止这种噪声对录音棚的干扰,我们必须通过隔声设计将这种噪声降低到一个可以容忍的水平。虽然车辆交通噪声或许较为频繁,但火车和飞机的噪声可能是偶尔的。图 16-9 展示了飞机经过录音棚时的噪声频谱。较低的曲线是 NCB-15,它可以是录音棚内所测得的背景噪声,也可以是录音棚的噪声设计目标,这取决于噪声调查的意图。这两条曲线之间的差值 (以 dB 为单位),就是录音棚的墙体需要提供的声音衰减量。

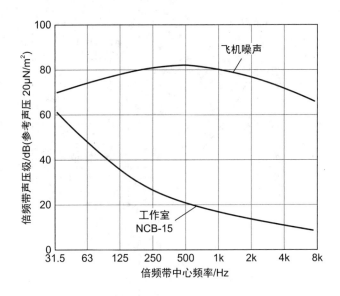

图 16-9　测量的飞机噪声与 NCB-15 的工作室噪声曲线的比较

图 16-10 展示了图 16-9 中飞机噪声与录音棚背景噪声之间的差值。它是录音棚的墙体必须提供的声音衰减量，只有这样外部的飞机噪声才能降低到录音棚所需的背景噪声水平。

哪种类型的结构能够提供图 16-10 所示的衰减量？这是第 17 章和第 18 章所要讲述的主题。图 16-10 中较细的虚线是声音传输等级 STC-60 的曲线。STC-60 的墙体（参见第 17 章）提供了在 500Hz 处约 60dB 的衰减量，它是相当有效的。这里不再对这个问题进行过多讨论，它是确定录音棚及其他声学敏感空间内部背景噪声需求的通用方法。当对特定建筑进行设计时，我们还必须注意诸如建筑规范、材料、成本、工程质量等其他因素。

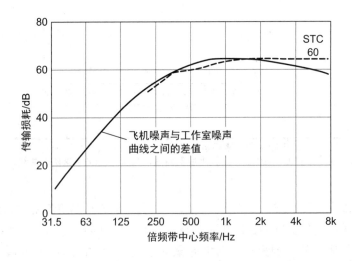

图 16-10　展示实现 STC-60 隔声需求时内外噪声之间的差值

16.14　建筑平面图中的注意事项

在建筑条件允许的情况下，声学敏感的房间应当尽量远离噪声源，如录音棚应当设置在建筑当中远离嘈杂街道的一侧。同样，在建筑内部，维修车间、浴室和暖通空调房间应当远离录音棚。它可以通过在两者之间插入一个对声学要求不高的房间（如储物间）作为缓冲区域来实现。当然，同样的考虑也适用于垂直空间，如一个暖通空调房不应该放置在录音棚的上方。显然，门窗也不应该面对嘈杂的高速公路这种噪声源。

16.14.1　框架结构内的设计

录音棚或在框架结构内的其他声学敏感空间，可能不得不应对类似脚步声这种噪声问题。由于在轻质的框架结构中，低频成分是非常难以控制的，因此这种低频噪声是不可避免的。如果地板－天花板结构的自然振动周期，与脚步声的峰值能量频率大致相同，那么脚步声会出现，同时会被放大。在楼梯和走廊上安装地毯，将减少脚步声的高频冲击分量，然而撞击声的低频分量将会穿过浮动地板、厚重的地毯或其他隔声处理层。

如果录音和回放活动不是非常重要，或许不要对低频区域有着较高的要求如配音棚的声学设计只关注高频部分。在这种情况下，我们可以在声音信号传输路径增加一个高通滤波器，它能够去除低于某些频率（如 63Hz）的噪声。使用极端的隔声措施来消除这些框架结构中的冲击噪声可能是徒劳的尝试。

16.14.2　钢筋混凝土结构内的设计

在钢筋混凝土结构中建造录音棚或声学敏感房间，为有效隔离脚步噪声的低频成分提供了可能。虽然建造成本昂贵，但可以利用房中房来提供完美的隔声，它是利用结构去耦技术来隔断空气和结构噪声。

在大多数情况下，试图建造一个超级安静的录音棚是不划算的。考虑到大多数音频和视频工作是在不完美的环境中完成的。而追求极致的安静，将会让建造成本激增。

16.15　知识点

- 房间外部噪声大小与我们所期望的内部噪声水平之间的差值，决定了房间设计中的声音传输损失。
- 在隔声体中的任何空气缝隙都会导致其隔声效果的大幅下降，因为这些缝隙提供了穿过隔声体的空气路径。通过使用去耦合单元能够减少结构噪声的传播，因为它们阻断了噪声的传输路径。
- 我们有 5 种基本的方法来减少噪声：将房间放置在一个安静的环境中；减少噪声源的输出；在噪声和房间之间设置一个隔声屏障；降低声源房间和 / 或接受房间噪声能量；减少传播在空气中的噪声和通过结构传播的噪声。
- 由于空气缝隙的传输损耗为零，因此声音能够通过隔声墙体上很小的裂缝或孔径进行传播。气密性在隔离空气噪声方面是非常必要的。同样地，任何侧翼路径将导致声音绕过隔声体进行传播，从而降低其隔声量。

- 传输损耗（TL）是指隔声体声源侧的声压级（SPL）与接收侧的声压级之间的差值。TL 值越高，隔声体提供的声音衰减能力越强。

- 传输系数记为 τ，它是穿过材料的声音数量，其中 $\tau = 1 - \alpha$

- 通过质量定律我们可以得出，质量体每增加一倍传输损耗（TL）增加约 6dB（实际上，通常能够达到 5dB）。此外，频率增加一倍也会使传输损耗（TL）增加 6dB。

- 在障板的共振频率附近，TL 值将比理论值下降 10dB~15dB。这被称为吻合效应的频率低谷

- 由未桥接的空腔分割的质量块，其隔声效果会更好。例如，两个相同的墙体组合，其 TL 值理论上将会是单个墙体的两倍。

- 多孔吸声体有着较小的传输损耗，但是它在对降低噪声源房间的反射声或环境声的声压级较为有效。

- 声音传输等级（STC）是一个用来评价隔声大小的单一数字。它描述了一系列传输损耗的测量值，它们以一定的频率间隔分布在整个频率范围。

- 针对结构噪声来说，控制噪声源是最为有效的。较重的隔声体对结构噪声的衰减较小，然而，轻质材料能够被用作结构噪声的去耦单元，因此它可以有效地阻止结构噪声的传播。

- 冲击绝缘等级（IIC）是一个单一值，可用于量化地板 / 天花板中的冲击噪声。

- 选址是从了解声学敏感空间的预期目标开始的。并不是所有空间都需要同样严格的噪声标准。

- 噪声调查能够产生一个分布曲线，它能够给出一个 24 小时内在测量位置的环境噪声统计图。

- 人们设计了各种参数用于测量和评估环境噪声。它包括 L_{eq}、L_{dn}、L_{max}、L_{n} 及 SEL。

- 美国国家标准协会（ANSI）和美国材料测试和材料协会（ASTM）发布了评估环境噪声的标准方法。

- 平衡 NC 曲线（NCB）通常用于定义一个建筑内的噪声水平。NCB 可以用来确定我们需要什么样的传输损耗。

- 在大多数情况下，尝试建造一个超安静的录音棚是不划算的。它通常会为了获得最后几分贝的安静，让造价变得非常昂贵。

17

隔声装置：墙壁、地板和天花板

墙壁、地板和天花板是基本的建筑元素。当内部空间对声学要求较高时，这些元素就显得格外重要了。除了结构的完整性，这些隔板必须作为声音的屏障，以隔离外部噪声对内部空间的影响，同时隔离内部噪声对外部空间的影响。为了满足这些声学要求，这些建筑上的隔声体必须进行专门的设计和建造，它不同于普通的建筑参数。

若对隔声体有要求，那么需要在材料的使用方式方面进行独特的考虑。事实上，房间的隔声要求与内部声学处理不同。正如前面几章提到的，多孔吸声材料是很好的吸声材料，然而，它们在隔声方面性能较差。另一个例子是，隔声体的质量对反射特性没有特别的影响，但是它极大地影响了其传输损耗（TL），隔声体的质量越大，其隔声效果越佳。总的来说，声音的隔离在低频部分较难实现，而在高频部分相对更加容易一些。另外还有其他影响隔声体效果的因素，例如，两个独立的障板将会产生比一个障板具有更好的隔声效果。为了保障隔声效果，障板必须不能有任何空气缝隙。这些缝隙将会导致隔声障板有着较小的传输损耗。在设计障板的过程中，我们必须考虑到这些不同的因素。例如，一个隔声效果较好的墙体，或许包含两个非桥接的质量体，同时填满所有缝隙，以提供较好的气密性。门窗将会显现出各种问题。这些问题会在第 18 章讨论。

17.1 墙壁作为有效的噪声屏障

一个具有良好噪声屏蔽作用的墙体，其本质上是具有较高的传输损耗特征，也就是说噪声能量在穿过墙体之后有着较为显著的减少。传输损耗的频率响应图显示出其传输损耗随频率不断变化。图 17-1~ 图 17-4 展示了利用四种常用的墙体结构，所测得的传输损耗曲线。例如，图 17-1 所示的墙体，是由 $3\frac{5}{8}$ in 钢架或 4in 木筋，两面分别安装 1/2in 和 5/8in 厚的石膏板（或"硬纸板"）。

这些传输损耗曲线的形状肯定不是线性的。我们利用声音传输等级（STC）的概念，简化了 TL 曲线的表述，它是从曲线中获得评价传输损耗的单一数值。STC 曲线及传输损耗的测量曲线都显示在每个图中。当仅使用 STC 等级拍评估墙体隔声性能时，我们必须了解这个单一数值评价的局限性。在第 16 章当中，我们已经详细地介绍了 STC 的相关知识。

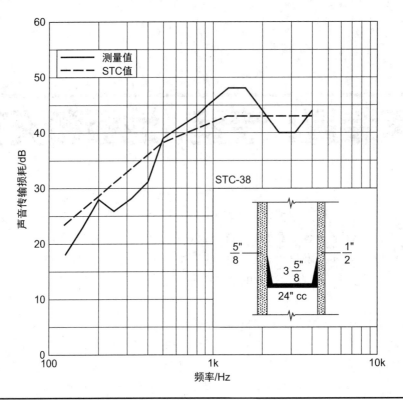

图 17-1　由立柱和石膏板结构组成墙体的传输损耗 (Northwood)

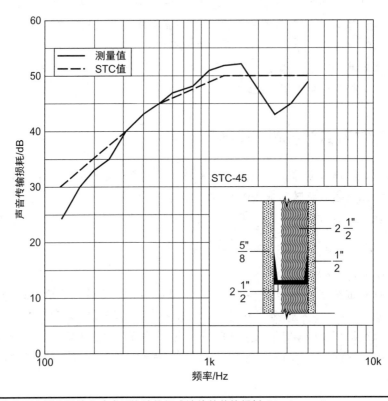

图 17-2　在立柱和石膏板之间填充玻璃纤维结构组成墙体的传输损耗 (Northwood)

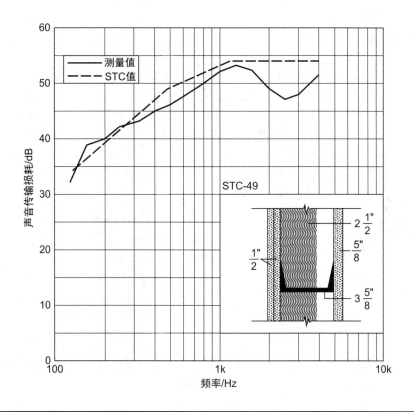

图 17–3 在立柱和多层石膏板之间填充玻璃纤维结构组成墙体的传输损耗 (Northwood)

多孔吸声材料的作用

如玻璃纤维这种多孔吸声材料，并不具备较好的隔声性能。它们不会直接增加传输损耗，它们的质量太轻了。如果针对通常的传输损耗来说，这种看法是正确的。然而在某些结构当中，多孔吸声材料有助于吸收空腔内的声音能量，同时降低了吻合频率。如果没有腔体内的玻璃纤维，面板共振频率以及其频率附近的声音将会穿过墙体结构，同时有着较小的衰减。玻璃纤维的填充能够为结构增加阻尼，从而减少了共振。

在一些墙体结构当中，空腔的吸声能够提供高达 15dB 的传输损耗，主要是这些吸声材料减少了两个墙面之间空腔的共振。然而，在其他结构当中，这种影响可以忽略不计。低密度的矿物纤维棉通常被用在建筑结构当中，它和高密度板有着类似的隔声效果，同时也要便宜得多。墙内的矿物纤维棉也能满足建筑规范中的某些防火要求。我们在添加玻璃纤维的过程中必须要小心，如果填充过紧，它将会倾向于耦合甚至桥接两个面板，从而降低其传输损耗。

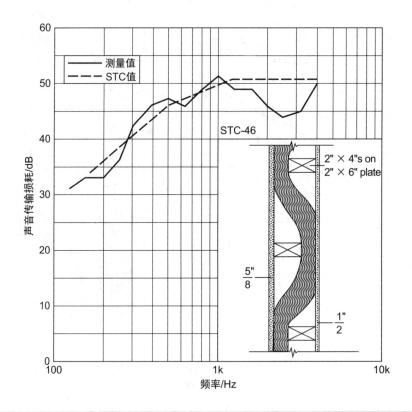

图 17–4　交错立柱墙体内填充玻璃纤维的传输损耗 (Northwood)

表 17–1　不同墙体的声音传输损耗（图 17–5 中的数据汇总）

来自图	图 17–5 上的点	A 面	B 面	面密度（lb/ft²）	两个面之间的间距	玻璃纤维	STC	数据来源
17–1	1	1/2 "	5/8 "	4.8	3–5/8 "	—	38	N*
17–2	2	1/2 "	5/8 "	4.8	2–1/2 "	2 "	45	N
17–3	3	1/2 " +1/2 "	5/8 "	7.0	3–5/8 "	2–1/2 "	49	N
17–4	4	1/2 "	5/8 "	4.8	交错排列	是	46	N
—	5	1/2 "	1/2 "	4.2	2×4 " 木墙筋	—	32	
—	6	$4\frac{1}{2}$ " 和 1/2 " 石膏板	—	55.0	—	—	42	
—	7	9 " 和 1/2 " 石膏板	—	100.0	—	—	52	

* Northwood

17.2　质量定律和墙体设计

隔声体的质量越大，其隔声效果越好，在低频时尤其如此。如第 16 章所述，实际上，隔声体表面质量每增加一倍，其声传输损耗就会增加约 5dB。表面密度是隔声体表面 1ft² 的密度（或以磅为质量单位）。传输损耗随密度和频率的增加而增加。图 17–5 展示了与图

17-1 到图 17-4 相关四种墙体在 500Hz 处的质量预测定律，同时额外增加了三种一般墙体结构作为比较。黑点代表这些隔声体的声音传输等级。表 17-1 总结了这 7 种墙体结构传输损耗的相关数据。

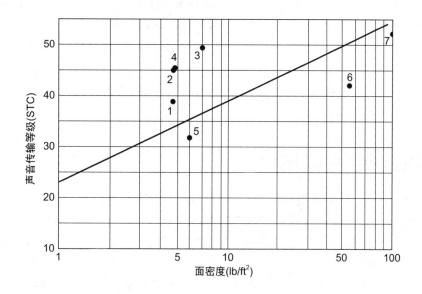

图 17-5　七种墙体结构的 STC 等级与 500Hz 质量定律预测曲线之间的比较。结构 1-4 在图 17-1 到图 17-4 中分别展示。结构 5-7 是一般性质的墙体结构，用于与其进行比较。所有的技术规格如表 17-1 所示

点 1 展示了图 17-1 隔声体的隔声性能，它是由两片石膏板（一片厚为 1/2 英寸，另一片厚为 5/8 英寸），以及 $3\frac{5}{8}$ 英寸的空腔组成的，空腔内没有玻璃纤维填充。理论上，它的表面密度（4.8lb/ft²）在 500Hz 处能够产生的隔声等级为 STC33。而实际测量中，其隔声等级为 STC38，这表明间隔为 $3\frac{5}{8}$ 英寸的两片石膏板的隔声效果优于把他们紧贴在一起，从而提升了隔声效果。换句话说，这种间隔放置隔声体的方法将其理论隔声量提高了约 5dB。

点 2 展示了图 17-2 隔声体的隔声性能。虽然图 17-1 和图 17-2 隔声体的面密度相同（4.8lb/ft²），它们所测得的隔声等级有着较大的差异，分别为 STC38（图 17-1）和 STC45（图 17-2）。尽管这两个石膏板的间隔从 $3\frac{5}{8}$ 英寸减少到 $2\frac{1}{2}$ 英寸。然而向其内部空间填充 2in 的玻璃纤维，可以明显提高其隔声性能。这是由于玻璃纤维的填充抑制了空腔内的共振，而这种共振是减弱隔声体性能的原因之一。空腔内的玻璃纤维松散放置，过于紧密的压缩会导致其隔声性能的下降。

点 3 展示了图 17-3 隔声体的隔声性能。其 STC 测量值依然有着较大的提升。通过增加石膏板，隔声体的表面密度已经增加到 7lb/ft²。间隔为 $3\frac{5}{8}$ in，同时玻璃纤维已经被放置在空腔当中。通过这种结构，隔声体的隔声等级增加到 STC49，这比理论隔声值增加了 15dB。

点 4 展示了图 17-4 中交错立柱隔声体的隔声性能。它产生了 STC46 的隔声等级，略低于图 17-3 中的有着较大面密度隔声体的隔声等级（STC49）。

点 5 展示了一个由 2in×4in 木立柱构成简易墙体的隔声性能，它的两个表面均用 1/2in 石膏板覆盖。其隔声等级为 STC32，它低于面密度为 4.2lb/ft² 的理论计算值。点 2 展示了面密度类似

的隔声体，它使用了较重的石膏板，同时在空腔中填充了玻璃纤维，其隔声等级达到 STC45。

点 6 和点 7 展示了砖墙的隔声性能。它们被用来展示较重的结构体的隔声性能低于理论计算值的例子。相对于这些沉重的墙体，轻质结构能够被设计利用较轻的质量提供更高的隔声性能。这表明在 STC 测量当中，更加复杂的轻质墙体设计是相对有效的。然而，较重的墙体通常在低频部分有着更好的隔声效果。值得注意的是，正如在第 16 章所讨论的那样，STC 的评价主要针对语言频率区域。较高的 STC 数值并不能确保隔声体具有良好的低频隔声作用。由于这个原因，STC 并不适用于外部隔声体的评价，例如，对交通噪声可能是一个问题。因此，具有类似 STC 数值的轻型隔声体更好还是重型隔声体更好，这完全取决于它们所针对的声学应用类型。

17.3　墙体设计中的质量间隔

在设计隔声体时，了解这些材料如何摆放比使用材料的数量更为重要。特别是，质量间隔技术能够有效提升隔声效果。以下墙体建造的例子展示了质量间隔设计的多个分区的隔声效果优于单个分区，特别是当结构允许每个分区的表现独立于其他分区时。我们使用 STC 数值来评估每面墙的隔声性能。

图 17-6 展示了使用厚度为 4in 混凝土砌块墙作为隔声障板的结构。混凝土砌块墙可以提供良好的隔声效果，以及一个轻微的吻合频率低谷。有趣的是通过在墙体两侧涂抹灰泥，可以把墙体的传输损耗从 STC40 增加到 STC48。图 17-7 展示了一个通过增加混凝土砌块墙的厚度，来让传输损耗明显提高的例子。在这个例子当中，通过在混凝土砌块墙两侧抹灰的方法，STC45 提高了 11dB。通过在混凝土砌块墙两侧增加石膏板隔断的方法，STC 的数值能够增加到约 70dB。

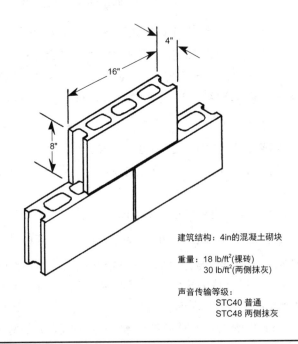

建筑结构：4in 的混凝土砌块

重量：18 lb/ft²（裸砖）
　　　30 lb/ft²（两侧抹灰）

声音传输等级：
　　STC40 普通
　　STC48 两侧抹灰

图 17-6　混凝土砌块（4in）的墙结构（Solite 公司）

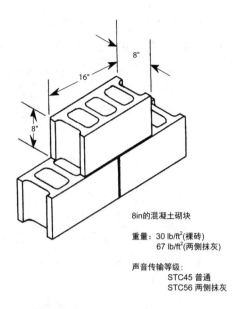

8in的混凝土砌块

重量：30 lb/ft²(裸砖)
67 lb/ft²(两侧抹灰)

声音传输等级：
STC45 普通
STC56 两侧抹灰

图 17-7 混凝土砌块（8in）墙结构（Solite 公司和 LECA）

图 17-8 展示了一个非常普通的 2in×4in 的框架结构，它上面覆盖了厚度为 5/8in 的石膏板。尽管有一定的吻合频率低谷，这种间隔也能够提供较好的隔声效果。间隔之间提供了质量隔断。在这种结构中，向墙体空腔中添加玻璃纤维材料，仅能将 STC 数值从 34 提高到 36，这种微小的改进与投入的成本不成比例，让填充玻璃纤维的做法变得没有价值。当然，玻璃纤维或许可以起到保温作用及有其他用途。

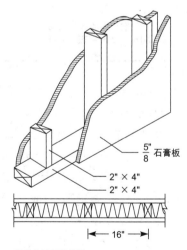

$\frac{5}{8}$" 石膏板

2" × 4"
2" × 4"

16"

标准立柱墙体结构

重量：7.3 lb/ft²

声音传输等级：
STC 34 没有玻璃纤维填充
STC 36 使用 $3\frac{1}{2}$" 厚玻璃纤维板填充

图 17-8 标准立柱间隔墙体（Owens Corning 公司）

图 17-9 展示了声学方面有效且低成本的交错支撑墙体结构。支撑龙骨交替连接到板上，同时在顶部和底部都有着共同的连接。通过填充玻璃纤维，两个独立墙面之间的低频耦合有着明显的改善。在理想情况下，框架板的顶部和底部应该与天花板及地板分离。要获得完整的 STC52 等级，需要对其进行仔细的施工，以确保两个墙面之间是真正独立的，如要确保没有电源插座箱或其他装置在相同的空腔中产生的声短路。

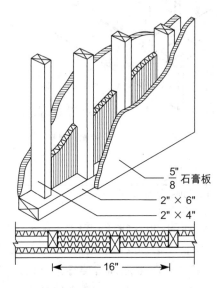

$\frac{5}{8}$" 石膏板

2" × 6"
2" × 4"

16"

交错立柱墙体结构

重量：7.2 lb/ft^2

声音传输等级：
    STC 42 没有玻璃纤维填充
    STC 46到52 使用玻璃纤维填充

图 17-9　交错立柱间隔（Owens Corning 公司）

图 17-10 展示了双层墙体结构。这是两个完全独立的墙体，每一个墙体都有着自己 2in×4in 龙骨结构。如果它内部没有玻璃纤维，其隔声量仅比图 17-9 所示高出 1dB（STC43 对比 STC42），然而，当在向墙体结构内填充玻璃纤维之后，其 STC 等级可能高达 58。在一些设计当中，QuietRock 是被用来替代石膏板的。它是一种有着内部阻尼的墙板。其造价比石膏板更贵一些，但是该材料在 STC 等级方面有着更加优秀的表现。

为了进一步演示质量间隔原理，图 17-11 展示了四种不同的石膏板间隔方式。每个墙体都使用双板结构（木龙骨和玻璃纤维），以及没有交叉的支撑。墙体（A）可能是最常见的结构，它在这个特殊的测试当中 STC 数值为 56。墙体（B）在其内部增加了石膏板层，从而增加了耦合作用，故 STC 下降到 53。墙体（C）的内部又增加了另外的石膏板层，其 STC 数值更是下降到 48。虽然墙体的质量增加了，但是其内部的空腔被另外的隔离层所削减。在墙体（D）中，把增加的隔离层移到了最外侧，其 STC 数值提高到 63，其隔声效果得到了明显改善。为了使石膏板有最好的表现及达到最佳性能，在以上所有情况中，石膏板之间接缝应当相互偏移，并仔细衔接。

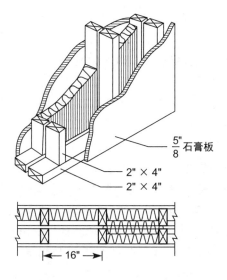

双层墙体结构

重量：7.1 lb/ft²

声音传输等级：

    STC 43 没有玻璃纤维填充

    STC 55 使用$3\frac{1}{2}$"厚玻璃纤维板填充

    STC 58 使用9"厚玻璃纤维板填充

图 17-10　双层墙体结构（Owens Corning 公司）

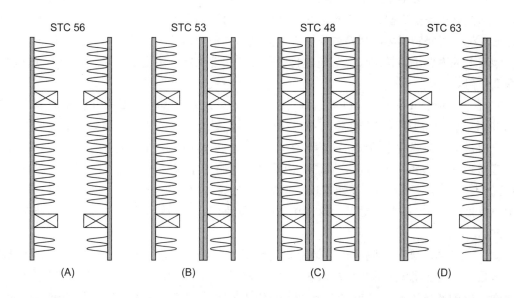

图 17-11　用玻璃纤维填充的四种石膏板墙体结构设计。（A）STC56（B）STC53（C）STC48（D）STC63（Berger 和 Rose）

17.4 墙体设计总结

图 17-12 总结了在基本的墙体结构中实现有效隔声的 7 种简单方法：（A）增加重量（B）增加墙面之间的距离（C）使用交错立柱（D）使用不同重量的墙面（E）使用弹性条（F）使用玻璃纤维毯（G）周边进行堵缝处理。图 17-12A 表明，一堵墙需要重量才能使其成为有效的隔声屏障。这种重量可以较容易实现，即将石膏板利用螺丝或黏合剂固定到墙上。表 17-2 列出了普通声屏障墙体的面密度，变化范围为 3~11lb/ft^2。

对于隔声来说，我们需要质量较重的材料。此外，质量体的位置，特别是质量体之间的间隔，也是非常重要的。如果空心墙体的两个面之间的间隔很近甚至消失，其传输损耗会减少到与同等质量的实心墙体一样。而当两个面相距较大且去耦合的情况下（图 17-12B），这种双墙面结构的传输损耗能够达到两个独立墙体传输损耗的总和。一个实际约 4in 的墙面间距介于这两个极端之间。墙面间距从 4in 增加到 6in，传输损耗仅增加了一点，但这是交叉立柱墙隔声性能显著提高的一个因素。

交叉立柱墙体的两侧（图 17-12C）仅在边缘产生耦合。它们通常墙面间距为 6in，而不是通常的 4in。虽然这本身是名义上的，但是增加的间距也增加了传输损耗。让两个墙面的质量不同（图 17-12D），使得它们之间共振频率也不同。如果这些频率趋于一致，传输损耗曲线将在那些共振频率处下降得更加明显。当两个墙面的质量不同时，谐振频率会产生偏移，这可以让传输损耗曲线更加平滑。例如，一个石膏板面使用 5/8in 厚的石膏板，而另一侧则使用两层 5/8in 厚的石膏板。

图 17-12E 展示了弹性条的使用，它用来为石膏板层和墙体之间提供去耦合和隔离效果。这也有助于让两个墙面之间的共振点不在同一个频率下，从而避免了传输损耗曲线的深度下降。一些弹性条是 S 型的，它一端固定在墙上，另一端固定在石膏板上。在使用弹性条带时，必须注意确保它们之间保持隔离状态，如适当的使用螺丝钉。此外，必须注意安装柜子或其他墙上的附件，如长螺丝能够通过将石膏板牢固地固定在下面的立柱上，使得弹性条失去隔离作用。

岩棉（Thermafiber）是一种建筑保温材料，它可以被放置在墙面之间的空腔当中（图 17-12F），这是一种在许多墙体设计中增加传输损耗最为经济的方法。当采用低密度玻璃纤维隔声时，空腔应当完全填满。隔声体的厚度每增加一倍，STC 值将会增加约 2dB。玻璃纤维不应该填充得太紧，因为它可以通过隔声体传导声音能量。出于同样的原因，矿物纤维（硬度较大的纤维）不应该完全填充在空腔内。在空腔内放置玻璃纤维，对于交错立柱墙体的隔声效果的提升是非常有效的，这种墙体的墙面之间是声学解耦的。岩棉是欧文斯康宁公司的产品。

图 17-2G 再次强调了隔声体边缘密封的重要性。我们不能过分强调使用密封胶的重要性，这是一种提高墙体传输损耗的廉价方式。普通的框架通常会产生一些裂缝，它们或许对非声学敏感的墙体不是那么重要，但对于一个声学敏感的空间来说，缝隙是非常重要的问题。声音能够很容易地穿透墙上的裂缝，从而导致 STC 等级降低 10 个点左右。图 17-13 展示了这种问题，同时给出了解决方案。

如果将 2in×4in 或 2in×6in 的板铺在地面上，我们应将声学密封胶涂抹在地面和 / 或板上，以密封混凝土和板之间存在的缝隙。每个边缘框架构件都应该如此密封。在石膏板墙体的边缘应添加额外的密封胶。我们所使用的密封胶不应硬化，通常称为"声学密封胶"。

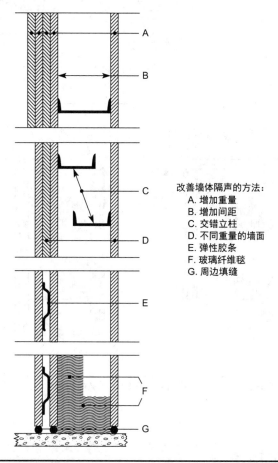

改善墙体隔声的方法：
A. 增加重量
B. 增加间距
C. 交错立柱
D. 不同重量的墙面
E. 弹性胶条
F. 玻璃纤维毯
G. 周边填缝

图 17-12　改善墙体隔声效果的七种方法

表 17-2　普通墙体的表面密度（所列密度包括立柱的重量）

墙面 A	墙面 B	表面密度（lb/ft^2）
未填充的金属立柱墙体		
3/8 "	3/8 "	3.0
1/2 "	1/2 "	4.0
5/8 "	5/8 "	5.0
3/8 " +3/8 "	3/8 " +3/8 "	6.0
1/2 " +1/2 "	1/2 " +1/2 "	7.5
5/8 " +5/8 "	5/8 " +5/8 "	10.0
未填充的木质立柱墙体		
3/8 "	3/8 "	4.0
1/2 "	1/2 "	5.0

299

续表

墙面 A	墙面 B	表面密度（lb/ft²）
5/8 "	5/8 "	6.0
3/8 " +3/8 "	3/8 " +3/8 "	7.0
1/2 " +1/2 "	1/2 " +1/2 "	8.5
5/8 " +5/8 "	5/8 " +5/8 "	11.0

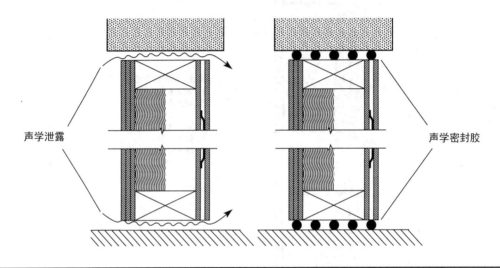

图 17-13　密封墙体构件的重要性。（A）声音通过墙体中的空气缝隙传播（B）通过声学密封胶填充了墙体空气缝隙

17.5　现有墙体的改善

通常我们会将现有空间改造成录音棚或其他声学敏感房间。现有的墙体很少会具备较高的传输损耗。一种改善现有墙体隔声性能的方法是在它的两侧建造一个新的隔声体。这种隔声体的设计和建造将会决定它能否成为一个声屏障。图 17-14 详细说明了这种墙体改造的实际方法。

隔声体内的空隙应尽可能大，1in 是最低间距，在建筑面积允许的情况下，这个间距应该尽量增加。隔声体的内部特征已经被描述，如空腔内的岩棉及多层石膏板结构。石膏板的外层可以安装在金属弹性条上，同时可以包含两层以上的石膏板，以获得 STC 数值的提高。由于侧翼声音能够绕过隔声体进行传播，因此以上的步骤或许效果不佳。作为另一种改造措施，我们可以通过在现有墙体两侧增加 1/2in 厚的石膏板层来实现。在可能的情况下，石膏板应该错缝拼接。所有的接缝处都应当进行填缝，以防止声音泄漏。这种技术保留了现有墙面的内部空隙，同时增加了墙面的重量。

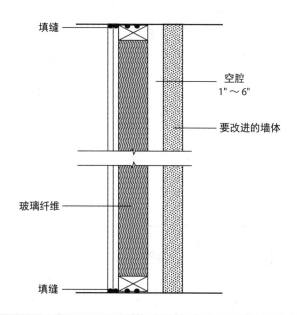

填缝

空腔
1" ～ 6"

要改进的墙体

玻璃纤维

填缝

图 17-14　通过增加一个附加墙体来改善现有墙体的隔声性能

17.6　侧翼声音（Flanking Sound）

固体材料是声音的有效载体。你把一只耳朵放在铁轨上可以听到几千米外的火车迎面而来，但在空气中是听不到的。同样，在高层混凝土结构中，电梯的声音和其他噪声可以在建筑结构中有效传播，且有着较小的衰减。木质结构也是很好的声音导体。表 17-3 比较了铁、砌砖、混凝土和木材的声音衰减情况。例如，在混凝土中，声音可以传播 100ft 的距离，且仅有 1dB~6dB 的衰减。

表 17-3　纵向波的衰减（Harris）

材料	衰减（dB/100 英尺）
铁	0.3~1
砌砖	0.5~4
水泥	1.0~6
木材	1.5~10

建筑结构能将声音从一个点传递到另一个点，由于墙壁和地板起到了振膜的作用，这些声音能够利用它们辐射到一个安静的空间当中。结构声音的传导没有让噪声停留在结构的梁和柱子内，而是通过驱动墙面和地板的振动，将声音重新辐射到房间内的空气当中。因此，我们必须同时考虑对空气和结构中的声音传播路径的阻断。图 17-15 展示了噪声通过结构传播到墙面的情况，这些墙将噪声辐射到一个声音敏感的空间当中。

框架结构的具体情况如图 17-16 所示。侧翼声音可以通过空气和结构的组合路径进行传播，使得嘈杂空间的噪声通过阁楼或地下空间传播到声音敏感区域。这种侧翼声音很容易将专门增建隔声墙体的隔声效果减弱。

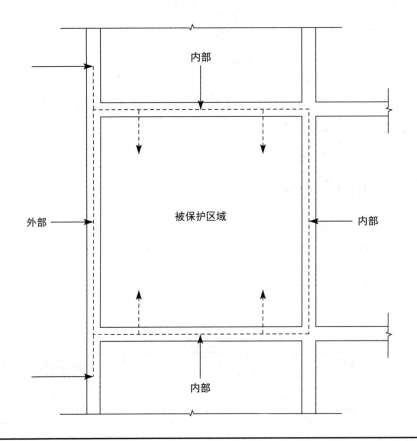

图 17-15　结构承载的声音侵入

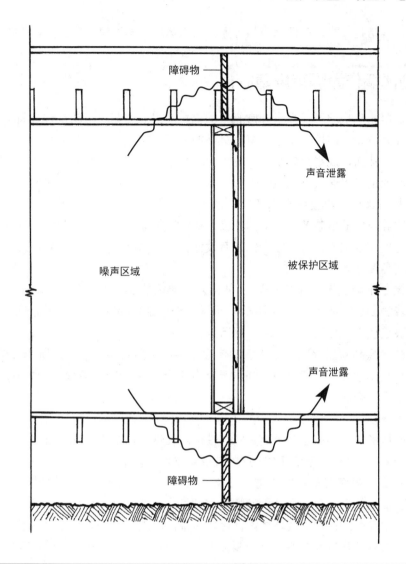

图 17–16　侧翼声的传播路径和障碍物

17.7　石膏板墙体作为隔音屏障

　　如上所述，有着立柱和石膏板结构的墙体可以提供相对较好的隔音效果。采用双层石膏板可以大大提高隔声效果。不同层的石膏板之间应当错缝拼接。当使用木支架时，多层石膏板之间最好使用弹性黏合剂固定，而不是刚性黏合剂或者螺钉。石膏板被拧在橡胶条上，螺钉不得接触到立柱。

　　地方建筑规范或许规定使用金属立柱。金属立柱的弯曲能力较好，能提供比木质立柱稍微好一些的隔声效果。对于金属立柱墙体来说，石膏板可以被螺丝固定在金属立柱上，而不使用黏合剂，这样可以提高隔声性能。黏合剂的粘贴能够增加边缘的刚性，而单个螺丝的固定则不会。我们必须要小心，确保石膏板与金属立柱之间不会产生振动，以免导致可以听到的嗡嗡声。这可以通过增加螺丝的数量来实现，同时沿每个立柱放置一个不会硬化的密封条。与其他声学结构一样，任何漏声的缝隙都应当填堵，同时消除侧翼声音传播路径。

17.8 砌体墙作为隔音屏障

砖墙和混凝土砌块墙可以提供非常有效的隔声效果。这些材料较重，且质量定律倾向于增加质量。砌体墙比轻质墙在低频处有着更好的隔声效果。因此，它们大多优先使用在音乐相关应用当中。然而，混凝土砌块的质量也会有所不同，因此某些墙比其他墙体提供了更好的隔声效果。我们可以通过在混凝土砌块单元中添加夯实的沙子或砂浆来增加隔声效果。也可以通过增加石膏板层，或者理想情况下建造双层混凝土块隔断，它们之间是声学去耦合的。在墙体空腔当中放置玻璃纤维或其他吸声材料，也能够提高隔声效果。砌体墙也有着自身的缺点。它们可以利用自身的结构体，有效地传导冲击噪声。因此，我们必须注意将脉冲声源与砌体墙隔离开来。

砖墙和混凝土砌块墙的性能如表 17-4 所示。砖墙的 STC 可以与框架墙相等，然而抹灰混凝土砌块墙的 STC 等级分别为 57 和 59，很难与框架结构相同。从声学和施工的角度来看，环境通常是决定使用哪种类型墙体的主要因素。

未抹灰的单层和双层混凝土砌块墙的传输损耗测量曲线如图 17-17 所示。与表 17-4 中的混凝土砌块墙对比发现，墙面抹灰的隔声效果对于单层墙更加有效（增加 6dB），而双层墙的隔声效果没有增加。

图 17-18 展示了三种砖墙的例子。一堵 8in 厚的砖墙提供了良好的隔声效果，然而我们可以通过在一侧增加一层来显著提高其隔声性能。在这些层里面包含垂直的木板条、弹性金属条及 1/2in 厚的石膏板。空隙用 2in 厚的玻璃纤维填充。增加的层能够提高约 20dB 的传输损耗，且在较高的频率有着更好的隔声性能。然而，采用两个 4in 厚的砖墙，其间距为 4in 的构造，能够提供比之前两个设计更好的隔声性能。类似玻璃纤维毯这种吸声材料应放置在两堵墙之间的空腔内。这种双层墙体设计比较简单，其缺点在于总厚度达到了 12in。双层墙体设计证明了质量分离的有效性，其总重量和一个 8in 厚的墙体一样，但表现出更好的隔声性能。例如，在高频时，它的传输损耗可能要大 35dB。

表 17-4　砌体隔声屏障的声学性能总览

墙体描述	面密度（lb/ft^2）	STC	参考
砌体墙，两侧抹厚度为 $4\frac{1}{2}$in 的灰泥	55	42	表 17-1
砌体墙，两侧抹厚度为 9in 的灰泥	100	52	表 17-1
双层 6in 的混凝土砌块墙，间隔为 6in	100	59	图 17-17
单层厚度为 12in 的混凝土砌块墙	100	51	图 17-17

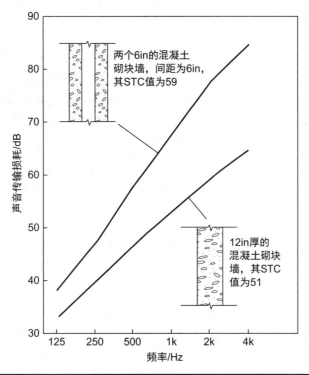

图 17-17 水泥墙体的传输损耗（Egan）

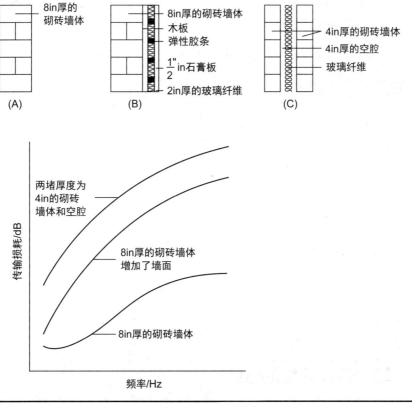

图 17-18 砌体墙的传输损耗可以通过增加一层或建造两堵墙体来改善。（A）一个厚度为 8in 的砖墙提供了良好的隔声效果（B）增加了墙面的墙体能够改善高频部分的传输损耗。（C）两堵 4in 厚的砖墙，中间间隔 4in 的空腔，提供更加优越的隔声性能

17.9 薄弱环节

隔声体的隔声性能很大程度上受到薄弱环节原则的影响。无论一个隔声屏障的传输损耗有多高，任何一个有着较低隔声性能的漏洞都可能严重地降低整体隔声性能，即使该漏洞有着相对较小的表面积。实际上，当出现薄弱环节时，隔声屏障的整体隔声性能将接近于这个薄弱环节的隔声性能。如第 16 章所述，隔声体上的任何空气缝隙都会对隔声性能造成严重影响。表 17–5 显示了原始 TL 值为 45dB 的墙体，在不同大小的空气泄漏情况下的传输损耗下降情况。

如果墙体面积为 100ft^2，空气缝隙的开口尺寸为 14.4in^2（占墙体总面积的 0.1%），会导致墙体的 TL 值从原始的 45dB 减小到 30dB。门的下方 1/4in 的空间能够产生以上面积大小的空气缝隙。

墙体上的电气设备，如插座盒及演播室麦克风面板等必须正确安装，否则将会影响其隔声效果。如上所述，固定装置不应安装在墙上完全相对的位置（背靠背），声音可能会通过这些开口处产生泄露，因此，这些固定位置应当交错分开。而且，很明显，盒子周边的缝隙应当密封紧密。如果可能，电箱和其他设备应安装在表面。

门窗也很容易破坏隔声体的隔声效果。例如，一堵砖墙的 TL 值可能为 50dB，当在该墙增加一个 TL 值为 20dB，并占墙体总面积 10% 的窗户后，它们共同产生的新 TL 值可能只有 30dB。这说明设计组合隔声体是较为困难的。为了避免薄弱环节，门窗等部件必须提供与墙体接近的传输损耗，如 TL 值的差异应小于 5dB。这使得隔声设计更加复杂，同时也增加了门窗的制造成本。组合隔声体的问题，以及门窗的设计，我们会在第 18 章进行讨论。

表 17–5 由于墙面开孔导致墙体传输损耗从初始 TL 值为 45dB 开始下降的程度（Cowan）

有开孔的墙体面积百分比（%）	开孔后实际墙体的 TL 值（dB）	由此导致的 TL 值得下降程度（dB）
0.01	39	6
0.1	30	15
0.5	23	22
1	20	25
5	13	32
10	10	35
20	7	38
50	3	42
75	1	44
100	0	45

17.10 墙体 STC 等级的总结

图 17–19 总结了本章中能够增加墙体传输损耗的经济的方式。质量是任何隔声体中最重要的元素。在图 17–19A 中，隔板的质量较轻，但是可以通过增加多层石膏板来提高隔声性

能。它们之间可以用螺丝或黏合剂固定。

图 17-19B 利用交错立柱的方式增加了两个墙面之间的距离，这将增加它的 STC 值。在图 17-19C 中，使用金属或木质立柱来增加两个墙面距离的同时，在一侧多增加了一层石膏板，使得两个墙的表面密度不同。这将使得它们的共振频率不同，从而使传输损耗曲线变得平滑。在图 17-19D 中，通过在两侧使用不同厚度的墙板，使其表面密度有所不同。在图 17-19E 中，建议使用弹性带来固定。如果墙体的一侧被安装到弹性结构上，其 STC 值将会有显著的增加。在图 17-19F 中，我们可以看到在腔体内填充玻璃纤维或增加其厚度，能够轻微提升隔声性能。通过填充玻璃纤维所带来隔声性能的提升具有较高的性价比，值得付出努力。在图 17-19G 中，我们看到两个完全独立的墙体。在所有的隔声结构当中，正确的密封是最为重要的。大量使用填缝材料可能是整个过程中最重要的一个步骤。

STC 等级试图为隔声性能提供一个实用且简单的一种表述方式，它已经被广泛接受，然而我们要始终牢记其局限性。任何隔声系统的最终测试，都只有在录音棚建造完成之后才能进行，它是录音棚自身的噪声水平测试。

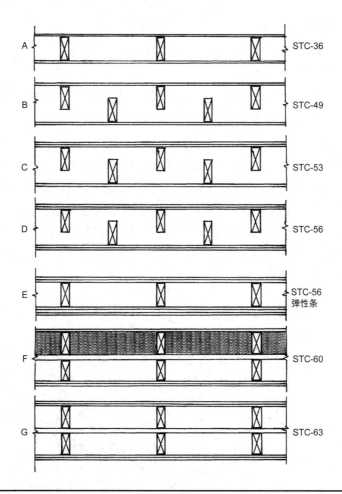

图 17-19　各种墙体结构的 STC 等级

17.11　浮动地板

　　如上所述，减少结构噪声最好的办法是把两个结构之间的耦合去除，任何的不连续都将会有助于阻断固体传声的路径。一种去耦合的"房中房"结构，常常被用来解决结构噪声的问题。通常的设计是从浮动地板开始的，然后是构建浮动墙面和浮动天花，从而去耦合掉房间所有的潜在振动结构。其中，浮动地板是在原有地板的基础上，通过附加一层地板来实现的。浮动地板的材料可以用水泥或木头来建造。不论是什么材料，都可以通过弹簧、隔离体或其他元件对地板结构进行隔离。确认结构地板是否可以承受浮动地板的重量是非常重要的。一个构造良好的浮动地板，特别是浮动混凝土板，能够提供较高的冲击绝缘等级（IIC）值，以及较高的 STC 值。稍后我们将讨论冲击绝缘等级。

　　浮动地板的表现类似机械低通滤波器，它可以滤除或衰减截止频率以上的低频噪声。非常明显，截止频率应该低于任何我们不想要的噪声或振动频率。其截止频率公式为：

$$f_0 = \frac{3.13}{d^{1/2}} \tag{17-1}$$

　　其中，f_0= 截止频率（Hz）

　　　　　d= 隔音装置的静态偏差（in 或 cm）

　　注意：公制单位，需要把 3.13 改为 5。

　　静态偏差是当浮动地板放置在上面时，隔离垫或弹簧减少的高度。截止频率应该至少为被衰减最低频率的一半（最好是 $\frac{1}{4}$）。

　　水泥浮动地板的建造是从在房间四周放置压缩玻璃纤维板（约为 1in 厚）开始的，如图17-20 所示。木条（厚度约为 1/2in）被放置在周边的纤维板上。压缩玻璃纤维立方体、模压橡胶立方体或者其他隔离体，被交叉放置在结构地板上，以确保具有足够的支撑力和负载匹配。将一些夹板（厚度约为 1/2in）铺在支架上，周边用金属带和螺丝固定在一起。夹板上面用塑料防潮层覆盖，边上的重叠至少要为 1ft，同时要覆盖周边板。当准备浇筑浮动地板时，我们必须确保水泥不会泄露到结构地板上。如果发生泄露，将会产生"声短路"现象，并严重影响了浮动地板的隔声效果。

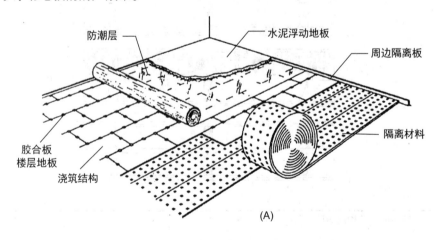

图 17-20　混凝土浮动地板结构的示例。（A）整体地板总成（B）地板周边大样图（Kinetics 噪声控制公司）

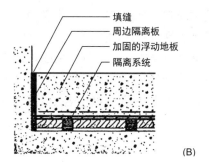

图 17-20　混凝土浮动地板结构的示例。(A)整体地板总成(B)地板周边大样图(Kinetics 噪声控制公司)(续)

　　焊接的钢筋网被放置在浮动地板中间。这时浮动地板被浇筑。小心确保浮动地板不会与房间中的任何结构单元相接触。在浮动地板成形、干燥之后，可以切割掉塑料片，并移除木条。它周边的缝隙使用不会硬化的密封胶来密封。在一些设计当中，隔离垫有金属外壳和一个内部螺钉。浮动地板被直接倒进防潮垫中，并放置在结构地板上面，等地板干燥成形以后，可以利用千斤顶把浮动地板升起。在建造任何地板，特别是混凝土浮动地板时，预留管道和其他基础设施的位置是非常重要的。

　　如图 17-21 所示，浮动地板也可以用夹板来建造，并放置在水泥或者夹板结构的地板上。浮动地板的建造首先是在结构地板上放置压缩玻璃纤维块或板，或其他隔离装置开始的。浮动地板的四周会与墙面隔开。枕木会放置在垫子上，玻璃纤维放置在枕木之间。一层或者多层夹板被固定在枕木上。这种地板可建造在普通住宅当中，同时可以提供良好的隔声效果。铺设地毯将会提高 IIC 的值。然而这种结构对低频冲击噪声的隔离不是非常理想。

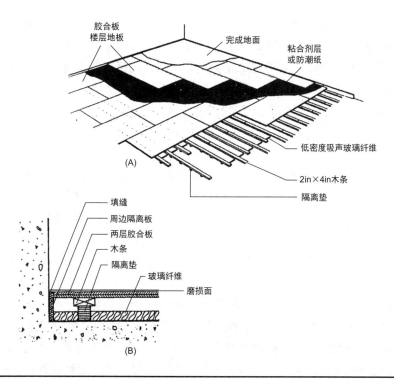

图 17-21　木质浮动地板结构的示例(A)整体地板总成(B)地板周边大样图(Kinetics 噪声控制公司)

浮动地板通常不用于普通的建造结构当中。它们更多地出现在更加昂贵的结构当中。然而，一个预算有限的浮动地板可以提供较好的隔声性能。其中一个实例如图17-22所示。两层石膏板和最后一层地板由玻璃纤维层支撑。部分压缩的玻璃纤维弹性是该设计的一个重要组成部分。如果它被完全压缩，夹板层/完成的地板层将基本停留在基础地板上，且几乎不会产生隔声效果。如上所述，重要的是夹板层/完成的地板层不能与房间结构直接接触，包括边缘部分。边缘的玻璃纤维用于将地板边缘与建筑结构隔离开来。或者可以使用一条压缩的玻璃纤维带与墙面隔离。

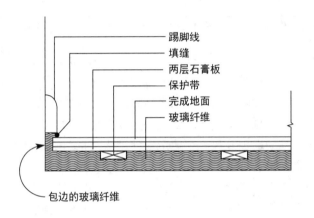

踢脚线
填缝
两层石膏板
保护带
完成地面
玻璃纤维

包边的玻璃纤维

图17-22　一种低成本的木质浮动地板

17.11.1　浮动的墙体与天花板

浮动的墙体与天花板与建筑原有的地板、墙体及天花板隔离，从而隔离房间内部与建筑结构之间所产生的噪声。浮动的墙体可以用放置在浮动地板上的金属立柱来建造。这些墙体可以使用两层标准的石膏板，中间填充玻璃纤维材料。确保任何穿透墙体的风管或水管与浮动墙体之间相互隔离是非常重要的。浮动（悬挂）天花板是由金属框架构成的，它由结构天花板上隔离吊架支撑。石膏板覆盖在这些框架上，天花板周边使用了一种隔音密封胶。

17.11.2　弹性吊架

如上所述，弹性胶条能够被用来为石膏板提供隔离作用。我们可以使用弹性吊架来代替弹性胶条或添加到它们当中，其原理如图17-23所示。如果一些天花板可以牺牲一部分高度，则可以安装这种吊顶天花板，它是一种使用弹性吊架与原建筑结构隔离的结构。图17-23所示吊架的弹性功能是由阴影部分的材料提供的，它可以是某种密度的压缩玻璃纤维。天花石膏板和支承构架的负载必须保持在其额定的范围内。负载不足或者超载都可能会"短路"这种隔离作用。

有几种吊架设计可供选择。图17-24所示的两个吊架单独使用了氯丁橡胶或氯丁橡胶与钢质弹簧的组合，这两种产品的频率范围不同。针对特定的使用需求来选择合适的吊架是非常重要的，每个吊架的数据都可以从制造商那里获得。天花板的质量必须与吊架的偏移量仔细匹配来实现最好的隔声效果。吊顶的周边应使用非硬化的声学密封胶进行密封。

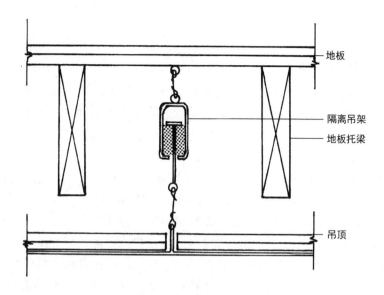

图 17-23 一个弹性吊架的示例。选择合适的吊架，使其偏移量在标称的范围之内

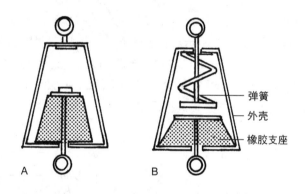

图 17-24 两种弹性吊架（A）橡胶支座（B）橡胶支座和金属弹簧

17.12 地板／天花板结构

地板／天花板结构处理了许多与墙体结构类似的问题。特别是，地板／天花板结构必须在房间的垂直方向提供足够的隔离。显然，噪声侵扰能够指向任何一个方向，一个良好的地板／天花设计能够较好地将一个安静的下层房间与一个嘈杂的上层房间隔离开来，反之亦然。然而，与大多数墙体的设计不同，地板／天花板必须考虑噪声的传播方向。特别是，将低层房间从高层房间隔离出来是较为困难的。这是由脚步声所导致的，脚步声对建筑商、居民和工作室的经营者来说都是一个挑战。

上层房间中与人们活动相关的声音，通常是下层房间住户的抱怨来源。这种噪声破坏了生活区隐私的概念。这种声音也会成为许多麻烦的来源，如它侵扰了楼下一个声学敏感的空间（录音棚）。与许多其他噪声的侵扰问题一样，最有效的补救方法是阻止噪声源的出现，如最有效降低楼下脚步噪声（及其他冲击噪声）的方法是慷慨地为楼上地面安装毛绒地毯及

311

地毯垫。

脚步噪声的案例研究

为了展示一个较好声学隔离效果地板 / 天花设计的难度，请参照以下例子。Blazier 和 Dupree 讲述了脚步噪声的问题。一家豪华公寓综合体的房主对开发商提起了集体诉讼，要求赔偿 8000 万美元（1 美元≈ 7.3 人民币）。 主要的诉讼点是楼上居民活动所产生的脚步声噪声通过房间结构传递给楼下的住户，对其造成的困扰。即使楼上的住户同意光着脚或穿软底鞋子，下面仍然能够清楚地听到砰砰的声音。脚步冲击还产生了可以感知的地板 / 天花板结构振动，这种振动甚至影响了壁橱门和灯具。这种问题普遍存在于整栋大楼。

这些公寓的价格相当高，开发商在市场营销当中宣传了声学隐私问题。由于该项目的高档性质，开发商采用了特殊的设计，来提供比多住户住宅建筑标准更好的冲击噪声隔离效果。这种有问题的地板 / 天花结构，如图 17-25 所示。双托梁用于加固地板平面，双层 1/2in 厚的石膏天花板安装在弹性胶条上。上面的地板以 3/4in 的夹板作为底层，依次上面放置卡夫纸、一个弹性垫子、钢丝和 $1\frac{1}{4}$ in 厚的砂浆。最上面是 3/8in 厚的瓷砖。为了尽量降低侧翼声音，使用一个紧密的玻璃纤维条将地板与周边结构隔离。

为了给辩方提供数据，他们决定搭建一个场外的实验室模型，来模仿一对典型的楼上楼下房间。地板 / 天花结构如图 17-25 所示。楼下的测试房间用来测量由三种噪声源产生的冲击声压水平：一个标准的冲击钻、一个标准的"走路的人"、经过校准的轮胎跌落。测量话筒被安装在一个 20in 长的支架上，并被放置在楼下房间的中心区域，并在水平面上缓慢旋转。数据在 2Hz~4kHz 内间隔 1/3 倍频程进行采集。

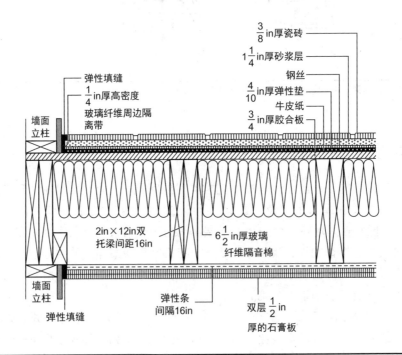

图 17-25　地板 / 吊顶结构的示例（Blazier）

在许多结论中，关于鞋类的结论非常有趣。在现场步行者测试中发现，当频率低于63Hz 时，对于皮革鞋跟／皮革鞋底、橡胶鞋跟／皮革鞋底、跑鞋和赤脚的情况，在行走面以下的冲击声压级惊人的相似。图 17-26 表示这些走路者测试的峰值能量集中在 15Hz~30Hz之间，它与地板／天花板系统的固有频率相一致。模型具有典型的轻型结构框架，固有频率也在 15Hz~30Hz。浮动地板或地毯的增加，能够减少脚步噪声的高频分量传输，但是目前仍然没有经济实用的方法来避免轻型结构框架上脚步的砰砰声。为了获得足够的刚性来降低砰砰声，我们需要一个混凝土结构的地板系统。

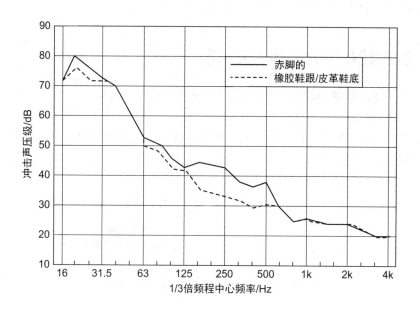

图 17-26　地板／吊顶脚步噪声测量值

在图 17-26 中，可以看到在通常测量的低频下限 125Hz 以下，我们又测量了三个倍频程。如果测量的频率不低于 125Hz，会错过比 125Hz 高 40dB 的常见低频冲击声。地毯能有效降低 125Hz 以上的噪声，但在 15Hz~30Hz 完全无效。在噪声频率范围中，低于 30Hz 的噪声是一个问题，即使脚步噪声不是问题的情况下。例如，许多音频播放系统有着低音音箱，它们能够非常容易地重放在这个频段的声音。

17.13　地板／天花板结构和它们的 IIC（冲击噪声隔离等级）性能

如上所述，地板／天花板特别容易产生冲击噪声。穿着高跟鞋走路、扔下物体、移动椅子和类似的活动都会产生噪声，这些噪声通过地板辐射到楼下的房间。冲击噪声也能够通过结构单元向相邻的房间辐射能量。降低冲击噪声最有效的方法就是在源头处理。混凝土和水磨石等硬质地板其隔声性能较差，而用柔软材料覆盖，如有着衬垫和橡胶砖的地毯，其隔声性能表现较好。浮动地板则提供了优越的隔声性能。天花板可以通过增加悬挂吊顶来获得一定程度的隔声性能改善。当需要非常高的隔声性能时，我们可能需要采取以上几种或全部措施。

冲击噪声隔离等级（IIC）是在整个标准频率范围内地板 / 天花板结构的冲击声音性能单数等级。这个 IIC 单数评价等级与稳态声源的 STC 单数评价等级类似。IIC 等级越高，地板 / 天花板结构在减少诸如行人声等撞击声音的传播方面有着较好的效果。从数值上看，IIC 可能在 20（较差性能）到 60（较好性能）之间变化。IIC 数据在 100Hz~3150Hz 的 16 个 1/3 倍频程进行测量，并使用参考轮廓去生成 IIC 数值。用于确定 IIC 值的曲线匹配方法与用于确定 STC 评级方法类似。请注意，IIC 评级不考虑低于 100Hz 中心频率的噪声。一个地板 / 天花板可能会有一个很高的 IIC 值，但仍然可以传输相当大的低频噪声。IIC 在 ASTM E989-18 冲击噪声隔离等级 (IIC) 测定的标准分类中均有描述。

17.14　框架建筑中的地板 / 天花板

地板 / 天花板问题当中最令人痛苦的因素为我们通常无法进入地板中最容易补救的一侧，因为它是别人的财产。取而代之，我们把降低楼上邻居所传来噪声的希望，放在对天花板的声学处理上。框架结构中的地板 / 天花板结构的改造范围相当有限，其中大部分将包含在图 17-27 所示的三种设计当中。

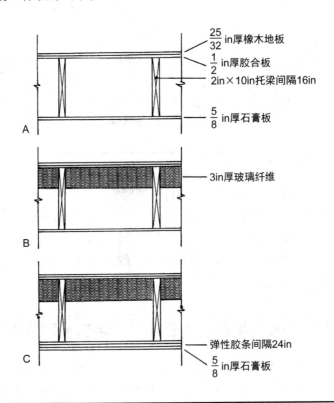

图 17-27　三种常用的地板 / 天花板结构。（A）地板的原始结构（B）填充玻璃纤维结构（C）填充玻璃纤维以及增加石膏板层的弹性安装（Egan）

在图 17-27A 中，通常在 2in×10in 托梁的下部边缘钉有 5/8in 厚的石膏天花板，而托梁的上部有 1/2in 的夹板底层。在许多建筑中，楼上完成的地面可能很像 25/32in 的榫槽橡木地板。如果这就是"已找到"的条件，那么我们在不进入另一侧地面的前提下能做些什么？

第一步是拆除固定在托梁下边缘的石膏天花板，并在托梁之间放置 3in 厚的玻璃纤维材料，如图 17-24B 所示。这种隔声材料可以是 6in 或 10in 厚，但如果超过 3in 的厚度其隔声性能几乎没有改善。

在托梁上安装弹性条，同时将石膏板固定在弹性条上，然后增加第二层石膏板，如图 17-27C 所示。弹性条可以安装在两层石膏板之间。我们仍然受到不能进入楼上地板面的限制。这些处理之后的天花板，能对隔声性能提升多少呢？

图 17-28 展示了图 17-27 中三种地板 / 天花板改良设计的隔声性能。我们可以看到，这些曲线是相当平滑的，并且没有产生不良的共振效应。第一种设计（A）获得了 STC-37 的隔声性能，而增加玻璃纤维材料的设计（B）仅增加了 3 个 STC 值，达到 STC-40。通过增加两层石膏板，其中一层有弹性安装的设计（C），将隔声性能提高到 STC-47。从图 17-28 的情况来看，通过添加玻璃纤维材料和弹性条，STC 等级比调整前的性能（曲线 A）共增加了 10 个 STC 数值。这已经接近于可以预期的最大程度的性能提升了。图 17-28 还包括了 IIC 的测量值。

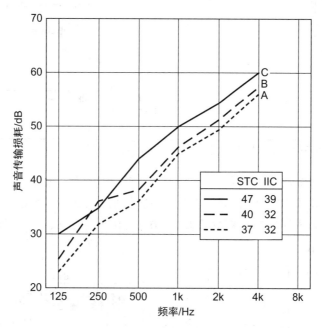

STC	IIC
47	39
40	32
37	32

图 17-28 如图 17-27 所示的三种地板 / 天花板结构的传输损耗比较。（A）地板的原始结构（B）填充玻璃纤维结构（C）填充玻璃纤维以及增加石膏板层的弹性安装（Egan）

17.14.1 混凝土层的地板衰减

添加 $1\frac{1}{2}$in 厚、密度在 105~120lb/ft^3 的抹孔混凝土可以改善隔声性能，如图 17-29 所示。图中的两个地板 / 天花板结构是相同的，除了一个有着 $3\frac{1}{2}$in 厚的玻璃纤维和弹性条，而另一个没有。通过增加玻璃纤维和弹性条的结构，获得了 STC-59 的隔声等级，比原有隔声等级提高了 10 个 STC 点，这是非常值得的。这 10 个 STC 点的增加与图 17-28 中从 STC-37 到 STC-47 增加了 10 个点类似，也是通过在图 17-27A 的基础上增加石膏板、玻璃纤维和弹性条获得的。在顶部增加混凝土、更多的石膏板层、玻璃纤维和弹性条，能够提高地板 / 天花板结构的隔声性能，将其原有的 STC–37 提升到非常可观的 STC–59 等级。这是 STC 隔声性能的实质性改进，它将对已完成结构有着较大的意义。

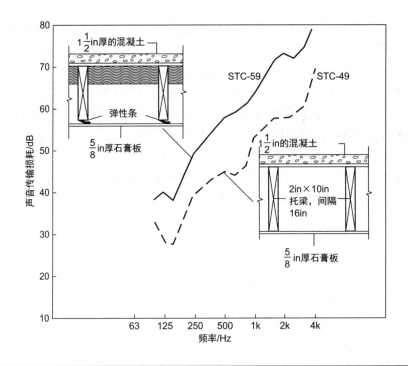

图 17–29　地板上混凝土层传输损耗作用的比较（Grantham 和 Heebink）

　　图 17–30 显示了没有混凝土层的最佳地板 / 天花结构与有混凝土层的最佳地板 / 天花结构的比较。通过比较图 17–30 的 STC–59 曲线与其下面的 STC–47 曲线，可以得出不同频率下混凝土层的隔声效果。它在低频处贡献约 10 个 STC 点，在 500Hz 处贡献约 15 个点，在 2kHz 以上贡献约为 20 个点。

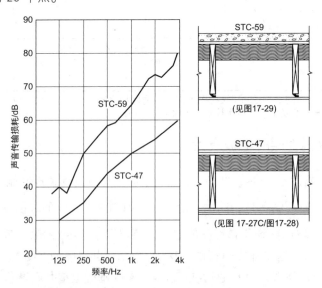

图 17–30　一种能够显著改善传输损耗的混凝土层案例

17.14.2 胶合板腹板与实木托梁

框架结构中的一些地板／天花板系统使用胶合板腹板托梁，而不是传统的 2in×10in 或 2in×12in 实木托梁。它们是由 2in×3in 法兰和 3/8in 胶合板腹板组成。这些胶合板腹板托梁，如图 17-31 所示，具有一定的优势。由于它们通常是在建筑现场制作的，因此有助于提高施工速度和效率。从建筑师或设计师的角度来看，12in 的胶合板腹板托梁允许更大的跨度。从声学专家的角度来看，它们有助于地板平面的刚度，从而对低频噪声提供更高的传输损耗。

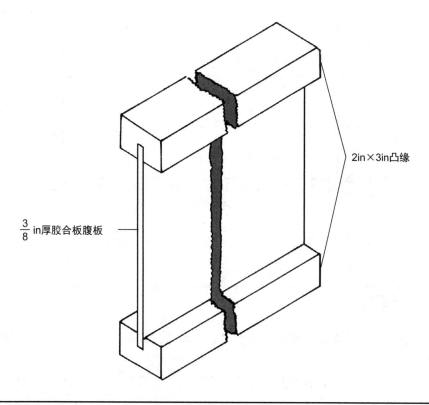

$\frac{3}{8}$in厚胶合板腹板

2in×3in凸缘

图 17-31　一种可用于地板／天花板托梁的胶合板腹板梁案例

图 17-32 显示了两个良好的地板／天花系统的传输损耗特性，这两个系统都提供了 STC-58 等级。两者都使用弹性条，都有 $3\frac{1}{2}$ in 厚的玻璃纤维，并且都有一个 3/4in 的胶合板底层。地板／天花板的不同之处在于，一种使用 2in×12in 胶合板腹板托梁，而另一种使用 2in×10in 实木托梁。这两条曲线之间几乎没有什么明显的差异。胶合板腹板托梁在 100Hz 的传输损耗比实木托梁高 5dB。胶合板腹板托梁对地板平面的硬化产生更大的低频衰减，这在图 17-32 中较为明显。在 1000Hz~2000Hz 的区域则相反，在该区域实木托梁比胶合板腹板托梁提供了更大的衰减。地毯能够在 1000Hz~2000Hz 有着较好的隔声作用，而在 15Hz~31Hz 的区域没有。

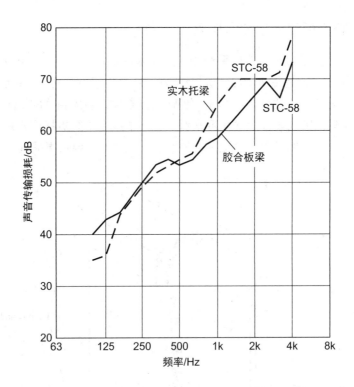

图 17-32　胶合板腹板梁与实木托梁传输损耗响应的比较 (Grantham 和 Heebink)

17.15　知识点

- 为了满足声学要求，结构隔声体的设计和建造方式必须与传统的建筑规范有较大的不同。

- 更复杂的轻质墙体设计能够产生更加有效的传输损耗。然而，重型墙体通常在低频位置能够提供更大的隔声作用。

- 基于质量分离设计的多层墙体，其隔声性能将优于单层墙体，特别是如果结构允许的情况下，每层墙体结构都独立于其他墙体。

- 有效的墙体隔声可以通过增加墙体重量、增加墙面之间的距离、交错立柱、使用不同重量的墙面、弹性条、玻璃纤维板和填充周边缝隙来实现。

- 墙体的隔声性能缺陷可以通过在其两侧增加一个新的墙体来改善，它最好与现有墙体保持一定距离。

- 砌体墙比轻质墙在低频位置有着更好的隔声效果。因此，它们在大多数音乐应用当中有着良好的隔声表现。然而，砌体墙可以利用结构传声，有效地传导冲击噪声。

- 即使是一个传输损耗很高的隔声体，也会被任意有着较低隔声性能的缺口破坏，如空气缝隙。事实上，隔声体的整体隔声性能接近其中最薄弱环节处的隔声性能。

- 除非设计得非常小心，否则门窗会破坏隔声墙体的声学完整性。因此，隔声墙体的组件，如门窗，必须提供接近墙体本身的隔声性能。

- 浮动地板是一种附加的地板，它与结构地板去耦合，并可以减少结构上噪声。

- 地板／天花板必须考虑到噪声传递的方向性。特别是，由于脚步声，我们很难将楼上房间的噪声与楼下隔离。

- 冲击噪声隔离等级（IIC）是在标准频率范围内的地板／天花板结构的冲击声音性能的单一数值评价等级。它与稳态声音的 STC 评价等级类似。

- 来自楼上的地板／天花板噪声侵扰较难解决，因为通常我们不能进入最容易补救的一侧。改造只能在天花板上进行，这限制了隔声性能的提升。

- 在可行的情况下，增加混凝土浇筑、使用更多的石膏板层、填充玻璃纤维和使用弹性条都将大大改善具有较差隔声性能的木地板／天花结构。

隔声装置：门和窗

窗户在大多数房间中都是功能性必需的，包括那些对声学条件要求较高的房间。玻璃窗建立了两个房间之间的视觉交流，这可能对手头的任务至关重要。例如，控制室里的录音师必须能够立即看到音乐家们在录音棚里做什么。有时候，尽管许多声学专家可能不太感兴趣，但工作室的老板可能希望在工作室的外墙上有一扇大窗户用以欣赏风景。例如，如果把窗户放置在控制室和录音室之间的墙壁上，或者放置在面对室外嘈杂环境噪声的墙壁上，窗户的声音传输损耗（*TL*）必须与墙壁自身相当。一个传输损耗不足的窗户将是一个隔声薄弱环节，它将严重损害墙体的隔声效果。例如，一个建造良好的交错立柱或双立柱墙体传输等级可能为 50STC，能够提供足够的隔声效果，混凝土砌块墙也是如此。为了让窗户能够实现这种隔声性能，我们需要对其进行仔细的设计和安装。使用相对较厚的玻璃及多层玻璃可以提供足够的隔声性能。在一些设计当中，夹层玻璃让窗户具有更高的隔声性能。对于任何对声音敏感的设计，在施工期间必须小心，以确保窗户的安装没有声音泄露或其他损害。

虽然一个房间可以没有窗户，但是不能没有门。此外，许多窗户被设计为永久密封，而有用的门通常是能够正常打开的。门的这些基本需求，使得实现可靠密封更加困难。此外，门的门槛也会受到行人及移动设备的磨损，这会导致地板密封受损。因此，对于门来说，一个好的设计既需要一个足够大和坚固的门板，也需要一个可靠的足以密封整个门周边的封闭系统。虽然一个隔声较好的门也可以使用普通建筑材料建造，但在许多情况下，我们还是会选择特殊施工建造的声学隔声门。后者可能相当昂贵。

最后，当一扇门打开时，无论其成本如何，都不会提供任何隔声效果。为了克服这个问题，可以在房间设计中加入一个声闸。声闸中的双门设计增加了额外隔声效果，同时当一扇门打开时，另一扇封闭的门也能提供一定的隔声效果。声闸消除了单门设计的一些负担，但只有在具有足够地面空间的设计当中才可以选择。

18.1 单层玻璃的窗户

单层玻璃的窗户，如普通的家居窗户，提供了相对较差的隔音效果。那些住在高速公路或机场附近的人会发现，这种类型的窗户会很容易让噪声通过。典型的单层 1/8 玻璃的 STC 等级可能仅有 25。窗玻璃的质量减弱了通过它的声音的表达式为：

$$TL = 20\lg(fm) - 48 \tag{18-1}$$

其中，*TL*= 传输损耗（dB）

f= 频率（Hz）

m= 面密度（lb/ft^2）

如果玻璃的密度假设为160lb/ft^3，我们可以找到任何厚度玻璃面板的表面密度。这个值也通常由制造商提供。对于要减去的常数值，目前缺乏一致的意见。Quirt 推荐48dB，但是有些人更倾向于34dB。这在本节的讨论中是非常重要的，因为所提出的各种玻璃装置的传输损耗已经由可靠的测试所确定。应用于玻璃面板的质量定律（图18-1），强调了质量是玻璃传输损耗的主要组成部分，传输损耗随着厚度的增加而增加。而且，很明显，传输损耗会随着频率的增加而增加。不同窗玻璃的配置（多层玻璃、不同厚度和共振抑制）将作为进一步提高窗口传输损耗的方法。

窗玻璃应安装氯丁橡胶周边垫片，首选填缝或腻子。一般来说，密封的窗户将比可以打开的类似窗户提高 3dB~5dB 的隔声量，即使开口窗户加了衬垫。当需要打开窗户时，如为了通风，双层玻璃窗户比单层玻璃窗户更加适合。

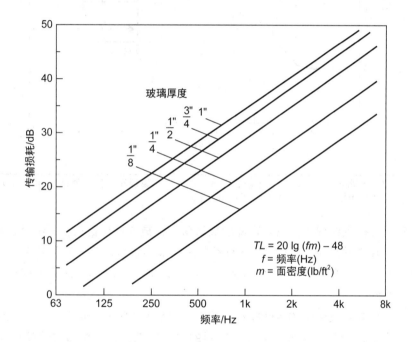

图 18-1　利用质量定律来展示不同厚度玻璃板的隔声效果

18.2　双层玻璃的窗户

单层玻璃的窗户在大多数声学应用中不能提供较为充分的传输损耗。然而，额外的玻璃提供了额外的质量，从而提供了更大的传输损耗。在许多应用中，双层玻璃窗户能够提供更好的隔声效果。这种说法有很多限定条件，但是图 18-2 所示的双层玻璃的传输损耗比图18-1 所示单层玻璃的窗户传输损耗有所改善。通常来说，一个普通的双层玻璃（两层玻璃之间用空气隔开）能够提供约 30dB 的传输损耗。商业上使用的双层玻璃窗、隔音窗能够提供 50 甚至更高的 STC 等级。

图 18-2 比较了两种双层玻璃窗的隔声性能，它们的间隔均约 4in，而玻璃的厚度各有不同。实心曲线展示的为玻璃厚度分别为 1/8in 和 3/32in 双层玻璃窗的传输损耗曲线。虚线展示了玻璃厚度分别为 1/2in 和 1/4in 双层玻璃窗的传输损耗曲线。这些窗户使用了不同厚度的玻璃，因此有着不同的质量。这有利于分散共振。

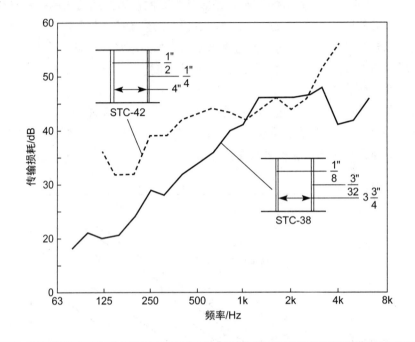

图 18-2　在两个双层玻璃窗中的传输损耗比较。实线：1/8in 厚玻璃板和 3/32in 厚玻璃板 (Libby–Owens–Ford)；虚线：1/2in 厚玻璃板和 1/4in 厚玻璃板 (Sabine 等)

这将在后面进行更详细的讨论。较薄的玻璃窗和较重的玻璃窗在 1k~3kHz 区域有着类似的传输损耗，但较重的玻璃在 1kHz 以下有着更好的隔声表现。在 STC 评级中，仅仅对于较重的玻璃窗有着 4 个点的增加（STC–38 到 STC–42），这不足以描述这两个窗户在可听频率范围内的性能差异。

测量的另一个双层玻璃窗的传输损耗如图 18-3 所示。在这个窗户当中，采用两个 1/4in 厚的玻璃，且它们之间的间隔为 6in。6in 间距的双层玻璃窗，其整体的传输损耗与图 18-2 中较重的玻璃窗非常类似。观察不同玻璃、玻璃表面密度和玻璃间距的特定效果的唯一方法就是直接比较，这些内容将会在后面介绍。通常所测量传输损耗曲线的不规则性，主要是共振造成的，它倾向于隐藏其他变量。

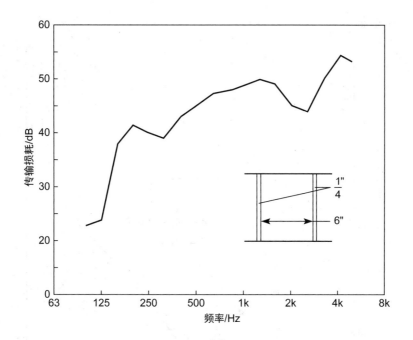

图 18-3 有着厚重玻璃板和大间距双层玻璃的传输损耗 (Quirt)

18.3 玻璃中的声学孔：质量 – 空气 – 质量的共振

声学孔是一个现象学的名称，它指的是可听频谱中的一个狭窄区域，在这个区域声音更容易穿过，如墙、窗户或门。在某个频率范围内的声音衰减要比质量定律预测的数值小几分贝。该孔表现为传输损耗曲线的一个凹陷。玻璃上的声学孔可能是由包括吻合效应在内的多种因素造成的，通常可以追溯到共振。下面的示例说明了这一点。

几种不同的共振效应改变了玻璃窗传输损耗曲线的形状，降低了窗户在特定频率的声音衰减能力。双层窗的质量 – 空气 – 质量共振是窗玻璃的质量通过它们之间腔内的空气与另一个窗玻璃耦合的结果。声音撞击到第一个玻璃板上会导致它振动，腔内的空气就像一个弹簧，从而导致第二个玻璃板振动。这种共振系统可以比作在弹簧两端附着质量块的系统。

Quirt 研究了玻璃间距对两个 1/8in 厚玻璃面板的影响。他发现频率为 250Hz 的声音传输损耗曲线，在间距 1/2in~1in 有着非常明显的下降，如图 18-4 所示。而在 800Hz，声音传输损耗没有这样明显的下降。质量 – 空气 – 质量的共振作用主要集中在低频区域。实际上，由于某些玻璃面板在某一间隔下，共振频率很低，所以在 63Hz~8kHz 范围内不会出现共振现象。

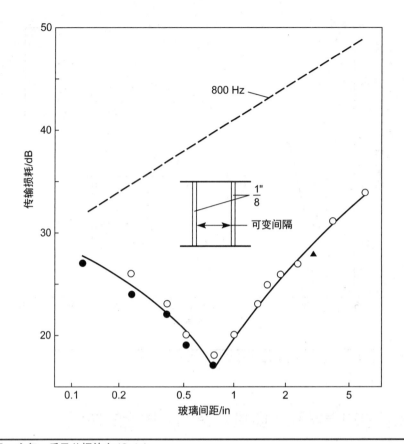

图 18-4　质量 – 空气 – 质量共振效应 (Quirt)

质量 – 空气 – 质量共振频率可以通过以下公式计算：

$$f=170\sqrt{\frac{m_1+m_2}{m_1 m_2 d}}$$

（18-2）

其中，f= 质量 – 空气 – 质量共振频率（Hz）

利用该方程式，我们可以计算出不同玻璃间距和不同质量（厚度）的质量 – 空气 – 质量共振频率，并绘制在图 18-5 中。该图显示了仅有较轻的玻璃面板和较小的间距，其谐振频率才高于 100Hz。如前所述，质量 – 空气 – 质量共振频率主要集中在低频。

在图 18-6 的声传输损耗曲线中出现了明显的质量 – 空气 – 质量共振。400Hz 附近的缺口是玻璃中存在声学孔洞的很好例子。接近 400Hz 处的声音比相邻频率的传输损耗衰减约 5dB。我们特意选择了间距相对较小（1/4in），同时厚度较薄（1/8in）的玻璃窗，将质量 – 空气 – 质量共振频率提高到 400Hz，以证明它的存在。对于更多使用的双层玻璃窗，其共振频率可能太低，无法展现在测量的传输损耗曲线上。

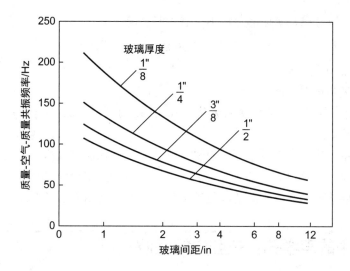

图 18-5　质量 – 空气 – 质量共振频率

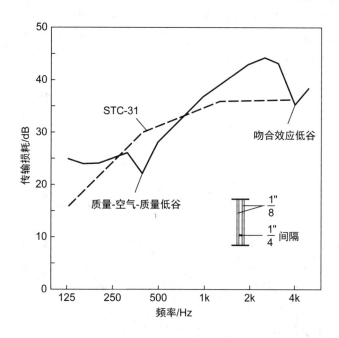

图 18-6　质量 – 空气 – 质量共振与吻合效应低谷的比较 (Quirt)

18.4　玻璃中的声学孔：叠加共振

　　图 18-6 中在 4000Hz 左右的传输损耗下降时由吻合效应所引起的。它可以被归类为一个声学孔，但是产生的原因是完全不同的。冲击声相互作用导致的玻璃面板弯曲振动，异常数量的声音以这样一种方式在吻合频率穿过玻璃。当入射声的压力峰值相位与板的振动峰重合时，这种吻合效应降低了声传输损耗。这意味着在或者接近这个频率的声音更加容易穿透

窗户。窗户中的吻合频率，可以通过以下公式进行计算：

$$f=500/t \qquad\qquad (18\text{-}3)$$

其中，$f=$ 吻合频率（Hz）

$t=$ 玻璃板厚度（in）

图 18-6 的窗户采用了 1/8in 厚的玻璃，式（18-3）为 $f=500 \times 8 = 4000$Hz，接近我们观测到的吻合下降频率。

在双层窗户中，吻合效应的下降能够被最小化。如果每层玻璃板的厚度不同，则它们的共振点会出现在不同频率上，即在某个频率处，一个玻璃板产生声学孔，而另一个则不会。很显然，一个每层玻璃厚度均相同的双层玻璃窗，仍然会遇到吻合频率问题。

18.5 玻璃中的声学孔：空腔内的驻波

在双层玻璃窗中间的空腔将会产生驻波，这类似房间中的驻波。如图 18-7 所示，共振模式与腔体的长度、高度和深度有关。轴向模式撞击两个表面；切向模式撞击四个表面；斜向模式撞击六个表面；由于切向模式和斜向模式所遇到的反射次数较多，这两个模式具有较低的能量。Morse 和 Bolt 计算出这两个模式的 STC 等级分别低于轴向模式 3dB 和 6dB。所有三种模式频率都可以用式（13-3）来计算。

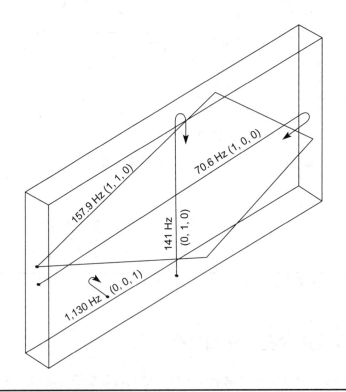

图 18-7　在两个玻璃面板之间的驻波模式

表 18-1 中列出了与尺寸为 8ft×4ft×0.5ft 窗户腔体相关的一些模式频率。与腔体 8ft 长度相关的最低轴向模式频率（1,0,0）为 70.6Hz。与腔体 4ft 宽度相关的最低轴向模式频率（0,1,0）为 141.3Hz。与腔体 6in 深度相关的最低轴向模式频率（0,0,1）为 1130Hz。有了这些模态频率的知识，我们可以确定玻璃面板之间空间周围的吸声材料是能够抑制这些共振。如果没有充分的抑制，将会在某个模式频率处产生较小的声学孔。这种吸声材料的厚度受到空间的严重限制。70.6Hz 和 141.3Hz 轴向模式频率是最低吸声频率。通常在空腔中使用的 1in 厚的玻璃纤维不能很好地吸收这些频率，并且这里面也没有摆放赫姆霍兹共鸣器的空间。因此，在成品窗户中 70Hz 和 141Hz 的空腔共振或许是较为明显的。

表 18-1 观察窗腔体共振频率的部分列表（腔体尺寸：8ft×4ft×0.5ft）

p,q,r	轴向频率（Hz）	切向频率（Hz）	斜向频率（Hz）
1,0,0	70.6		
0,1,0	141.3		
1,1,0		157.9	
0,0,1	1130.0		
1,0,1		1132.2	
0,1,1		1138.8	
2,0,0	141.3		
2,0,1		1138.8	
1,1,1			1141.0
0,2,0	282.5		
2,1,0		199.8	
1,2,0		291.2	
0,2,1		1164.8	
0,1,2		2264.4	
2,1,1			1147.5
1,2,1			1166.9
2,2,0		315.8	
3,0,0	211.9		
0,0,2	2260.0		
3,1,0		254.6	
0,3,0	423.8		
2,2,1			1173.3
3,0,1		1149.7	

18.6　玻璃板的质量和间距

　　Quirt 测量了厚度为 1/4in 和 1/8in 双层玻璃窗不同间隔的隔声变化情况，如图 18-8 所示。并举例说明了玻璃质量和间距对隔声性能的影响。上面曲线是厚度为 1/4in 双层玻璃窗户的隔声性能，下面曲线是厚度为 1/8in 双层玻璃窗户的隔声性能。这两条曲线也展示了，玻璃板的间隔每增加一倍，STC 等级就会增加 3dB。吸声材料应放置在两块玻璃板之间的内部区域。这可以提供 2~5dB 的衰减。为了让双层玻璃窗有着更高的隔声性能，必须结合几种适度的增益来获得满意的效果。

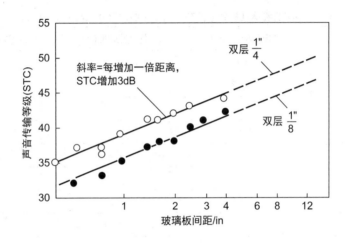

图 18-8　玻璃板间隔距离对 STC 数值的影响（Quirt）

18.7　不同的玻璃面板

　　通过使用两个不同厚度的玻璃面板，可以改善窗户的传输损耗。例如，两个双层玻璃窗户，它们的玻璃面板间距均约为 4in，其中一个玻璃板厚度分别为 1/8in 和 3/32in，另一个玻璃板厚度分别为 1/2in 和 1/4in（如图 18-2 所示）。由于两个窗户使用了不同厚度的玻璃，因此我们不可能对其不同的因素进行具体的评估。然而，我们知道，不同质量的玻璃会分散质量 – 空气 – 质量共振频率，从而产生更为平滑的传输损耗曲线。通过计算发现，较轻窗户（图 18-2 中的实线部分）的质量 – 空气 – 质量共振频率在 90Hz，而较重窗户（图 18-2 中虚线部分）的共振频率约为 57Hz。这些点在这两条曲线上都不能被明显辨别出来。吻合效应只涉及单层玻璃。通过计算，较轻窗户的吻合频率，针对 1/8in 玻璃为 4000Hz，针对 3/32in 玻璃为 5300Hz。在这个频率范围内实线部分有着明显的下降。针对 1/4in 的玻璃其吻合频率为 2000Hz，1/2in 的玻璃其吻合频率为 1000Hz。在这两个频率点的虚线位置都可以看到轻微的凹陷。使用不同厚度的玻璃可以使这些凹陷不在同一频率位置，这样有利于平滑传输损耗曲线，并使声孔的影响最小化。如果这两层玻璃以相同的频率共振，则曲线凹陷的幅度会更深。因此，当玻璃厚度不同且间隔较大时，隔声效果更佳。相比之下，玻璃厚度相同且间隔较窄的窗户，其隔声效果相对较差。

18.8　夹层玻璃

我们可以在两层玻璃之间放置一层聚乙烯基缩丁醛（PVB），它的厚度通常为 0.015in。在建筑中，夹层玻璃是最常见的形式，它是将两层玻璃夹在塑料夹层（通常是 PVB）当中，在约 250psi 的压力及 250°F~300°F（约 121℃~149℃）的温度下压制而成的。夹层增加了玻璃的重量，同时适当增加了传输损耗。

以下展示了夹层玻璃和非夹层玻璃的隔声性能比较：

非夹层	夹层
1/4in 玻璃：STC–29	两层 1/8in 玻璃：STC–33
1/2in 玻璃：STC–33	两层 1/4in 玻璃：STC–36

由于质量的增加，在双层玻璃窗户中使用夹层玻璃会产生更大的传输损耗。还有另外一种优势，那就是夹层能够提供一定的阻尼作用。

18.9　塑料面板

塑料具有更好的灵活性，它不像玻璃那么易碎。基于这种特征，某些情况下更加推荐在窗户上使用塑料面板来代替玻璃面板。从传输损耗的角度来看，这两种材料的最大差别在于质量，相同厚度的塑料质量约为玻璃的一半，也就是说相同质量的塑料面板厚度是玻璃的两倍。当它们的质量相同时，塑料面板与玻璃面板的隔声性能类似。塑料片可以低温弯曲形成凸形窗户。塑料的透光度较好，且光学失真较小。

18.10　倾斜玻璃

在许多录音棚 / 控制室的观察窗中，双层玻璃中的一面是从垂直方向倾斜的。就窗户的传输损耗而言，如果倾斜玻璃的平均间隔等于平行玻璃间隔，则它产生的隔声性能与平行玻璃相同。根据一些测量结果，Quirt 表示非平行玻璃似乎没有提供任何显著的好处。另一方面，从房间声学的角度来看，其中一块玻璃的倾斜能够有利于控制反射声射向地面的吸声体，如地毯。这样可以控制录音棚窗户上的潜在反射声。

18.11　第三层玻璃板

Quirt 在窗户上增加第三层玻璃板并进行了大量的测量。大多数三层玻璃板的测量结果与双层玻璃板类似。三层玻璃板与双层玻璃板的窗户之间有着微小的差异，显示出三层玻璃窗在隔声性能上略强于双层玻璃窗，这是吻合效应减弱所造成的。对于大多数房间窗户的设计来说，三层玻璃相对双层玻璃的优势似乎不明显，不足以为之增加成本和耗费精力。有些情况下会使用密封的三层窗户，如飞机上会使用这种三层窗户。

18.12　腔体内吸声

在玻璃间隔周边增加 1in 的玻璃纤维，被 Quirt 证明是有用的。这种改进被限制在高频区域，正如人们所认知的吸声特征一样。

18.13　隔热玻璃

两片中间间隔 1/8~1/4in 的玻璃被安装在一起，形成一个非常有效的结构，它能够减少热量的传导。这种玻璃的隔声性能与它们玻璃组合厚度相同。换句话说，中间的空气间隔所产生的隔声性能可以忽略不计，这种玻璃的隔声性能仅与质量法则相关。因此，观察玻璃板的质量是很重要的。例如，为隔热而设计的双层玻璃窗的 STC 值可能小于相同厚度的单层玻璃窗。

18.14　双层窗优化案例

图 18-9 展示了所测得窗户的传输损耗，它有一个 STC-55 的参考曲线及一个较为平滑的传输损耗曲线。对窗户各种共振的良好控制产生了相对较为平滑的测量曲线。该窗户有着与普通双层窗户不同的玻璃面板，其中一层为两片厚度为 3/8in 的玻璃，中间夹有 1/32in 厚的 PVB 层，另一层为 5/16in 厚的玻璃板。这两层玻璃之间的间距为 12in，它们之间的周边位置装有吸声材料。在这个设计中的重要因素包括：较大的间隔距离、较重且质量不同的玻璃面板及吸声材料的布置。然而，只有当玻璃面板的质量较轻时，吸声材料的布置才能对隔声效果起到较好的改善作用，这是大多数窗户都存在的共同问题。图 18-9 中较低的曲线是一个 5/16in 玻璃窗的传输损耗曲线，用以对比增加第二层较重的夹层玻璃所产生隔声效果的巨大提升。同时，它还较好地消除了由吻合效应所产生的传输损耗曲线凹陷。

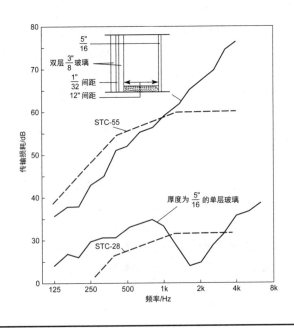

图 18-9　一个双层玻璃窗优化的例子 (Cops)

18.15　观察窗的构造

一些录音棚位于风景区内，它包含较大的观景窗。像这样的窗户很难达到足够的低频隔声效果，且可能产生不必要的房间内部反射声。尽量在早期规划阶段就摒弃建造观景窗的想法，那么此时录音棚内唯一重要的玻璃窗就是在控制室和录音室之间的观察窗。如果在录音棚与外部走廊之间，或者在录音棚与隔声室之间，开一个面积较小的观察窗，这样做所产生的声学问题较小。

观察窗在录音棚的工作流程中非常重要，它在声学上也具有一定的挑战性。在录音室和控制室之间必须提供较高的传输损耗，以便录音室内的高声压级不会干扰控制室内的监听。

同样地，较高声压级的监听也不能干扰到录音室内的拾音话筒。一个观察窗或许占据整个墙体面积很大的比例，同时必须提供与墙体类似且非常高的传输损耗。为了实现这一点，人们采取了许多措施。例如，一个具有较好隔声效果的观察窗，可能需要多层玻璃、玻璃板较厚、玻璃板间隔较大、腔体内放置吸声材料，同时对玻璃板与窗框之间进行较好的密封且安装弹性胶条。这些窗户的设计和建造细节，最好留给有经验的声学家和木匠。然而，设计当中的一些元素对所有重要的窗户都是通用的。

在大多数重要的应用场景中，都会使用双层玻璃窗。假设使用了双层墙体或交错立柱墙，窗框则由两部分构成，一半固定在一面墙上，另一半没有刚性的物理连接。这就保持了墙体的去耦合性。图 18-10（A）的方案显示了混凝土砌块墙双窗问题的实际解决方案。图 18-10（B）是对交错立柱结构的一种调整。它实际上有两个完全独立的框架——其中一个固定在内部的框架中，另外一个固定在外部交错立柱的墙体上。使用泡沫条或非硬化的密封胶堵住窗框之间的间隙，以确保它们之间紧密连接。在任何建造过程中，我们都必须防止空气缝隙的出现。同时采用良好墙体设计当中常用的技术，如填缝、接缝。

我们在设计的过程中，应当选用较重的玻璃板，且越重越好。但是，即使非常重的玻璃也会存在吻合频率低谷。如上所述，使用两块不同厚度的玻璃板可以有效减少这种吻合频率作用。如果有需要，两块玻璃之间可以形成一定的夹角，用来控制光线或者声音的反射，但是这个角度对窗户自身的传输损耗有着可以忽略的影响。我们应该利用橡胶或其他柔软的条状物把玻璃与支架隔开。两块玻璃板之间的间隔对隔声性能是有影响的，间隔越大，传输损耗越大。然而，当该距离超过 8in，隔声量不会有很大增加，而间隔下降到 4in~5in，也不会对传输损耗产生较大影响。然而，在双层玻璃窗之间的较小间隔，如小于 1in，可能会产生比单层窗更低的 STC 值。

在图 18-10 所示的设计当中，窗户边缘的吸声材料抑制了两个玻璃板之间空腔的共振。这明显增加了双层隔声窗的隔声作用，且这种吸声材料应当完全分布在窗体空腔的周围。如果图 18-10 的双层窗是被仔细建造的，其隔声性能应接近于 STC-50 的墙体，但可能不会完全达到，特别是窗口面积较大的情况下。对于要放置双层玻璃窗的交错立柱墙体，使用 2in×8in 龙骨代替 2in×6in 龙骨将简化内外窗框的安装。

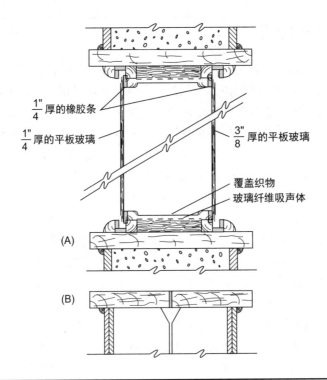

图 18-10　双层玻璃窗的墙体结构。（A）用于混凝土砌块墙（B）用于交错立柱墙

在图 18-10 的设计中，两个玻璃面板之间的边缘放置了吸声材料，这抑制了空腔中的空气共振，大大增加了双层玻璃窗的隔声效果，图 18-10 中的双层窗户可以被仔细建造，图 18-11 进一步展示了一个特定的观察窗的设计细节。

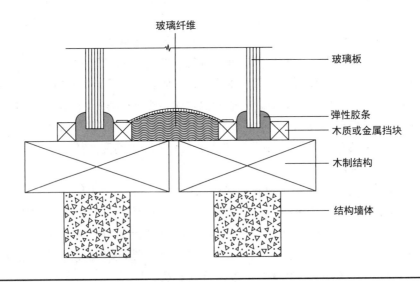

图 18-11　观察窗的施工细节图

- 无论是框架墙还是砌体墙都需要一个 2in×10in 或 2in×12in 坚固的木质框架。这个框架必须通过在接头处填充玻璃纤维和声学密封胶成为墙体的一部分。
- 玻璃板必须安装在泡沫或橡胶条上。沿底部承载玻璃重量的条带，应在负载下偏移约 15%。其他三面的条带可以是较轻的泡沫，因为它们的唯一作用就是机械隔离和密封。

- 内挡块之间的空间应填充玻璃纤维，并覆盖黑布或穿孔材料，其穿孔率应为 15% 以上。

- 外挡块应拧在框架上，以便随时拆除玻璃进行清洁。

18.16 成品观察窗

一个建造良好的录音棚或其他声学敏感的空间，需要使用一些成品窗户（和门）以提供精确的开口处理。这些开口是最难节约成本的地方，因为自制的门窗随时间的推移会变坏。图 18–12 给出了 Overly Door 公司生产的 STC–38 单层窗户和 STC–55 双层窗户的剖视图。这两个窗户的传输损耗曲线如图 18–13 所示。除了单层窗户中有一个适度的吻合下降之外，这些曲线都显示出良好的隔声性能。

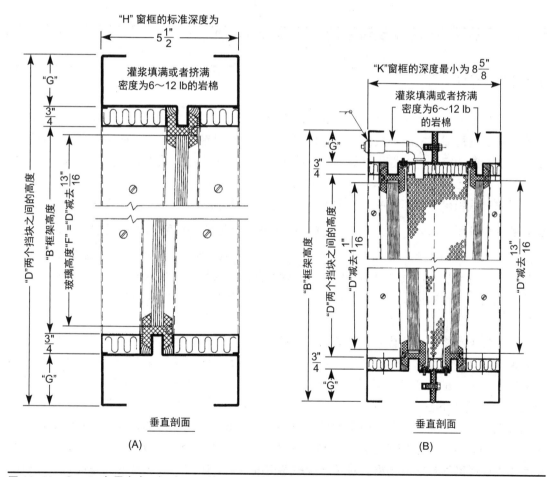

图 18–12 Overly 商用窗户。（A）STC 值为 38 的单层玻璃窗（B）STC 值为 55 的双层玻璃窗（Overly 门窗公司）

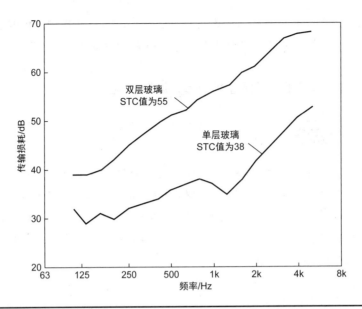

图 18-13　图 18-12 两个 Overly 窗户的传输损耗（Overly 门窗公司）

18.17　隔声门

在声学敏感的空间建设中，门可能是所有隔声设计中的薄弱环节。一个隔音较弱的门将很大程度上削弱墙体的隔声效果。一个极端的例子，百叶窗门仅提供了极小的隔声效果。一个固定且密封的窗户可以提供良好的隔声效果，然而一扇门在本质上是不能固定的，而且更难密封。事实上，只要有可能，我们不应当把门放置在需要较高传输损耗的隔声体上。

门的传输损耗取决于它的质量和刚度，以及其密封件的气密性。重型门比轻型门提供了更好的隔声性能。例如，一个 $1\frac{3}{4}$ in 的实心门比一个相同厚度的空心门有着更好的隔声性能。以常见方式悬挂的空心家用门的 STC 评级低于 20，而实心家用门的 STC 评级在 20 以上。即使如此低的隔声性能，也需要具有良好的密封胶条。通过填充门的两侧，可以获得非常轻微的声学改善。1in 厚泡沫橡胶板上的塑料织物可以用室内装饰钉缝合。然而，磨损是不可避免的。此外，门下的任何空气缝隙都会严重影响其传输损耗。

对于任何严格的录音棚设计，家用门隔声性能太差不能被考虑，必须使用较重的自密封门。图 18-14 中空心家用门提供了 STC-20 的隔声等级，但在整个频谱范围内，它仅有 15dB 的衰减。一个好的实心门可能提供 STC-27 的隔声等级，但是作为一个隔离噪声较为全面的隔声体来说仍然不够。滑动玻璃门的隔声等级为 STC-26，其性能类似于实心门。这里提到滑动玻璃门，是因为它有时用于录音棚的鼓室和隔音室。虽然不推荐，但是窗户能够被放置在许多种类型的门上，而不会严重影响其隔声性能。例如，可以使用一个厚度为 1/4in、面积为 1ft^2 且适当密封的玻璃窗。对于声学敏感房间来说，唯一令人满意的门是商用的金属门和门框，它们被专门设计用来提供较高的传输损耗。

在满足所需质量、刚性及密封性能的情况下，我们可以制造一扇具有较好隔声性能的门。如图 18-15 所示，它提供了一种可以提高门的隔声性能的低价的方法，那就是向门内灌沙子。使用较重的夹板（厚度为 3/4in）作为门板。所使用的五金器具及框架必须质量上乘，能够提供对额外重量的支撑。

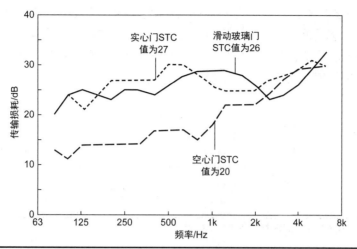

图 18-14　三种类型门的传输损耗

　　即使是一扇好门，它的隔声性能也会因空气缝隙而被严重破坏。因此，任何门和门框的周边都必须配有垫片且被密封。然而，实现一个良好的密封可能是困难的。我们通常使用挡风雨条，它有几种类型，包括条毡或有着金属背板的氯丁橡胶泡沫。这些密封件用在门的顶部和侧面，有着较好的效果。然而，地板门槛会受到行人、车轮等的磨损。大多数安装在门槛上的挡风条都会迅速恶化。图 18-15 的细节展示了一种解决漏声问题的方法，即在门的周边建造一个能够吸声的边缘，从而将穿过门和门框之间的声音吸收。这种吸声陷阱也可以嵌入到门框当中，又或者与几种密封条中的一种共同使用。

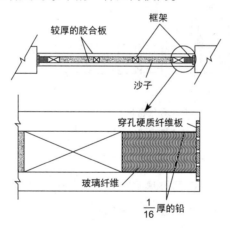

图 18-15　一个相当有效且便宜的声学门。胶合板之间的干砂增加了门的质量，从而增加了传输损耗。在门和门框之间传播的声音，容易被门边缘的吸声材料所吸收

　　在一些门的设计当中，会使用铰链，当它打开时门需要稍微升起，当它关闭时会降低到门框当中。利用这种方法，门自身的重量会牢牢地压紧密封条，从而提高了门的隔声作用。由于当门打开时会自动升起，因此门槛的密封条不会在其打开时与地板摩擦。这样就有效阻止了开关门对密封条的磨损。类似地，在一些门的设计中，当门关闭时，密封条自动下降到门槛中，而当门打开时则上升。这有助于减少门槛上密封胶条的磨损。无论使用哪种类型的密封条，都应当定期检查其是否保持紧密。

图 18-16 展示了一种简单的门框密封条，它是相当令人满意的。这种密封条包括外径不到 1in 的软橡胶或塑料管，其壁厚约为 3/32in。木钉条通过柔韧的包装材料将密封条压在门框上。如果这种压管子的方法被用到门的四周，我们需要在地板上设置一个凸起。或者，在门的底部使用其他种类的密封条，如挡雨条。这种简单的门框密封条，其优点是在于密封性可以通过检查它的压缩程度来确定。

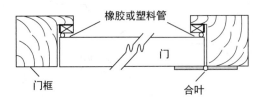

图 18-16 一个门可以用可压缩的橡胶或塑料管来密封

图 18-17 为一个完整的门平面图。它基于一个 2in 厚的实心门板，并具有一个类似冰箱门上的磁性密封。这种磁性材料为钡铁氧化物，外面包裹着一层 PVC（聚氯乙烯）材料。通过吸附在低碳钢条上，可以实现良好的密封效果。铝板条减少了门周围的声音泄漏。

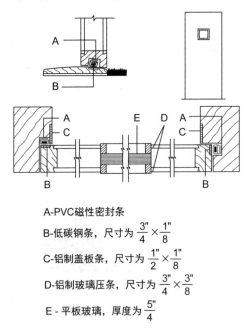

A-PVC磁性密封条

B-低碳钢条，尺寸为 $\frac{3"}{4} \times \frac{1"}{8}$

C-铝制盖板条，尺寸为 $\frac{1"}{2} \times \frac{1"}{8}$

D-铝制玻璃压条，尺寸为 $\frac{3"}{4} \times \frac{3"}{8}$

E - 平板玻璃，厚度为 $\frac{5"}{4}$

图 18-17 一种磁性密封门的设计，它类似于冰箱门上的磁吸

一个传输损耗与 50dB 墙体等效的隔声门，需要在设计、施工和维护方面非常仔细。图 18-18 为 Overly 公司生产的商用声学门，型号为 STC488861。它的厚度为 $\frac{1}{4}$ in，面密度为 9.9lb/ft²，且隔声等级为 STC–48。门使用了凸轮提升铰链，一个橡胶密封条被向下压缩到光滑的凸起门槛上。这扇门是一个工程门的例子，它在当下及将来都有着优秀的隔声性能。

单个门的设计是实现高传输损耗的关键，但是门在房间中的摆放位置也是一个重要的因素。例如，这些通往走廊的门之间不应该正面相对，这会导致声音更容易在两个房间之间传递。

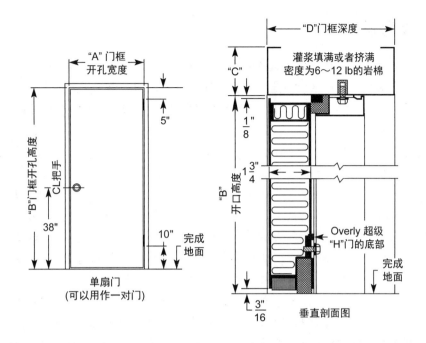

图 18-18　Overly 公司生产的商用声学门（Overly 门窗公司）

18.18　声闸

声闸是一个有两扇门的小门厅。它们在提供声音隔离方面非常有效。从本质上说，由于两个门串行摆放，它们能够提供比单个门更高的 STC 等级。此外，这些门也可以作为独立的声屏障。一扇门可以关闭，而另一扇门可以打开，从而改善了声音传输损耗。声闸是录音棚常用的隔声方法。小门厅被放置在录音室和控制室之间，这样的好处在于一个房间的声音不容易干扰到另一个房间。由于声闸可以使用中等传输损耗的门，因此经常通过建造声闸来规避使用高传输损耗门的费用。然而，它们需要一个相对较大的建筑空间。

为了达到最佳和持久的隔声性能，声闸的门应采用特制的声学门。为了提高隔声性能，声闸所有的内表面都应该具有较好的吸声性能。这样，即使两扇门同时打开，小门厅的吸声也会在一定程度上降低噪声。天花板可以悬挂和使用 Tectum 吊顶板材。墙壁可以使用相同材料的 Tectum 墙板（C-40 安装）。Tectum 是由木纤维制成的，非常耐磨。或者，墙体较高的部分可以用拉伸的织物或金属丝网，后面铺设玻璃纤维来建造。在墙体较低的部分可以使用结实的壁板。又或者，选择使用 Sonex 吸声面板。地板应铺设厚衬垫和地毯，但需要能够承受设备小车的磨损。Tectum 的产品是由阿姆斯特丹世界工业公司制造。Sonex 的产品是由 Pinta 声学公司生产的。

一个较短的声闸小门厅走廊可能是不够的。例如，任何匆忙从控制室或录音棚出来的人都会迅速穿过这两扇门，同时会带入短暂的噪声。此外，一个较短的走廊也提供了较少的吸声。因此，理论上说，虽然增加走廊长度会增加很多成本，但是我们应当使走廊的长度尽可能地增长。

18.19　复合隔声体

　　复合隔声体是一个具有不同元素的隔声体，例如，一个带有门和窗户的墙。穿过复合隔声体总声功率是每个元素在某个特定频率下传输声功率之和。每个元素的声功率计算方法是将其面积 S_i 乘以其传输系数 τ_i。因此，总传输的声功率为 $\sum S_i \tau_i$。或者，也可以使用 STC 来代替 τ，如后面所述。

　　理想情况下，为了避免复合隔声体中的薄弱环节，每个元素都应该传输相同的声功率。不同元素的 TL 值不一定相等，但它们的 $S\tau$ 乘积应该是相等的。例如，如果一面墙有一个占总面积 20% 的大窗户，以及一个占总面积 3.5% 的门，墙壁、窗户和门的 TL 值分别为 33.6dB、27.8dB 和 20.2dB。这将在某个特定的频率下产生一个 30dB 的复合 TL 值。

　　复合隔声体中的任何薄弱环节都是一个真正值得关注的问题。例如，假设一堵砖墙提供的 TL 值为 50dB。当增加一个 TL 值为 20dB 的窗口，占总面积的 12.5% 时，复合墙/窗的 TL 值下降到 29dB。这种损坏已经造成，更大尺寸的窗户不会更加严重。例如，如果窗户占总面积一半，其复合 TL 值是 23dB。如前所述，任何空气缝隙将会严重影响隔声体的隔声性能。例如，一个孔洞只占金属板总面积的 13%，但能够传输高达 97% 的声音。此外，如果开孔区域一直存在，增加金属板的重量将会对隔声性能提升产生很小的影响或没有影响。

　　图 18-19 展示了一种图形方法，以确定安装传输损耗较低的窗户或门会对高传输损耗墙体的影响。图 18-19 适用于 TL 曲线上的单个 TL 测量值，并可以建立起一个新的点对点 TL 曲线，伴随着隔声较弱的不同门/窗安装在坚固的墙体上。假定测得的传输损耗曲线同时适用于门窗及墙体。

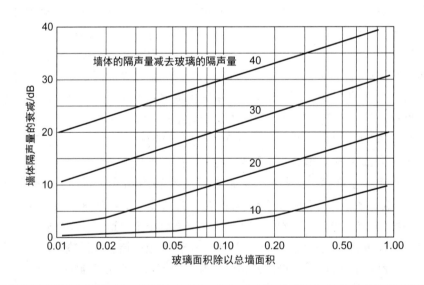

图 18-19　图形估计方法，用于估算隔声较好墙体上的玻璃窗对整个墙面隔声效果的影响

　　下面使用 STC 数值的方法，利用了图 18-19 的曲线。这种简化会对准确性造成了一定影响，但结果仍然有用。假设有 1000ft² 的墙壁和 100ft² 的窗户，同时，假设墙体的隔声等级为 STC-50，而窗户的隔声等级为 STC-30。

　　1. 确定玻璃面积与墙体面积的比值（100/1000=0.10），并在图表的水平尺度上找出该值。

2. 确定墙体与玻璃的 STC 差值（50-30=20dB），并在图上找到 20dB 的曲线。

3. 0.10 垂直线与 20dB 曲线相交，对应左侧坐标读数为 10dB。

4. 从墙体隔声等级减去 10dB，即（50-10=40dB）为复合墙体的隔声等级。

因此，复合墙体的隔声等级显示为 STC-40，我们承认这是一个近似（但方便）的结果。

18.20 知识点

- 当窗户或门被放置在墙上时，它们的声音传输损耗必须与墙本身相当

- 虽然许多窗户能够被设计成永久密封的，然而有用的门通常被设计成能够打开的。这使得实现可靠的密封更加困难。

- 单层玻璃窗，如普通的家用窗户，能够提供相对较差的隔声效果。

- 通过增加玻璃面板来达到增加质量的目的，能够提供更多的传输损耗。在许多应用当中，双层玻璃窗能够提供较好的隔声效果。

- 几种不同的共振效应改变了玻璃窗传输损耗曲线的形状，产生了所谓的"声学孔"并降低了它在频率范围内的衰减。

- 在双层玻璃窗中两个玻璃板之间的空腔能够产生驻波，就像在房间里一样。

- 当玻璃面板的厚度不同，同时间隔增大时，隔声性能可以得到改善。玻璃厚度相同且间距较窄的双层玻璃窗具有较差的隔声性能。

- 对于大多数窗户设计而言，三层玻璃窗相对双层玻璃窗有着较小的隔声性能提升，相对于其增加的成本来说缺乏合理性。

- 对于控制室和录音棚之间的大观察窗来说，需要多层玻璃、玻璃厚度较大、玻璃板之间相互独立、玻璃板之间的空腔需要进行吸声处理、有着较好的气密性且玻璃面板需要弹性安装。

- 在声学敏感空间的建设中，门可能是所有隔声体中最薄弱的环节。具有较差隔声性能的门将会让墙面整体的隔声性能大大降低。

- 对于声学敏感房间来说，唯一真正令人满意的门是商用金属门和门框。它们是一种专门设计用来提供高传输损耗的门。

- 即使一扇较好的门其隔声性能也会因空气缝隙而被严重破坏。因此，任何门和门框周边都必须用衬垫装配及密封。

- 声闸是一个有两扇门的小门厅。它们能有效地提供声音隔离作用。因为这两个门是串联放置的，它们能够提供比单个门更高的 STC 等级。

- 复合隔声体是有着不同元素单元，如一个带有门和窗的墙体。通过一个复合隔声体的总声功率是每个元素单元在某个特定频率下传输声功率之和。

19

通风系统中的噪声控制

在许多对声学敏感的房间里，干扰噪声可以来自建筑内的其他房间或建筑外的声源。某些房间有其自身的内部噪声问题，比如来自冷却风扇的噪声。然而这有一个几乎所有房间都存在的噪声源，那就是来自 HVAC（供暖、通风和空调）系统的噪声，这包括发动机、风扇、管道、扩散器和格栅上的噪声。如何减少这些噪声是本章所涉及的主要内容。

控制供暖、空调噪声和低频振动是非常昂贵的。在承接一个新的建筑项目时，严格的噪声标准可能会使造价不断提高。对现有通风系统进行改造，让它的噪声有所下降可能会产生更加昂贵的成本。所以对于录音棚的设计者来说，去了解通风系统潜在的噪声问题是非常重要的，只有这样才能在策划和安装阶段对通风系统有着很好的监督和控制。它同样适用于专业的录音棚及家庭听音室。为了得到安静的房间环境，可以考虑以下 5 个因素，仔细地规划和安装产生噪声的设备，如发动机、风扇和格栅；在设备间和通风管道中使用吸声材料来降低噪声；尽量减少管道和管道开口处的空气扰流噪声；尽量减少房间之间的声学串扰；减少风扇转速和气流速度。

19.1 噪声标准的选择

在关注背景噪声时，我们需要做的第一个判断就是选择噪声级的目标。其本质问题是"它应该有多安静？"这个问题由于必须考虑整个声音频谱中的噪声级而变得复杂。此外，由于人耳的听力响应是不平直的，所以也必须假设本底噪声的标准也是不平直的。为了对噪声标准的参数进行量化，同时也更加容易交流，目前已经设计出许多噪声标准。

如图 19-1 所示，一种解决噪声标准问题的方法是把它呈现在平衡噪声评价曲线（NCB）组当中。这些 NCB 曲线的范围是从 NCB-10 到 NCB-65，在每个倍频程设立了最大可允许的噪声声压级常数。以这种形式表示噪声目标，就可以更加容易地描述、测量和确定一个房间的噪声水平。这些曲线是仿照人耳听觉等响曲线制成的。这些曲线向下倾斜，反映出人耳对低频的声音有着较低的灵敏度，也反映了大多数噪声能量的分布会随着频率的增加而下降的事实。NCB-0 曲线代表了对于连续声音来说，人们刚刚可以听到的阈值。NCB 曲线的使用在 ANSI/ASA S12.2-2019 评估房间噪声的标准和美国供暖、制冷和空调工程师学会（ASHRAE）手册中有着详细的描述。

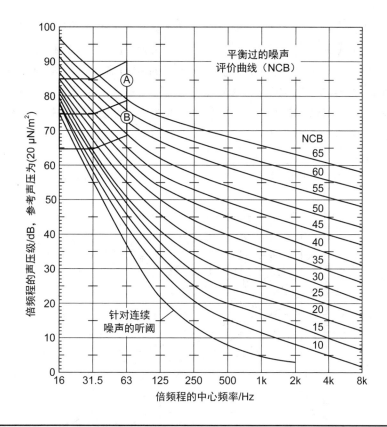

图 19-1　针对已使用房间，平衡过的噪声评价曲线（NCB）（Beranek）

为了确定当前空房间的本底噪声是否已经达到了预期的目标，需要在无人居住的建筑中测量声压级。通过使用带有倍频程滤波器的声压计来测量，可以获得从 16Hz~8kHz 范围内每倍频程的声压级。其结果绘制在图 19-1 所示的标准图表中，并使用"曲线拟合"程序将读数与标准曲线组进行比较。把在绘制的读数之上的最近的 NCB 曲线向下移动，移位的 NCB 曲线与所绘制读数相切。位移的量以分贝表示。那么所测得的噪声级为所移动那条 NCB 曲线的数值减去移动量，如一个 NCB-25 曲线向下移动 2dB，即产生 NCB-23 的噪声级。如果 NCB-25 是空调系统所允许的最高噪声级，那么这个例子中的 HVAC 安装是可以接受的。

通过比较低频声音和高频声音之间的感知平衡来进一步定义 NBC 数值。它的数值被细化为 N（Neutral）、H（Hissy）以及 R（Rumbly），这取决于起主要作用的频率响应范围。N 展现出一个比较平衡的噪声频谱。H 则在 1kHz~8kHz 的区域有着更多的能量。R 在 16Hz 到 500Hz 的区域包含了更多的能量。例如，NCB-25（R）意味着这是一个安静的房间，但是它在 500Hz 以下，有着超出 NCB 曲线至少 3dB 的隆隆声。通过 RV（Vibration），对 63Hz（如图 19-1 的 A 和 B 所示）以下的区域进行了更进一步的规定。倍频带声压级的大小可能会引起轻质墙体和天花结构的咯咯声或者振动。与其他单一声学参数一样，NCB 的值有时也有产生误导，因为它们没有顾及某些频率响应的差异。例如，两个房间或许有着相同 NCB，但是其频率响应或许不同。

在一些情况下，使用 RC 曲线（Room Criteria）来测量房间的噪声。这种方法类似于

NCB 曲线。RC 曲线是对 16Hz~4kHz 频率范围进行测量的，它的值会在 RC–25 到 RC–50 之间，如图 19–2 所示。曲线由一系列斜率为 –5dB/oct 的直线组成。这些斜线与等响曲线之间没有关系，但是它代表了所感知的背景噪声。每一条直线都有着自己的 RC 值，它对应 1kHz 处的声压级。例如，RC–25 直线会穿过 1kHz 处声压级为 25dB 的位置。为了确定 RC 的值，需要进行倍频程的测量，计算其平均值且把数值与标准 RC 曲线进行比较。类似于 NCB 曲线，RC 的数值也进一步被细化为 N（Neutral）、H（Hissy）、R(Rumbly)，这取决于它的频率响应。在 16Hz~63Hz 的频率范围内，我们会仔细观察 RV。如果出现振动，会把 V 标示在 R 的名称中。例如，RC–30（RV）。RC 曲线也在 ANSI/ASA S12.2–2019 文档中被标准化。

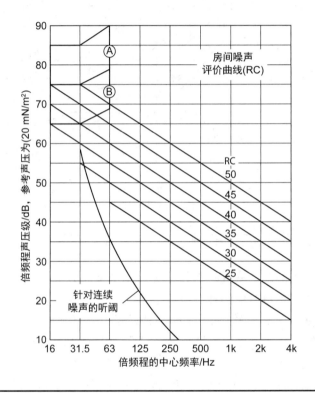

图 19-2　针对已使用房间的噪声评价曲线（RC）

在类似录音棚这类对声学有较高要求的房间中，那么我们选用什么样的标准作为可以接受的背景噪声限度？这取决于录音棚通常的质量等级、用途以及其他因素。数字录音的出现，改变了我们使用 RC（或者 NCB）作为目标的观点。如果需要高于 100dB 的信噪比，通常意味着需要更低的本底噪声。较低的本底噪声意味着更严格的现场施工和暖通空调噪声规范，这大大增加了建筑或翻新的成本。

当提出噪声等级的目标时，我们必须考虑房间的声学状况。例如，当交通及其他噪声都高于 RC–15 时，此时仅要求通风系统达到这个数值是没有意义的。一般来说，RC–20 应该是录音棚或者听音室应该考虑的最高本底噪声曲线，而 RC–15 被建议作为普通录音棚一种实用及可实现的设计目标。RC–10 会是非常完美的，但是这需要更多的费用和努力来降低整个环境噪声。表 19–1 列出了几种类型的房间和其对应 RC 值的建议。大部分房间本底噪声的设计目标，都是为了让房间可以正常使用，而不是一定让其噪声降到非常低的水平。对本底噪声的过度设计和设计不足类似,它们都是不可原谅的。

表 19-1 针对不同房间种类所推荐的 RC 值

房间类型	推荐的 RC 数值(RC 曲线)	等效声压级(dBA)
公寓	25–30 (N)*	35~45
礼堂	25–30 (N)	35~40
教堂	30–35 (N)	40~45
演奏和朗诵厅	15–20 (N)	25~30
法庭	30–40 (N)	40~50
工厂	40–65 (N)	50~75
传统剧院	20–25 (N)	30~65
图书馆	35–40 (N)	40~50
电影院	30–35 (N)	40~45
私人住宅	25–35 (N)	35~45
录音棚	15–20 (N)	25~30
餐厅	40–45 (N)	50~55
大体育馆	45–55 (N)	55~65
电视演播室	15–25 (N)	25~35
医院 / 诊所 – 私人房间	25–30 (N)	35~40
医院 / 诊所 – 手术室	25–30 (N)	35~40
医院 / 诊所 – 病房	30–35 (N)	40~45
医院 / 诊所 – 实验室	35–40 (N)	45~50
医院 / 诊所 – 走廊	30–35 (N)	40~45
医院 / 诊所 – 公共区域	35–40 (N)	45~50
酒店 / 汽车旅馆 – 个人房间或套房	30–35 (N)	35~45
酒店 / 汽车旅馆 – 会议室或宴会厅	25–35 (N)	35~45
酒店 / 汽车旅馆 – 服务和支持区域	40–45 (N)	45~50
酒店 / 汽车旅馆 – 厅、走廊、大堂	30–35 (N)	50~55
办公室 – 会议厅	25–30 (N)	35~40
办公室 – 私人的	30–35 (N)	40~45
办公室 – 开放区域	35–40 (N)	45~50
办公室 – 商用机器 / 电脑	40–45 (N)	50~55
学校 – 演讲室和教室	25–30 (N)	35~40
学校 – 开放式教室	30–40 (N)	45~50

* 中性的(N)。在测量范围内任何一点,中心频率在 500Hz 及以下频率的倍频程声压级不能超过参考频率倍频程声压级 5dB。在测量范围内任何一点,中心频率在 1kHz 及以上频率的倍频程声压级不能超过参考频率倍频程声压级 3dB。

19.2 风扇噪声

在噪声控制当中，有效减少噪声的方法是对噪声源进行控制。因此设备和风扇的噪声，成为 HVAC 噪声的主要贡献者（但它不是唯一的噪声源），通常需要进行噪声源控制。风扇噪声会通过管道传播，随着能量被管道的吸收而逐渐衰减。一些风扇噪声会留在管口，而其他噪声将会沿着管辐射出去。风扇所输出的声功率主要是由安装时的出气量和风压所决定，但是这在不同种类的风扇当中也会有所不同。图 19-3 所示给出了两种类型风扇的输出声功率：离心风扇和鼓风机。标称声功率级是风扇在出风量为 1ft³/min 和 1in 水柱压力的环境下测得的。在这个基础上，不同种类的风扇噪声可以相互比较。离心式风扇是一种市面上较安静的风扇种类。大风扇通常会比小风扇更安静。这也同样适用于鼓风机，如图 19-3 所示。

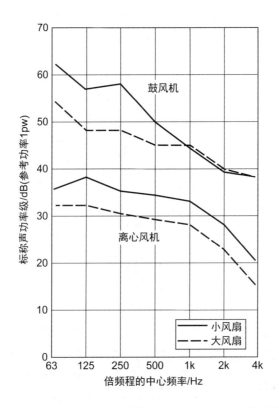

图 19-3　通常使用在 HVAC 系统中，离心风机和鼓风机所输出的噪声功率（ASHRAE 手册）

所有通过机器辐射的声功率都是以半球状流出的。这可以作为一个特定的声功率级来测量，且通常通过整个半球的声压级读数来估算。声功率与声压的平方成正比。通过以下公式，可以把风扇中的标称声功率转换成声压级，并应用到房间当中：

$$L_{\text{pressure}} = L_{\text{power}} - 5\lg V - 3\lg f - 10\lg r + 25\,\text{dB} \tag{19-1}$$

其中，L_{pressure}= 声压级（dB）

L_{power}= 声功率级（dB）

V= 房间容积（ft³）

f= 倍频程的中心频率（Hz）

R= 声源与参考点的距离（ft）

由风扇所产生的单音：频率 = 转速 × 叶片数量（转速为每秒转数）。这个单音增强了所落入的倍频程频带声压级。考虑到风扇单音的作用，3dB（离心风机）和 8dB（鼓风机）应该分别加入倍频程频带声压级当中。制造商是任意特定风扇噪声数据的首选来源。

19.3 机械噪声和振动

一个大楼里或许会有 HVAC 的基础设施，如泵、压缩机、冷却装置、蒸发器。在一个新房间的设计中，减轻 HVAC 噪声和振动的首要方法就是要仔细考虑 HVAC 设备的摆放位置。如果把 HVAC 设备放置在声学敏感的房间附近，将会加重 HVAC 的噪声问题。例如，如果放置设备的房间紧邻或在录音棚正上方的屋顶，它们之间的公共墙或楼板将会像巨大的振膜一样振动，从而把噪声有效地辐射到录音棚当中。

因此，虽然更长的管道和由此带来的热量损失，将会增加一定的成本，但是把这些设备放置在尽量远离声学敏感的区域还是非常重要的。HVAC 设备应该被放置在建筑物的对面，或者位于与任何声学敏感房间都隔开的房间或结构上。如果一个通风设备必须直接放置在敏感房间的上方时，该设备应该被放置在承重墙上，而不是在楼板跨度的中间位置，这样可以在一定程度上减少膜振动的影响。同样，为了尽量减少设备的振动，最好把其放置在地面上，而不是楼板上。

下一步是要考虑采用某种形式隔离结构噪声源的方法。在大部分情况下，通风设备会被放置在设备机房。如果 HVAC 设备需要放置在楼房的水泥地板上，那么该设备机房的地面应该使用浮筑结构，这样才能让设备与结构地板隔开。在地面浇筑的过程中，应使用压缩处理的玻璃纤维条与结构地板隔开。将电机放置在橡胶、玻璃纤维垫片、螺旋弹簧或类似的材料上，可以把这种振动源设备与建筑结构隔开。在许多情况下，发动机是被架设在隔离块上的，它通过垫子或者弹簧与浮动地板保持隔离。这种隔离砌块，有时候也叫作惯性基（inertia base），通常是由水泥制成的。它增加了系统的总质量，从而减少了振动，特别是降低了系统的固有频率（将会在下面介绍）。这样做反过来又提高了系统的隔离效率。我们必须要仔细，以确保所有隔离的方法都能够提供完全的解耦。如果一个隔离原件产生机械"短路"，则会让隔离效果大打折扣。图 19-4 为一种设备架设的方法。

另外，通风单元应该被放置在有着噪声控制措施的封闭空间内。水管和通风管道应该通过弹簧悬挂来实现隔离。穿过设备机房的管道孔洞位置，要用柔软的材料进行密封。设备房间的内墙和天花板应该覆盖玻璃纤维板等吸声材料，以减少机房内的环境噪声，从而减少封闭空间内所需的传输损耗。通过添加吸声材料来实现的降噪效果，可以通过以下方法计算出来：

$$NR = 10 \lg \frac{A}{A_0} \text{ dB}$$

（19-2）

其中，A_0= 声学处理之前的吸声量

A= 经过处理后的吸声量

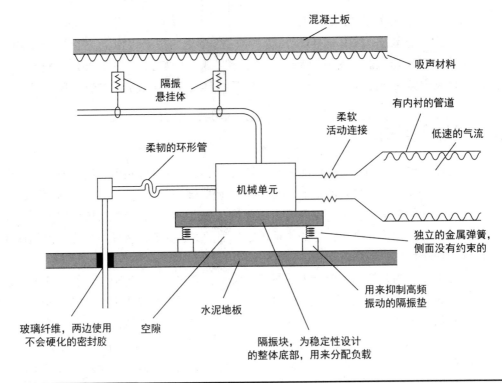

图 19-4　一个用来降低机械噪声和振动的技术案例。它的重点放在支架的隔振以及解耦合方面

例如，在一个密闭空间当中，如果刚开始在 500Hz 频率处有着 100 赛宾的吸声量，通过吸声处理之后该频率有了 1000 赛宾的吸声量，那么这时我们让噪声级下降了 10dB。

实际上，忽略设备的安装及架设方法，一些能量是会从振动源辐射到建筑当中去的。我们可以用传递率（T）来衡量，它可以被表示为传递到建筑结构上的能量除以声源产生的能量。如果没有隔离措施，传递率为 1.0。理想情况下，没有能量从马达传递到建筑结构，传递率将会为零。在任何情况下，传递率越低越好。从另外一种方法可以看到，传递率能通过它的效率进行衡量；例如，如果传递率为 0.35，那么它的效率则为 65%。

类似马达这种振动源，如果把它架设在隔离垫上，或使用相似的方法进行安装，那么我们可以把振动源看成是一个在弹簧上的质量体。它将会有一个固有振动频率 f_n，在那里它将自由振动。f_n 的数值是弹簧劲度和质量的函数。另外 f_n 也是系统静态偏差的函数，它等于常数除以静态偏差的平方根。静态偏差是指当设备被放置在隔离垫或弹簧上，其高度的减少量。偏差值通常是由生产商来提供的。当偏差以英寸为测量单位时，其常数为 3.13。一个振动源也会有着自己的受迫振动频率 f。例如，一台以 1200r/min（每分钟转数）旋转的电机将会存在一个 20Hz 的受迫振动频率。当设备以多个频率振动时，在隔振系统的设计当中会选用最低的频率。

传递率也能够通过使用 f 和 f_n 来计算，即

$$T = \left| \frac{1}{(f/f_n)^2 - 1} \right| \qquad (19-3)$$

其中，T= 传递率

f= 受迫振动频率（Hz）

f_n= 固有振动频率（Hz）

当设计一个隔振系统时，必须注意尽量减少 T。这可以通过增加 $\dfrac{f}{f_n}$ 的值来实现。反过来，这常常可以通过降低系统的固有频率 f_n 来实现，例如，通过确定一个较高的静态偏差数值。如图 19-5 所示，把设计目标展示为 T 与 $\dfrac{f}{f_n}$ 的图表。当 T 的值远大于 1.0 时，这表明隔振系统的设计非常失败。它加强了振动（当 $\dfrac{f}{f_n}$=1.0 时产生共振）。为了避免这种情况，从图中可以看到，$\dfrac{f}{f_n}$=1.0 的值必须大于 1.41。许多设计者将 $\dfrac{f}{f_n}$=1.0 的目标值设定为 2 或 3，它提供了约 80% 的衰减率。

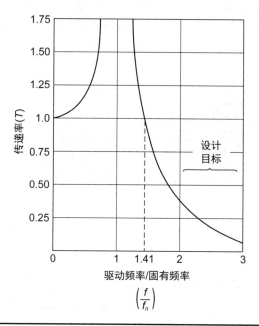

图 19-5　传递率与频率比率的对应图表

19.4　空气速度

在空气分配系统中，气流速度在 HVAC 系统的噪声方面，起到了非常重要的作用。气流的速度越高，它的干扰噪声越大。其他因素也能够引入干扰噪声。噪声是由气流变化产生的，它接近于速度的 6 次方。随着空气速度的加倍，在房间出风口处的声压也将会增加约 16dB。一些参考文献指出，气流噪声与速度的 8 次方相关，当速度增加 1 倍或者减少 1/2，声压有着 20dB 的变化。无论如何，保证较低的气流速度是让系统保持较低噪声的先决条件。

HVAC 系统的基础设计参数是系统所传输的空气量。它与空气的数量、气流的速度，以及管道的尺寸都有着直接的关系。空气速度取决于管道的横截面积。例如，如果一个系统传输 500ft³/min 的空气流量，管道横截面积为 1ft²，则气流速度为 500ft/min。如果横截面积为 2ft²，气流速度降低为 250ft/min。如果横截面积变为 0.5ft²，速度增加到 1000ft/min。对于演播室、录音棚和其他重要空间来说，最大的气流速度建议控制在 500ft/min 以下。在最初的设计当中，如果使用较大尺寸的管道（允许较低的气流速度）将会减少完工后出现噪声问题的概率。

虽然高压力、高风速且管道较小的 HVAC 系统有着更为便宜的造价，但是这种预算较低的系统，通常会在录音棚中产生较多的噪声问题，它是由较高的空气流速所造成的。我们会采用一个种较为折中的方法，把从排风格栅到上游方向的管道展开，通过带有百叶开口的格栅，或者干脆不使用格栅，来降低其空气扰动。通过在格栅处增加管道横截面积的方法，也可以让出风口处的气流速度有所降低。在某些情况下，较小管道的经济性可能足以支付消音器的费用，它可以将高速流量噪声的声压级降低到一个可以接受的水平。

即使风扇和设备噪声有着充分的衰减，当空气到达声学敏感房间时，直角弯、阻尼器、格栅和扩散器附近的气流扰动也可能成为较为严重的噪声源，如图 19-6 所示。为了减少这种扰流噪声，管道的过渡处和弯曲处应尽可能圆润或光滑。类似地，叶片应该被用来引导空气平稳地通过分支管道。如果可能，这些配件应位于距离出口上游 5~10 倍管道直径的位置，以使湍流减弱。

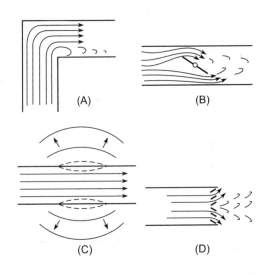

图 19-6　由于气流路径不连续所导致的空气扰动可能成为严重的噪声源。（A）90° 斜面弯管（B）用来控制空气流量的阻尼器（C）由于管内噪声或者扰流振动所产生的管壁振动，声音通过管壁辐射出去（D）格栅和扩散体

19.5　自然衰减

当设计一个空气分配系统时，我们应当考虑某些有益的自然衰减效应。否则，忽略他们将导致设计出来的系统会有更高的造价。当来自小空间的平面波（如管道）传播到大空间（如房间）时，一些噪声会被反射回去。这种作用对于低频声音来说影响最大。研究还表明，这种作用仅在管道的直线部分，且到终端的距离是管道直径 3~5 倍处较为明显。任何终端装置，如扩散器或者格栅等，都会对这种作用产生衰减。空气在一条直径 10in 没有格栅的管道中流动到房间，能够在 63Hz 倍频程处提供 15dB 的反射损失。它与 50ft~75ft 长有内衬的管道，有着相同的衰减作用。图 19-7 展示了各种衰减的方法。

　　类似的衰减还会发生在管道的每个分支或者出口处。这取决于分支的数量以及它们的相对面积。对于两个面积相等的分支（每个面积为管道的 1/2）来说，每个分支都会产生 3dB 的衰减。由于墙面褶皱，矩形管道在低频也会产生总量为 0.1~0.2dB/ft 的衰减。圆弯头处会产生衰减，特别是在较高的频率下。直角弯也会引入衰减，如图 19-8 所示。所有这些损耗都会产生在空调系统内，并被用来衰减风扇和其他管道中的噪声。

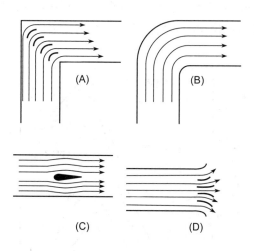

图 19-7　空气的扰流噪声能够利用各种技术来大大降低。（A）导向板（B）圆形的弯曲（C）翼面（D）格栅和扩散体

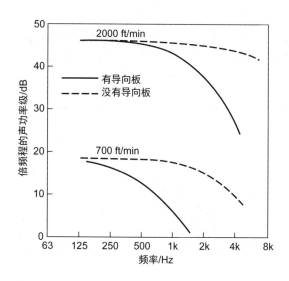

图 19-8　管道截面为 12in×12in 的正方形，其斜面弯管为 90°，在气流速度分别为 2000ft/min 和 700ft/min 时，有和没有导向板所产生的噪声值。根据美国采暖、制冷与空调工程师学会（ASHRAE）的程序计算

19.6　风道的内衬

　　在噪声控制当中，减少沿着噪声传播路径的噪声通常是很重要的。在管道内表面增加

一些吸声材料是降低噪声的一种标准方法。衰减或者插入损耗，通常用分贝/管道长度来衡量。低频的衰减通常比较小。这种衬里通常是由刚性板及厚度为 1/2~2in 的毯子构成。典型的衬里通常是由包裹玻璃纤维的弹性材料构成。在某些情况下，不允许使用这种材料。如果有需要，这种声学衬里也可以作为保温材料。一般来说，管道的尺寸越大，其插入损耗越低。这是因为相对气流来说，内衬是相对较小的材料。在普通的矩形管道中，1in 厚衬里所带来的插入损耗取决于管道的尺寸，如图 19-9 所示。图 19-10 为圆形管道的插入损耗近似值。从图中可以看出，在横截面积相同的情况下，圆管比矩形管道有着更低的插入损耗。

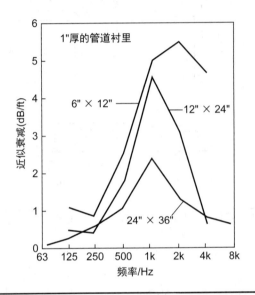

图 19-9　通过向不同截面面积矩形管道的四个面贴有 1in 厚的衬里，来插入损耗衰减（以 dB/ft 测量）。曲线上所标示的尺寸为每个管道内的自由面积。根据美国采暖、制冷与空调工程师学会（ASHRAE）的程序计算

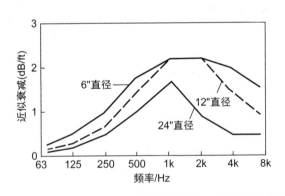

图 19-10　通过向不同截面面积的螺旋缠绕钢衬里，来插入损耗衰减（以 dB/ft 测量）。曲线上所标示的尺寸为每个管道内的自由面积。根据美国采暖、制冷与空调工程师学会（ASHRAE）的程序计算

　　必须注意，当管道系统穿过一间嘈杂的房间进入安静的房间时。嘈杂房间的噪声，将会通过管道（通过管道的开口或者通过管道壁本身）传输到安静的房间当中，这样很容易破坏两个房间之间公共墙体处的传输损耗。在管道中气流的上游或下游有着相等的噪声传播。在嘈杂房间中的管道必须进行相应的隔声处理，以减少这种声音串扰，同时必须对两个房间之

间的管道进行降噪处理。

19.7 静压箱消声器

静压箱消声器经常位于建筑结构中结构天花板和某种类型天花吊顶之间，或结构地板与某种类型的升高地板之间的位置。静压箱消声器能够被看作 HVAC 系统的一部分，为空气处理提供一个通道。它是一种廉价且具有明显消声效果的装置。图 19-11 展示了一个中等尺寸的静压箱，如果加入厚度为 2in，密度为 3lb/ft³ 的玻璃纤维，将会产生最大约 21dB 的噪声衰减。图 19-12 为该静压箱在衬里不同厚度情况下的衰减特征。厚度为 4in 且有着相同密度的纤维板衬里，它在整个可听频带内都有着一致的吸声量。而厚度为 2in 的玻璃纤维板，它在 500Hz 以下的部分，吸声特性逐渐下降。这显示出当前尺寸静压箱的衰减特性主要是由衬里的厚度所决定的。

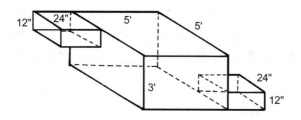

图 19-11　展示了一个静压箱的尺寸，它会在可听频域范围内产生约 21dB 的衰减量（ASHRAE 手册）

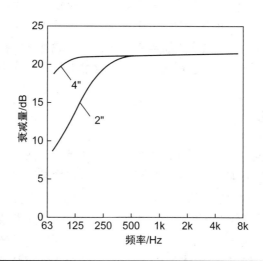

图 19-12　针对图 19-11 中静压箱的衰减特征进行计算，其衬里是密度为 3lb/ft³ 的玻璃纤维，厚度分别 2in 和 4in。根据美国采暖、制冷与空调工程师学会（ASHRAE）的程序计算

图 19-13 所示给出了实际的测量结果，该静压箱与图 19-11 所示的静压箱有着相似的水平尺寸，但是它的高度仅为前者的 1/2，且内部使用障板。该静压箱对 250Hz 以上倍频程有着 20dB 以上的衰减。

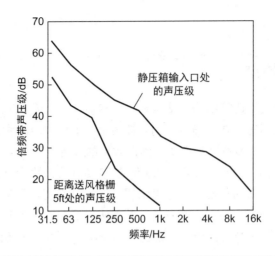

图 19-13　在两个位置所测得的噪声声压级：静压箱输入口处和距离送风格栅 5ft 处。这个静压箱的尺寸接近于图 19-11 的尺寸，但是高度仅仅有它的一半且包含了挡板

　　对于静压箱的衰减效果，可以通过增加出、入口横截面积的比例，增加数量，以及增加吸声衬里的厚度来提高。在风机排风处放置一只静压箱，是一种降低进入风管系统的噪声的经济、有效的方法。在一些情况下，闲置的阁楼空间也可以被用来作为衰减噪声的静压箱。

19.8　专用噪声衰减器

　　市面上有许多噪声衰减器是可用的。图 19-14 展示了几种衰减器的横截面，它们的衰减曲线在图的下方。作为比较，简单加衬里管道的衰减如曲线 A 所示。一些衰减器我们是不能直接从入口用视线穿过它的。也就是说，声音一定会在单元横截面的吸声材料上发生反射，因此也会产生更大的衰减。在这些衰减器当中，吸声材料通常被穿孔金属板保护起来。这种单元对于语言频段的衰减较大，但是对低频的吸声效果不佳。

19.9　抗性消声器

　　一些消声器所采用的是扩展室原理，如图 19-15 所示。这些消声器的衰减作用是通过将声音能量反射回声源方向来实现的，在这过程中一些声音能量可以被抵消（类似于汽车尾部的消声器）。其入口及出口都是中断的位置，使声音在这两个点发生反射。相消干涉（衰减谷值）与相长干涉（衰减峰值）在频带上间隔排列，衰减峰值随着频率的增加而变低。由于这些峰值不是谐波关系。因此，它们没有对噪声的基频及相应谐波产生较大的衰减，更确切地说是频谱的衰减频带。然而通过调节，它能够衰减基频的主要峰值，同时大多数谐波也会有一定的衰减，保持较低的幅度。两台抗性消声器可以串联在一起，同时一台消声器可以叠加另一台消声器的波谷。因此，可以通过连续的衰减来覆盖一个较宽的频率范围。在该种类型的消声器当中，不需要使用吸声材料。

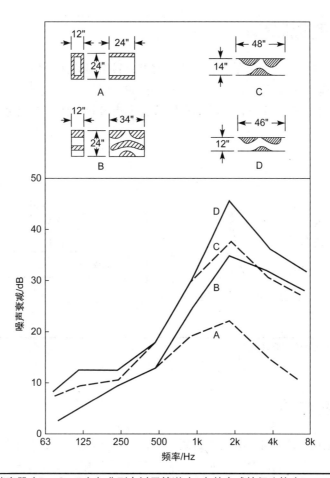

图 19-14　三个商用消声器（B、C、D）与典型有衬里管道（A）的衰减特征比较（Doelling）

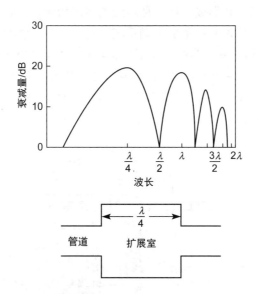

图 19-15　使用扩展室抗性消声器的衰减特征。通过把能量向声源方向反射，可以对声音进行一定的衰减，抵消了部分即将到来的声音（Sanders）

19.10　共振型的消声器

图 19-16 是一种共振型消声器，它的共振腔能在较窄频带上提供了较大的衰减。这类消声器，即使是一个较小的单元也能够提供 40dB~60dB 的衰减，有效减少了 HVAC 系统中的单频噪声问题，如风扇噪声。同时，这种类型的消音器有着较小的气流阻力，这可能是其他类型的消音器一个缺点。

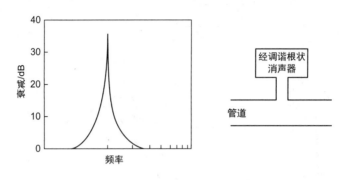

图 19-16　经调谐根状消声器的衰减特征

19.11　风管的位置

当两个声学敏感房间共用一套空气处理系统时，需要对其进行仔细的设计。必须注意尽量减少管道对这两个房间的串扰。例如，在控制室和录音棚之间设计一堵 STC-60 的墙，而两个房间之间共用一段间隔较近的送风和排风管道。这种设计是错误的，如图 19-17 所示。管道将会连通这两个房间，并形成一条路径较短的通风管道，这样很大程度上降低了 STC-60 墙体的传输损耗。在一些没有经验的空调系统承包商当中，这种类似的问题很容易出现。为了能在管道系统中获得 60dB 的衰减，从而匹配墙体结构，需要应用许多之前所讨论的技术原理。图 19-18 提供了能解决上述问题的两种方法。如果它们共用相同的管道，那么两个房间格栅之间的开孔距离越远越好，或者直接使用两个独立的送风、排风管道，将会有更好的效果。

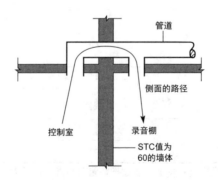

图 19-17　从一个格栅到另一个格栅有着较短传播路径的管道，能够绕开具有高传输损失的墙体

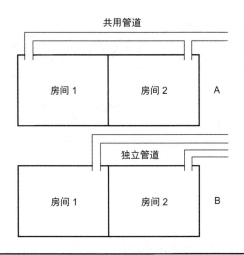

图 19-18　有两种方法可以解决图 19-17 中的问题。（A）两个格栅的相距间隔尽量较远，这种方法增加了管道路径的长度，从而也增加了管道的衰减。（B）为每个房间提供一个单独的管道。这将一个管道系统与另一个管道系统隔离，提供了潜在的优良的噪声衰减

19.12　美国供暖、制冷与空调工程师学会

ASHRAE（美国供暖、制冷和空调工程师协会）组织为声学设计师提供了丰富的暖通空调数据资源。我们在本章进行更加深入的技术讨论是不切实际的，ASHRAE 手册是非常有用的参考。该手册介绍了基本的原理，包括源 / 路径 / 接收体的概念、基本的定义和术语，以及声学设计目标。其他主题包括户外设备安装的噪声控制、室内空调系统的系统噪声控制、良好噪声控制的一般设计考虑、机械设备 – 房间隔噪、隔振和控制，以及噪声和振动问题的故障排除技术。ASHRAE 也发布实践标准，如评估由空气处理系统所产生倍频程噪声的方法。

19.13　主动噪声控制

隔离垫、隔离吊架、内衬管道和消音器等设备都是使用无源手段来控制噪声。有源噪声控制设备采用更复杂的方法，如数字信号处理来减少噪声，主要作用于管道内部。我们可以通过辐射相反相位的噪声与原噪声叠加从而消除一部分噪声。我们所使用的反相噪声在频率和声级上是与噪声源相同的，只是相位相反，这产生了相消干涉，因此实现了噪声衰减。一只灵敏的话筒接收原始噪声信号到处理器，在那里对噪声进行分析并产生相反的信号，同时送到音箱进行输出，如图 19-19 所示。误差麦克风被用来感知噪声信号，它的输出接入反馈控制系统的输入，以自适应地优化噪声抵消效果。

与脉冲噪声相比，主动噪声控制技术对于连续的低频噪声控制有着良好的效果。它适用于非常可控的空间，如通风管道，以减少暖通空调的噪声。然而，由于成本的原因，它的使用并不广泛，尽管通风噪声或单音可以减弱 30dB~40dB。主动噪声控制被广泛应用于耳机当中。除此之外，主动噪声控制还可以应用于噪声较大工业区内的单个点，如在工厂中的车间区域。在听音室、录音棚、控制室等声学敏感区域，使用具有高性价比主动噪声控制技术的前景依然渺茫。

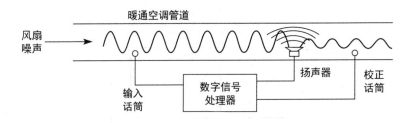

图 19-19　利用数字信号处理，在管道内进行主动降噪的概念

19.14　知识点

- 暖通空调系统的声学设计目标是将噪声降低到一个可以接受的水平。大多数暖通空调系统不满足声音敏感空间的噪声要求。

- 安静的暖通空调系统可以通过以下 5 个因素来获得：仔细规范地安装噪声源，如电机、风扇和格栅；在机房和风管中使用吸声材料以减少噪声；减少风管和风管开口处的空气湍流噪声；减少房间之间的声学串扰；降低风扇速度和空气流速。

- NCB 曲线可用于在每个倍频程建立最大允许恒定噪声级。在某些情况下，房间标准（RC）值被指定，并使用类似 NCB 曲线。

- 有些噪声能量集中在高频，有些集中在低频。在消声器的使用中，我们必须对每个频段噪声进行整体平衡，以便所产生的噪声遵循适当的 NCB 或 RC 曲线。否则，可能会导致过度设计。

- 在噪声控制中，通常最有效的解决方案是降低噪声源处的噪声。设备和风扇是暖通空调系统噪声的主要来源，通常需要对其噪声进行控制。

- 在一个新的房间设计中，暖通空调设备不应该放置在一个声学敏感的房间附近。此外，在机房内空气处理设备必须被隔离，以减轻结构性的振动。

- 传递率（T）是指传递到建筑结构的声压除以声源的声压；其范围为 0~1。传递率越低越好。

- 安装在隔离垫或类似装置上的电机等振动源，可以看作为弹簧上的质量。它将有一个固有的振动频率 f_n，在那里它将自由振动。

- 气流速度越高，湍流噪声越大。所需的空气量、气流的速度和管道尺寸必须在尽量减少噪声的前提下来确定。对于重要空间来说，最大空气速度建议在 500ft/min 以下。

- 控制气流噪声最有效的方法是增加管道尺寸，从而降低气流速度。或者，在较小管道上使用消声器，从而将高速气流所产生的高噪声降低到一个可以接受的水平，这或许更具有性价比。

- 直角弯管和阻尼器会由于空气湍流的作用而产生噪音。这些配件应放置于距离出口 5~10 倍管径的位置，以减少湍流噪声。

- 管道内的噪声和空气湍流会导致管壁振动，并向周围区域辐射噪声。矩形管道相对圆形管道来说更容易产生噪声。这种噪声随着风速和管道尺寸的增加而增加，但可以通过使用隔声材料的处理进行控制。

- 大多数吸声天花板都不是很好的隔声材料；因此，在声学敏感区域，吊顶上方的空间不应用于高流速的风管终端。
- 静压箱是在可听频率范围内进行噪声衰减的有效方法。特别是在风扇的噪声控制方面。
- 专用噪声衰减器、抗性消声器、共振型消声器和主动噪声控制系统都提供了专门的方法来降低房间内的暖通空调噪声。

20

听音室声学和家庭影院

本章中主要考虑的是那些用来重放音乐的家庭区域，可称作音乐类听音室或家庭影院。有些家庭有着多用途的空间，通常会把客厅作为听音室。另一些家庭也有着专门用来欣赏音乐和电影的房间。播放设备可以是一个简单的立体声系统，也可以是复杂的家庭影院系统。不管怎样，房间声学都将会对重放信号的音质有着重要的影响。

音箱振膜与人耳之间的声学路径，与放大器和音箱这类音频硬件的质量一样重要。然而，与硬件相比，这种声学路径是无形的，且更加难以校正和改进。一个高质量的听音室或家庭影院必须具有良好的音质，但如果没有对容纳音箱和听众的空间进行复杂的声学处理，获得较好的音质效果是不现实的。

对于发烧友和声学专家来说，听音室的设计与专业录音棚的控制室设计一样具有挑战。所有在听音室或家庭影院设计中涉及的主要声学问题，也会出现在其他小型视听室当中。因此，在本章中对听音室声学的讨论，也被认为是对后面章节中其他类型小型音频空间的声学介绍。然而，在本章中，我们将特别关注音箱重放声音如何受到房间声学影响的基本问题。

20.1 重放条件

室内声学是录音和重放过程中的重要组成部分。在每一个声学问题当中，都会有一个声源和接收装置，而它们之间有着某种声学关系。这里的声源 / 接收装置，可以是乐器 / 话筒或者是音箱 / 听音者。用话筒记录声音，它包含着对周围声学环境的记录。例如，如果声源是一支交响乐团，在音乐厅当中进行录音，厅堂的混响是管弦乐声音的一部分。如果厅堂的混响时间为 2s，那么当脉冲声或音乐声突然停止时，这 2s 的尾音是非常明显的，同时混响时间会对音乐的丰满度造成影响。把这种录音放在听音室内进行重放时，什么样的房间特征会最适合该类型的音乐呢？

另一种录音可能为流行音乐。它通常会在一个相对较"干"的录音棚当中以分轨的方式录音。在这个较"干"的区域所演奏的节奏部分，被录制到各个独立的音轨当中。在随后的部分，其他乐器和人声被记录到另外的音轨上。最后，以上记录的所有声音轨道，以适当的声压比例混合到立体声或者多声道母线当中。同时在混音的过程当中，加入了各种效果，其中也包括混响。什么样的听音室声学特征，最适合重放这段录音？

如果发烧友的口味更加专业化，那么在听音室的声学设计当中，最好针对某一种类型的音乐有着相对良好的声学设计。如果欣赏者的口味偏向大众化，那么听音室的声学设计或许要折中,从而满足不同种类型音乐的重放。

家庭影院的声学设计是为电影声轨的重放而优化的。虽然电影中的某些对话可能来自拍摄现场,但大部分对话都是在录音棚录制的,就像录制音乐一样。此外,根据音乐类型的不同,音乐可能在一个较大的厅堂或者录音棚内进行录制。最后,在后期制作中添加了许多音效,并与其他声音元素混合,最终生成多声道电影声轨。家庭影院与音乐类听音室不同,它对语言清晰度有着较高的要求。如果对话的内容不易被理解,那么电影的体验就会被毁了。这是我们在家庭影院的声学设计中需要特别注意的。

或许针对听音室或家庭影院最佳的设计指导原则就是中立。一个较好的房间,一个适合多种类型音乐或电影的房间,应该有着较为中立的声音特性,也就是说尽量较少地向重放声音中添加房间自身的声音特征。同时,它不应该掩蔽或降低被重放的声音。

听音室重放音乐的动态范围是由重放声音的最大值和最小值所决定的。在声音最大值方面,主要取决于音箱的最大功率、额定功率以及效率。在声音最小值方面,它受到周围环境以及系统本底噪声的影响。例如,家庭环境噪声可能就决定了,该房间动态范围的最小值。在这两个极值之间的可用范围,通常远远比不上音乐厅中交响乐团的动态范围。当在确定动态范围需求的过程中,如果考虑了瞬态声压的峰值,那么就需要更大的动态范围。

Fiedler 在一个安静的环境中播放了高声压的音乐,以表明高达 118dB 的动态范围对于主观无噪声音乐重放的必要性。如图 20-1 所示概括了上述结果。它考虑了各种声源的瞬态峰值声压级。当听音者处于标准听音环境当中,我们把含有白噪声的节目源调节到刚刚可以听到的声压级位置。这表明,对于真实的重放声音的听音室来说,需要进行大量的隔声工作以确保具有较低的环境噪声,同时需要重放系统具有较高的功率,以保证高声压级的信号不产生失真。

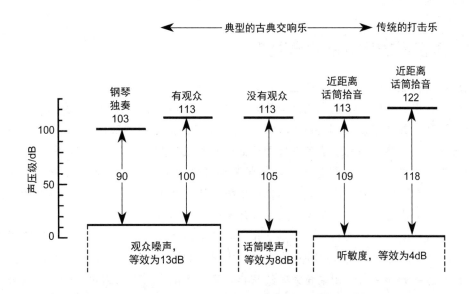

图 20-1   对于主观的无噪声音乐重放来说,高达 120dB 的动态范围或许是必要的(Fielder)

20.2　声音重放房间的规划

理想情况下，听音室或家庭影院应当放置在一个专门的房间里。与大多数声学空间一样，首先选择体积更大的房间。此外，要真实还原音乐厅或电影院的声学体验，需要一个非常大的房间体积。一个体积稍微小点的空间也能满足不太大的声音的回放需求。这个房间可以是长方形的。然而，必须注意消除来自平行边界表面的潜在颤动回声。换句话说，经过适当的处理，墙体不需要张开，天花板也不需要倾斜。

当把一流的声学效果作为目标时，无论是听音室还是家庭影院都将会新建或对现有空间进行改造，我们必须考虑房间的尺寸比例。房间共振频率分布是我们首先要考虑的因素。小房间的声学状况比大房间差，因为低频区域的模式共振频率间隔相对较大。我们需要特别注意去控制它们，以获得令人满意的低频房间响应。因此，我们所选择的房间应该根据模式响应进行分析，而控制房间模式所需的措施应该是在声学设计中首先要考虑的。这些问题已经在第 13 章进行了讨论。

在一个现有房间中，大多数典型的噪声源都是不可避免的。中央暖通空调系统可能是小管道、高流速类型，并会产生空气湍流噪声。水管可能被牢固地固定在整体结构上，管道的噪声会被有效地辐射到房间里。日常的生活噪声都是由家里的住户所产生的。在大多数情况下，我们几乎无法减少现有房间内的背景噪声。然而，安装带有密封条的实心门通常是有用的。

在某些情况下，可以选择一个远离家庭嘈杂声的房间位置。这将减少噪声对声音重放房间的侵扰，反过来也减少重放声音侵扰其他房间。在新房间设计中，我们可以将声音重放房间与其他房间隔离开来。此外，还可以安装一个低噪声的暖通空调系统。我们在第 16 到第 19 章讨论了噪声控制的许多方面。

20.3　声音重放房间的声学处理

当对声音重放房间进行声学处理时，我们必须考虑反射声的到达时间。任何房间都是这样的。在声音重放环境中，我们的优势是知道声源（音箱）的位置。由于房间反射，原始声音会反复到达，并由于反射路径的长度不同而产生延时。这将导致信号频率响应的不平整。为了克服这一点，早期的反射应该在反射表面被吸收或扩散出去。控制房间的低频模式共振频率也是很重要的。为了做到这一点，低频陷阱或类似的吸声装置应当放置在房间的角落上。一旦证实在两个角落放置低频吸声体的效果不错，我们可以评估在其他两个角落额外增加低频陷阱的必要性。也可以使用成品的或定制的低频陷阱。

声音重放环境既不应该有太大的混响也不要完全没有反射。一个典型的听音室混响时间约为 0.5s，这应该会满足大多数听众的需求。如果房间混响太大，可以引入织物覆盖的玻璃纤维面板来达到最佳平衡。如果有太多的家具，房间可能会缺少反射声。一些具有吸声性的家具可能需要被移除。在许多声音重放室中，扩散体应当被安装在后墙上。此外，除了在过渡混响的房间中，我们应当尽量使用扩散体而不是吸声体来控制早期反射声，因为扩散不会降低有用声音信号的能量。

20.4 小房间声学特点

由于可闻频谱的范围涵盖 10 个倍频程，所以在任何房间的声学分析当中都会存在问题。对于小房间来说问题就更加明显了，而对于大房间来说问题则完全不同。当房间尺寸与声波波长相当时，这个推论就更加明显。声音在 20Hz~20kHz 的频带范围，所覆盖的声波波长为 56.5ft~0.0565ft（0.68in）。对于 300Hz（波长为 3.8ft）以下的频率部分，听音室就必须被视为共振腔体。这种共振不是房间的结构共振，而是房间内由于密闭空间限制所产生的空气共振。随着频率增加到 300Hz 以上时，其声波波长相对房间尺寸来说变得足够小，可以被认为是射线。

来自封闭空间表面的声音反射决定房间响应的低频部分。在低频部分，反射产生的驻波使得房间成为有着不同频率共振的腔体。这些驻波是小空间内低频共振的主要原因。房间表面的声音反射，也影响了其中、高频部分的频率响应。在这个频率范围内是不存在腔体共振的，它以镜面反射为主要特征。

20.4.1 房间的尺寸和比例

如果在较小的空间中录制声音，出现声学问题是不可避免的。例如，Gilford 认为体积小于约 1500ft^3 的空间，会非常容易产生声染色现象，这种尺寸的房间不宜使用。小于这个体积的房间，会产生较宽频率间隔的简正频率，这是产生可闻失真的主要原因。在其他条件相同的情况下，通常房间的容积越大音质会越好。

正如在第 13 章所看到的那样，可以通过选择合适的房间比例，来得到最佳的模式分布。在建造一个新房间时，强烈建议去参考一下这些比例，并通过计算及轴向模式频率的研究来确定最终的房间尺寸。

在大多数情况下，听音室的形状及尺寸是已经确定的。那么我们会对现有房间尺寸进行轴向模式计算。通过对模式频率的研究，会寻找到简并现象（两个或者更多模式在同一个频率）存在的位置，或者发现模式频率间隔大于 25Hz 的频率。针对这些会产生声音染色问题的频率，我们将会采取下一步补救措施。

在现实当中，并没有一个完美的房间比例。在设计当中，人们很容易过分强调上述房间的客观因素。实际上，人们应该更加关心房间共振的问题，并意识到它将会造成的后果。

在获得更高音质的过程当中，通过关注房间模式来减少其声学缺陷只是所需考虑的众多条件因素之一。

20.4.2 混响时间

混响时间是决定小房间音质的几个因素之一。听音室的总吸声量决定了房间的听音环境。如果房间有着过多的吸声或者混响，其声音质量都会恶化，同时在这种声场环境下的大多数听音者会产生疲倦感。在听音室当中，没有一个最佳的混响时间。我们经常会用一个简单的对话测试，来确定混响时间是否合适。如果在中置音箱位置的讲话者，它的声音能够在听音位置清晰地听到，那么这时的混响时间是近似正确的——房间的声音既不太"湿"也不太"干"。

赛宾公式让我们能够建立材料的吸声量与所需要合理混响时间之间的关系。它有利于我们推断出一个合理的混响时间，例如约 0.5s，成为这些计算的目的。通过公式，我们可以估算出总的赛宾吸声量，这将会产生一个合适的听音环境。在许多家庭的听音室当中，建筑结构和家具常常起到大量吸声的作用。然而，在某些情况下，房间是需要吸声墙板和地毯的。要通过仔细的听音测试，才能决定什么样的房间环境最适合该种类型的音乐。

20.5 对于低频的考虑

我们把图 20-2 的房间，作为分析低频响应的起点。房间的尺寸为 21.5ft 长、16.5ft 宽，天花板高度为 10ft。这些尺寸决定了房间的轴向共振模式，以及它们的谐波。根据在第 13 章中的讨论，轴向模式将会起到主要作用，而切向和斜向模式将会被忽略。根据长度、宽度和高度的计算，得到 300Hz 以下的轴向模式频率，见表 20-1。这些轴向模式频率按照升序排列，从而打乱了它的长、宽、高模式。两个临近的模式间隔在最右侧的那一列。在这个房间里，没有明显的简并现象。仅有一对间隔为 1.7Hz 的模式。这并不奇怪，因为房间比例为1∶1.65∶2.15，较好的落在 Bolt 区域内。

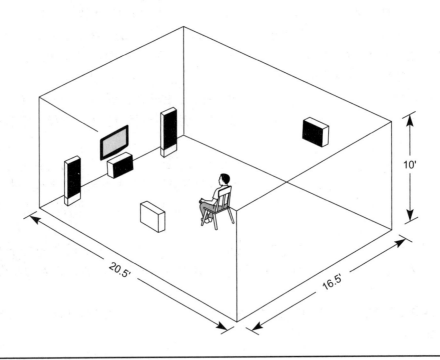

图 20-2 用来分析轴向模式的听音室尺寸和布局

表 20-1 听音室轴向模式的例子

	轴向模式的共振频率			按升序排列（Hz）	轴向模式的频率间隔（Hz）
	长度 $L=21.5\text{ft}$ $f_1=565/L(\text{Hz})$	宽度 $W=16.5\text{ft}$ $f_1=565/W(\text{Hz})$	高度 $H=10.0\text{ft}$ $f_1=565/H(\text{Hz})$		
f_1	26.3	34.2	56.5	26.3	7.9
f_2	52.6	68.5	113.0	34.2	18.4
f_3	78.8	102.7	169.5	52.6	3.9
f_4	105.1	137.0	226.0	56.5	12.0
f_5	131.4	171.2	282.5	68.5	10.3
f_6	157.7	205.5	339.0	78.8	23.9
f_7	184.0	239.7		102.7	2.4
f_8	210.2	273.9		105.0	7.9
f_9	236.5	308.2		113.0	18.4
f_{10}	262.8			131.4	5.6
f_{11}	289.1			137.0	20.7
f_{12}	315.4			157.7	11.8
f_{13}				169.5	1.7
f_{14}				171.2	12.8
f_{15}				184.0	21.5
				205.5	4.7
				210.2	15.8
				226.0	10.5
				236.5	3.2
				239.7	23.1
				262.8	11.1
				273.9	8.6
				282.5	6.6
				289.1	19.1
				308.2	

轴向模式的平均频率间隔：11.7Hz

标准差 6.9Hz

　　现在这些轴向频率的计算被应用在听音室当中。根据 Toole 的使用样式，如图 20-3 所示。波谷位于波谷曲线上，它在整个听音室内的变化被画出来。代表长度模式波谷的直线，被同时画在立面图和平面图上，因为这些波谷实际上形成了一个波谷平面，它从地板一直延伸到天花位置。我们能够通过移动听音者的位置，来避免在 26Hz、53Hz 和 79Hz 处的特殊波谷，然而可以看到在 300Hz 以下还有 8 个波谷。

三个最低的轴向模式波谷（56 Hz、113 Hz 和 170Hz），它们与房间的高度有关，如图 20-3 所示的立面图。这些波谷是位于不同高度的水平面。在立面图上，我们可以看到听音者的头部位于两个波谷与 79Hz 的共振峰值之间。

这三个轴向模式的最低频率，被标注在平面视图当中。在本例中，波谷是一个垂直的平面，它从地面延伸到天花板。位于房间正中位置的听音者，处于每一个奇次轴向模式的波谷。因此，如果我们选择这个位置作为主要的听音位置，将会是一个不好的选择。

由于它们的位置已经明确，所以共振频率的波谷位置已经标示出来，但是在任何两个已知轴向模式之间也存在着峰值。虽然我们可以移除频谱中大部分的波谷，而房间声学的低频部分还是由峰值所主导的。

在听音室的模式结构当中，它的复杂程度是显而易见的。我们仅仅展示了各轴向模式（长、宽、高）的前三个模式频率。所有的轴向模式频率被列在表 20-1 当中，它们在室内声学的低频部分起着重要的作用。在房间当中，这些轴向模式频率只有被重放信号的低频声音激励时才存在。而音乐的频谱是连续变化的。因此，它对模式频率的激励也在不断变化。例如，仅仅当音乐的频率触及 105.1Hz 时，它（见表 20-1）在长度方向的轴向模式频率才被激励。

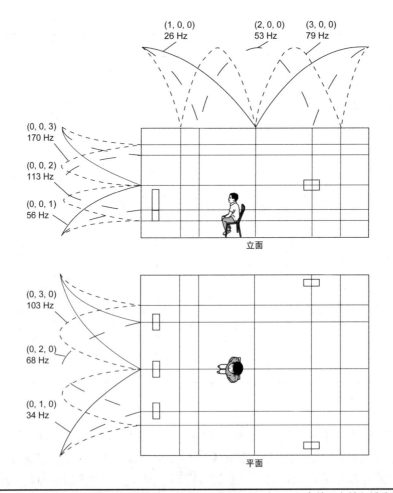

图 20-3　展示了图 20-2 所示听音室的平面图以及立面图，同时展示了表 20-1 中前三个轴向模式的声压分布

20.5.1 模式异常

房间响应中短暂的偏离平直曲线，是低频异常所引起的，它是受到了模式简并或者相邻模式之间的较大频率间隔影响而产生的。例如，瞬态的音乐能量会导致不平衡，它激励了房间模式。随着瞬态激励消失，每个模式都会在其固有频率处（通常是不同的）衰减。在邻近的衰减模式之间，能够产生拍频。新的不同频率的能量被注入，会产生可闻的信号失真。

20.5.2 模式共振的控制

听音者耳朵处的低频声场是由该点处轴向、切向及斜向模式的向量共同构成。音箱激励了它们位置附近的共振模式。在音箱位置处有着波谷模式的频率是不能被激励的，但是在这个位置会有着部分或者全部极大值的模式会被成比例激励。在听音室内，听音处与音箱之间的低频共振作用是复杂且短暂的，而如果把它们分解成各自的模式，将会更加容易理解。

声源和听音者之间的位置，应该避免波谷模式的分布，特别是轴向模式。我们也应该考虑音箱的摆放位置并试着轻微移动，以提高其重放音质。对于听音处的位置也是如此。其中包括高度在内的位置改变，都将会影响听音位置处的音质和频率响应。

20.5.3 听音室的低频陷阱

在许多情况下，对每个模式进行单独的声学处理是不切实际的。通常在房间的低频处理当中，我们可以更加有效地解决"隆隆声"，及其他共振异常的问题。实际上，当选择听音房间时，使用木质结构或石膏板结构，可以为该房间提供一定的低频吸声能力，从而实现对普通共振模式的必要控制。相比之下，水泥结构的房间会缺少对低频的吸声，它需要增加额外的低频陷阱来进行处理。低频陷阱可以提供低频吸声，当放置在房间的角落时，有着良好的吸声效果。这是因为通过模式分析可以看出低频能量聚集的地方。

除了对房间响应的有益调节外，音箱附近房间角落处的低频吸声处理，能够对立体声及环绕声声像的改善起到重要的作用，否则声像会因房间共振而受到破坏。图 20-4 中的四种方法，都可以实现良好的低频吸声。图 20-4（A）所示为一个被固定在房间墙角上的赫姆霍兹共振吸声体，它的高度是从地板到天花板的。这个吸声体可以利用穿孔板或者间隔板条来制作。我们必须假定一些设计频率，如 100Hz，且必须计算出三角形状的平均深度。通过改变陷阱的深度，可以获得更多的吸声频带。我们也可以使用膜吸声体。

图 20-4（B）所示为圆柱形吸声体，它是通过将一个较小直径单元叠加在较大直径单元来获得必要吸声量的，整个吸声体高度约为 6ft。如果有必要，可以使用更大直径的吸声体，用来吸收更低频率的声音。这些低频陷阱是带有金属网状外骨架的纤维圆柱体，它们共同充当共振腔。圆柱的表面一半覆盖着可以反射的柔软材料。低频能量（400Hz 以下）完全可以穿透它，而高频声会被反射回来。它被放置在墙角附近，且圆柱体的反射面正对房间。因此，这种圆柱体兼具低频吸声和高频扩散作用。

图 20-4（C）所示的墙角处理是把 $1 \times \frac{1}{2}$ in 的 J 型金属轨道安装在墙角，并用它固定平板的边沿。薄板被弯曲固定在合适的地方。声学平板后面的空腔起到了低频吸声的作用。板上弯曲的反射带对 500Hz 以上的声音起到宽角度反射的作用。

墙角处针对低频的其他声学处理方法，如图 20-4（D）所示。模块的标称尺寸为高 4ft、宽 2ft。模块有两个吸声面和一个二次余数扩散面。可以把吸声面对着墙角位置，来对房间进行模式控制，同时扩散面朝向房间。扩散面扩散了落在它上面的声音能量，并降低了反射回房间声音能量的振幅。

我们把图 20-4 所示的任意一种装置，放到听音室音箱附近的墙角上，这会对解决由房间共振所引起的立体声声像问题有所帮助。此外，很有可能引入足够的模式控制，以尽量减少由房间共振引起的立体声声像问题。假如需要更多的模式控制，也可以在没有音箱的房间角落处放置类似的吸声体。

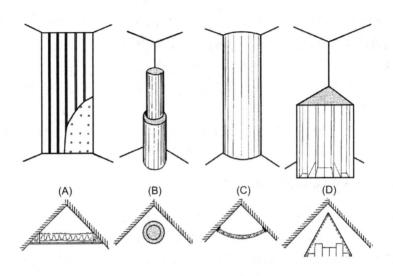

图 20-4　提供低频吸声的四种方法。模块被放置在听音室的角落位置。（A）嵌入的墙角共振体（B）堆放的圆柱形共振体（C）多圆柱共振体（D）带扩散的共振体

20.6　对于中、高频的考虑

较短波长（约在 300Hz 以上）的声音传播，可以被看成是能够产生镜面反射的声音射线。图 20-5 展示了在听众位置处音箱中、高频声音的反射情况。由于房间的对称特点，我们只需要仔细研究来自右前音箱的声音反射细节。

到达听众耳朵处的第一个声音是直达声 D，它的传播距离最短。下一个到达的声音是来自地板的反射声 F，然后是从天花反射回来的声音 C，以及在附近侧墙反射回来的 S_1 和较远侧墙的 S_2。早期反射声 E 是来自音箱边沿衍射的声音，经后墙反射所形成的。直达声 D 携带了辐射声音信号的重要信息。例如，如果它被较强的早期反射声所覆盖，那么声像和定位感知可能会被减弱。

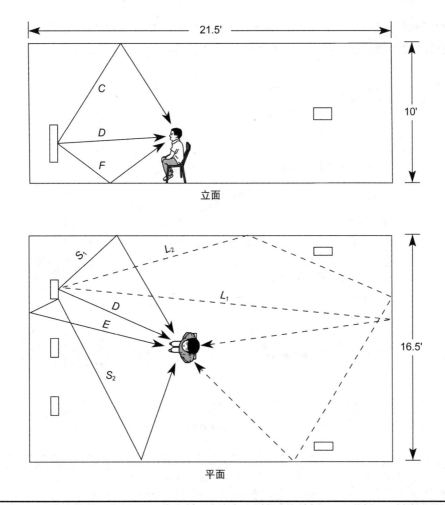

图 20-5 展示了听音室的平面和立面图，它包括了直达声 D 以及来自地板 F、天花板 C、侧墙 S₁ 和 S₂、音箱箱体边沿扩散 E 的早期反射声。更后面的反射声 L₁ 和 L₂ 是混响成分的开始

这些声束构成了直达声和早期反射声，它与来自房间后墙反射声，以及更迟到达的混响形成对比。例如，较迟的反射声 L₁ 和 L₂ 代表的是形成混响成分的反射声。

在消声室环境下，Olive 和 Toole 用语言作为测试信号，对模拟的侧向反射声进行研究。图 20-6 总结了他们的部分工作（为了便于查看，重复了图 6-11）。图中的变量为反射声压级以及反射延时。当反射声压级为 0dB 时，反射声和直达声有着相同的声压级。当反射声压级为 -10dB，说明反射声比直达声低 10dB。曲线 A 是反射声的最小可听阈值，曲线 B 是声像的变化阈值。曲线 C 是反射声可以被辨识为独立回声的阈值。

对于任何延时来说，在曲线 A 以下的反射声是不能被听到的。对于前 20ms 来说，这个阈值基本上是个常数。随着延时量的不断增加，刚刚可以听到的反射声所需要的声压级越来越低。对于家庭听音室或其他小房间来说，0~20ms 的延时范围是有意义的。在这个范围内的反射声，它的最小可听阈值会随着延时有着较小的变化。

把图 20-5 所示的早期反射声延时和声压，与图 20-6 所示进行比较是有指导意义的。表 20-2 列出对早期反射声（F、E、C、S₁、S₂）的声压级以及延时的估算值，它与图 20-5（假设声音是完全反射，且它的传播符合平方反比定律）保持一致。通过图 20-6 可以看到，这

367

些反射声全部落在最小可听阈值与回声产生阈值之间的区域。在直达声的后面，紧随着各种声压级及延时的早期反射声，它们会产生梳状滤波失真。

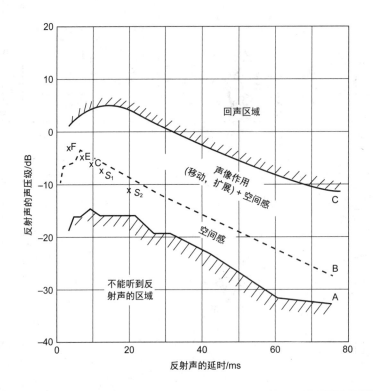

图 20-6　以语音为测试信号的无回声环境中模拟横向反射声效果的研究结果。（A）可察觉反射声的绝对感知阈值。（B）声像变化的阈值。（C）可以把反射声看作独立回声的阈值。此外，还绘制了表 20-2 中计算出的房间早期反射声（F、E、C、S_1、S_2）（结果的组成：曲线 A 和 B 来自 Olive and Toole，曲线 C 来自 Meyer 和 Lochner）

表 20-2　图 20-5 所示的房间反射声振幅和延时

声音路径	路径长度（ft）	反射声路径减去直达声路径（ft）	反射声声级差（dB）	延时（ms）*
D 直达声	8.0	—	—	—
F 地板	10.5	2.5	−2.4	2.2
E 衍射	10.5	2.5	−2.4	2.2
C 天花	16.0	8.0	−6.0	7.1
S_1 侧墙	14.0	6.0	−4.9	5.3
S_2 侧墙	21.0	13.0	−8.4	11.5
L_1 后墙	30.6	22.6	−11.7	20.0
L_2 后墙	44.3	36.3	−14.9	32.1

* 反射声的声压级 $= 20\lg \dfrac{\text{直达声路径}}{\text{反射声路径}}$

反射声的延时 $= \dfrac{\text{反射声路径} - \text{直达声路径}}{1130}$

除了侧面反射声以外，其他反射声的声压级通常会比直达声小。如上所述，图 20-6 是对直达声以及侧向反射声的研究。可以通过调节侧向反射声的声压级，来控制房间的空间感以及镜像效应。因此，当设计该听音室的声学条件时，除了这些来自侧墙的反射声之外，其他早期反射声应该被去除。这些声音随后将会被调节，来对房间音质进行优化。

20.6.1 反射点的识别和处理

一种减少早期反射声的方法是用吸声材料来处理房间的前半部分。但是，这样做也会吸收侧向反射声，从而让房间感觉太干。取而代之的是，可以通过增加较少的吸声材料，只对那些不必要反射声所对应的特定表面进行处理。

我们可以利用一面镜子较为容易地确定这些反射点。例如，当听音者坐在听音位置时，助手可以在地板上移动镜子，直到观察者能够看到右前方音箱的高音单元为止。这就是音箱对应地板的反射点。把这个点进行标记，然后重复之前的工作，寻找左前方音箱的高音单元，那么地板的第二个反射点被标记出来。把一小张地毯覆盖在这两个点上，就可以减少地板上这两个点的反射声。我们也可以使用相同的方法，来确定左侧墙、右侧墙，以及天花上的反射点（后面会讨论）。每个点都应该覆盖足够的吸声材料（如薄布、厚重织物、丝绒、吸声砖、玻璃纤维板），以确保反射点上有足够的高频吸声。

音箱箱体边沿衍射声的反射点更加难以定位。在音箱后面的墙上，安装吸声体可以降低这种反射。在重放系统当中，所有的高频音箱单元产生的反射，都可以用以上的方法进行分析。当所有反射点都吸声材料所覆盖后，如图 20-7 所示，由于房间内早期反射声的相应减少，声像将会变得更加清晰而准确。

20.6.2 侧向反射声以及空间感的控制

通过在墙上放置吸声材料，可以基本上消除来自侧墙的侧向反射声。主观音质评价实验，应该在移开侧墙吸声体，同时保留地板、天花板及扩散吸声体的环境下进行。现在可以进行图 20-7 所示的测试。较强的侧向反射声，能否为我们提供想要的空间感？它是否会导致不必要的声像扩展？调节侧向反射声的大小，可以通过改变侧墙反射点处的吸声量（如薄布、厚重织物、丝绒、吸声砖、玻璃纤维板）来实现。例如，可以通过悬挂一块薄布代替丝绒来降低侧向反射声。

类似这种提供侧向反射声调节的技术，可以实现我们所需要的空间感，以及立体声和环绕声的声像特征，以适应个人听音者，或用它来优化不同音乐类型的听音环境。关于这种小空间声学设计技术的进一步讨论，我们将会在第 21 章继续展开。

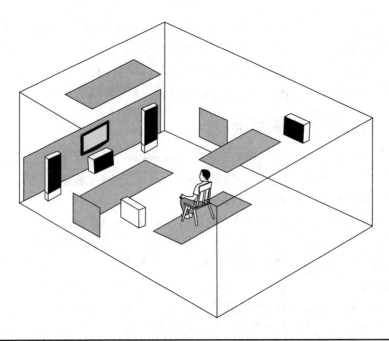

图 20-7　对图 20-2 的房间，采用最小的吸声处理来降低房间表面的早期反射声压级。通过对侧墙吸声体反射率的调节，能够控制听音室内的空间感和声像作用。我们或许需要额外的吸声材料来对房间的平均混响时间特征进行调节，从而实现最佳的听音效果

20.7　音箱的摆位

　　音箱的摆位在很大程度上，取决于房间的几何形状。例如，一个矩形房间与一个平面非对称房间，有着不同的摆放需求。确切的摆放位置也取决于房间的声学环境、音箱的类型及听音者的偏好。一般来说，立体声音箱应该被放置在"甜点区"（sweet spot）位置的前面，这样它们之间就会有一个 ±30° 的夹角。环绕声音箱系统可以根据 ITU-R BS.775-3 "多声道立体系统"标准提供的指引来进行摆放。在 5.1 通道的音频系统里，标准建议中置音箱放置在 0° 位置，它与左前和右前音箱之间的夹角为 ±30°。环绕音箱与中置音箱之间的夹角在 ±110° 到 ±120°，所有这些角度都是相对听音位置而言的，如图 20-8 所示。一些听音者喜欢在这个环形的基础上，向前或者向后一点。这些位置可以发生改变，例如，随着屏幕尺寸或者环绕音箱的种类不同（前辐射音箱或双向偶极辐射式音箱）而发生改变。在 7.1 通道系统当中，4 个环绕音箱分别被放置在 ±60° 和 ±150° 的位置。

　　这些前置音箱（特别是高音单元）应该放置在大致相同的高度。前置音箱高度（特别是高音单元）也应该与听音者坐下时耳朵高度相同，并指向听音者位置。后环绕音箱往往会被放置在高于听音者坐下时耳朵上方 2ft~3ft 的位置。

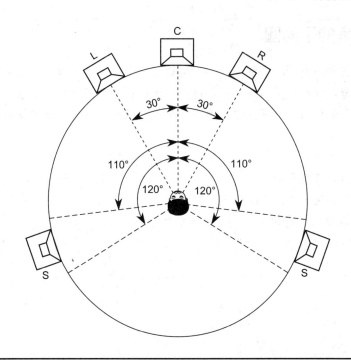

图 20-8　ITU-R BS.775-3 的标准。针对 5.1 环绕声重放，它建议中置声道为 0°，前左和右声道与中置声道之间的夹角为 ±30°；环绕声音箱与中置声道之间夹角在 ±110° 到 ±120°，以上所有角度都是相对听音位置而言的

重要的是要记住，来自音箱的声音会与它附近表面的反射声有着强烈的相互作用。例如，将一个音箱对称放置在由三个面组成的角落里，会使其低频峰值增加 9dB。当把音箱放置在靠近墙面的地板上，低频峰值增加 6dB。当把它放置靠近一堵墙时，低频峰值增加 3dB。如果不需要这种峰值，可以通过将音箱放置在与三个反射面的不同距离来使峰值最小化。

真正的偶极音箱，如有着一层高大振动膜的静电型音箱，有着强大的后辐射组件，必须对其进行控制以防止其他来源的早期反射声。通常动圈音箱向后辐射相对较小，主要是音箱箱体边沿的衍射声所造成的。

由于受到低频驻波的影响，低音音箱的摆放位置取决于房间内听音者的位置，以及室内声学的状况。低音音箱摆放在墙角将会激励最多的房间模式，且提供最多的低频。而沿着一堵墙或远离墙面的放置，会激励相对较少的房间模式。反过来，听音位置能接收到更多或更少的低频模式，这取决于它在房间的位置。在某些情况下，房间的角落位置已经被低频陷阱所占据。

一种寻找最佳低音音箱摆放位置的技术是巧妙地利用了它们的互易性。将低音音箱放置在听音位置，如果可能将其放置在听音者坐下时的耳朵高度，并播放音乐或电影。然后你在房间走动（用手和膝盖支撑，把耳朵放在低音音箱将要放置的位置），并倾听这些位置针对各种音乐和电影，是否能够具有最佳的低频响应。然后，将低音音箱放置在那个位置。在某些情况下，可能需要在不同的位置有两个或更多的低音音箱来提供令人满意的低频响应，特别是在一个更大的听音区域。我们需要对其进行仔细的确认，并消除由于低音音箱或者环绕音箱所产生的异常声音。

20.8　听音室的平面图

以下展示了三种不同的听音室设计。它描述了一个房间的声学设计，通过渐进的方式优化房间的声学性能，并在预算水平上不断提高。该设计介绍了对吸声面板、低频陷阱和扩散体的使用推荐。它们可以是现场制作，也可以是成品单元。在这个特定的例子当中，房间的尺寸比例为 1.0：1.4：1.9。

一个简单的听音室设计，如图 20-9 所示，这个基本的设计演示了如何在预算有限的范围内进行声学处理。侧墙反射使用一个非常小的吸声板（1）进行处理，把它们放置在每个侧墙表面，提供宽频带吸声，同时降低反射声能量。这种面板可以由木框架和玻璃纤维板组成，表面覆盖透声织物。或者，可以将吸声扩散（Abffusor）板放置在每面侧墙处。这种吸声扩散体是由 RPG 声学系统公司制造。

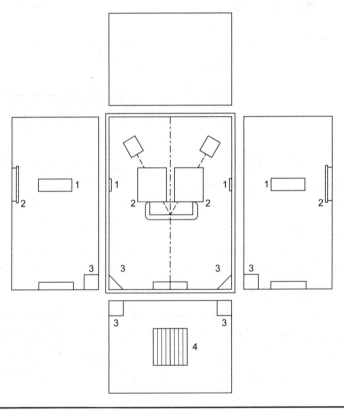

图 20-9　家庭听音室进行基本声学处理的平面图

天花板的反射声可以通过一对类似的吸声面板（2）来控制。或者，也可以使用 Nimbus 天花板云来实现。这些面板是薄薄的织物覆盖的吸声体，它们与天花保持一定间隔以提高吸声效果。这种面板使用 2in 厚，密度为 6lb/ft³ 的玻璃纤维，尺寸为 2ft×4ft。在这种预算水平下，没有对次要影响因素进行处理，因此该设计未对音箱后的墙面进行处理。Nimbus 天花板云是由 Primacoustic 公司生产制造的。

低频模式可以通过位于房间后角的两个梯形低频陷阱（3）来控制。或者，可以使用两个 Modex Corner 吸声体。该产品的峰值吸声频率分别为 40Hz、63Hz 或 80Hz。后两个吸声频率与 8ft 高房间的第一轴向模式频率接近（575/8=70.6Hz），而这个高度是大多数房间的常见高度。Modex Corner 吸声体是由 RPG 声学系统公司制造的。

在这个预算设计中，两个扩散板（4）安装在后墙位置。它们将一个空间的漫反射特征提供给听音位置。或者，使用 QRD-734 扩散单元安装在后墙位置。这些木制单元是基于素数为 7 的二次剩余理论，深度为 9in。这种房间针对非鉴定性聆听（noncritical listening）应用表现较好。QRD-734 是由 RPG 声学系统公司制造的。

图 20-10 使用相同的听音室。第二种设计是对上一种方案的升级。在该方案中增加了额外的声学处理，有效改善了房间重放的听音环境。特别是，这种设计使得侧墙和后墙的处理面积增加一倍。每面侧墙现在有两个宽频带吸声板，同时在后墙位置额外增加了两个扩散板，现在共计四个扩散板。另外，在房间的后角位置额外增加了两个低频陷阱。本次房间内声学设计的升级，能够满足大多数听音者对房间声学环境的需要。

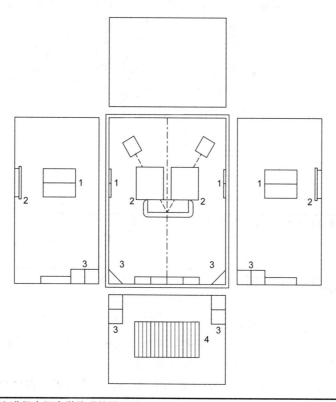

图 20-10　家庭听音室进行中级声学处理的平面图

图 20-11 使用相同的听音室。第三种设计提供了更加全面且更昂贵的声学处理。听音室内主要增加了对音箱后的前墙面的声学处理。前墙现在有两个位于中间内侧的扩散板（4），以及两个位于中间外侧的吸声板（5）。如果地板有一个坚硬的表面，也建议（但在图中没有显示）在沙发前面放置一块地毯，以控制地板的反射声。这种简单的补救方法也可以用于更基本的房间声学设计。

该设计对听音室进行了较为全面的声学处理，有着较好的房间音质。在此类房间内的最佳听音区域，声像应当定位明确且清晰。此外，最佳听音区域应当比大多数房间都要大得多。这对非独自聆听的房间来说，是一个重要的改进。此外，听音者会在听音乐的过程中体验到高度的包围感，通过对早期反射声的控制，听音区域的频率响应也会相对平直。

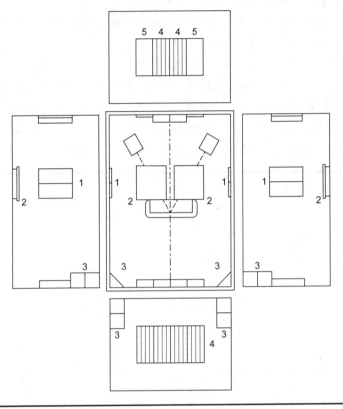

图 20-11　家庭听音室进行高级声学处理的平面图

20.9　家庭影院的平面图

　　从本质上来说，家庭影院就是一个带电视的听音室。但是也有人认为家庭影院至少应该能够重现电影院的体验感，它比大多数听音室更为复杂，因为它必须满足更加多的声学要求。本着这种精神，我们提出了一个家庭影院房间的声学设计。

　　图 20-12 显示了家庭影院当中的重放设备和家具的放置位置。在这个例子当中，房间尺寸（长 × 宽 × 高）为 18.58ft×12.83ft×8ft。两个主音箱按照正常布局放置。夹角通常为60°或稍大一点。如果可能，在大多数情况下，音箱应与墙壁间隔 1ft 左右。否则，如果音箱提供低频响应，来自墙面的音箱反射声能够在低频响应处产生峰值。

　　如果来自侧墙的反射声被大量保留下来，它们将提供一个较宽的音场，延伸到整个沙发宽度。相反，在侧墙上放置吸声体将提供一个更加集中的声场。虽然个人的听音偏好可能会有所不同，但是通常都倾向于平衡这些属性。在房间后面的扩散声会增加其空间感和包围感。这也必须与房间的整体声学属性相平衡。选择性增加声学处理的较好方法是，每增加一点的同时感受一下其效果的差别。我们最好适度地使用以上任何一种处理方法。对房间进行过度的声学处理是不可取。

在这个设计当中，电视距离观看 / 听音者的位置约 10ft。这个尺寸通常比音箱之间的距离稍短，我们需要一个相对较大尺寸的电视（约 80in）才能获得最佳的观看效果。或者，也可以使用投影仪。通常不推荐将投影仪放置在观众前面，因为来自投影仪的声音反射可能会对音质产生不利的影响。更合适的是，将投影仪安装在天花板上，并位于房间后方。在任何情况下，都必须尽量减少投影仪的风扇噪声。

5.1 声道音箱系统包括左右音箱（1）、中置音箱（2）、环绕音箱（3）和低音音箱（4）。该房间或许还包含一个控制面板（5）。如果地板的反射声较多，还需要在沙发前面放置一个 6ft×6ft 的地毯。除了低音音箱以外，其他音箱位置是预先确定好的。对于低频来说，其指向性较弱。然而，低音音箱在房间中的位置将极大地影响听音位置的低频响应。这将会在后面讨论。

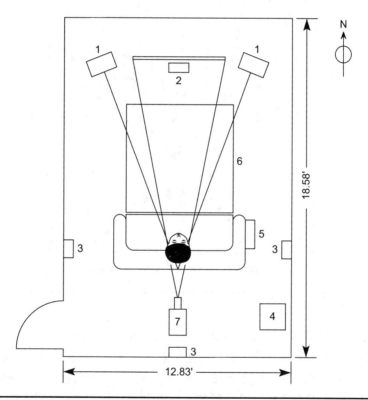

图 20-12　在一个家庭影院的房间里家具和重放设备的平面视图

20.9.1　早期反射声的控制

图 20-13 为该房间的另一张平面图，它显示了将会影响家庭影院设计的早期反射声。为了避免混淆，我们省略了图 20-12 平面图中的一些元素。为了简化，我们只考虑了来自左前音箱的四条声线。来自左侧音箱的声线 A 从左侧墙面反射到听众的耳朵上。从左侧音箱辐射出的声线 B 传到房间后面，我们将在稍后进行讨论。来自左侧音箱的声线 C 撞击到右边的墙壁，并直接反射到听众身上。来自左侧音箱的声线 D，它是由音箱箱体的衍射作用所产生的，从箱体的边角辐射到前面的墙面，然后被反射到听音者位置。

声线 A、C 和 D 都接触了相同的材料，但由于路径长度不同，到达听音者的时间略有不同。这些声线相互叠加，且最终与直达声混合在一起。当两个信号同相位相加，则产生峰值。当两个信号反向相加，则相互抵消，产生谷值，从而形成了梳状滤波效应。一个原本平直的响应曲线被改变成在整个频域内峰和谷交错的形状。为了尽量减少这种失真的影响，我们必须降低早期反射声的振幅。

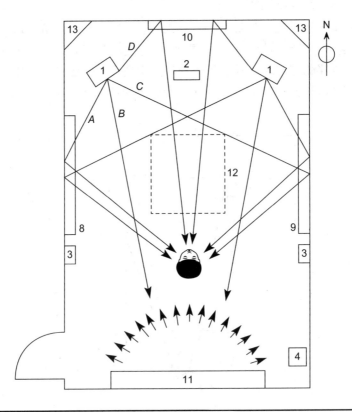

图 20-13　一个家庭影院房间的平面图，它展示了早期反射声

我们的方法是在听音位置产生一个无反射区域（RFZ），这样从音箱辐射出的直达声可以被听到，同时不会被早期反射声所影响。这种效果可以通过吸声来实现。将吸声板放置在侧墙声线 A 和 C 入射的位置处，同时声线 D 需要在音箱后面的前墙面上安装同样的吸声板。

填充玻璃纤维的宽频吸声板可以放置在前墙和侧墙上（8、9 和 10）。或者，如果房间已经装有过多的吸声材料，可以使用扩散面板来代替吸声面板，安装在对应的位置上。作为另一种选择，我们可以使用吸声扩散体，它们同时作为吸声体和二次余数扩散体。在任何一种情况下，面板都可以水平安装在墙面，不需要在它们后面预留空隙。如果远离墙面，它们的吸声量会增加。声音可以从侧面进入面板，如使用一个 4in 的空气间隙。

我们需要在天花板上位于音箱和听众区之间的位置安装吸声面板，用来控制来自天花板的反射声。它可以使用与侧墙吸声面板相同的设计。如图 20-13 所示，用（12）来进行标记。或者，也可以使用一到两块 Nimbus 天花板云。这些面板是由较薄织物覆盖的吸声体，被设计距离天花板一定距离安装，以提高其吸声性能。为了降低地板的反射声振幅，建议使用 6ft×6ft 的地毯［图 20-12 中的（6）］。如果使用适当的材料，并放置在合适的位置，这些吸声（或扩散）面板和地毯能降低早期反射声的振幅，并减少它们所造成的失真。

声线 B（如图 20-13 所示）和来自两只音箱的许多类似声线，直接辐射到房间后方，在那里它们撞到了扩散体（11）上。可以使用各种类型的扩散体。例如，可以使用由突起组成的扩散表面，这种类型的扩散体能够对声音进行全方位的扩散。即使在设计中没有使用扩散体，其他不规则的表面也能够提供扩散效果，尽管其效率较低。或者在这个设计中，可以使用 QRD-734 扩散体。当使用这些面板时，它们的扩散是有方向性的，上部四个扩散体将声音向垂直方向进行扩散，而下部四个扩散体将声音向水平方向进行扩散。许多声线从听音者身边掠过，并从房间的表面反射到房间的后面。其中，一些能量撞击到扩散体，一些能量撞击到墙面。因此，能量就会以镜面形式又或者以扩散形式返回到听音者。

20.9.2 其他声学处理细节

家庭影院东侧和西侧的立面，如图 20-14 所示。图中标明了来自地板和天花板的早期反射声的传播路径，以及用来控制它们吸声体的位置。如前所述，墙面上的吸声体（8 和 9）以及电视机或幕布后面的吸声体（10），均由玻璃纤维薄板制成。又或者，可以在每个位置放置两个 2ft×2ft×4in 的吸声扩散体（Abffusor）。上部分单元向水平扩散，而下部分单元向垂直扩散。电视机或屏幕后面的扩散体与两侧扩散体相同。为了清晰起见，虽然本图中的扩散效果可以用其他类型的单元来实现，但是我们仍然使用该扩散体。

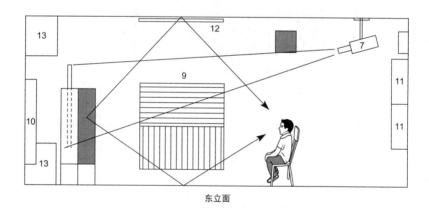

东立面

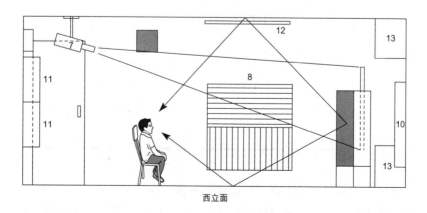

西立面

图 20-14　一个家庭影院房间的东西立面

低频陷阱（13）被安装在电视机或幕布后方，它们所有都在房间的一端，四个角各有一个。墙角位置是模式吸声的有效位置，因为它是所有模式终止的位置。本房间使用的低频陷阱建议为梯形单元，它被设计用来放置在角落。该单元的表面尺寸为 2ft×2ft。这些单元的内部使用玻璃纤维薄板。如果需要，玻璃纤维薄板之间的空腔可以松散地填充玻璃纤维棒。如果房间被认为有着过多的"嗡嗡声"，应该在现有吸声体之间安装更多的低频陷阱。或者，也可以使用 Modex Corner 吸声体来实现。这个低频吸声体的峰值吸声频率可设计为 40Hz、63Hz 或 80Hz；后两个频率与房间高度相关的第一轴向模式频率 70.6Hz 接近。对于与房间长度（30.4Hz）和宽度（44.1Hz）相关的模式频率，它的吸声效果较差，但仍然在以上频率有着一定的吸声作用。

家庭影院南侧和北侧的立面，如图 20-15 所示。南墙立面展示了四个吸声或扩散面板的位置（11）。如上所述，也可以使用四个吸声扩散板（Abffusor），朝着垂直和水平方向扩散。同样在南墙的立面图中，展示了可能放置低音音箱（4）的位置（房间东南角的地板上）。在实际安装的过程中，低音音箱的最终位置应当由耳朵来确定。

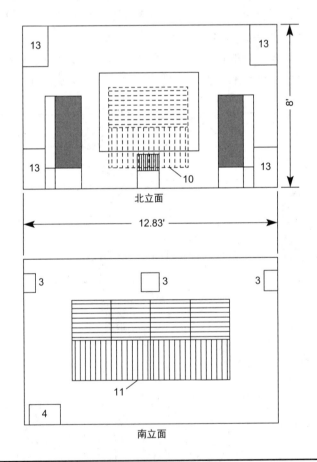

图 20-15　一个家庭影院房间的南北立面

如北墙立面所示，前面两只主音箱可能需要底座，使其高度达到理想位置（坐下时耳朵的高度大约与高音单元齐平）。它们可以用厚度为 3/4in 夹板制成简易盒子，内部充满沙子以减少空腔共振。这个房间将会有许多电子设备，我们不应该把它们放置在听音者前面的位置，因为这会产生一些不必要的早期反射声。最好把它们放置在沙发后面的矮架子上。在该位置，我们可以把手伸到沙发后面，控制面板可以放在沙发的右边，如图 20-12 所示，或者使用无线设备。然而，任何包含风扇的设备都应该远离听音者的位置。

到目前为止，在这种设计中，我们主要关注了前面的主音箱和低音音箱。来自中置音箱或音柱的潜在反射声应与前面主音箱的反射声有着大致相同的表面位置。然而，这应该重新进行确认，同时移动或扩大这些声学处理面板，以确保能覆盖这些反射声。当观看环绕立体声电影时，环绕音箱经常被用来重现环境氛围和音效。偶极子音箱在这方面有着出色的表现。后墙上的扩散体和其他声学处理将会有助于创造一个令人满意的声场。当使用前置环绕音箱（如重放环绕声音乐）时，我们应当更加仔细，以确保不会产生一些不必要的镜面反射。如前所述，我们应当根据需要放置吸声或扩散面板。

20.10　知识点

- 在听音室或家庭影院的设计中，所涉及所有的主要声学问题也会出现在其他小的音频房间当中。因此，在本章中对房间的声学讨论，也可以被认为是对后面其他类型小房间的声学介绍。
- 听音室需要大量的隔声来确保较低的环境噪声，和一个高保真且能够产生较高声压级的大功率重放系统。
- 理想情况下，一个听音室或家庭影院应该放在专门的房间里。房间应该尽可能大，并尽量避免房间模式问题，且配备较为安静的暖通空调系统。
- 在对听音室或家庭影院进行声学处理时，必须考虑反射声的到达时间、低频吸声及混响时间。除非在混响过大的房间里，通常情况下扩散体比吸声体能够更好地控制早期反射声。
- 如果一个讲话者在中置音箱摆放的位置说话，那么讲话声可以在听音位置清楚地被听到，且具有较好的音质，这时的混响时间是近似正确的。
- 房间模式分析图能够确定声源和听音者最佳摆放位置。包括高度在内的位置变化，将会对低频响应及音质有着较大的影响。
- 低频陷阱放置在房间角落靠近音箱的位置，能够提供有效的低频吸声及扩散。
- 频率约在 300Hz 以上且具有较短波长的声波，可以被看作能够产生镜面反射的声音射线。我们必须仔细控制早期反射声。其中一种方法是仅针对那些不必要反射声所经历的反射表面，放置小面积的吸声材料。
- 音箱的频率响应将受到它附近反射表面的影响。低音音箱最佳的摆放位置很大程度上取决于房间的声学环境及听音者所在位置。
- 一个较好的听音室或家庭影院，其声像应当清晰，最佳听音区域较大，听音者应当能够感受较好的包围感，听音位置的频率响应应当相对平直。
- 墙面的反射将会提供一个更宽的声像，而墙面的吸声体将会使声音更加聚集。房间后面的扩散将会增加房间的空间感和包围感。我们通常需要平衡这些属性。
- 一种较好的声学处理方式为，在每次增加一点声学处理之后，及时听一下处理之后的声学效果。我们最好是适度地进行声学处理，而房间内过度的声学处理是常见的。

21

家庭工作室的声学

家庭工作室通常是由一个或几个人使用的小型录音及混音空间。鉴于录音硬件和软件的复杂性和高可用性，只要提供合适的声学环境，家庭工作室也能够制作出相对高质量的录音作品。适合家庭工作室的位置通常是卧室、地下室或车库，偶尔也会有一个独立的客房。音乐家不应该因为在简陋的家庭工作室录音而感到气馁。许多优秀的唱片都来自简陋的这里。例如，Foo Fighter 的专辑 *Wasting Light* 是在主唱 Dave Grohl 的车库录制完成的，并获得了四项格莱美奖。

通过适当的声学处理，并使用几个好的话筒和高还原度的音箱，一个家庭工作室可以被用来录音和混音。其他设备包括一个小型的调音台、周边设备和功率放大器，或一个简单的话筒前置放大器和一个笔记本电脑。大多数家庭工作室的一个缺陷在于缺乏与周边房间或建筑的隔声处理。因此，录音室外部的声音可能会干扰录音，同样，音乐表演和混音也会干扰到其他人。

这里展示的双用途家庭工作室的设计有些特殊。住宅的建筑空间是稀缺的，很多时候没有足够的空间来把控制室和录音棚隔开。如果在一个较小的房间内再分隔出独立的控制室和录音室，将会导致由于房间过小而达不到制作标准。在这类房间的设计中，同一个房间将被用于录音和混音。这种双用途的工作室并不理想，但将会满足于大多数音乐项目的录制。这种设计分为三个档次，从非常低的花费向更高的花费发展。我们首先会考虑重放环境，然后再讨论针对录音房间的适宜性。此外，作为一个单独的概念，有着单独控制室和录音室的车库工作室设计被提出。

21.1 家庭房间声学：模式

所有的小房间，包括在家庭中建造的小房间，在可听频率上都有着模态共振。特别是在低频，声音的波长与房间的尺寸相当。这意味着，当这些频率在音乐中响起时，我们将会听到其声压的峰值和谷值。这种峰值和谷值的出现，将会破坏房间的低频响应，包括其混响的响应。通过选择一定的房间比例，我们可以稍微降低这种房间模式的影响。然而，大多数家庭工作室都建在已有的房间中。在有着固定尺寸的房间中，唯一的处理方法就是利用诸如低频陷阱等装置，帮助减轻房间的共振模式。虽然这不是一个完美的解决方案，但这种处理可以提供一个令人满意的声学效果。房间共振模式的原理，我们已经在第 13 章进行了讨论。

21.2　家庭房间声学：混响

如第 11 章所述，Jackson 和 Leventhall 研究发现，50 间客厅的平均混响时间，在 100Hz 处约为 0.7s，但在更高的频率处下降到 0.4s。这是家庭工作室中混响的一个合理的目标范围。卧室的平均面积比客厅小，混响时间也要低一些，但是仍然很有用。因此，在大多数家庭中的混响时间都是可以接受的，或至少可以调节到作为家庭工作室被接受的范围。墙壁的处理将用于微调混响时间，以及控制反射声的路径。

21.3　家庭房间声学：噪声控制

对于大部分录音项目来说，家庭和社区的环境噪声水平都太高。此外，大多数尝试进行隔声处理的家庭工作，其效果都不理想。隔声所产生的成本，以及其所占据的空间，使得大多数家庭工作室很难实现较好的隔声效果。虽然通过尽量靠近话筒的方式将有助于提高信噪比，但是这种背景噪声问题仍然不容易被解决。一种实用的方法是在深夜，当外界更加安静的情况下录音。然而，很重要的一点是，我们的录音和混音工作或许会对附近其他人造成影响，特别是在深夜演奏或重放高声压级的乐器。许多地区法令限制了居民的噪声水平，特别是在夜间。例如，噪声声压级限制在 45dBA，或者比环境噪声的声压级高 5dB。当房间的隔声较差时，我们很难达到这种噪声限制水平。同样，噪声干扰到房子里的其他人或邻居或许也是一个较大的问题。

在许多情况下，由于上述噪声控制原因，地下室可能是家庭工作室的最好选择。如果不总是需要选择楼房，那么可以选择一种获得与外部环境隔离的廉价方式。一个与主房间分开的独立车库能够降低对房间的噪声干扰，但是或许不能解决对于邻居的噪声侵扰问题。

就像在其他结构中一样，家庭中的窗户都是声学上的薄弱环节。外部声音能够较容易地穿透家庭中大多数的窗户，同样内部声音也会穿透出来从而影响到邻居。许多种类的窗户能够用一个简单的装置进行覆盖。它很像飓风百叶窗，保护了窗户不受噪声的影响。图 21-1 展示了它的设计。盖板由几层 3/4in 厚的颗粒板组成。例如，四层颗粒板将在 500Hz 处产生约 40dB 的传输损耗。传输损耗（TL）曲线随着频率的增加有着向上的斜率。在外窗台周围放置一个木框架，它是用黏合剂固定起来的。盖子用支架螺栓固定在框架上，这样可以在不需要时较为容易地拆卸下来。或者，盖子也可以钉在框架上，周边用密封件压制到位，盖子可以放置在窗户的外侧或内侧。

尽管做出了最大的努力，但家庭工作室几乎都会有噪声侵扰问题。我们应当预见，外部噪声有时会破坏一个令人满意的录音。完全防止这种情况所付出的代价，将远远超过偶尔被这种噪声破坏所带来的挫败感。更严重的问题是邻居可能提出的投诉。

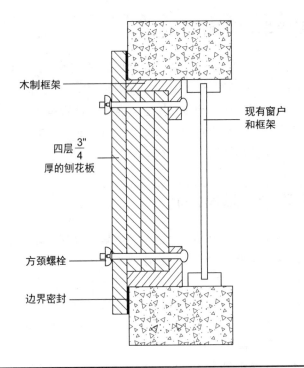

木制框架

现有窗户和框架

四层 $\frac{3}{4}$ 厚的刨花板

方颈螺栓

边界密封

图 21-1　通过使用多层木板覆盖到窗户上并在周边密封来，可以降低噪声的侵扰

21.4　家庭工作室的预算

大多数家庭工作室都建立在适度预算的基础上。虽然成品的商业声学模块大大简化了施工，并提供了良好的声学效果，但它们的成本超出了许多家庭工作室建造者的承受能力。或者，这些模块也可以利用简单的建筑材料以较低的成本进行建造。它需要花费更多的时间和精力，也可能缺少成品商业模块的外观，也可能声学效果不佳，但它们肯定是有效的。因此，在这个家庭工作室设计当中，三种类型的声学处理（宽带吸声、低频陷阱和扩散体）从零开始设计、建造。

21.5　家庭工作室的声学处理

在未经过声学处理的控制室或听音室，从音箱到混音或听音位置的直达声，会被来自墙壁、地板和天花板的早期反射声所减弱。这些反射声以与直达声稍微不同的时间到达听音者，产生梳状滤波效应，在其频率响应曲线上产生峰值和缺口。这违背了重要重放环境的标准，对于混音和听音来说，一个精准的重放声场是必须的。为了克服这个问题，该工作室将使用无反射区（RFZ）的概念。在 RFZ 的房间设计中，这些早期反射声被消除或衰减。这有助于保持音箱的感知频率响应，提高立体声声像的准确性，并加强了声场的宽度。RFZ 概念的细节，我们会在第 24 章进行讨论。

图 21-2 表示了一个吸声面板的例子，它可以帮助这个家庭工作室创建一个 RFZ 区域。该面板是由 1in×6in 的框架，以及 1/4in 厚的背板组成的。该单元的表面尺寸为 1.5ft×4ft。

内部包含一个 4in 的玻璃纤维板或纤维棒（用钢丝网固定）。玻璃纤维被放置在框架前面，后面有一个 2in 深的空腔，面板前面覆盖着透声的织物，该面板可以用金属片固定到结构墙上，并可以吸收宽频带的声音。将玻璃纤维与墙面间隔一定距离，能够优化其吸声效果。

吸声面板可以放置于墙面和天花板上，位于音箱和混音 / 听音位置之间，否则音箱的声音会反射，然后传播到听音位置。这些反射位置可以通过一个人坐在听音位置，同时另一个人把镜子移动放置在可能产生反射的表面来确定。当在镜子里可以看到音箱时，会认为该位置应该用吸声面板进行覆盖。

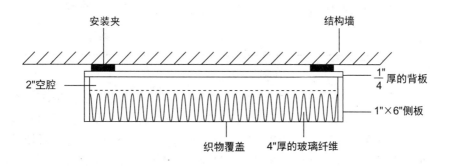

图 21-2 壁挂式吸声板

如前所述，小房间通常会受到低频混响问题的影响，它是由与房间尺寸相关的模式共振所造成的。此外，在大多数房间当中，吸声主要集中在中高频，因此低频相对较多，导致问题更加突出。小房间当中的"嗡嗡声"问题是众所周知的。由于低频声音波长原因，有效的吸声体需要更大的空间。将吸声体放置在房间角落是明智的，因为所有的模式都在角落终止，从而使这个位置有着更佳的低频吸声效率。此外，房间的角落通常是无用的空间。我们已经在第 12 章讨论的低频陷阱的问题。

"嗡嗡声"问题源于缺乏低频吸声。这种情况通常发生在墙面用砖石砌成的房间里，如混凝土砌块和砖。然而利用石膏板立柱墙体建造的房间很少有这种问题，因为这种结构的墙体具有良好的低频吸声效果。这种隔膜吸声在 70Hz~250Hz 频率范围内非常有效。许多房间都是利用石膏板隔断建造的，因此，可能不需要这种低频陷阱。较为谨慎的做法是在没有额外的低频吸声情况下，对房间进行测量和现场听音。如果混响时间在整个声音频谱中是平直的，那么说明这个房间有着足够的低频吸声。如果低频处的混响时间比高频长，则可能需要使用低频陷阱或其他吸声体。我们在第 12 章当中，已经讨论了石膏板低频吸声问题。

本次我们推荐的低频陷阱为梯形单元设计，如图 21-3 所示。该单元的表面尺寸为 2ft×2ft。这些吸声单元使用内部的玻璃纤维片来提供吸声。它们在角落相对较深的深度增加了低频的吸声。如果需要，玻璃纤维片之间的空腔可以松散地填充玻璃纤维棒。

我们可以从大的不规则表面、多圆柱形结构和其他几何形状中获得扩散特性。特别是，经常推荐使用二次余数扩散体。这些高效的扩散表面，是基于数论的一系列并行木井，它们可以很容易地由木匠建造。通过适当的摆放方向，我们可以获得水平和垂直扩散。这些扩散体的设计在第 14 章详细讨论。

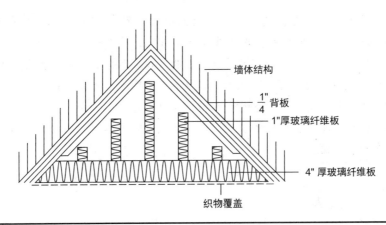

图 21-3　一个房间角落安装的低频吸声陷阱

在本次工作室的设计过程中，我们使用了不同的实现方式。扩散表面由一系列凸起组成，如图 21-4 所示。该单元的表面尺寸为 2ft×2ft。这种结构提供了一阶反射和其他反射的全向扩散。然而，如果要实现低频扩散，表面投影不得不相对较大。当这些模块被安装在后墙上时，它们将帮助在房间中产生扩散声场。模块可以用金属片安装在墙上。扩散已经在第 9 章和第 14 章中讨论。

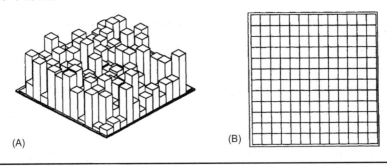

图 21-4　壁挂式扩散模块（A）等距视图（B）平面视图

21.6　家庭工作室的规划

在大多数情况下，一个家庭工作室是在现有的房间当中建造的。设计必须适应现有的房间要求。可以预见的是，大多数家庭的房间都是长方形的，天花板为 8ft 高，通常使用石膏板建造。在这方面，一个通用的家庭工作室设计，通常可以顺利地作为一个定制设计的起点。这里我们将一个家庭工作室的规划分为三个层级，它们有着越来越复杂的声学处理方法。

图 21-5 采用基本声学处理的工作室设计。为了降低成本，这个基础的声学设计中，针对早期反射声提出了最少的声学处理，最少的低频吸声及最少的后墙扩散。这种设计仍然存在很多潜在的改进空间。在许多方面，这种设计类似一个家庭听音室。我们从研究针对声音重放的房间属性开始。随后，我们将探讨这个房间是否可以适用于录音。

每面侧墙安装两块吸声板（1）。由于许多侧墙反射声被吸收，房间的音质将会有一定的改善。然而，这些面板覆盖的表面积有限，所以并不是所有的早期反射声都会被拦截。由于音箱之间的前墙没有进行处理，因此听音或混音位置仍然会受到早期反射声的影响，地板和天花板的反射也是如此。两个低频陷阱（2）安装在房间后面的墙角。它们将有助于减少嗡嗡声，但在某些房间里可能不会完全消除。如前所述，一些石膏板结构的墙体使用最少的低频陷阱或者不使用，低频吸声都可能是足够的。

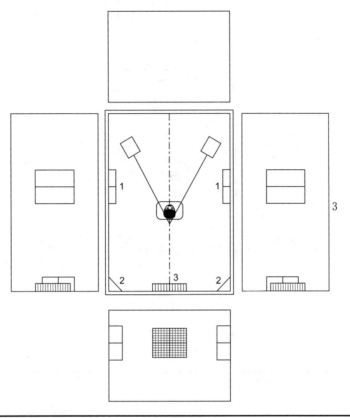

图 21-5 家庭工作室：基本的声学处理

　　后墙上的四个扩散单元（3）仅能拦截后墙上的一小部分声音能量。这四个单元将不会提供真正的扩散声场，但它们的存在将会适度改善声场在声像和包围感方面的效果。

　　另外的房间处理方法，如图 21-6 所示。它展现了下一步的提升方法，可以被看作一个中等质量的房间声学设计。在这个设计当中，每一面侧墙上的吸声单元（1）的数量与初始设计相同，但现在在天花板上有 4 个吸声面板。这就尽量减少了从天花板上产生的不必要早期反射声。此外，地板的反射声可以利用 6ft×6ft 的厚地毯来减弱。此外，当前在房间后方的各个角落放置了 4 个低频陷阱（2）。如果天花板的高度限制在 8ft，并使用模块，这将是单个角落能够低频陷阱的最大数量。扩散面板（3）保持不变。

　　一个综合性的声学处理方法，如图 21-7 所示。这种更昂贵的设计，其本质上是将声学处理单元的数量增加到所需的水平。当下每面侧墙放置 3 个吸声板（1），6 个在天花板上，4 个在音箱之间的前墙。在房间内各个角落放置 4 个低频陷阱（2）。如果空间允许，另一种选择是在房间角落建造一个石膏板的密闭空间。它的轻质墙体结构可以让这个密闭空间加倍充当低频陷阱。现在 8 个扩散体（3）安装在后墙上。这种扩散将有助于提供更加清晰的立体声声像，准确度的声场感知深度以及包围感。

总的来说，有了这种额外的声学处理，潜在的声学问题应该被消除。房间应该提供较为均衡的声场环境，以便在这种声学条件下进行的混音可以转移到其他听音环境当中。

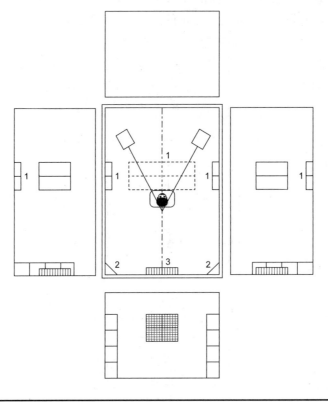

图 21-6   家庭工作室：中级的声学处理

21.7   家庭工作室中的录音

目前所描述的房间声学处理方法（图 21-5~ 图 21-7）是被设计用来混音的。这些设计本质上复制了传统的 RFZ 控制室。然而，为了完成这个家庭工作室的设计，同一个房间也必须作为音乐表演类录音棚使用。在这种情况下，音乐家就成为声源。幸运的是，这些房间也可以提供良好的录音声场。

如果音乐家被放置在音箱之间，话筒被放置在聆听或混音的最佳位置，此时录音几乎没有早期反射声。侧墙、天花板和地板吸声体，会根据音箱的指向性进行摆放。如果有着更多的声源，如在两个音箱之间有着一个或多个音乐家，早期反射声将不会被完全吸收，只有部分会被吸收。然而，这并不一定是坏事。可以肯定的是，当我们听现场音乐表演时，可能会需要一些早期反射声。因此，这种需求与保持监听音箱有着平直的频响曲线的最初目标有一定的差异。在任何情况下，这种音乐家 / 话筒布局将会产生良好的录音效果。

此外，经过声学处理后的房间，其声场的不对称性也会在录音的过程中有着一定程度的可变性。在房间的不同位置放置音乐家和话筒，将会改变录制声音的特性。例如，我们可以把混音椅推到一边，而让音乐家使用这个房间的主要区域。侧墙、前墙和天花板上的吸声体将提供适当的混响条件。墙角的低频陷阱将会让声音的低频部分变紧。大量的扩散体面板将会提供一种空旷的感觉，它将会对声学空间的录制起到作用，而空间感也会受到音乐家们的喜爱。简而言之，上述方法呈现了一个好的录音棚具备的大部分元素，即使我们进行的声学处理主要考虑重放效果。

这里所展现的工作室设计（从基础到复杂逐步优化声学环境）适合家庭录音和混音工作。所添加的这些声学单元，可以用低成本的方式自己建造，并且对大多数家庭空间具有较强的适用性。

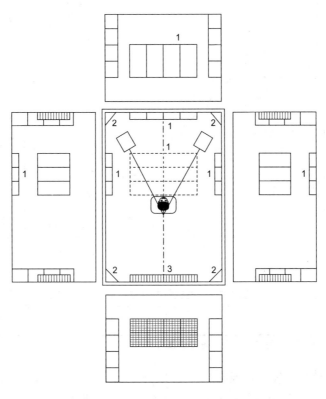

图 21-7　家庭工作室：高级的声学处理

21.8　车库工作室

一个独立的车库将提供与主房间有一定隔离，且对家庭工作室来说足够的地面空间。一个典型的双车位车库的尺寸为 24ft×24ft，地面面积为 576ft²。如图 21-8 所示，隔板（1）斜穿过一个角，分隔出一个面积约为 176ft² 的控制室和一个面积为 400ft² 的录音室。虽然这些房间的面积较小，但是是可行的（本章前一个例子使用了一个矩形空间，且控制室和录音室被设计在同一个房间中，这种规划可以在面积较小的单车位车库内实施）。

在双车位的车库中，隔离墙体结构应当使用交错立柱墙或两面有多层石膏板的双层墙体。观察窗（2）应使用双层玻璃窗，每层玻璃板被独立地固定在对应的墙面上。话筒接口板和墙面上其他的固定装置应当交错排列（不要背靠背放置），同时墙面所有的开孔和管道交接处应当被密封。虽然这可能是不切实际的，同时产生的隔声收益也较小，录音室和控制室之间可以进一步隔离，通过切割混凝土厚板以产生两个独立的平板。理想情况下，控制室应当在车库内建造成一个独立房间，它有着独立的墙壁、浮动地板和天花板。同时，我们应当考虑每个房间内的供暖和通风问题。显然，在工作室和控制室之间不能有任何共用的管道系统。

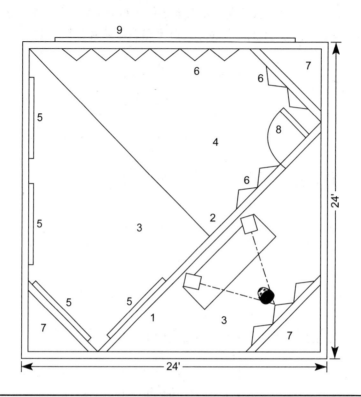

图 21-8　有着独立控制室和录音室的车库工作室平面图

　　两个房间都应该相对较干，混响时间低于 0.5s。地毯（3）和垫子可以铺在一部分水泥地板上，瓷砖（4）或木地板在另一部分。吸声板（5）、反射板和扩散体（6）应当混合安放在墙壁和天花板上。控制室为轴向对称，控制台面向房间的对角线。在如此小的空间当中，监听音箱应当放置在近场布局。一个共振吸声体／扩散体的组合（7）被放置在控制室后面的墙角以及录音室内的两个角上。任一单扇门（8）都应该是坚固的实心门且用防雨条紧紧密封的。显然任何百叶窗和玻璃窗都应当使用本章前面所述的木盖进行密封。

　　为了获得更多的录音多样性，即使这样一个小的录音室内，也应当设计为一端吸声较多，而另一端扩散较多。例如，通常来说，鼓声将在录音室内混响较短的地方录制，通过在鼓的上方悬挂一个厚厚的吸声板，可以加强多轨声道中鼓声的隔离度。此外，低频陷阱可以位于吸声面板的上方空间。一个低频陷阱可以通过垂直悬挂成排的玻璃纤维板来建造。相反，一把声学吉他将在录音室的扩散空间中录制。该区域的墙体是反射和扩散的，且地板是裸露的。

　　不利的一面是，车库可能不会提供隔声处理。它的结构可能比主屋更轻，也可能位于邻居的房子附近。通过在墙外增加一层水泥板，在墙内增加双层石膏板，可以改善隔声性能。后者应当安装在隔声体上或者独立的框架上。所有接缝均应使用非硬化隔音密封胶包扎或密封。因为车库门使用轻质结构，所以它们几乎没有提供隔声性能。应该在车库门（9）后面建造一堵新的墙，把车库门作为外立面。

21.9　知识点

- 一个面积较小的家庭工作室可以将一个房间同时用于录音和混音。或者，在空间允许的前提下，用隔声墙将房间分为控制室和录音室。

- 大多数家庭中的混响时间是可以被接受的，或者它可以被调节到作为家庭工作室可以接受的范围。墙面的处理可以用于微调混响时间，也可以控制反射声的传播路径。

- 在许多情况下，由于噪声问题，如果房间的位置可以选择，地下室可能是家庭工作室的最佳位置。如果不是必须选择楼上的房间，地下室以最经济的方式提供了与外部环境高度隔离的效果。

- 窗户是隔声当中的薄弱环节。大多数窗户的传输损耗提高，可以通过增加一个简单的木盖，如通过增加几层 3/4in 厚的颗粒板并将外围密封来实现。

- 这里所展示的家庭工作室，其设计使用了无反射区（RFZ）的概念，其中早期反射声被衰减或消除。RFZ 的概念在第 24 章中有着详细的讨论。

- 许多住宅都是由石膏板建造的，它可以在 70Hz~250Hz 的频率范围提供隔膜吸声。因此，这种结构或许不需要低频陷阱。然而，如果低频混响时间太长，则可能需要额外的吸声处理。

- 三种工作室的设计展示了侧墙、天花板和音箱之间前墙上吸声面板的使用，房间角落处低频陷阱的使用，以及后墙上扩散体的使用。

- 在这些设计中进行录音，如果音乐家被放置在音箱之间，话筒被放置在混音位置，这种录音将有着相对较少的早期反射声。或者，音乐家和话筒可以放置在房间的不同位置，房间的声学非对称性将会为其提供一定程度的可变性。

- 一个两车位的车库可以被分隔开，以创建一个单独的控制室和录音室，它们面积虽然很小但都是可用的。这种隔断必须提供隔声，同时必须考虑到外部噪声的侵扰。

22

小型录音棚声学

由于其广泛的实用性和经济性，小型录音棚也在唱片业中扮演着重要的角色。许多音乐家用小型录音棚来提高他们的技艺，同时制作小样和商业录音作品。在小型录音棚录制的音乐也可以有很高的音质水平，同样适合于商业发行。许多小型录音棚是由非营利性组织运营的，它为教育、宣传等活动提供服务。校园、社区电台、电视台及有线电视等，也需要使用这种小型录音棚。它们的预算和技术资源相对有限。这些小型录音棚的经营者，常常陷入需要良好的音质，但又缺少有效方法的困境当中。虽然以下所介绍的原理有着广泛的应用，甚至对大型录音棚的设计都会有所帮助，但是本章主要是针对小型录音棚的所有者来展开的，他们通常希望在预算有限的条件下对声学环境进行优化。

什么是一间好的录音棚？它只有一个最终的判断原则——目标听众对其录音的可接受程度。从商业概念上来说，一间成功的录音棚是一个天天被预定，且可以赚钱的地方。除了音质以外，还有许多因素会影响到录音棚的可接受程度，但音质是一个至关重要的指标，它至少会对录音棚的长期经营起到很大的作用。

本章重点关注小型录音棚内"录音室"房间的声学效果，也就是那个被用作表演和音乐录制的空间。房间内的环境声学响应，那些被音乐家所感知以及被话筒所拾取的部分，是非常重要的。第 24 章会讨论控制室的声学环境，它是录音棚中用来进行声音重放和混音的房间。在这种房间当中，音箱的重放效果是最为重要的。

22.1 对环境噪声的要求

为了有较好的录音环境，任何录音棚都必须有着较低的环境噪声。事实上，当它们没有被使用时候，录音棚被归为最安静的工作空间。但是，这样的环境，实现起来是相当困难的。在大多数情况下，房间是"安静"的，除了一些偶然的噪声。然而，对于录音棚来说，这是不能被接受的，它必须时刻保持安静。

许多噪声和振动问题，能够通过把它选择在一个周围环境较为安静的地方来解决。显然，我们必须避免将建设地点选择在嘈杂的场所。录音棚的位置，是否接近铁路或者是繁忙的十字路口？是不是在飞机航线（或者在飞机起飞的位置）下方？我们可以利用墙体和门窗对噪声的传播带来损耗，将最大的室外噪声降低到室内空间所允许的背景噪声水平。有时候我们可能需要使用功能浮动地板和其他相对昂贵的施工方法。只要有可能，选择一个安静的地点比隔离录音棚外的嘈杂噪声要划算得多。

如果这个空间在一座较大的建筑内部，那么就必须考虑和评估该建筑可能会产生的其他噪声和振动源。在该空间的楼上是否有机械车间、嘈杂的电梯、舞蹈工作室？当使用钢筋混凝土结构时，在提供较高声音传输损耗的同时，也会通过建筑结构带来有效的噪声传导。墙体的结构决定了外部噪声的衰减程度。这对该空间上面的天花板，以及下面地板结构的噪声衰减也同样适用。

一间专业的录音棚，哪怕是一间很小的录音棚，都需要技术支持、复印、会计、销售、接待、运输及收货等工作，每个工作都会有自身潜在的噪声产生。对这些噪声源的分析将有助于我们将注意力集中在内墙、地板和天花板的传输损耗上。

在 HVAC（供暖、通风和空调）系统的设计当中，必须实现我们所需要的噪声指标。为了有一个较低的本底噪声环境，必须要把来自发动机、风扇、管道、扩散体，以及格栅的噪声及振动降到最小。噪声控制和 HVAC 的设计，都已经在第 16 章到第 19 章中讨论过了。

22.2　小型录音棚的声学特征

在录音棚内话筒所拾取的声音，可以分为直达声和非直达声两个部分。直达声与在自由声场或消声室环境中的声音相同。在这种情况下，声音以直线方式从声源传播到话筒。所有不是直达声的声音都是非直达声，即反射声。紧跟在直达声后面的非直达声，是由一个密闭空间中各种非自由声场作用所产生的。后者是针对特定房间所特有的，它包含了房间的声学响应。

22.2.1　直达声和非直达声

图 22-1 展示了针对不同房间的吸声能力，声压随着声源距离变化的情况。这里的声源可以是一个在讲话的人、一件乐器或者一只音箱。假设距离声源 1ft 处测得的声压为 80dB。如果房间各个表面都是 100% 反射，如图 22-1 所示曲线 A，那么在这个混响室各个位置的声压将会为 80dB，这是因为没有声音能量被吸收。相对来说，在这个房间当中几乎没有直达声，它们全是非直达声。曲线 B 展示了所有表面都是 100% 吸声的环境，声压随着与声源距离的增加而下降。在这种情况下，房间内所有声音都是直达声，而没有非直达声成分，最好的消声室可以实现这种情形。在这种真正的自由声场环境下，声源的距离每增加一倍，对应声压衰减 6dB。

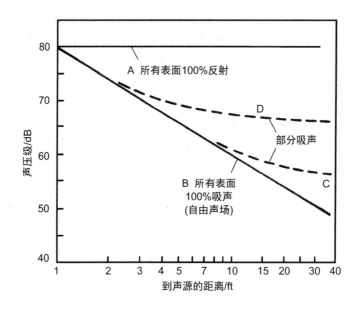

图 22-1　根据空间吸声能力的不同，密闭空间内声压级随到声源距离变化的情况

22.2.2　房间声学处理的作用

介于曲线 A "全混响" 和曲线 B "无混响" 之间的 "部分混响"，取决于我们对房间的声学处理。在这两个极端情况之间的区域，是实际录音棚的声学状况。曲线 C 比曲线 D 显示出更加 "干" 的声学环境。在实践中，我们可以看到直达声与声源之间的距离是非常近的，而在较远的地方，通常是非直达声起主要作用。通过话筒拾取的瞬态声音，它的前几毫秒主要是直达声，而在这之后到达话筒的，通常是来自房间表面反射回来的非直达声。由于声音从不同路径反射回来，因此它们在时间轴上是分散开的。

另一种非直达声成分是由房间共振所产生的，它们也会产生反射声的效果。声源中某些特定频率所激发共振而产生的效果，已经在第 13 章进行了描述。当声源激励消失以后，每个模式会在它本身的固有频率处，以各自的速度消失。持续时间较短的声音或许由于其时长不够，不足以充分激励房间的共振。

在区分反射和共振时，我们既不能完全用反射的概念，也不能完全用共振的概念，来描述整个可闻频域内的声学现象。房间模式分析被用来表征共振的影响，它在低频区域起到主要作用，此时声波的波长与房间尺寸相当。声线的概念被用来分析反射的影响，它主要对较高频率和较短波长的声音起主要作用。300Hz~500Hz 是一个过渡区域。通过记住每一个分析的局限性，就可以描述一个小型录音棚中的声音组成部分。

非直达声常常取决于建筑结构所使用的材料，如门、窗、墙及地板等。它们都会受到声源的影响而产生振动，同时当激励消失以后，它们也会以自己独有的速率衰减。例如，如果在房间的声学处理当中，使用赫姆霍兹共鸣器作为吸声体，那么没有被吸收的声音能量会被再次辐射出来。

录音棚中声音包含着这些非直达声和直达声分量，它与乐器的发声非常相似。实际上，我们把录音棚想象成一件乐器是非常有帮助的。它有着自己的声音特征，以及需要一些技巧来充分发挥它的潜力。

22.3 房间模式及房间容积

几乎所有较小尺寸的房间，都会因为房间共振频率之间的间隔过大而产生声学缺陷。在一个立方体的房间当中，其模式频率的分布最差，这是由于三个基频的模式频率会重叠，它会产生很大的频率间隙。任何两个边长有着整数倍关系的房间，都会导致这种问题。例如，一个房间的高为 8ft，宽为 16ft，这将意味着 16ft 的二次谐波会与 8ft 的基波发生简并。通过这个例子，我们可以看到房间的比例对轴向模式分布所起到的影响作用。这在小房间里尤其重要。正如我们所看到的那样，大空间相对小空间来说，具有更多低频模式数量的固有优势，因此也会有着更加平滑的低频响应。

如果房间内低频轴向模式的数量比我们所期望的少，通常这种情况会发生在小房间当中，那么需要尽量让这些模式频率的分布更加均匀。我们可以通过选择良好的房间比例来实现这一目标，如 Sepmeyer 所建议的 1.00：1.28：1.54 的比例。上述比例可以选择的房间尺寸见表 22-1，根据容积的不同，它的天花板高度分别为 8ft、12ft 和 16ft，所对应的房间容积分别为 1000 ft³、3400 ft³ 和 8000 ft³。

表 22-1 三种不同尺寸和容积的工作室尺寸

	比率	小型录音棚	中型录音棚	大型录音棚
高度	1.00	8.00 ft	12.00 ft	16.00 ft
宽度	1.28	10.24 ft	15.36 ft	20.48 ft
长度	1.54	12.32 ft	18.48 ft	24.64 ft
容积	—	1000 ft³	34000 ft³	8100 ft³

不同房间大小的模式分析

按照表 13-6 计算三个房间（1000 ft³、3400 ft³ 和 8000 ft³）的轴向模式频率，并绘制在图 22-2 中。从图 22-2 可以看出，随着房间容积的增加，其轴向模式频率的数量也在不断增加。这样会让低频模式的频率间隔更小，从而会有更加平滑的低频响应。

如表 22-2 所示，在 300Hz 以下轴向模式数量，从小型录音棚的 15 个增加到大录音棚的 31 个。在较小和中型录音棚当中，它们的最低频率分别为 45.9Hz 和 30.6Hz，这仅次于大录音棚的最低频率 22.9Hz。从最低轴向模式频率到 300Hz 的范围，所有模式频率的平均间隔也列于表 22-2 中。从表中可以看出，平均模式的频率间隔从小型录音棚的 16.9Hz，减小到大录音棚的 9.2Hz。因此，房间体积成为影响录制声音质量的一个重要因素。就这一点而言，小型录音棚有着自身的局限性。

正如我们前几章看到的一样，除了轴向模式，一个房间也会有切向和斜向模式。虽然它们的能量较弱，但进行较为详尽的分析时，将会考虑它们的影响。特别是，与轴向模式一样，更均匀的分布将有助于房间低频响应的平滑。相反，切向和斜向模式不规则地分布，特别是它们与轴向模式相互重合，会增加房间低频响应的不规则分布，并可能产生可听到的声音缺陷。

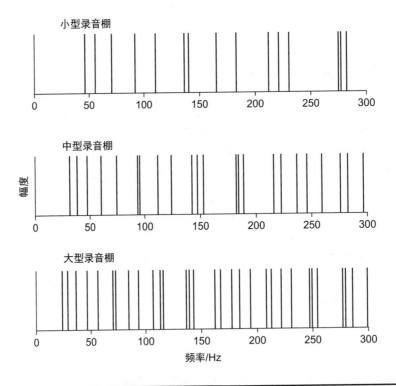

图 22-2　小型（1000ft³）、中型（3400 ft³）、大型（8100 ft³）录音棚轴向模式共振的比较，所有房间的比例为 1.00：1.28：1.54

表 22-2 中所列出的混响时间，是根据各自房间的尺寸估算出来的。通过这些混响时间，可以利用表达式 $2.2/RT_{60}$ 来估算出对应的模式带宽。模式带宽会从大录音棚的 3.1Hz，变化到小型录音棚的 7.3Hz。在大录音棚当中轴向模式有着较近间隔的优势，倾向于被其较窄的模式带宽所抵消。当认识到模式频率边沿相互叠加的好处时，我们看到了一组矛盾的因素。然而，通常在大录音棚中，大量在低频的轴向模式会与周围房间发生耦合作用，从而产生优于小型录音棚的房间响应。

表 22-2　三个不同尺寸工作室的共振和模式带宽

参数	小型录音棚	中型录音棚	大型录音棚
以下轴向模式的数量	15	23	31
最低的轴向模式（Hz）	45.9	30.6	22.9
平均模式间隔（Hz）	16.9	12.0	9.2
假定的录音棚混响时间（s）	0.3	0.5	0.7
模式带宽（$2.2/RT_{60}$）	7.3	4.4	3.1

在考虑到房间共振后，有着较小容积的录音棚会有着基频响应问题。更大容积的录音棚会有着更加平滑的低频响应。容积小于 1500 ft³ 的录音棚所产生频率响应异常，有时候会非常严重，以至于让该房间不能正常录制音乐。这就意味着，在规划任何一个小型录音棚时需要进行仔细的考虑。

22.4　混响时间

混响是以上三种类型非直达声组合的结果，它受到房间表面的反射、房间共振和房间建筑材料的影响。测量混响时间，不能直接揭示混响的这些单独成分的性质。从这方面来说，这是混响时间作为衡量房间声学质量指标的薄弱环节。一个或多个混响分量的重要表现，或许会因这种叠加作用变得模糊不清。这就是混响时间是声学指标当中的其中一个，而不是唯一一个的原因。

22.4.1　小空间的混响时间

一些声学专家认为，在相对较小的空间里使用混响时间的概念是不准确的做法，的确在小空间当中或许不存在真正的混响声场。赛宾公式是基于随机声场的统计学特征。如果在小空间当中，均匀的能量分布特征不占主导地位，那么利用赛宾公式来计算该房间的混响时间是否合适？在理论上，其答案是"不适合"，而在实际中这是"适合"的。由于混响时间衡量的是声音能量的衰减率。0.5s 的混响时间，意味着声音能量衰减 60dB 需要 0.5s 的时间。另外一种表达方式为 60dB/0.5s=120dB/s 的衰减速度。无论声场是否扩散，声音都以特定的速度进行衰减，甚至在有着很少扩散声场的低频区域也适用。在模式频率当中的能量，会按照一些可以测量的速率进行衰减，哪怕在所测量的频带当中，仅包含有很少的模式频率。在小空间的房间设计当中，利用赛宾公式来估算不同频率的吸声量是有实际意义的。同时，要注意在这个计算过程当中的局限性。

如上所述，从理论上来说术语"混响时间"一词，是不应该与容积相对较小、声场不均匀的空间联系起来的。但是，作为一个设计者必须通过计算吸声量，来对房间的声学特征进行估计。虽然混响时间针对这种计算目的是有效的，然而小房间和大房间的混响时间数值具有不同的意义。我们必须记住，在一个小房间里，赛宾公式背后的假设是不被满足的。因此，这个方程的预测虽然有用，但可能不太准确。

22.4.2　最佳混响时间

如果一个房间的混响时间太长，会掩盖讲话中的音节和音乐中的乐句，从而降低语言的清晰度和音乐品质。如果混响时间太短，音乐和语言就丧失了特点，且质量变差，特别是对音乐来说。混响的这些作用是没有精确定义的。由于包含许多其他因素，所以对于一个空间来说是没有最佳混响时间的。例如，讲话的声音是男声还是女声，讲话者的语速是快还是慢，使用英语或者德语（它们在每分钟音节的平均数量不同），人声还是乐器，是长笛独奏还是弦乐齐奏，摇滚还是华尔兹。尽管有这么多变量，我们还是能从实践当中提取大量的有用信息。图 22-3 展示了最佳混响时间的一个近似值，而不是真正的最优值，但是依据这张图我们将会获得对于各种类型录音棚来说合理的结果。特别是图 22-3 所示的阴影区域，它是针对音乐和语言录音棚的折中混响时间区域。

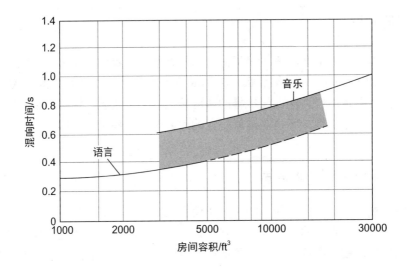

图 22-3　针对录音棚所推荐的混响时间。中间的阴影区域是对于音乐和语言录音来说的混响时间折中区域

22.5　扩散

　　扩散通过房间内声音的多次反射，提供了一种空间感。扩散也可以帮助控制共振的影响。改变墙体的角度，以及使用有着几何凸起的扩散体，可以得到适度的扩散效果。吸声材料的分布不仅起到了一定的扩散作用，同时也是一种提高吸声量的有效手段。

　　模块化的衍射格栅扩散单元，提供了有效的扩散，且在小房间内较为容易安装。例如，2ft×4ft×2in 的模块单元，它提供了扩散和宽频带吸声（如在 100Hz 处的吸声系数为 0.82）的作用。在实践中，在录音棚当中提供过多的扩散是非常困难的。

22.6　噪声

　　小型录音棚与任何其他房间一样，遵循着相同的隔声原理。墙、地板及天花板必须提供较高的传输损耗，同时它们要与外界噪声或者振动源去耦合。这样有助于达到良好录音质量所需的低环境噪声水平。同样地，它也将录音棚内可能出现的较大音乐声与邻近房间进行了阻隔。在录音棚和控制室之间的隔断是相当重要的。在各种功能之中，这种隔断必须能够起到良好的隔声作用，从而让录音师在控制室内能够只听到来自监听音箱的声音，也就是实际所录制的内容，而不会受到录音棚内声音的误导。

22.7　小型录音棚的设计案例

　　下面的例子是能够被用来展示小型录音棚声学设计原理的案例。如果房间的尺寸为 25ft × 16ft × 10ft。假设房间的主要用途是录制由人声和乐器合奏所组成的传统音乐。对于容积为 4000ft³ 的房间，可以选择大约 0.6s 的混响时间作为我们的设计目标。以上房间的比例并不是模式响应的最佳比例。为了具有更加合适的比例，房间的长度需要改成 23.3ft 而不是现有的 25ft。虽然我们或许可以利用一个大的低频陷阱来缩小房间尺寸，但是除非绝对必要，否则绝不建议牺牲房间面积。在这个例子当中，由 25ft 长度引起的潜在轴向模式问题是可以接受的，并且可以通过良好的声学设计来解决。在许多实际的录音棚设计当中，类似这种折中的方法是不可避免的，并不总是值得花费成本对这些问题进行补救。事实上，从声学和预算的角度来看，一名声学设计者要能够判断何时妥协是可以被接受的，而何时不能被接受。

我们可以考虑使用不同的材料和结构，来对小型录音棚的低频进行处理。由于房间主要是一间音乐录音棚，我们可以考虑使用一些板，同时由于需要录音棚具有良好的扩散效果及明亮感，我们也可以考虑使用多圆柱扩散体模块。

22.7.1 吸声的设计目标

在设计当中，我们通常会从吸声部分开始考虑。0.6s 的混响时间是我们想要的。但是这需要多少吸声量来完成这个设计目标？对于一间容积为 4000ft³ 的录音棚来说，通过计算可以得出，这需要 327 赛宾。此外，为了在整个频段都有着一致的混响时间，6 个频点中的每一个频点都需要 327 赛宾的吸声量。多圆柱体扩散模块可以提供大部分的低频吸声，同时也提供一些所需要的扩散。需要多少多圆柱体扩散模块来完成这个工作？在 100Hz~300Hz 的区域内，吸声系数为 0.3~0.4。我们选择 0.35 作为不同尺寸多圆柱体的平均吸声系数。通过以下关系式，可以估算多圆柱体的面积：

$$A = S\alpha$$

（22-1）

其中，A= 吸声量（赛宾）

S= 表面积（ft²）

α= 吸声系数

因此，我们需要的面积为 S=327/0.35=934ft²。具有宽频带吸声的多圆柱体模块有着不同的弦长。我们将选择图 12-26 中所示的四个模块中的三个，分别为 A、B 和 D。

不是所有的低频吸声作用都来自多圆柱体模块。由于天花板面积为 400ft²，所以我们有足够的面积来容纳 934ft² 的多圆柱体模块。对于高频吸声来说，可以考虑使用普通的吸声砖。理想情况下，我们应该将一些声学材料，分布到录音棚的各个表面上去。而实际上，我们无法实现这种理想情况。首先，地面上唯一实用的声学材料是地毯，在整个地板上覆盖地毯将提供比要求更多的高频吸声量。

在地板面积为 400 ft²，且地毯的吸声系数约为 0.7 的情况下，仅在地毯的高频区域就产生了 280 赛宾的吸声量，多圆柱体模块高频区域的吸声系数也为 0.2s。即使我们只使用面积为 500 ft² 的多圆柱吸声体模块，它们也将会有 100 赛宾的吸声量。地毯和多圆柱体共计将会有 280+100=380 赛宾的吸声量，而理论上我们仅需要 327 赛宾。因此在该房间的设计中不能使用地毯，至少不能整个地板都使用。其中一种选择是在一小部分地面上铺设地毯，让地面拥有一部分反射面和一部分吸声面，或许是可取的，因为这有助于在录音棚内创造出不同的声学环境。然而，使用地毯能够让这些环境更加持久，因为地毯可以根据需要来使用。针对该录音棚的高频吸声作用，我们可以选择吸声砖来获得。

22.7.2 声学装修的建议

声学装修建议的房间处理方法如图 22-4 所示。在南墙和北墙上与天花板交叉部位的多圆柱体是可以被看到的。一个较大的多圆柱体 A 在中间，它的两侧伴随着多圆柱体 D。在多圆柱体 D 和多圆柱体 B 之间使用轻质的固定装置，它的长度与房间长度相同。天花板上的多圆柱体模块，正对着覆盖有乙烯基瓷砖的硬反射地板，应放置垂直方向的颤动回声。

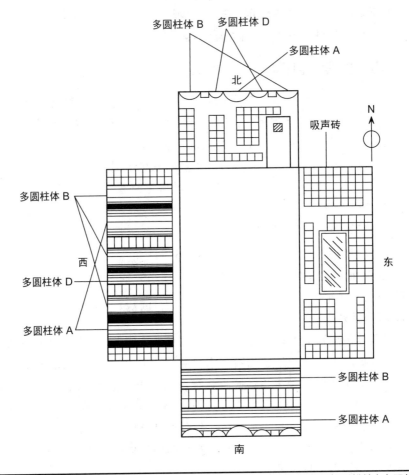

图 22-4　音乐录音棚展开后的平面图，其尺寸为 25ft×16ft×10ft。我们使用多圆柱形模块（多圆柱体 A、B、C 和 D）以及吸声砖作为吸声材料。墙面和天花板上的多圆柱体，它们的轴向是相互垂直的

在西面的墙上，配有两个 A 型多圆柱体，三个 B 型多圆柱体，以及一个 D 型多圆柱体，它们与地面之间垂直排列，同时与天花板上的多圆柱体之间也是垂直的。四列与地面垂直，且厚度为 3/4in 的吸声砖，被放置在西面墙的两个墙角位置。每个墙角有两列，该处有着较好的吸声作用，我们将会在下面讨论。这就打破了东西墙面的声学对称布局，较好地减少了东西墙之间的颤动回声问题。未处理的墙面涂以灰泥。

南墙有水平排列的 A 型多圆柱体和 B 型多圆柱体各一排，以便每一组模块的轴垂直于其他两个模块组。两排水平排列的吸声砖被放置在离地面 4~6ft 的位置（这是一个站立的人的头部高度）。除了西墙外，所有墙面在该高度都放置了高频吸声体。在这种房间布局下，表演者最好面对东墙站立。

当确定了多圆柱体模块,并使用了适当的吸声系数,就可以计算 6 个频段的吸声量,如表 22-3 所示。多圆柱体模块的吸声作用有以下两种计算方式:中空模块和内部填充玻璃纤维的模块。可以看出中空模块在低频的吸声略显不足,而在中频有着相当多的额外吸声。内部填充玻璃纤维的多圆柱体模块可以在低频吸声方面达到令人满意的效果。选择此种情况,利用表 22-3 的计算结果,内部填充的多圆柱体模块吸声情况如图 22-5 所示。

表 22-3　一个小工作室的房间条件、吸声和混响时间的计算

		尺寸: 25 ft × 16ft × 10 ft 容积: 4000 ft³ 地面: 乙烯基地板砖 墙体: 石膏墙面											
材料		面积 (ft²)	125Hz		250Hz		500Hz		1kHz		2kHz		4kHz	
			α	Sα	α	Sα	α	Sα	α	Sα	α	Sα	α	Sα
内部空心的	多圆柱体 A	232	0.41	95.1	0.40	92.8	0.33	76.6	0.25	58.0	0.20	46.4	0.22	51.0
	多圆柱体 B	271	0.37	100.3	0.35	94.9	0.32	86.7	0.26	75.9	0.22	59.5	0.22	59.6
	多圆柱体 D	114	0.25	28.5	0.30	34.5	0.33	37.6	0.22	25.1	0.20	22.8	0.21	23.9
	总吸声量			223.9		222.2		200.9		159.0		128.8		134.5
内部有材料填充	多圆柱体 A	232	0.45	104.4	0.57	132.2	0.38	88.2	0.25	58.0	0.20	46.4	0.22	51.0
	多圆柱体 B	271	0.43	116.5	0.55	149.1	0.41	111.1	0.28	75.9	0.22	59.5	0.22	59.6
	多圆柱体 D	114	0.30	34.2	0.42	47.9	0.35	39.9	0.23	26.2	0.19	21.7	0.20	22.6
	总吸声量			255.1		329.2		239.2		160.1		127.7		133.4
¾in 厚的吸声砖		274	0.09	24.7	0.26	76.6	0.78	213.7	0.84	230.2	0.73	200.0	0.64	175.4
空心多圆柱体的吸声量(赛宾)				248.6		296.9		414.6		389.2		328.8		309.9
实心多圆柱体的吸声量(赛宾)				279.8		405.9		452.9		390.3		327.7		308.8
空心多圆柱体的混响时间(s)				0.79		0.68		0.47		0.50		0.60		0.53
实心多圆柱体的混响时间(s)				0.70		0.48		0.43		0.50		0.80		0.63

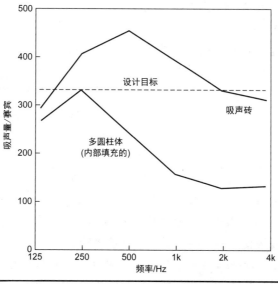

图 22-5　在图 22-4 的音乐录音棚当中,多圆柱吸声模块(填充玻璃纤维)和吸声砖对整个房间吸声量的相对贡献

厚度为 3/4in 的吸声砖，它在高频部分的吸声系数为 0.73，与以上多圆柱体模块的计算有着相同的步骤，我们需要 $200/0.73=274ft^2$ 的吸声砖。额外的吸声砖被添加到房间里，分布在录音棚的周围，直到铺满 $274ft^2$ 的面积。通过表 22-3 的计算，获得了图 22-5 所示的吸声砖和多圆柱体模块吸声量随频率的变化情况。

我们必须始终意识到，像这样的吸声量计算是缺乏精度的。这些曲线似乎是精确的，但是必须注意尽量避免由轴向模式所造成的频率响应异常。例如，可能需要额外的扩散。简而言之，成功的声学设计所需要的不仅仅是计算，它还需要经验及训练有素的耳朵。

请注意，当设计一个小型录音棚时，很容易对主要结构做预算，如墙、地面和天花板结构，但是通常会忽略声闸的处理、门及其密封、电缆穿过墙壁、照明设备、观察窗和其他与录音棚有关的细节。如果不妥善处理这些问题，并且在声学设计和预算期间进行解决，将会产生一系列的严重问题。

在以前的章节当中，我们已经讨论了混响及如何计算和测量（第 11 章），吸声体（第 12 章），房间共振（第 13 章），如何获得扩散（第 9 章和第 14 章），噪声控制（第 16 章到第 18 章）和通风设备（第 19 章）。所有这些都是在录音棚设计当中所需要的部分，无论其大小。

22.8 知识点

- 商业录音棚内的噪声和振动水平必须低于任何其他工作空间，并在家庭录音室可以容忍的水平以下。
- 房间模式主要对其低频区域有影响，而镜面反射决定了房间的高频特性。300Hz~500Hz 是一个过渡区域。虽然每种分析都有其局限性，但它也能够提供有用的设计指导。
- 在小房间中，应当选择一个合适的房间比例，来让其轴向模式频率的分布相对均匀。
- 在容积小于 $1500ft^3$ 的录音棚中，其频率响应有时会有非常严重的异常，以至于小型录音棚不适合进行音乐的录制。
- 在一个小房间里，赛宾公式背后的假设是不被满足的。因此，利用该公式进行混响时间的预测虽然有用，但可能并不准确。
- 由于涉及许多其他因素，所以对于任何房间来说，都没有特定的最佳混响时间。然而，在合理假设的情况下，可以产生一些混响时间，它们对许多种类的录音都是有用的。
- 利用房间反射的空间多样性，扩散提供了一种空间感，同时也有助于控制房间的共振效应。在实践中，很难在录音棚内提供过多的扩散。
- 在许多设计的录音棚设计当中，妥协是不可避免的，而且有些声音缺陷并不总是值得花费成本去补救。事实上，从声学和预算的角度来看，设计师的工作是用来决定哪些妥协是可以被接受的，哪些是不能被接受的。
- 人们必须始终意识到吸声量的计算并不是精确的。这些曲线似乎是精确的，但必须注意避免由于轴向模式和其他条件所引起的频率响应异常。

23

大型录音棚的声学

为录制流行音乐而设计的大型录音棚是专业音乐录音行业中的旗舰产品。大型录音棚通常是规模宏大的建筑和声学项目，在考虑设备成本之前可能要花费几百万美元。为了方便在那里完成工作，大型录音棚通常包含一些非常独特的建筑特征，如鼓房和声乐室。像这种录音棚可以被用来录制各种各样的音乐，如流行、摇滚、嘻哈、说唱、R&B、乡村、黑人流行音乐（soul）和爵士乐。古典音乐，特别是带有大型表演团体的音乐，通常需要更大的声学空间和较长的混响时间，比如音乐厅。

任何录音棚，无论面积大或者小，在声学要求方面都是至关重要的。这是一个音乐表演被录制且被保存下来的地方。伴随着音乐表演的进行，录音棚内声学缺陷和异常也被记录下来，并随着作品的重放被无数次展现出来。因此，录音棚的声学处理必须经过精心设计和建造，从而使声学效果成为令人愉悦的音乐补充，同时也需要相对中性的效果，即其声学效果不能干扰到音乐本身。

在一个大型录音棚内录制流行音乐时，其混响时间应该相对较短，混响时间小于 0.4s 是较为常用的数值。较短的混响时间能够产生相对较干的声轨，特别是当声源距离话筒较近的情况下。这使得我们在混音的过程中，能够较为容易地单独向这种声轨中添加数字混响和其他效果。过少的吸声只会让录音棚内声场过于活跃。然而，过多的吸声也是有问题的，因为音乐家们需要一些混响才能够在表演过程中感到舒适。因此，适当的吸声处理是录音棚声学设计中的关键因素。

在大型录音棚（及其控制室）中一定会录制较高声压级的声音。录音室内的较高声压级串扰到控制室，会对录音过程中产生不利的影响。显然，理想情况下，我们仅能听到控制室监听音箱的声音。相反，控制室内较大声压级的监听音箱也可能被录音室内的话筒拾取到。因此，控制室与录音室之间的墙体，以及录音室内不同录音空间之间的墙体，必须能够提供良好的隔声效果。虽然不是非常关键，但在主要的录音区与其他房间（如鼓房和声乐室）之间也需要一定的隔声。

此外，我们必须采取预防措施，以避免对录音棚外的人造成噪声侵扰问题。对高声压级的音乐进行隔声处理，是一个非常具有挑战性的技术。如果录音棚内或控制室的声压级达到 120dB（接近听觉痛阈），就需要一堵隔声量为 50dB 的墙，将音乐声降到一个可以容忍的水平（70dB）。在许多情况下，小于 70dB 的设计目标需要更大的传输损耗。因此，这里所提出的录音棚声学设计当中，隔声是应当最先考虑的。为了实现较好的隔声效果，许多专业的录音棚都大量采用了砖石结构。然而，与框架结构墙体相比，砖石结构不能提供较好的低频吸声效果。因此，针对此类结构的房间来说，使用低频陷阱或其他手段来提供足够的低频吸声是非常重要的。

23.1　大型录音棚的设计标准

　　针对该录音棚的设计案例，我们将假设录音棚所使用的空间位于现有的混凝土建筑的一层。此外，该录音棚位于建筑的一个角落。它有两堵外墙和两堵内墙，且在同一层，楼上都有邻居。我们仔细考虑了地板和墙壁的隔声标准。为了帮助保持房间与房间之间的隔声，还专门包含了一个声闸。此外，声学设计需要提供一个合适的扩散及混响时间。

　　在这个设施中的控制室，只能通过南墙上的观察窗来进行沟通。控制室的设计是一个单独的项目，本章中将不再讨论，在第 24 章中对其进行详细的描述。为了尽量减少房间之间的声音串扰，并保持相对较低的背景噪声，对 HVAC 的噪声控制也是非常重要的。这些话题我们已经在第 16~19 章之间进行了讨论。

23.2　建筑平面图

　　图 23-1 为这种录音棚的平面图。它的整体尺寸为 37.25ft×32.25ft×16ft。该录音棚包括一个鼓室、一个声乐室、一个设备储藏室、一个挡板存储区和一个通向控制室和外部的声闸。在南墙上有一个控制室的窗户。录音室内约一半的地面铺着地毯，另一半使用木质地板。不同的地面覆盖物提供了不同的声学特征，从而在录音时声场有了更多的选择。然而，由于地面覆盖物是永久性的，因此它失去了一定的灵活性。该录音棚的容积相对较大，约为 15220ft³。

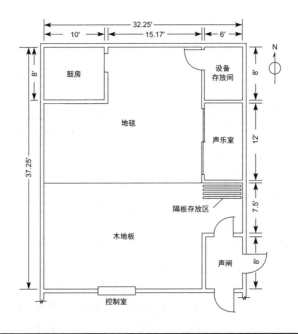

图 23-1　一个大型多轨音乐录音棚的平面图

23.3 墙的部分

图 23-2 表示了 D–D、E–E、F–F 和 G–G 部分（A–A、B–B 和 C–C 部分为鼓室墙，稍后将进行讨论）。D–D 和 G–G 部分为外墙，E–E 和 F–F 均为内墙。鼓室、声乐室和设备室的内墙没有绘制出来，它们均由在金属凹槽两侧覆盖单层厚度为 5/8in 石膏板组成。以图 23-2 作为指南，可以单独检查每一面墙体。

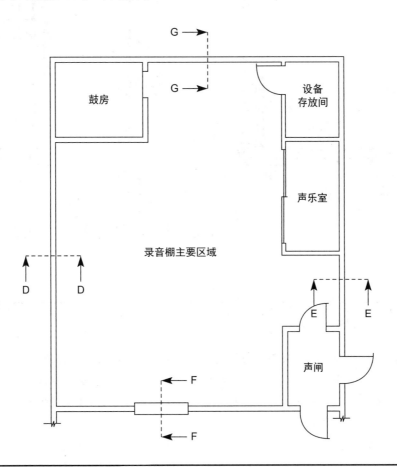

图 23-2　一个大型录音棚的四个墙体部分布局图

23.3.1　D–D 部分

如前所述，在录音棚设计当中隔声是一个关键因素。因此，在设计中可以加入一个浮动地板。图 23-3（A）展示了墙体 D–D 和 E–E 部分。4in 厚的水泥地板（5），漂浮在压缩玻璃纤维或氯丁橡胶垫上。在 3/4in 厚的夹板铺设到位，并用塑料薄膜覆盖之前，不应进行混凝土浇筑。这样做可以防止混凝土渗入到裂缝，形成坚固的硬块并支撑到地面结构当中。将浮动地板与墙体分开的玻璃纤维边界板也用一层塑料薄膜覆盖。浮动混凝土地板必须与建筑结构完全隔离才有效。我们必须选用数量足够的橡胶垫，使其足以承受混凝土地板和浮动墙体的重量，并具有约 15% 的偏移量，从而实现橡胶垫的全部弹性。然而，为了获得最佳性能，我们必须仔细分析地板的重量和橡胶垫的静态偏移量。特别是，我们必须计算出地板的共振频率。作为一种低成本的替代方案，我们可以使用木质浮动地板来代替。进一步针对浮动地板的讨论，我们已经在第 17 章展开讨论。

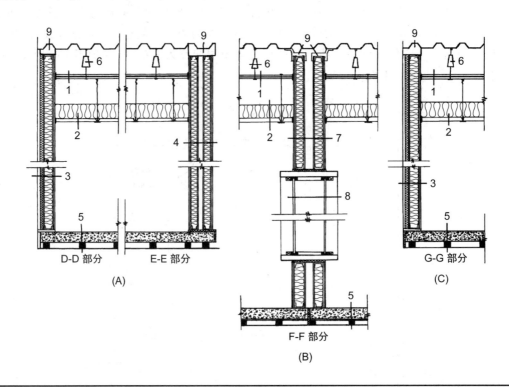

图 23-3　一个大型录音棚的墙体部分（A）D–D 和 E–E 部分，外墙和内墙（B）F–F 部分，控制室与录音室之间的内墙（C）G–G 部分，外墙

录音室内所有的内墙都支撑在浮动地板上。上部天花板（1）通过弹性隔离吊架（6）悬挂在建筑结构上，它由两层 5/8in 厚的石膏板制成，中间用高密度乙烯基隔开。这是用来提高对二楼住户隔声的一种方法。浮动地板、四面墙体及隔声天花板共同组成了一个空间来对录音棚内的音乐声进行衰减。

较低的隔声天花板（2）采用标准的 T 形框架悬架，其后留有 16in 的空腔，符合标准 C–400（400mm）的安装要求。采用 Tectum 嵌入式天花板，尺寸为 1in×24in×24in，放置在 T 形框架中，并在面板顶部覆盖有 6in 厚的玻璃纤维。该部分还展示了墙壁固定器（9），它设计用来将墙体与建筑结构隔离开来。Tectum 面板是由阿姆斯特朗世界工业公司（Armstrong World Industries）制造的。

一个间隔墙（3）建造在西墙旁边的位置，间距为 2in。在这个空腔内用 1.5in 的玻璃纤维松散填充，并把一层厚度为 5/8in 石膏板固定在金属立柱和凹槽上。墙体的内部空间填充了 4in 厚的低密度建筑保温材料，并用双层 5/8in 厚的石膏板作为内墙墙面。与其他对声学敏感的结构一样，所有裂缝和接缝都应填充声学密封胶，其目的是使内部空间独立密封。空气能够通过的缝隙也会让声音穿透，这样就破坏了精心设计的墙壁、地板和天花板的隔声效果。所有的金属壁板都应当进行声学密封。

通过使用弹性悬架（6）、浮动地板（5）和间隔墙（3）将录音室空间与建筑结构隔离开来。因为混凝土建筑结构是一种优良的噪声传导结构，它能够将噪声有效地传入和传出录音室。我们花费资金建造这种结构的目的是将临近的设施与录音室隔离开来。

23.3.2 E–E 部分

E–E 部分［如图 23-3(A) 所示］与 D–D 部分的唯一区别特征是使用了双层墙体（4）。这是一堵贯穿录音室长度方向的内墙。两层墙体之间的间隔为 2in。每一层墙体都包含标准的金属立柱和凹槽，内部使用 5/8in 厚的石膏板，外部使用相同厚度的双层石膏板结构。墙内填充 4in 厚的玻璃纤维。虽然没有具体说明，但将 5/8in 石膏板的外层安装在弹性胶条上有利于将其传输损耗提高几个分贝。

23.3.3 F–F 部分和 G–G 部分

如图 23-3（B）所示，为 F–F 部分。它展示了将录音室与控制室分开的双层墙体（7）。该墙体需要提供较高的传输损耗，以确保录音室的声音不会影响到控制室内的监听，反过来，控制室中监听音箱的声音也不会串扰到录音室内的话筒里。双层墙体与 E–E 部分中墙（4）的构造相同，只是其间距变为 6in。

墙体中嵌入了一个具有双层玻璃的观察窗（8）。由于大多数窗户的传输损耗要比周围的墙体低，因此在窗户的设计中必须谨慎，以确保它不会破坏墙壁整体的隔声性能。窗户使用两块较重且厚度不同的玻璃板（或夹层玻璃），每块玻璃都通过橡胶条与框架隔离。而窗户框架又通过压缩玻璃纤维或氯丁橡胶垫与墙体结构隔离。每块玻璃板都安装在所对应的独立墙体上。在一些设计中，会使用第三个内部承重墙。或者，也可以使用管子进行支撑。如果添加第三块玻璃面板，能够略微改善一下高频的隔声效果。但此时必须确保低频隔声效果没有下降。我们已经在第 18 章讨论了观察窗的设计问题。

在两个玻璃面板之间的表面，使用开孔泡沫或玻璃纤维作为内衬。在一些设计中，这个空腔也可以使用赫姆霍兹吸声体。如果需要，窗户的玻璃面板可以向下倾斜一个角度。这或许可以有效地使声音向下倾斜，来防止房间内出现不必要的反射。此外，这个角度还可以减少光线的反射。同时，这个角度使得墙体的上部距离更远，这可以为拱腹安装的监听音箱提供更多的空间。当设计针对拱腹安装的音箱支架时，必须注意确保音箱被适当地隔离，且声音不会进入录音室。

G–G 部分如图 23-3（C）所示。该部分所有特性都已经在前面讨论过了。

23.4 录音室的声学处理

录音室的北墙上覆盖有 2in 厚的 Tectum 面板，它采用 C–40（40mm）标准安装，如图 23-4 所示。采用 C–40 安装（不要与 C–400 安装混淆），面板伸出墙面固定在 2in×2in 的木条上（净尺寸约为 1.5in）。这种与墙面保持适度间距的面板提高了其吸声效果，使其在 250Hz 以上具有较高的吸声特性。

南墙包含与控制室相连的隔声窗，以及一个功能性的艺术装饰区。一个录音室可能有着优秀的声学效果和较差的美学效果。有些人可能会把单调和较差的音质联系在一起。音乐家是唯美主义者，我们可以推断他们自身和客户都将会欣赏录音室内具有装饰效果的吸声墙面。因此，录音室的南墙（见图 23-4）将是装饰性声学面板很好的安装区域。许多制造商都能够提供这种定制化的面板，它可以对图案、颜色、尺寸、形状和边角处理等方面进行定制。降噪系数（NRC）标称为 0.9。如果由于预算或审美等问题不能进行这种装饰性的商业声学处理，我们可以利用玻璃纤维板来完成低成本的吸声处理，正如第 12 章所描述的那样。

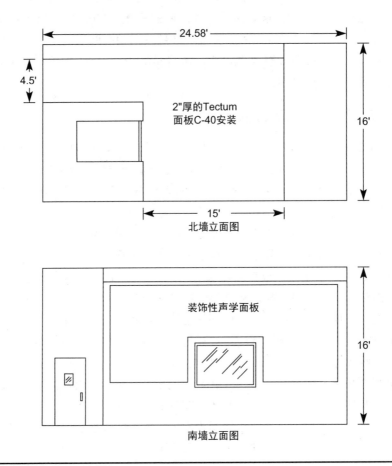

图 23-4　一个大型录音棚的南北内墙

　　东墙被许多门和其他开口所破坏。墙面只能容纳一个 4~6ft 宽的吸声板，其长度与录音室的长度相等，如图 23-5 所示。

　　西墙包含了一排高 10ft、宽 24in 的摆动面板，它覆盖了宽度为 24ft 的墙面区域。每扇摆动面板都是铰链式的，内侧为吸声面，外侧为反射面。当每扇摆动面板打开时，它不仅能将自身的吸声面展现出来，同时也暴露了相同面积的吸声区域。当所有的摆动面板都打开时，整个 10ft×24ft 的区域都是吸声面。

　　西墙上的摆动面板并不是为了改变混响时间而设计的，因为其面积仅为 240ft²，不足以对录音室内的混响时间造成很大的影响。这些摆动面板所提供的反射和吸声区域，是为了方便音乐家来进行选择，以实现他们想要的声学效果。请注意，在录音室北端墙面的 Tectum 面板是吸声性的，而这一排摆动面板是接近音乐家的其他吸声区域。

　　地面大约为一半地毯和一半木地板（如图 23-1 所示）。这两个区域之间交界处为曲线会看起来更好，但风格应该由使用者来绘制。即使吊顶的后部空间被空调管道和电气设备所占用，它仍然是一个具有较高吸声能力的表面。

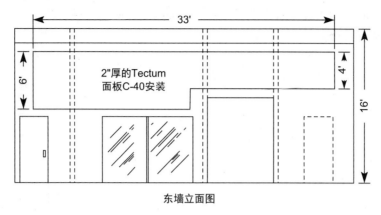

东墙立面图

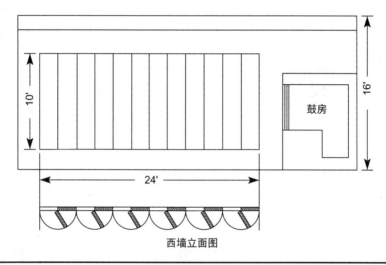

西墙立面图

图 23-5 一个大型录音棚的东西内墙

23.5 鼓房

鼓房的建造目的是降低录音室内击鼓时，在其他乐器（和话筒）位置所产生的较大声压级，同时提供一个录制鼓声时相对较干的声学环境。图 23-6 为所推荐鼓房的等距示意图。图 23-7 为它的结构细节图纸。

鼓房的尺寸为 8ft×10ft×11ft，其南侧和东侧都有开口，可以在里面清晰地看到录音室和控制室的观察窗。鼓房为木地板，它上面使用厚度为 1.5in 的榫槽木板，下面采用间隔 16in 的 2in×8in 龙骨，并在内部填充沙子使其钝化。整个地板通过类似浮动地板所使用的压缩玻璃纤维或氯丁橡胶垫与建筑结构之间进行隔离。地板必须是结实且不产生振动的。如果有需要，为了提高隔声效果，可以在鼓房的开放位置安装双层玻璃窗，也可以安装实心门或滑动玻璃门。或者，如果没有更高的隔声需求，鼓房入口位置可以保持开放。

为了改善鼓房内的环境声场，天花板采用 2in×12in 的框架，内填玻璃纤维建筑保温材料，使其具有很高的吸声性能。鼓房的北墙和西墙是厚度为 3/4in 的胶合板反射面，但通过将 1/2in 的开孔并间隔 7in 排列，使其成为共振吸声结构。这两面墙在 80Hz 区域具有共振吸声峰值，而在 150Hz 以上频率吸声性能较差。这种吸声有助于减轻底鼓的声音，同时为鼓手提供了足够的声音反馈。

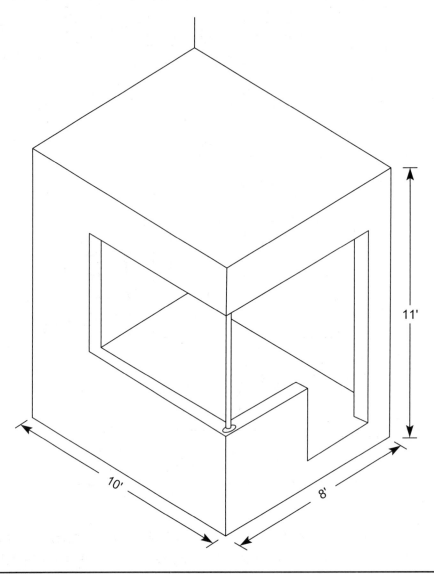

图 23-6　一个鼓房的等距视图

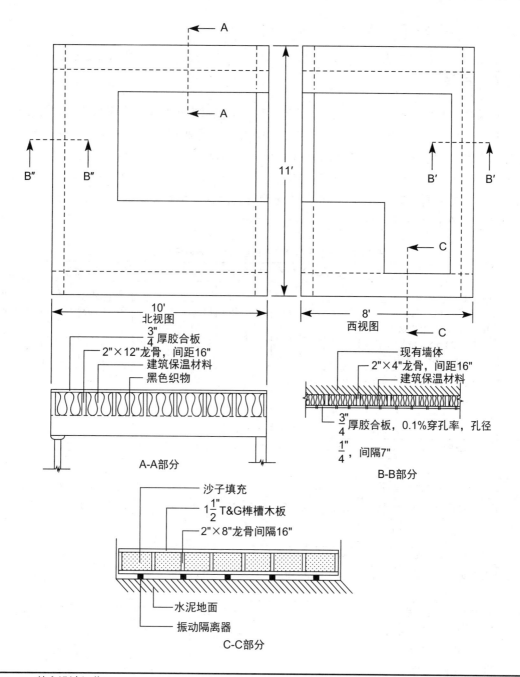

图 23-7　鼓房设计细节图

23.6　声乐室

声乐室是一个 6ft×12ft 的空间，有着一个滑动玻璃门通向录音室，该门为声乐室提供了入口以及绝佳的视野。当该滑动玻璃门关闭时，能够提供 20dB 到 25dB 的隔声量，并遵循平方反比定律。声乐室的内部应当使用类似玻璃纤维板的吸声材料。此外，应当增加控制房间轴向模式的声学处理。类似低频陷阱这类的吸声体放置在角落位置将会是对声乐室的最佳处理。声乐室将会在第 25 章有着更加详尽的讨论。

23.7 声闸

在录音棚的平面图中（如表 23-1 所示）我们可以看到一个声闸。内门通向录音室区域，第二扇门通向控制室，第三扇门通向外部。声闸的目的是相当明确的，即使打开一扇门，其他门也会提供一些隔声措施。当两扇门都关闭时，声闸提供了远高于一扇门的隔声量。为了提供这种额外的隔声量，声闸的内部应该进行吸声处理。虽然录音棚布线是在本书范围之外的，在声闸的墙面上安装话筒 / 耳机面板是明智的。这个声闸能够提供非常干的录音空间。第 18 章，我们已经对于声闸做出了进一步的讨论。

表 23-1　一个大型录音室的吸声和混响时间计算

材料	面积（ft²）	125Hz		250Hz		500Hz		1kHz		2kHz		4kHz	
		α	Sα	α	Sα	α	Sα	α	Sα	α	Sα	α	Sα
吊顶：C–400（16in）Tectum 天花吸声砖 1in×24in×24in 铺放 6in 厚的玻璃纤维内衬垫	956	1.01	965	0.89	850	1.06	1,013	0.97	927	0.93	897	1.13	1,680
东墙板：Tectum 墙板 C–40 安装，厚度 1½ in	164	0.42	69	0.89	146	1.19	195	0.85	139	1.08	177	0.94	154
西墙可调节面板													
全部打开	240	1.0	240	1.0	240	1.0	240	1.0	240	1.0	240	1.0	240
全部关闭	0		0		0		0		0		0		0
南墙板：装饰性声学面板	210	0.16	34	0.47	99	1.10	231	1.14	239	1.05	221	1.04	218
北墙：完全覆盖 Tectum 墙板 C–40 安装，厚度 1½ in	252	0.42	106	0.89	224	1.19	300	0.85	357	1.08	272	0.94	237
鼓室天花板	80	1.0	80	1.0	80	1.0	80	1.0	80	1.0	80	1.0	80
北墙和西墙：0.1% 的穿孔率，4in 深	128	0.8	102	0.3	38	0.2	26	0.15	19	0.15	19	0.1	13
地板，厚重地毯	448	0.08	36	0.24	108	0.57	255	0.69	309	0.71	318	0.73	327
地板，木地板	465	0.02	9	0.03	14	0.03	14	0.03	14	0.03	14	0.02	14
总吸声量（赛宾）			1,641		1,799		2,354		2,324		2,238		2,365
当西门打开时混响时间（s）			0.45		0.41		0.32		0.32		0.33		0.32
当西门关闭时混响时间（s）			0.53		0.48		0.35		0.36		0.37		0.35

23.8 混响时间

多轨录音需要将话筒靠近声源或直接输入到声轨已获得足够的轨道分离度。为了便于近距离拾音，录音室应当具有较短的混响时间。此外，混响时间的计算对于平衡不同区域和材料的吸声性能具有重要意义。在这个录音室的设计当中，几乎所有可用的天花板和墙壁面积都已用吸声材料覆盖。换句话说，对于一个容积为 15220ft³ 的房间来说，其混响时间已经非常短了。混响时间的计算还允许我们检查房间内吸声的分布情况。表 23-1 给出了所有混响时间计算结果，以及针对每个吸声单元对房间整体声学的贡献。

对于 6 个标准频率来说，将给定材料的吸声系数 α 乘以该材料的面积 S 得到吸声量，以赛宾表示。对于给定频率，将所有这些吸声体单元的吸声量相加，则得到总吸声量 A，从而可以利用以下公式对该频率的混响时间进行估算：

$$RT_{60}=\frac{0.049V}{A}$$

（23-1）

其中，RT_{60}= 混响时间（s）

V= 房间容积（ft^3）

$A=S\alpha$= 房间的总吸声量（赛宾）

已知 V=15220ft^3，并利用表面积 S 和吸声系数 a，我们能够使用公式计算出不同频率的 RT_{60}。计算出的混响时间，在图 23-8 中绘制出来，它分为摆动面板打开和关闭两种情况。这些面板可能永远不会为了调整混响时间而被移动。我们不可能感受到 500Hz 处混响时间从 0.32s 到 0.35s 变化的所带来的差异，而这个混响时间的变化则是由摆动面板所引起的。这些面板的调整主要是为了改变面板附近区域的声学环境，以适应不同的音乐家。一位音乐家可以很容易地感觉到靠近硬墙和软墙演奏的差异。

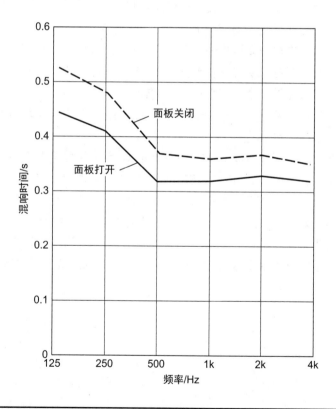

图 23-8　一个大型录音棚的混响时间曲线

411

23.9　知识点

- 在大型录音棚中录制流行音乐的混响时间应该相对较短。过少的吸声会让录音棚的声场过于活跃。然而，过多的吸声也是有问题的，因为音乐家需要一些混响才能舒适地演奏。

- 在录音室中的高声压级串扰到控制室内，会对录音产生不利的影响。理想情况下，只有控制室内的监听音箱可以被听到。相反，在控制室内监听音箱的高声压级也会被录音室内的话筒拾取到。因此，录音室与控制室之间的墙体必须提供较好的隔声效果。

- 录音棚的平面图包括一个鼓室、声乐室、设备储藏室、障板存放区和声闸。其容积约为 15220ft^3。控制室的设计没有在本章讨论。

- 浮动地板包括混凝土板以及在其下面的压缩玻璃纤维或氯丁橡胶垫。该垫子必须能够承受混凝土地板以及浮动地板上墙体的重量。上层天花板通过弹性隔离吊架从建筑结构中悬吊下来。

- 浮动地板、周边墙壁和吸音天花板构成的内部空间用来对其内部音乐声进行衰减。

- 隔墙上的所有裂缝和接缝都应使用声学密封胶进行填充。允许空气通过的裂缝也将允许声音穿过，从而破坏了所设计的隔声目标。

- 控制室的窗户使用了两块玻璃，每一块都通过橡胶条与框架隔离。框架由压缩玻璃纤维或氯丁橡胶垫与墙体结构进行隔离。每块玻璃镶嵌在所对应的独立墙体上。

- 鼓房的建造目的是在录音室内击鼓时，降低在其他乐器（和话筒）位置所产生的较大声压级，同时提供一个录制鼓声时相对较干的声学环境。

- 鼓室的整个地板利用压缩玻璃纤维或氯丁橡胶垫与建筑结构之间进行隔离。地板必须是结实且不产生振动的。

- 为了降低鼓室内的环境声场，鼓室的顶棚被设计成具有较高的吸声特性。鼓室的墙面可以被制成在 80Hz 区域内具有较高吸声特性的共振腔吸声体。

- 即使打开了一扇门，声闸也能起到一定的隔声作用。当两个门都关闭时，声闸提供了比单扇门更好的隔声效果。声闸内部应当具有较好吸声特性。

- 在这个录音棚的设计当中，摆动面板只在整个混响时间当中提供了轻微的变化。然而，这些面板能够改变面板附近区域的声学环境，以适应不同的音乐家。

24

控制室的声学

在建筑声学领域当中，控制室的声学设计是高度专业化和独特的。当代的控制室设计，可以提供非常优秀的声学表现。控制室本身有着非常独特的需求，它需要为听音（混音）位置提供高质量的声音重放。这在概念上类似于高端的家庭听音室，而它们之间也有着较大的差别。听音室的主要目的是，为听众提供一种愉悦的听音体验，它对重放准确度的需求并不十分强烈。而在控制室内，重放声音的准确性是非常重要的。录音师在所有录音和混音当中，对监听音箱重放声音的判断，从很大程度上都取决于房间内的声学状况。如果声音还原不准，那么录音师对声音的判断将会产生误差。例如，在控制室的混音位置，如果存在过多的低频提升，那么录音师将会被误导并对其进行相应的衰减。这将导致，在该房间制作出来的录音作品缺少低频。

本章重点介绍控制室的声学问题，这些房间通常被用来进行声音重放及混音。在这类房间里，音箱/房间交界处的声学是至关重要的。其中有利于实现声音准确还原的条件是，相对于监听音箱来说，听音者的位置是固定且已知的。在前面的章节我们已经讨论了录音棚内录音室的声学问题，此类房间通常被用作进行音乐表演及利用话筒进行拾音。

24.1 初始时间间隙

初始时间间隙（ITDG）是一种声学衡量指标，它被用来检验声场中的早期反射声。ITDG的定义是到达座位的直达声与第一次反射声之间的时间差。在较小且私密的房间中，由于反射表面更靠近听音者，因此ITDG是很小的。在较大的厅堂当中，ITDG会比较大。通过对大量的音乐厅参数分析，Beranek发现，那些被专业人士评价很高的音乐厅都有着一个相似的技术指标，其中也包括相似的ITDG值。评价高的音乐厅，ITDG的值约为20ms。在音质较差的厅堂里，由于没有进行反射声控制，因此它所产生的ITDG值是有缺陷的。初始时间间隙是Beranek为了描述音乐厅声学特征而发明的，然而这个原理也可以被用在不同种类的房间当中，其中也包括录音室和控制室。

在未做声学处理的控制室当中，它所产生的初始时间间隙，如图24-1（A）所示。直达声通过音箱直接到达混音位置。不久之后，来自房间前面音箱附近表面的反射声到达混音位置。它们是第一批到达的反射声，因为它们的传播路径长度比其他后续的反射声要短。这些早期反射声，在混音位置处产生了梳状滤波效应。之后，来自地板、天花板或其他物体的反射声会到达混音位置。直达声与反射声之间的时间间隙是由特定房间的几何形状所决定。

Don Davis 和 Chips Davis 通过利用时间延时谱法（time-delay spectrometry）的测量技

术，分析了录音室和控制室初始时间间隙的影响。时间延时谱法揭示了与来自控制室监听音箱附近表面（及混音控制台表面）早期反射声相关的梳状滤波效应。通过观察发现，尽量减少梳状滤波效应的一种方法是消除或者减少控制室内的早期反射声。通过在控制室前方监听音箱附近，放置吸声材料可以解决这个问题，如图 24-1（B）所示。

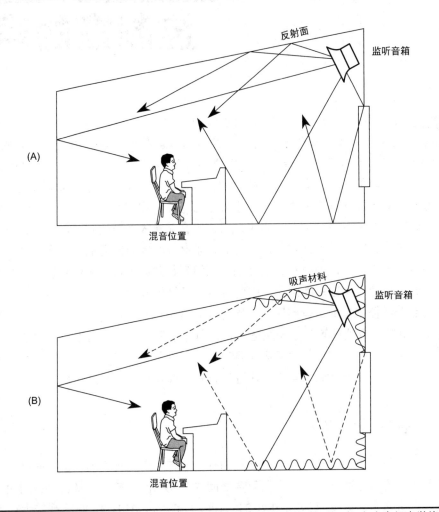

图 24-1　初始时间间隙描述了直达声和早期反射声分别到达混音位置的时间差。(A) 在未经声学处理的控制室内，来自房间前面监听音箱的早期反射声会在混音位置产生梳状滤波效应。(B) 在经过声学处理房间里，我们把吸声材料放置在监听音箱附近，能够减弱这些早期反射声

在简化形式当中，图 24-2 展示了通过适当设计及处理后，控制室内时间与能量的关系。当时间为 0 时，信号从监听音箱发出。经过一段时间的传输后，直达声到达混音位置。接下来会跟随着一些较为杂乱且声压较低的声音（如果低于直达声 20dB 则可以忽略），在此之后，是来自房间后方的反射声与再后来的反射声，共同构成了初始时间间隙的末端，同时这也是指数混响衰减的初始位置。

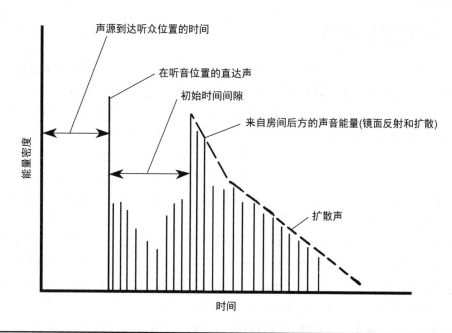

图 24-2　在一个已经完成声学处理的房间当中，初始时间间隙是比较清晰的。来自房间前方的早期反射声尽管仍然存在，但是它们已经受到房间前方吸声材料的衰减

24.2　活跃端 – 寂静端

Don Davis 和 Chips Davis 实验性地在控制室整个前部表面安装吸声材料，并利用时间延时谱进行分析，所得到的结果是令人振奋的。控制室内的声音清晰度及立体声像均有所改善。同时，房间的周围环境也更加有空间感。给控制室一个精确的初始时间间隙，会让听众感受到更大的空间感。

在控制室前方的观察窗附近，我们可以在其表面覆盖吸声材料，这样做可以有效改善房间音质。一旦在控制室前方位置进行了吸声，我们的注意力自然会转移到房间的后方。如果我们的声学设计在后面部分也是较"干"的，那么房间整体的吸声量会太大。因此，为了获得适当的混响时间，控制室后面需要进行较为活跃的声学设计。这种控制室结构就被称为LEDE（Live End–Dead End，活跃端 – 寂静端）。房间后面较迟的反射声，没有与前面早期反射声相同的梳状滤波问题。此外，如果后面的反射延时在"哈斯融合"（Haas fusion）区域内，人耳的听觉系统会融合这些反射声，把它们归结到早期反射声中去。来自控制室后面的环境声，会被认为是房间前面声源所发出的。不过，为了避免来自后墙的镜面反射，我们需要在后墙表面安装扩散体。

LEDE 控制室的原理，最初是为立体声的重放而设计的，所以它自然地假设房间内音箱将在前方摆放。在配置多声道音箱系统房间内，LEDE 的设计会更加复杂。然而，避免早期反射声的原则依然是很重要的。根据这个原则，在音箱附近的表面仍然需要较强的吸声设计，从而减少梳状滤波作用。其他表面应该采用扩散设计，以提供良好的扩散作用，不过仍然需要避免镜面反射。更深层次的控制室设计，我们会在下面展开讨论。为了循序渐进，我们先假定为立体声重放系统，然后把这些原理扩展和改进为环绕声重放的情景。

24.3　镜面反射与扩散

在一个镜面反射当中，入射声音能量会从表面反射，其反射角等于入射角，这非常类似于光线在镜子上反射的情况。这样的表面，相对于声音波长来说是平坦且光滑的，所以没有扩散产生的。在一个扩散反射当中，入射能量会被均匀地向各个方向反射。这是由反射表面具有与散射声波的波长大小类似且不规则所引起的。与所有的扩散一样，它与声波的波长有关。例如，约1ft的不规则表面，它将会对波长约为1ft(1kHz)的声音起到扩散作用。然而，对于波长更长的声音来说，同样1ft不规则表面的扩散作用会减弱，且这些低频率的声音会在整个墙面产生镜面反射。此外，对于更短波长的声音来说，无论扩散体的放置角度如何，它都会在这种不规则体上产生镜面反射。

图24-3（A）为镜面反射的一个例子。声音能量通过一个相对狭窄的角度被反射回来。如果相同的声音能量入射到反射相位栅扩散体上，如图24-3（B）所示，反射声音能量将分散在一个较宽的区域。特别是，一个一维扩散体将其声音能量扩散在水平半圆面上。通过改变另一个一维扩散体单元的朝向，能够较为容易地获得垂直半圆面的声音扩散。它与镜面反射面板形成了对比，镜面反射的能量仅分布在由声源位置和反射面板大小所决定的半空间的一部分。

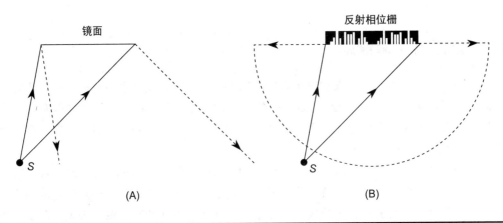

图24-3　反射声音能量的对比。(A)平滑表面所产生的镜面反射（B)在半圆面上，反射相位栅所产生的能量扩散

在镜面反射当中，来自反射表面上一个给定点的所有声音能量会在一瞬间到达。而采用反射相位栅扩散体，反射声波不仅仅在空间上扩散，同时也在时间上扩散。扩散体每个单元返回的能量，会在不同时间到达。这种反射（扩散）能量的时间分布，会产生丰富、稠密的不均匀的混合梳状滤波效果，会使得人耳的听觉系统感觉到愉悦的声场环境。这和稀疏的镜面反射形成了鲜明的对比，镜面反射会让人产生非常不愉悦的频带响应偏差。由于这个原因，扩散单元经常被放置在LEDE控制室后端活跃的区域。

图24-4为反射相位栅扩散体的另一个特点，它使得控制室后端的活跃区域特别令人满意。观察三个侧墙声源R向后墙辐射声音的例子，其反射能量入射到混音（听音）位置L。如果后墙是镜面，其表面上仅有一点把声音反射回到混音位置。而相位栅扩散体的每个单元，都向混音位置反射能量。落在扩散体上的所有声音能量（直达声或反射声），能够向所

有的听音位置扩散。这意味着控制室内较小的"甜点区（sweet spot）"区域变得更加宽阔。

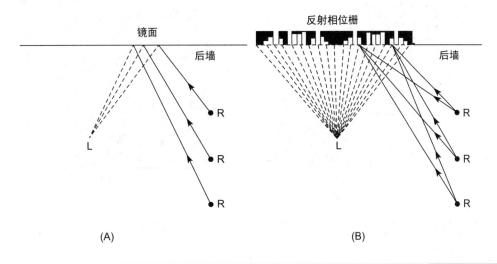

图 24-4　在控制室内的侧墙反射 R，把能量反射回混音位置 L。（A）如果后墙是镜面的，在后墙上仅仅有一个点会把能量反射回混音位置。（B）如果使用反射相位栅，那么每个单元都会把能量反射回混音位置 (D'Antonio)

24.4　控制室中的低频共振

正如我们所看到的那样，房间模式在很大程度上决定了房间的低频响应，特别是一些类似控制室这种小房间。我们可以利用时间 – 能量 – 频率的分析进行检验。图 24-5 是一个三维立体图，它可以展示控制室混音位置处时间 – 能量 – 频率之间的关系。其垂直刻度为 6dB，它指示的不是声压级，而是真正的能量。频率范围为 9.64Hz~351.22Hz，通常该频率范围被认为是由模式共振所主导的。时间范围通常是从后往前，其间隔为 2.771ms 每格，整个时间区域约为 100ms。如图 24-5（A）所示，明显的山脊部分是控制室的模式（驻波）响应，它们共同构成了控制室的低频声学响应。

除了模式响应之外，该分析还包含了有关控制室设计的第二种现象的信息。那就是来自监听音箱的低频声波与来自后墙的反射声之间的相互作用。如果混音位置距离后墙 10ft，那么反射声会滞后于直达声 20ft。延时时间为 t = (20 ft)/(1130 ft/s) =17.7ms。第一个梳状滤波波谷频率为 1/（2t）或 1/(2×0.0177) =28.25 Hz(详见第 10 章)。后续波谷间隔为（1/t）Hz, 发生在 85Hz、141Hz、198Hz、254Hz 等。

在频率响应中，波谷的深度取决于直达分量和反射分量的相对幅度。一种控制波谷深度的方法是吸收直达声的能量，从而降低反射声。然而，这样做就移除了房间内有用的声音能量。另一种方法是建立能够适用于这些低频频率的大型扩散体单元。使用该方法所获得的结果，如图 24-5（B）所示。一个 10ft 宽、3ft 深，高度为从地面到天花板的扩散体，它被放置在中频带扩散体的后面，提供了平滑的频率响应及衰减。这些模式在 100ms 的时间内，衰减约 15dB。也就是说，它的衰减率约为 150dB/s，对应的混响时间为 0.4s，但是不同模式之间的衰减率变化很大。

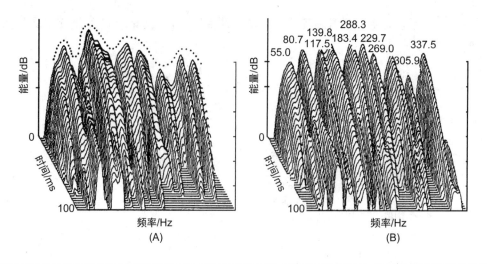

图 24-5 控制室声场当中的三维能量 – 时间 – 频率图形，它展示出房间模式及它们的衰减。（A）未进行声学处理房间的情况，它显示出不均匀的响应（B）通过在控制室后墙安装低频扩散体，可以减少模式之间的相互干扰 (D'Antonio)

24.5 在实际中的初始时间间隙

一条时间 – 能量曲线可以对房间内声音能量的时间分布进行细致评价，且能够显现出初始时间间隙（ITDG）是否存在缺失。图 24-6 显示了三个完全不同的时间 – 能量图，每张图都有着较高的声学质量。其中图 24-6（A）展示了纽约 Master Sound Astoria 录音棚控制室的时间 – 能量图。界限清晰的初始时间间隙、指数衰减（在对数频率刻度下是一条直线），以及较好的扩散，这些都反映出房间是有着较好的声学设计。

图 24-6（B）展示了位于荷兰哈勒姆阿姆斯特丹音乐厅的时间 – 能量图。界限清晰的 20ms 初始时间间隙，使它成为一个高质量的音乐厅。这个音乐厅是由 Beranek 设计的。

世界上有许多音质良好的音乐厅及控制室。然而，在相对较小空间的听音室或者录音室当中，能够归类为良好音质的房间少之又少，这是简正模式及与它相关问题所造成的。图 24-6（C）展示了属于纽约艾伯森音频电子实验室（Audio Electronics Laboratory of Albertson），具有良好音质的小型听音室时间 – 能量图。较为有利的因素在于，它采用了 LEDE 设计，使得 9ms 的初始时间间隙成为可能，其中讲话者和话筒被放置在"寂静端"并朝向"活跃端"。

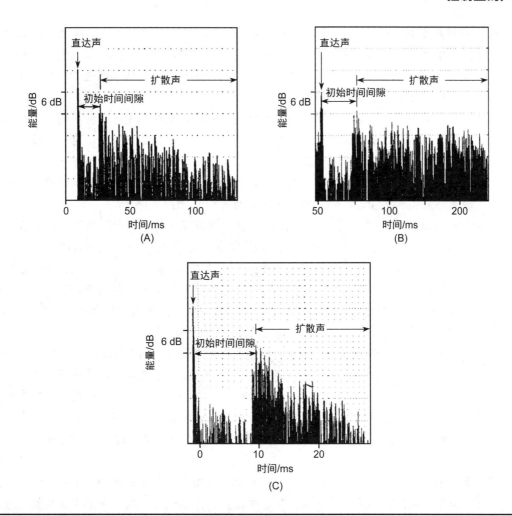

图 24-6　几个差异较大空间类型的初始时间间隙图例，它们每一个都有着较高的声音质量（A）纽约 Master Sound Astoria 录音棚控制室（B）荷兰哈勒姆阿姆斯特丹音乐厅（C）纽约艾伯森音频电子实验室的小听音室（D'Antonio）

24.6　音箱的摆放、反射路径和近场监听

在控制室的声学设计当中，我们主要关心的是对声音的反射控制。Don Davis 和 Chips Davis 建议，通过在表面添加吸声材料的方法，让房间内整个前端变成"寂静"区域。Berger 和 D'Antonio 则发明了另一种方法，它通过改变房间的形状来消除不利的反射，而不是依靠吸声进行控制。在这种方法中，控制室的前端也可以是"活跃"的，但是要使用特定的形状来提供特殊的反射路径。这种方法可以把听音者放置在一个无反射区域，有时它被称为 RFZ（Reflectron-Free Zone）。放置在接近坚硬表面的音箱，会在很大程度上影响它的声音辐射。如果音箱靠近一个独立的坚硬表面，它的输出功率会被限制在 1/2 空间里，这时其辐射功率会增加 1 倍，即提供了 3dB 的增益。如果音箱靠近两个这样的独立表面交叉位置，其辐射功率会被限制在 1/4 的空间里，最终辐射功率将会增加 6dB。如果把它放置在三个这样的独立表面交叉位置，其功率会被限制在 1/8 空间里，音箱的辐射功率将会增加 9dB。

在控制室及家庭听音室中，把监听音箱放置在距离房间三个表面一定距离的位置是常见的做法。如果音箱与表面的距离，相对于重放声音波长来说大很多的时候，会产生一些问题，重放功率的提升效果可能会降低，同时由于直达声和反射声的叠加产生的相互作用，可能会影响到整个重放声音的频率响应。

具体来说，当来自房间边界的反射声与直达声叠加时，这种相互作用会不同程度地增强或减弱听音位置的声音，这取决于反射声和直达声之间的振幅和相位关系。这种幅度具有峰值和谷值的响应被称为音箱边界干扰响应（SBIR）。这种干扰发生在整个频谱当中，但在低频时更为明显。典型的效果是一个低频加强后面紧跟一个波谷。当一个音箱被放置在房间角落里，同时紧邻周围的墙壁时，较强的反射声会使 SBIR 现象更加突出。

如果听音位置在无反射区域（RFZ）内，而点声源放置在有三个面的角落中，会有着较为平直的频率响应，在 RFZ 区域中没有反射声能够发生干涉作用。D'Antonio 扩大了这个区域，并建议把监听音箱放置在由三个张开表面组成的角落里。通过扩展房间的边界，我们可以在听音者附近产生一个无反射区域（RFZ）。利用扩展墙壁和天花板的方法，我们甚至可以把无反射区域（RFZ）扩展到整个控制室，这个区域可以是几英尺高，且有足够的后方空间，也可以把混音位置后面的制片人位置也覆盖进来。

在控制室内唯一有问题的反射，是来自控制台顶部表面的反射。控制台通常放置在两只监听音箱与混音位置之间，同时它的角度通常会让声音反射到混音位置。这种强反射声与直达声是同一方向，其相互作用之后，会在混音位置产生梳状滤波作用。这可能会导致重放声音在音色方面的偏差。在一定程度上，混音位置的梳状滤波作用，能够被房间中不同时间和不同方向的其他反射声所抵消。即便如此，控制台位置的反射问题，依然是许多控制室中一个比较难处理的问题。

正如我们所看到的，早期反射声会增加混音师从放置在一定距离外的音箱中听到失真的机会。大型监听音箱的高品质声音，可能会被早期反射声所破坏，对准确的声音感知造成影响，从而降低工作质量。我们可以通过使用近场监听音箱来避免房间的声场干扰问题。适当地强调直达声，同时注意区分反射声，可以提供更加准确的声音感知。

近场监听音箱是一种小型音箱，通过将它们放置在混音控制台仪表桥的上方，可以补充或取代大型壁挂式音箱的监听作用。这种近场监听音箱可以让混音师听到相对更加直接的声音，并可能带给他们从远场监听音箱中无法获得的信心。一些混音师喜欢更小的音箱，因为这种音箱能够更真实地模仿消费者家里音箱的声音。另一些人使用它们绝大多数是出于必要性。使用近场监听音箱，听音者能够听到更直接的声音。因此，声学效果差的房间会对监听效果影响较小。近场监听音箱的另一个优点在于其体积较小。在许多控制室里，往往没有足够的空间去安装大型音箱，同时听音位置也需要与它们有一定距离。此外，许多近场监听音箱都是有源的，简化了功放的放置及布线工作。然而，与大型音箱相比，许多小型音箱具有自身的性能限制，因此其音质不如大型音箱。例如，低频响应或声压输出可能会受到限制。如果空间和预算允许，最好的解决方案可能是将一对大型音箱放置在具有良好声学设计的控制室内，同时再放置一对近场音箱作为参考声源。

24.7　控制室中的无反射区域（RFZ）

在 1980 年的论文当中，Don Davis 和 Chips Davis 指出了"在监听音箱和混音师的耳朵之间，存在一个有效的无回声路径"。实现无回声最有效的方法是进行吸声处理，因此在一个活跃端 – 寂静端的房间里，选用"寂静端"。然而，一个设计有无反射区的房间，也实现了这个无回声路径的目标。

要设计一个具有无反射区的控制室，必须考虑虚拟声源。这是房间表面的反射声作用所引起的，它可以被看成是从反射表面的另一端的虚拟声源所发出来的声音。虚拟声源与声源之间的连线是垂直于反射表面的一条直线，它到达观察点的距离与声源经过反射面到达该点的距离相等。随着三个维度表面的展开，所有的虚拟声源必须可见。这对一个无反射区域（RFZ）的边界是必要的。

图 24–7 所示为一个无反射区域（RFZ）控制室的平面图。监听音箱被尽可能嵌入到靠近与天花板交叉形成的三面角位置。接下来，前面的侧墙和前部分天花板的表面倾斜，从而可以让反射声远离听音者。通过适当倾斜墙面来在混音位置产生一个足够大无反射区域（RFZ）的方法是可行的。通过这种方法，我们可以在不需要使用吸声材料的前提下，实现一个无回声环境。如需要利用吸声来控制的个别反射，可以把它放置在倾斜平面上。

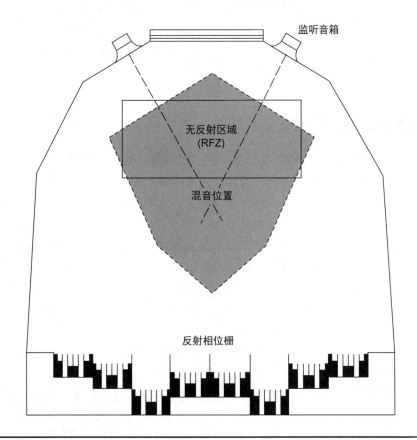

图 24–7　前方有着活跃声场控制室的平面图。通过对表面形状的改变，可以创建一个无反射区域（RFZ）来避免前方到达混音位置的反射声。在这个设计中，房间的后方放置了中高频分形扩散体以及低频扩散体 (D' Antonio)

无反射区控制室的后端配备了反射相位栅扩散体，如图 24-7 所示。虽然这并不是 RFZ 设计的基本组成部分，但图中也显示了如何以分形学的形式采用自相似性原理。高频的二次余数扩散体被放置在每个低频扩散体凹槽内。通过这种方式，宽频带声音能量射入后墙，会被扩散到混音位置。通过扩散体的半平面特征，声音会在时间和空间上发生扩散。图 24-8 展示了控制室无反射区域（RFZ）的垂直平面图。

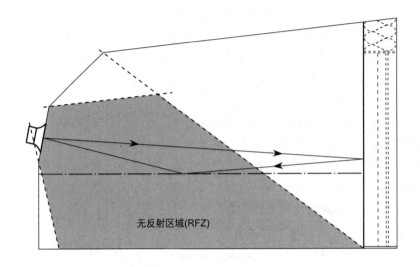

无反射区域(RFZ)

图 24-8　图 24-7 控制室内无反射区域（RFZ）的垂直平面图 (D'Antonio)

24.8　控制室的频率范围

控制室内的一些结构特征，解决了特定的声学问题。控制室内处理的频率范围是非常大的，并且每个频率相关的组件都必须在这个范围内起到相应的作用。通常可以接受的高保真范围为 20Hz~20kHz，它有着 10 个倍频程的跨度，这意味着波长的范围约从 57ft 到 0.6in。在控制室的设计中，我们必须要考虑这个事实。

房间内最低的模式频率与它最长的尺寸有关。在这个频率之下房间的响应迅速衰减，我们可以利用公式 1130/（2L）来估算，其中 L 是房间内最长的尺寸，单位为 ft。例如，对于一个遵循 Sepmeyer 的 1.00：1.28：1.54 比例的矩形房间，尺寸为 18.48ft×15.36ft×12ft，低频截止频率为 30.6Hz。房间内极低频率的声音能够存在于这个最低轴向模式频率以下，但是由于在该区域没有模式频率，因此它没有共振支持。

30.6Hz~100Hz（对于上述尺寸大小的房间）中模式振动占主导地位，且需要使用波动声学理论。在这个房间里，约 100Hz~400Hz 是衍射和扩散居多的过渡区域。在 400Hz 以上，真正的镜面反射和几何声学提供了正确的声场建模。这些频率区域决定了控制室的结构。

24.9　控制室的外壳和内壳

控制室的构造本质上包括一个巨大的外壳层，它包含和分布了低频模式声音能量，以及一个用于反射声控制的内壳层。外壳的大小、形状和比例决定了模态频率的数量及其具体分布，如第 13 章所述。这有两种学术思想，一种倾向于展开外壳墙面来改善模式特征，而另一种倾向于采用矩形形状和典型的模态模式。通常来说，只有从矩形形状向梯形形状的适度偏移是可行的。而这种形状并没有消除模式特征，仅是把它们打乱，并成为一种不可预知的形式。在控制室的平面图中，两侧（从一边到另一边）对称是强烈推荐的。无论是立体声还是多声道重放系统，对称的房间都提供了平衡的低频和高频的声音重放。为了控制与控制室活动相关的低频声音能量，我们需要较厚的墙体，甚至可能是 12in 厚的混凝土。

控制室内壳主要是为了给混音位置提供适当的反射声。例如，在一个无反射区域，内壳的结构可以相对较轻。对于内壳来说，形状比质量更加重要。但是，我们必须要尽量避免任何来自轻质材料所带来的共振问题。

24.10　控制室的设计原则

三种类型的控制室，其基本设计如下。具有专业素质的控制室设计和建造（及装备）是非常昂贵的。在大多数项目当中，都必须做出某些妥协。这里列举的例子就是这样；我们将讨论妥协的领域。

通过调查可以发现，控制室采用了非常不同的设计理念。在某种程度上，这是非常正确的。许多控制室使用 LEDE 原理来克服一次反射声所造成的负面影响，而 LEDE 控制室使用的是与非 LEDE 控制室完全不同的声学理念。许多控制室使用无反射区理念，使得一次反射声不会通过混音位置。还有一些控制室使用的设计整合了这两种方法，或者采取完全不同的方法。虽然在声学上这并不重要，但许多控制室在外观上却非常不同。尽管有这种多样性的设计，由于它们有着相同的实现功能，故而大多数控制室能够共用一些重要的设计原则。

虽然控制室通常没有录音室的空间大，然而专业控制室通常都很大。控制室最宽的地方可能在 20~25ft，天花板较高，可能在 15ft 或更高。然而，尽管它们的空间体积较大，控制室仍然会有较短的混响时间，如大约 0.3s 的宽频带混响时间。更长的混响时间可能会掩蔽被监听声音的细节。在大多数情况下，使用扩展的天花板（从监听音箱开始向上倾斜），而不是压缩的天花板（向下倾斜）。大多数控制室的设计都是轴向对称的。这个房间的左右两半部分都是一样的。这对于确保对称立体声或环绕立体声的正确混音是非常重要的。控制室内通常采用低频陷阱或其他方式来控制低频模式，从而提供更加一致的低频响应。其他的宽带吸声被用于提供一个合适的混响时间。

扩散体通常安装在控制室的侧面及后墙位置。当房间的前端是可吸声时，情况尤其如此。在大多数情况下，后墙扩散体能够较好地为房间提供一个沉浸式声场。然而，一些设计师认为一个完全扩散的后墙提供了过多的氛围感，从而降低了声像的清晰度。因此，在一些房间的设计中，会在后墙中间位置安装一些吸声体，并在两侧摆放扩散体。当安装环绕声监听系统时，应当特别考虑这种替代设计和类似的设计。一般来说，环绕立体声播放需要控制室内反射、吸声和扩散元素的前 / 后分布更加平衡。

在专业控制室内，主监听音箱通常嵌入式安装在挑檐底面。近场监听音箱被放置在控制台仪表盘上方。在任何一种情况下，音箱都是有角度的，所以它们的中心线在混音师头部后面大约在 1~2ft 处相交。这样做是为了使中心线穿过耳朵位置。前立体声音箱的放置角度约

为 ±30°。环绕声音箱可以放置在各个位置，安装应允许各种标准配置。例如，经常放置在 ±110°~±120° 的位置处。

与大多数声学敏感空间一样，控制室必须保持安静。典型的噪声标准（NCB）为 15~20。这是一个相对较高的要求，但不像许多录音室房间的 NCB 规范那样严格。一方面，与使用话筒录音的录音室相比，控制室能够忍受更多的噪声。另一方面，控制室必须与其他房间进行隔离。由于录音室内正在录音的话筒，有可能拾取到控制室内具有较大声压级的监听声音，因此它们之间的墙体需要具有较高的隔声等级。特别是，这面墙上的观察窗必须在设计和建造过程中非常仔细，以确保具有较高的传输损耗。其次，必须尽量减少相邻房间的噪声，并减少控制室对办公室等房间的噪声侵扰。

24.11 设计案例 1：矩形墙面控制室的设计

图 24-9 所示的控制室是矩形墙面且没有内壳墙的房间。这或许是一种考虑预算的设计。在这种设计中，吸声被有意地最小化。过多的吸声将会减少声学信号的能量，从而需要更大功率的监听功放。因此，为了控制反射声，我们使用了一些扩散单元。吸声扩散体（Abffusor）有着扩散和吸声功能（图 14-11）。吸声扩散板（3）被安装在音箱和听音位置之间的天花板上。其他的吸声扩散板被安装在前面和侧面的墙壁上，用来拦截那些将要向混音位置反射的声音。或者，也可以使用其他类型的扩散体。监听音箱（1）对应的是普通立体声重放系统的配置。

如上所述，这个控制室被设计在一个矩形墙面的房间内。因此，混音位置位于两个平行的墙面之间。两个侧墙之间的颤动回声将构成明显的声学缺陷。这些回声我们可以利用吸声体来消除（那些我们希望避免的回声）。两侧墙面上安装有硬木制作的颤动回声（Flutterfree）消除板（4），如图 14-12 所示。这些面板提供了高频扩散，有助于颤动回声的消散。控制室后面的扩散体组，包含了 6 个 QRD-734 扩散体（5）。这些 2ft×4ft 面板当中，其中一半扩散并被水平方向安装，另一半则被垂直方向安装。这给出了在水平和垂直平面上的扩散效果（见图 14-9）。这些 Abffusor、Flutterfree 和 QRD-734 扩散体都是由 RPG 声学系统公司生产的。

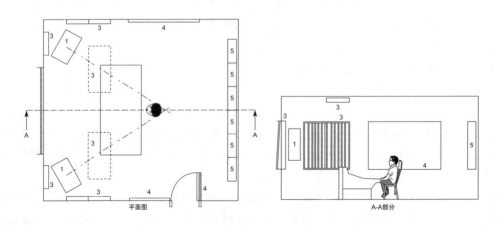

平面图　　　　　　　　　　　　　　A-A部分

图 24-9　带有矩形侧墙的控制室（设计案例 1）

24.12 设计案例2：有着展开墙面的双层控制室

图24-10所示的控制室，建在具有矩形墙面的房间内，但有着展开的侧墙。这是一个使用无反射区（RFZ）方法且相当复杂的设计。该房间的设计策略是利用房间形状来控制早期反射声，同时利用吸声来降低这些反射声的声压。展开的房间形状很好地适用于那些外壳为矩形的双层房间。内壳墙面可以使用轻质材料建造，提供必要的声学处理，同时外墙使用较重的材料来提供隔声效果。侧墙被充分展开，并在听音位置创造一个无反射区域，同时消除了侧墙的颤动回声。如果侧墙的展开不能充分改变早期反射声的路径，Abffusor或类似的面板（3）可以被放置在侧墙上。音箱（1）的中心线在靠近混音师头部后面相交。

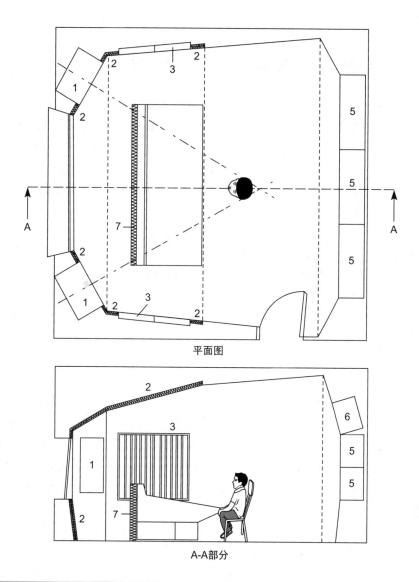

平面图

A-A部分

图24-10　在矩形结构内具有展开侧墙的控制室（设计案例2）

　　吸声体（2）被放置在天花板、前墙或侧墙上；吸声体是由织物覆盖的渐变密度玻璃纤维组成。这种吸声处理延伸到房间的混音控制台的扶手位置。控制台的背面和观察窗下面的墙面构成一个准空腔，它能够以自己的固有频率产生共振。为了控制这种共振和避免"低频增强"，吸声体（7）也安装在控制台的背面。额外的吸声体（2）能够被放置在观察窗下面的墙上。Abffusor 板（3）被安装在侧墙上。

　　后墙的扩散体阵列是由每行三个共计三行扩散板组成。其中两行扩散面板，如 QRD-734 扩散体（5），被设置为水平方向扩散，其中扩散井是垂直方向安装。在它们的顶部是一排三个 QRD-734 扩散体（6）被设置为垂直方向扩散，其中扩散井是水平放置。这三个扩散体轻微向下产生一定的角度。这种组合在水平面和垂直面上均有良好的扩散效果。根据房间的设计，后墙扩散体的数量可以增加或减少。Abffusor 和 QRD-734 面板是由 RPG 声学系统公司生产的。

24.13　设计案例 3：有着展开墙面的单层控制室

　　图 24-11 所示的控制室结合了前两个示例的设计元素，但有一些明显的差异。这是一个更加复杂的设计。这个房间的特点是在一个特定角度单独展开侧墙。这种展开不足以替代侧墙的吸声 / 扩散，但是它足以消除侧墙之间的颤动回声。扩散面板，如 Abffusors(3) 被安装在侧墙上，以拦截其他指向混音位置的早期反射声。其他 Abffusors 被安装在天花板上来实现相同的作用。或者，也可以使用其他类型的扩散体。监听音箱（1）被嵌入拱腹并齐平安装。一个制片人所使用的桌子被放在混音位置的后面。

　　控制室的后面足够大，足以容纳一个相当大的处理单元。因此，一个大的扩散体阵列（8）被放置在那里。我们可以使用各种类型的扩散体。一种可能是一组衍射（Diffractal）单元阵列（如图 14-14 和图 14-15 所示）。这种设计将扩散体安装在扩散体内（使用分形学原理），以提供更宽频带的声音扩散。除了宽频带扩散体外，低频扩散体也可以用普通混凝土块来建造，或者使用 DiffusorBlox（如图 14-19 所示）。低频响应频率为 100Hz 的扩散体，将会解决房间内大部分模式问题。其中 Abffusor 和 Diffractal 面板是由 RPG 声学系统公司生产的，DiffusorBlox 水泥块是由 RPG 声学系统公司授权生产的。

　　图 24-12 清晰地展示了后墙扩散体的作用。这些测量是在两个非常相似的控制室内进行的。图 24-12（A）所测量的控制室后面没有扩散体，而图 24-12（B）的控制室后面有扩散体。在上面的记录图中，早期的能量主要集中在镜面反射组（1）和（2）中，到达时间分别约为 17ms 和 21ms。来自控台的反射声（3）也非常突出。在下面的记录图中，显示了后墙扩散体的效果。较低反射声（4）的时间间隙为 ITDG，约为 17ms。之后是高度的慢反射声，它为直达声提供了氛围感。如前所述，在一些控制室设计中，一些后墙的扩散面积减少并被吸声体所取代。

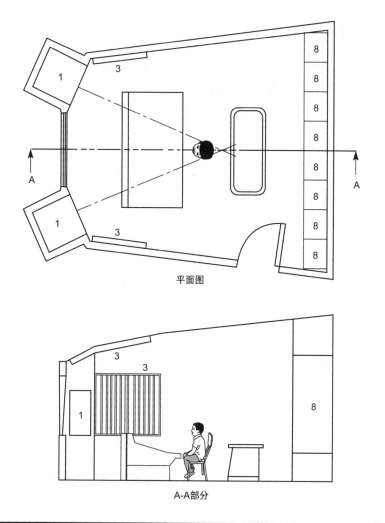

平面图

A-A部分

图 24-11　带有横向展开侧壁的控制室（设计案例 3）

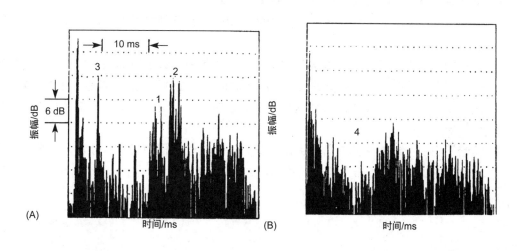

图 24-12　在类似设计的控制室内，其扩散体作用的音响测深图。（A）没有后墙扩散体的响应（B）有着后墙扩散体的响应（D'Antonio）

24.14 知识点

- 专业控制室的声学设计在建筑声学领域是高度专业和独特的，其具体目的是为一个听音（混音）位置提供高质量的音箱重放环境。

- 重放声音的准确性是至关重要的，因为混音师所做出的录音和混音决定都是基于监听音箱的重放声音，而它们是经由房间声场最终传递到混音师耳朵里的。

- 初始时间间隙（ITDG）用于衡量声场中的早期反射声，它被定义为当直达声到达听音位置后早期反射声到达所需要的时间。

- 在一个活跃端 – 寂静端（LEDE）控制室的配置中，房间的前面是吸声的，同时房间的后面反射性较强。此类房间，其声音清晰度和立体声声像得到改善，同时房间的空间感得到了提升。

- 在一个活跃端 – 寂静端（LEDE）控制室中，如果反射声的延迟时间在哈斯融合区内，人类的听觉系统会将这些来自后墙的延迟反射声整合到前面提前到达的声音当中。

- 利用反射相位栅扩散体，反射后的声波不仅在空间上扩散，而且在时间上扩散。人耳的听觉系统认为这种扩散能量的时间分布是一种令人愉悦的氛围。相比之下，稀疏的镜面反射形成了令人不愉快的宽带频率响应偏差。因此，扩散单元被大量使用在控制室的设计中，如在活跃端 – 寂静端控制室后部的活跃端。

- 一个能量 – 时间图显示了评估房间中声音能量在时间上的分布，以及是否存在初始时间间隙。

- 在一个无反射区（RFZ）控制室中，控制室的前端可能是活跃的，但是具有非常特定的形状，以提供特定的反射路径，将听音者置于无反射声区域。

- 如果观察点在一个无反射区域，那么在三面交叉角落处的点声源在该点处有着平直的响应曲线。

- 在 RFZ 控制室内，监听音箱被放置在由展开表面形成的三面角位置。如果配置得当，在混音位置没有反射声，从而不会产生干涉效应。

- 反射相位栅扩散体被放置在 RFZ 控制室的后端。

- 控制室的结构本质上包含一个巨大的外壳用来分配低频模式能量，以及一个内壳用来控制声音的反射。

- 在控制室的平面图中，强烈推荐两侧（从一边到另一边）对称的布局。当用立体声或环绕声重放系统进行声音重放时，房间对称为其提供了低频和高频声音的平衡。

- 通常来说，环绕立体声的重放需要在控制室中，有着更加均衡的反射、吸声和扩散单元的分布。

- 尽管不同的控制室之间有着较大的差异，然而由于它们功能的一致性，大多数控制室之间的重要设计标准是可以共享的。

25

隔音室的声学

顾名思义，隔音室是从周围环境中隔离出来的小型空间，它起到了声学隔离的效果。有几种类型的隔音室，它们有着不同的名称：广播室、配音室和更为普遍的隔离室。人们可能会问，这些类型隔音室之间的差异是什么，或者它们之间是否存在有意义的差异。广播室被严格用于语言方面的应用，它可以用在现场直播，或者为后续重播进行的语言录制。配音室有着针对语言方面应用的类似功能，通常会将语言录制在视频节目的语言声轨上。隔离室根据其大小可以用于人声和部分乐器的录制。它们通常是音乐录音棚的附属房间。

从设计的角度看，广播室、配音室和隔离室都非常类似。因为它们专门用于语言，所以广播室和配音室不需要考虑低于语言频率范围的低频响应，或高于语言频率范围的高频响应。因为隔离室可以用于人声和乐器的录制，它们的设计必须考虑整个频率范围。其他设计需要考虑的内容，如较低的环境噪声，对所有类型的隔音室都是共同的。在实践中，一个设计良好的隔音室，可以被用于各种目的的声音应用。

因为这些房间具有隔离一个或几个声源的功能，所以为了简单起见，它们都可以被称为隔音室。在本章中，我们将所有的这种房间称为隔音室，并注意到它们在设计上的相关差异。本文介绍了三种类型的隔音室设计，每一种都有着各自不同的声学处理方法。为了减少后续比较中的变量，在三个设计案例中都使用了一个尺寸为 6ft×8ft、天花板高度为 8ft 的房间。

25.1 一些应用

在历史上，广播室是最早的商业声学空间之一。它们起源于早期的无线电广播，用于直播广播。今天，在大多数电台和电视台的录音棚当中，都会有广播室和配音室。例如，一个流动记者和摄像师/录音师共同报道一个户外活动，并记录在一个便携设备上。回到演播室，制片人要求记者进行额外的叙述，以报道记者没有出现的场景。记者的这些声音后期片段会在配音室进行录制。配音室的音响效果必须确保现场声与后期场景中的声音相匹配。否则，在配音室里增加的环境声信息可能会影响到后期录制的声音，使它们在一起编辑时现场声之间有着明显的不同。

多数大型录音棚都有一个或多个隔音室，通常放置在主录音室的附近。在录音过程中，一个音乐家，比如一个歌手，可能会被放置在一个隔音室内，将他们的声音轨道与乐队其他部分分开。在许多多轨录音的过程中，乐器被单独录制为以后的混音做准备。同样地，这些人声也是单独录制的。各种乐器和人声可以在主录音室录制，但是隔音室的声学特征有利于某些声音的录制，特别是人声的录音。这将使得录音更加可控，同时通常会有更少的混响即环境声。隔音室必须提供一个声学环境，在较宽的频率范围内有着自然且中性的声音特点。在那里录制的音轨必须允许添加后期效果声，比如混响，以便这些轨道的声音能够顺利地添加到最终的混音当中。

25.2　设计原则

许多隔音室都很小，它们的确和小房间一样大。它们的小尺寸带来了特殊的声学挑战。较小的录音空间可能因其糟糕的声学效果而颇受诟病。房间内部表面可以用地毯、吸声砖或其他高频吸声材料，但它们都只提供非常少的低频吸声作用。因此，声音中重要的中高频部分可能被过度吸收，而房间的低频房间模式则有较少的处理。由于隔音室的尺寸较小，这些房间模式的频率相对较高，数量较少，间隔也较大。应当进行房间模式分析，以确定这些房间模式是否会影响语言频率范围内的响应。

对于语言录音来说，如果房间的模式问题频率低于语言频率范围，可以采用中高频吸声，以控制隔音室内的颤动回声。应当考虑来自观察窗以及乐谱支架上的潜在反射声。

在某些情况下，如上所述，配音室是相对吸声的，录制的声音相对较干，它需要在后期制作的过程中加入一定的混响。然而，让一个隔音室过多地吸收高频和低频声音，会对配音人员产生可怕的影响。这种无回声空间不能提供声学反馈，然而配音人员可能需要它来进行语言定位并及时调整。由于这种原因，这种无回声空间不适合配音室或广播室，除非这种声学空间能够被简单地忽略，并只使用耳机进行录制。

处理隔音室的另一种方法是获得一个相对活跃的声场。它为不用耳机工作的人提供了更加自然的环境，并将产生更加自然的录制声音。然而，在一个声场过于活跃的隔音室内录制的声音可能很难与其他录音相匹配。最终，隔音室的应用预期决定了该隔音室应如何进行声学处理。

25.3　隔声的需求

与任何录音空间一样，隔音室必须进行隔声处理，以提供一个较安静的空间。专门用于语言录制的隔音室，只需要在 100Hz~4000Hz 的语言频率范围内进行隔声即可。低于和高于该范围的噪声，可以通过电子滤波器从音频信号中滤除。用于音乐录制的隔音室将需要在整个音频频率范围内进行隔离。

隔音室周边的噪声水平将决定了其需要什么程度的隔声处理。针对语言录音来说，外部环境噪声水平较低，仅使用简单的石膏板立柱墙就可以满足需求。更高的外部噪声水平，则需要更复杂的石膏板墙体在语言频率范围内提供良好的隔声效果。由于用于语言的隔音室，其音量较低，仅需要适度的隔声处理来阻止噪声侵入外部空间。例如，几个语言隔音室可以相邻建造，并且不会相互干扰。

用于歌声和音乐用途的隔音室必须对整个频率范围的进行隔声处理。它们的设计必须遵循音乐录音室的设计标准。特别是，它可能需要更大程度的低频隔声效果，以及针对高声压级声音更加严格的整体隔声处理。

如上所述，许多录音棚在主录音室附近都有隔音室。如果隔音室与主录音室同时使用，那么它们之间的隔断必须提供较大的隔声量，如必须使用隔音门和双层窗。如果隔音室和主录音室不会同时使用，那么它们之间的隔断就不会需要较大的隔声量，如使用滑动玻璃门就能够满足要求。

在设计一个小的隔音室时，考虑 HVAC 系统的需求也是非常重要的。在较短时间内隔音室内温度升高，也会令人觉得不舒服。因此，我们需要某种形式的通风设备。由于空间狭小，任何送风口都会靠近话筒。我们必须特别注意，尽量减少来自该声源的噪声。在语言隔音室中，我们可以利用音频信号处理设备中的高通滤波器来消除语言频率以下的 HVAC 噪声干扰。

25.4 小房间问题

如第 22 章讨论的那样，小于 1500ft^3 的房间，几乎都会产生音质的异常。因此，大多数隔音室的小尺寸，都会表现出一些特殊的声学问题。一个小房间的声场，如一个隔音室，是由模式共振所主导的。较小的尺寸表明会产生比大房间更多的模式共振频率。如上所述，本章中的三个案例均会使用尺寸为 6ft×8ft，天花板高度为 8ft 的房间尺寸。从模态共振的角度来看，该房间比例并不理想。然而，由于该尺寸占地面积最小且仍然可行，类似尺寸的房间被经常使用，同时 8ft 的高度也广泛应用于小房间当中。

表 25-1 列出了这个 6ft×8ft×8ft 空间，300Hz 及以下所有的轴向模式频率，超过该频率声音受到房间模态频率的影响变小。为了简化这个小房间的固有模式，仅计算了一阶轴向模式频率。该房间的最低共振频率是与其最长尺寸相关的轴向模式，分别是 8ft 长和 8ft 高所对应的轴向模式频率。房间的长度形成了（1,0,0）模式，高度形成了（0,0,1）模式，两者都在 71Hz 位置。这是房间里的最低频率模式。对于比这更低频率的声音，将没有共振支持。因为房间的长度和高度是相同的，均为 8ft，所以在 71Hz 和 71Hz 的倍数处的模式会产生合并。轴向模式间距列在 71Hz、141Hz 和 212Hz 处出现重合，在 282Hz 处出现三重重合。在这些频率下的模式影响将会更加强烈。在这些频率上，可能会遇到声音音色的变化。282Hz 处的三重重合的频率，由于其频率足够高，故产生的音质问题可能较小。这种频率的简并可以通过选择更有利的房间比例来避免（或至少降低影响）。应当避免两个一致的尺寸，以及尺寸之间成整数倍。

虽然相邻轴向模式频率之间的平均差为 25.7Hz，但表 25-1 中模式间距列中显示的间隙表明，房间在 300Hz 以下将会有着非常不规则的响应。这意味着必须提供额外的吸声来控制这些轴向模式。尺寸小于 6ft×8ft×8ft 的房间有着更大的声学问题。轴向模式频率更高，并且将会在中频范围内对音质有着更大的影响。

表 25-1　隔音室的轴向模式设计案例 1、2 和 3

房间尺寸 =8.0ft×6.0ft×8.0ft				
轴向模式共振			按升序排列（Hz）	轴向模式间距（Hz）
长度 L=8.0ft f_1=565/L(Hz)	宽度 W=6.0ft f_1=565/W(Hz)	高度 H=8.0ft f_1=565/H(Hz)		
f_1　　70.6	94.2	70.6	70.6	0
f_2　　141.3	188.3	141.3	70.6	23.6
f_3　　211.9	282.5	211.9	94.2	47.1
f_4　　282.5	376.7	282.5	141.3	0
f_5　　33.1		353.1	141.3	47.6
			188.3	23.6
			211.9	0
			211.9	70.6
			282.5	0
			282.5	0
			282.5	70.6
			353.1	

平均轴向模式间距：25.7Hz

标准差：28.7Hz

25.5　设计案例 1：传统的隔音室

　　第一个设计案例仅为了说明传统隔音室内的声学问题。其设计并不打算用来建造。当然，现有的传统隔音室之间也非常不同，我们呈现一个来代表它们所有，用以展现问题。然而，这里所展示的设计中所使用地毯和吸声砖，通常在许多现有的隔音室中被使用。

　　这个假设的传统隔音室，如图 25-1 所示。它是一个尺寸为 6ft×8ft×8ft 的矩形空间，使用 2×4 框架结构，从在两侧覆盖 1/2in 厚的石膏板。尽管该结构存在上述所有的缺陷，但是如果它位于一个较大的房间内，它能够提供足够的隔声效果，用来隔绝外部噪声，除了极端情况外。一条铺有 40 盎司（约 1134 克）衬垫的厚地毯覆盖在地板上，同时将地毯（没有垫子）沿墙延伸到护墙板条的位置。天花板上以及墙面的护墙板条以上位置均覆盖着吸声砖。

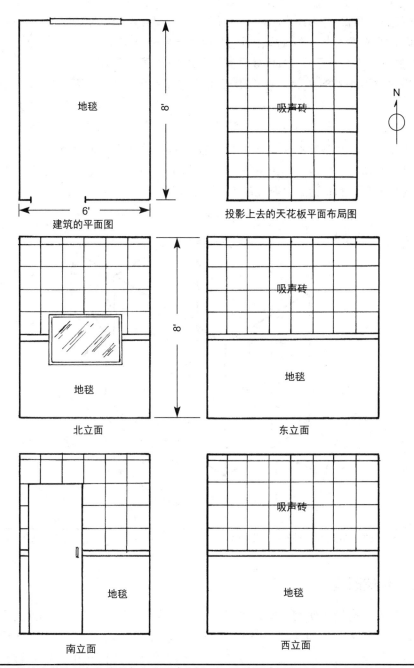

图 25-1 使用传统声学处理方案的隔音室（设计案例 1）。这种设计说明了在一个传统的隔音室上存在的问题；它不被推荐作为一个可建造的设计方案

25.5.1 轴向模式

在这个 6ft×8ft×8ft 的房间中，轴向模式的声压分布如图 25-2 所示。为了清晰起见，这些小的压力图被移动到空间之外。图的左边部分显示了东西墙之间的共振，在 94Hz 处产生了宽度方向的轴向模式（0,1,0）。当这种共振被激发时，整个东西墙表面的声压都很高，有一个零值平面 a，b，c，d，a 从地板延伸到天花板。

433

图 25-2 的右下角部分显示了 71Hz 处长度方向的轴向模式（1,0,0）。当这种共振被激发时，声压在南北墙的整个表面都很高。有一个零值表面 efgh 将房间一分为二。

图 25-2 的右上部分显示了 71Hz 处垂直方向的轴向模式（0,0,1），在地板和天花板之间产生共振。当这种共振被激发时，整个地板和天花板表面的声压都很高，有一个零值表面 ijkl 将房间一分为二。

这些压力的最大值和最小值主导着空间的声学特性。例如，播音员可以坐下，他或她的头部位于或靠近以上三个零值平面，将会产生较差的声学响应。如果播音员的头四处移动，声学响应会产生波动，同样地，如果将话筒四处移动来寻找最佳的拾音位置，它也将会有较大的波动。播音员听到的和话筒"听到的"可能完全不同。

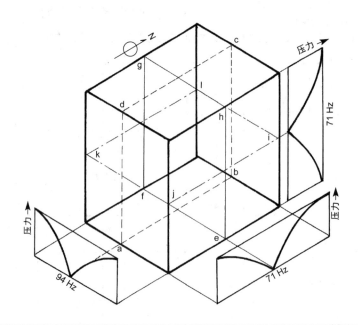

图 25-2　尺寸为 6ft×8ft×8ft 房间的轴向模式压力图

25.5.2　混响时间

混响时间的计算有助于研究房间内吸声量的频率分布。表 25-2 显示了适用于隔音室的地毯和吸声砖的计算结果。吸声量 $A=S\alpha$，其中 S 为表面积，α 为吸声系数。结果显示，在 250Hz 以下的长混响时间，如图 25-3（实线）所示。然而，房间里的其他元素也会增加额外的吸声。特别是，石膏板和木地板在这个区域提供了更多的吸声。我们很容易忽略房间里这种"免费的"吸声，但它的效果非常重要。

石膏板和木地板将增加隔膜吸声。墙板和地板相对较大的面积，意味着它们的共振点和吸声峰值将在较低的频率。低频吸声可以控制这个小房间内的轴向模式振动，减少由轴向模式引起的房间声压变化（见图 25-2）。膜吸声在 70Hz~250Hz 有着良好的吸声效果，模式振动的最大值会降低，零值区域的会提升，但这并不能完全克服由轴向模式所产生的不均匀房间响应。

表 25-2　传统隔音室的吸声和混响时间计算（设计案例 1）

材料	面积（ft²）	125Hz		250Hz		500Hz		1kHz		2kHz		4kHz	
		α	Sα	α	Sα	α	Sα	α	Sα	α	Sα	α	Sα
40 盎司 / 平方码（约 1356 克 / 平方米）的厚地毯	140	0.08	11.2	0.24	33.6	0.57	79.8	0.69	96.6	0.71	99.4	0.73	102.2
吸声砖，厚度为 1/2in	155	0.07	10.9	0.21	32.6	0.66	102.3	0.75	116.3	0.62	96.1	0.49	76.0
吸声量（赛宾）			22.1		66.2		182.1		212.9		195.5		178.2
混响时间（s）			0.85		0.28		0.10		0.09		0.10		0.11
石膏板墙	224	0.29	65.0	0.10	22.4	0.05	11.2	0.04	9.0	0.07	15.7	0.09	20.2
木地板	48	0.15	7.2	0.11	5.3	0.10	4.8	0.07	3.4	0.06	2.9	0.07	3.4
总吸声量，赛宾（地毯，吸声砖，石膏板墙，地面）			94.3		93.9		198.1		225.3		214.1		201.8
混响时间（s）			0.20		0.20		0.10		0.08		0.09		0.09

通过考虑墙壁和地板的吸声，再考虑地毯和吸声砖的吸声，混响时间明显降低，如图 25-3（虚线）所示。然而，在不完全依赖于计算混响时间的精度情况下，图 25-3 中的 0.1 秒是非常低的。较低的混响时间可能是这个房间的特征；为了声学的舒适性和有效性，这可能会有过多的吸声效果。另一个需要考虑的问题是扩散，这个房间目前缺乏扩散能力。与其他房间一样，如果使用扩散能让空间中的声能分配更加均匀，房间的声学效果就会得到改善。

总之，我们能够考虑到第一个设计案例中传统隔音室的各种问题：轴向模式将在声场中产生不规则的频率响应。然而，墙体和地板的膜吸声或许有助于对房间响应进行部分平滑。过多的中高频吸声将会让房间太"干"。扩散能够对整体的声音能量进行分配。简而言之，我们需要更好的设计方法。

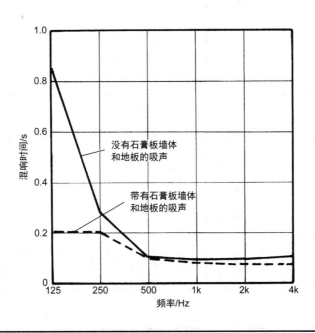

图 25-3　隔音室的混响时间（设计案例 1）

25.6 设计案例 2：带有圆柱形声学陷阱的隔音室

该隔音室的第二个设计案例，如图 25-4 所示。该房间的设计特征为使用 1/4 圆和半圆的圆柱形声学陷阱。这些单独构成了对房间的声学处理。具体来说，半径为 16in 的 1/4 圆的声学陷阱安装在四个墙角来提供吸声，从而控制房间的简正模式。一系列 9in 的半圆柱声学陷阱与同等宽度且坚硬的石膏板反射条，在四面墙和天花板上交替排列。墙体和天花板上的半圆形结构提供了很好的吸声效果，加上位于半圆柱之间的条形反射墙面，也提供了良好的扩散效果。门窗也应该用这种方式覆盖，以避免对声场造成影响。在一些通过玻璃窗的反射条，能够提供有限的能见度。地面仍未得到处理。如图 25-5 所示，拆除两面墙的隔音室透视图，可能有助于理解图 25-4 的图纸。

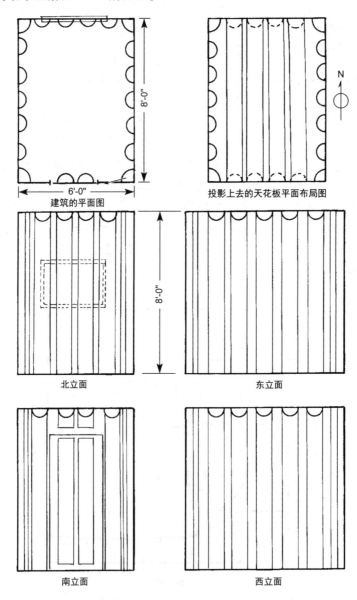

图 25-4　采用圆柱形吸声陷阱进行处理的隔音室方案（设计案例 2）

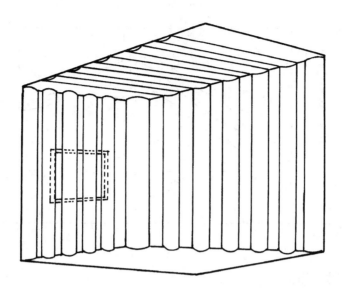

图 25-5　隔音室的透视草图（设计案例 2）

TubeTrap 是一种商业上售卖的圆柱形吸声陷阱的例子。半圆形 TubeTrap 的结构如图 25-6 所示，它是一种刚性的，易于处理且有织物覆盖的单元。各种形式的圆柱形声学陷阱的吸声特性如图 25-7 所示。请注意，在这个图中，吸声量每线性英尺是直接用赛宾或吸声量单位进行描述的，而不是通常的吸声系数和表面积。TubeTrap 是由声学科学公司（Acoustic Sciences Inc）生产制造的。

在一个典型的房间里，地板、墙面和天花板裸露区域的早期反射声占主导地位，并相互作用形成梳妆滤波失真。在这个房间的例子当中，来自圆柱形声学陷阱之间的墙面，甚至谱架的离散反射声，或许会产生梳状滤波异常，这些问题能够通过房间内许多圆柱形表面的高密度漫反射所掩盖。它们不能作为声音缺陷被听到。相反，反射声场的密度产生了一种自然的氛围和整体平滑的响应。

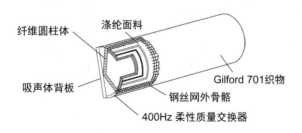

图 25-6　TubeTrap 的结构细节

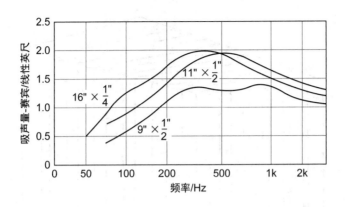

图 25-7　TubeTrap 吸声曲线

25.6.1　声学测量

图 25-8 展示了一个隔音室的设计实例，其建造原则相同（见图 25-4）。它使用多种圆柱形声学陷阱作为其唯一的处理手段，但其覆盖区域不同于矩形设计。通过一组声学测量，给出了房间的声学功能详细视图。房间响应的能量 – 时间曲线（ETC），如图 25-9 所示。水平时间轴从 0 延伸到 80ms。在最左边的峰值是直达声信号到达测量话筒所产生的，然后是一个平滑的环境声衰减。这种衰减是均匀且相当快的，对应的混响时间为 0.06s（60ms）。图 25-10 是图 25-9 的扩展视图，显示了相同的 ETC 图的前 20ms。在直达声到达与来自墙面和天花板上的圆柱形声学陷阱密集的反射声到达之间，有一个明显 3ms 的初始时间间隙。

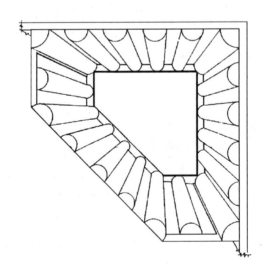

图 25-8　一个隔音室的视图，天花板、墙壁、门和观察窗都覆盖着相互保持一定间距的半圆形吸声陷阱（声学科学公司）

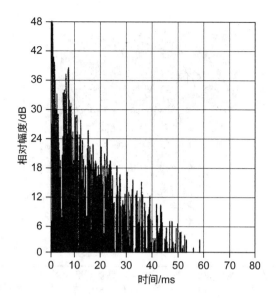

图 25-9　图 25-8 中隔音室的能量时间曲线（ETC）测量。在这样的空间中，每秒产生大约 1000 次反射，导致一个密集且迅速衰减的环境声场。水平时间线延伸到 80ms

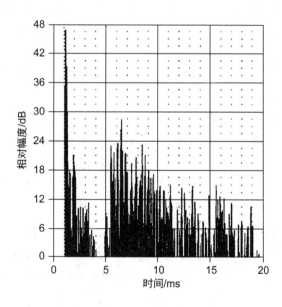

图 25-10　图 25-9 中的能量 - 时间曲线的早期部分。在这种情况下，延展的时间线到 20ms。展示了一个界限分明的初始时间间隙（声学科学公司）

　　房间内记录的时间 – 能量 – 频率（TEF）"瀑布图"，如图 25-11 所示。垂直振幅刻度为 12dB/ 格。水平频率刻度范围为 100Hz~10kHz。对角线刻度显示了时间，从后面的 0ms 到前面的 60ms。这种测量显示房间内没有明显的模式共振，只有在整个 100Hz~10kHz 的频率范围内，一系列密集的平滑衰减。这些图表明，对房间声学处理所产生的响应在时间和频率上都是平滑的。

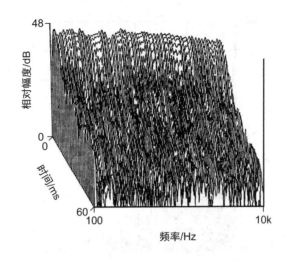

图 25-11　图 25-8 中隔音室的时间能量频率（TEF）响应。垂直刻度为能量（12dB/格），水平刻度为频率（100Hz~10kHz），斜线刻度为时间（0 在后面，向前到达 60ms）。声音的宽带衰减是平滑、平衡和密集的（声学科学公司）

25.6.2　混响时间

　　本例中隔音室的混响时间计算如表 25-3 所示，结果如图 25-12 所示。吸声量为 $A = S\alpha$，其中 S 为表面积，α 为吸声系数。计算出的混响时间较短约为 70ms，它与图 25-9 测量到的衰减基本一致，在这样的房间中我们所期望的是什么？同样较短混响时间的传统隔音室计算结果如图 25-3 所示，它有着过多地毯和吸声砖。他们之间的不同之处在于，圆柱形声学陷阱通过增加声音扩散，改善了低混响区域的声学特性。

　　这个隔音室将会产生准确而清晰的人声录音。在一个话筒位置录制的声音通常需要与在不同话筒位置录制的声音相匹配。移动话筒的位置只会改变环境声的细微结构（每秒大约有几千次的反射声），而很少会对音质造成影响。然而，坐在这样一个低混响隔音室内，播音员几乎没有获得来自房间内的声音反馈。播音员自己的声音听起来有些不自然。利用耳机高质量地回放他们自己的声音，可以很容易地修正这一问题。

表 25-3　带有圆柱形吸声陷阱隔音室的吸声量和混响时间计算（图 25-8）

材料	长度（ft）	125Hz		250Hz		500Hz		1kHz		2kHz		4kHz	
		A/ft	A	A/ft	A	A/ft	A	A/ft	A	A/ft	A	A/ft	A
9inTubeTraps，半圆	156	0.8	124.8	1.3	202.8	1.3	202.8	1.4	218.4	1.1	171.6	1.0	156.0
16inTubeTraps，1/4 圆	32	1.4	44.8	1.9	60.8	1.9	60.8	1.6	51.2	1.3	41.6	1.1	35.2
	面积（ft²）	α	$S\alpha$	α	$S\alpha$	α	$S\alpha$	α	$S\alpha$	α	$S\alpha$	α	$S\alpha$
石膏板墙体	224	0.29	65.0	0.10	22.4	0.05	11.2	0.04	9.0	0.07	15.7	0.09	20.2
地面	48	0.15	7.2	0.11	5.3	0.10	4.8	0.07	3.4	0.06	2.9	0.07	3.4
总吸声量（赛宾）			241.8		291.3		279.6		282.0		231.8		214.8
混响时间（s）			0.078		0.065		0.067		0.067		0.081		0.088

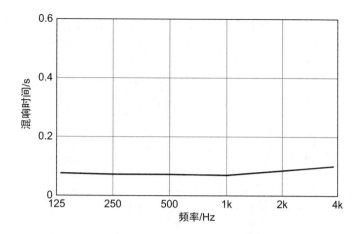

图 25-12　图 25-8 中隔音室的混响时间

25.7　设计案例 3：带有扩散体的隔音室

第一个隔音室的例子使用了过多的吸声。第二个例子使用了圆柱形声学陷阱，并产生了令人满意的录音质量，尽管其混响时间较短。在第三个设计案例中，我们使用扩散单元也能产生令人满意的小房间环境，它有着较短且合理的混响时间。

图 25-13 所示的平面图是基于有着相同 6ft×8ft×8ft 的房间。T 形吊杆悬挂着天花板，并填充了 12 个 2ft×2ftFormedffusor 二次余数扩散单元（4）。这些扩散单元，也提供中低频吸声。为了控制轴向模式，房间每个角落都安装了两个 Modex Corner 低频陷阱（1），共计有 8 个。由于在角落里的模式声压最高，因此把它们放置在那里会有更好的吸声效果。这些单元包含一个内部损耗较高的薄膜，被安装在一个梯形的空腔内，适合于 90° 的角落安装。它们的尺寸为 2ft×2ft×1ft。这些陷阱的吸声频率分别为 40Hz、63Hz 和 80Hz。本次设计使用了 80Hz 的吸声单元，其吸声特性的测量结果如图 25-14 所示。这些低频吸声陷阱提供了在 71Hz 和 94Hz 轴向模式附近的吸声特性。

Abffusor 单元（2）被安装在东西墙上，每面墙有三个单元。它们的安装是为了降低潜在的颤动回声和提高扩散作用。 这些单元尺寸为 2ft×2ft，且具有宽频带的吸声特性，如图 25-15 所示。两个 2ft×2ft 的 Skyline 单元（5）被安装在南墙的门上。另外两个被安装在北墙观察窗的上下位置。它们有着较大的扩散特性，而吸声作用较小。这些扩散表面已经在第 14 章进行了描述。

剩下的唯一一块扩散体被安装在北墙的观察窗上。这个 2ft×2ft 的 Diviewsor (3) 扩散体，它是一个基于素数 7 的二次余数扩散体。它是一种传统的 734 型扩散体，如第 14 章所描述的那样，只是使用了通明有机玻璃的面板。这允许人们通过有机玻璃窗口进行视觉交流。Formedffusor、Modex Corner、Abffusor、Skyline 和 Diviewsor 模块均由 RPG 声学系统公司生产制造。

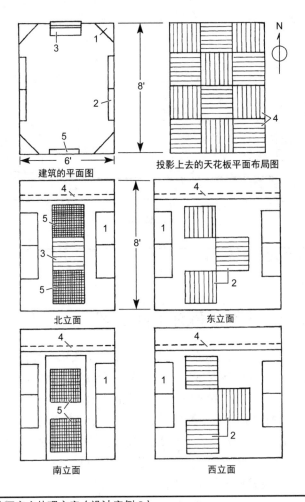

图 25-13　使用扩散体的隔音室处理方案（设计案例 3）

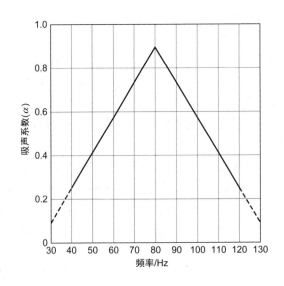

图 25-14　80Hz Modex Corner 低频吸声陷阱的吸声特性

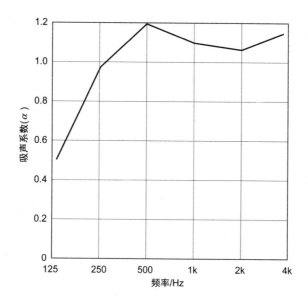

图 25-15 Abffusor 单元的吸声特征

混响时间

本例中的隔音室具有很大的扩散特性。然而，也必须有足够的吸声作用，以使得声音不会太明亮。表 25-4 显示了这个具有扩散模块隔音室的混响时间计算。吸声量为 $A=S\alpha$，其中 S 为表面积，α 为吸声系数。除了扩散单元和结构本身固有的吸声材料外，房间内没有添加任何吸声材料。Abffusor 和 Formedffusor 单元除了它们的主要扩散功能之外，还能提供一定的吸声作用。根据表 25-4 的计算，得出图 25-16 所示的混响时间数据。

大约 0.3s 的混响时间适用于这种小型空间。推荐建造任何这样的隔音室，都可以单独使用扩散单元进行处理，并在地板空着的情况下进行分析性的聆听，根据需要向地板添加一块 5ft×7ft 的小地毯，或完全覆盖地面的地毯，使混响时间降低到大约 0.2s。

表 25-4 有扩散体隔音室的吸声量和混响时间计算（设计案例 3）

材料	面积（ft²）	125Hz		250Hz		500Hz		1kHz		2kHz		4kHz	
		α	$S\alpha$	α	$S\alpha$	α	$S\alpha$	α	$S\alpha$	α	$S\alpha$	α	$S\alpha$
Modex Corners	32	0.18	5.8	0.1	3.2	0.07	2.2	0.05	1.6	0.03	1.0	0.02	0.6
Abffusors	24	0.82	19.7	0.90	21.6	1.07	25.7	1.04	25.0	1.05	25.2	1.04	25.0
Formedffusors	48	0.53	25.4	0.37	17.8	0.38	18.2	0.32	15.4	0.15	7.2	0.18	8.6
石膏板墙体	224	0.29	65.0	0.10	22.4	0.05	11.2	0.04	9.0	0.07	15.7	0.09	20.2
地面	48	0.15	7.2	0.11	5.3	0.10	4.8	0.07	3.4	0.06	2.9	0.07	3.4
总吸声量（赛宾）			123.1		70.3		62.1		54.4		52.0		57.8
混响时间（s）			0.15		0.27		0.30		0.35		0.36		0.33

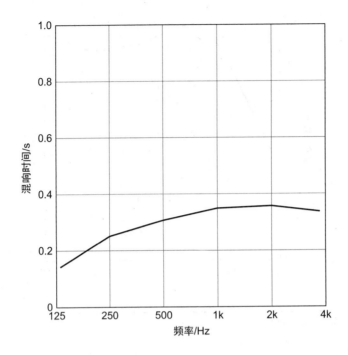

图 25-16　隔声室的混响时间（设计案例 3）

25.8　评价与比较

目前已经提出了三种隔音室的设计方法。同样的 6ft×8ft×8ft 的小空间，已经以一种传统的方式处理，以及两种更现代的方式进行处理，它们使用了各种声学处理装置。数据结果汇总见表 25-5。

第一个设计案例，使用地毯和吸声砖。房间有着过多的中高频吸声，缺少扩散能力。声场将会出现不规则的低频响应，尽管墙面和地板的膜吸声有助于部分响应曲线的平滑。中高频吸声将会产生非常短的混响时间。

第二个设计案例，使用圆柱形声学陷阱作为唯一的处理方法以提供吸声，同时利用两个圆柱形声学陷阱之间的墙面作为反射表面，以提供扩散效果。房间的结构提供了额外的吸声。一个令人满意的声场需要具有良好的扩散，令人愉悦的包围感以及整体平滑的响应曲线。然而，混响时间将会很短。

第三个设计案例，使用扩散单元作为唯一的处理方法。然而，一些扩散单元以及房间结构提供了吸声效果。声场将具有充分的扩散，平滑的响应和合理的混响时间。播音员应当体验到在大空间中的感觉，声音将更自然，同时话筒的拾音不受到摆放位置的限制。

表 25-5　设计案例 1、2 和 3 之间的比较

案例	声学处理	简正模式处理	在 500Hz 处的混响时间	话筒放置环境	播音员听到自己声音的方式
1	吸声砖，地毯	仅有默认	0.1 s	较差	需要耳机
2	圆柱形吸声陷阱	增加了圆柱形吸声陷阱	0.07 s	没问题	需要耳机
3	扩散体	增加了扩散体	0.3 s	没问题	自然声场

25.9　活跃端 – 寂静端（LEDE）隔音室

一种常用的隔音室设计的替代方案，采用了活跃端 – 寂静端（LEDE）设计。这种设计使用了与在一些监听控制室中 LEDE 相同的设计方法，如第 24 章所讨论。一个 LEDE 隔音室需要比普通隔音室有着更多的空间，尽管这不会很多。目的是获得一个没有早期反射声干扰的直达声，然后是一个正常的环境声衰减。话筒被放置在房间的吸声端，这样除了那些从房间更远活跃端的延时声和扩散声之外，没有其他反射声到达。寂静端所有的墙面及地板都必须是吸声的。观察窗被放置在隔音室的活跃端。在直达声和来自活跃端第一个到达的扩散声之间将存在一个短的初始时间间隙。使用这种不寻常的布局，可以获得较为自然的录制声音。

这种类型的声学处理，也可以用于以乐器录音为目的的隔音室。

25.10　知识点

- 在隔音室中，由于自身尺寸较小，房间内的模式频率相对较高，数量较少且间隔较大。必要时，在语言频率范围内的房间模式频率必须分析并加以控制。容积小于 1500ft³ 的房间，大多会产生音质的异常，在设计中应尽量减少这种现象。

- 可以通过对中高频的吸声处理，来实现对颤动回声的控制。但必须注意那些语言频率范围的声音不能过度被吸收。同时，应当考虑来自玻璃的潜在反射声作用。

- 除非较干的声学环境被忽略，并通过人工混响的方式进行补偿，完全没有反射声的声学环境是不适合隔音室的。即便如此，除非只使用耳机，否则还需要一些自然声场环境用于播音员的声音定位和调整。

- 另一种设计方法是在隔音室内制造出一个声场相对活跃的区域。高密度的扩散声能够让声音录制更加准确和纯净。

- 设计案例 1 中传统的声学处理方式包括地毯和吸声砖。轴向模式会产生一种不规则的频率响应。然而，墙面和地板的板吸声可以部分消除这种不平滑的频率响应。过度的中、高频吸声，会让房间的声场过干。我们需要扩散来改善声能的空间分布。

- 设计案例 2 中的声学处理包括 $\frac{1}{4}$ 圆和半圆的圆柱形声学陷阱。来自许多圆柱形表面的高密度扩散声，能够产生一种自然的声场效果和平滑的响应曲线。由于高度扩散的声场环境，话筒的录音不会随着位置的变化而产生较大差异。

- 设计案例 2 中的混响时间将会非常短。播音员在房间里几乎没有声音反馈，因此它会感觉到自己声音不是那么自然。这可以通过耳机和高质量的返送设备来纠正。

- 设计案例 3 中的声学处理包括多种类型的扩散单元，以产生令人满意的小房间声场环境，它具有良好的扩散、平滑的响应和合理的混响时间。

- 在设计案例 3 中的隔音室，由于丰富的扩散声和较长的混响时间，播音员能够体验到在一种处于更大空间的感觉，其声音将会更加自然，同时在不同位置的话筒响应也应当是一致的。

- 如果隔音室空间允许的情况下，一个活跃端 – 寂静端（LEDE）设计方法可以产生一个没有早期反射声干扰的直达声，然后是一个正常的环境声衰减。话筒将会放置在房间的吸声端。

26

视听后期制作室的声学

在能够明确一个或少数相关功能的房间内，我们能够针对这些应用来进行相应的声学处理，以获得较为完美的效果。然而，在大多数情况下，房间必须被用于多种功能。针对每种功能来设计一个独立的房间是不切合实际的。所以在该类房间的声学设计中，必须让它针对各种功能都有着良好的声学表现。这种情况通常用于视听录制和后期制作的小型录音棚和工作室类的房间。例如，在这些房间中，我们需要考虑以下活动，包括数字采样、MIDI、编辑、音效（拟音）、对白替换、画外音、声音处理、作曲、视频制作、后期录制和设备评价。

与大型录音棚一样，这些房间需要精确的声场和舒适的工作条件。然而，这些需求往往必须在非常紧张的预算下得到满足。因此，这些工作室的设计对任何设计师来说都是一个挑战。经过仔细的规划，房间的声学处理能够满足后期制作需求，它适用于以上及类似的活动。但是这样的房间并不能代替一个为声学专门建造的房间。

26.1 设计原则

视听后期制作室必须支持各种不同的功能。然而，它们的设计必须始终考虑几个基本的因素。任何需要音质评价功能的房间，即使不经常进行录音，也需要在频率响应、混响、扩散等方面有着良好的声学效果。房间的处理必须设计用来实现这种效果。大多数音频工作将由录音工程师完成，最好采用高质量的监听音箱来完成。因此，该房间必须允许在立体声或多声道模式下进行良好的声音播放。耳机监听将会缓解这一需求。这些工作室主要是用于后期制作，因此较少用于声音录制。我们主要的需求是将背景噪声保持在适当的低水平，以便工程师能够在没有干扰的情况下评估来自监听音箱的声音。我们必须考虑到来自工作室外部的噪声，并使用适合该工作的隔音装置。同时，我们也必须保证工作室内部响亮的声音不会干扰临近的房间。此外，来自房间内部的噪声也是我们必须考虑的问题，必须尽量减少来自生产设备（如计算机冷却风扇）或暖通空调发出的噪声。

下面两个房间的例子说明了如何解决这些设计因素。这些例子采用了一些不同的方法，以证明任何声学项目的执行都具有灵活性。此外，虽然这些房间旨在服务于多种用途，但这些设计可以很容易地作为用于单一目的的房间的基础。例如，它们也可以被用作录音棚。

许多适用于视听工作室的标准已经在前面的章节中有所介绍。为了避免篇幅冗余，需要适当参考以前章节的内容。对这些参考材料的回顾是本章的一部分。

26.2 设计案例 1：小型后期制作室

本设计案例将提出一个中小型后期制作室的布局和相对基本的声学处理。房间尺寸来自表 22-1，长度为 18.5ft，宽度为 15.3ft，高度为 12ft。这产生的地面面积为 283ft²，体积为 3397ft³。房间比例为 1.00：1.28：1.54，该比例尽可能接近可行的"最佳"值（见表 13-5 和图 13-6）。

26.2.1 房间共振评估

在这个例子中，房间的比例是有利的，但是验证轴向模式间隔依然很重要。我们仅关心轴向模式的分布，因为切向模式、斜向模式相对轴向模式分别减少 3dB 和 6dB。表 26-1 中列出了至 300Hz 频率附近房间长度、宽度和高度方向的轴向模式共振频率。这些都构成了这个房间的低频声学结构。把这些频率按照升序排列，并注意相邻模态之间的频率差异，可以很好地评估房间可能存在的模态问题。

25.5Hz 和 30.5Hz 的间隔是唯一超过 Gilford 所推荐的小于 20Hz 的限制（详见第 13 章）。经验表明，这两个间隔可能是频率响应偏差的来源。然而，这绝不是这个房间的一个主要缺陷。有利的房间比例只能最小化模式问题的存在，而不能消除它们。

大多数房间的共振都可以用低频陷阱来进行控制。在这个例子当中，一些低频陷阱对 50Hz 到 300Hz 区域的吸声可能是必要的。如果视听工作空间是框架和石膏板结构，那么这种框架结构会存在大量的低频吸声。地板和墙板振动的过程中，吸收了低频声音。这一点在随后的计算中得到了证明。然而，也可能需要额外的低频吸声。

表 26-1 一个小型后期制作室的轴向模式（设计案例 1）

房间尺寸 =8.0ft×6.0ft×8.0ft				
轴向模式共振			按升序排列（Hz）	轴向模式间距（Hz）
长度 L=18.5ft f_1=565/L(Hz)	宽度 W=15.3ft f_1=565/W(Hz)	高度 H=12.0ft f_1=565/H(Hz)		
f_1	30.5	36.9	47.1	30.5	6.4
f_2	61.1	73.9	94.2	36.9	10.2
f_3	91.6	110.8	141.3	47.1	14.0
f_4	122.2	147.7	188.3	61.1	12.8
f_5	152.7	184.6	235.4	73.9	17.7
f_6	183.2	221.6	282.5	91.6	2.6
f_7	213.8	258.5	329.6	94.2	16.6
f_8	244.3	295.4		110.8	11.4
f_9	274.9	332.4		122.2	19.1
f_{10}	305.4			141.3	6.4
				147.7	5.0
				152.7	30.5

续表

房间尺寸 =8.0ft×6.0ft×8.0ft				
轴向模式共振			按升序排列 (Hz)	轴向模式间距 (Hz)
长度 L=18.5ft f_1=565/L(Hz)	宽度 W=15.3ft f_1=565/W(Hz)	高度 H=12.0ft f_1=565/H(Hz)		
			183.2	1.4
			184.6	3.7
			188.3	25.5
			213.8	7.8
			221.6	13.8
			235.4	8.9
			244.3	14.2
			258.5	16.4
			274.9	7.6
			282.5	12.9
			295.4	10.0
			305.4	

平均轴向模式间距：12.0Hz
标准差：7.1Hz

26.2.2 推荐的处理方法

3397ft³ 的房间体积超过了通常"小房间"的概念，并使房间的音响效果接近完全混合声音的状态。因此，混响时间的概念可以准确地应用于这个房间当中。我们使用赛宾公式来计算房间中所需的吸声量：

$$RT_{60} = \frac{0.049V}{A}$$ （26-1）

其中，RT_{60}= 混响时间（秒）

V= 房间容积（ft³）

A=$S\alpha$= 房间总吸声量（赛宾）

假设我们所期望的混响时间为 0.3s，可以计算出吸声量：A =0.049V/RT_{60}=（0.049×3397）/0.3 = 555 赛宾。这是一个近似吸声量的数值，它会有着较为合理的声学表现，同时根据之后所遇到的特殊需求而发生变化。

视听室所需吸声的建议处理方法如图 26-1 所示。这是一个可折叠式的平面图，其中四面墙沿着与地板的交界边缘展开成一个平面。假设房间为框架结构，采用木质地板，所有墙面安装 1/2in 厚石膏板，同时使用地毯覆盖地面。天花板吊顶为玻璃纤维制品。表 26-2 描述了所使用材料对应的吸声量。此外，该表格还提供了每个材料计算所需要的吸声量，它们对应 6 个不同频段，这是通过查询附录 C 中不同材料的吸声系数来获得的。

表 26-2 中显示的一些声学材料不太常见。这些单元包括：多圆柱扩散 / 吸声单元、在

多圆柱体模块下面的低频陷阱，以及在天花和墙面上的扩散模块。

　　多圆柱体模块的建造成本低廉，它们的构造相对简单（见图 12-6~ 图 12-28）。多圆柱体模块作为扩散体来说是相当有效的，它可以产生有点类似二次余数扩散体的法向入射扩散特征（见图 14-21）。我们可以使用二次余数扩散体来代替多圆柱体模块，它将提供良好的扩散和吸声作用。建造成本最终决定我们选择使用哪一种方法。如果制造扩散体模块的人工成本过高，则可能优先选择工厂生产的成品模块。

　　多圆柱体模块下面的低频陷阱是一个简单的穿孔面板型赫姆霍兹共鸣器，用来吸收低频段峰值频率。其外表可以用稀松的编织材料进行覆盖。在安装其他声学装置之后，同时在建造低频陷阱之前，就可以对房间进行声学测量了。最后可以进行低频陷阱的设计，并选择最佳的峰值吸声频率。穿孔板低频陷阱吸声体的完整设计细节，详见第 12 章。这种低频陷阱可能不足以控制房间中的低频模式。如果需要更多的低频吸声陷阱，门对面的两个角可以选用 4 种类型角吸声体中的其中一种进行处理（见图 20-4）。

　　两个总面积为 16ft² 的二次余数扩散体模块，间隔排列，并安装在靠近门的墙面上，以阻止潜在的纵向颤动回声。此外，总面积为 50ft² 的扩散体模块，被铺设在吊顶天花板的框架中。这些扩散体模块在第 14 章中有详细的描述。

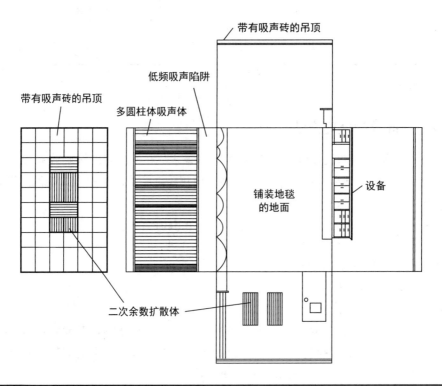

图 26-1　一个小型后期制作室的建议声学处理方法（设计案例 1）。这些声学处理元素包括地毯、带有吸声砖的吊顶、赫姆霍兹低频吸声陷阱、多圆柱体吸声体和二次余数扩散板

表 26-2　小型后期制作室吸声量和混响时间的计算（设计案例 1）

材料	面积（ft²）	125Hz		250Hz		500Hz		1kHz		2kHz		4kHz	
		α	Sα	α	Sα	α	Sα	α	Sα	α	Sα	α	Sα
石膏板墙体	812	0.10	81.2	0.08	65.0	0.05	40.6	0.03	24.4	0.03	24.4	0.03	24.4
木地板	284	0.15	42.6	0.11	31.2	0.10	28.4	0.07	19.9	0.06	17.0	0.07	19.9
吊顶	234	0.69	161.5	0.86	201.2	0.68	159.1	0.87	203.6	0.90	210.6	0.81	189.5
地毯	284	0.08	27.7	0.24	68.3	0.57	161.9	0.69	196.0	0.71	201.6	0.73	207.3
多圆柱体	148	0.40	59.2	0.55	81.4	0.40	59.2	0.22	32.6	0.20	29.6	0.20	29.6
低频陷阱	37	0.65	24.1	0.22	8.1	0.12	4.4	0.10	3.7	0.10	3.7	0.10	3.7
扩散体	50	0.48	27.8	0.98	49.0	1.2	60.0	1.1	55.0	1.08	54.0	1.15	57.5
总吸声量（赛宾）			424.1		504.1		513.6		535.2		540.9		531.9
混响时间（s）			0.39		0.33		0.32		0.31		0.31		0.31

26.3　设计案例 2：大型后期制作室

本设计案例中将展示一个相对较大的视听后期制作室的布局和声学处理。在这个房间的设计中，注意尽量避免听音位置的早期反射声，以便壁挂式监听音箱能够还原出准确的声场。正如我们所看到的那样，早期反射声是存在问题的，且需要进行声学处理来避免它们的发生。虽然房间设计优先考虑壁挂式监听音箱，但是近场监听音箱也是可以另外被使用的。

我们选择的房间尺寸，长度约为 28ft，不包括音箱后面的不规则空间，宽度为 19.2ft，高度为 12ft。不规则的形状产生工作区域面积约为 510ft²，体积约为 6150ft³。该比例为 1.00∶1.60∶2.33。这遵循 Sepmeyer 的 C 比率（见表 13-5）。

26.3.1　房间共振评价

房间的比例决定了轴向模式的间距，这反过来又决定了房间低频响应的平滑度。表 26-3 中列出了 300Hz 以下长度、宽度和高度方向上的轴向模式共振频率。平均轴向模式间距为 9.5Hz，尽管实际的差值从 0Hz 到 20.2Hz 不等。在 141Hz 和 282Hz 时均发生近似简并现象，而在 235Hz 产生真正的简并现象。

只有 141Hz 的简并现象可能危及可闻音色异常。其他简并频率足够高，从而避免了对音质的影响。141Hz 的简并与 12ft 的天花板高度和 28ft 的房间长度有关。141Hz 的音色异常被听到的可能性很小，因为切向和斜向模态（即使能量较低）将倾向于填补轴向模式之间的空隙。像这样一个更大房间的优点是类似这种模式间距所产生的声学问题会减少。

表26-3　一个大型后期制作室的轴向模式（设计案例 2）

房间尺寸 =27.96ft × 19.2ft × 12.0ft				
轴向模式共振			按升序排列（Hz）	轴向模式间距（Hz）
长度 L=27.96ft f_1=565/L(Hz)	宽度 W=19.2ft f_1=565/W(Hz)	高度 H=12.0ft f_1=565/H(Hz)		
f_1　20.2	29.4	47.1	20.2	9.2
f_2　40.4	58.9	94.2	29.4	11.0
f_3　60.6	88.3	141.3	40.4	6.7
f_4　80.8	117.7	188.3	47.1	11.8
f_5　101.0	147.1	235.4	58.9	1.7
f_6　121.2	176.6	282.5	60.6	20.2
f_7　141.5	206.0	329.6	80.8	7.5
f_8　161.7	235.4		88.3	5.9
f_9　181.9	264.8		94.2	6.8
f_{10}　202.1	294.3		101.0	16.7
f_{11}　222.3			117.7	3.5
f_{12}　242.5			121.2	20.1
f_{13}　262.7			141.3	0.2
f_{14}　282.9			141.5	5.6
f_{15}　303.1			147.1	14.6
			161.7	14.9
			176.6	5.3
			181.9	6.4
			188.3	13.8
			202.1	3.9
			206.0	19.3
			222.3	13.1
			235.4	0.0
			235.4	7.1
			242.5	20.2
			262.7	2.1
			264.8	17.7
			282.5	0.4
			282.9	11.4
			294.3	8.8
			303.1	

平均轴向模式间距：9.5Hz

标准差：6.4Hz

26.3.2　监听音箱和早期声

如图 26-2 所示为房间总平面图。沿着前（北）墙放置了一个带有监听音箱和小型调音台的工作台。另一个工作台和反射相位栅扩散体沿着后（南）墙放置。为了给混音工程师提供来自音箱的最佳声音，两个拱腹中心线相交为 60°，交点落在听音位置稍微靠后的地方。这确保了来自监听音箱的直达声能够通过听音者的耳朵。拱腹的作用是将音箱嵌入其内，并保证音箱的正面与倾斜的墙面之间齐平。音箱箱体的尖角位置能够利用衍射效应向外辐射声音。这种来自音箱边缘的衍射声音，能够直接和利用音箱后墙反射间接对早期声造成影响。通过使监听音箱的正面与所嵌入的墙面齐平，消除了该衍射效应的影响。

　　通过嵌入式安装音箱箱体，能够尽量减少因箱体衍射效应所造成的影响。然而，这个房间还产生了其他必须解决的声音延时问题。图 26-3 展示了对监听音箱有利和不利的声音传播路径。实线表示直接到达监听位置的声线，它是令人满意的声音。虚线表示为从墙面、地面和天花板反射回来的声音。因为它们的到达时间不同，会导致梳状滤波效应。这些反射声可以通过在侧墙以及混音位置上方天花板的反射区域放置吸声材料来控制。或者，也可以通过这些相同位置放置扩散体来控制反射声。针对这个设计案例，我们将使用吸声模块。地面的反射声被地毯吸收。来自混音台表面的早期反射声，是无法避免的。

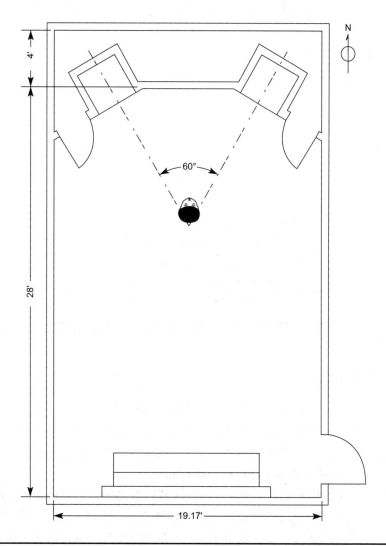

图 26-2　大型后期制作室的平面视图（设计案例 2），它展示了嵌入墙体的监听音箱以及后墙位置工作台的摆放

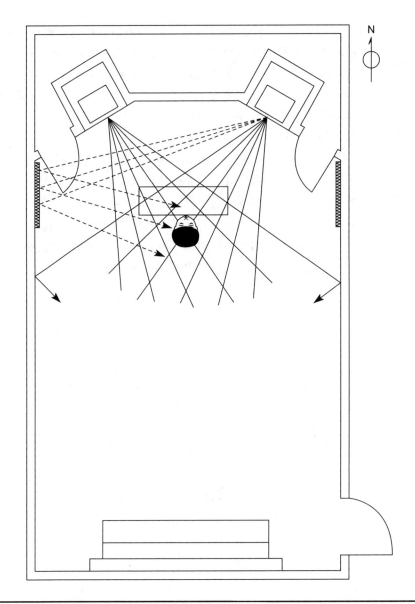

图 26-3　大型后期制作室的平面视图（设计案例 2），它展示了混音位置处直达声与早期反射声的情况

26.3.3　后期声

通过使用拱腹和吸声 / 扩散体将初始时间间隙问题降到最小之后，来自监听音箱的直达声应该不会受到早期反射声的影响而产生音质变化。这种直达声能够使得重放监听音箱有着精准的声音感知，但这只是完整声场的第一部分。后期声，那些从房间后面反射回来的声音与早期声共同构成了完整的声场，也是必须被考虑的。

图 26-4 展示了早期声和后期声的视图。在工作位置到达工程师耳朵处的直达声确立了本图声压级（纵坐标）和时间（横坐标）的零值。在直达声到达之后，当声音经过工程师到达后墙时，会出现一段相对的静默。这并不是一个完全静默的时期，会有一些低声压级的小反射声，但它们可以被忽略。这些各种各样的反射声大概下降了 30dB，因此在整体感知中

并不明显。

通过利用房间尺寸，我们能够估算出后期反射声的声压级和时间值。直达声需要传播 9ft 的距离，才能从音箱到达听音者位置，同时必须额外传播 34~40ft 才能从后墙以及后区工作台表面反射到达听音者位置。后墙的反射声压约为 20lg9/40=12.9dB，同时来自后区工作台的反射声压约为 20lg9/34=11.5dB。这些粗略的估算是基于声波的平方反比定律得来的，对于目前的用途来说足够准确。

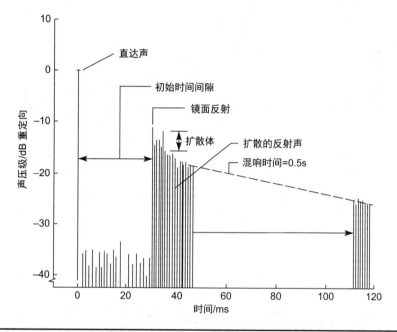

图 26-4 大型后期制作室（设计案例 2）中的早期反射声和混响，它展示了初始时间间隙

这些来自后方的反射声，其延时时间约为 34ft/（1130ft/s）=30ms，和 40ft/（1130ft/s）=35ms。因此，工作台的反射为 11.5dB，延时为 30ms，后墙反射声压级为 12.9dB，延时为 35ms。这些镜面反射也展示在图 26-4 当中。

反射相位栅扩散体阵列被安装在后墙。它们可以由各种类型的扩散体单元组成。在这个设计中，扩散声将在水平和垂直方向上进行传播。由于扩散体的特性，其反射声音大小会比直接从墙面反射小 6dB 到 8dB。后墙反射声，无论是镜面反射还是扩散反射，其衰减速度均由房间的混响时间所决定。我们混响时间的设计目标约为 0.5s，如图 26-5 所示。

有相当一部分声音落在后墙的扩散体上，它们在水平方向和垂直方向进行扩散。那些没有落在扩散体上声音，经过后区工作台和后墙表面的反射，与扩散声共同延时并返回到听音位置。

总结一下这种设计的原理：来自监听音箱的直达声经过听音位置到达后墙及后区工作台并返回听音者的耳朵，比直达声晚 30ms~35ms。房间特征中的初始时间间隙是对音质非常重要的指标，它能使听音者清晰地听到直达声，同时在不降低直达声清晰度的前提下保留了自然的房间氛围。此外，由于哈斯效应的作用，听音者并没有单独听到这个氛围声，而是将它看作是来自房间前面直达声的一部分。

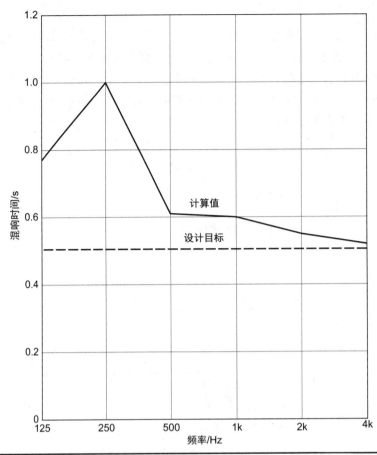

图 26-5　从表 26-4 中计算出的大型后期制作室（设计案例 2）的混响时间，以及所需的设计目标

26.3.4　声学处理的建议

　　从没有特定声学处理的房间开始，其主要的吸声组件是由面积 1148ft^2 的石膏板所带来的板吸声。石膏板的吸声频率主要在低频区域，因此考虑增加一些带垫子的厚重地毯（主要吸声作用集中在高频区域）用来补偿高频吸声是合理的。这就证明了整个地板表面铺上地毯的合理性。唯一其他的吸声区域，是两面墙和天花板上 4ft×4ft 吸声板，用来控制早期反射声，由于它们尺寸较小对吸声量的影响较小。每种材料的吸声量（石膏板、带垫子的地毯和小面板）为 $A=S\alpha$，其中 S 为表面积，α 为材料的吸声系数。如上所述，除去音箱后面的不规则空间，房间容积约为 6150ft^3。利用赛宾公式计算了 6 个标准频率的混响时间。该数据展示在表 26-4 当中，其混响时间如图 26-5 所示。

　　石膏板在 250Hz 处产生的混响时间为 1.03s。对于 0.5s 的预期混响时间来说，该混响时间相对较高。然而，混响时间在 500Hz 及以上均没有超出那么多。使用大约 400ft^2 的赫姆霍兹共鸣器，将谐振频率调整到 250Hz 将会把该频率处的混响时间降低到接近 0.5s 处，但这种修改在这个阶段是不明智的。石膏板的构造存在太多的不确定性。更明智的方法是等到结构建造和地毯铺设完成之后，进行混响时间的测量，以精确地看到需要什么样的低频校正。校正将相对较小，这种声学处理可以根据需求进行具体调整。

0.5s 混响时间的目标已经标明并可以实现，但客户很可能更喜欢 0.4s（稍微"干燥"的声学环境）或 0.6s（稍微"湿润"的声学环境）。这种偏好和测量值将为最佳声学矫正提供基础。

表 26-4　大型后期制作室吸声量和混响时间的计算（设计案例 2）

材料	面积（ft²）	125Hz		250Hz		500Hz		1kHz		2kHz		4kHz	
		α	$S\alpha$	α	$S\alpha$	α	$S\alpha$	α	$S\alpha$	α	$S\alpha$	α	$S\alpha$
石膏板墙体	1148	0.29	332.9	0.10	114.8	0.05	57.4	0.04	45.9	0.07	80.4	0.09	103.3
密度为 40 盎司 / 平方码（约 1356 克 / 平方米）的厚地毯	589	0.08	47.1	0.24	141.4	0.57	335.7	0.69	406.4	0.71	418.2	0.73	430.0
墙面和天花的吸声板，2in 厚	48	0.24	11.5	0.77	37.0	1.13	54.2	1.09	52.3	1.04	49.9	1.05	50.4
总吸声量（赛宾）			391.5		293.2		497.3		504.6		548.5		583.7
混响时间（s）			0.77		1.03		0.61		0.60		0.55		0.52

26.3.5　工作台

图 26-6 展示了工作室的南立面。后区工作台放置在那里，墙面上有 18 块扩散模块阵列，每个模块尺寸为 2ft×2ft。在这个扩散区下面，通常建议摆放一个工作台。来自该工作台面上的反射声将仅会增加后墙镜面反射和扩散反射声的混合。如果将其放在房间的其他位置，其台面上的反射声将会破坏初始时间间隙。此外，如果将其沿着一堵墙放置，来自工作台面的反射声将会破坏房间声学的双边对称性。

在混音区的混音师可能需要一个助手来做许多工作，以保持混音工作的有效进行。某些设备将会有助于其效率的提高。在扩散面板下方的工作台，旨在容纳此类设备。这些设备对墙面扩散体的影响可以忽略不计。

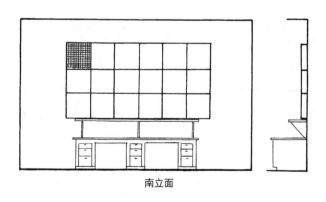

南立面

图 26-6　大型后期制作室（设计案例 2）的南立面，展示了工作台和扩散体

26.3.6　混音师的工作区

图 26-7 展示了工作室的北立面。此图详细说明了混音师相对监听音箱和显示器的位置。如果视线足够高，可以在混音师前方不遮挡视线的位置放置设备，但在这方面必须小心。特

别是，监听音箱和显示器不应相对于混音师的座位过高。

辅助设备的机架可以安装在混音师脚部位置两侧的桌子下方。除非绝对必要，否则不应在混音师后方附近放置另一个工作台。这会导致前面的设备（如监听音箱）发出的声音反射到混音师耳朵的位置，从而产生梳状滤波效应。通常建议在监听音箱的后方位置安装小门，以便其后方空间可以用来存放东西。图 26-8 展示了混音师位置沿工作室西立面的侧视图。它展示了侧墙及天花板上早期反射声控制面板的相对位置。

监听音箱应直接嵌入安装在前墙内。这将能够避免音箱产生梳状滤波效应的潜在来源，它是该房间设计的一个重要元素。监听音箱应当垂直安装，也可以向下倾斜，将混音师放置在监听音箱的轴线上。一个向下倾斜的轴线是更好的。隔板可以制成两个部分，一部分与左侧音箱正面有着相同的水平和垂直角度，另一部分则倾向于与右侧音箱的表面重合。这将对小门和显示器产生一些小问题，但是可以解决。如上所述，轴向安装是更好的选择，然而对于高质量监听音箱来说，声音在偏离轴向 10° 并没有明显的变化。最简单的设计是接受垂直安装方式，以及 10° 的离轴偏离。

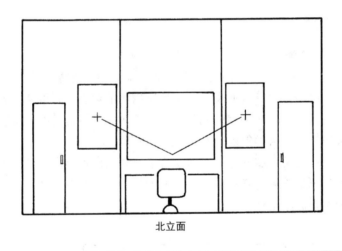

北立面

图 26-7　大型后期制作室（设计案例 2）的北立面，展示了监听音箱的摆放位置

图 26-8　大型后期制作室（设计案例 2）的西立面，展示了监听音箱和天花吸声板向下倾斜的情况

26.3.7 视频显示及照明

可能的视频显示位置被标明在工作室北立面上（如图 26-7 所示）。一个平板显示器能够较为容易地安装在前面的墙上。或者，也可以在混音师的桌子附近放置一个视频投影仪。桌子上的投影仪、显示器和其他设备都是造成早期反射声异常的罪魁祸首，这些反射声可能会扭曲混音师所听到的声音。作为最后的手段，我们将会在桌面设备的顶部和背面放置一些吸声材料，来控制这些反射声。此外，投影仪或计算机的冷却风扇也会产生环境噪声。

天花板及墙面的上半部分建议涂成黑色，并在天花板上挂上遮光装置。轨道射灯能够突出照亮后区工作台和扩散体，它可以提供足够的工作照明以及戏剧般的效果。类似的轨道射灯也可以为混音区提供工作照明。

26.4 知识点

- 一个视听后期制作室必须适用于各种不同的功能。虽然房间能够设计出良好的声学效果，但是它必须有一定的妥协。这样的房间并不能替代有声学专用目的的房间。
- 房间的设计必须进行声学处理，以满足高质量音箱的重放要求，同时要确保该空间较为安静，并具有良好的隔声效果。
- 如果视听室是由石膏板和框架结构组成的，那么我们必须考虑这种结构固有的低频吸声作用。然而，或许还需要额外的低频吸声。
- 在视听室设计案例 1 中，设计提供了大约 0.3s 的混响时间。设计元素包括多圆柱扩散 / 吸声单元、一个低频陷阱，以及在天花和墙面上的扩散模块。
- 在视听室设计案例 2 中，采用了嵌入式监听音箱安装方式，最大程度减少了早期反射声。后期反射声主要是扩散声，并产生了一个较好的初始时间间隙。
- 在视听室设计案例 3 中，设计提供了大约 0.5s 的混响时间。为了实现这一点，应该根据房间内实际测量结果来增加额外的低频吸声。
- 在视听室设计案例 2 中，监听音箱应嵌入式安装，以消除造成梳状滤波效应的潜在声源。监听音箱可以垂直安装，也可以向下倾斜，将混音师的位置放在监听音箱的轴线上。我们更倾向于后者。

27

电话会议室的声学

对于许多企业来说，会议室是其基础设施的一个重要组成部分。会议室可以用来为内部员工举行会议，以及为来自其他地点的员工和客户提供来访的场所。然而，对于后者，差旅费和面对面会议所需时间的花费，自然鼓励了电话会议的发展。它促进了许多类型的音频／视频通信系统的发展，旨在将人们聚集在一起，不用考虑距离问题，且花费的成本较低。

音频／视频通信系统的可用性是电话会议解决方案的一部分，同时还需要一个合适的声学空间来使用它们。一个专门的电话会议房间意味着一个非专业的临时连接和一个专业的商业环境之间的差别。从声学的角度来看，电话会议室的目的是在全球范围内的专业环境中，连接人们到另一个或多个地点，同时确保舒适的对话与自然可懂的语音质量。

27.1 设计原则

语言清晰度是任意种类会议室中最重要的指标。当语言信号通过数据线缆传输时，本地房间的语言清晰度将会更加受到关注，这是由于传输通道或远端位置都会产生失真。提供清晰的传输通道和令人满意的本地设备，同时在通信线路的两端有着良好的房间声学环境，将有助于语言清晰度的提高。

在混响时间较短的空间当中有着较好的语言清晰度。而在高混响的空间当中，语言清晰度比较差。然而，合理声学设计的电话会议室会涉及除吸声以外的许多东西。背景噪声也必须较低。具体来说，将背景噪声保持在 NCB-20 曲线以下是很好的（见图 19-1）。为了实现这种较低水平的背景噪声，我们必须注意 HVAC 系统（供暖、通风、空调）的噪声。一个低速的 HVAC 系统是有必要的，其管道外部需要包裹同时内部需要有内衬，同时避免使用某些产生噪声的配件。电话会议室外部的噪声干扰要和其墙体的声音衰减相匹配。一旦考虑到这些因素，我们就会将注意力集中在电话会议室的内部声学处理当中。

27.2 房间的形状和尺寸

电话会议室的大小是由一次所需要容纳参与者的人数所决定的。针对 12 人外加经理的空间，本设计实例选择了 21ft×14.42ft×9ft 的尺寸。这符合 1.00 : 1.60 : 2.33 的房间比例。由于该房间将用于语言用途而非音乐，因此实现一个较为平坦的低频响应并不是非常重要。但是，我们应该选择较为合适的房间比例，以确保在相对较高的语言频率区域内有着较好的模态分布。表 27-1 列出了这个空间的模式频率。

在模式间距列中的值，展示了轴向模式之间的计算频率，其间距相对合理，仅在 188.3Hz 处存在简并作用。这种简并产生声音异常的可能性较小，因为经验表明，在这个相对较高的频率下，很少能够感受到声音异常。此外，在这个相对较高的频率下，切向模式和斜向模式的存在也倾向于降低这种简并作用所造成的影响。这个房间的体积为 2725ft³。

表 27-1　电话会议室的轴向模式

	房间尺寸 =21.0ft × 14.42ft × 9.0ft				
	轴向模式共振			按升序排列（Hz）	轴向模式间距（Hz）
	长度 L=21.0ft f_1=565/L(Hz)	宽度 W=14.424ft f_1=565/W(Hz)	高度 H=9.0ft f_1=565/H(Hz)		
f_1	26.9	39.2	62.8	26.9	12.3
f_2	53.8	78.4	125.6	39.2	14.6
f_3	80.7	117.5	188.3	53.8	9.0
f_4	107.6	156.7	256.1	62.8	15.6
f_5	134.5	195.9	313.9	78.4	2.3
f_6	161.4	235.1		80.7	26.9
f_7	188.3	274.3		107.6	9.9
f_8	215.2	313.5		117.5	8.1
f_9	242.1			125.6	8.9
f_{10}	269.0			134.5	22.2
f_{11}	296.0			156.7	4.7
				161.4	26.9
				188.3	0.0
				188.3	7.6
				195.9	19.3
				215.2	19.9
				235.1	7.0
				242.1	9.0
				251.1	17.9
				269.0	5.3
				274.3	21.7
				296.0	

平均轴向模式间距：12.8Hz
标准差：7.8Hz

27.3　地板平面图

图 27-1 显示了所推荐电话会议室的吊顶平面及其他声学单元：音箱（1）、视频显示器（2）、Skyline 扩散单元（3）、Modex　Corner　低频吸声板（4）、赫姆霍兹低频吸声体（5）和地毯（6）。

建议使用一个楔形的会议桌，以便每个坐着的参与者都能很好地看到显示器或桌子顶端的活动。房间前面 30in 高的搁板支撑着音箱和显示器。或者，音箱可以选择安装在墙面，天花板上还可以安装可升降的投影幕布。搁板下面安装滑动门，使其下面的空间可供存储。30in 高的搁板沿着房间的两侧继续延伸。为了消除东西墙面之间的颤动回声，并为房间提供扩散，在搁板上方每一面墙上安装了 14 块 Skyline 扩散单元。这些是全指向性扩散体，它们基于原根序列的扩散体，使用了 156 个特有的木块高度。Skyline 模块是由 RPG 声学系统公司制造的。

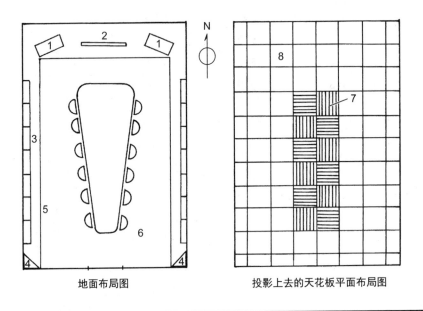

地面布局图　　　　　投影上去的天花板平面布局图

图 27-1　电话会议室的地面和天花板平面布局图

27.4　天花平面图

房间采用标准 T 型框架吊顶，有着 16in 的空腔，符合 C-400（400mm）的安装标准，如图 27-1 所示。在这个框架的中心，即在会议桌的正上方，有 12 块 Abffusor 单元（7），它们既能扩散又能吸收声音。天花板的其余部分填充了 Tectum 嵌入式天花板（8），其尺寸为 1.5in×24in×24in。如果有需要，可以在天花板上安装一个视频投影仪。Abffusor 模块是由 RPG 声学系统公司制造的。Tectum 面板是由阿姆斯特朗世界工业公司制造的。

27.5　立面视图

图 27-2 为房间的北、东、南、西立面草图。这些草图有助于关联这两种类型的扩散体。混响时间必须非常短，才能确保语言的清晰度，30in 高的搁板以上到吊顶之间均被 Tectum 墙板所覆盖，采用 D-20 安装方式（安装在 3/4in 的木条上）。Skyline 模块（3）被衔接在这个 Tectum 墙板上。

参照图 27-2 所示的南立面，两个 Modex Corner 板吸声体（4）被放在门两边 30in 高的搁板上。这些吸声体有助于控制由低频房间模式所造成的低频异响。如果这种异响持续存在，应该在音箱后面的角落增加放置两个相同的低音吸声单元。预计应该不会需要更多的吸声单元，因为语言清晰度是主要的声学问题，房间的低频响应并不重要。Modex Corner 低频吸声体是由 RPG 声学系统公司制造。

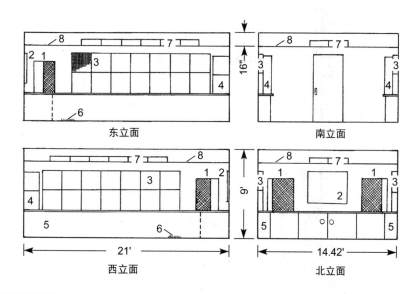

图 27-2　电话会议室的四个立面

图 27-3 为一堵墙的剖面细节图。沿着侧墙 30in 高的搁板只有大约 12in 宽，以避免过多占用房间内有限的空间。在房间的两侧，一个赫姆霍兹低频吸声体被安装在搁板下面，其峰值吸声频率在 250Hz 附近。这种类型的共振吸声体已经在第 12 章进行了讨论，目的如其所述。

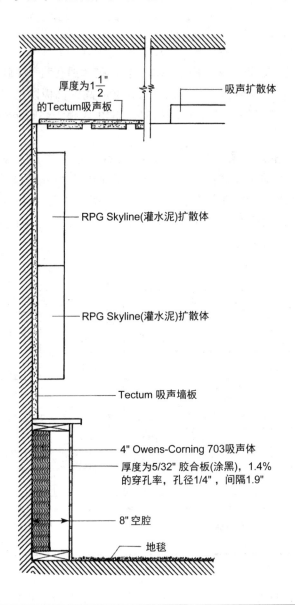

厚度为 $1\frac{1}{2}''$ 的Tectum吸声板

吸声扩散体

RPG Skyline(灌水泥)扩散体

RPG Skyline(灌水泥)扩散体

Tectum 吸声墙板

4" Owens-Corning 703吸声体

厚度为5/32" 胶合板(涂黑)，1.4%
的穿孔率，孔径1/4"，间隔1.9"

8" 空腔

地毯

图 27-3　电话会议室的墙部分

27.6　混响时间

　　表 27-2 为电话会议室混响时间的计算结果。它展示了以下单元模块在 6 个标准频段的吸声量（赛宾）：（a）12 块安装在天花板上的 Abffusor，（b）Tectum 嵌入式天花板，（c）Tectum 墙板，（d）带有衬垫的较厚地毯。这些计算直接得出了图 27-4 的图表，标记为"没有补偿"。

　　通过计算可以得到其混响时间为 0.16s~0.38s，这是一个合理的范围。混响时间为 0.2s 的数值代表这是一个具有很大吸声的房间，且这种设计应该确保在房间声学方面良好的语言清晰度。由于墙面和天花板的石膏板结构，使得该房间在 125Hz 处有足够的吸声作用。在

250Hz 处 0.38s 的混响时间，表明在该频率需要更多的吸声作用。因此，我们将峰值吸声频率为 250Hz 的赫姆霍兹吸声体放置在搁板下方。97ft² 的吸声体使得 250Hz 处的混响时间有所下降，但没有达到预期那么多。即使将混响时间改变到平直的 0.2s 是不切实际的，但是仍然应当通过吸声处理将房间内的混响时间控制在 0.2s~0.3s，以确保其获得良好的语言清晰度。用于控制较低频率房间模式的吸声陷阱，并不包含在混响时间的计算当中。

表 27-2　电话会议室中吸声量和混响时间的计算。

材料	面积 (ft²)	125Hz		250Hz		500Hz		1kHz		2kHz		4kHz	
		α	Sα	α	Sα	α	Sα	α	Sα	α	Sα	α	Sα
石膏板墙面，厚度 1/2in	940	0.29	272.6	0.10	94.0	0.05	47.0	0.04	37.6	0.07	65.8	0.09	84.6
Abffusor，天花板	48	0.82	39.4	0.90	43.2	1.07	51.4	1.04	49.9	1.05	50.4	1.04	49.9
Tectum，天花板，C-400 安装	246	0.35	86.1	0.42	103.3	0.39	95.9	0.51	125.5	0.72	177.1	1.05	258.3
厚地毯，带垫子	203	0.08	16.2	0.27	54.8	0.39	79.2	0.34	69.0	0.48	97.4	0.63	127.9
Tectum 墙面，D-20 安装	360	0.07	25.2	0.15	54.0	0.36	129.6	0.65	234.0	0.71	255.6	0.81	291.6
总吸声量（赛宾）			439.5		349.3		403.1		516.0		646.3		812.3
混响时间，没有补偿（s）			0.30		0.38		0.33		0.26		0.21		0.16
赫姆霍兹低频吸声补偿	97	0.80	77.6	0.90	87.3	0.68	66.0	0.28	27.2	0.18	17.5	0.12	11.6
总吸声量（赛宾）			517.1		436.6		469.1		543.2		663.8		823.9
混响时间，有补偿（s）			0.26		0.31		0.28		0.25		0.20		0.16

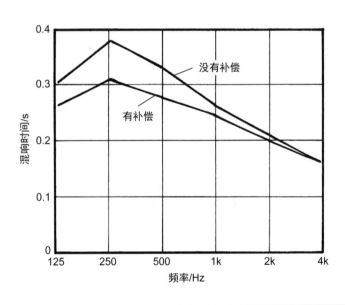

图 27-4　电话会议室中的混响时间

27.7　知识点

- 语言清晰度在任何会议室当中都是最重要的需求。当语言通过数据线传输时，本地房间的语言清晰度更受到关注。
- 提供清晰的传输通道和令人满意的本地设备，同时在通信线路的两端有着良好的房间声学环境，将有助于语言清晰度的提高。
- 电话会议室必须是有着相对较多吸声的房间。在混响时间较小的房间，语言会更加清晰。相反，在混响较大的空间当中，语言清晰度会非常差。
- 背景噪声应当在 NCB–20 曲线以下。为了达到这种低噪声，我们必须注意控制 HVAC 系统的噪声水平。
- 电话会议室的房间大小是由一次所需要容纳的参会人数所决定的。我们必须选择合适的房间比例，以确保良好的模式频率分布，特别是在语言频段内。
- 在这个设计实例当中，计算出的混响时间为 0.16s~0.38s，这是一个合理的范围。混响时间在 0.2s~0.3s 表明该房间有着更多的吸声，同时我们需要确保房间有着合适的吸声，从而获得较好的语言清晰度。

28

大空间的声学特性

在很多方面，大空间的声学设计体现了声学设计的最高水平。庞大的空间让它们承担了许多日常使用需求，在大多数情况下，它们的建造成本也是其他声学空间不可比拟的。

音乐厅、歌剧院、礼堂、戏剧院、做礼拜的场所和其他大型空间，它们的尺寸范围可以从充裕的空间到宏伟的建筑不等。座位数可以从几百个到几千个不等。房间的使用目的决定了其声学特性，并且也产生了许多需求。例如，在一个做礼拜的地方，教父可能需要清晰的语言，在进行宗教仪式时，则需要圣歌具有适当的空间感，而另一个仪式或许需要把舞台上的表演者和做礼拜者的歌声融入音乐表演当中。很明显，不同的使用需求会对房间的声学设计有着较大的影响。此外，许多主要为语言设计的房间，也必须把声音重放系统与空间的自然声场结合起来。

如果音乐厅为现场的音乐表演提供了良好的声学环境，这是会受到人们尊崇的，而当厅堂的声学环境不好的时候，也会受到非议。任何新音乐厅的启用都是一件盛大的事情，而对它声学质量的评估，可以成就一名声学专家，或者让其名誉扫地。即使经过大量的计算机模拟，我们都不能对其声学质量进行最终判定，只有在该音乐厅完成了交响乐团的首演之后，它的声学质量才能被最终评估出来。不同类型的音乐表演空间，如音乐厅、歌剧院和室内乐厅等，它们都有着自己独特的声学特性。为了达到最佳的声学效果，我们必须要明确厅堂的用途，才能对其进行特定目的的声学设计。一个众所周知的道理就是，有着多种使用目的的音乐厅将会成为一个没有使用目的的地方。

虽然古典音乐经常在音乐厅录制，但他们的声学设计是针对音乐表演而非音乐录音。在某些情况下，音乐厅内会进行临时的声学改造，或者管弦乐队以一种非传统的方式就座，以提供特别有利于录音的声音。

一般来说，我们可以从两个方面来考虑大空间的设计，要么主要用作语言，要么主要用作音乐。显然，前者强调的是语言清晰度，而后者更倾向于关注音乐的响亮程度。

28.1 设计准则

从某些方面来说，即使对最大厅堂的声学考虑也和小房间没有太大的区别，换句话说，无论房间的大小，它们声学设计的基本原则都是相同的。一个大型厅堂的周边，必须要有较低的环境噪声；它必须能够提供合理的声增益，及适当的混响时间；必须提供令人满意的音质；同时要避免一些由人为因素所造成的回声。当然，以上所有的声学需求，都必须要与美学及实际的建筑问题相结合，尤其这些原则必须根据建筑的使用目的综合进行评估。例如，虽然隔声问题在每一座建筑的声学设计当中都是很重要的，但它对于教堂这种用来躲避外界干扰的厅堂来说显得尤为重要。从这些主要的设计准则当中，我们可以推断出每一个微小的设计细节。例如，上面所提到的教堂声学设计中，我们必须谨慎考虑其走廊和门的位置，以便在礼拜进行的过程中人们进出教堂而不会打扰到其他人。

28.2　混响及回声的控制

正如第11章中所提到的那样，混响是帮助我们对声学空间音质好坏进行评价的重要指标，特别是对音乐厅、剧场、礼堂和许多做礼拜的场所等大空间来说尤其如此。混响时间 RT_{60}，与房间的功能及容积都有着紧密的联系。图 28-1 所示为满座率在 80%~100% 时，500Hz 及 1000Hz 两个频段平均混响时间的推荐值。从图中我们可以看到，用来做语言功能使用的房间，其推荐混响时间要短于作为音乐用途使用的房间。同时，平均混响时间的长度会随着房间容积的增加而增加。

混响的问题不仅仅是混响时间，我们还必须考虑混响时间的频率响应。图 28-2 为参照图 28-1 中描述的推荐平均混响时间，所作出的混响时间容差范围随频率变化情况。对于语言（图 28-2A）和音乐（图 28-2B）来说，它们的容差响应是不同的。特别是，音乐在低频位置需要更长的混响时间。这样会使得房间混响声场听起来更加温暖，有时被称为低音比率（Bass ratio），会在稍后进行描述。语言的情况正好相反，混响时间在低频位置会减少，它提高了语言清晰度。

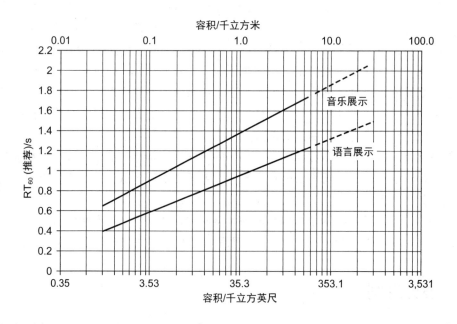

图 28-1　对于语言和音乐来说，图中展示了 500Hz~1000Hz 所推荐的平均混响时间与对应房间容积的关系（Ahnert 和 Tennhardt）

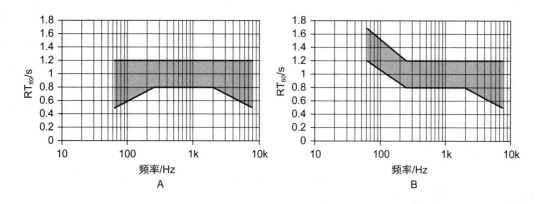

图 28-2　把随频率变化的混响时间容忍范围，作为所参照推荐的混响时间。（A）语言。（B）音乐 (Ahnert 和 Tennhardt)

　　大的封闭空间都有可能受到离散回声问题的干扰。较长的路径以及与声源不同距离的观众位置，都较容易产生回声问题。建筑师和声学专家们，都必须注意那些可能产生回声的反射表面，它们可能会有着足够的声压和延时作为离散回声被察觉到。这将是大空间设计的一个严重缺陷，它几乎不能被具有正常听力的人所容忍。

　　混响时间的长短影响了这种可察觉回声。例如，图 28-3 展示了在混响环境下的语言可以接受的回声声压级。粗间断线代表了混响时间（RT_{60}）为 1.1s 的回声衰减率。阴影部分代表了回声声压级和回声延迟时间之间的关系，它记录了实验室中回声对人的干扰程度。阴影的上边沿是 50% 被试者感觉受到干扰的曲线，下边沿为 20% 被试者感觉受到干扰的曲线。音乐厅的混响时间通常为 1.5s~2.0s，许多语言类教堂的混响时间倾向于接近 1s 左右。

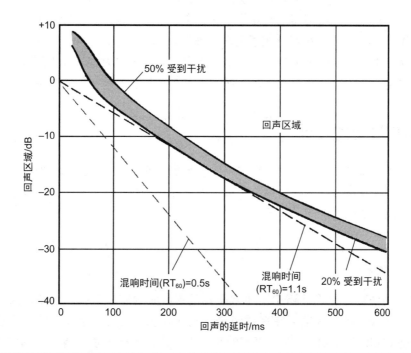

图 28-3　在有混响条件下（混响时间为 1.1s），针对语言可以接受的回声声压级 (Nickson、Muncey 和 Dubout)

通过对其他类似混响时间实验结果的归纳，我们可以看出可察觉干扰回声的阴影区域与混响时间衰减曲线之间是近似相切的。也就是说，我们可以利用大空间混响时间衰减曲线，近似推断出可察觉干扰回声的阴影区域。例如，图 28-3 所示细间断线表示混响时间（RT_{60}）为 0.5s 的衰减曲线，可以粗略地推断出，可察觉干扰回声的阴影区域应该在该曲线的上方。

在设计音乐厅时，声学顾问和建筑师们会特意增加一些有益的侧向反射声，来提高音乐的空间感。为了达到预期的设计效果，我们要更加重视大空间反射声的控制。稍后我们将更详细地讨论侧向反射声。

28.3　空气吸声

由于空气的吸声作用，声音在空气中传播会产生衰减。当声波的传播路径较长时，这种衰减效果显著。在大空间当中，我们应当考虑空气吸声问题。它的影响只会发生在高频部分。混响时间在高频部分（例如，在 2000Hz、4000Hz 和 8000Hz）的衰减应当被记录下来。空气吸声的近似计算如下：

$$A_{air}=mV \tag{28-1}$$

其中，A_{air}= 空气吸声量（赛宾）

　　　　m= 空气衰减系数（赛宾 /ft^3）

　　　　V= 房间容积（ft^3）

空气衰减系数 m 的值随湿度的变化而变化。当湿度为 40%~60% 时，在 2000Hz、4000Hz 和 8000Hz 的 m 值分别为 0.003、0.008 和 0.025 赛宾 / 立方英尺。

同样重要的是要注意人体也有吸声能力。一些声学专家所使用一个经验法则，每个坐着的人将会在 500Hz 处增加 5 赛宾的吸声量。在一个能容纳少数人的小厅堂中，特别是其混响时间相对较短，观众的吸声量可能相对有限。然而，如果在一个有着较长混响的小厅堂中，观众可能贡献了相对显著的吸声量。在一个有着数百人出席的大型表演大厅里，观众的吸声将发挥重要作用。音乐厅听起来有着较大不同，这取决于它们是空的还是满的。

28.4　语言厅堂的设计

在语言厅堂的设计当中，其他类型房间的主要设计原则也同样适用。然而，对于那些主要用于语言的大厅来说，我们必须修改一些标准，并额外增加了一些重要的要求。特别是那些对语言清晰度有较高要求的厅堂来说，显得更加必要。此外，设计必须考虑是否使用扩声系统。

28.4.1　容积

在非扩声的语言厅堂设计当中，通常需要限制房间的整体容积。这是因为一个大容积的房间，比一个较小的空间需要更多的语言声功率。例如，在一个没有扩声系统的大空间当中（如 1000000ft^3 的容积），即使再好的声学设计，也可能无法获得令人满意的语言清晰度。即使采用高反射表面能够产生足够的声学增益，结果所产生的长混响时间也会过度降低语言清晰度。一个较小空间的设计，能够更容易实现语言声功率和混响之间的平衡。一个有着较低吸声及适当反射的小房间，可以提供足够的声学增益，从而获得足够的语言声压级。最终获得令人满意的清晰度。在一个为语言设计相对较大的礼堂中，建议每座容积率为100~200ft³。这与音乐厅需要更大每座容积率的做法刚好相反。

在不用扩声的情况下，面对面讲话所产生的声压级约为 65dBA。这个声压级会随距离的加倍而衰减 6dB，且声能还会受到厅堂中空气的吸收而衰减。为了减少这种衰减，听众区越靠近声源越好，这样不但可以降低了声音衰减，增加了更多的直达声路径，同时也增加了听众的视觉可辨识度，从而提高了语言清晰度。一般来说，礼堂里的讲话者与最远座位的最大距离应该在 80ft 左右。

28.4.2 厅堂形状

说话者到听众之间的距离，可以通过房间形状的变化而缩短。特别是，随着座位数量的增加，房间的横向尺寸必须增加，同时侧墙需要展开一定的角度。一个矩形鞋盒状厅堂，舞台横穿其短边，这对于音乐来说或许是完美的，听众可以坐在距舞台更远的地方，那里有更加理想的混响比例。然而，这种厅堂仅适用于相对较小的语言空间，随着观众座位数量的增多，越来越多的观众将被放置到远离舞台的位置。

为了解决以上问题，我们可以展开或加宽厅堂。然而，为了容纳更多的观众，侧墙应该在舞台的一端展开一定的角度。图 28-4 为一张矩形的建筑平面图，以及两张展开侧墙的平面图。展开侧墙可以让更多的观众座位尽量靠近舞台。不过我们要对侧墙的展开角度格外小心，以避免颤动回声的产生，如图 28-4B 所示，在厅堂的后方标注了可能产生颤动回声的位置。展开的侧墙可以有效地向后墙反射更多的声音能量（如图 28-4B 和图 28-4C 所示）。侧墙可能会在整个长度部分展开，又或者限制侧墙的后半部分。它的展开角度通常为 30°~60°，通常认为 60°是针对语言来说侧墙展开的最大角度。此外，后墙可以沿着厅堂的中轴线位置向外扩展（如图 28-4C 所示），又或者会形成以舞台为圆心的凹面扇形。我们需要小心设计房间中的任何凹面形状，以避免声聚焦现象的发生。一般来说，扇形的厅堂不会用于音乐表演。

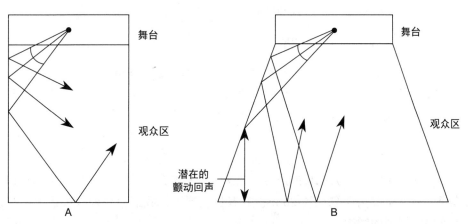

图 28-4 为了提供更多的座位数量，侧墙可以从舞台部分展开。（A）矩形的建筑平面图。（B）侧墙展开，同时后墙为平面。（C）侧墙展开，同时后墙向后扩展

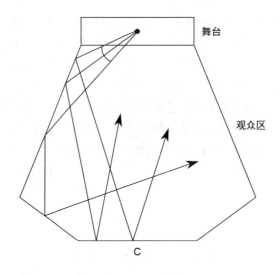

图 28-4　为了提供更多的座位数量，侧墙可以从舞台部分展开。（A）矩形的建筑平面图。（B）侧墙展开，同时后墙为平面。（C）侧墙展开，同时后墙向后扩展（续）

28.4.3　吸声处理

在一个小型的报告厅，它主要的吸声处理区域在观众区，因此房间表面的反射相对较多。而在每座容积较大的厅堂当中，可能需要进行更多的吸声处理。有益的是，前舞台区域提供了较强的早期反射声（较短的声程差），并将直达声与反射声融合（通过优先效应），从而增强了直达声。然而，从后墙反射回来的较强反射声及混响声则不能与直达声融合在一起，这样可能会产生回声问题。为了解决这一问题，舞台及厅堂的前区位置通常会增加反射面，而观众区及厅堂的后半部分将进行吸声处理。虽然早期反射声非常有用，但是为了保证厅堂的语言清晰度，整个厅堂的混响时间要尽量缩短，大部分在 0.5s 以下。舞台的前区有了反射，一个重要的好处是提高了整体语言的声功率。不过同时也会产生一定的梳状滤波效应，我们必须要同时对这种声源染色的问题进行考虑。

28.4.4　天花板、墙面及地板

在许多大型的厅堂当中，天花板反射体（或者称作云板）被用来将直达声能量从舞台区反射到观众区。通常这种反射体的形状是平面或者是凸起。反射体的尺寸决定了被反射声的频率范围，其尺寸越大，反射声的下限频率就越低。一个正方形平面反射板的尺寸，应该至少是最低频率反射声波波长的 5 倍。例如，一张正方形反射板的边长为 5ft，它将会用来反射频率在 1kHz（声波长度为 1ft）及以上的声音。反射板必须是坚硬的固体，且要对其进行较为牢固的安装，以防止共振现象的产生。当天花板很高的时候，必须保证直达声和反射声的声程差不会太大，最好不要超过 20ms。在某些情况下，我们会对云板进行一定的吸声处理来降低次级反射声的影响。

倾斜的地面可以为直达声提供更多的入射角度，从而减少一些吸声。通常礼堂地面的倾角不应低于 8°。报告厅的地板倾角可能要达到 15° 左右，且座位最好是错位摆放。

在大空间中，存在对次级反射声不可控的潜在危险，所以其后墙部分需要进行特别关

注。后墙的反射声会与厅堂前区的观众产生较大的声程差（后墙反射路径与直达声路径之间的差值）。这种声程差很容易产生可察觉的回声，特别是在混响时间较低的情况下。如上所述，反射面为凹形的后墙是不受欢迎的，因为它会聚焦声音。基于以上原因，厅堂的后墙通常会做吸声处理，在一些需要提高混响时间的情况下，可以在后墙安装扩散体来达到类似的效果。

28.5 语言清晰度

语言清晰度是语言厅堂设计中最重要的声学指标之一。在许多礼拜场所，礼堂和戏剧剧院都是如此。扩声系统通常是用来克服大空间声学局限性的，它提高了语言清晰度。在不使用扩声系统的厅堂当中，提高房间的语言清晰度，首先需要识别到一个正常音量的声音，正如前文中所提到的那样，正常语言的平均声压级为 65dBA，峰值声压级可能要比它高 12dB 左右，不同人说话所发出的声压级范围在 55 dBA~75dBA。

28.5.1 语言频率和持续时间

一般来说，最重要的语言频率范围为 200Hz~5kHz。绝大部分语言声功率均在 1kHz 以下，最大的语音能量集中在 200Hz~600Hz。元音主要集中在低频区域，辅音主要集中在高频区域。辅音在语言清晰度中起到了相当重要的作用。在 1kHz 以上的频率，特别是在 2kHz~4kHz 的范围内，是影响语言清晰度的主要频段。1kHz、2kHz 及 4kHz 这三个频段对语言清晰度的贡献率达到了 75%。

一般来说，辅音的持续时间约为 65ms，元音的持续时间约为 100ms。一个音节的持续时间可能为 300ms~400ms，而单词的持续时间为 600ms~900ms，这取决于讲话者的语速。相对较短的混响时间，可以防止后面的声音被前面的声音所掩盖。早期反射声（小于 35ms~50ms 的延时）倾向于与直达声融合在一起，进而提高了语言的清晰度及响度。而次级反射声（大于 50ms 的延时）则会降低语言清晰度。较好的语言清晰度，需要具有较高的信噪比。较慢的语速和清晰的发音，也会对语言清晰度起到较大的帮助。例如，在一个混响时间较大的空间里，从每秒 5 个音节的速度降低到每秒 3 个音节可以明显提高语言清晰度。

28.5.2 基于主观的测量

房间的语言清晰度常常通过主观测量的方法来评价，也就是说，需要进行现场实验。讲话者从词句表中读出一系列的单词和短语，同时在房间内的听者写下他们听到的内容。词句表当中包含一些重要的单词。每次测试要挑选 200~1000 个字。例如，表 28-1 列出了一些用在语言清晰度测试当中的英语单词。正确理解单词和短语的比例越高，语言清晰度越好。

在某些情况下，这种主观测量会不准确。当语言声压级与噪声相同时，可懂度可以较高，但是听众仍旧很难理解所说的内容，同时也需要相当大的注意力。当语言声压级提高到比噪声高 5dB 或者 10dB，语言清晰度虽然没有较大的提高，但是听众会感觉到能够更加容易理解其说话内容。

表 28-1　使用在主观语言清晰度测试中的单词

aisle	done	jam	ram	tame
barb	dub	law	ring	toil
barge	feed	lawn	rip	ton
bark	feet	lisle	rub	trill
baste	file	live	run	tub
bead	five	loon	sale	vouch
beige	foil	loop	same	vow
boil	fume	mess	shod	whack
choke	fuse	met	shop	wham
chore	get	neat	should	woe
cod	good	need	shrill	woke
coil	guess	oil	sip	would
coon	hews	ouch	skill	yaw
coop	hive	paw	soil	yawn
cop	hod	pawn	soon	yes
couch	hood	pews	soot	yet
could	hop	poke	soup	zing
cow	how	pour	spill	zip
dale	huge	pure	still	
dame	jack	rack	tale	

28.5.3　测量分析

各种测量分析被设计用来获得语言清晰度。清晰度指数（AI）是利用声学测量来对语言清晰度进行评价的方法。AI 通常在 250Hz~4kHz 的 5 个倍频程的范围内使用计权因子（在某些情况下，会使用 1/3 倍频程）。每个计权因子表明了我们在该频段的听觉灵敏度。例如，计权因子在 2kHz 时最高，是因为我们的听觉灵敏度在该频段最高。AI 的计算是通过每个频带的信噪比（S/N）与每个频带的计权因子相乘，然后相加来获得的。当信噪比大于 30dB 时，会使用 30dB 的值。当信噪比是负数时，会使用 0dB 的值。在某些情况下，一个基于混响的矫正因子，会被从 AI 值当中减去。AI 的范围从 0~1.0，数值越高则清晰度越高。

另外一种评价语言清晰度的客观测量方法，称为辅音清晰度损失率百分比（%Alcons）。正如其名字所表示的那样，%Alcons 专注于辅音发声的百分比。%Alcons 可以近似测量为：

$$\%Alcons \approx 0.652 \left(\frac{r_{lh}}{r_h}\right)^2 RT_{60} \tag{28-2}$$

其中，%Alcons= 辅音清晰度损失率百分比（%）

r_{lh}= 听众到声源的距离

r_h= 混响半径，或者指向性声源的临界距离

RT_{60}= 混响时间（s）

主观上，*%Alcons* 的得分可以与语言清晰度相关，如表 28-2 所示。其他被用来估算语言清晰度的方法，包括语言传输指数（STI），语言清晰度指数（SII）和快速语言传输指数（*RASTI*）。它可能与 *%Alcons* 有关，RASTI =0.9482 - 0.1845ln(*%Alcons*)。

根据这一标准，我们能够利用对混响时间的合理设计，来获得符合要求的语言清晰度。特别是，应该选择 500Hz 的混响时间（满座率为 2/3），以便在大多数的听音位置，反射声与直达声的能量比不大于 4。这对应 6dB 的能量密度的差异，且应该提供较低（5%）的辅音清晰度损失。

当一个房间主要用来重放语言时，根据语言干扰级（SIL）来制定可接受的环境噪声水平可能是有用的。SIL 是通过计算以 500Hz、1000Hz、2000Hz 和 4000Hz 为中心的倍频程声压级的平均值所得来的。出于计算的目的，女性的 SIL 值比男性低 4dB。

表 28-2　清晰度测试结果的主观衡量

主观的清晰度	辅音清晰度损失率百分比
理想	≤ 3%
较好	3%~8%
满意	8%~11%
差	> 11%
非常不满意	> 20%*

* 极限值是 15%

28.6　音乐厅声学设计

对于表演用途的大厅堂来说，它的声学设计最具有挑战性。或许，最初的这种复杂性来自音乐本身。显然，交响乐、室内乐和歌剧，它们每一种音乐所需要的声学参数、房间尺寸，以及功能都各不相同。此外，不同风格的音乐，如巴洛克音乐、古典音乐和流行音乐，都有着不同的声学需求。最后，不同的音乐文化，如东方和西方，所需要的设计标准也是不同的。或许在厅堂的设计当中，最困难的方面是使用目的的模糊性。虽然我们能够测量出许多类似混响时间的声学参数，但是对于什么是"好"的音乐声学环境，是不能测量出来的，甚至没有共识。多样化的需求，使用目的的不同、客观标准的缺失，以及观念的差别，所有这些使得厅堂设计是一门科学，也是一门艺术。

28.6.1　混响

一般来说，音乐厅的声学问题可以分为两部分来考虑：早期声（early sound）和后期混响声（late reverberant sound）。早期声被认为是与早期混响衰减时间、亲切感、清晰度和侧向空间感有关。后期混响声被认为是与后期混响衰减时间、温暖感、响度和明亮感有关。

混响又可以进一步分为两部分，即早期混响（early reverberation）和后期混响（late reverberation）。我们的耳朵对早期混响非常敏感。其中一部分是因为大多数音乐的后期混

响会被后面的音符所掩盖。早期混响很大程度上决定了我们对整个混响的主观印象。早期衰减时间（EDT）被定义为声音衰减 10dB 所需要的时间，再乘以 6（乘以 6 可以让它与混响时间 RT_{60} 进行比较）。这与后期混响密度不同，早期混响包含了相对较少的初级反射声。在哈斯融合区域的这些反射声，与直达声结合在一起，并加强了直达声。这种早期的混响能够影响声音的清晰度。早期混响的能量越大，清晰度就越好。后期混响会影响我们对声音现场感的感知。越多的后期混响能量能够增加现场感或者丰满感。随着后期混响能量的增加，清晰度也会相应降低。

28.6.2　清晰度

清晰度用 dB 来衡量，它有时被定义为前 80ms 声音能量与 80ms 之后的晚期混响能量的差值，有时被称为 C_{80}。在一些情况，会使用 C_{80}（3）的值，它表示的是在 500Hz、1000Hz 和 2000Hz 处清晰度的平均值。在具有良好清晰度的大厅当中，C_{80}（3）的范围在 −4dB 到 +1dB 之间。

在一些音乐厅的设计当中，为了实现良好的清晰度及现场感，混响衰减的斜率分为两部分。早期衰减有着较陡的斜率以及较短的 EDT（清晰度），而晚期衰减有着较平缓的斜率和较长的 RT_{60}（现场感）。当只有一种衰减斜率时，混响时间可以完全用 RT_{60} 来衡量。对于大型音乐厅来说，RT_{60} 在中频的数值一般在 1.8s~2.2s。

28.6.3　明亮感

明亮感是衡量厅堂声学质量的另一指标。它所描述的是那些具有临场感且清晰的声音。明亮感是由增加反射表面大量的高频声所实现的。另外，具有明亮感的厅堂不应该听起来太明亮甚至刺耳。明亮感可以通过高频 EDT 与中频平均 EDT 的比较来获得，尤其是

$$\frac{EDT_{2000}}{EDT_{Mid}} = \frac{EDT_{2000}}{EDT_{500}+EDT_{1000}} \tag{28-3}$$

类似的，EDT_{4000}/EDT_{Mid} 也能够计算出来。一些声学家建议 EDT_{2000}/EDT_{Mid} 应该至少为 0.9，EDT_{4000}/EDT_{Mid} 应该至少为 0.8。

28.6.4　增益

一个好的音乐厅应该能为所有的听音位置提供充分的声学增益。增益（G）能够被看成任意声源在厅堂中心位置处的声压级，减去相同声源在消声室中距声源 10m 处的声压级。从中我们可以看出，前半部分是在大厅中一个特定位置上的直达声和反射声的函数，而后半部分只包含在 10m 处的直达声。因此，增益取决于厅堂的容积和混响时间 RT_{60} 或者早期延时 EDT。特别是：

$$G_{Mid} = 10 \lg\left(\frac{RT_{Mid}}{V}\right) + 44.4 \tag{28-4}$$

或者

$$G_{Mid} = 10 \lg\left(\frac{EDT_{Mid}}{V}\right) + 44.4 \tag{28-5}$$

其中，G_{Mid}= 在 500Hz 和 1000Hz 的平均增益（dB）

RT_{Mid}= 在 500Hz 和 1000Hz 的平均混响时间（s）

EDT_{Mid}= 在 500Hz 和 1000Hz 的早期反射时间（s）

V= 容积（m³）

在许多音质较好的音乐厅，G_{Mid} 的值为 4.0dB~5.5dB。但是，有着不同应用的厅堂，G_{Mid} 将会在一个较宽的范围变化。

28.6.5　座位数

已知房间的容积，我们可以确定出最佳座位数量。这一部分取决于所要表演的音乐类型。此外，厅堂的总面积（舞台和听众区）或许可以从座位数量上估算出来。当使用平方米为单位进行衡量时，建筑面积可以用 0.7*N* 来估算，其中 *N* 为座位数。当使用平方英尺为单位计算时，建筑面积可以约为 7.5*N*。座位数量可由以下等式来确定：

$$N = \frac{0.0057V}{RT_{Mid}}$$
（28-6）

其中，N= 座位数量

V= 房间容积（ft³ 或 m³）

RT_{Mid}= 在 500Hz 和 1000Hz 的平均混响时间（s）

注意：如果用公制单位，需要把 0.0057 变成 0.2。

28.6.6　容积

房间的容积主要受到厅堂使用目的的影响。在其他因素当中，容积还会影响混响时间以及所需要的吸声量。有时房间的总容积是会被标明的，如一个音乐厅标明容积为 900000ft³。在某些情况下，容积也会用每个观众席的最小容积来表示，如音乐厅容积会从 200 ft³~400 ft³ 变动。当所设计的音乐厅包含楼座（balcony）时，每座容积通常会减少。

28.6.7　扩散

与任何为欣赏音乐而设计的房间一样，无论是现场表演还是录音，音乐厅必须在设计中包括扩散，以确保声学环境是适宜的。一些在音质方面有着较高声誉且广受好评的音乐厅，具有高度扩散的声场。研究表明，表面扩散指数（SDI）是表面扩散的定性特征描述，它与大厅的声学质量指数（AQI）高度相关。针对这些扩散是他们在设计中深思熟虑的一部分，还是当他们建造时设计美学偶然为之，存在着争议。例如，1870 年落成的维也纳金色大厅有着出色的声学效果。该时期建筑上的几何形状和浮雕装饰，造就了具有高度扩散的表面装饰。在更现代的时期，由于建筑成本的上升、座位数量的增加以及室内设计风格的变化，华丽的特征已经在很大程度上被平滑的灰泥、混凝土、石膏板以及空心砖表面所取代。在某些情况下，这种更现代的大厅缺乏足够的扩散，从而音质受到影响。在其他现代大厅，声场高度扩散的重要性已经被认可并成为一个主要的设计目标。这种扩散能够通过基于数论且高度模块化的表面，以及形状优化的扩散体来实现。

28.6.8　空间感

早期声场特征对于空间感的建立也很重要，它可以让听众感受到被声音包裹的感觉。空间感能够通过侧墙的早期反射声来产生，这种早期反射声常常被称为侧向反射声，它发生在直达声到达后的 80ms 以内。这些到达听众的反射声是非常重要的，它们是相对听众前方 20°~90° 的声音。鞋盒音乐厅的矩形结构相对狭窄，有利于房间的侧向反射。而在扇形的大厅当中，这些反射声更多来自听众的正面。从而减小了空间感的作用。在某些设计当中，反侧面形状能够提供较好的侧向反射声。我们通过提供足够的扩散也能够增加空间感。在许多较老的音乐厅当中，华丽的装饰实现了这种扩散效果。

28.6.9　视在声源宽度（ASW）

视在声源宽度（ASW）能够被用来描述声源的感知宽度，例如一支管弦乐队，要比物理声源宽度要宽。ASW 能够被改善，也就是说，当早期（80ms 之前）侧向反射声的声压级较高时，声源宽度也会变得较宽。听众包围感（LEV）有时用来描述沉浸在大空间当中被环绕的感觉。它能够被较迟（80ms 之后）到达的侧向反射声所改善。

28.6.10　初始时间间隙（ITDG）

白瑞纳克对全世界的音乐厅进行了深入的研究。他发现那些受到听众高度评价的厅堂，在技术上有着某些相似之处。初始时间间隙（ITDG）是其中一项声学评价指标。它是在固定位置处，直达声与早期反射声之间的时间差。在音质等级上评分较高的音乐厅，在大厅中心位置所测量的 ITDG 有着清晰的时间间隙，大约为 20ms 或更少。由不可控反射声所产生的初始时间间隙缺陷，会使厅堂得到不好的评价。ITDG 已经在第 11 章和第 24 章进行了讨论。

在较小的厅堂当中，由于反射表面距离听众很近，所以 ITDG 很小。在大厅堂当中，ITDG 对于大多数听众来说都更大。但是，这仍然取决于所坐的位置。例如，一位听众坐在靠近侧墙的位置，这将会有着较小的 ITDG。由于较小的 ITDG 可以产生令人更加亲近的声场，因此较小的 ITDG 是可取的。相对狭窄的大型厅堂，如矩形鞋盒式设计，可以有一个相对较小的 ITDG。在某些情况下，一个小的 ITDG 可以通过把听众区划分成较小区域，同时在其附近放置反射墙面来获得。可以使用侧面楼座、阶梯以及其他侧面突出的物体能够被用来提供早期反射声。由于这些建筑特征也提供了侧向反射声，它们能够同时提供亲密感和空间感。

28.6.11　低音比和温暖感（BR）

在大多数厅堂当中，声学的温暖感是令人满意的。这通常归因于在较低的频率下有较长的混响时间。一种测量温暖感的方法是使用低音比（BR）。低音比的计算方法是将 125Hz 与 250Hz 的混响时间相加，再除以 500Hz 与 1000Hz 的混响时间之和来获得的。

$$BR = \frac{RT_{60/125} + RT_{60/250}}{RT_{60/500} + RT_{60/1000}}$$
（28-7）

因此，一个具有较长低频混响时间，声学上温暖的厅堂将产生大于 1.0 的 BR。根据研究，对于 RT_{60} 小于 1.8s 的厅堂，BR 应该在 1.1 到 1.45 之间。对于有着更高 RT_{60} 的房间，BR 应该在 1.1 到 1.25 之间（对于语言，BR 值在 0.9 到 1.0 之间是合适的）。

28.7 音乐厅的建筑设计

音乐厅的建筑设计需要建筑师和声学专家紧密配合。特别是在建造类似声学房间的时候。这个内壳的舞台和座椅区域，一定要满足演奏家和听众的声学需求，同时也要为他们提供安全设施及便利设施。而这些实际需求比美学需求更加难以确定。一个大型音乐厅必须为人们提供，在听音乐时感觉更加舒适的地方，它在听觉方面是永远不会妥协的。

28.7.1 楼座

在一些厅堂当中，楼座能够减少舞台到一些座位区域的距离，并提供了良好的视野。我们要避免楼座下面在座位区域内的声学阴影，如图 28-5 所示。一般情况下，楼座突出部分的深度应该小于楼座到下方高度的两倍。理想情况下，这个深度不应该超出楼座高度。特别是较深的楼座，会对其下面的座位产生声学阴影。此外，天花板和侧墙的反射表面以及楼座的底面，应该尽可能多地为楼座以及它下方座椅提供反射声，以补充来自舞台直达声不足的问题。我们应该在设计过程中，尽量避免楼座前矮墙对音乐厅前排座椅区域的音质影响。当楼座的平面视图呈现凹形时，尤其如此。

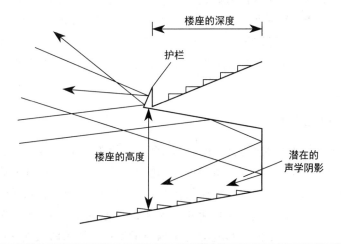

图 28-5 理想情况下，楼座的深度应该不超过它的高度，从而避免楼座下面声学阴影。在楼座下方，我们应该使用反射来补偿直达声。应该注意楼座前面的栏杆，使其避免不必要的反射声

28.7.2 天花板及墙面

天花板高度通常由整个房间所需要的容积来决定。一般来说，天花板的高度应该是房间宽度的 1/3 到 2/3。更低的比例会被用在较大空间当中，更高的比例会被用在较小空间当中。天花板过高可能会导致房间容积过大，从而产生一些不良的后期反射。为了避免潜在的颤动回声，光滑的天花板不应与地面平行。

在许多音乐厅的设计当中，天花板自身的几何结构通常用来引导声音传播到厅堂的后方，或者将其向整个厅堂扩散，如图 28-6 所示。天花板可能有几个部分，它们用不同的尺寸和角度把声音反射到不同的座位区域。例如，在舞台附近的天花板要反射声音到附近的几排座椅，而远离舞台的天花板可能反射声音到更远的座椅区域。在一些厅堂的设计当中，天

花板可以作为几个独立的部分升降，用以改变厅堂的声学特征。例如，当天花板被降低时，大厅的声音效果会感觉更加紧密。在一些音乐厅，在舞台侧面的大型侧门可以打开或关闭，用来改变房间的容积。

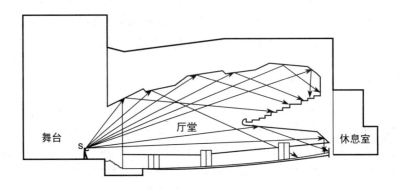

图28-6　天花的几何形状应该引导反射声穿过厅堂。天花的许多部分，其大小和角度或许已经调节好，用来把声音反射到厅堂中特定的作为区域

　　房间应该尽量避免一些形状，诸如穹顶、桶形天花板，以及圆柱体的拱形凹面，因为它们会产生令人厌恶的声音聚焦点。后墙必须避免出现任何大的、完整的凹面几何结构。侧墙必须要避免平行。这些问题可以通过倾斜或展开墙的表面来解决。它们的角度可以有利于引导反射声到达听众区域，并提供合理的扩散效果。任何不得不使用的凹形表面，或者不良角度的表面都应该使用吸声材料进行覆盖。

28.7.3　倾斜的地面

　　无论对于音乐还是语言的厅堂设计当中，我们都需要一个倾斜的地面。特别是对于大的空间来说。一个倾斜的地面不仅改善了观众的视野，同时也提高了座位区域的音质。当坐在倾斜地面时，听众可以听到比水平地面更多的直达声。不论是何种情况，舞台都应当被升起。在一些设计当中，地面的倾斜度会随着舞台距离的增加而保持不变，它们的提升是均匀的。而在另一些设计当中，地面倾斜度会随着舞台距离的增加而增加，它们的提升是不均匀的。又有一些设计，在舞台附近的地面倾斜度是恒定的，而在离舞台更远的地方变成另一个恒定但更陡的坡度。在一些大厅当中，一个带有倾斜地板的楼座可以增加座位数量，同时减少从舞台到听众之间的距离。通常楼座会使用相对陡峭的倾斜地面。

　　在必须尽量减少听众吸声的厅堂当中，需要使用一个倾斜的地板。一个更直接的入射角度，会让声音在穿过一个较大的听众区时产生更少的吸声量。声音通过观众区的频率响应，在很大程度上会受到其入射角的影响。较低角度的入射，会在观众头部位置附近出现频率在150Hz的波谷，其幅度在10dB~15dB，并延伸两个倍频程。此外，这种效果对直达声和早期反射声最为明显。倾斜的地板使得这些问题有所减少。除此之外，通过在早期混响能量上，进行低频部分的增强，也可以解决这一问题。一些证据表明，较强的天花板反射也可以在该方面起到一定的作用。

28.8 虚拟声像分析

正如我们在第 6 章和第 13 章所观察到的那样，从诸如墙面、地板或天花板，这种边界表面反射回来的声音可以被看作是虚拟声源。虚拟声源是位于反射表面的后面，就像在镜子里看到的影像一样。此外，当声音撞击不止一个表面时，就会产生多个反射。因此，也会存在声像的声像。在一个矩形房间当中有 6 个表面，而声源将会在这 6 个表面都产生声像，并把能量反射回封闭的空间里，从而产生一个高度复杂的声场。

通过使用这种建模技术，我们可以忽略表面本身，只考虑来自虚拟声源的声音，根据它们之间的距离来计算延迟时间。此外，声像的数量取决于反射表面的吸声能力，以及被反射声像的次数。

这种技术能够用来检测大空间的声场，如图 28-7 所示。图中的四个大空间，都是通过舞台上的脉冲声音进行测量的，且使用 6 个话筒测试点阵列来测量反射声场的情况。在此图中，每个圆圈的中心表示了虚拟声源的位置，圆圈的大小表示其声音大小。圆到轴的交点距离表示到达的时间延迟。测量阵列位于各轴的交点处。在四个不同封闭空间中，由边界表面反射所产生的虚拟声源被用图形记录下来。在体育馆的例子中（如图 28-7A 所示），只有少数的反射面，且声像间隔较大，可以看出它可能存在的回声。在歌剧院的例子中（如图 28-7B 所示），虚拟声源相对密集，在空中有许多较强的声像。可以从声像的空间分布，明显看到大型音乐厅（如图 28-7C 所示）和小型音乐厅（如图 28-7D 所示）之间的不同。

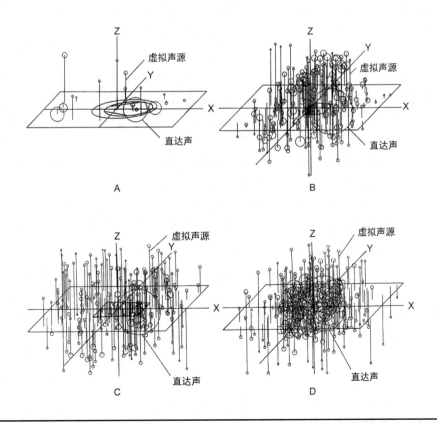

图 28-7　四个封闭空间声场中通过边界反射所产生的虚拟声源。（A）体育馆（B）歌剧院（C）大音乐厅（D）小音乐厅 (JVC Corporation)

28.9　厅堂的设计流程

在实践中，一个声学专家可以在对选址的仔细考虑、确定环境噪声水平以及结构布局之后，再开始对厅堂进行设计。其数值的设计可以从确定 GMid 值开始。例如，可以假设它的值为 5.0dB。接着假设出 RTMid 或 EDTMid 的数值。它将在很大程度上取决于在厅堂中演奏的音乐类型。例如，假设 RTMid 的值为 2.0s。已知这些值，可以计算出厅堂的容积以及座位数和总建筑面积。如果这些结果没有满足设计标准，我们将会对 GMid 的值进行调整。通过对这些计算数值的参考，声学专家和建筑师将最终决定厅堂的布局，例如矩形或者扇形。使用同样的方法，可以涵盖诸如楼座和阶梯等元素，并考虑到诸如 ITDG 等因素。根据假定的 RT 和 EDT 数值，可以适当地添加吸声材料。设计流程或许看上去很简单，然而在实践中，要创建一个音质极佳的音乐厅，可能需要相当多的技巧和一些运气。

28.10　案例研究

一个大型音乐厅的设计是最复杂的建筑任务之一。厅堂设计通常是独一无二的，它展现了建筑师和声学专家的创作力及胆识。这种物理上的独特性，保证了每个音乐厅将会有一个与其他音乐厅不同的声音特征。几百年来一直是这样，并一直持续到今天。这里研究了两个著名的音乐厅。

芝加哥交响音乐厅是一个传统矩形音乐厅，它有着陡峭的楼座。图 28-8A 和 B 展示了它的平面建筑图。这个音乐厅建于 1904 年，在它投入使用之后很快就发现了声学缺陷，特别是在舞台区域和舞台上方的部分。结果，音乐厅被改造了好几次。在 1966 年，大量的石膏吊顶被穿孔铝板替代，以努力增加有效的房间容积，从而延长了混响时间。同时，在楼座、走廊增加了许多装饰物，从而吸收了一些混响，最终使得满场混响时间没有增加，而空场混响时间明显减少，对排练造成了影响。1981 年该音乐厅被再次改造。在改造过程中，减少了主要座位区域的地面及舞台周边表面的吸声，音乐厅上表面被硬化，整个厅堂的空间被打开，并在后墙表面增加了扩散石膏，同时安装了新的管风琴。图 28-8C 展示了 1981 年改造前后的空场混响时间。可以看到低频混响时间有所增加。其后，另一项改造工程于 1997 年完成。

柏林爱乐音乐厅是使用葡萄园结构的大型音乐厅案例。在这种方法中，大音乐厅被分成了多层级的听众区域，它们之间通过矮墙隔离，这提供了侧向反射声，为大空间提供了亲密感。该音乐厅于 1963 年完工，它把听众放置在交响乐团周围，天花板有着明显的帐篷形状，且下面有反射云板。图 28-9A 和 B 展示了柏林爱乐音乐厅的建筑结构图，它有着平面和剖面示意图。图 28-9C 绘制了该音乐厅三种状态的混响时间，即空场、只有乐团演奏家，以及有着乐团演奏家、合唱团和观众。在所有这三种情况下，低频都有着明显的提升。

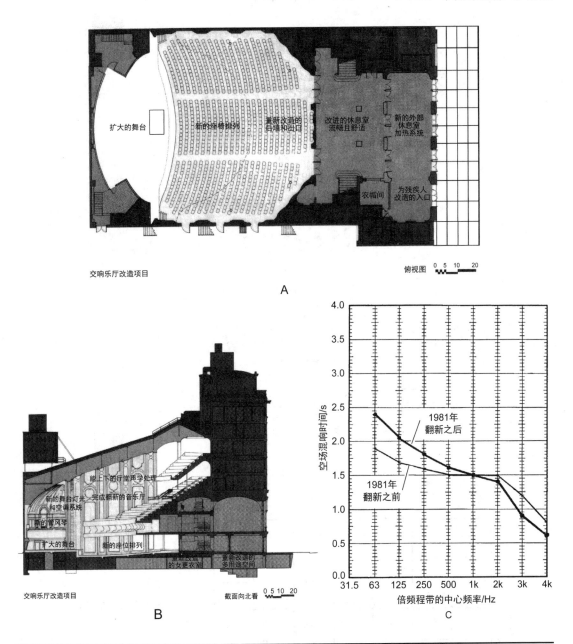

交响乐厅改造项目

俯视图

A

交响乐厅改造项目

截面向北看

B

C

图 28-8 芝加哥的交响音乐厅的建筑平面图以及所测得的混响时间。（A）平面图（B）剖面部分（C）1981 年改造前后，该音乐厅的空场混响时间

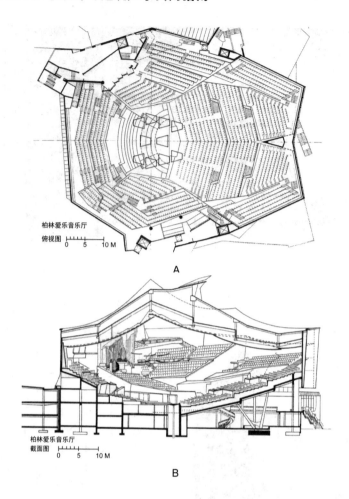

A

B

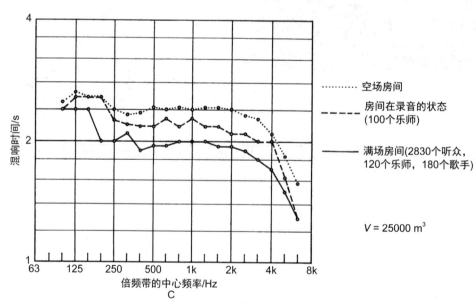

图 28-9　柏林爱乐音乐厅的建筑平面图，以及所测量的混响时间。（A）平面图（B）剖面图（C）混响时间

28.11　后记

　　每个对音频有兴趣的人都熟悉杜比的名字和标志。多年来，该公司一直在音频技术领域发挥着重要作用。Ray Dolby 是该公司的创始人，他是一名音频工程师，他努力在音乐的录制和回放中追求高音质。他也是一名古典音乐爱好者，并对音乐厅的音质有着同样的兴趣。他是旧金山交响乐团的赞助人，当戴维斯交响音乐厅进行翻新时，他与声学专家共同工作，以确保音乐厅有着最佳的音质效果。在工作完成后，他决定在大厅中找到一个最适合他的座位。所以，在交响乐团排练期间，他尝试了一个又一个座位，最终找到了一个能给他最好音质的位置。此后，他就总是坐在那里。

　　如果杜比博士继续寻找，他可能会找到一个适合管弦乐队的最佳位置，一个适合室内乐的最佳位置，一个适合合唱团的最佳位置。他可能会为莫扎特的音乐找到最好的位置，为贝多芬的音乐找到最好的位置，为斯特拉文斯基的音乐找到最好的位置。不同的指挥家可能也需要不同的位置。从理论上讲，我们在音乐厅里能感受到音乐无数的微妙之处。

　　我们所得出的结论是，在音乐厅、录音棚、家庭影院和任何声学空间中，追求完美的音质是一段有趣的旅程，而且永远不会结束。

28.12　知识点

- 我们或许需要考虑两种类型的大型空间：针对语言用途的空间和针对音乐用途的空间。因此，前者强调语言清晰度，而后者需要音乐的响亮程度。
- 大型空间声学设计的基本原则与小空间没有什么区别。一个大空间必须有一个较低的噪声，提供适当的声学增益、混响时间和良好的音质。同时，必须避免一些声学缺陷。
- 为语言比为音乐而设计的大厅，其平均混响时间更短。推荐的平均混响时间，随房间容积的增加而增加。
- 混响声场的频率响应必须具有令人愉悦的音质，并且也适合于空间感的体现。与语言相比，音乐表演在低频部分需要更长的混响时间。
- 较长的声音传播路径以及靠近和远离声源座位位置的多样性可能会产生回声问题。这将是设计上的一个重大缺陷。
- 当声波传播路径较长时，由空气吸收所造成的声音衰减是显著的，因此应在大型空间中考虑空气吸声。它的影响主要集中在更高的频率。
- 在没有扩声系统设计的大厅中，通常需要限制整个房间的容积，因为较大的容积比小房间需要更多的语言能量。
- 我们必须针对厅堂的功能来设计其几何形状。随着座位数量的增加，大厅的横向尺寸必须增加，同时侧墙应当展开。
- 当厅堂的前舞台区域能反射声音时，语言的增益得到提高。然而，反射可能会产生梳状滤波效应，这可能是音质产生变化的来源。
- 在许多大空间当中，天花板反射体（云板）被用来将声音能量从舞台引导至观众区域。反射体的尺寸决定了被反射声音的频率范围。

- 由于声音传播路径长度的差异，来自大厅后墙的反射声能够产生可以听到的回声。因此，后墙通常采用吸声设计。当不增加吸声的情况下，也能够通过在后墙放置扩散体来代替。

- 语言清晰度是所有以语言为使用目的大厅设计的首要考虑因素。扩声系统常常被用来打破声学限制，用来辅助提高语言清晰度。

- 语言清晰度可以通过基于主观测量方法来估算，或者使用声学测量分析的手段，例如：清晰度指数（AI）和辅音清晰度损失百分比（%Alcons）。

- 早期声音被认为与早期混响衰减时间，亲密感，清晰度和侧向空间感有关。后期混响声被认为与后期混响衰减时间、温暖感、响度、明亮感有关。

- 早期混响的能量越大，清晰度越好。后期混响声会影响人们对厅堂现场感的感知。更多的后期混响声能量能够增加临场感或丰满感。随着后期混响声能量的增加，清晰度会降低。

- 明亮感描述了声音具有现场感和清晰度。它是由反射表面所提供的足够的高频能量产生的。

- 一种宽敞的感觉可以由来自侧墙的早期反射声所产生，它称为侧向反射声，它发生在直达声到达后的 80ms 内。

- 根据白瑞纳克的研究，专业听众所认为音质较好的音乐厅，均有约 20ms 或更小的 ITDG 时间。更小的 ITDG 值是可取的，因为它们能够提供更加亲密的声场。

- 低音比可以用来表征声音的温暖感，这通常归因于在低频部分所具有的较长混响时间。

- 一个楼座能够减少从舞台到一些座位区域的距离。必须注意避免在楼座下面的座位区域所出现的声学阴影。

- 一个倾斜的地板改善了座位区的声场，因为听众能够接收到比平坦地面更多的直达声。

附录 A
TDS和MLS分析概述

声学通常被认为既是一门科学也是一门艺术。一方面，大多数声学专家会同意，对音质的追求过程中永远不会忽略人类对声音的主观感受，事实上，人耳将永远是音质的最终仲裁者。然而，随着科学的发展，客观手段在评估声学空间的质量方面发挥了越来越大的作用。

正如我们在前几章中观察到的那样，如声级计这种基本工具，能够提供测量声音基本属性的一种便捷的测量方法，然而这种数据范围是有限的。在这里，我们考虑了更加先进的时间延时谱（TDS）和最大长度序列（MLS）测量技术，可以加深声音属性对房间音质影响的理解。

专用系统和基于软件的系统都被广泛用于进行各种声学测量工作。通常测量的参数包括以下内容。

- 房间混响时间
- 房间共振
- 能量 – 时间曲线（特定反射声）
- 冲击响应
- 音箱延时时间
- 在普通房间中的，伪消声（Pseudo-anechoic）音箱频响曲线
- 带有反射声的音箱频响曲线

这些测量参数在分析、故障排除、声学改造及声音重放等方面都是非常重要的。

A.1 基本测量工具

声级计可能是最基本的声音测量设备，对于测量特定位置的声压级非常有用。虽然声级计的测量针对很多用途可能有用，但它不能指示出声音质量的好坏。判断声音质量的好坏，至少也需要对其频率响应进行测量，例如使用 1/3 倍频程。这有许多测量频率响应的设备和方法。对于音质测量的另一个重要指标是时间响应。它通常被用于测量混响时间、语言清晰度及其他的时域参数指标。同样，有许多工具可以对这些参数进行测量。

通常影响这些声学参数测量的因素是房间的背景噪声。它通常类似于粉红噪声，在它的频率范围内有着 –3dB/oct 的能量衰减。背景噪声通常在较低频率下更为普遍，因为它更容易穿过墙壁和结构。

在声学测量当中，我们发现只有通过使用更大的激励声源，才能让背景噪声变得不明显。在过去，通常使用枪声等响亮的脉冲信号，作为混响时间的测试信号。这种方法有着一

些技术缺陷，同时它仅能对房间内声音的表现提供初步的描述。最终得出结论，为了更加有效地研究室内声学参数，建立某些声学参数与音质之间的相关性，我们需要可以对时间和频率进行测量，同时具有显著抗噪性的仪器。

A.2　时间 – 延时谱技术

为了满足对更好测量技术的需求，在 20 世纪 60 年代后期，Richard C.Heyser 对测量方法进行了改进，改进后的方法被称作时间 – 延时谱（TDS）。到 20 世纪 80 年代初期，TDS 测量系统已经作为时间 – 能量 – 频率（TEF）分析仪投入了商业应用。TEF 使用时间 – 延时谱法从测量中获得时间和频率响应信息。

时间 – 延时的基本工作原理是建立在一个频率不断变化的扫频激励信号，以及一个与该信号同步的扫描调谐接收机。还有一个关键的元件为偏移装置，它能够在扫频激励信号和接收机之间引入一个时间延时。这在电子线路当中是不需要的，因为电的传播速度为光速，而声速仅为 1130ft/s，所以对于声学系统来说，它是至关重要的。

图 A-1 所示为正弦扫频信号与有着很窄带宽的扫频接收机之间的输出对应关系。在此图中，横轴代表时间，纵轴代表频率。信号从 $A(t_1, f_1)$ 开始，并线性扫频到 $B(t_3, f_2)$。经过一个延时（t_d）之后，接收机扫频信号从 $C(t_2, f_1)$ 开始，并以相同的速率进行线性追踪到信号 $D(t_4, f_2)$。经过 t_d 的延时，接收机完整地接收到在空气中传播时间为 t_d 后的正弦扫频信号。在扫频的任何瞬间，接收机的信号被偏移 f_0 Hz。

扫频激励信号和偏移扫频接收机配置的优势是多方面的。例如，信号到达墙面需要一定的时间，而反射声到达测量话筒也需要一定的时间。通过在接收机上偏移这两个时间能够获得特定的反射声成分。这种偏移可以看成是一种频率偏移。在前一个例子中的时间偏移量被设置为来自墙面反射声时，当分析仪的接收机被调节到其他频率时，不想要的反射声到达话筒。因此，它们被屏蔽在外。通过这种方法，接收机衰减了噪声、混响以及在测量中所有不需要的反射声，仅保留那些我们所需反射声的频率响应以供研究。

我们注意到信号能量被贯穿整个扫描频谱的测量时间。这与把较大声音信号应用到信号系统中形成了对比，因为较大的声音信号经常会让驱动单元工作在非线性区域。TEF 分析是测量技术当中的一个突破性进展，它是用来评估房间声音感知的重要技术。它的主要优势在于，测试中的原始 TDS 信号可以被保存下来，我们能够反复利用不同正弦和余弦延时信号来进行调节，以获得各种时间 – 频率成分的快照。这些频率响应片段可以产生三维的能量 – 时间 – 频率瀑布图。

TEF 的另一个特征在于，它能够在普通房间内去除反射声，仅得到直达声，以及前几次（或者没有）反射声的伪消声测量。这种技术也可以被用来测量音箱，并通过去除测量中的反射声来忽略房间效果。因此，可以研究反射声的影响。

这种从时间响应中移除不需要信息的功能，在声音测量中通常被称为时间窗。它允许音频分析仪在测量中移除房间最初被激励后某个时间点的反射声，因此被称为伪消声测量。

时间窗的一个缺点在于，截断时间响应将会产生分辨率的损失。例如，在一个天花板高度为 10ft 的房间内，反射常常发生在直达声的 5ms 以内。在这样的房间中使用伪消声测量，将会去除 5ms 后所有激励信号的数据，从而限制了测量的精确度。例如，一个 5ms 的时间窗，所能够测量的最低频率为 1/0.005s=200Hz。结果导致频率响应曲线变平滑，小于 200Hz

的频率细节将会减少。

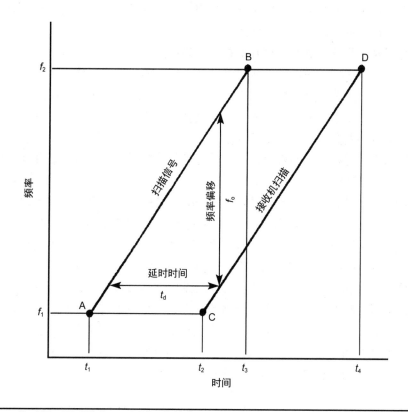

图 A-1　Heyser 的时间 – 延时谱（TDS）测量的基本原理。输出信号从 A 到 B 线性扫描。在适当选择所需反射声的延迟时间后，接收机从 C 扫描到 D。只有来自期望的反射声能量能够被接收到，接收机排斥其他一切不要的声音

TDS 扫频测量有两个优点。第一，它可以在后期处理中，去除一些不想要的谐波，使得测量结果较少地依赖于系统的线性。因此，有着较大失真的设备也能够用来测量频率响应，并获得可靠的结果。第二，扫频信号可以持续较长的时间，从而向房间中注入更多的能量。这可以有效地提高测量过程中的信噪比。

TDS 的主要缺点为，每次改变时间分辨率都必须进行新的测量。例如，如果想要使用 10ms 的时间窗进行以上测量，则必须使用不同的扫描速率。

尽管 TDS 测量有着很大的优势，不过声学专家又开始寻找另一种测量系统。在这种系统当中，既具有 TDS 的优点，同时又有着在单次测量之后可以后期使用不同时间窗口进行处理的功能。因此，只需要一次物理测量就可以完整的查看响应结果。这促使了最大长度序列（MLS）测量技术的发展。

A.3　最大长度序列技术

在 20 世纪 80 年代，最大长度序列（MLS）测量技术被改善，它成为房间声学当中一种较好的测量方法。MLS 测量使用了伪随机二进制序列，用一个类似宽带白噪声的测量信号来对系统或房间进行激励。MLS 的噪声抑制能力，可以让噪声激励在一个较低的声压级，就能

够保持良好的信噪比和测量精确度。MLS 分析仪还可以重放一段较长时间的测试信号，这样可以向房间内注入足够多的能量，并把背景噪声的作用降低到一个可以接受的程度。与 TDS 一样，MLS 测量也有着非常好的失真抗扰能力。

用于产生噪声信号的二进制序列我们是可以确切知道的，同时它是由一个逻辑递归关系产生。通过记录一段通过系统播放的测试信号，我们能够用它来生成该系统的脉冲响应，这是利用了一种被称为快速哈达玛变换（Fast Hadamard Transformation）的数学方法。

在现实当中，一个理想的脉冲是永远无法实现的，但该公式可以完美地近似到一个设定频率的极限。这种限制是由于孔径效应所引起的。例如，如果使用时间长度为 1/1000s 的脉冲对系统进行激励。当根据录制数据对频率响应进行计算时，我们会发现孔径效应将会减少 1000Hz 以上的频率成分。

在数字测量中，选用 44.1kHz 或更高的采样率，避免了可听见频率范围内的孔径效应对其影响。采样定律证明了包含在 22.05kHz 以下的所有信息都可以被完全恢复。在基于 PC 的测量工具当中实现了这一理论。当对可闻频率范围进行测量时，没有理由增加采样率。

事实上，当使用 MLS 类的激励时，我们可以获得系统的脉冲响应，它表现出比 TDS 系统更加明显的优势。脉冲响应能够用于计算所有系统的线性参数。这包括对频域及时域各种参数的测量。对系统脉冲响应的认知，使得我们可以对方波响应、三角波响应，或者其他任何所需要的响应进行构造。我们还可以利用脉冲响应的知识，轻松完成所有清晰度的计算。当已知系统完整的时间响应，就可以利用傅里叶变换直接计算出频率响应。根据定义，频率响应是系统由脉冲激励所获得时间响应的傅里叶变换。

A.4 总结

随着声学测量技术的不断发展，如 TDS 和 MLS，使其以低成本来完成高精度的测量成为可能。这些测量包括频率响应、共振识别、能量 – 时间曲线以及混响时间。这些种类的数据可以为任何音响企业、声学顾问、发烧友、录音工程师或音箱制造商提供很好的帮助。

附录 B
房间的可听化

在过去，声学专家们使用了各种技术来对房间进行声学设计。尽管有许多技术的限制，他们已经设计出具有较高声学性能的空间。然而，传统的声学设计或对现有设计的修改不能在施工前进行测试，除非使用缩尺模型来对其进行评价。

与旧的方法不同，如果设计者们在空间建造之前，就能在所设计的空间当中听到声场，将是一件不同寻常的事情。用这种方法，我们或许能够在建设之前避免一些声学问题，同时对不同的设计方案及表面处理进行评估。这种对声场环境的渲染过程，类似于建筑师的虚拟效果渲染，被称为可听化（auralization）。根据定义，可听化是一种空间中声源的可听化渲染过程，该过程利用了物理或数学模型，通过这种方式我们能够仿真出模型空间中固定位置的双耳听觉感受。Kleiner 和 Dalenback 等人已经描述了这一点。今天，这种可听化软件作为一种工具，为声学专家提供了预测和仿真空间声场的重要方法，它能够模拟音乐厅、录音棚、听音室和其他重要的声学空间。

B.1 声学模型的历史

从最广泛的角度来说，要描述一个房间的特征，我们有必要来寻找一种方法，用来跟踪复杂反射声在整个房间的传播路径。

这种在房间内某个位置处拾取的反射声压级与时间的关系被称为音响测深图（echogram），同时这一过程被称作声线跟踪。在这种方法中，我们能够通过反射路径跟踪到每条声线，同时记录下在听音位置处这些穿过一个较小体积的声线。这种方法是比较容易看到的，如果使用慢镜头把声速从 1130ft/s 降低到 1in/s，我们就能够用颜色标记每条声线，同时编码并记录下它。

因此，在 20 世纪 60 年代后期，声学专家就开始使用声线跟踪法去绘制音响测深图，以及估计混响时间。到了 20 世纪 80 年代，声线跟踪技术已经被广泛应用。在声线跟踪法当中，声源所辐射出来的总能量，会根据声源的辐射特征分布到某些特定的方向。在最简单的形式中，每条声线的能量等于总能量除以声线的数量。根据反射表面类型的不同，每个边界的反射要么是镜面反射，其中入射角等于反射角，要么是扩散反射，其中被反射的声线角度是随机的。反射声的能量可以通过吸声，或通过传播引起的球面衰减而减少（在声线跟踪法当中，由于接收体的尺寸是固定的，这是自动实现的）。穿过接收体单元的声线数量，决定了它的声压。

如图 B-1 所示，这是一个声线跟踪的例子。图中展示了来自声源 S 的声线，它通过三个表面的反射后穿过接收体 R1 的圆形横截面。在一个规定的时间间隔内，各条声线到达某个接收单元的能量相加在一起，产生了一个直方图。由于时间平均，以及声线具有到达的较强随机特征，这个直方图将仅仅是一个近似的音响测深图。声线跟踪法相对简单，但它的效率是以牺牲有限时间和空间分辨率为代价来实现的。声线的数量和来自声源的辐射角度，决定了房间细节采样的精确度和接收单元内的声线接收。

20 世纪 70 年代末，发展出另一种称为镜像源法（MISM）的方法，它被用来确定音响测深图。在这种方法中，通过跨房间边界垂直反射源来确定实际的反射声源。因此，镜像声源位于与反射边界的垂直方向，同时距离声源 2d 位置。如图 B-2 所示，S1 和 R1 之间的距离等于从 S 到 R1 的反射路径。所有真实和虚拟声像跨越房间反射边界，构成了一组镜像声像。在音响测深图中的到达时间，可以简单地利用这些虚拟声像和接收体之间的距离来确定。当在一个矩形房间当中时，所有镜像源能够在房间的各个位置看到，同时能够迅速地计算出来。然而，在不规则房间当中，情况并非如此，因此我们对它的有效性进行了验证。例如，如图 B-2 所示，我们可以看到来自表面 1 的一阶反射能够到达接收体 R1，但是不能到达接收体 R2。这意味着 R1 对于 S1 来说是"可视的"，而对于 R2 则不是。因此，我们要对每个声像源进行验证。由于被测试中更加高阶的反射，会乘以声像的数量（墙面数量减 1），从而使得需要验证的声源数量会迅速增加。

到 20 世纪 80 年代，人们开发了两种方法，以尽量减少对有效声源的验证。一种是混合法，它用镜面声线跟踪法来找到潜在的有效反射路径。另一种方法是通过使用锥形或者三角形为基础的锥体光束来代替射线。一阶和二阶锥体跟踪的例子，如图 B-3 和图 B-4 所示。当接收点在光束投影之内，则可能已经发现了虚声源，其有效性就不用进行验证。这两种方法都能够计算出比声线跟踪法更加详细的音响测深图，同时也比 MISM 更快，而这是以省去音响测深图的后半部分反射路径为代价的（当锥体光束间隔大于各个墙壁时）。然而，只有声线跟踪法才可以有效包含声音的扩散反射，所以改进的算法忽视了一个非常重要的声学现象。当代几何房间建模程序都利用一个更加复杂的方法组合，如针对低阶反射的 MISM，以及针对高阶反射的随机圆锥追踪。因此，重新引入随机化用来处理扩散反射的问题。

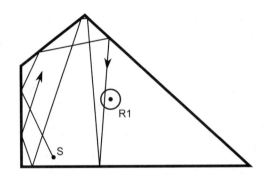

图 B-1　显示从声源 S 发射的声线在三次镜面反射后进入接收单元 R1 的圆形横截面检测区域的声线追踪示例

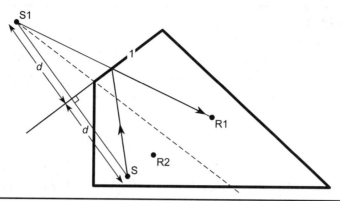

图 B-2　镜像声源模型（MISM）构造，它展示了真实声源 S，虚拟声源 S1，边界 1 和接收体 R1

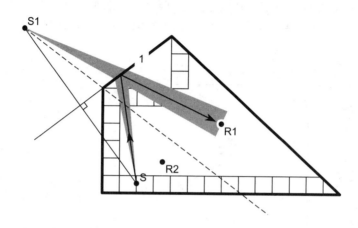

图 B-3　镜像声源模型（MISM）的等价，展示了从表面 1 的一阶反射的锥形跟踪

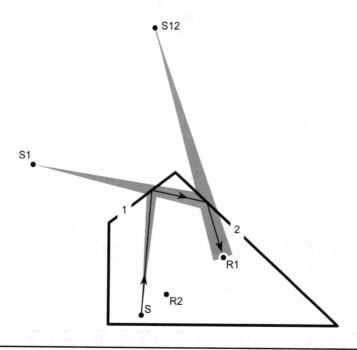

图 B-4　使用锥形跟踪，声源 S 经过表面 1 和表面 2 到接收体 R1 的二阶反射。S1 和 S12 是虚拟声源

B.2 可听化处理

可听化处理是从对音响测深图的预测开始的，它基于房间的 3D CAD 模型，并使用了几何声学理论。由于几何声学只能应用于 125Hz 以上的频率，因此我们尝试使用边界元波动声学来对低频进行建模，进而对所预测的频率范围进行扩展。与频率相关的材料属性（吸声和扩散）分配给房间表面，同时把与频率有关的声源指向性分配给声源。在这种音响测深图当中，我们可以估算出诸如混响时间、早期与后期能量比，以及侧向声能量等客观测量参数。

图 B-5 展示了产生一个音响测深图所需的信息。关于房间内所有的参数都需要确定，例如声源、房间的几何形状、房间的表面处理以及听众。每个声源，无论是自然声源还是音箱，都使用倍频程指向性进行描述，其频率范围至少包含 125Hz、250Hz、500Hz、1kHz、2 kHz 以及 4 kHz。指向性球（一个极坐标图的 3D 版本，如图 B-5 所示）描述了声音在每个倍频程的指向性。房间边界的表面属性，通过它的吸声系数和扩散系数来描述。

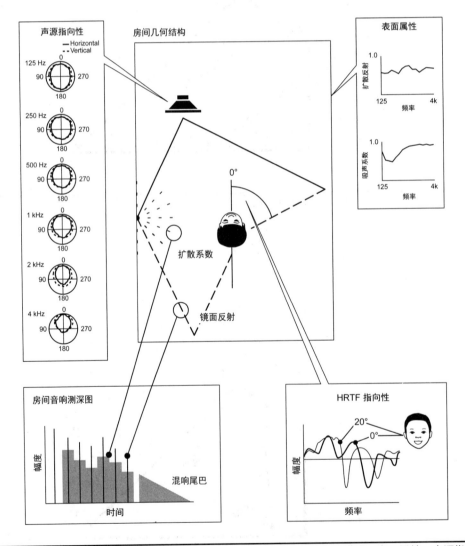

图 B-5　利用几何声学所进行的房间音响测深图仿真，以及对房间几何结构的描述、表面属性、声源指向性和接收体的 HRTF

B.2.1　扩散系数

一种用来确定扩散系数的方法在 ISO 17497–1：2004 声学—表面的声音扩散特性—第 1 部分：混响室中无规入射扩散系数的测量中进行展示。在这种方法当中，我们需要把一定尺寸的样品放在混响室里，并把它架设在一个可以旋转的圆形转盘上，在静止和旋转的条件下测量混响时间。简而言之，扩散系数 d 是衡量反射声音均匀性的指标。这个系数的目的是设计扩散体，同时也允许声学专家把设计房间表面的性能与参数的性能进行比较。散射系数 s 是非镜面方式扩散的声能与总反射声能的比值。这个系数的目的是表征表面的扩散特征，用于几何空间建模程序。

这两个系数都被简化了，用来代表真实的反射状况。我们有必要设计一些简单的度量标准，而不是试图评价所有声源和接收位置的反射特征，否则数据量将会是巨大的。这些系数试图用单个参数来表示反射声，使得该单一数值所携带的信息最大化。扩散系数和散射系数的差别在于，在数据的精简过程中，它们所要保留信息的侧重点不同。对于扩散体的设计者以及声学顾问来说，所有反射能量的均匀性最为重要。而对于房间声学建模来说，更看重反射角所散射出的声音能量大小。它们之间在定义上的差别看上去是微妙的，但在实践中它是很重要的。

B.2.2　听音者的特性描述

每个听音者都可以通过一个适当的响应来描述。如果采用双耳分析法，则使用头相关传递函数（HRTF）来对听音者进行描述。这些频率响应描述了听音者出现前后，每只耳朵的频率响应差别。图 B–5 所示为声音在 0°和 20°的位置到达人耳的 HRTF 例子。因此，在音响测深图生成的过程中，每个反射声包含了它的到达时间、声压级，以及所对应听音者角度等信息。镜面反射用实线来表示，扩散反射用直方图来表示。

B.2.3　音响测深图（echogram）的处理

图 B–6 展示了一种通过相位叠加，把音响测深图转换为脉冲响应的方法。每个反射声的幅度取决于固定倍频程的声压级（A~F），也是由音箱的指向性、吸声系数和散射系数所共同决定的。早期镜面反射声的相位，通常是由希尔伯特变换（Hilbert Transform）的最小相位技术来确定的。每个反射声的脉冲响应可以通过快速傅里叶逆变换（IFFT）获得。

人们能够通过许多种方法来对所预测的音响测深图进行处理，从而作为最后所听到的内容。这些方法包括针对耳机的双耳处理、耳机均衡或音箱的串扰抵消、单声道处理、立体声处理、5.1 声道处理、B 格式处理（针对 Ambisonic 声音重放）。图 B–7 展示了针对双耳处理的方法。每个反射声的脉冲响应依次被 HRTF 修正，以获得适当的到达角，同时利用快速傅里叶逆变换（IFFT）把它们转换到时域当中。因此，每一次反射声被转换成双耳脉冲响应，一个针对左耳，一个针对右耳。针对每一次反射声，完成从 1~N 的转换，同时由此产生双耳脉冲响应的结果被叠加起来，以形成整个左、右耳的房间脉冲响应。我们现在能够听到房间内的声音。这是通过将双耳脉冲响应与带有混响或者没有混响的音乐进行卷积来实现的，如图 B–8 所示。

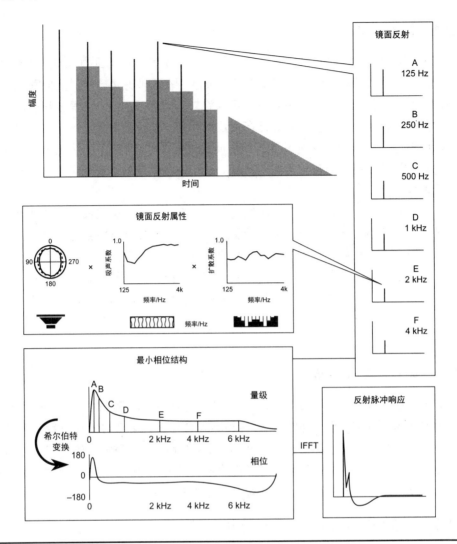

图 B-6　传递函数的结构被用来把音响测深图转换为脉冲响应

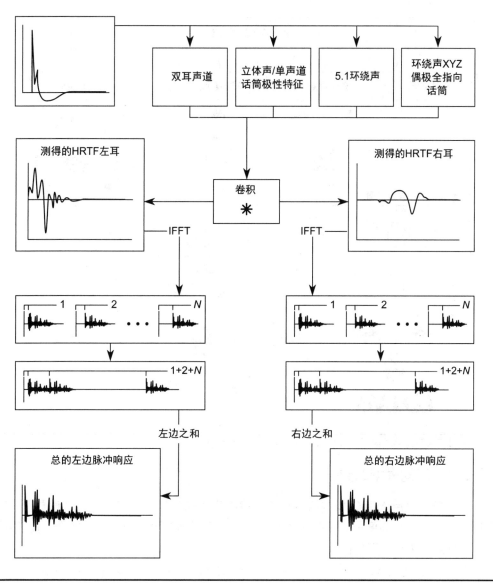

图 B-7　对于双耳可听化来说，通过与 HRTF 进行卷积，可以把房间脉冲响应转换为左耳和右耳的双耳脉冲响应

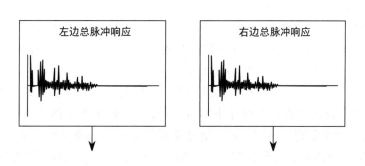

图 B-8　通过把双耳脉冲响应与音乐卷积，可以实现房间的可听化

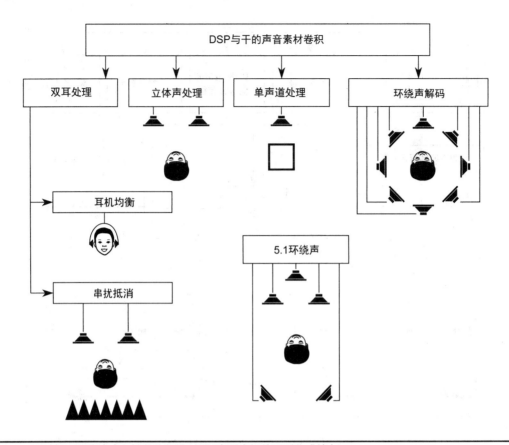

图 B-8　通过把双耳脉冲响应与音乐卷积，可以实现房间的可听化（续）

B.2.4　房间模型的数据

可听化模型是用 AutoCAD 或者一种文本编程语言来创建的，它允许用户设置众多变量，它包括长度、宽度和高度等。更改这些变量可以很容易地变更模型。这个模型也能够通过定向变量来创建，来模拟不同的设计效果。

CATT 声学程序是 3D 可听化模型程序的一个例子。它生成了音响测深图的早期部分，展示了镜面反射和扩散反射，来自声源声音的发射角，到达接收体的入射角，以及房间的等距视图。来自声源到接收体的反射声路径可以在房间视图中展现。用这种方法，人们就可以确定在反射边界产生的潜在反射问题。

图 B-9A 展示了一些客观参数，它能够直接通过音响测深图的后向积分来确定。在这个例子中，一个符合 ITU 标准且有着 5.1 环绕声配置（在第 20 章进行了描述）的听音室被建模。早期衰减时间是指将声压级从稳态衰减 10dB 所需要的时间。T-15 和 T-30 指的是将声压级从 -5dB 降低到 -20dB，以及 -5dB 降低到 -35dB 分别对应的时间。有许多客观参数是基于早期与晚期到达声音比例的。在程序中称为 D-50 的参数是衡量语音清晰的指标。它是前 50ms 直达声与整个声音的百分比。音乐清晰度指标 C-80，它是基于声音的前 80ms 与其余部分声音的比率。侧向能量因子 LEF1 和 LEF2 是测量空间感的指标。它们是基于 5ms~80ms 侧向反射声与 80ms 之后所有方位到达反射声的比例。

重心时间 Ts 是用来描述，在音响测深图当中声音聚集在哪个地方的指标。如果到达声音集中在音响测深图早期的部分，那么将会有着较低的 Ts 数值。如果早期反射声比较弱或者衰减比较缓慢，Ts 将会有一个较高的数值。声压级是 10 倍的以 10 为底 log 声压平方与参考声压平方的比值。G–10 是房间内某一位置处的声压与距离它 10m 处全指向声源声压的比值。G–10 是一种衡量声音有多响的参数，并用来进行厅堂之间的比较。

图 B–9B、C 和 D 展示了额外的信息，即有着后向积分音响测深图的早期部分；利用后向积分获得的带有 T–15 和 T–30 的完整音响测深图；音响测深图指向性（上 / 下，左 / 右和前 / 后）。

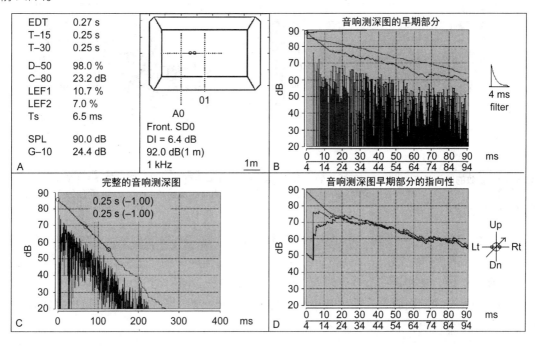

图 B–9 来自 3D 房间模型的数据展示。（A）客观参数表（B）有着后向积分音响测深图的早期部分（C）来自后向积分，完整的 T–15 和 T–30 音响测深图。（D）音响测深图指向性（上 / 下、左 / 右、前 / 后）（CATT-Acoustic）

B.2.5 房间模型的绘图

几何模型程序的另外一个有用的功能就是它具有绘制客观参数的能力，因此我们可以看到在听音区域参数是如何变化的（这些绘图通常是有颜色的，比这里的灰色刻度版本有着更好的视觉辨识度）。图 B–10 展示了 RT（它与早期衰减时间有关）、LEF2、SPL 及 D–50 的绘图，房间内部有着 5 只符合 ITU 环绕声标准，相互匹配的单极式音箱。

虽然这些参数主要对大房间的分析是非常有效的，不过它们也为小房间提供了一定的信息。例如，这些参数让我们能够了解音箱的摆放位置，以及房间表面的声学处理是如何影响听音区域的。如图 B–10 所示，我们注意到音箱之间的 RT' 的值是非常低的（显示出相对多的直达声）。相比之下，如果使用偶极子音箱（如在 THX 中的配置），音响测深图将显示出在听音者周边没有那么多直达声（和更多的扩散声）。这证明了利用绘图技术可以来展示不同音箱配置的能力。

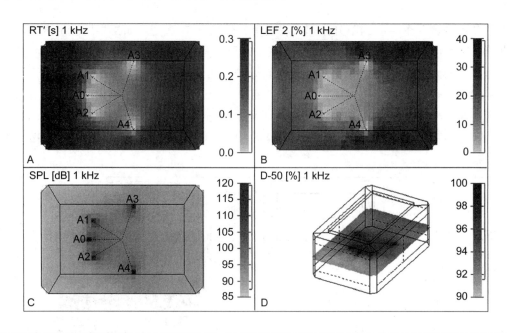

图 B-10　参数的绘制是在 1kHz 情况下进行的，房间内有着 5 只相互匹配的音箱，它们符合 5.1 通道 ITU 环绕声配置，左、中、右以及单极环绕声。（A）混响时间 RT'（B）侧向能量因子 LEF2（C）声压级 SPL（D）能量比 D-50（CATT-Acoustic）

绘图的另外一个好处是，它展现出已知参数是如何随着时间变化的。图 B-11 展示了房间内四个时间段的声压级分布，我们可以看到不同音箱随时间的能量变化情况。如果建立了一个无反射区域，它将会在听音者附近出现（如图 B-11B 所示）较低的声压级。在相同的绘图当中，前置音箱后面吸声表面的效果可以看成是一个低声压级的区域。通过选择较好的时间窗，我们能够对设计效果进行研究。

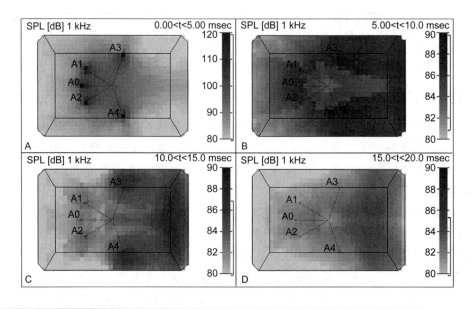

图 B-11　5 只音箱在时间上的叠加，激励房间所产生的声场。(A) t < 5 ms；(B) 5 < t < 10 ms；(C) 10 < t < 15 ms；(D) 15 < t < 20 ms (CATT-Acoustic)

B.2.6 双耳重放

除了对声学参数进行分析以外，我们也能够听到房间内的声音是什么样子的，这种房间需要有明确的声学设计以及音箱摆位。为了实现这一结果，把左耳和右耳的脉冲响应与音乐结合起来。对于双耳可听化来说，双耳的脉冲响应是由房间脉冲响应与 HRTF 卷积获得的，其中 HRTF 是来自人体模型或真人的，它被存储在了程序当中。下一步，我们需要选择一段有混响或者没有混响的音乐样本，并将其与双耳脉冲响应进行卷积。一个没有混响的音乐样本可以用来进行声音可听化。因为音乐没有混响，所以它不包含任何房间特征。因此，与房间响应进行卷积，可以让我们在不同声源以及听音位置来试听房间的声音。一个不带有混响的声源或许能够被用来确定声音在房间中重放所受到的影响，它是通过将房间特征加入到声源当中来实现的。因此，通过把一个不带有混响的音乐样本与房间内所听到的声音进行比较，我们能够评估房间对的声音染色程度。

B.3 总结

本部分描述了使用几何声学来产生一个虚拟房间脉冲响应的方法。这种脉冲响应能够针对各种类型的可听化进行后期处理，其中包括单声道、立体声、5.1 声道、双耳声道和 B 格式处理。如果能测得真实房间的脉冲响应，并把它应用到模型当中，我们就能实现可听化。

这里需要重申的是，当前所使用的几何声学方法在较高的频率下更加准确，而在低频部分不能进行较为精确的描述。几何声学可以与波动声学相结合，来提高模型在低频部分的精确性。尽管可听化涉及很多近似值，但是它仍然是一个有效且有用的工具，特别是在经验丰富的声学专家手中。

附录 C
部分材料的吸声系数

材料	125Hz	250Hz	500Hz	1Hz	2Hz	4Hz
多孔材料						
窗帘：棉质 14 oz/yd²						
打褶到原来 7/8 面积	0.03	0.12	0.15	0.27	0.37	0.42
打褶到原来 3/4 面积	0.04	0.23	0.40	0.57	0.53	0.40
打褶到原来 1/2 面积	0.07	0.37	0.49	0.81	0.65	0.54
窗帘：中密度丝绒，14 oz/yd²						
打褶到原来 1/2 面积	0.07	0.31	0.49	0.75	0.70	0.60
窗帘：高密度丝绒，18 oz/yd²						
打褶到原来 1/2 面积	0.14	0.35	0.55	0.72	0.70	0.65
地毯：水泥地上的厚地毯	0.02	0.06	0.14	0.37	0.60	0.65
地毯：在 40oz 毛毡上的厚地毯	0.08	0.27	0.57	0.69	0.71	0.73
地毯：背面有着泡沫乳胶或者 40-oz 毛毡上的厚地毯	0.08	0.27	0.39	0.34	0.48	0.63
地毯：室内 / 室外	0.01	0.05	0.10	0.20	0.45	0.65
吸声砖，大街，1/2in 厚	0.07	0.21	0.66	0.75	0.62	0.49
吸声砖，大街，1/2in 厚	0.09	0.28	0.78	0.84	0.73	0.64
各种建筑材料						
水泥砖，粗糙的	0.36	0.44	0.31	0.9	0.39	0.25
水泥砖，涂有油漆的	0.10	0.05	0.06	0.07	0.09	0.08
水泥地面	0.01	0.01	0.015	0.02	0.02	0.02
地面：油毡、沥青砖，或者在水泥地上的软木砖	0.02	0.03	0.03	0.03	0.03	0.02
地板：木质	0.15	0.11	0.10	0.07	0.06	0.07
玻璃：大玻璃窗，厚玻璃	0.18	0.06	0.04	0.03	0.02	0.02
玻璃、普通窗户	0.35	0.25	0.18	0.12	0.07	0.04
欧文斯科宁（Owens-Corning）壁画：涂有油漆、厚度为 5/8-in，安装方式 7	0.69	0.86	0.68	0.87	0.90	0.81

续表

材料	125Hz	250Hz	500Hz	1Hz	2Hz	4Hz
灰泥：石膏或石灰、在砖块上平滑涂抹	0.013	0.015	0.02	0.03	0.04	0.05
灰泥：石膏或石灰、在木板上平滑涂抹	0.14	0.10	0.06	0.05	0.04	0.03
石膏板：1/2in 厚，2 × 4 龙骨、中间有 16in 空腔	0.29	0.10	0.05	0.04	0.07	0.09
共振吸声体						
夹板：3/8in 厚	0.28	0.22	0.17	0.09	0.10	0.11
多圆柱体						
弦长 45in，高度 16in，中空	0.41	0.40	0.33	0.25	0.20	0.22
弦长 35in，高度 12in，中空	0.37	0.35	0.32	0.28	0.22	0.22
弦长 28in，高度 10in，中空	0.32	0.35	0.3	0.25	0.2	0.23
弦长 28in，高度 10in，实心	0.35	0.5	0.38	0.3	0.22	0.18
弦长 20in，高度 8in，中空	0.25	0.3	0.33	0.22	0.2	0.21
弦长 20in，高度 8in，实心	0.3	0.42	0.35	0.23	0.19	0.2
穿孔板						
5/32in 厚、4in 深、有着 2in 厚的玻璃纤维						
穿孔率：0.18%	0.4	0.7	0.3	0.12	0.1	0.05
穿孔率：0.79%	0.4	0.84	0.4	0.16	0.14	0.12
穿孔率：1.4%	0.25	0.96	0.66	0.26	0.16	0.1
穿孔率：8.7%	0.27	0.84	0.96	0.36	0.32	0.26
8in 深，4in 厚的玻璃纤维						
穿孔率：0.18%	0.8	0.58	0.27	0.14	0.12	0.1
穿孔率：0.79%	0.98	0.88	0.52	0.21	0.16	0.14
穿孔率：1.4%	0.78	0.98	0.68	0.27	0.16	0.12
穿孔率：8.7%	0.78	0.98	0.95	0.53	0.32	0.27
在 1in 厚矿物纤维有着 7in 厚空腔，密度为 9~10 lb/ft³,1/4in 厚饰面						
宽频带，25% 穿孔率或者更高	0.67	1.09	0.98	0.93	0.98	0.96
中频峰值，5% 穿孔率	0.60	0.98	0.82	0.90	0.49	0.30
低频峰值，0.5% 穿孔率	0.74	0.53	0.40	0.30	0.14	0.16
矿物纤维填充，有 2in 的空腔，密度为 9~10 lb/ft³						
穿孔率：0.5%	0.48	0.78	0.60	0.38	0.32	0.16

参考文献、术语表请扫描二维码，关注
公众号，后台回复"63360"获取。